Peter R. Sahm
Iván Egry
Thomas Volkmann (Hrsg.)

**Schmelze, Erstarrung,
Grenzflächen**

**Aus dem Programm
Technik / Physik**

Cardwell, D.
Viewegs Geschichte der Technik

Laska, R. und Felsch, Ch.
Werkstoffkunde

Ruge, J.
Technologie der Werkstoffe

Taube, K.
Stahlerzeugung kompakt

Weißbach, W.
Werkstoffkunde

vieweg

Peter R. Sahm
Iván Egry
Thomas Volkmann (Hrsg.)

Schmelze, Erstarrung, Grenzflächen

Eine Einführung in die Physik und Technologie flüssiger und fester Metalle

Springer Fachmedien Wiesbaden GmbH

Prof. Dr. Dr. E. h. Peter R. Sahm
Rheinisch-Westfälische
Technische Hochschule Aachen
Giesserei-Institut
Intzestraße 5, 52072 Aachen

Prof. Dr. rer. nat. Iván Egry
Dr. rer. nat. Thomas Volkmann
Deutsches Zentrum für Luft- und
Raumfahrt e. V. (DLR)
Institut für Raumsimulation
Linder Höhe, 51147 Köln

Die Deutsche Bibliothek – CIP-Einheitsaufnahme

Schmelze, Erstarrung, Grenzflächen: eine Einführung in die
Physik und Technologie flüssiger und fester Metalle / Peter Sahm ...
(Hrsg.) – Braunschweig; Wiesbaden: Vieweg, 1999
ISBN 978-3-540-41566-4

Alle Rechte vorbehalten
© Springer Fachmedien Wiesbaden GmbH 1999
Ursprünglich erschienen bei Friedr. Vieweg & Sohn Verlagsgesellschaft mbH,
Braunschweig/Wiesbaden, 1999
Der Verlag Vieweg ist ein Unternehmen der Bertelsmann Fachinformation GmbH.

Das Werk einschließlich aller seiner Teile ist urheberrechtlich geschützt. Jede
Verwertung außerhalb der engen Grenzen des Urheberrechtsgesetzes ist
ohne Zustimmung des Verlags unzulässig und strafbar. Das gilt insbesondere
für Vervielfältigungen, Übersetzungen, Mikroverfilmungen und die Einspeicherung und Verarbeitung in elektronischen Systemen.

http://www.vieweg.de

Konzeption und Layout des Umschlags: Ulrike Weigel, www.CorporateDesignGroup.de

Gedruckt auf säurefreiem Papier

ISBN 978-3-540-41566-4   ISBN 978-3-642-58523-4 (eBook)
DOI 10.1007/978-3-642-58523-4

Vorwort

Die moderne Werkstofftechnologie ist dadurch gekennzeichnet, daß sie in weit größerem Maße, als es früher möglich schien, metastabile Zustände für die Herstellung von Legierungen und eine damit verbundene Gefüge-Optimierung einsetzen kann. Beispiele sind das mechanische Legieren oder etwa die Erstarrung aus tief unterkühlten Schmelzen. Die Verwendung ungewöhnlicher Tiegelmaterialen (z. B. der Aerogele), behälterfreie Verfahren oder das Erschmelzen unter Schwerelosigkeit gestatten neue Einblicke, neue Anwendungsmöglichkeiten und weiteres Entwicklungspotential auf sehr breiter Front, auch in Richtung praktischer Fragestellungen. Weiterhin ist anzumerken, daß die moderne rechnerische Simulation von Gieß- und Erstarrungsvorgängen insbesondere in der erstarrungstechnologischen Industrie einen Entwicklungsschub hervorruft, der auf einer gesunden theoretischen Basis aufbaut. Diese Entwicklung führt zu innovativen Werkstoffen und neuartigen Bauteilen, welche beide unter Nutzung ebenfalls entsprechend modifizierter Prozeßtechniken entstehen. Die dafür erforderliche theoretische Grundlage profitiert insbesondere von einem Zusammenwirken mehrerer wissenschaftlicher Disziplinen.

Die organisatorische und finanzielle Grundlage für eine solche interdisziplinäre Zusammenarbeit wurde 1993 durch die Einrichtung des Graduiertenkollegs „Schmelze, Erstarrung, Grenzflächen" geschaffen. Das Kolleg wurde begleitet von einer Vorlesungsreihe, die die Fachgebiete der beteiligten Institute, ihrer Stipendiaten und Kollegiaten widerspiegelt. Von der Thermodynamik der Schmelze, der Fluiddynamik und Transportphänomenen über die Kinetik der Erstarrung, mit eingeschlossen auch Seigerungsvorgänge sowie die damit verbundenen Wachstumsfrontmorphologien, bis hin zu Vorgängen im Festkörper, insbesondere ausgelöst durch Grenzflächen (Ostwaldreifung, Korngrenzendynamik), wurde vieles verknüpft, was nicht oft in einem Atemzug genannt wird. Auch technologische Fragestellungen wurden nicht ausgelassen, wie beispielsweise die Prozesse in der Gießereitechnik.

Zu der Vorlesung entstand zunächst ein Skript, das die Stipendiaten und die Dozenten gemeinsam erarbeitet haben. Dieses Skript bildete die Grundlage für das nun vorliegende Buch. Durch den speziellen Blickwinkel des Graduiertenkollegs ist eine unkonventionelle Einführung in die Metallphysik entstanden, die sich sowohl an Physiker als auch an Ingenieure wendet. Es erhebt zwar keinen Anspruch auf Vollständigkeit, spannt aber den Bogen von den thermodynamischen Grundlagen bis hin zu technischen Anwendungen.

Unser Dank gilt der Deutschen Forschungsgemeinschaft für die Förderung des Graduiertenkollegs.

P. R. Sahm I. Egry T. Volkmann

Prof. Dr.-Ing. Dr.-Ing. E.h. Peter R. Sahm
Lehrstuhl für das Gesamte Gießereiwesen und Gießerei-Institut
Gießerei-Institut
Rheinisch-Westfälisch Technische Hochschule RWTH Aachen
Intzestraße 5
52072 Aachen

Prof. Dr. rer. nat. Iván Egry
Dr. rer. nat. Thomas Volkmann
Institut für Raumsimulation
Deutsches Zentrum für Luft- und Raumfahrt e.V. (DLR)
Linder Höhe
51147 Köln

Autor	Kapitel
Alkemper, Jens, Dr. rer. nat. *Institut für Raumsimulation, DLR Köln*	Fluiddynamik metallischer Schmelzen
Bratz, Armin, Dr. rer. nat. *Institut für Raumsimulation, DLR Köln*	Phasengleichgewichte Keimbildung
Egry, Iván, Prof. Dr. rer. nat. *Institut für Raumsimulation, DLR Köln*	Phasengleichgewichte Keimbildung Behälterfreies Prozessieren von Schmelzen
Gorges, Eric, Dr. rer. nat *Institut für Raumsimulation, DLR Köln*	Behälterfreies Prozessieren von Schmelzen
Gottstein, Günter, Prof. Dr. rer. nat. *Institut für Metallkunde und Metallphysik, RWTH Aachen*	Korngrenzen Phasengrenzen
Greven, Klaus, Dipl.-Physiker *Gießerei-Institut, RWTH Aachen*	Schnelle Erstarrung Transparente Modellsubstanzen
Hahn, Theo, Prof. Dr.-Ing. *Institut für Kristallographie, RWTH Aachen*	Kristallwachstum
Helmers, Lennard, Dr.-Ing. *Institut für Werkstofforschung, DLR Köln*	Transportphänomene in metallischen Schmelzen
Huber, Walter, Dipl.-Physiker *ACCESS e.V., Aachen*	Peritektische Systeme
Kammler, Thorsten, Dr.-Ing. *ACCESS e.V., Aachen*	Peritektische Systeme
Kaysser, Wolfgang A., Prof. Dr. rer. nat. *Institut für Werkstofforschung, DLR Köln*	Pulvertechnologische Fertigungsverfahren
Leonartz, Klaus, Dr.-Ing. *ACCESS e.V., Aachen*	Eutektische Systeme
Ludwig, Andreas, Dr. rer. nat. habil. *Gießerei-Institut, RWTH Aachen*	Schnelle Erstarrung Transparente Modellsubstanzen
Ma, Dexin, Dr.-Ing. *Gießerei-Institut, RWTH Aachen*	Einphasige metallische Erstarrung
Pixius, Kai, Dr.-Ing. *Institut für Werkstofforschung, DLR Köln*	Kristallwachstum

Ratke, Lorenz, Prof. Dr. rer. nat.
Institut für Raumsimulation, DLR Köln

Fluiddynamik metallischer Schmelzen
Monotektische Systeme
Vergröberungsphänomene

Rex, Stephan, Dr. rer. nat.
ACCESS e.V., Aachen

Peritektische Systeme

Sahm, Peter R., Prof. Dr.-Ing. Dr.-Ing. E.h.
Gießerei-Institut, RWTH Aachen

Von Flüssig nach Fest: Prozeß
– Gefüge– Eigenschaften
Eutektische Systeme
Das gegossene Bauteil: Innovative Trends

Schilz, Jürgen, Dr. rer. nat.
Institut für Werkstofforschung, DLR Köln

Transportprozesse in metallischen Schmelzen

Verhasselt, Jörn, Dipl.-Physiker
Institut für Metallkunde und Metallphysik, RWTH Aachen

Phasengrenzen

Volkmann, Thomas, Dr. rer. nat.
Institut für Raumsimulation, DLR Köln

Phasengleichgewichte
Keimbildung
Behälterfreies Prozessieren von Schmelzen

Winning, Myrjam, Dipl.-Physikerin
Institut für Metallkunde und Metallphysik, RWTH Aachen

Korngrenzen

Inhaltsverzeichnis

Vorwort	**V**
1 Von Flüssig nach Fest: Prozeß – Gefüge – Eigenschaften	**1**
1 Gießereitechnik und Kristallzüchtung	1
2 Schmelzen und Erstarren	1
3 Werkstoffeigenschaften – Erstarrungsgefüge	2
4 Erstarrungsgefüge – Erstarrungsprozeß	4
2 Fluiddynamik metallischer Schmelzen	**8**
1 Kontinuitätsgleichung	8
2 Eulersche Gleichung	10
3 Hydrostatik	12
4 Bernoullische Gleichung und Potentialströmung	13
5 Zähe Flüssigkeiten	16
6 Stofftransport	20
7 Wärmetransport	21
8 Anwendungen	22
3 Transportprozesse in metallischen Schmelzen	**33**
1 Transportgrößen	33
2 Innere Struktur einer Schmelze	33
3 Diffusion	34
4 Viskosität	41
5 Elektrische Leitfähigkeit	44
6 Wärmeleitfähigkeit	45
7 Experimentelle Bestimmung von Transportkoeffizienten	46
4 Phasengleichgewichte	**54**
1 Thermodynamische Grundlagen	54
2 Phasendiagramme	73
3 Phasenübergänge	96
5 Keimbildung	**109**
1 Gleichgewichtstheorie der Keimbildung	109
2 Keimbildungskinetik	119
6 Einphasige metallische Erstarrung	**129**
1 Seigerungsphänomene	129

2	Morphologie und Stabilität der Erstarrungsfront	138
3	Gefügeausbildung und Gefügemerkmale	148

7 Mehrphasige metallische Erstarrung — 164
1. Eutektische Systeme 164
2. Peritektische Erstarrung 179
3. Monotektische Systeme 187

8 Schnelle Erstarrung — 208
1. Einleitung 208
2. Nichtgleichgewichts-Thermodynamik 209
3. Morphologische Übergänge 214
4. Experimentelle Beispiele 220

9 Transparente Modellsubstanzen — 224
1. Definition der Plastischkristalle 224
2. Experimentelles Vorgehen 226
3. Beispiele für Erstarrungsfrontmorphologien 227

10 Vergröberungsphänomene – Ostwaldreifung — 257
1. Thermodynamische Überlegungen zur Ostwaldreifung 258
2. Diffusionskontrollierte Vergröberung 262
3. Die LSW Analyse der Ostwaldreifung 263
4. Ostwaldreifung bei endlicher Volumenkonzentration ... 267
5. Der Einfluß von Strömungen auf die Ostwaldreifung ... 269
6. Reaktionskontrollierte Ostwaldreifung 273

11 Kristallwachstum, Gleichgewichts- und Wachstumsformen von Kristallen — 277
1. Grundlegende Begriffe: Tracht, Habitus, Wachstums-, Gleichgewichtsform 277
2. Thermodynamische Gleichgewichtsbedingung: Gibbs – Wulff 278
3. Kristallgitter und Morphologie: Bravais – Niggli – Donnay – Harker 279
4. Atomistische Theorie des Kristallwachstums: Kossel – Stransky 281
5. Kristallstruktur und Morphologie: Hartman - Perdok 284
6. Schraubenversetzungen und Kristallwachstum: Burton – Cabrera – Frank 285

12 Korngrenzen — 289
1. Bedeutung von Korngrenzen 289
2. Mathematische Beschreibung der Korngrenzen und Definition des Korngrenzencharakters 290
3. Atomistische Struktur 293
4. Wechselwirkung von Korngrenzen mit Gitterdefekten ... 306
5. Energie der Korngrenze 309

13 Phasengrenzen — 318
1. Adhäsion (Bindungskräfte) an Phasengrenzen 318
2. Atomistische Struktur von Phasengrenzen 320
3. Bewegung von Phasengrenzen 325

4	Benetzung	327
5	Eigenschaften und Anwendungen von Grenzflächen	329

14 Behälterfreies Prozessieren von Schmelzen — 334

1	Überblick	334
2	Der freie Fall	335
3	Levitationsverfahren	338
4	Positionieren unter Mikrogravitation	348
5	Levitationsexperimente	349

15 Das gegossene Bauteil: Innovative Trends — 360

1	Innovationsschub Simulation	360
2	Die Verfahren der Gießereitechnik	364
3	Innovationen im Bereich der Formgußtechnik	371

16 Pulvertechnologische Fertigungsverfahren — 378

1	Grundlagen	378
2	Pulverherstellung	381
3	Pulvercharakterisierung	384
4	Kaltpressen	384
5	Sintern	386
6	Direktkonsolidieren	390
7	Beispiele pulvertechnologischer Produkte	390

Sachwortverzeichnis — **397**

1 Von Flüssig nach Fest: Prozeß – Gefüge – Eigenschaften

1 Gießereitechnik und Kristallzüchtung

Schmelzen und Erstarren stehen am Beginn wichtiger Fertigungsverfahren für das Bauwesen, den Maschinenbau (einschließlich der Verkehrs- bzw. Transporttechnik), die Elektrotechnik, Elektronik, Medizin und Kunst, Bild 1. Die damit befaßten Verfahrenszweige sind die

- Gießereitechnik (sowohl für den Halbzeug (= Formate)- als auch den Formguß), und die

- Kristallzüchtung.

Die erstere wird in der Bundesrepublik getragen von ca. 90.000 Arbeitsplätzen und ist ein beachtlicher Wirtschaftszweig, letztere eher ein Spezialitätenlieferant, jedoch mit großer Wirkung (man denke nur an die Si-Chips für die Elektronik in Rechnern, Regel- und Steuerkreisen, optischer Datenverarbeitung wie Fernsehen usw. usf.).

„Von Flüssig nach Fest" berührt noch zahlreiche andere Bereiche der Fertigungsindustrie (z.B. Schmelzschweißtechniken, Glastechnologie, Lebensmittel-, Brennstoff- und andere Zweige der Chemie), aber die Grundlagen bleiben die gleichen, so daß über das Studium der folgenden Kapitel jedem Interessenten am Phasenübergang „Flüssig- nach -Fest", gleichgültig, aus welcher Werkstoffecke er kommt, gedient sein kann.

Der Erstarrungsprozeß liefert die Ausgangsposition für die Gefügebildung und diese wiederum für die gewünschten Eigenschaften. Was in letzter Konsequenz geschaffen wird, sind Grenzflächen, einmal in makroskopischer Sicht, d.h. die äußere Begrenzung des Bauteils oder Halbzeugs, zum anderen in mikroskopischer Sicht mit Korn- und Phasengrenzen immanent im Gefüge.

Kristallzüchter oder Gießerei-Ingenieur stehen gewissermaßen als Mittler einerseits zwischen Konstrukteur oder Planer und andererseits dem Nutzer bzw. Anwender. Sie haben die gewünschten Gefüge und damit Eigenschaften unter Einsatz geeigneter Prozesse maßzuschneidern.

2 Schmelzen und Erstarren

Der flüssige Aggregatzustand steht am Beginn gießereitechnischer und kristallzüchterischer Fertigungstechniken und dirigiert in dem Sinne wichtige Wirtschaftszweige, nämlich die des Ofenbaus und den der Kristallzüchtungsanlagen. Dazu werden bisher beispielsweise die fluiddynamischen Eigenschaften der fraglichen Schmelzen relativ wenig einbezogen (außer natürlich der Berücksichtigung thermophysikalischer Verhaltensweisen wie Energieinhalten, Leitfähigkeiten etc., die direkte Wechselwirkungen zwischen Aufheizaggregat und Schmelze bedingen) und damit Möglichkeiten, diese makroskopisch schon im schmelzflüssigen Zustand, also bereits vor eintretender Erstarrung zu manipulieren.

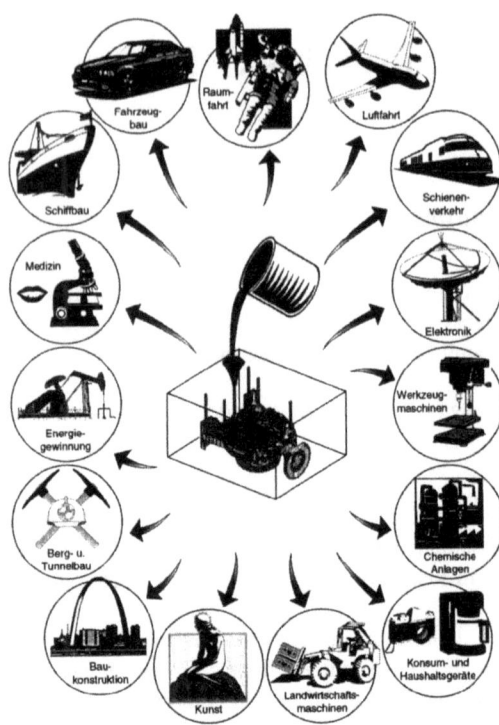

Bild 1 Diese Symbole verdeutlichen den vielfältigen Anwendungsbereich von Gießereiprodukten. Nahezu jedes ist einer unterschiedlichen Legierungsfamilie zuzuordnen und bedingt oft eigene Technologien. Feinguß nach dem Wachsausschmelzverfahren ist fast immer beteiligt; modifiziert nach VDG Seminar 1979.

Im Bereich des Mikroskopischen, bis hinunter in atomare Abmessungen, werden, zur Formulierung der Erstarrungstheorie, sowohl fluiddynamische, genauer die konvektiven Komponenten, als auch die Transportphänomene (Diffusion für Materie und Energie) ziemlich genau beschreibbar. Sie üben während des Erstarrungsprozesses einen großen Einfluß auf die Art der Gefügebildung aus.

3 Werkstoffeigenschaften – Erstarrungsgefüge

Als Zielgrößen für verbesserte Gefüge sind folgende charakteristische Kennwerte ausschlaggebend, vgl. auch Bild 2,

- Gefügefehler im Makroskopischen z.B. Lunker, Porosität, Warmrisse; im Mikroskopischen etwa Versetzungen, Korngrenzenbeschaffenheit u.ä.),

- Gefügefeinheit (Korngröße, Dendritenachs- und -armabstände),

- Gefügekomponenten (Phasen),

- Gefügeausrichtung (Textur),

- Seigerungszustand bzw. chemische Homogenität,

- mechanischer Spannungszustand.

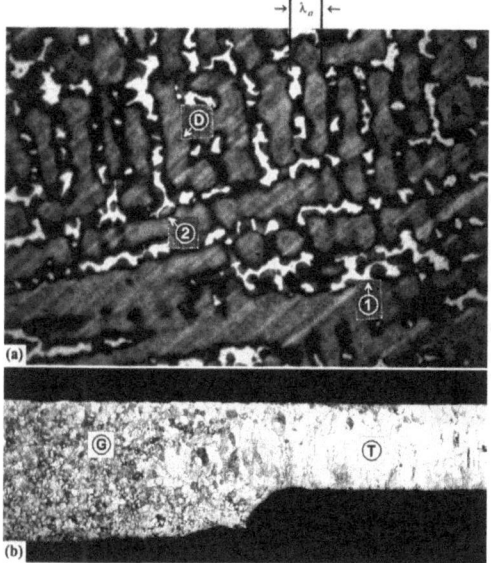

Bild 2 (a) zeigt ein offensichtlich 4-phasiges Gefüge (Co-Cr-Mo-C) mit (wegen Farbschattierungen) in sich geseigerten Dendritenstämmen (D) bzw. ästen sowie erstarrter zwischendendritischer Restschmelze, die zudem zwei weitere Phasenausscheidungen (1) und (2) enthält; (b) ein einphasiges Gefüge mit einem Übergang von globulitsch (G) zu transkristallin-texturiert (T); das globulitische Geüge enthält auch Poren.

Diese Kriterien gelten sowohl für den Form- als auch den Halbzeug-Guß. Gießen und Erstarren stehen auch hier im Mittelpunkt technologischer Optimierungsanstrengungen, sei es bei kontinuierlichen Stranggß-Prozessen, bei intermittierenden Blockguß-Verfahren oder gar bei den neuen Methoden der „schnellen Erstarrung". Selbst pulvermetallurgische Gefüge, sofern sie auf Schmelzeverdüsungstechniken beruhen, sind in diese Betrachtungen mit einzubeziehen. Der Vollständigkeit halber sei schließlich an Aufbaugieß- bzw. Schweiß-, einschl. Laser-Oberflächenanschmelzprozesse erinnert, deren Erfolg ebenfalls stark von der erstarrungsbedingten Gefügequalität bestimmt wird.

Die genannten Gefügekenngrößen bestimmen die Werkstoffeigenschaften. Antipoden der Gefügetypen können durch folgende Reihe umfassend eingeordnet werden:

Gläser – metastabile/ feinkörnige/ grobkörnige Gefüge – Einkristalle,

indem Gläser, also amorph erstarrte Werkstoffe (s. Kap. 5, Abschn. 2.2), bis in den atomistischen Bereich „feinkörnig" eingestellt worden sind, bei einkristalliner Erstarrung jedoch eine Korngröße erreicht werden muß, die die Bauteildimensionen übersteigt. Bild 3 illustriert die angesprochene Gefügereihe anhand dreier Beispiele.

Mit der Hall-Petch-Beziehung ist eine Verknüpfung von Gefügekenngrößen und mechanischen Eigenschaften möglich:

$$\sigma_s = \sigma_0 + C\,\bar{d}^{-1/2}, \qquad (1)$$

d. h. die Streckgrenze σ_s mit der mittleren Korngröße $\bar{d}$, wobei σ_0 = Standardfestigkeit und C = Konstante. Entsprechende Beziehungen gelten für Phasengrenzabstände, Dendritenachs- und -armabstände. Oberhalb eines bestimmten Volumenanteils wirkt sich der Porositätsgrad ungünstig auf Festigkeitseigenschaften aus; die Seigerungshomogenität bestimmt die Streubreite der Eigenschaftskennwerte. Die Legierungszusammensetzung kennzeichnet nicht nur unterschiedliches Verhalten, sondern auch unterschiedliche Werkstoffklassen.

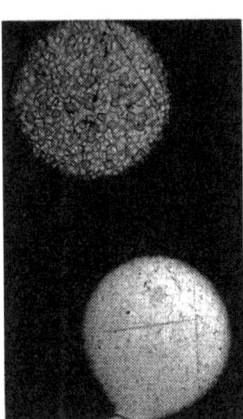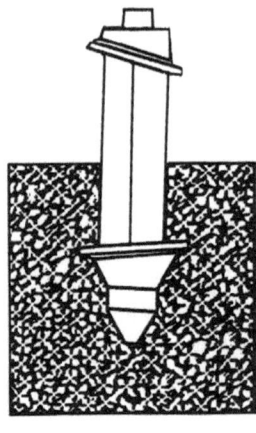

Bild 3 Das linke Teilbild zeigt zwei Pulverkörner (Pd-Si-Cu), kristallisiert (oben) und amorph erstarrt (unten), demgegenüber ist im rechten Teil ein „dendritischer Einkristall", der das ganze Bauteil (hier Turbinenschaufel) ohne Korngrenzen durchzieht.

Verknüpfungen von Gefügekennwerten mit anderen, nicht-mechanischen Eigenschaften sind sehr vielfältig. So werden beispielsweise magnetische, elektrische, elektronische, thermische, chemische Eigenschaften von Gefügemerkmalen bestimmt und zwar sowohl in der makro- als auch in der mikroskopischen Anbindung.

4 Erstarrungsgefüge – Erstarrungsprozeß

Das übliche Zustandsdiagramm, Bild 4, gilt für den Gleichgewichtszustand, d.h. im Prinzip für unendlich langsame („isotherme") Abkühlung. Nun sind reale Erstarrungsvorgänge gekennzeichnet durch „ungleichgewichtige", adiabatische Prozesse, in erster Linie bestimmt von

- Erstarrungsgeschwindigkeit v,
- Temperaturgradient an der Erstarrungsfront G

bzw. der verknüpften Größe der

- Abkühlungsgeschwindigkeit $\dot{T} = G \cdot v$.

Vergleicht man etwa einen Ungleichgewichtszustand mit dem Gleichgewichtsfall, so können beträchtliche Verschiebungen der Löslichkeitslinien und Phasengrenzen auftreten, Bild 4. Das kann soweit gehen, daß, anstelle der kristallinen, amorphe Erstarrung eintritt, wobei sich mit letzterer ein weites Experimentierfeld interessanten Anwendungspotentials eröffnet. Bei den meisten zu verarbeitenden metallischen Legierungen handelt es sich nicht um Einstoff-, sehr selten um Zweistoff-, meistens um Vielstoffsysteme. Die Phasengleichgewichte spielen daher ebenfalls eine wichtige mindestens orientierende Rolle. Heute existieren Möglichkeiten, auch komplexe Phasengleichgewichte zu berechnen.

Zu Beginn des Erstarrungsphänomens steht die Keimbildung. Beispielsweise, im Rahmen unter Schwerelosigkeit im Raumlabor (Spacelab) durchzuführender Experimente, ist es möglich, größere Schmelzvolumina keimbildungslos (weil tiegelwandfrei, d.h. bei Abwesenheit heterogener Keime) abzukühlen und auf diese Weise großvolumige amorphe (= glasige) Erstarrung bei metallischen Legierungen zu erwirken. Andererseits werden in der Gießereitechnik durch sog.

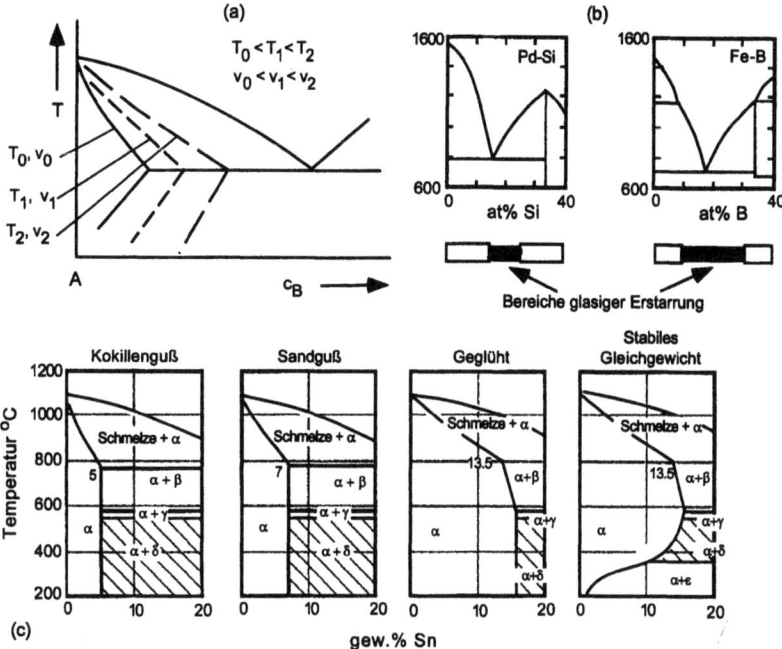

Bild 4 (a) Die Erstarrungsgeschwindigkeit v und damit $\dot{T} = G \cdot v$ verändert die Lage der Löslichkeitslinien in Zweistoffsystemen, etwa zu ausgedehnter Mischkristallbildung hin. In Bereichen der Nichtmischbarkeit, besonders bei tiefliegenden Eutektika, kann das bis zur Bildung amorpher Gefüge führen (b) [Jones 1982]. Auch der umgekehrte Fall (c), d. h. scheinbares Zurückweichen der Löslichkeitslinien, kann argumentiert werden, wenn „ganzheitlich" (über das ganze Gußstück gemittelt) betrachtet wird: bei stark seigernden Elementen kann die Restschmelze Nichtgleichgewichtsphasen enthalten [Brunhuber 1954].

Impfbehandlung Keime eingebracht, um feinkörnigeres Gefüge zu produzieren. Beispiel für ein gut gesteuertes Keimbildungsverhalten und ein ungesteuertes zeigt Bild 5, die zwei Schaufeln nebeneinanderstellt, welche in einem Falle mit einem Keimhilfsstoff isotrop feinkörnig erstarrt wurde und im anderen Falle, nur abhängig von der Abkühlungsgeschwindigkeit (die wiederum eine direkte Funktion der Turbinenschaufelgeometrie ist), eine sehr ungleichmäßige Korngröße generierte.

Der einer Keimbildung folgende Prozess ist das Wachstum. In Legierungen spielt die Seigerung (Kap. 6) eine ausschlaggebende Rolle, ausgelöst durch die unterschiedliche Löslichkeit der Legierungselemente in der flüssigen (c_L) und festen (c_S) Phase. Der Verteilungskoeffizient k liefert eine Kennzahl. Sie definiert sich als

$$k = c_L/c_S \qquad (2)$$

und ist u.a. verantwortlich für die in Bild 2 und 3 veranschaulichten Phänomene. Bei amorpher Erstarrung ist $k = 1$, und eine seigerungslose Erstarrung findet statt. Die Erstarrungsfrontmorphologie wird von der Seigerung bestimmt, und ihr Ausmaß ist eine Funktion des Prozessparameters Abkühlungsgeschwindigkeit. Die Seigerung sorgt dafür, daß die chemische Zusammensetzung der erstarrenden Gefüge eines Gußteils nicht an allen Stellen gleich ist. Man un-

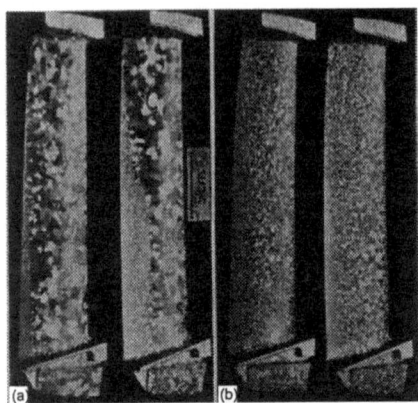

Bild 5 (a) ohne und (b) mit Impfzusatz (auf der Gußforminnenoberfläche) erstarrte Turbinenschaufeln; das sehr unregelmäßige Korn bei (a) wird in (b) stark isotropisiert

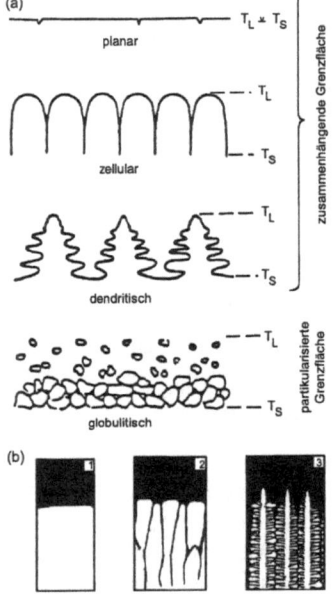

Bild 6 Die Erstarrungsmorphologie (a) bestimmt das Gefüge und ist über die Prozeßparameter Konzentration c und Abkühlgeschwindigkeit $\dot{T} = G \cdot v$ einstellbar (T_L: Liquidustemperatur, T_S: Solidustemperatur). (b) Beispiele: Längsschliffe der gerichtet erstarrten Superlegierung IN 939 zeigen jeweils eine planare, zellulare und dendritische Erstarrungsmorphologie bei Geschwindigkeiten von v = 0.03 mm/s (1), 0.08 mm/s (2) und 1.0 mm/s (3).

terscheidet hier die Mikro- und die Makroseigerung, letztere ist bauteilgeometrieübergreifend, erstere spielt sich bereits zwischen den primären Gefügebestandteilen ab.

Seigerung ist die wesentliche Triebkraft für die Gefügeausbildung und findet ihren primären Ausdruck in der Erstarrungsfrontmorphologie, auf die in Kapitel 6 detailliert eingegangen wird, Bild 6. Die prinzipielle Unterscheidung zwischen in sich zusammenhängender und partikularisierter Erstarrungsfront bietet sich an, wenn Kriteriumsfunktionen für die analytisch- oder numerisch-mathematische Beschreibung erforderlich sind. Bisher sind nur zusammenhängende Phasengrenzflächen zufriedenstellend beschreibbar.

Das endgültige im Mikroskop erscheinende Gefüge durchläuft nach dem Erstarrungsprozeß noch eine Vergröberungsreaktion (Ostwald-Reifung), vgl. Bild 7. Die Ostwaldreifung spielt darüber hinaus auch eine Rolle bei Vorgängen in der Nähe der Erstarrungsfront in der Schmelze. Dies ist besonders ausgeprägt in monotektischen Legierungen, wo solche Reifungsprozesse zunächst

Bild 7 In einer Kuvette erstarrendes Bernsteinsäuredinitril mit gerichtet wachsenden Dendriten sowie mit Übergang zu dendritischen Globuliten, also eine partikularisierte Phasengrenzfläche, vgl. Bild 6.

allein zwischen flüssigen Komponenten ablaufen.

Sämtliche bisher angesprochenen Phänomene sind sehr gut an durchsichtigen Modellsystemen zu studieren, z.B. mithilfe der Substanz Bernsteinsäuredinitril. Legierungen dieser organischen Substanz erstarren sehr ähnlich wie Metalle, und somit läßt sich direkt lichtoptisch beobachten, was an Erstarrungsfronten abläuft, Bild 7.

Schmelze, Erstarrung, Grenzflächen

Im Vorangegangenen sind die ausschlaggebenden Phänomene der Gefügebildung „Schmelze, Erstarrung, Grenzflächen" knapp angesprochen worden. Die wichtigen Stichworte werden in den folgenden Kapiteln vertieft.

Literaturverzeichnis

[Brunhuber 1954] E. Brunhuber, *Leichtmetall- und Schwermetall-Kokillenguß*, Schiele - Schön, Berlin (1954).

[Jones 1982] H. Jones, Materials Science Technol. **20** (1982) 1-71.

2 Fluiddynamik metallischer Schmelzen

Die Fluiddynamik (Strömungsmechanik, Hydrodynamik) beschreibt das Strömungsverhalten von Flüssigkeiten und Gasen. Der Einschluß der Strömungsmechanik in die quantitative Beschreibung von Erstarrungsprozessen hat in den letzten zehn Jahren zunehmend an Bedeutung gewonnen. Um dies zu veranschaulichen sei kurz eine typische Methode zur Untersuchung von Erstarrungsvorgängen beschrieben:
Gerichtete Erstarrung wird häufig nach dem Bridgeman-Verfahren durchgeführt (siehe Kap. 6) Eine lange zylindrische Probe wird mit konstanter Geschwindigkeit vertikal durch einen Ofen mit Temperaturgradient bewegt, so daß der erstarrende Festkörper entgegen der Schwerkraft wächst. Wann immer die Grenzfläche fest-flüssig leicht gekrümmt oder nicht exakt senkrecht zur Schwerkraft ist, bilden sich vor der Erstarrungsfront Konvektionen aus, wie auch bei der Erstarrung einer Legierung, bei der eine leichte Komponente vor der Erstarrungsfront angereichert wird (z.B. Al-Mg). Diese Konvektionen beeinflussen wiederum das Konzentrationsfeld und Temperaturfeld und somit die Erstarrung selbst. Je nach Stärke der Strömungen sind sie von größerer Bedeutung für die Gefügeausbildung als der diffusive Stofftransport. Beim Czochalski-Verfahren zur Herstellung großer Halbleiterkristalle wird ein Impfkristall rotierend aus einer Schmelze gezogen. Strömungen, die hier wie spiralige Wirbel sind, beeinflussen empfindlich den Erstarrungsverlauf und die Qualität der Einkristalle. Auch ohne eine Erstarrungfront lassen sich Strömungen in Flüssigkeiten kaum vermeiden. Schon geringste Temperatur- oder Dichtegradienten können Strömungen bewirken. Das Verhalten von Flüssigkeiten zu verstehen und zu berechnen ist bei vielen technischen Prozessen von entscheidender Wichtigkeit.
Im Folgenden wird der Leser mit den Grundbegriffen der Fluiddynamik bekanntgemacht. Es werden die wichtigsten fluiddynamischen Gleichungen dargestellt, deren Herleitung und Möglichkeiten der Handhabung. Desweiteren werden dem Leser verschiedene Kenngrössen für Flüssigkeiten an die Hand gegeben, die ein einfaches Abschätzen des Verhaltens einer Flüssigkeit erlauben.

1 Kontinuitätsgleichung

Die Masse eines Volumens ist gegeben als das Integral der Dichte über das Volumen

$$M = \int \rho dV \tag{1}$$

Der Strom durch die Fläche $\vec{df}$ pro Zeiteihheit ist

$$I = \rho \vec{v} \cdot \vec{df} \qquad \text{Einheit:} \left[\frac{\text{kg}}{\text{m}^3}\frac{\text{m}}{\text{s}}\text{m}^2\right] = \left[\frac{\text{kg}}{\text{s}}\right] \tag{2}$$

Die Änderung der Flüssigkeitsmenge in einem Volumen läßt sich berechnen als das Integral über den Fluß durch die Oberfläche dieses Volumens.

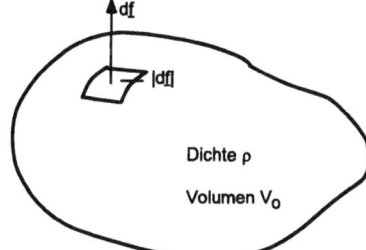

Bild 1 Volumen und Oberfläche, Benennung der Vektoren

$$\frac{dM}{dt} = \oint \rho \vec{v} \cdot \vec{df}$$
$$= -\frac{\partial}{\partial t} \int \rho dV$$
$$\Longrightarrow \quad \frac{\partial}{\partial t} \int \rho dV + \oint \rho \vec{v} \cdot \vec{df} = 0 \qquad (3)$$

Mit dem Satz von Gauss wird aus dem Oberflächenintegral ein Volumenintegral. Gleichheit der Integranden bedeutet dann

$$\frac{\partial \rho}{\partial t} + div(\rho \vec{v}) = 0 \qquad (4)$$

Dies ist eine Kontinuitätsgleichung, die den Massenerhalt wiedergibt. Wenn keine Massequellen vorhanden sind, kann sich die Masse in einem Volumen nur ändern mittels Massentransport durch die Oberfläche. Die Zu- oder Abnahme der Masse in einem Volumen V ist die Differenz des Zuflusses und des Abflusses an Masse, was im Grenzfall eines infinitesimalen Volumenelementes dV zu $\nabla(\rho \cdot \vec{v})$ wird. Mit der totalen Ableitung von ρ nach der Zeit

$$\frac{d}{dt}\rho = \frac{\partial \rho}{\partial t} + (\vec{v}\nabla)\rho$$

kann man Gleichung (4) umformen zu

$$\frac{d\rho}{dt} + \rho \nabla \cdot \vec{v} = 0 \qquad (5)$$

Eine Flüssigkeit heißt inkompressibel, wenn die Massendichte weder im Raum noch in der Zeit variiert, d.h.

$$\frac{d\rho}{dt} = 0$$

Damit vereinfacht sich die Kontinuitätsgleichung (5) zu

$$\Longrightarrow \quad \nabla \cdot \vec{v} = 0 \qquad (6)$$

Als erstes sei darauf hingewiesen, daß alle Flüssigkeiten (im Gegensatz zu Gasen) als imkompressibel betrachtet werden können, obwohl genaugenommen der Kompressionsmodul nicht exakt Null ist. Insbesondere sind metallische Schmelzen inkompressibel. Zum zweiten offenbart die Gleichung (6) einige physikalische Besonderheiten der Strömung solcher Flüssigkeiten. Die Gleichung besagt, daß die Strömungen quellfrei sind und die Stromlinien geschlossenen Linien bilden. Man vergleiche dies mit der Maxwellgleichung für die magnetische Induktion $\vec{B}$, und zwar $div\vec{B} = 0$.

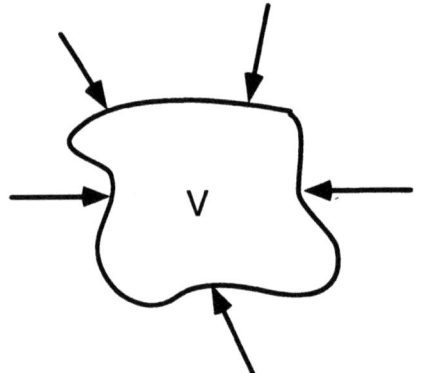

Bild 2 Kraft auf ein Flüssigkeitselement

2 Eulersche Gleichung

Die Kraft, die auf ein Flüssigkeitselement wirkt, ist

$$\vec{F}_V = -\oint p \, d\vec{f}$$
$$= -\int \nabla p \, dV \tag{7}$$

Hierbei ist $\nabla p \, dV$ die Kraft auf das Volumenelement dV; ∇p ist dann eine Kraftdichte. Entsprechend der Newtonschen Bewegungsgleichung $F = m \cdot a$ schreibt man

$$\rho \frac{d\vec{v}}{dt} = -\nabla p. \tag{8}$$

Mit

$$\frac{d\vec{v}}{dt} = \frac{\partial \vec{v}}{\partial t} + (\vec{v} \cdot \nabla)\vec{v}$$

erhält man die Eulergleichung

$$\frac{\partial \vec{v}}{\partial t} + (\vec{v} \cdot \nabla)\vec{v} = -\frac{1}{\rho} \nabla p \tag{9}$$

Hierbei ist $\frac{\partial \vec{v}}{\partial t}$ die zeitabhängige Änderung der Geschwindigkeit in einem festen Raumpunkt. Der Ausdruck $(\vec{v} \cdot \nabla)\vec{v}$ ist eine räumliche, zeitunabhängige Beschleunigung. Im Fall einer stationären Strömung durch ein Rohr, dessen Querschnitt an einer Stelle z.B. verengt ist, treten lokale Geschwindigkeitsunterschiede und somit Beschleunigungen auf, die sich jedoch zeitlich nicht ändern. Eine stationäre Strömung ist daher durch $\frac{\partial \vec{v}}{\partial t} = 0$ definiert.

Neben den hydrodynamischen Kräften existieren noch äußere Kräfte, wie z.B. die Schwerkraft, elektrische oder magnetische Kräfte. Im folgenden beschränken wir uns auf die Schwerkraft; andere Volumenkräfte kann man aber völlig analog behandeln.[1] Die Eulersche Gleichung wird um den Schwerkraftterm erweitert:

$$\frac{\partial \vec{v}}{\partial t} + (\vec{v} \cdot \nabla)\vec{v} = -\frac{1}{\rho} \nabla p + \vec{g} \tag{10}$$

---

[1] z.B. Lorentzkräfte. Sei $\vec{j}$ die elektrische Stromdichte in einer leitenden Flüssigkeit und $\vec{B}$ eine magn. Induktion in deren Volumen, dann ist $\vec{j} \times \vec{B}$ eine Kraftdichte, die homogen in der Flüssigkeit wirkt.

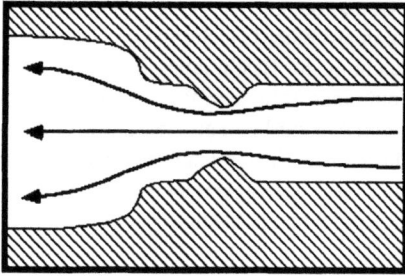

Bild 3 Strömung in einer Röhre

Diese Gleichung gilt für den Fall einer idealen Flüssigkeit, d.h. es treten keine Reibungseffekte auf, die mechanische Energie in Wärme transformieren.

Eine andere Darstellung der Eulerschen Gleichung erhält man mit Hilfe der Enthalpie (vgl. Kap. 4, Abschn. 1.4):

$$H = T \cdot S + V \cdot P$$
$$dH = TdS + VdP$$

dH ist hier die Enthalpie pro Masse und in der Gleichung ist dann $V = \frac{1}{\rho}$.

In einer idealen Flüssigkeit ändert sich die Entropie (Kap. 4, Abschn. 1.2 und 1.5) nicht zeitlich: $S = const.$! Wenn man dies ausnutzt, so ergibt sich

$$dH = Vdp$$
$$= \frac{1}{\rho}dp$$
$$\Longrightarrow \quad \frac{1}{\rho}\nabla p = \nabla H \quad (11)$$
$$\Longrightarrow \quad \frac{\partial \vec{v}}{\partial t} + (\vec{v} \cdot \nabla)\vec{v} = -\nabla H$$

Nun kann man folgende Vektoridentität benutzen:

$$(\vec{v} \cdot \nabla)\vec{v} + \vec{v} \times (\nabla \times \vec{v}) = \frac{1}{2}\nabla v^2$$

Damit ergibt sich

$$\frac{\partial \vec{v}}{\partial t} + \frac{1}{2}\nabla v^2 - \vec{v} \times (\nabla \times \vec{v}) = -\nabla H \quad (12)$$

Durch Anwenden der Rotation auf beide Seiten wird die Gleichung zu

$$\frac{\partial}{\partial t}(\nabla \times \vec{v}) = \nabla \times (\vec{v} \times (\nabla \times \vec{v})) \quad (13)$$

Diese Gleichung läßt sich durch das Ausführen der Kreuzprodukte nur wenig vereinfachen. Ziel der Herleitung dieser Gleichung ist zu zeigen, daß man aus einer Gleichung wie (10), die zwei unterschiedliche Variablen $\vec{v}$ und p enthält, eine Gleichung zur Bestimmung der Geschwindigkeitsfelder erhalten kann. Die Lösung gibt $\vec{v}$ nur bis auf einen Term $\vec{u} = \nabla f$ an. Die Lösung der Differentialgleichung der Bewegung erfordert Rand- und Anfangsbedingungen. Diese erhält man aus folgender Überlegung: Nimmt man an, daß die Flüssigkeit die Grenzfläche nicht durchdringen kann, so verschwindet die Normalkomponente der Geschwindigkeit an dieser Grenzfläche. $v_{normal} = 0$. Dies ist eine Randbedingung, die in der Fluiddynamik häufiger verwendet wird.

3 Hydrostatik

Die Hydrostatik beschreibt ruhende Flüssigkeiten. Alle Geschwindigkeitskomponenten sind ergo Null ($\vec{v} = 0$). Die Eulersche Gleichung reduziert sich zu

$$\nabla p = \rho \vec{g}$$

Dies bedeuted, daß ohne Schwerefeld auch der Druckgradient verschwindet. Dann gilt $p = const.$.
Falls die Flüssigkeit inkompressibel ist $\rho = const.$, so variiert der Druck nur parallel zu $\vec{g}$.

$$p = -\rho g z + const.$$

Die Inkompressibilität ist bei Flüssigkeiten ziemlich gut gewährleistet; im Falle der Gase, die ja die Fluiddynamik ebenfalls beschreibt, ist die Dichte stark druckabhängig. Die Variation der Dichte kann man sich für ideale Gase (vgl. Kap.4, Abschn. 1) aus der idealen Gasgleichung ermitteln

$$pV = nkT$$
$$\rho = \frac{pm}{kT}$$

mit m als der molaren Masse. Hieraus sofort die barometrische Höhenformel

$$p \sim e^{\frac{mgz}{kT}} \qquad (14)$$

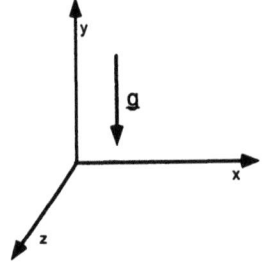

Bild 4 Koordinatensystem

4 Bernoullische Gleichung und Potentialströmung

Das Wort Potentialströmung bedeutet, daß dem Strömungsfeld ein die Strömung erzeugendes Potential ϕ zugrunde gelegt werden kann mit $\vec{v} = \nabla\phi$. Dies ist genau dann der Fall, wenn es wirbelfrei ist, d.h. wenn

$$\nabla \times \vec{v} = 0 \quad (15)$$

ist. Damit ergibt sich für Gleichung (12) für eine Anordnung ohne äußere Kräfte:

$$\implies \frac{\partial \vec{v}}{\partial t} + \frac{1}{2}\nabla v^2 = -\nabla H$$

$$\implies \frac{\partial}{\partial t}\nabla\phi + \frac{1}{2}\nabla\nabla\phi^2 = -\nabla H$$

$$\implies \nabla[\frac{\partial \phi}{\partial t} + \frac{1}{2}\nabla\phi^2 + H] = 0$$

Der Ausdruck in der Klammer ist lediglich eine Funktion der Zeit und nicht des Ortes.

$$\implies \frac{\partial \phi}{\partial t} + \frac{1}{2}\nabla\phi v^2 + H = f(t) \quad (16)$$

Für eine stationäre Strömung $\frac{\partial \phi}{\partial t} = 0, \frac{\partial \vec{v}}{\partial t} = 0$ heißt das

$$[b]\frac{1}{2}\nabla\phi^2 + H = const.$$

für den gesamten Raum.

4.1 Spezialfall inkompressible ideale Flüssigkeit

Anhand der bisherigen Gleichungen, kann man für eine inkompressible ideale Flüssigkeit schon einiges hinschreiben:

- inkompressibel $\rho = const.$
- Vortizitätsgleichung $\frac{\partial}{\partial t}(\nabla \times \vec{v}) = \nabla \times (\vec{v} \times \nabla \times \vec{v})$
- Kontinuitätsgleichung $\nabla \cdot \vec{v} = 0$

Die Zustandsgleichung $\rho = \rho(\vec{v},t)$ verknüpft ρ und $\vec{v}$ miteinander.
Unter der Annahme einer Potentialströmung, wird die Vortizitätsgleichung zu $0 = 0$ und es bleibt

$$\nabla \cdot \vec{v} = \nabla \cdot (\nabla\phi) = \nabla^2\phi = 0$$

1. Problem
Betrachten wir das Problem eines beliebig geformten Körpers, der von einer Seite her angeströmt wird (siehe Bild 5). Ein Beispiel hierfür sind Brückenpfeiler im Rhein. Die allgemeine Lösung für eine Potentialströmung ist nach Gleichung (16)

$$\frac{\partial \phi}{\partial t} + \frac{1}{2}v^2 + H = f(t)$$

Für eine ideale Flüssigkeit, d.h. $H = \frac{p}{\rho} + const.$ folgt damit

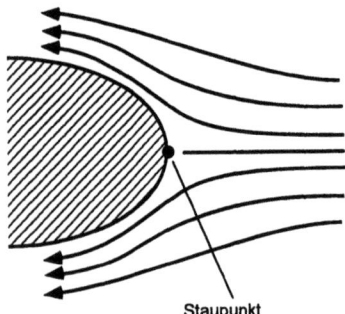

Bild 5 Strömung gegen einen festen Körper

Staupunkt

$$\frac{\partial \phi}{\partial t} + \frac{1}{2}v^2 + \frac{p}{\rho} = g(t)$$

Nun muß man die Randbedingungen definieren. Für das in der Skizze dargestellte Problem der Stauung sind das

$$\frac{\partial \phi}{\partial t} = 0, \quad f(t) = 0$$

da es sich um eine stationäre Strömung handelt. Am Staupunkt, wo die Strömung verschwindet, ist der Druck am größten ($v = 0 \Rightarrow p = p_{max}$). Im Unendlichen herrsche der Druck p_∞ und die Geschwindigkeit sei u_∞.

$$\frac{1}{2}v^2 + \frac{p}{\rho} = const.$$

$$\frac{1}{2}u_\infty^2 + \frac{p_\infty}{\rho} = c_1$$

$$\frac{p_{max}}{\rho} = c_1$$

$$\Longrightarrow \quad p_{max} = p_\infty + \frac{1}{2}\rho u_\infty^2$$

$\frac{1}{2}\rho u_\infty^2$ heißt auch dynamischer Druck[2]. Man beachte an dieser Stelle, daß das Strömungsfeld selbst einen Druck erzeugen kann.

2. Problem

Das 2. Problem, daß wir untersuchen wollen ist das einer harten Kugel, die in einer idealen Flüssigkeit fällt, Bild 6. Es muß gelten

$$\nabla \phi_\infty = 0, \quad \vec{v}_{r \to \infty} = 0$$

Lösungen dieser Gleichungen sind

$$\phi \sim \frac{1}{r} \quad \text{und} \quad \phi \sim \nabla^n \frac{1}{r}$$

Dies sind Multipollösungen. In die Lösung dieser Gleichung muß die Geschwindigkeit der Kugel $\vec{u}$ linear eingehen. Da $\vec{u} \cdot \frac{1}{r}$ kein Skalar ist, kann es kein Potential sein. Die nächste Lösung ist $\vec{u} \cdot \nabla \frac{1}{r}$. Sie erfüllt alle Bedingungen.

---

[2] Er hat die Form einer kinetischen Energiedichte. Dies ist verständlich, wenn man sich klarmacht, daß der Druck eine Kraft pro Fläche ist und die Kraft selbst eine Ableitung einer Energie nach einer Länge

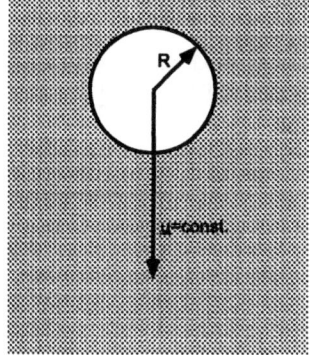

Bild 6 Kugel in umgebender Flüssigkeit

$$\text{Ansatz:} \quad \phi = \vec{A}\nabla\frac{1}{r}$$
$$= -\frac{\vec{A}\vec{e}_r}{r^2}$$

Diese Lösung beschreibt eine Dipolströmung. Bei $r = R$ gilt $v_n = u_n$. v_n und u_n sind die Geschwindigkeiten normal zur Oberfläche. Mit diesem Ansatz findet man

$$\vec{v} = \nabla\phi$$
$$= -\nabla(\frac{\vec{A}\vec{e}_r}{r^2})$$
$$= 2\vec{A}\frac{1}{r^3} = \vec{u}|_{r=R}$$

Daraus folgt

$$\Rightarrow \quad \vec{A} = \frac{1}{2}\vec{u}R^3$$
$$\phi = -\frac{1}{2}\vec{u}\vec{e}_r\frac{R^3}{r^2}$$
$$\vec{v} = \frac{R^3}{2r^3}[3\vec{e}_r(\vec{u}\vec{e}_r) - \vec{u}]$$

Festzuhalten ist, daß die Geschwindigkeit mit dem Volumen skaliert und proportional zur dritten Potenz des Abstandes vom Teilchenmittelpunkt abfällt. Formal ist das Geschwindigkeitspotential identisch zu dem eines elektrischen Dipols. Das Problem der fallenden Kugel wird in Abschnitt 8.2 für viskose Flüssigkeiten nochmals aufgegriffen.

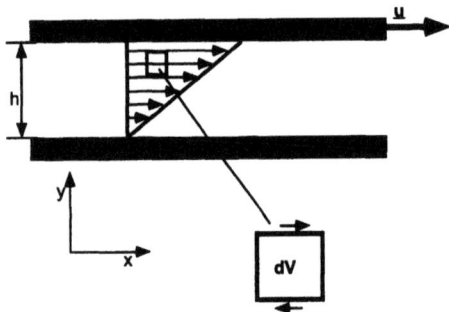

Bild 7 Flüssigkeitsschicht zwischen zwei Platten, deren obere mit konst. Geschwindigkeit gegen die untere bewegt wird

5 Zähe Flüssigkeiten

Der Unterschied zwischen einer zähen Flüssigkeit und einer idealen liegt in der Viskosität. Diese ist ein Maß für die Reibung, die bei einer inhomogenen Strömung in einer Flüssigkeit auftritt. Der Spannungstensor σ_{yx} (Definition siehe Gl. 18) beschreibt die Kräfte, die an einem Volumenelement angreifen. Die Kräftebilanz lautet:

$$\sum F = \frac{\partial \sigma_{yx}}{\partial y} dy \; dx$$

Dies beinhaltet sowohl Druck von außen auf das Volumenelement als auch Scherkräfte, die an dem Volumenelement angreifen. Zur Veranschaulichung betrachten wir die Situation in Bild 7, in der eine Flüssigkeit sich zwischen zwei unendlich ausgedehnten Platten befindet, deren eine sich in x-Richtung gegen die andere mit der Geschwindigkeit $\vec{u} = (u_x, 0, 0)$ verschiebt. Der Druck sei Null, d.h. der Spannungstensor enthält nur Scherspannungen. Der Abstand der Platten ist h. Da die z-Komponente keinen Einfluß auf die Strömung hat, kann es in zwei Dimensionen behandelt werden. Es wird angenommen, daß die Flüssigkeit an den Platten haftet, d. h. $\vec{v}(y = 0) = 0$ und $\vec{v}(y = h) = (u_x, 0)$. Das Geschwindigkeitsfeld ändert sich dann linear zwischen $y = 0$ und $y = h$, so daß $\frac{d\vec{v}}{dy} = (0, \frac{u_x}{h})$ und damit wiederum $\vec{v} = (0, u_x \frac{y}{h})$. Nach Gleichung (8) ergibt sich

$$\rho \frac{d\vec{v}}{dt} = \frac{\sum \vec{F}}{Vol.}$$
$$= \rho \frac{\partial u}{\partial t} + \rho \sum_i v_i \frac{\partial v_i}{\partial x_i}$$

Aus der Zeitunabhängigkeit der Anordnung folgt $\frac{\partial \vec{u}}{\partial t} = 0$ und somit

$$\implies \quad \frac{\partial \sigma_{yx}}{\partial y} = 0 \quad \implies \quad \sigma_{yx} = const.$$

Wir haben also zwei Konstanten, und zwar den Spannungstensor und die Divergenz der Geschwindigkeit. Newtons Annahme war nun, daß diese beiden Konstanten nicht unabhängig voneinander seien, sondern

$$\sigma_{yx} \sim \frac{dv_x}{dy}$$

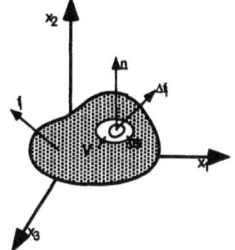

Bild 8 Spannungsvektoren an der Oberfläche eines Körpers

Die Proportionalitätskonstante nennt man Viskosität η:

$$\sigma_{yx} = \eta \frac{u_x}{h} \qquad (17)$$

Über obige Gleichung ist die Viskosität definiert. Man unterscheidet zwischen dynamischer Viskosität η mit $[\eta] = [\frac{Ns}{m^2}]$ und der kinematischen Viskosität $\nu = \frac{\mu}{\rho}$ mit $[\nu] = [\frac{m^2}{s}]$. Um jetzt den Newton-Ansatz auf drei Dimensionen zu verallgemeinern, ist es notwendig, zunächst den Spannungsbegriff und den Begriff der Kräftebilanz exakter zu fassen.

- **Spannungen**

    Die Kräfte, die an einem Körper angreifen, sind Oberflächenkräfte f_i oder Volumenkräfte b_i. Den Spannungsvektor $t_i^{(\vec{n})}$ (Bild 8) definiert man als

$$t_i^{(\vec{n})} = \frac{df_i}{ds} \qquad \text{oder} \qquad \vec{t}^{(\vec{n})} = \frac{d\vec{f}}{ds}$$

Der Spannungsvektor hängt von der Normalen des betrachteten Flächenelementes ab. Wichtiger als die jeweiligen Spannungsvektoren ist allerdings der Spannungstensor σ_{ij}. Er faßt die Spannungsvektoren in einem Koordinatensystem $\vec{e}_1, \vec{e}_2, \vec{e}_3$ zusammen.

$$\begin{aligned}
\vec{t}^{\vec{e}_1} &= t_1^{\vec{e}_1} \cdot \vec{e}_1 + t_2^{\vec{e}_1} \cdot \vec{e}_2 + t_3^{\vec{e}_1} \cdot \vec{e}_3 \\
\vec{t}^{\vec{e}_2} &= t_1^{\vec{e}_2} \cdot \vec{e}_1 + t_2^{\vec{e}_2} \cdot \vec{e}_2 + t_3^{\vec{e}_2} \cdot \vec{e}_3 \\
\vec{t}^{\vec{e}_3} &= t_1^{\vec{e}_3} \cdot \vec{e}_1 + t_2^{\vec{e}_3} \cdot \vec{e}_2 + t_3^{\vec{e}_3} \cdot \vec{e}_3 \\
\vec{t}^{\vec{e}_k} &= t_j^{\vec{e}_k} * \vec{e}_j \\
&= \sigma_{kj} \vec{e}_j \qquad (18)
\end{aligned}$$

Die Spannungen $\sigma_{11}, \sigma_{22}, \sigma_{33}$ heißen Normalspannungen, die Spannungen σ_{ik} mit $k \neq i$ Scherspannungen. Der Spannungstensor ist symmetrisch, d.h. er hat 6 unabhängige Komponenten, Bild 9. Der so definierte Spannungstensor enthält die gesamte Information über die an einem Volumen angreifenden Oberflächenkräfte. Der Druck ist die Spur des Spannungstensors.

Im Gleichgewicht ist eine Flüssigkeit, wenn die Summe der Kräfte verschwindet, d.h. Oberflächenkräfte und Volumenkräfte b_i heben sich gegenseitig auf.

$$\nabla \cdot \sigma_{ik} + \rho b_i = 0 \qquad (19)$$

Im Nicht-Gleichgewicht heben sich die Kräfte nicht gegenseitig weg, sondern erzeugen eine Strömung

$$\nabla \cdot \sigma_{ik} + \rho b_i = \rho \frac{d\vec{v}}{dt} \qquad (20)$$

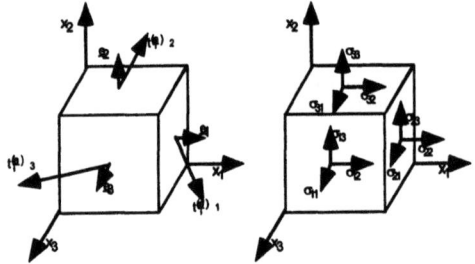

Bild 9 Komponenten des Spannungstensors

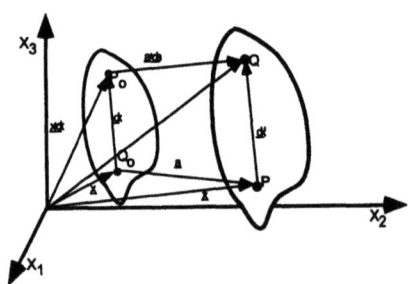

Bild 10 Dehnung eines Körpers

- **Dehnungen**

Dehnungen sind anschaulich jedem bekannt. Wichtig ist es aber, diesen Begriff mathematisch sauber zu fassen. In der Abbildung ist eine Verschiebung mit gleichzeitiger Dehnung gezeigt. Die Verschiebung kann man durch einen Verschiebungsvektor $\vec{a} = \vec{x}' - \vec{x}$ beschreiben. Betrachtet man den Abstand von P_0 und Q_0 vor der Verschiebung und Deformation, so erhält man

$$dx^2 = dx_1^2 + dx_2^2 + dx_3^2$$

Nach der Deformation gilt aber

$$dx'^2 = dx_1'^2 + dx_2'^2 + dx_3'^2$$
$$dx'^2 = \sum_i (dx_i + da_i)^2$$
$$da_i = \sum_k \frac{\partial a_i}{\partial x_k} dx_k$$
$$\Rightarrow \quad dx'^2 = dl^2 + \sum_{i,k} 2 * \frac{\partial a_i}{\partial x_k} dx_i dx_k + \sum_i \sum_{k,l} \frac{\partial a_i}{\partial x_k} \frac{\partial a_i}{\partial x_l} dx_k dx_l$$
$$= dx^2 + 2 * \sum_{i,k} a_{ik} dx_i dx_k$$

$$\text{mit} \quad a_{ik} = \frac{1}{2}(\frac{\partial a_i}{\partial x_k} + \frac{\partial a_k}{\partial x_i} + \frac{\partial a_l}{\partial x_i} \frac{\partial a_l}{\partial x_k})$$

$$\Rightarrow \quad \epsilon_{ik} = \frac{1}{2}(\frac{\partial a_i}{\partial x_k} + \frac{\partial a_k}{\partial x_i}) \quad (21)$$

ϵ_{ik} ist der Dehnungstensor in linearer Näherung[3].

- **Dehnratentensor**

Betrachten wir den Tensor 2.Stufe der Geschwindigkeitsgradienten, so kann man ihn in einen symmetrischen und einen antisymmetrischen Tensor zerlegen:

$$\begin{aligned}\Upsilon_{ij} &= \frac{\partial u_i}{\partial x_j} \\ &= \frac{1}{2}(\frac{\partial u_i}{\partial x_j} + \frac{\partial u_j}{\partial x_i}) + \frac{1}{2}(\frac{\partial u_i}{\partial x_j} - \frac{\partial u_j}{\partial x_i}) \\ &= D_{ij} + V_{ij}\end{aligned}$$

Der Dehnratentensor D_{ij} ist symmetrisch, der Spintensor V_{ij} antisymmetrisch.
Um zu verstehen, was der Dehnratentensor mit einer Dehnung zu tun hat, bilden wir die Ableitung des Dehnungstensors nach der Zeit:

$$\begin{aligned}\frac{d\epsilon_{ij}}{dt} &= \frac{1}{2}\frac{d}{dt}(\frac{\partial a_i}{\partial x_j} + \frac{\partial a_j}{\partial x_i}) \\ &= \frac{1}{2}(\frac{\partial u_i}{\partial x_j} + \frac{\partial u_j}{\partial x_i}) \quad \text{weil} \quad \frac{da_i}{dt} = u_i \\ &= D_{ij}\end{aligned}$$

Der Dehnratentensor ist also die Zeitableitung des Dehnungstensors.

Mit diesen Definitionen kann man jetzt den 3d-Ansatz für eine viskose Flüssigkeit analog zum 2d-Fall (Gl. (17)) hinschreiben:

$$\sigma_{ij} = \sum_{pq} \kappa_{ijpq} D_{pq} \quad (22)$$

κ_{ijpq} ist der Viskositätstensor. Wie erhält man nun eine einfache Relation für κ_{ijpq}?
Unter der Annahme, daß die Flüssigkeit isotrop ist und Rotationen eines Flüssigkeitselementes keine Reibung erzeugen, kann man den Viskositätstensor schreiben als

$$\kappa_{ijpq} = 2\eta \delta_{ij}\delta_{pq} + \zeta \delta_{ij}\delta_{pq}$$

η und ζ sind Viskositäten. Gleichung (22) wird zu

$$\sigma_{ij} = 2\eta D_{ij} + \zeta \sum_q D_{qq}\delta_{ij}$$

Da in der gewählten Anordnung kein Druck herrscht, ist σ_{ij} spurfrei, d.h. $\sum_i \sigma_{ii} = 0$.

$$\begin{aligned}\Rightarrow \quad & \sum_i (2\eta D_{ii} + 3\zeta D_{ii}) = 0 \\ \Rightarrow \quad & 2\eta + 3\zeta = 0 \\ \Rightarrow \quad & \sigma_{ij} = 2\eta(D_{ij} - \frac{1}{3}\sum_q D_{qq}\delta_{ij})\end{aligned}$$

---

[3] Der Dehnungstensor ϵ_{ik} ist näherungsweise mit dem Tensor a_{ik} identisch. Die Näherung besteht darin den Term mit dem Produkt zweier Gradienten zu vernachlässigen, da er für kleine Dehnungen quadratisch gegen Null geht.

Fügt man den Druck dazu, so ergibt sich

$$\sigma_{ij} = -p\delta_{ij} + 2\eta(D_{ij} - \frac{1}{3}\sum_q D_{qq}\delta_{ij}) \qquad (23)$$

Setzt man dieses σ_{ij} in die Bewegungsgleichung (20) ein, so folgt

$$\rho[\frac{\partial \vec{v}}{\partial t} + \vec{v} \cdot \nabla \cdot \vec{v}] = -\nabla p + \eta \nabla^2 \vec{v} + (\zeta + \frac{\eta}{3})\nabla(\nabla \cdot \vec{v})$$

Der letzte Term verschwindet bei inkompressiblen Flüssigkeiten. Damit erhält man die sogenannte Navier-Stokes-Gleichung:

$$\rho[\frac{\partial \vec{v}}{\partial t} + \vec{v} \cdot \nabla \cdot \vec{v}] = -\nabla p + \eta \nabla^2 \vec{v} \qquad (24)$$

Sie ist die grundlegende Bewegungsgleichung für Flüssigkeiten und beschreibt die Impulserhaltung in der Hydrodynamik.

Tabelle 1 Wichtige Tensoren und ihre Definition

Tensor	Bezeichnung	Definition	Bemerkung
Spannungstensor	σ_{ij}	$\frac{df_j^{e_i}}{ds}$	
Dehnungstensor	ϵ_{ij}	$\frac{1}{2}(\frac{\partial a_i}{\partial x_k} + \frac{\partial a_k}{\partial x_i})$	
Dehnratentensor	D_{ij}	$\frac{1}{2}(\frac{\partial u_i}{\partial x_j} + \frac{\partial u_j}{\partial x_i})$	symmetrisch
Spintensor	V_{ij}	$\frac{1}{2}(\frac{\partial u_i}{\partial x_j} - \frac{\partial u_j}{\partial x_i})$	antisymmetrisch
Viskositätstensor	κ_{ijpq}	$2\eta\delta_{ij}\delta_{pq} + \zeta\delta_{ij}\delta_{pq}$	

6 Stofftransport

Bei der Erstarrung von Legierungen wird i.a. Stoff und Wärme durch Diffusion und Konvektion transportiert, was in diesem und im nächsten Abschnitt beschrieben wird. Auf die Transportgrößen von Schmelzen wird in Kap. 3 eingegangen. Wir betrachten eine verdünnte Lösung von A-Atomen in einer Flüssigkeit. In dieser existiere ein Konzentrationsgradient der A-Atome und damit ein Gradient des chemischen Potentials (siehe Kap. 4, Abschn. 1.2). Dadurch wird ein Diffusionsstrom erzeugt, der den Konzentrationsgradienten abbaut:

$$\vec{j}_{diff} = -Bc\nabla\mu$$

mit B als Beweglichkeit der Atome, c der Konzentrationsdichte und μ ist das chemische Potential. Da die Lösung verdünnt ist, gilt

$$\mu = \mu_0 + kT \ln c$$

und damit
$$\vec{j}_{diff} = -D\nabla c$$
mit D als Diffusionskoeffizienten ($D = BkT$). Existieren in der Flüssigkeit Strömungen, so werden diese ebenfalls gelöste Atome transportieren. Ein konvektiver Stofftransport läßt sich allgemein schreiben als
$$\vec{j}_{konv} = c\vec{v}$$
und damit ist die totale Stromdichte gegeben durch
$$\vec{j}_{total} = -D\nabla c + c\vec{v}$$
Da die Masse an gelösten Atomen erhalten bleibt, gilt eine Kontinuitätsgleichung
$$\frac{\partial c}{\partial t} + \nabla \vec{j}_{total} = 0$$
$$\implies \frac{\partial c}{\partial t} = D\nabla^2 c + \nabla(c\vec{v})$$
$$= D\nabla^2 c + \vec{v}\nabla c \qquad (25)$$
für eine inkompressible Strömung.

7 Wärmetransport

Analog geht man vor, falls statt des Konzentrationsgradienten ein Temperaturgradient vorliegt: Der diffusive Wärmestrom ist
$$\vec{q}_{diff} = -\lambda \nabla T \qquad (26)$$
mit λ als Wärmeleitfähigkeit. Aus der Energieerhaltung für die Wärmemenge in einem System folgt die Diffusionsgleichung
$$\frac{\partial T}{\partial t} = \kappa \nabla^2 T \qquad (27)$$
wobei wir (26) ausgenutzt haben. Gleichung (27) ist bekannt als Fourier'sches Gesetz.
κ ist hier die Wärmediffusivität. Die Wärmedichte ist $Q = \rho c_p T$. Mit dem konvektiven Beitrag
$$\vec{q}_{konv} = Q\vec{v}$$
folgt
$$\rho c_p \frac{\partial T}{\partial t} + \lambda \nabla \cdot (\vec{q}_{diff} + \vec{q}_{konv}) = 0$$
und damit die Gleichung für konvektiven Wärmetransport:
$$\implies \frac{\partial T}{\partial t} + \vec{v}\nabla T = \kappa \nabla^2 T \qquad (28)$$
Dies gilt nur unter der Vorraussetzung einer inkompressiblen Flüssigkeit ohne Dissipation durch Viskosität.

8 Anwendungen

Die dimensionslosen Zahlen werden eingeführt, um die korrekten Näherungen durchzuführen.

8.1 Dimensionslose Zahlen

Sogenannte dimensionslose Zahlen, die eine Flüssigkeit im Hinblick auf jeweils eine Eigenschaft charakterisieren, finden in der Hydrodynamik vielfältige Anwendung. Sie werden vor allem gebraucht, weil die Strömungsverhältnisse für gleiche dimensionslose charakteristische Zahlen ähnlich sind, selbst wenn die geometrischen Abmessungen, die Absolutwerte der Geschwindigkeit oder der Viskositäten etc. sich deutlich unterscheiden. Die zugrunde gelegten Gleichungen sind

$$\nabla \vec{v} = 0$$
$$\frac{\partial \vec{v}}{\partial t} + \vec{v} \cdot \nabla \cdot \vec{v} = \frac{1}{\rho}\nabla p + \nu \nabla^2 \vec{v} + \vec{g}$$
$$\frac{\partial c}{\partial t} + \vec{v}\nabla c = D\nabla^2 c$$
$$\frac{\partial T}{\partial t} + \vec{v}\nabla T = \kappa \nabla^2 T$$

Wir wollen diese Gleichungen nun dimensionslos machen. Daher führen wir charakteristische dimensionslosen Größen ($\vec{r}^*, \vec{v}^* \ldots$) ein, die wir definieren als

$$\vec{r} = L\vec{r}^* \quad L \text{ typische Länge z.B. Rohrdurchmesser}$$
$$\vec{v} = U\vec{u}^* \quad U \text{ typische Geschw. wie Fallgeschw. einer Kugel}$$
$$t = \tau t^* \quad \tau = \frac{L}{U} \text{ oder } \tau = \frac{1}{\text{Frequenz}}$$
$$p - p_0 = \rho U^2 p^*$$
$$T - T_0 = (T_0 - T_w)T^*$$
$$(c - c_0) = (c_0 - c_w)c^*$$

mit c_0 und c_w als zwei charakteristischen Konzentrationen, z.B. durchschnittliche Konzentration und minimale Konzentration.
In den dimensionslosen Zahlen lauten die Ausgangsgleichungen

$$\nabla \cdot \vec{u} = 0 \quad \longrightarrow \quad \nabla \cdot \vec{u}^* = 0$$
$$\frac{\partial c}{\partial t} + \vec{u}\nabla c = \frac{1}{\tau}\frac{\partial c^*}{\partial t^*} + \frac{U\vec{u}^*}{L}\nabla^* c^*$$
$$= D\frac{1}{L^2}\nabla^{*2} c^*$$
$$\underbrace{\frac{L}{U\tau}}_{Strouhal} *\frac{\partial c^*}{\partial t^*} + \vec{u}^*\nabla^* c^* = \underbrace{\frac{D}{LU}}_{\frac{1}{P_D}}\nabla^{*2} c^*$$

P_D ist die Péclet-Zahl; St ist die Strouhal-Zahl:

$$St = \frac{L}{U\tau} = \frac{\tau_{flow}}{\tau} = \frac{\text{charakt. Fließdauer}}{\text{charakt. Zeit}}$$

$$P_D = \frac{UL}{D} = \frac{\frac{U(c_0-c_w)}{L}}{\frac{D(c_0-c_w)}{L^2}} = \frac{\text{Transport durch Konvektion}}{\text{Transport durch Diffusion}}$$

$P_D \ll 1$ diffusiver Transport dominiert
$P_D \gg 1$ konvektiver Transport dominiert

Analog erhält man für den Wärmetransport eine Péclet-Zahl

$$St * \frac{\partial T^*}{\partial t^*} + \vec{u}^* \nabla^* T^* = P_t * \nabla^{*2} T^*$$

$$P_t = \frac{UL}{\kappa}$$

Bleibt noch die Navier-Stokes Gleichung

$$\frac{L}{U\tau}\frac{\partial \vec{u}^*}{\partial t^*} + \vec{u}^* \nabla^* \cdot \vec{u}^* = -\nabla^* p^* + \frac{\nu}{LU}\nabla^{*2}\vec{u}^* + \frac{L}{U^2}\vec{g}$$

Die Formel kann man mit Hilfe der Strouhal- und der Pécletzahl schreiben als

$$St \cdot \frac{\partial \vec{u}^*}{\partial t^*} + \vec{u}^* \cdot \nabla^* \cdot \vec{u}^* = -\nabla^* p^* + \frac{1}{Re}\nabla^{*2}\vec{u}^* + \frac{1}{Fr}\frac{\vec{g}}{g}$$

$Re = \frac{UL}{\nu}$ ist die Reynoldszahl. Um die Bedeutung der Reynoldszahl zu veranschaulichen, ist eine andere Schreibweise günstig:

$$Re = \frac{\rho U L}{\mu} = \frac{\frac{\rho U^2}{L}}{\frac{\mu U}{L^2}}$$

Der Zähler des Bruches $\frac{\rho U^2}{L}$ ist eine konvektive Impulsstromdichte; der Nenner $\frac{\mu U}{L^2}$ ein Impulsstrom durch viskose Kräfte. Die Reynoldszahl ist ergo ein Maß dafür, wie wichtig in der jeweiligen Flüssigkeit die Viskosität ist bzw. inwieweit die Flüssigkeit als ideal angesehen werden kann:

$Re \ll 1$ Viskosität wichtig;
$Re \gg 1 \Rightarrow \frac{1}{Re}\nabla^2 \vec{u} \approx 0$ Strömung idealer Flüssigkeit.

Fr ist die Froude-Zahl[4]:

$$Fr = \frac{U^2}{Lg} = \frac{\frac{\rho U^2}{L}}{\rho g}$$

Die Froude-Zahl gibt das Verhältnis von dynamischem Druck zu Gravitation an.

Es gibt weitere charakteristische Zahlen, die aus Kombinationen der bisher dargestellten Zahlen entstehen:

$$\text{Prandtl-Zahl} = \frac{\nu}{\kappa} = Pr$$

$$\text{Schmid-Zahl} = \frac{\nu}{D} = Sc$$

$$\Longrightarrow \quad P_t = Re * Pr$$

$$\wedge \quad P_D = Re * Sc$$

$$\text{Lewis-Zahl} = \frac{\kappa}{D} = Le$$

---

[4] Die Froude-Zahl ist z.B. von Bedeutung bei der Strömung von Dispersionen durch Röhren. Sie ist ein Maß dafür, wie schnell bzw. nach welcher Wegstrecke Teilchen aus der Strömung herausfallen und sich an die Wand anlagern.

8.2 Viskose Strömung

In Abschnitt 4.1 wurde der Fall einer Kugel, die sich in einer Flüssigkeit mit konstanter Geschwindigkeit gradlinig bewegt, betrachtet. Für das Geschwindigkeitspotential und das Geschwindigkeitsfeld der induzierten Strömung ergab sich:

$$\phi = -\frac{1}{2}\vec{u}\vec{e}_r \frac{R^3}{r^2}$$

$$\vec{v} = \frac{R^3}{2r^3}[3\vec{e}_r(\vec{u}\vec{e}_r) - \vec{u}]$$

Auf die Kugel wird durch die sie umströmende Flüssigkeit ein Druck ausgeübt. Wie in Problem 1 aus Abschnitt 4.1 wird sich aufgrund des Geschwindigkeitsfeldes ein Staudruck aufbauen. Für diesen gilt:

$$p \sim v^2 \frac{1}{r^6}$$

Zu bemerken ist, daß der Druck mit zunehmenden Abstand von der Kugel sehr schnell abnimmt. Für viskose Flüssigkeiten sehen Potential, Geschwindigkeit und Staudruck anders aus. Die Geschwindigkeit ist

$$v_r = u(1 - \frac{3}{2}\frac{R}{r} + \frac{1}{2}\frac{R^3}{r^3})\cos\theta$$

$$v_\theta = u(-1 + \frac{3}{4}\frac{R}{r} + \frac{1}{4}\frac{R^3}{r^3})\sin\theta$$

Das Geschwindigkeitsfeld wird durch einen Coulombterm dominiert, es fällt also wesentlich langsamer ab als im nicht-viskosen Fall. Der Druck ergibt sich für den viskosen Fall zu

$$p = -\frac{3}{2}\mu u R \frac{\cos\theta}{r^2}$$

Eine ausführliche Behandlung des Problems findet man im Buch von Sommerfeld „Mechanik der deformierbaren Medien".

Integriert man den Druck über die Oberfläche, so erhält man die Kraft, die die Flüssigkeit auf die Kugel mittels ihrer Strömung ausübt.

$$\vec{F}_{\text{Druck}} = \int\limits_{\text{Kugeloberfläche}} p\,d\vec{a} = 2\pi\mu R\vec{u}$$

Hinzu kommen noch Reibungseffekte an der Kugeloberfläche aufgrund der Viskosität. Dort ist die Situation in der Flüssigkeit ähnlich, wie im Fall der Flüssigkeit zwischen den zwei Platten, deren eine gegen die andere bewegt wird (siehe Abschnitt 4.1). In der Flüssigkeit treten Scherspannungen auf, die zu Reibungsverlusten führen. Berücksichtigt man diesen Effekt, so findet man:

$$F_{total} = 6\pi\mu R u. \tag{29}$$

Dies ist die bekannte Stokessche Widerstandsformel. Im Gleichgewicht kompensieren sich Schwerebeschleunigung und Reibung gerade, so daß $6\pi\mu R u = 4/3\pi R^3$. Hieraus folgt für die Fallgeschwindigkeit der Kugel:

$$\vec{u} = \frac{2\vec{g}\Delta\rho}{9\mu}R^2.$$

Ein beliebtes Beispiel für Berechnungen hydrodynamischer Strömungen ist das Bénard-Rayleigh-Problem der freien Konvektion. Der Grund ist, daß man es erstens lösen kann und daß es zweitens ein Alltagsproblem ist. Wenn man in einer heißen Pfanne Butter zerläßt, kann man bei genauem Betrachten in der schon flüssigen und sich erwärmenden Butter eine hexagonale Struktur erkennen. Die Butter, die an der Unterseite zwangsweise heiß und an der Oberseite deutlich kälter ist, gleicht den Wärmeunterschied durch eine Strömung aus. Diese findet in sechseckigen Zellen statt, was also scheinbar die stabile Lösung des Problems ist. Wie geht man dieses Problem mit den bisher dargestellten Gleichungen an?

8.3 Freie Konvektion

Eine ruhende Flüssigkeit befindet sich im mechanischen Gleichgewicht. Die Temperaturverteilung kann hier nur von z abhängen. Läge eine Temperaturabhängigkeit von x oder y vor, so wird aufgrund der zwangsläufig auch in x- oder y-Richtung vorliegenden Dichtegradienten eine Konvektion auftreten. Dies kann auch der Fall sein, wenn die Temperatur so mit z variiert, daß keine stabile Schichtung erreicht wird. Diese Konvektion wird *freie Konvektion* genannt.

Betrachten wir das Bénard-Rayleigh-Problem der freien Konvektion (siehe Bild 11). Die Ausgangsgleichungen sind

$$\frac{d\rho}{dt} + \rho\nabla\vec{v} = 0 \tag{30}$$

$$\rho\frac{\partial\vec{v}}{\partial t} = -\rho\vec{v}\cdot\nabla\cdot\vec{v} - \nabla p + \rho\vec{g} + \mu\nabla^2\vec{v} \tag{31}$$

$$\frac{\partial T}{\partial t} = -\vec{v}\nabla T + \kappa\nabla^2 T \tag{32}$$

Dies ist die sogenannte Boussinesq-Näherung. In vielen praktischen Problemen kann man die hydrodynamischen Gleichungen vereinfachen, indem man $c_v, \lambda, \kappa, \mu$ und ν als konstant ansetzt. Dies ist zulässig, wenn die Änderung der obigen Variablen mit der Temperatur hinreichend klein ist, bzw. wenn die Temperaturvariationen im untersuchten System hinreichend klein sind. Es ist aber zu beachten, daß die Dichte ρ im Term mit den externen Kräften ($\rho\vec{g}$) nicht als konstant angesetzt werden kann, da die Beschleunigungen, die hieraus resultieren, vergleichsweise groß sind. In allen anderen Termen kann es aber als konstant angesetzt werden. Gleichung (31) kann man umschreiben zu:

$$\frac{\partial\vec{v}}{\partial t} = -\vec{v}\cdot\nabla\cdot\vec{v} - \frac{1}{\rho_0}\nabla p + \frac{\rho(T)}{\rho_0}\vec{g} + \nu\nabla^2\vec{v}$$

ρ_0 ist die Dichte an einer Seite. Die Temperaturabhängigkeit der Dichte wird mittels des thermischen Ausdehnungskoeffizienten α_T beschrieben.

$$\alpha_T = \frac{1}{\rho}\frac{\partial\rho}{\partial T}$$
$$\rho(T,p) = \rho_0(1 - \alpha_T(T - T_0)).$$

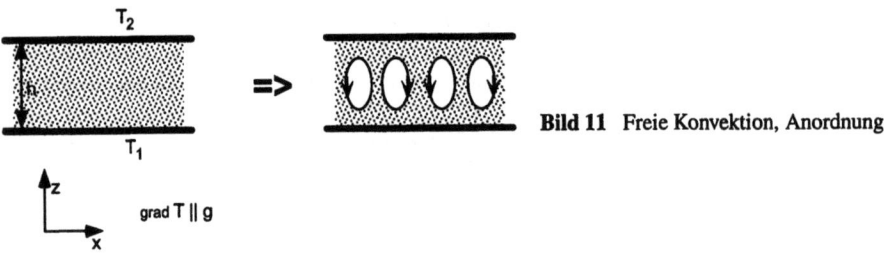

Bild 11 Freie Konvektion, Anordnung

Die Kontinuitätsgleichung (30) wird im angenommenen stationären Fall zu:

$$\nabla \cdot \vec{v} = 0.$$

Dies ist genau genommen falsch, da durch ∇T auch ein $\nabla \rho$ erzeugt wird. Der thermische Ausdehnungskoeffizient $\alpha_T = \frac{1}{\rho}\frac{\partial \rho}{\partial T}$ (vgl. Kap. 4, Abschn. 1.6) ist aber ungefähr 10^{-3} - 10^{-4} K^{-1} und somit vernachlässigbar.

Mit diesen Vorraussetzungen wird zunächst der einfachste Fall gelöst:

Stationäres Gleichgewicht
Die einfachste Lösung ist die der ruhenden Flüssigkeit.

$$\vec{v} = 0$$

Aus den Ausgangsgleichungen kann man sämtliche zeitabhängigen Terme streichen, so daß

$$\frac{\partial p}{\partial x} = 0, \quad \frac{\partial p}{\partial y} = 0, \quad \frac{\partial p}{\partial z} = -\rho g$$

und

$$\nabla^2 T = 0$$

Für die Dichte gilt

$$\rho(T,p) = \rho_0(1 - \alpha_T \Delta T))$$
$$\rho_0 = \rho(T_0)$$

Sei

$$\beta = \frac{\Delta T}{h}$$
$$\Longrightarrow \quad \bar{T} = T_0 + \beta z$$

Damit folgt für den Druck

$$\frac{\partial \bar{p}}{\partial z} = -\rho_0 g [1 - \alpha_T \Delta T]$$
$$\Longrightarrow \quad \bar{p} = p_0 - \rho_0 g z - \frac{1}{2}\rho_0 g \alpha_T \beta z^2$$

Stabilitätsanalyse der stationären Lösung

Der nächste Schritt ist zu untersuchen, wie sich infinitesimale Störungen auf die Lösung auswirken; insbesondere ob sie ausgedämpft werden, d.h. stabil sind oder sich verstärken. Wir setzen eine kleine Störung der Form

$$\vec{v} = 0 + \epsilon \vec{v}' = \hat{\vec{v}}$$
$$p = \bar{p} + \epsilon p' = \bar{p} + \hat{p}$$
$$T = \bar{T} + \epsilon T' = \bar{T} + \hat{T}$$

an.

$$\implies \nabla \hat{\vec{v}} = 0$$
$$\vec{v} \nabla T = \hat{\vec{v}} \nabla (\bar{T} + \hat{T})$$
$$= \hat{\vec{v}} \nabla \bar{T} + \hat{\vec{v}} \nabla \hat{T})$$
$$\cong \hat{\vec{v}} \nabla \bar{T}$$

Damit wird aus der Wärmeleitungsgleichung

$$\frac{\partial \hat{T}}{\partial t} = -\hat{\vec{v}} \nabla \bar{T} + \kappa \nabla^2 \hat{T} \tag{33}$$

und aus der Strömungsgleichung wird

$$\vec{v} \cdot \nabla \cdot \vec{v} = \hat{\vec{v}} \cdot \nabla \cdot \hat{\vec{v}} \cong 0$$
$$\frac{\partial \hat{\vec{v}}}{\partial t} = -\frac{1}{\rho_0} \nabla p + \frac{\rho}{\rho_0} \vec{g} + \nu \nabla^2 \vec{v}$$
$$\implies \frac{\partial \hat{\vec{v}}}{\partial t} = -\frac{1}{\rho_0} \nabla \bar{p} - \frac{1}{\rho_0} \nabla \hat{p} + \frac{\rho}{\rho_0} \vec{g} + \nu \nabla^2 \hat{\vec{v}} \tag{34}$$

Für die Dichte ergibt sich

$$\rho = \rho_0 [1 - \alpha_T (\bar{t} + \hat{T} - T_0)]$$
$$= \rho_0 [1 - \alpha_T (\bar{T} - T_0)] - \rho_0 \alpha_T \hat{T}$$
$$= \bar{\rho} + \hat{\rho}$$
$$\text{mit} \quad \hat{\rho} = -\alpha_T \rho_0 \hat{T}$$

Damit wird aus Gleichung (34)

$$\frac{\partial \hat{\vec{v}}}{\partial t} = -\frac{1}{\rho_0} \nabla \bar{p} - \frac{1}{\rho_0} \nabla \hat{p} + \frac{\bar{\rho}}{\rho_0} \vec{g} + \frac{\hat{\rho}}{\rho_0} \vec{g} + \nu \nabla^2 \hat{\vec{v}}$$
$$\implies \frac{\partial \hat{\vec{v}}}{\partial t} = -\frac{1}{\rho_0} \nabla \hat{p} + \alpha_T \hat{T} \vec{g} + \nu \nabla^2 \hat{\vec{v}} \tag{35}$$

An dieser Stelle werden jetzt vier Größen eingeführt, deren Sinn im Wesentlichen ist, die Gleichungen anders hinschreiben zu können. Die erste ist ein Vektor, der die Symmetrie der Aufgabenstellung beinhaltet:

$$\vec{m} = (0,0,1).$$

Die zweite Größe ist die Vortizität:

$$\vec{\omega} = \nabla \times \vec{v}.$$

Die dritte Größe ist

$$\xi = \vec{m}\vec{\omega} = \frac{\partial v_2}{\partial x_1} - \frac{\partial v_1}{\partial x_2}$$

und die vierte

$$w = \vec{m}\vec{v} = v_3.$$

Wendet man den Rotationsoperator einmal auf Gleichung (35) an so erhält man die Votizitätsgleichung

$$\frac{\partial \vec{\omega}}{\partial t} = -g\alpha_T \nabla \times (\nabla \hat{T}) + \nu \nabla^2 \vec{\omega} \tag{36}$$

und bei nochmaliger Anwendung

$$\frac{\partial}{\partial t}\nabla^2 \vec{v} = g\alpha_T(\vec{m}\nabla^2 \hat{T} - \vec{m}\frac{\partial^2 \hat{T}}{\partial x_i \partial x_j}) + \nu \nabla^4 \vec{v} \tag{37}$$

Multipliziert man Gleichung (36) und (37) mit $\vec{m}$, so erhält man

$$\frac{\partial \xi}{\partial t} = \nu \nabla^2 \xi \tag{38}$$

$$\frac{\partial}{\partial t}\nabla^2 w = g\alpha_T(\frac{\partial^2 \hat{T}}{\partial x_1^2} + \frac{\partial^2 \hat{T}}{\partial x_2^2}) + \nu \nabla^4 w \tag{39}$$

Randbedingungen

Die Flüssigkeit befindet sich zwischen den Ebenen $x_3 = 0$ und $x_3 = h$, so daß dort die Randbedingungen erfüllt werden müssen. An diesen Grenzflächen muß auf jeden Fall

$$\hat{T} = 0 \quad \text{und} \quad w = 0$$

erfüllt sein. Die weiteren Bedingungen hängen davon ab, ob man freie bewegliche oder feste Oberflächen annimmt. Für feste Oberflächen hat man

$$\vec{v} = 0 \quad \text{bei} \quad x_3 = 0 \quad \text{und} \quad x_3 = h$$

Für eine freie Oberfläche hat man

$$\sigma_{13} = \mu(\frac{\partial v_1}{\partial x_3} + \frac{\partial v_3}{\partial x_1}) = 0$$

$$\sigma_{23} = \mu(\frac{\partial v_2}{\partial x_3} + \frac{\partial v_3}{\partial x_2}) = 0$$

$$v_3 = 0 \implies \frac{\partial v_1}{\partial x_3} = \frac{\partial v_2}{\partial x_3} = 0$$

$$\nabla \vec{v} = 0 \implies \frac{\partial^2 v_3}{\partial x_3^2} = 0$$

Periodischer Ansatz für die Störungen
Um die Störungen zu untersuchen, machen wir einen periodischen Ansatz, in dem die Wellenzahl ein freier Parameter ist, so daß die gefundenen Lösungen Aufschluss über das Verhalten für alle möglichen Störungen geben[5]. Ein periodischer Ansatz ist auch sehr einfach experimentell zu begründen: In entsprechenden Experimenten mit einer freien und einer festen Grenzfläche sieht man die sogenannte Bénard-Konvektion, eine in fünf und sechseckige Zellen aufgeteilte Konvektion.

$$w = W(x_3)\exp(\iota(k_{x_1}x_1 + k_{x_2}x_2) + \varsigma t)$$
$$\hat{T} = \Theta(x_3)\exp(\iota(k_{x_1}x_1 + k_{x_2}x_2) + \varsigma t)$$
$$\xi = Z(x_3)\exp(\iota(k_{x_1}x_1 + k_{x_2}x_2) + \varsigma t)$$
$$k = \sqrt{k_1^2 + k_2^2}$$

k ist die Wellenzahl. Die Ableitungen nach x, y und t können jetzt ausgeführt werden.

$$\varsigma Z = \nu(\frac{\partial^2}{\partial x_3^2} - k^2)Z \tag{40}$$

$$\varsigma(\frac{\partial^2}{\partial x_3^2} - k^2)W = -g\alpha_T k^2 \Theta + \nu(\frac{\partial^2}{\partial x_3^2} - k^2)W \tag{41}$$

$$\varsigma\Theta = \beta W + \kappa(\frac{\partial^2}{\partial x_3^2} - k^2)\Theta \tag{42}$$

Mit den dimensionslosen Variablen

$$\chi = k \times h \quad \text{und} \quad \gamma = \frac{\varsigma h^2}{\nu}$$

und den Abkürzungen $D = \frac{\partial}{\partial x_3}$ und $Pr = \frac{\nu}{\kappa}$ wird aus (41) und (42)

$$(D^2 - \chi^2)(D^2 - \chi^2 - \gamma)W = (\frac{g\alpha_T}{\nu}h^2)\chi^2\Theta \tag{43}$$

$$\text{und} \quad (D^2 - \chi^2 - Pr*\gamma)\Theta = -(\frac{\beta}{\kappa}h^2)W \tag{44}$$

$$\leadsto (D^2 - \chi^2)(D^2 - \chi^2 - \gamma)(D^2 - \chi^2 - Pr*\gamma)W = -Ra*\chi^2 W \tag{45}$$

$$\tag{46}$$

$$\text{mit} \quad Ra = \frac{g\alpha_T \beta}{\kappa\nu}h^4 \quad \text{(Rayleigh-Zahl)}$$

Lösungen für die horizontalen Geschwindigkeiten
Für die horizontalen Geschwindigkeiten v_1 und v_2 macht man folgenden Ansatz[6]

$$v_1 = \frac{\partial\phi}{\partial x_1} - \frac{\partial\psi}{\partial x_2}, \quad v_2 = \frac{\partial\phi}{\partial x_2} + \frac{\partial\psi}{\partial x_1}$$

---

[5] Ob ein System stabil ist oder nicht, weiß man nur, wenn man das Verhalten für alle möglichen Störungen und das heißt alle möglichen Wellenvektoren untersucht hat. Dies ist eine prinzipielle Vorgehensweise in der Hydrodynamik.
[6] ϕ ist hier das bekannte Potential. Im Falle einer 2d-Strömung wird $\nabla \cdot \vec{v} = 0$ zu $\frac{\partial v_1}{\partial x_1} + \frac{\partial v_2}{\partial x_2} = 0$. Führt man eine sogenannte Stromfunktion ψ ein, mit $v_1 = \frac{\partial \psi}{\partial x_1}$ und $v_2 = -\frac{\partial \psi}{\partial x_2}$, so ist $\nabla \cdot \vec{v} = 0$ stets erfüllt.

Dann gilt wegen $\nabla \vec{v} = 0$

$$-\frac{\partial v_3}{\partial x_3} = \frac{\partial v_1}{\partial x_1} + \frac{\partial v_2}{\partial x_2} = \frac{\partial^2 \phi}{\partial x_1^2} + \frac{\partial^2 \phi}{\partial x_2^2} = -\chi^2 \phi$$

und

$$h\xi = \frac{\partial v_2}{\partial x_1} - \frac{\partial v_1}{\partial x_2} = \frac{\partial^2 \psi}{\partial x_1^2} + \frac{\partial^2 \psi}{\partial x_2^2} = -\chi^2 \psi$$

und somit

$$\phi = \frac{1}{\chi^2} \frac{\partial w}{\partial x_3} \quad \text{und} \quad \psi = -\frac{h}{\chi^2} \xi$$

Damit sind die gesuchten horizontalen Geschwindigkeiten

$$\begin{aligned} v_1 &= \frac{1}{\chi^2}\left(\frac{\partial^2 w}{\partial x_1 \partial x_3} + h\frac{\partial \xi}{\partial x_2}\right) \\ &= \frac{\iota}{\chi^2}(\chi_{x_1} DW + \chi_2 hZ)\exp[\iota(\chi_{x_1} x_1 + \chi_2 x_2) + \gamma t] \end{aligned} \quad (47)$$

$$\begin{aligned} v_2 &= \frac{1}{\chi^2}\left(\frac{\partial^2 w}{\partial x_2 \partial x_3} - h\frac{\partial \xi}{\partial x_1}\right) \\ &= \frac{\iota}{\chi^2}(\chi_2 DW - \chi_1 hZ)\exp[\iota(\chi_1 x_1 + \chi_2 x_2) + \gamma t] \end{aligned} \quad (48)$$

Die Frage ist nun, wann die Lösung stabil, metastabil oder instabil ist. Man kann zeigen, daß γ reell sein muß (siehe hierzu [Chandrasekhar 1961]). Der Übergang von stabil zu instabil muß dann über eine metastabile Lösung führen, bei der γ gerade Null ist. Damit vereinfachen Gl. (43) und Gl. (44) zu

$$(D^2 - \chi^2)^2 W = \left(\frac{g\alpha_T}{\nu} h^2\right)\chi^2 \Theta \quad (49)$$

und $\quad (D^2 - \chi^2)\Theta = -\left(\frac{\beta}{\kappa} h^2\right) W \quad (50)$

$\Longrightarrow \quad (D^2 - \chi^2)^3 W = -Ra * \chi^2 W \quad (51)$

$\wedge \quad (D^2 - \chi^2)^3 \Theta = -Ra * \chi^2 \Theta \quad (52)$

Die Lösung des metastabilen Problems wird also durch die Rayleigh-Zahl bestimmt. Man findet, daß es eine minimale Rayleigh-Zahl gibt, für eine Lösung existiert. Dies ist $Ra = 1707.762$ bei einer Wellenzahl von $k = 3.117/h$. Die Lösung ist dadurch bestimmt, daß die Energie, die mittels der Viskosität in Wärme umgewandelt und somit dem Geschwindigkeitsfeld entzogen wird, im Gleichgewicht steht mit der Energie, die durch die am Rand anliegenden Kräfte dem System zugeführt wird. Die Rechnungen hierzu sind umfangreich und im oben genannten Buch von Chandrasekhar gut beschrieben.

8.4 Natürliche Konvektion

Ausgehend von Gleichung (31) wollen wir das Problem einer um 90° gedrehten Anordnung betrachten. Gesucht ist eine stationäre Lösung mit $\vec{v} = (0,0,v)$. Es gilt wieder $\nabla \cdot \vec{v} = 0$.

$$\Longrightarrow \frac{1}{\rho_0}\frac{\partial p}{\partial x_3} = \frac{\rho}{\rho_0}g + \nu\frac{d^2 v}{dx_1^2}$$

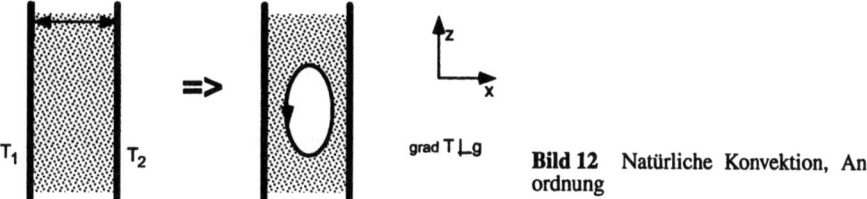

Bild 12 Natürliche Konvektion, Anordnung

Differenziert man die Gleichung nach x_1, so ergibt sich

$$\frac{1}{\rho_0}\frac{\partial}{\partial x_1}\frac{\partial p}{\partial x_3} = \alpha_T\beta\frac{1}{h}g + \nu\frac{d^3v}{dx_1^3}$$

und damit

$$\frac{d^3v}{dx_1^3} = \frac{\alpha_T\beta g}{\nu} \tag{53}$$

$$\rightsquigarrow \quad v = \frac{\alpha_T\beta g}{6\nu}x_1^3 + \frac{C_1}{2}x_1^2 + C_2 x_1 \tag{54}$$

$$\Longleftrightarrow \quad v = \frac{1}{12}\underbrace{\frac{\alpha_T\beta g h^3}{\nu}}_{u^*}\frac{x_1}{h}(2\frac{x_1}{h}-1)(\frac{x_1}{h}-1)$$

Aus Gleichung (55) folgt, daß die Geschwindigkeit nie verschwindet und es somit kein statisches Gleichgewicht gibt. Es tritt also Konvektion auf. Es bleibt noch zu bemerken, daß

$$Ra = \frac{\alpha_T\beta g h^4}{\kappa\nu}$$

$$Pr = \frac{\nu}{\kappa}$$

$$\frac{Ra}{Pr} = \frac{\alpha_T\beta g h^4}{\nu^2}$$

$$= \frac{u^* h}{\nu}$$

$$= Gr \quad \text{Grashof-Zahl.}$$

u^* ist eine charakteristische Geschwindigkeit für diese Anordnung.

Literaturverzeichnis

[1] A.Sommerfeld, Vorlesungen über theoretische Physik, Band2 Mechanik der deformierbaren Medien, Akademische Verlagsgesellschaft Geest & Portig KG

[2] K.Huang, Statistische Mechanik 1, B1 Hochschultaschenbücher

[3] G.K.Batchelor, An introduction to fluid dynamics, Cambridge University Press

[4] L.D.Landau und E.M.Lifschitz, Lehrbuch der theoretischen Physik VI, Hydrodynamik, Akademie-Verlag Berlin

[5] M.R.Spiegel, Theory and problems of vector analysis and an introduction to tensor analysis, McGraw-Hill book company

[6] G.E.Mase, Theory and problems of continuum mechanics, McGraw-Hill book company

[Chandrasekhar 1961] S.Chandrasekhar, Hydrodynamik and hydromagnetic stability, Oxford at the clarendon press (1961).

3 Transportprozesse in metallischen Schmelzen

1 Transportgrößen

In den hydrodynamischen Gleichungen des letzten Kapitels tauchen die sogenannten Transportkoeffizienten, d.s. die Koeffizienten der Diffusion, der Viskosität sowie der Wärmeleitfähigkeit auf. Nach den Ansätzen der irreversiblen Thermodynamik beschreibt ein Transportkoeffizient, A, die lineare Verknüpfung eines Substanzflusses, j_ψ, mit der dazugehörigen treibenden Kraft X_ψ:

$$j_\psi = A \cdot X_\psi.$$

Die Tabelle 1 listet die wichtigsten Ströme und Kräfte mit den zugehörigen Transportkoeffizienten auf.

Fluß	treibende Kraft	Transportkoeffizient	Effekt
j_n Teilchen	$\nabla \mu$ Gradient des chem. Potentials	D Diffusionskoeffizient	Diffusion
j_q Wärme	∇T Temperaturgradient	κ Wärmeleitfähigkeit	Wärmeleitung
τ_{ij} Impuls	$\frac{\partial v_i}{\partial x_j} + \frac{\partial v_j}{\partial x_i}$ transvers. Geschwindigkeitsgrad.	η Scher-Viskosität	Viskosität

Tabelle 1 Flüsse, treibende Kräfte und zugehörige Transportkoeffizienten.

Zusammen mit den geltenden Erhaltungsrelationen für Materie, Impuls und Energie erhält man aus diesen linearen Ansätzen Feldgleichungen für die zeitliche und räumliche Verteilung der betrachteten Substanz, also Teilchen, Impulse und Wärme. Dieser im wesentlichen mathematische Ansatz sagt allerdings nichts über die dabei ablaufenden dynamischen und molekularen Prozesse, also die dazu gehörige Physik aus. Die Kenntnis des Diffusionskoeffizienten in einer Schmelze ermöglicht es zwar, in einem Kontinuumsmodell die Kinetik der Durchmischung zu behandeln, aber für das tiefere Verständnis der ablaufenden Vorgänge wäre es vorteilhaft, wenn man die Transportgröße aus molekularen Informationen der Schmelze ableiten könnte.

Von Ansätzen dieser Art handelt das vorliegende Kapitel. Es werden Modelle vorgestellt, die zum einen die betrachtete Schmelze selbst beschreiben und zum anderen Beziehungen zwischen den atomaren, molekularen und strukturellen Gegebenheiten und den Transportkoeffizienten herstellen.

2 Innere Struktur einer Schmelze

Ein Gas zeichnet sich dadurch aus, daß sich seine Moleküle ungeordnet bewegen und nur sehr wenig miteinander wechselwirken. Bei einem Festkörper dagegen sitzen die einzelnen Atome oder Moleküle auf festen Plätzen und vollführen so gut wie keine translatorische Bewegung.

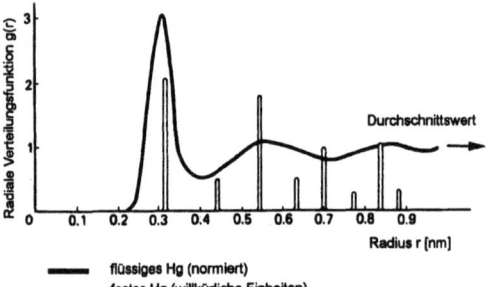

Bild 1 Radiale Verteilungsfunktion von Hg im flüssigen und im festen Zustand. Im Festkörper sind auch bei Abständen $\gg$ 1nm noch diskrete Werte zu beobachten, in der Flüssigkeit findet man jenseits von 1nm keine Strukturen mehr. Der Grenzwert liegt bei der durchschnittlichen Atomdichte der Schmelze.

Eine Schmelze hat von beiden Aggregatzuständen etwas. Einerseits sind die intermolekularen Kräfte so stark, daß sie wie ein Festkörper ein definiertes Volumen einnimmt. Andererseits haben die Moleküle so viel Freiheit, daß keine Scherspannungen existieren und die Schmelze eine vorgegebene Form ausfüllt.

Man kann sich eine Schmelze in der Tat als eine Art dichtes Gas vorstellen, welches aus einzelnen Teilchen besteht, die sich im wesentlichen frei bewegen. Es gibt allerdings einen großen Unterschied in den Strukturen, die diese Teilchen (Moleküle) bilden. In einem Gas läßt sich keinerlei Ordnung zwischen den Molekülen feststellen. Ein Röntgen- oder Neutronen-Diffraktogramm zeigt keine Struktur, was bedeutet, daß die Abstände zufällig verteilt sind. Im Falle einer Flüssigkeit zeigt ein solches Diagramm – wenn auch diffus – eine Anzahl von Maxima. Daraus kann man eine radiale Dichteverteilung, $g(r)$ der Moleküle in der Schmelze ableiten, die die Wahrscheinlichkeit angibt, im Abstand r eines Moleküls ein weiteres zu finden. Bild 1 (aus [Tabor 1993], S. 258) zeigt ein aus Röntgen-Diffraktogrammen gewonnenes $g(r)$ für Quecksilber im Vergleich mit den Gitterabständen im festen Zustand. Der Vergleich ist verblüffend. Die Maxima der Aufenthaltswahrscheinlichkeit in einer Flüssigkeit stimmen mit den Gitterabständen im festen Zustand überein. Erst für Entfernungen größer als 1 nm waschen sich alle Strukturen aus. Der Wert, den die Verteilungsfunktion, $g(r)$ für große Abstände annimmt, kann man zur Normierung heranziehen. Hier nimmt die Dichte der Flüssigkeit den Wert 1 an.

Eine Flüssigkeit hat also mit einem Gas die größere Teilchenbeweglichkeit gemein, besitzt aber eine gewisse Nahordnung, was ihr Ähnlichkeit mit festen (amorphen, glasartigen) Strukturen verleiht.

3 Diffusion

3.1 Sprung-Diffusion; Einsteins Random-Walk-Modell

Da eine Flüssigkeit eine gewisse Ordnung aufweist, kann man sich die Bewegung eines Flüssigkeitsteilchens in einer Schmelze wie in einem Festkörper als Sprung von Platz zu Platz vorstellen. Man kann ein Modell aufstellen, in dem die Verharrzeit eines Teilchens an einem gegebenen Ort durch eine eine charakteristische Zeit τ gegeben ist. Das Teilchen möge dabei eine Schwingung um seine Ruhelage ausführen und nach Ablauf der Zeit an einen anderen Ort springen, der durch die Relativkoordinate $\vec{l}$ angegeben wird. Dieser Prozeß wiederholt sich für alle Teilchen beliebig oft.

Es soll nun die Wahrscheinlichkeit berechnet werden, mit der ein Teilchens, welches sich zur Zeit t an der Stelle $\vec{r}$ befindet, in der Zeit τ an die Stelle $\vec{r}' = \vec{r} + \vec{l}$ springt. Die Lage der Vektoren ist in Bild 2 gezeigt. Mit $G(\vec{r},t)$ als der Wahrscheinlichkeit, ein Teilchen, welches sich zur Zeit 0 im Ursprung befand, nun zur Zeit t an der Stelle $\vec{r}$ zu finden, berechnet sich die Wahrscheinlichkeit, daß dieses Teilchen nach der Zeit τ nun weiter nach $\vec{r}'$ springt, zu

$$G(\vec{r}',t+\tau) = \int_V d^3l\, G(\vec{r},t) G(\vec{l},\tau). \tag{1}$$

Darin ist die Annahme verarbeitet, das das Teilchen bei jedem diskreten Sprung (nach der Zeit τ) seine Vorgeschichte verliert.

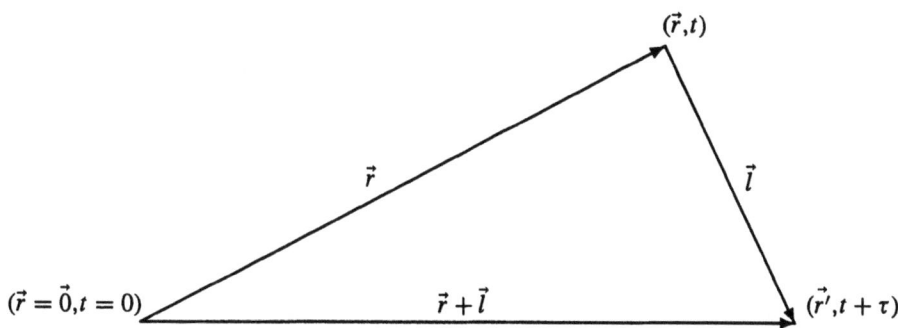

Bild 2 Zu Einsteins Random-Walk-Modell: Zur Zeit t befindet sich das beobachtete Teilchen am Ort $\vec{r}$, innerhalb des folgenden Zeitintervalls τ bewegt es sich um die Strecke $\vec{l}$.

Da sowohl der Sprungvektor $\vec{l}$ klein gegenüber dem Ortsvektor $\vec{r}$ ist und die Zeit τ klein gegenüber t, kann man nach diesen Größen entwickeln und erhält.

$$\tau \frac{\partial G(\vec{r},t)}{\partial t} = \frac{\bar{l}^2(\tau)}{3} \nabla^2 G(\vec{r},t), \tag{2}$$

($\bar{l}^2$ ist der Erwartungswert von $\vec{l}^2$.) falls man animmt, daß die Aufenthaltswahrscheinlichkeit nur vom Abstand zum jeweiligen Startpunkt abhängt: $G(\vec{r},t) = G(|\vec{r}|,t)$, also $G(-\vec{r}) = G(\vec{r})$ ist. Diese Beziehung hat die Form des zweiten Fick'schen Gesetzes (Diffusionsgleichung), wobei hier die Teilchenkonzentration durch die Wahrscheinlichkeitsverteilung angegeben wird. Die makroskopische Größe D in der Diffusionsgleichung kann hier identifiziert werden mit

$$D = \frac{\bar{l}^2}{3\tau}, \tag{3}$$

kann also durch eine Kombination mikroskopischer Größen ausgedrückt werden. Gleichung (3) gilt für jedes Paar korrespondierender Zeiten und Längen – also auch im makroskopischen Grenzfall. In diesem Fall ist $\bar{l}^2$ die mittlere quadratische Entfernung, $\bar{r}^2$, die ein Teilchen nach der korrespondierenden Zeit t zurückgelegt hat. Somit:

$$\bar{r}^2 = 3Dt, \tag{4}$$

was gleichzeitig ein experimentelles Verfahren impliziert, um D zu bestimmen. Wenn man $\bar{l}/\tau$ mit der mittleren Geschwindigkeit, $\bar{v}$, eines Teilchens identifiziert, erhält man

$$D = \frac{1}{3}\bar{v}\bar{l}, \tag{5}$$

eine Beziehung, die oft für praktische Abschätzungen angewendet wird. Die Beziehung (4) erhält man auch aus der analytischen Lösung der Diffusionsgleichung (2)

$$G(\vec{r},\tau) = \frac{1}{(4\pi D\tau)^{3/2}} \exp(-r^2/4D\tau), \tag{6}$$

der Gauß-Funktion mittels

$$\bar{r^2} = \int_V d^3r \, \vec{r}^2 G(\vec{r},t) = 3Dt. \tag{7}$$

Dieses Modell, welches D mit den Parametern der charakteristischen Sprungzeit, τ, und der mittleren zurückgelegten Entfernung, l, verknüpft, ist erst für relativ große zurückgelegte Entfernungen der einzelnen Teilchen brauchbar. Im Grenzfall kleiner betrachteter Zeiten werden die Abweichungen von den mittleren Werten groß. Ein Modell, welches diesen Nachteil nicht aufweist, soll im nächsten Abschnitt besprochen werden.

3.2 Freie Diffusion; Brown'sche Bewegung

Im Gegensatz zum vorhergehenden Sprung-Modell, welches vom Festkörper ausgeht, soll hier die Diffusion in einer Schmelze als gasähnlich betrachtet werden. Das Modell geht davon aus, daß sich die Flüssigkeitsteilchen ständig in Bewegung befinden und nach einer charakteristischen Zeit, τ, die mit einer charakteristischen Länge, l, verknüpft ist, einen Stoß erleiden. Diese Stöße werden als unkorreliert angenommen. Der Prozeß wiederhole sich beliebig oft. Die treibende Kraft für diese Bewegung sei eine stochastische Kraft, $\vec{f}(t)$, mit verschwindendem zeitlichen Mittelwert. In der klassischen Behandlung der Brown'schen Bewegung in einem Gas wirkt diese Kraft auf die Teilchen der Masse m. Hier in der Schmelze bewegt sich das betrachtete Teilchen allerdings nicht wirklich frei, sondern muß sich zwischen den anderen hindurchzwängen. Es ist also eine kollektive Bewegung nötig, die man dadurch beschreiben kann, daß man dem betrachteten Teilchen eine effektive Masse, $m^* > m$ zuschreibt. Damit kann man die klassische Langevin-Gleichung für die Bewegung eines Teilchens der Masse m^* unter dem Einfluß einer Reibung, γ, aufstellen:

$$\frac{d^2\vec{r}}{dt^2} + \gamma \frac{d\vec{r}}{dt} = \frac{1}{m^*}\vec{f}(t). \tag{8}$$

Wenn die treibende Kraft nicht als fluktuierend angesehen wird, entspricht Gleichung (8) der Bewegungsgleichung eines Elektrons im Drude-Modell oder Bewegung eines Massepunktes im zähem Medium unter Einwirkung einer (Schwer-)Kraft. Zur Lösung der Gleichung kann man im elektrischen Fall den stationären Zustand betrachten und erhält eine Beziehung zwischen der Streuzeit, τ, und der Beweglichkeit der Ladungsträger. Im vorliegenden Fall ist die Mathematik komplizierter und es soll nur das Ergebnis angegeben und diskutiert werden.

Auch hier führt man den Begriff der Beweglichkeit, μ, eines Flüssigkeitsteilchens ein, der definiert ist als das Verhältnis zwischen Geschwindigkeit des Teilchens und wirkender Kraft, $\vec{f}$. Also

$$\vec{v}(\vec{r},t) = \mu \vec{f}(\vec{r},t). \tag{9}$$

Die Beweglichkeit hat hier die Dimension Zeit pro Masse.

Aus der Lösung der Langevin Gleichung erhält man zunächst die Beziehungen $\gamma = 1/\tau$ sowie $\mu = \tau/m^*$. Die Beweglichkeit, μ, wiederum, ist mit de Diffusionskoeffizienten, D, über die Einstein-Beziehung verknüpft:

$$D = \mu k_B T, \qquad (10)$$

die sich aus dem 1. Fick'schen Gesetz, Gleichung (9) und der Annahme, daß das Potential der Kraft $\vec{f}$ durch die mittlere Teilchenenergie darstellbar ist. So liefert dieses Modell:

$$D = \frac{\tau k_B T}{m^*}. \qquad (11)$$

3.3 Diskussion

Aus den beiden Modellen der Sprung-Diffusion und der freien Diffusion erhält man zwei Beziehungen für die charakteristische Zeit, τ:

$$\tau_S = \frac{\bar{l}^2}{3D}, \quad \text{Sprungmodell,} \qquad (12)$$

$$\tau_f = \frac{m^* D}{k_B T}, \quad \text{freie Diffusion.} \qquad (13)$$

Interessant ist, daß im ersten Fall τ mit steigendem D sinkt, wogegen die Streuzeit bei der freien Diffusion proportional zu D ist. Bei der Auswertung experimenteller Daten treten beide Fälle auf, was bedeutet, daß offenbar weder die Sprungweite, l, noch die effektive Masse, m^*, eine Konstante darstellen kann (vgl. Na und Wasserstoff in Tabelle 2). Man kann auch sagen, daß der „wahre" Mechanismus der Diffusion in einer Schmelze zwischen den beiden Extrema des diskontinuierlichen Sprunges und der Bewegung in einem reibenden Medium liegt. Dies impliziert auch eine nähere Betrachtung der Länge l in Tabelle 2. Die Werte sind durchweg kleiner als der Abstand benachbarter Atome, was nicht mit dem physikalischen Modell eines Sprunges zum nächsten Nachbarplatz vereinbar ist. Von der Seite der freien Diffusion her betrachtet, ist l aber wiederum zu groß, denn in einer dichten Schmelze ist es für ein Atom sicherlich nicht möglich, eine Strecke von 0,1 bis 0,2 nm frei zurückzulegen. Die gezeigten Modelle stellen also in der Tat zwei Extrema dar, zwischen denen sich realistischere Modelle ansiedeln können. Wichtig zu bemerken ist aber, daß beide Modelle im Grenzfall großer Zeiten und Längen (glücklicherweise) dieselben Resultate für alle Parameter liefern. Damit kann man davon ausgehen, daß detailliertere Modelle ebenfalls diese Ergebnisse liefern werden, in diesem Sinne also zwischen freier Diffusion und Sprungdiffusion vermitteln.

Tabelle 2 Experimentell bestimmte Parameter der Diffusion in Flüssigkeiten (aus [Eggelstaff 1994]). Zum Vergleich Diffusionskonstanten in der gasförmigen und festen Phase siehe Tabelle 3.

Flüssigkeit	Temperaturbereich	D [10^{-5}cm^2/s]	τ [10^{-12}s]	l [nm]
Na	108 – 198°C	4 – 8	1,0 – 1,6	0,25
Pentan	−35 – 25°C	3 – 5	1,0 – 1,2	0,15
Argon	84,5 K	1,6	1,0	0,10
Ortho-Wasserstoff	15 – 18 K	4,7 – 7,5	2,6 – 1,1	0,15

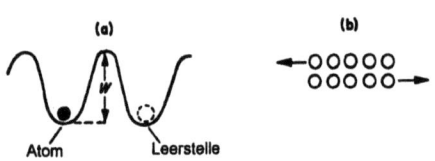

Bild 3 Vorstellung zum Diffusionsprozeß und zur Viskosität in einer Schmelze. Die Diffusionskonstante ist proportional zur Sprungwahrscheinlichkeit zum Nachbarplatz, (a). Die Viskosität hängt von der Aufenthaltsdauer an einem Platz ab, diese aber ist umgekehrt proportional zur Sprungwahrscheinlichkeit, (b), nach [Egelstaff 1994]

3.4 Temperaturabhängigkeit von D

Der nächste Schritt, der zur Korrelation mit experimentellen Daten notwendig ist, besteht darin, die Temperaturabhängigkeit der Diffusionskonstanten zu beschreiben. Im Sprung-Modell kann man ein einfaches Bild entwickeln, welches auf ein Aktivierungsverhalten der Diffusionskonstanten führt. Der Sprung eines Teilchens in der Schmelze kann nur auf einen unbesetzten Platz, d.h. eine Leerstelle erfolgen. Zur Schaffung dieser Leerstelle ist das Teilchen auf die Kooperation anderer Moleküle angewiesen, was man mit der Überwindung einer Energiebarriere gleichsetzen kann. Bild 3 veranschaulicht diese Vorstellung. Um den Diffusionssprung zu vollziehen, muß das Teilchen die Energie W überwinden.

Die Wahrscheinlichkeit, die Barriere der Energie W zu überwinden, wird durch einen Boltzmannfaktor $\exp(-W/k_BT)$ beschrieben (s. Kap. 4, Abschn. 1.5), welcher wiederum proportional der Diffusionskonstanten, $D(T)$, ist. Damit folgt für D ein Arrhenius-Verhalten mit einer Aktivierungsenergie W:

$$D(T) = D_0 \exp(-W/k_BT) \qquad (14)$$

mit D_0 als einer Konstanten. Solch ein aktiviertes Verhalten der Diffusionskonstanten wird in vielen Fällen experimentell beobachtet. Bild 4 (aus [Müller-Vogt et al. 1993]) zeigt als Beispiel den Diffusionskoeffizienten als Funktion der Temperatur von Al in flüssigem Ga.

Die Größe W kann mit der Energie abgeschätzt werden, die nötig ist, um eine Leerstelle zu schaffen. Dies sollte vergleichbar sein, mit der Energie, die man benötigt, um ein Teilchen aus dem Flüssigkeitsverband zu entfernen, also mit der Verdampfungswärme. In der Tat findet man, daß W für die meisten Flüssigkeiten im Bereich von 30% bis 40% der zum Verdampfen nötigen Wärme liegt. Nur bei Metallschmelzen liegt dieser Wert darunter; die Tatsache, daß ein Metallatom viel größer ist als ein Metallion, welches im Diffusionsprozeß eine Rolle spielt, erklärt diesen Befund zumindest qualitativ.

Neben diesem Modell, welches sich an die Sprung-Beschreibung anlehnt, findet man in der Literatur eine Reihe weiterer $D(T)$- Beziehungen, wie:

- Die Verallgemeinerung des Arrhenius-Verhaltens zum *Random-Barrier-Modell* [Haus & Kehr 1987]:

$$D = D_0 \frac{2}{Z-2} \left(\frac{1 - \exp(-(1-2/Z)W/k_BT)}{\exp(2W/k_BZT)} - 1 \right), \qquad (15)$$

mit Z als effektive Koordinationszahl eines Flüssigkeitsteilchens. Bei tiefen Temperaturen, $T \ll W/Zk_B$, geht Gleichung (15) in das Arrhenius-Gesetz über.

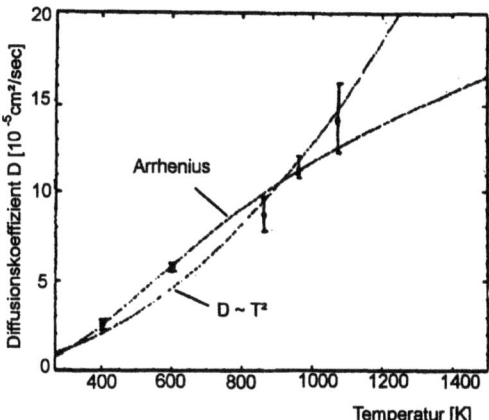

Bild 4 Die Temperaturabhängigkeit des Diffusionskoeffizienten von Al in einer Ga Schmelze läßt sich durch ein Arrhenius-Verhalten beschreiben: $D = 3.3 \cdot 10^{-4} cm^2/s \cdot \exp(-8.6 kJ/mol/R_g T)$ [Müller-Vogt et al. 1993].

- Das sog. *Significant-Structure Modell* [Breitling & Eyring 1972, Hicter et al. 1971], welches mit Leerstellenfraktionen arbeitet:

$$D = BT + D_0 \exp(-W/k_B T). \qquad (16)$$

In [Hicter et al. 1971] wird der Parameter B mit physikalischen Größen identifiziert. Es gilt dort:

$$B = \frac{k_B}{16\pi m^* \nu_L}, \qquad (17)$$

wobei ν_L eine charakteristische Vibrationsfrequenz, z.B. die Schwingfrequenz des Teilchens um die Ruhelage darstellt. Ermittelte charakteristische Frequenzen liegen in der Größenordnung von 10^{12}Hz, was dem Reziprokwert der bereits bekannten Sprungzeit τ entspricht (vgl. Tabelle 2).

- Ein Modell, das die Interaktion der Flüssigkeitsteilchen als harte Kugeln modelliert, das sog. *Harte-Teilchen-Modell* [Jonas 1975]:

$$D = \frac{3}{8n\sigma^2}\sqrt{k_B T/\pi m^*} \frac{1}{g(\sigma)}, \qquad (18)$$

mit n als Teilchendichte und σ als Radius der Teilchen. $g(\sigma)$ ist der Wert der Verteilungsfunktion $g(r)$ (vgl. Abschnitt 2 bei Teilchenkontakt. (Es ist $g(r) = 0$ für $r < \sigma$.) Im Grenzfall kleiner Dichten strebt $g(\sigma) \Rightarrow 1$ und Gleichung (18) geht über in die Beziehung für D eines idealen Gases. Bemerkenswert ist bei diesem Modell, daß prinzipiell D ohne einen weiteren, freien Parameter berechenbar ist.

- Ein Modell, welches vom van-der-Waals Gas ausgeht, das *Critical-Volume-Modell*:

$$D = D_0 \exp(-V^*/V_f), \qquad (19)$$

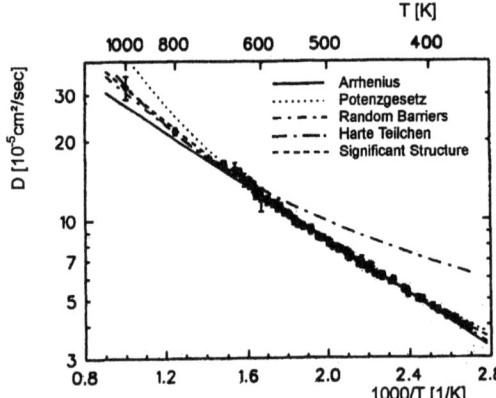

Bild 5 Arrhenius-Auftragung des Selbstdiffusionskoeffizienten von flüssigem Natrium. Experimentelle Daten und Anpassung verschiedener Modelle [Feinhauer et al. 1993]. Die Untersuchung der Autoren läßt sie auf die Gültigkeit des Random-Barrier-Modells schließen.

wobei V_f das freie, zur Verfügung stehende Volumen und V^* das kritische, d.h. besetzte Volumen darstellt.

- Oder ein einfaches *Potenz-Gesetz*:

$$D = A(T/T_M)^n. \tag{20}$$

T_M ist hier der Schmelzpunkt.

3.5 Größenordnung von D in Schmelzen

Wie schon gesehen, liegen die Diffusionskonstanten in Schmelzen durchweg in der Größenordnung von $10^{-5} \text{cm}^2/\text{s}$. Wenn für ein bestimmtes System keine Daten zur Verfügung stehen, ist dies ein Wert, den man durchaus für erste Abschätzungen annehmen kann. Die Diffusionskonstante in einer Schmelze ist groß gegenüber typischen Werten der Festkörperdiffusion, aber im Vergleich zu Gasen doch noch um Größenordnungen kleiner (vgl. Tabelle 3).

Hier soll nun der Versuch gemacht werden, aus Abschätzungen der mikroskopischen Größen der charakteristischen Zeit, τ, und der Sprungweite, bzw. mittleren freien Weglänge, l, zu einem Wert der Diffusionskonstanten einer Schmelze zu kommen. In eine Schmelze sollte sich D mit zunehmender Dichte und damit verbundener reduzierter Teilchenbewegung dem Wert in einem Festkörper annähern. Man kann auch umgekehrt fragen, welches der größte Wert ist, den D in einem Festkörper annehmen kann, denn hier können Abschätzungen bzgl. τ und l vorgenommen werden. Die Schrittweite l in einem Festkörper kann durch den Gitterabstand abgeschätzt werden, der typischerweise 0,3 nm beträgt. Als typische Zeit kann man z.B. die Energierelaxationszeit eines Atoms annehmen, welches in einer neuen Umgebung ins Gleichgewicht kommen muß. Diese Zeit beträgt ca. 10^{-12}s. Eine andere für den Festkörper charakteristische Zeit ist die Lebensdauer eines Phonons – hier bei einer Temperatur nahe dem Schmelzpunkt. Solche Zeiten sind gemessen worden, wobei ebenfalls 10^{-12}s typisch sind. Dies sind somit die kürzestmöglichen Zeiten für einen Diffusionsschritt, die damit das größte D liefern. Die Kombination aus Länge und charakteristischer Zeit ergibt tatsächlich einen Wert für D von $10^{-5}\text{cm}^2/\text{s}$. Natürlich

Tabelle 3 Zahlenwerte einiger Diffusionskonstanten in verschiedenen Aggregatzuständen. (Literatur: [Guthrie 1993, Lide & Frederikse 1994, Ning & Hilsum]).

Aggregatzustand	Diffusionsprozeß	Temperatur	Diffusionskonstante
gasförmig	Sauerstoff in Luft	$0°C$	0.178 cm^2/s
	Wasserstoff in Luft	$0°C$	0.634 cm^2/s
flüssig	Silizium in Germanium	Schmelzpunkt 1683K	$3,0 \times 10^{-4}$ cm^2/s
	Sauerstoff in Äthanol	$29.6°C$	$2,6 \times 10^{-5}$ cm^2/s
	Wasserstoff in Eisen	Schmelzpunkt $1535°C$	1×10^{-3} cm^2/s
	Sauerstoff in Kupfer	Schmelzpunkt $1083°C$	5×10^{-5} cm^2/s
	Kupfer in Kupfer	Schmelzpunkt $1083°C$	4×10^{-5} cm^2/s
	Natrium in Natrium	Schmelzpunkt $371°C$	4×10^{-5} cm^2/s
fest	Al^{26} in Aluminium	$600°C$	5×10^{-9} cm^2/s
	Al^{26} in Aluminium	RT (extrapoliert)	3×10^{-25} cm^2/s
	C^{14} in α Fe	$721°C$	1.1×10^{-6} cm^2/s
	C^{14} in α Fe	RT (extrapoliert)	1×10^{-21} cm^2/s
	Bor in Silizium	$1000°C$	$1,4 \times 10^{-14}$ cm^2/s

wäre der Kristall bei diesen Annahmen längst geschmolzen, da ein ständiger Platzwechsel mit derartig hoher Frequenz eine kontinuierliche Bewegung aller Atome impliziert.

Das Significant-Structure Modell (Gleichung (16)) geht von solchen Vorstellungen aus. Es werden die Festkörpereigenschaften auf eine Schmelze übertragen und eine charakteristische Schwingfrequenz angesetzt. In der Tat ergeben sich bei Anpassung experimenteller Daten Frequenzen um 10^{12}Hz, die man nunmehr mit der reziproken Sprungzeit gleichsetzen kann. Die sogenannte Schwingung der Atome ist also ein mehr oder weniger kontinuierlicher Sprungvorgang durch die Schmelze.

4 Viskosität

Die Viskosität, η, gibt die Rate des Impulsübertrages in transversale Richtung an, wenn in diese Richtung ein Geschwindigkeitsgradient existiert. Im einfachsten Fall, einer ebenen Scherströmung, kann man sich den Impulsübertrag durch transversale Teilchendiffusion vorstellen, wobei entweder die Teilchen selbst ausgetauscht werden oder durch Stoß Impuls übertragen wird. In diesem Fall wird η direkt proportional zur Diffusionskonstanten, D: $\eta = Dnm = D\rho$, mit n als Teilchendichte, m Teilchenmasse und ρ Materialdichte. Dieses Bild ist aber nur im Fall eines idealen Gases, wo keine Kopplung zwischen den Teilchen existiert, erfüllt. Wird die Dichte des Gases zu groß oder betrachtet man gar eine Flüssigkeit, so ist der einfache Teilchenaustausch ein verschwindender Effekt. Die Rolle der Kopplung zwischen den einzelnen Teilchen, bzw. den Schichten verschiedener Geschwindigkeit dominiert nun. Hierbei gilt ein umgekehrt proportionales Verhalten zwischen η und D:

$$\eta = \frac{k_B T}{6\pi \sigma D}, \tag{21}$$

die sog. Stokes-Einstein Beziehung. Hierbei ist σ der Radius der Teilchen.

Die Herleitung dieser Gleichung basiert auf dem Stokes'schen Reibungsgesetz, d.h. dem Zusammenhang zwischen Geschwindigkeit und Kraft auf eine Kugel vom Radius σ in einem viskosen Medium. Es ist nicht selbstverständlich, daß diese Beziehung auch für die Bewegung von

Flüssigkeitsteilchen in einer Schmelze gilt, aber Experimente haben immer wieder die Gültigkeit von Gleichung (21) gezeigt. Natürlich gibt der Erfolg des Harte-Teilchen-Modells der Diffusion die Berechtigung, das einzelne, sich bewegende Teilchen als harte Kugel vorzustellen, aber daß dieses Teilchen gegenüber seiner Umgebung, die als Kontinuum betrachtet wird, derart ausgezeichnet sein soll, ist nicht unmittelbar einzusehen.

Ähnlich wie bei der Behandlung der Diffusion sollen im folgenden mikroskopische Vorstellungen zur Viskosität und zum Zusammenhang zwischen D und η entwickelt werden.

Tabelle 4 Zahlenwerte der Viskosität einiger Stoffe (Literatur: [Guthrie 1993, Lide & Frederikse 1994]).

Stoff	Temperatur [^oC]	$\eta\,[\frac{g}{sec\,cm} = \text{Poise}]$	Dichte $\rho\,[g/cm^3]$	$\eta/\rho\,[cm^2/sec]$
H_2O (fl)	0	$1,787 \times 10^{-2}$	1.000	$1,787 \times 10^{-2}$
H_2O (fl)	100	$2,818 \times 10^{-3}$	0,958	$2,941 \times 10^{-3}$
H_2O (g)	100	$1,25 \times 10^{-4}$	$6,06 \times 10^{-4}$	0,206
Rizinusöl	10	$2,420 \times 10^{-2}$	$\sim 0,96$	$2,52 \times 10^{-2}$
Rizinusöl	30	4,51	$\sim 0,96$	4,70
Luft	0	$1,708 \times 10^{-4}$	$1,37 \times 10^{-3}$	0,125
Luft	74	$2,102 \times 10^{-4}$	$1,08 \times 10^{-3}$	0,195
Fe	Schmelzpunkt 1535	6×10^{-2}	7.0	8.6×10^{-3}
Fe	1735	4.5×10^{-2}	6.8	0.6×10^{-3}
Zn	Schmelzpunkt 419	4×10^{-2}	6.6	6.1×10^{-3}
Zn	700	2.3×10^{-2}	6.25	0.368×10^{-3}

4.1 Eyrings Theorie zur Viskosität

Zur Herleitung des Zusammenhangs zwischen mikroskopischen Parametern und der makroskopischen Viskosität, stammt von Eyring das folgende, als Ratengleichung bekannte Modell [Eyring 1964, Glasstone 1941]. Es knüpft an das Sprungmodell der Diffusivität an, wie es im Abschnitt 3.4 entwickelt wurde. In Bild 6(a) ist noch einmal die Vorstellung aufgezeichnet (nach [Tabor 1993]). Die Rate, mit der ein Teilchen den Potentialberg, W, überwindet und zum Nachbarplatz springt, ist $k = k_0 \exp(-W/k_B T)$ (vgl. Gleichung (14)). Im Gleichgewicht sind die Sprungraten in alle Richtungen gleich. Wirkt auf eine der Schichten allerdings eine Scherspannung, f (dies ist eine Kraft pro Flächeneinheit), so verzerrt dies den Potentialberg, wie Bild 6(b) zeigt. Mit α als mittlerer Fläche, die ein Teilchen besetzt, ist die Kraft auf das Teilchen $f\alpha$. Die maximale mechanische Arbeit, die am System geleistet werden kann, ist, die Teilchen bis zur Spitze des Potentialberges zu heben, also um die Strecke $\lambda/2$ zu verschieben. Für einen einfachen kubischen Kristall mit Gitterkonstante a ist $\alpha = a^2, \lambda = a$. Damit ist die am System geleistete Arbeit durch $f\alpha\lambda/2$ gegeben. Die Energie erniedrigt sich für den Sprung in Richtung der wirkenden Kraft um $fa^3/2$, wogegen sich W in entgegesetzte Richtung um diesen Betrag erhöht. Die Nettorate für den Sprung in Kraftrichtung ist damit

$$\Delta k = k_0 \left[\exp\left(-\frac{W - fa^3/2}{k_B T}\right)\right] \left[\exp\left(-\frac{W + fa^3/2}{k_B T}\right)\right] \qquad (22)$$

$$= k_0 \exp\left(-\frac{W}{k_B T}\right) \left[\exp\left(\frac{fa^3}{2k_B T}\right) - \exp\left(-\frac{fa^3}{2k_B T}\right)\right] \qquad (23)$$

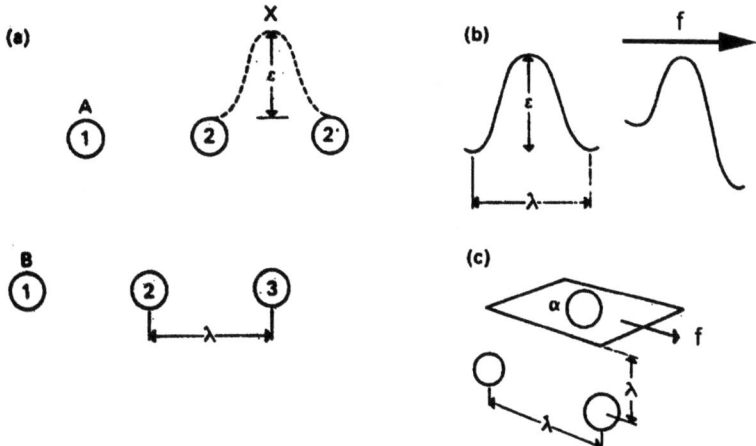

Bild 6 Mikroskopisches Modell zur Viskosität nach Eyring. Um die Strecke λ zu überwinden, muß ein Teilchen die Energieschwelle ε überwinden, (a). Durch mechanische Spannungen wird dieses Potential asymmetrisch verzerrt, (b). Die Scherspannung f wirkt auf ein Teilchen, das die Fläche α in der Bewegungsebene einnimmt.

$$= k\left[\exp\left(\frac{fa^3}{2k_BT}\right) - \exp\left(-\frac{fa^3}{2k_BT}\right)\right] \qquad (24)$$

$$\approx k\frac{fa^3}{k_BT}. \qquad (25)$$

Für die letzte Zeile wurde die exp-Funktion bis zum linearen Glied entwickelt. k ist die Gleichgewichts-Sprungrate wie oben definiert. Die Geschwindigkeit, mit der sich die Teilchen in Kraftrichtung bewegen, ist gleich der Nettosprungrate mal der Sprungweite, also

$$v = a\Delta k. \qquad (26)$$

Aus der Definition der Viskosität, nämlich η gleich Kraft pro Einheitsfläche (= Impulsstromdichte), hier f, geteilt durch den Geschwindigkeitsgradienten, hier v/a, ergibt sich

$$\eta = \frac{af}{v} = \frac{f}{\Delta k} = \frac{k_BT}{a^3 k} = \frac{nk_BT}{k}. \qquad (27)$$

Im letzten Schritt wurde die Teilchendichte, $n = a^{-3}$, eingeführt. Jetzt ist k mit dem Diffusionskoeffizienten, D, folgendermaßen verknüpft: Angenommen, die Teilchendichte, n, ist eine Funktion des Ortes, x, dann ist die Differenz in n zwischen benachbarten Schichten $\Delta n = a(dn/dx)$. Der Netto-Teilchenfluß, d.h. die Anzahl Teilchen, die pro Zeiteinheit und Flächeneinheit von Schicht zu Schicht springen, ergibt sich zu $a\Delta nk$, was mit der Definition des Diffusionskoeffizienten aus dem 1. Fick'schen Gesetz zu der Beziehung

$$|\vec{j}| = a\left(a\frac{dn}{dx}\right)k = D\frac{dn}{dx}, \quad \text{also} \quad D = a^2k. \qquad (28)$$

führt. Damit folgt $\eta = k_BT/aD$, was zur Stokes-Einstein Beziehung äquivalent ist, wenn $a^2 = 6\pi\sigma$, mit σ als Teilchenquerschnittsfläche.

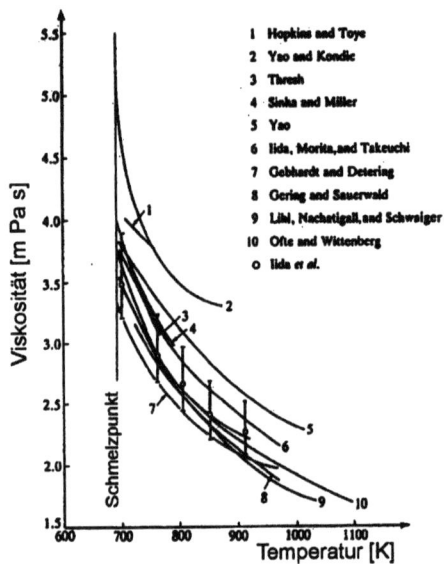

Bild 7 Gemessene und interpolierte Viskositätswerte von flüssigem Zink, aus [Iida & Guthrie 1993]. Die Ungenauigkeit ist so groß, daß der Temperaturverlauf qualitativ mit einem umgekehrten Arrhenius-Verhalten beschrieben werden kann.

Messungen der Diffusionskonstanten und der Viskosität ergeben über die Stokes-Einstein Beziehung Werte für den Teilchendurchmesser, die erstaunlich nahe an wahren Atom- bzw. Molekülgrößen liegen.

4.2 Temperaturabhängigkeit der Viskosität

Aus Gleichung (27) kann man sofort die Temperaturabhängigkeit der Viskosität ablesen, wenn man die Gleichgewichts-Sprungrate, k, einsetzt:

$$\eta = \frac{nk_BT}{k_0} \exp(W/k_BT). \qquad (29)$$

η hat offenbar das umgekehrte Temperaturverhalten wie die Diffusivität. Mit steigender Temperatur nimmt die Zähigkeit einer Flüssigkeit ab. Beispiele sind in Bild 7 zu sehen [Guthrie 1993].

Genau wie im Fall der Diffusivität kann man die Viskosität in den verschiedenen angegebenen Bildern betrachten und erhält Gleichungen für die absoluten Werte und das Temperaturverhalten. Diese sind wiederum über die Stokes-Einstein Beziehung mit den entsprechenden Gleichungen aus Abschnitt 3.4 verknüpft. Ausführliche Angaben sind z.B. in [Guthrie 1993] zu finden.

5 Elektrische Leitfähigkeit

In den 60er Jahren durchgeführte, umfangreiche Experimente haben gezeigt, daß sich die elektrischen Eigenschaften flüssiger Metalle und Metallegierungen mit dem Modell freier Elektronen beschreiben lassen [Busch & Güntherodt 1967]. Der Hall-Koeffizient $R_H = -1/ne$ (n Elektronendichte, e Elementarladung) stimmt gut mit der Beziehung

$$R_H = -\frac{A}{eLn_A\rho} \tag{30}$$

überein. Hierbei ist A das Atomgewicht, L die Loschmidt Zahl, ρ die Dichte. n_A ist die Wertigkeit des Metallatoms, was gleich der Anzahl Ladungsträger pro Atom ist. Diese Beziehung gilt auch für Materialien, die im festen Zustand Halbleiter sind, wie Ge und Si.

Da die Elektronendichte bekannt ist, läßt sich nun nach der Drude-Theorie die elektrische Leitfähigkeit, σ_e, durch

$$\sigma_e = \frac{1}{2}\frac{e^2 n\tau}{m_e} \tag{31}$$

berechnen. (m_e ist die Elektronenmasse, τ die Stoßzeit.) Im Festkörper findet die Streuung der Elektronen an Gitterfehlern (und Phononen) statt. Mittlere freie Weglängen betragen typischerweise 10 nm, also einige 10 Atomabstände. In einer Schmelze sind es die Atomrümpfe selbst, die eine Streuung der Elektronen bewirken. Das Verhalten des elektrischen Widerstandes in einer Metallschmelze wird gut durch die Beziehung

$$\sigma_e^{-1} = \rho_e = c_F \int_0^{2k_F} a(k)|V(k)|^2 k^3 dk \tag{32}$$

von Ziman [Ziman 1961, Bradley 1962] beschrieben. $a(k)$ ist die Fouriertransformierte der Paarkorrelationsfunktion, $g(r)$, k die Wellenzahl. $a(k)$ gibt also die Struktur der Schmelze im Frequenzbereich an. $V(k)$ ist ein Pseudopotential der Wechselwirkung zwischen Elektronen und Atomrümpfen. Die Größe dieser Wechselwirkung kann man z.B. durch die Auswertung experimenteller Phononendispersionen erhalten. c_F enthält physikalische Konstanten und Größen, die von der Fermienergie (Index F) abhängen.

Aus der Gleichung liest man ab, daß diejenigen Elektronen den größten Beitrag zum Widerstand liefern, deren Wellenvektor mit einem Maximum in der Korrelationsfunktion übereinstimmt. (Im Festkörper entspricht dies dem Rand der Brillouin-Zone; diese Moden sind nicht ausbreitungsfähig.) Besonders groß ist der Einfluß des ersten Maximums in $a(k)$. Da nun die Maxima von $a(k)$ in der Regel temperaturabhängig sind, kann es passieren, daß es mit laufender Temperatur den oberen Wert der Integrationsgrenze, $2k_F$ überquert. Dies führt dann zu anomalen Temperaturabhängigkeiten des elektrischen Widerstandes in flüssigen Metallen, wie z.B. bei Zn und Cd beobachtet.

Der Erfolg der Ziman'sche Theorie, die den elektrischen Widerstand flüssiger Metalle mit der Struktur der Schmelze und der Kopplung zwischen Ladungsträgern und Ionen beschreibt, zeigt auch hier, daß die Schmelze offenbar weniger vom Festkörper unterscheidet als von einem Gas.

6 Wärmeleitfähigkeit

Wenn die Wärme in einem Medium durch Teilchen der Diffusivität D transportiert wird, und c_V die spezifische Wärme (pro Volumen) darstellt, erhält man eine einfache Beziehung zwischen der Wärmeleitfähigkeit und der Diffusivität:

$$\kappa = Dc_V = \frac{1}{3}\bar{v}\bar{l}c_V. \tag{33}$$

(Für die zweite Beziehung wurde Gleichung (5) benutzt.) In Festkörpern sind es im wesentlichen Phononen und Elektronen, vereinzelt auch Photonen, die für den Transport von Wärme verantwortlich sind. Oft kann man aus den charakteristischen Temperaturabhängigkeiten der drei Größen c_V, $\bar{v}$ und $\bar{l}$ (s. Tabelle 5) bestimmen, welcher Prozeß zur Wärmeleitfähigkeit beiträgt.

Tabelle 5 Temperaturabhängigkeiten der Wärmeleitfähigkeit bei verschiedenen Transportmechnismen

Größe	Klassisches Gas	Phonon	Photon	Entartetes Fermi Gas
c_V	$\frac{3}{2}kn$	$\propto T^3$	$\propto T^3$	$\propto T$
l	$\frac{1}{n\sigma}$	$\propto e^{-\Theta/T}$	Eindringtiefe	$f(T)$
$\bar{v}$	$\sqrt{\frac{kT}{m}}$	Schall-	Licht-geschwindigkeit	Fermi-
λ	$\propto T^{1/2}$	$\propto T^3 e^{-\Theta/T}$	$\propto T^3$	$\propto T f(T)$

Welches sind die Prozesse des Wärmetransports in Schmelzen? Selbstverständlich gibt es hier die Möglichkeit des Transports von Materie, d.h. Flüssigkeitsbewegung durch Konvektion. Hier geht es aber um die Interpretation des Transportkoeffizienten κ, der Wärmestrom und Temperaturgradient miteinander verknüpft. Somit wird auch hier, wie im Fall der Diffusion, eine ruhende Schmelze betrachtet. Hierbei findet man für den Fall eines elektrischen Nichtleiters (im festen wie im flüssigen Zustand) beim Schmelzen eine Erniedrigung der Wärmeleitfähigkeit um typischerweise den Faktor 2. Dies deutet an, daß der Mechanismus der Wärmeleitfähigkeit in einer Schmelze nicht sehr verschieden von dem in einem Festkörper sein kann. Die Ordnung eines Metalls verschwindet also nicht gänzlich durch Aufschmelzen. Man kann also bei der Modellbildung vom Festkörper ausgehen und die Erniedrigung in κ durch eine erhöhte Fehlstellendichte behandeln.

Im Falle von Metallen ist bekannt, daß die Elektronenbewegung den dominierenden Trägermechanismus für die Wärme darstellt. Dies drückt sich im Wiedemann-Franz-Lorenz Gesetz aus, welches die elektrische Leitfähigkeit mit der Wärmeleitfähigkeit verknüpft:

$$\frac{\sigma_e}{\kappa} = \frac{\pi^2}{3}(\frac{k_B}{e})^2 T. \tag{34}$$

e ist hierbei die Elementarladung. Diese Beziehung ist für die meisten flüssigen Metalle erfüllt, so daß aus der Messung der elektrischen Leitfähigkeit sofort der Wert für κ folgt.

7 Experimentelle Bestimmung von Transportkoeffizienten

Abschließend soll eine knappe Darstellung der gebräuchlichen experimentellen Techniken zur Bestimmung der diskutierten Transportgrößen erfolgen. Dabei wird nur das Meßprinzip skizziert und es werden einige representative Werte angegeben.

7.1 Diffusion

In der bisherigen Betrachtung wurde die Diffusionskonstante stets als konzentrationsunabhängig vorausgesetzt. Für eine experimentelle Überprüfung muß dies verifiziert werden. Im Falle der Selbstdiffusion, es wird gewissermaßen nach der Bewegung eines Atoms in der Umgebung gleichartiger Atome gefragt, gibt es keine derartige Abhängigkeit, da durch den Diffusionsprozeß die Umgebung nicht verändert wird. Die Beobachtung ist durch die Ununterscheidbarkeit erschwert, daher werden radioative Tracer-Teilchen eingesetzt.

Da die Tracer sich nur im Aufbau des Kerns unterscheiden von den Atomen der Matrix, nicht aber in der Elektronenhülle, wird postuliert, daß beide Arten von Teilchen in gleicher Weise am Transportprozeß teilhaben. Der Nachweis der jeweiligen Zerfallsprodukte gibt Aufschluß über die räumliche oder zeitliche Änderung der Konzentration.

Für Interdiffusion, Stoff B bewegt sich in Stoff A, ist mögliche Konzentrationsabhängigkeit der Diffusionskonstanten bei der Interpretation von experimentell bestimmten Konzentrationsverläufen prinzipiell zu beachten. Darüber hinaus sind Effekte möglich, die auf der parallel ablaufenden Diffusion von Stoff A in Stoff B beruhen, etwa der Kirkendall-Effekt. Ein einfacher Ansatz, die Konzentrationsabhängigkeit des Diffusionskoeffizienten zu beschreiben ist von [Westphal & Rosenberger 1978] erarbeitet worden. Unter der Annahme, daß der Transportprozeß mit Stoff A als Wirtsmaterial ebenso zu beschreiben sein muß wie mit Stoff B als Matrix, ergibt sich formal wieder das 1. Fick'sche Gesetz. Der Diffusionskoeffizient zerfällt aber in eine Konstante, die nur vom Materialsystem (A,B) abhängt, und einem Korrekturfaktor der die Konzentrationsabhängigkeit erfaßt. Für Messungen wird wie bei der Selbstdiffusion auch bei der Interdiffusion ein räumlicher oder zeitlicher Konzentrationsverlauf aufgenommen, der die Berechnung von D erlaubt.

Auf die problematische Bestimmung der Konzentrationsabhängigkeit wird in den experimentellen Verfahren nicht eingegangen. Im Grenzfall geringer Konzentrationsunterschiede ist der Fehler immer zu vernachlässigen. Alle Verfahren nutzen eine geometrisch definierte Grenzfläche zwischen zwei Schmelzvolumina unterschiedlicher Zusammensetzung. Durch Diffusion gleicht sich die Zusammensetzung aus. Nach einer festgelegten Zeit wird der Diffusionsprozeß gestoppt und die Konzentrationsverteilung ortsaufgelöst vermessen. Verschiedene Meßverfahren unterscheiden sich nach der Geometrie der Grenzfläche und dem Mechanismus, der die Diffusion zum Stoppen bringt. Literatur: [Guthrie 1993].

- Kapillar-Reservoir
  In einer Kapillare befindet Schmelze der Zusammensetzung B. Der Diffusionsprozeß wird gestartet, indem die Kapillare in ein großes Schmelzbad (Zusammensetzung A) getaucht wird. Durch Entfernen der Kappilare aus dem Bad ist das Ende definiert. Die Zusammensetzung des Bades ändert sich durch die Diffusion nicht merklich. Innerhalb der Kapillare stellt sich durch Austritt an den beiden Strinseiten ein (eindimensionales) Konzentrationsprofil ein. Nach dem Entfernen aus dem Bad muß die Zusammensetzung unmittelbar bestimmt werden, oder die weitere Diffusion durch rasche Abkühlung/Einfrieren unterbunden werden. Vorteilhat ist besonders, daß die konvektive Durchischung innerhalb der Kapillare bei geeigneter Dimensionierung, Durchmesser < 1 mm, Länge ~ 3 cm, ausgeschlossen werden kann. Strömungen und Vibrationen im Bad beeinflußen das Konzentrationsfeld nur unwesentlich. Die eindimensionalen Konzentrationsfelder in der Kapillare werden durch Vergleich mit analytischen Lösungen. Als einziger freier Parameter wird die Diffusionskonstante angepaßt.

- Scherzelle
  Zwei zylindrische Volumina sind mit Schmelzen unterschiedlicher Zusammensetzung gefüllt. Zu Prozeßbeginn wird der axiale Diffusionsweg zwischen den Zylindern freigegeben. Das Ende ist definiert durch erneute Segmentierung der gesamten Diffusionszelle (in mehr als zwei Segmente). Der mechanische Aufwand für dieses Meßverfahren ist beachtlich. Es werden beispielsweise mehrere exzentrisch durchbohrte, flache zylindrische

Scheiben verwendet. Vor Beginn sind die exzentrischen Bohrungen in der oberen und unteren Hälfte des Stapels koaxial ausgerichtet, so daß sich zwei Hohlzylinder ergeben. Während des Diffusionsprozesses werden beide aneinander ausgerichtet. Als Prozeßende werden die einzelnen Scheiben so gegeneiner verschränkt, daß sich mehrere zylindrische Tabletten von der Höhe der einzelnen Scheiben ergeben. Bei hinreichend feiner Unterteilung / kleiner Scheibenhöhe können die einzelnen Tabletten als homogen angesehen werden. Dadurch ergeben sich größere Freiheiten bei der Bestimmung der Zusammensetzung in den einzelnen Segmenten, etwa aus der Dichte oder über elektrische Eigenschaften. Derartige Anordnungen können unter hohen Umgebungsdrucken betrieben werden. – Neben diesen Vorteilen muß auch der große Aufwand an mechanischen Vorrichtungen und der hohe Anspruch an die Präzision der durchbohrten Scheiben erwähnt werden. Bislang wurde dieses Verfahren vorwiegend für niedrig schmelzende Metalle angewandt. – Die Auswertung des stufenhaften Konzentrationsprofils und die Bestimmung der Diffusionskonstanten erfolgt ähnlich wie in der zunächst beschriebenen Methode.

7.2 Viskosität

Wie auch bei der Messung der Diffusionskonstanten, zeichnen sich leistungsfähige Verfahren zur Messung der Viskosität dadurch aus, daß sie bei hohen Temperaturen, über große Temperaturintervalle und auch bei chemisch aggressiven Metallschmelzen einsetzbar sind.

- Kapillarrohr
  Die im allgemeinen geringe Viskosität metallischer Schmelzen erlaubt, eine definierte Menge Schmelze durch eine feine Kapillare fließen zu lassen und aus der dafür notwendigen Zeit auf die Viskosität zu schließen. Entscheidend ist, daß sich die Druckdifferenz über der Meßstrecke während des Vorganges nicht ändert. Durch Ausgleichsgefäße und geeignete Kapillaren ergibt sich in der Regel bei typische Werten der Viskostät von Metallschmelzen eine gut zu bedienende Anlagengröße. Der Massendurchsatz ist aufgrund des Hagen-Poisseuille'schen Gestzes nur von einfachen Anlagenparametern und der Viskosität abhängig.

- Rotationsviskosimeter
  Die Schmelze befindet sich in einem schmalen Spalt zwischen zwei konzentrischen Zylindern. Das Verhältnis von Spaltweite und Zylinderradius ist so klein, daß sich ein ebenes, eindimensionales Geschwindigkeitsprofil einstellt, wenn die Zylinder gegeneinader rotiert werden. Die Drehung des äußeren Zylinders übt ein konstantes Drehmoment auf den inneren aus. Die Größe des Moments hängt nur von der Geometrie und der Schmelzviskosität ab; es kann beispielsweise mit einem Torsionsdraht bestimmt werden, der ein rückstellendes Moment bei Auslenkung des inneren Zylinders bewirkt. – Aufgrund der geringen erwarteten Viskosität von Metallschmelzen ergeben sich hohe Ansprüche an die mechanische Präzision des Aufbaus, so daß diese Methode selten für Metallschmelzen eingesetzt wird.

- Oszillierende Meßverfahren
  Mit einem ähnlichen Aufbau wie im Rotationsviskosimeter läßt sich der Meßbereich deutlich erweitern. Statt einer gleichförmigen Rotation des äußeren Zylinders wird dieser in Rotationsschingungen um seine vertikale Achse versetzt. Im stationären Zustand folgt der innere Zylinder dieser Schwingung. Wird nun die Oszillation gestoppt, so verringert sich

Schwingungsamplitude des inneren Zylinders durch viskose Dämpfung. Aus der zeitlichen Abnahme der Amplitude und der Änderung der Periodendauer kann die Viskosität ermittelt werden, wenn das Strömungsfeld im Spalt zwischen den Zylindern wieder als eindimensional und eben angesehen wird.

Die Ansprüche an die mechanische Präzision der Meßapparatur können reduziert werden, wenn statt der Rotation zweier Zylinder eine ebene Platte in einem Schmelzbad zur Translationsschwingungen angeregt wird. Experimentell ist über eine elektromagnetische Kopplung eine konstante oszillierende Kraft gut zu realisieren. Aus Messungen der zugehörigen Schwingungsamplitude kann dann auf die Viskosität geschlossen werden.

Experimentelle Resultate nach [Guthrie 1993] sind in Tabelle 6 sowie in Bild 8 zusammengestellt. Desweiteren kann die Viskosität von Schmelzen auch kontaktfrei an schwebenden flüssigen Proben gemessen werden, worauf in Kap. 14, Abschn. 5.2 eingegangen wird. Berührungsfreie Verfahren sind besonders bei sehr reaktiven Materialien geeignet und bieten darüberhinaus die Möglichkeit, auch den Bereich der unterkühlten Schmelze zu untersuchen.

Metall	Temperatur [K]	Viskosität [m Pa s]
Na	371	0.70
	378	0.67
	473	0.53
Fe	1808	6.92
	1833	6.64
	1873	6.22
	1923	5.76
Pb	601	2.61
	613	2.50
	823	1.72
	1023	1.32
	1173	1.16
Al	973	2.9
	1123	1.3

Tabelle 6 Temperaturabhängige Werte der Viskosität einiger Metalle.

7.3 Elektrische Leitfähigkeit

Die Messung der elektrischen Leitfähigkeit ist nicht so einfach, wie man aufgrund der ausgereiften Meßtechnik elektrischer Größen vermuten möchte. Probleme ergeben sich besonders aufgrund der undefinierten Verhältnisse beim elektrischen Kontaktieren der Proben und der möglicherweise starken Abhängigkeit der Leitfähigkeit auch von minimalen Verunreinigungen. Tabelle 7 enthält experimentelle Daten der elektrischen Leitfähigkeit einiger Metalle im flüssigen Zustand bei der Schmelztemperatur.

- Kontaktverfahren
  Es ist eine naheliegende Idee, den Spannungsabfall über eine geometrisch wohl bestimmte Strecke einer stromdurchflossenen Probe zu vermessen. Dieses einfache Verfahren ist nur

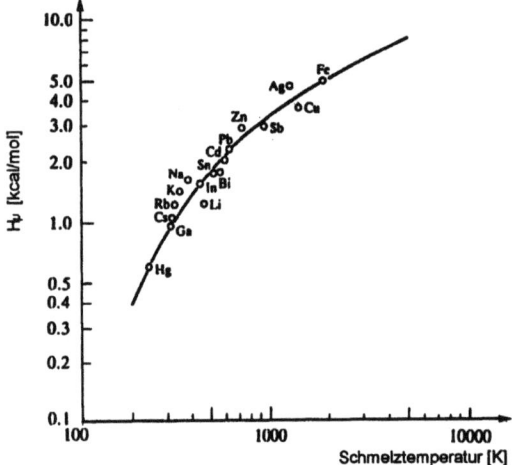

Bild 8 Aktivierungsenergie für die Schmelzviskositäten verschiedener Metalle, aufgetragen in Abhängigkeit der Schmelztemperatur. Die Temperaturabhängigkeit für jeden einzelnen Stoff hat eine komplexere Gestalt als ein umgekehrtes Arrhenius-Verhalten, dennoch ergibt sich in ähnlicher Weise eine Aktivierungsenergie.

für Proben geeignet, bei denen geeignete Materialien für die Elektroden zur Verfügung stehen. Die Materialkombination Elektrode/Probe entscheidet über die Widerstandsverhältnisse am Kontakt. Grundsätzlich sind nur Elektroden verwendbar, die von der Metallschmelze nicht chemisch angegriffen werden und dadruch a) die Probe verunreinigen und b) die Kontakteigenschaften verändern.

- Elektrodenlose Verfahren
  Für viele Materialien ergeben sich besonders bei hohen Temperaturen gravierende Probleme, geeignete Kontakte zu finden. Daher sind berührungslose Verfahren häufig überlegen. Ein einfaches Verfahren verwendet schmelzgefüllte, zylindrische Ampullen. Diese werden von einem homogenen, rotierenden Magnetfeld durchdrungen. Das induzierte magnetische Moment in der Probe bewirkt, das das rotierende äußere Magnetfeld ein Drehmoment auf die Probe ausübt. Dies Drehmoment kann präzise mit einem Torsionsdraht bestimmt werden. Problematisch ist in dieser Anordnung, das in das wirkende Drehmoment eine apparative Konstante eingeht, die in der Regel nur empirisch, anhand von Referenzproben zu bestimmen ist. Im staionären Zustand, bei konstanter Rotationsauslenkung der Probe, wird die gesamte, vom Magnetfeld verichtete Arbeit über ohm'sche Verluste der induzierten Kreisströme in Wärme umgesetzt. Die Auslenkung ist daher ein Maß für den elektrischen Widerstand der Probe.

Als weitere Verbesserung des Meßverfahrens ist erstrebenswert, die mechanische Kopplung an einen Torsionsdraht zu vermeiden, da durch Erwärmung und Probleme beim reproduzierbaren Probeneinbau Fehler induziert werden. Ein möglicher Ausweg besteht darin, ein äußeres, axiales Magneteld zu verwenden. Dieses äußere Feld induziert bei sprunghaftem Ausschalten Wirbelströme in der Probe, die mit einer kleine Meßspule, die eng um die Probe gewunden ist, als Induktionsspannung nachgewiesen werden können. Der Abfall dieser Spannung ist auf das ohm'sche Abklingen der Wirbelströme in der Spule zurückzuführen. Aus dem zeitlichen Verlauf läßt sich entsprechend auf den elektrischen Widerstand der Probe schließen. Neuere Entwicklungen erlauben auch, die Abhängigkeit von der geometrischen Gestalt der Spulen und der Probe durch Differenzverfahren bei Verwendung von Wechselfeldern auszuschalten. In Kap. 14 (Abschn. 5.2) werden wir nochmals auf induktive Methoden zur Messung der elektrischen Leitfähigkeit zurückkommen.

Tabelle 7 Meßwerte der elektrischen Leitfähigkeit verschiedener Materialien am Schmelzpunkt. Die Temperaturabhängigkeiten folgen über etwa 100K einem linearen Verlauf. Der Koeffizient β ist daher folgendermaßen definiert: $\sigma(T) = \sigma_{T_M} + \beta \cdot (T - T_M)$. (Daten aus [Guthrie 1993], [Glazov 1969]).

Metall	Schmelztemperatur T_M [K]	elektrische Leitfähigkeit $[\Omega^{-1}\text{cm}^{-1}]$	β $[\Omega^{-1}\text{cm}^{-1}K^{-1}]$
Na	370.9	104 460	-415
Fe	1808	7 353	-2.09
Pb	600.5	10 526	-3.30
Al	933.3	41 322	-24.8
Si	1683	12 350	-17.2
Cu	1356	47 393	-20.0

7.4 Wärmeleitfähigkeit

Die Verfahren zur Bestimmung der Wärmeleitfähigkeit lassen sich in zwei Klassen einteilen. Nach dem Fourier'schen Gesetz zur Wärmeleitung, $\vec{j}_Q = -\kappa \cdot \nabla T$ ($\vec{j}_Q$=Wärmestrom, ∇T= Temperaturgradient), ergibt sich unmittelbar ein Verfahren, zur Bestimmung der Wärmeleitfähigkeit κ: Bei bekannten $\vec{j}_Q$ und ∇T ergibt sich κ als Proportionalitätskonstante. Andererseits ist es möglich, die zeitliche Veränderung des Temperaturfeldes zu bestimmen, um auf κ zu schließen. Neben dem Fourier'schen Gesetz muß dazu die Kontinuitätsgleichung (Energieerhaltung) beachtet werden: $c_p \cdot \rho \cdot \partial T/\partial t + div(\vec{j}_Q) = 0$. Durch Einsetzen des Fourier'schen Gesetzes verschwindet $\vec{j}_Q$ und es entsteht eine partielle Differentialgleichung, die nur das Temperaturfeld betrifft: $\partial T/\partial t = \frac{\kappa}{c_p \cdot \rho} \Delta T$. Formal hat diese Gleichung die Gestalt des 2. Fick'schen Gesetzes. Der Koeffizient $D_T = \frac{\kappa}{c_p \cdot \rho}$ hat demzufolge die Dimension [m²/s], wie der Diffusionskoeffizient D und wird daher als Wärmediffusivität oder auch Temperaturleitfähigkeit bezeichnet. Aus bekannten Lösungen dieser Differentialgleichung kann man mit experimentell bestimmten Temperatur-Zeit-Verläufen D_T ermitteln. Bei bekannter Wärmekapazität c_p und Dichte ρ ergibt sich dann die Wärmeleitfähigkeit κ.

- **Stationäre Verfahren**
  Hier wird die aufgeschmolzenen Probe von einer leistungsstarken Heizung zunächst isotherm erwärmt. Entlang der Meßstrecke wird dann mit einer zusätzlichen Gradientenheizung ein Temperaturgradient aufgeprägt. Mit der Messung einer Temperaturdifferenz und der bekannten Geometrie ergibt sich der Temperaturgradient in der Probe. Problematisch ist jedoch die Bestimmung des Wärmestromes. Möglich ist auch hier die Messung einer Temperaturdifferenz über einen Referenzwiderstand, dessen bekannte Wärmeleitfähigkeit den Wärmestrom festlegt. Neben Schwierigkeiten, die sich aufgrund von thermischen Kontaktwiderständen an der Grenzfläche Referenz/Schmelze ergeben, ist besonders die Problematik des Leistungsverlustes durch thermische Abstrahlung zu erwähnen [Guthrie 1993].

- **Instationäre Verfahren**
  Instationäre Meßverfahren bestimmen grundsätzlich die Wärmediffusivität der Probe. Die Meßtemperatur wird wieder durch einen äußere Beheizung vorgegeben. Eine Seite der (flachen) Probe wird nun impulsartig um eine kleine Temperaturdifferenz erwärmt. Mit bekannten Lösungen der Differentialgleichung für das Temperaturfeld kann der zeitliche

Temperaturanstieg auf der Probenrückseite in Abhängigkeit von der Wärmediffusivität vorhergesagt werden. Dieser Temperaturanstieg wird geeignet detektiert und durch Vergleich mit erwarteten Verläufen ein Wert für D_T festgelegt. Um die Wärmeleitfähigkeit zu erhalten ist zusätzlich die Kenntnis der (temperaturabhängigen) Dichte und Wärmekapazität notwendig, wie oben gezeigt wurde. Vorteilhaft ist bei diesem Verfahren, daß die absolute Höhe des Temperaturanstiegs nicht in das Auswerteverfahren eingeht und somit die problematische Bestimmung kleiner Temperaturdifferenzen bei hohen Umgebungstemperaturen entfällt. Praktische Ausführungen dieser Meßidee setzen leistungsstarke Infrarotlaser ein, um die Probe differentiell zu erwärmen. Die nichtkalibreirte Aufzeichnung des Temperaturanstiegs kann mit gekühlten Halbleiterdioden erfolgen.

Beiden Verfahren ist gemeinsam, daß die numerische Analyse der Meßwerte aufwendig ist. Ursache dafür ist die korrekte Berücksichtigung von Wärmeübergängen zwischen Probe und Tiegel und der thermischen Abstrahlung [Parker 1961].

Tabelle 8 Meßwerte der thermischen Leitfähigkeit verschiedener Materialien am Schmelzpunkt. (Daten aus [Guthrie 1993], [Shashkov & Grishin 1966]).

Metall	Schmelztemperatur T_M [K]	thermische Leitfähigkeit [W/m K]
Na	370.9	82
Pb	600.5	17
Al	933.3	88
Si	1683	67
Cu	1356	162

Anhand von atomistischen Vorstellungen zu verschiedenen Transportvorgängen konnten Zahlenwerte für die vorgestellten Transportkoeffizienten abgeschätzt und mit mikroskopischen Parametern in Verbindung gesetzt werden. Auf diese Weise wurde modellhaft die Temperaturabhängigkeit zufriedenstellend vorhergesagt. Ist der Mechanismus des Transportes bekannt, so ergeben sich zwingend Relationen zwischen den verschiedenen Transportkoeffizienten. Durch diese Beziehungen ist es dann möglich, im Detail sehr aufwendige, komplizierte Messungen bestimmter Größen zu umgehen. Mit weniger anspruchsvollen Verfahren und den bekannten Beziehungen ist somit eine indirekte Bestimmung möglich geworden.

Literaturverzeichnis

[Bradley 1962] C.C. Bradley, T.E. Faber, E.G. Wilson, J.M. Ziman, Phil. Mag. 7 (1962) 865.

[Breitling & Eyring 1972] S.M. Breitling, H. Eyring, *Significant structure theory applied to liquid metals*, in: *Liquid Metals*, ed. S.Z. Beer, Marcel Dekker, New York (1972) Ch. 5.

[Busch & Güntherodt 1967] G. Busch, H.J. Güntherodt, *Hall-Koeffizient und spezifischer elektrischer Widerstand flüssiger Metallegierungen*, Phys. kondens. Materie 6 (1967) 325.

[Eggelstaff 1994] P.A. Egelstaff, *An Introduction to the Liquid State*, Oxford Sci. Publ. (1994).

[Eyring 1964] H. Eyring, D. Henderson, B.J. Stover, E.M. Eyring, *Statistical mechanics and dynamics*, John Wiley and Sons, New York (1964).

[Feinauer 1993] A. Feinauer, Th. Pfiz, M. Hampele, Th. Dippel, A. Seeger, *Self-diffusion in liquid sodium investigated by pulsed-field-gradient nuclear magnetic resonance*, aus: *Immiscible Liquid Metals and Organics*, ed. by L. Ratke, DGM (1993) 145.

[Glasstone 1941] S. Glasstone, K.J. Laider, H. Eyring, *Theory of rate processes*, McGraw-Hill, New York (1941).

[Glazov 1969] V.M. Glazov, S.N. Chizhevskaya, N.N. Glagoleva, *Liquid Semiconductors* Plenum Press, New York (1969).

[Guthrie 1993] T. Iida, R.I.L. Guthrie, *The Physical Properties of Liquid Metals*, Oxford Sci. Publ. (1993).

[Haus & Kehr 1987] J.W. Haus, K.W. Kehr, Phys. Rep. 150 (1987) 263.

[Hicter et al. 1971] P. Hicter, F. Durand, E. Bonnier, J. Chim. Phys. (1971) 804, 809.

[Jonas 1975] J. Jonas, Ann. Rev. of Phys. Chem 26 (1975) 167.

[Lide & Frederikse 1994] D.R. Lide, H.R. Frederikse (Hrsg.), *CRC Handbook of Chemistry and Physics*, CRC Press, Boca Raton 75th Edition (1994).

[Ning & Hilsum] T.H. Ning, C. Hilsum (Hrsg.), *Properties of Silicon* INSPEC, London (1988).

[Müller-Vogt et al. 1993] G. Müller-Vogt, P. Bräuer, R. Kößler, Z. Peranic, J. Schlegelmilch, T. Strasser, W. Trillsam *Measurement of Diffusion in Melts of semiconducting Materials*, aus: *Immiscible Liquid Metals and Organics*, ed. by L. Ratke, DGM (1993) 145.

[Parker 1961] W.J. Parker, R.J. Jenkins, C.P. Butler, G.L. Abbott, *Flash method of determinng thermal diffusivity, heat capacity and thermal conductivity* J. Appl. Phys. 32 (1961), 1679-1687.

(1972).

[Shashkov & Grishin 1966] Y.M. Shashkov, V.P. Grishin, Soviet Phys. Solid State 8 (1966) 447.

[Tabor 1993] D. Tabor, *Gases, Liquids, and Solids and other States of Matter*, Cambridge Univ. Press (1993).

[Westphal & Rosenberger 1978] G.H. Westphal, F. Rosenberger, *On diffusive advective interfacial Mass transfer* J. Crystal Growth, 43 (1978) 687-693.

[Ziman 1961] J.M. Ziman, Phil. Mag. 6 (1961) 1013.

4 Phasengleichgewichte

1 Thermodynamische Grundlagen

1.1 Vorbemerkung

Die Thermodynamik ist eine phänomenologische Theorie makroskopischer physikalischer Systeme und beschreibt das Verhalten von Stoffen bei Änderung verschiedener Parameter, wie der Temperatur und dem Druck. Auch nichtmechanische Systeme, z. B. magnetische, ferroelektrische oder supraleitende Stoffe, werden thermodynamisch beschrieben. Da die Thermodynamik die verschiedensten Systeme mit dem selben Formalismus behandelt, ist sie eine abstrakte und vielfältige Theorie. Für viele praktische Fragen in der Physik kondensierter Materie, der Metallurgie und vielen anderen Gebieten ist sie von großem Nutzen. Wir können hier nur einige wichtige Aspekte ansprechen und verweisen für eine ausführliche Darstellung auf entsprechende Lehrbücher wie z. B. [Callen 1985, Huang 1963, Becker 1966].

Anders als ihr Name es vermuten läßt, beschreibt die Thermodynamik keine dynamischen Prozesse. Sie ist konzipiert zur Untersuchung von Systemen im thermodynamischen Gleichgewicht. Idealerweise müßte man die betrachteten Stoffe im thermodynamischen Limes, d. h. unendlich große Proben, betrachten, um Randeffekte auszuschließen. In der Praxis erfüllen Proben, welche aus einigen 10^{23} Atomen oder Molekülen bestehen, die Anforderungen bereits sehr gut. Wenn diese Voraussetzungen erfüllt sind, kann man Zustandsvariablen finden, welche das System beschreiben. Anstatt einer riesigen Menge mikroskopischer Freiheitsgrade benutzt die Thermodynamik nur wenige makroskopische Parameter, um ein System zu charakterisieren. Beispielsweise kann der thermodynamische Zustand durch die Temperatur T, den Druck p und das Volumen V vollständig definiert sein. Die Verknüpfung der thermodynamischen Eigenschaften mit dem atomaren Aufbau der Materie wird durch die statistische Mechanik hergestellt, mit der aus der Vielzahl der mikroskopischen Zustände die thermodynamischen Parameter abgeleitet werden können.

Die Zustandsgrößen sind nicht unabhängig voneinander. Wenn man z. B. die Temperatur einer Probe bei konstantem Volumen erhöht, so erhöht sich der Druck. Dieser Sachverhalt wird quantitativ durch eine Zustandsgleichung der Form:

$$f(p,V,T) = 0 \quad \text{bzw.} \quad p = p(V,T). \tag{1}$$

beschrieben, woraus man eine Zustandsgleichung z. B. für den Druck herleiten kann. Das System ist also vollständig durch Angabe von zweien der drei Zustandsvariablen charakterisiert, die dritte ist eine abgeleitete Größe. Die Zustandsfunktion beschreibt eine Hyperfläche im Zustandsraum, der durch die Variablen p,V,T aufgespannt wird.

Ein einfaches Beispiel für eine Zustandsgleichung ist die Beziehung

$$p = \frac{Nk_BT}{V} \tag{2}$$

für ein ideales Gas, d.h. für ein Gas, in dem die Teilchen nicht miteinander wechselwirken. Dabei bezeichnet N die Anzahl der Teilchen und $k_B = 1.38 \cdot 10^{-23} \, J/K$ ist die Boltzmann-Konstante.

Eine Zustandsgleichung beschreibt i. a. nur eine bestimmte Phase eines thermodynamisches Systems. Eine thermodynamische Phase ist ein in den physikalischen und chemischen Eigenschaften homogener Bereich eines Systems. Beispielsweise bezeichnet man die drei Aggregatzustände fest, flüssig und gasförmig als Phasen eines Stoffes.

1.2 Thermodynamische Hauptsätze und Zustandsgrößen

Um das Verhalten thermodynamischer Systeme zu beschreiben, denen Wärme zugeführt oder an denen Arbeit geleistet wird, sind die thermodynamischen Hauptsätze von großer Bedeutung:

- 1. Haupsatz: Die innere Energie U eines abgeschlossenen Systems ist eine Erhaltungsgröße.

- 2. Haupsatz: Es gibt keinen thermodynamischen Prozeß, dessen einzige Wirkung darin besteht, daß eine Wärmemenge einem kälteren Wärmebad entzogen und an ein wärmeres abgegeben wird.

Der 1. Hauptsatz beinhaltet einfach die Energieerhaltung in einem System, das mit der Umgebung wechselwirkt und kann ausgedrückt werden durch die Beziehung:

$$\Delta U = \Delta Q + \Delta W, \qquad (3)$$

Dabei sind ΔU die Änderung der Energie während eines Prozesses, ΔQ die zugeführte Wärme und ΔW die am System geleistete Arbeit.

In einem mechanischen System ist bei einer infinitesimalen Volumenänderung:

$$dW = -p dV.$$

Ist eine Substanz magnetisierbar, so hängt die Energie zusätzlich vom magnetischen Moment M ab. An dieser Stelle müssen wir näher auf den Begriff der „inneren Energie" eines thermodynamischen Systems eingehen. Eine Probe wird durch ein äusseres Magnetfeld magnetisiert. Man definiert den Beitrag zur inneren Energie als diejenige Energie, die erforderlich ist, um das magnetische Moment der Größe M aufzubauen. Dazu zählt nicht die potentielle Energie der Probe im Magnetfeld $\vec{H}$:

$$U_{pot} = -\vec{M} \cdot \vec{H}.$$

Zur Vereinfachung behandeln wir das Problem eindimensional und stellen uns einen Probekörper in einem in x-Richtung inhomogenen Magnetfeld vor. Auf den Körper wirkt die Kraft:

$$F = M \frac{dH}{dx}$$

Bewegen wir den Körper vom Ort x nach $x + dx$, so wird dabei insgesamt die Arbeit

$$dW_{gesamt} = -M \cdot dH$$

geleistet. Dabei ändert sich auch die potentielle Energie U_{pot} der Probe, die definitionsgemäß nicht zur inneren Energie zählt. Daher ist die an der Probe geleistete Arbeit:

$$dW_{mag} = -M \cdot dH - dU_{pot} = -M \cdot dH + d(MH)$$

also

$$dW_{mag} = H \cdot dM.$$

Entsprechend ist die Änderung der inneren Energie in polarisierbaren Materialien mit dem Dipolmoment P in einem elektrischen Feld E :

$$dW_{el} = E \cdot dP$$

Die innere Energie U hängt nur vom Ort (p, V, T) im Zustandsraum ab und wird daher als Zustandsfunktion bezeichnet. Das bedeutet, daß das Linienintegral

$$\oint dU = 0 \tag{4}$$

über einen geschlossenen Weg im Zustandsraum verschwindet. Dagegen sind Arbeit und zugeführte Wärme keine Zustandsgrößen, so daß

$$\oint dW \neq 0 \text{ und } \oint dQ \neq 0. \tag{5}$$

Der 2. Hauptsatzs wird quantitativ beschrieben durch die Einführung der sogenannten Entropie als neue Zustandsgröße. Die Entropie S ist wie die innere Energie eine extensive Größe, d. h. S skaliert mit der Systemgröße, und hat die folgenden Eigenschaften:

- in einem thermisch isolierten System ist bei jedem Prozeß, der von einem Gleichgewichtszustand ausgeht und in einem solchen endet, die Entropieänderung niemals negativ :

$$\Delta S \geq 0$$

  S bleibt konstant, wenn nur Gleichgewichtszustände durchlaufen werden;

- wird in einem nicht abgeschlossenen System ein infinitesimaler Prozeß über Gleichgewichtszustände durchlaufen und dabei die infinitesimale Wärmemenge dQ aufgenommen, so gilt

$$dS = \frac{dQ}{T}.$$

Dabei ist T die absolute Temperatur des Systems.

Einen solchen idealen Prozeß bezeichnet man als reversible (umkehrbar). In diesem Fall gilt für die Entropie:

$$\oint dS = 0 \tag{6}$$

Werden Nichtgleichgewichtszustände durchlaufen, z. B. bei mit endlicher Geschwindigkeit geführten Prozessen, so ist

$$\oint dS > 0. \tag{7}$$

Bei Annäherung an den Temperaturnullpunkt hat die Entropie die folgende Grenzwerteigenschaft, die auch als 3. Hauptsatz bezeichnet wird:

- 3. Hauptsatz: Für $T \to 0$ strebt die Entropie S gegen 0: $\lim_{T \to 0} = 0$.

Aus dem 2. Hauptsatz lernen wir, daß in einem abgeschlossen System die Entropie einem Maximum zustrebt:

$$S \to S_{maximal} \qquad (8)$$

Dieses Extremalprinzip ist von grundlegender Bedeutung, worauf in den nächsten Abschnitten detailliert eingegangen wird. Die Thermodynamik kann zwar nicht den Nichtgleichgewichtsprozeß beschreiben, jedoch wird der Gleichgewichtszustand am Ende eines Prozesses durch das Extremalprinzip der Entropie nach Gleichung 8 festgelegt.

Mit Hilfe der Entropie können wir Beziehungen zwischen den Zustandsvariablen eines Systems und somit Zustandsgleichungen ermitteln. Benutzen wir die Energieerhaltung aus dem 1. Hauptsatz, so können wir die Entropieänderung in einem mechanischen System schreiben als:

$$dS = \frac{dQ}{T} = \frac{1}{T}dU + \frac{p}{T}dV. \qquad (9)$$

Da das Linienintegral nach Gleichung 6 verschwindet, muß das Differential dS vollständig sein. Das bedeutet, daß die Koeffizienten vor den Differentialen dU und dV gerade die partiellen Ableitungen der Entropie nach U bei konstantem Volumen bzw. die Ableitung nach V bei konstanter Energie sind, also:

$$\left.\frac{\partial S}{\partial U}\right|_V = \frac{1}{T} \quad \text{und} \quad \left.\frac{\partial S}{\partial V}\right|_U = \frac{p}{T}. \qquad (10)$$

Ebenso ist wegen Gleichung 4 das Differential der inneren Energie U

$$dU = TdS - pdV \qquad (11)$$

vollständig, so daß gilt:

$$\left.\frac{\partial U}{\partial S}\right|_V = T \quad \text{und} \quad \left.\frac{\partial U}{\partial V}\right|_S = -p \qquad (12)$$

Bei den partiellen Ableitungen haben wir explizit gekennzeichnet, welche Zustandsgröße konstant gehalten wird. Dies ist wichtig, da die Zustandsvariablen nicht unabhängig voneinander sind. Beispielsweise ist die Ableitung von U nach S bei konstantem Druck nicht gleich der Temperatur.

Die innere Energie eines thermodyamischen Systems hängt von der Teilchenzahl N ab. Wenn bei konstanter Entropie und konstantem Volumen ein Teilchen dem System zugeführt wird, also $\Delta N = 1$, so definiert die Änderung der inneren Energie das chemische Potential μ:

$$\Delta U = \mu.$$

Faßt man die Teilchenzahl als kontinuierliche Größe auf, so kann man das chemische Potential durch das Differential

$$dU|_{S,V} = \mu dN$$

ausdrücken und schließlich durch die partielle Ableitung der inneren Energie nach der Teilchenzahl:

$$\mu = \left.\frac{\partial U}{\partial N}\right|_{S,V}. \qquad (13)$$

Bei einem System, daß aus mehreren Teilchensorten besteht, müssen die chemischen Potentiale aller Sorten berücksichtigt werden. Für das Differential der inneren Energie U erhält man insgesamt:

$$dU = T\,dS - p\,dV + \sum_i \mu_i\,dN_i, \tag{14}$$

wobei über alle Teilchensorten i summiert wird. Entsprechend lautet das Differential der Entropie:

$$dS = \frac{dU}{T} + \frac{p}{T}dV - \sum_i \frac{\mu_i}{T}dN_i. \tag{15}$$

Da sich Temperatur, Druck und chemisches Potential durch Differentiation der inneren Energie oder der Entropie nach extensiven Größen ergeben, hängen T, p und μ nicht von der Systemgröße ab und werden als intensive Größen bezeichnet. Zur vollständigen Analyse thermodynamischer Prozesse braucht man nur eine der Beziehungen

$$S = S(U,V,\{N_i\}) \quad \text{bzw.} \quad U = U(S,V,\{N_i\}), \tag{16}$$

da aus ihnen Zustandsgleichungen, wie $p = p(V,T)$, hergeleitet werden können, weshalb sie auch als fundamentale Zustandsgleichungen bezeichnet werden.

Aus der Extensivität der Entropie und der inneren Energie folgt, daß S und U homogene Funktionen sind. So gilt z. B. für die Entropie:

$$S(\lambda U, \lambda V, \{\lambda N_i\}) = \lambda \cdot S(U,V,\{N_i\}). \tag{17}$$

Differenzieren nach λ und auswerten an der Stelle $\lambda = 1$ liefert:

$$\begin{aligned} S(U,V,\{N_i\}) &= \frac{U}{T} + \frac{pV}{T} - \sum_i \frac{\mu_i N_i}{T} \quad \text{bzw.} \\ U(S,V,\{N_i\}) &= T \cdot S - p \cdot V + \sum_i \mu_i N_i, \end{aligned} \tag{18}$$

wegen

$$\left.\frac{\partial S}{\partial U}\right|_{V,\{N_i\}} = \frac{1}{T}, \quad \left.\frac{\partial S}{\partial V}\right|_{U,\{N_i\}} = \frac{p}{T}, \quad \left.\frac{\partial S}{\partial N_j}\right|_{U,V,\{N_i\}} = -\frac{\mu_j}{T}.$$

Die extensive Eigenschaft der Entropie, die wir hier postuliert haben, findet ihre Begründung durch die statistische Mechanik, auf die wir später im Abschnitt 1.5 zurückkommen.

1.3 Thermodynamische Gleichgewichte

In der Regel hat man keine isolierten Systeme, sondern man interessiert sich für Systeme, die miteinander wechselwirken. Die Fragestellung lautet, wie sich der Zustand zweier anfänglich voneinander getrennten Systeme A und A' ändert, wenn sie in Kontakt gebracht werden und z. B. Wärme oder Teilchen austauschen können.

Betrachten wir zwei Systeme A und A', z.B. zwei Gase in zwei Kammern, die zunächst voneinander getrennt sind (Bild 1). Jedes System wird durch eine Zustandsgleichung $S_{vor} = S(U_{vor}, V_{vor})$ bzw. $S'_{vor} = S'(U'_{vor}, V'_{vor})$ beschrieben. Bringt man A und A' in thermischen Kontakt, so wird sich durch Wärmeaustausch ein neues Gleichgewicht einstellen. Jetzt stellt das zusammengesetzte System A_0=A+A' ein abgeschlossenes System dar. Nach dem Extremalprinzip für die Entropie in abgeschlossenen Systemen (Gleichung 8) werden sich die Zustände der Teilsysteme A und A' neu einstellen. Da A und A' nicht mehr abgeschlossen sind und Energie austauschen können, sind die inneren Energien nicht mehr „scharf" definiert, sondern als mittlere Energien anzusehen. Wir werden die mittlere Energien im folgenden nicht speziell kennzeichnen und sie auch mit U und U' bezeichnen. Beim Streben ins Gleichgewicht nimmt nach dem 2. Hauptsatz die gesamte Entropie zu, so daß gilt:

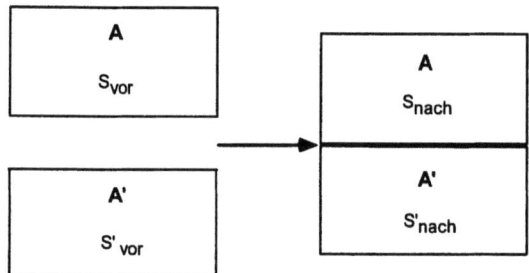

Bild 1 Zwei thermodynamische Systeme A und A' mit $U \neq U', V \neq V'$ und $N \neq N'$

$$S_{vor} + S'_{vor} \leq S_{nach} + S'_{nach}.$$

Der Gleichgewichtszustand von A_0 wird schließlich durch ein Maximum der Gesamtentropie beschrieben:

$$dS_0 = dS + dS' = 0$$

wobei wir jetzt die Indizes „vor" und „nach" weglassen.

Wegen der Erhaltung der Gesamtenergie $U_0 = U + U' = konst.$ im abgeschlossenen System A_0 hat das System A im Gleichgewicht eine mittlere innere Energie U, bei der gilt:

$$\frac{\partial}{\partial U}\left[S(U) + S'(U_0 - U)\right] = \frac{\partial}{\partial U}S(U,V,\{N_i\})dU + \frac{\partial}{\partial U}S'(U_0 - U, V', \{N'_i\})dU$$
$$= \left(\frac{\partial S}{\partial U}(U) - \frac{\partial S'}{\partial U'}(U_0 - U)\right)dU = 0.$$

Mit Hilfe der Beziehung $\partial S/\partial U = T^{-1}$ (Gl. 10) ergibt sich schließlich:

$$T = T'. \tag{19}$$

Bei thermischem Kontakt von zwei Systemen ist also der Gleichgewichtszustand durch gleiche Temperaturen von A und A' gekennzeichnet.

Lassen wir zu, daß die Wand zwischen A und A' beweglich ist, so wird sich wiederum ein neues Gleichgewicht einstellen. Sind die Drücke p und p' anfänglich verschieden, wird sich die Wand verschieben und entspechend wird sich das Volumen der einen Kammer auf Kosten der anderen Kammer ändern. Das neue Gleichgewicht wird durch ein Maximum der gesamten Entropie beschrieben unter Berücksichtigung, daß $dV = -dV'$ ist:

$$dS + dS' = \left(\frac{\partial S}{\partial V} - \frac{\partial S'}{\partial V'}\right)dV = 0$$

Daraus folgt

$$\frac{p}{T} = \frac{p'}{T'}$$

und schließlich mit der Gleichgewichtsbedingung 19:

$$p = p'. \tag{20}$$

Als nächsten wichtigen Fall behandeln wir das thermodynamische Gleichgewicht, wenn die Systeme A und A' Teilchen miteinander austauschen können. Die Bedingungsgleichung lautet mit $dN_i = -dN'_i$:

$$\sum_i \frac{\partial S}{\partial N_i} dN_i + \sum_i \frac{\partial S'}{\partial N_i'} dN_i' = \sum_i \left(-\frac{\mu_i}{T} + \frac{\mu_i'}{T'}\right) dN_i = 0$$

Da die Teilchenzahlen N_i unabhängige Variablen sind, ist die Beziehung nur erfüllt, wenn die einzelnen Summanden verschwinden, so daß zusammen mit der Gleichgewichtsbedingung $T = T'$ (Gleichung 19) gilt:

$$\mu_i = \mu_i' \quad \text{für alle } i. \tag{21}$$

Im thermodynamischen Gleichgewicht ist also für jede Teilchensorte das chemische Potential im System A gleich dem im System A'.

Aus der Maximalbedingung der Entropie des zusammengesetzten Systems $A + A'$ ($d(S+S') = 0$, bei $U + U' = $ konst.) bzw. eines abgeschlossenen Systems mit konstanter Energie U folgen wichtige allgemeine Eigenschaften nicht nur für die Entropie S selbst, sondern auch für die innere Energie U. Da die Gesamtentropie $S_0 = S + S'$ ein Maximum annimmt, gilt:

$$\frac{\partial^2 S}{\partial U^2}(U) + \frac{\partial^2 S'}{\partial U'^2}(U') = \frac{\partial}{\partial U}\left(\frac{1}{T}\right) + \frac{\partial}{\partial U'}\left(\frac{1}{T'}\right) < 0.$$

Daraus ergibt sich:

$$\frac{\partial T}{\partial U} + \frac{\partial T'}{\partial U'} > 0$$

Da die innere Energie extensiv ist ($U(\lambda S, \lambda V, \lambda N) = \lambda \cdot U(S,V,N)$), skaliert die Ableitung von U nach einer intensiven Größe, hier der Temperatur T, ebenso mit der Systemgröße. Läßt man das System A' unendlich groß werden ($\lambda \to \infty$), so gilt:

$$\frac{\partial T'}{\partial U'} \sim \frac{1}{\lambda} \to 0.$$

Die Ungleichung ist deshalb nur dann für beliebige Systeme A und A' erfüllt, wenn beide Summanden positiv sind. Daher gilt allgemein:

$$\left.\frac{\partial U}{\partial T}\right|_V > 0, \tag{22}$$

d. h. die innere Energie wächst streng monoton mit der Temperatur. Wegen Gl. 22 ist die zweite partielle Ableitung der Entropie stets negativ:

$$\frac{\partial^2 S}{\partial U^2} = \frac{\partial}{\partial U}\left(\frac{1}{T}\right) = -\frac{1}{T^2}\frac{\partial T}{\partial U} < 0 \tag{23}$$

Ebenso ist aufgrund der Extremalbedingung die zweite Ableitung der Entropie nach dem Volumen stets negativ. Zusammenfassend stellt man also fest, daß die Entropie $S(U,V)$ eine konkave Funktion ist, d.h.

$$\frac{\partial^2}{\partial U^2} S(U,V) < 0, \quad \frac{\partial^2}{\partial V^2} S(U,V) < 0. \tag{24}$$

Äquivalent zu dem Maximal-Prinzip für die Entropie bei konstanter innerer Energie kann das thermodynamische Gleichgewicht auch durch ein Minimal-Prinzip für die innere Energie beschrieben werden, wenn die Gesamtentropie konstant gehalten wird:

$$U_0 = U + U' = konst. \quad \Rightarrow \quad S_0 = S + S' \to Max \tag{25}$$
$$S_0 = S + S' = konst. \quad \Rightarrow \quad U_0 = U + U' \to Min$$

Angenommen, bei konstanter Entropie sei die innere Energie im Gleichgewicht nicht minimal. Dann müßte beim Abbau von mechanischer Energie um den Betrag δW der gleiche Energiebetrag als Wärmemenge δQ aufgenommen werden, damit $\delta U = 0$. Dann wäre entgegen der Voraussetzung $\delta S = \delta Q/T \neq 0$. Also strebt die innere Energie einem Minimum entgegen.

Im Gleichgewicht zweier Systeme A und A' mit $S_0 = S+S' = konst, V_0 = V+V' = konst.$ und $N_0 = N + N' = konst.$ gilt demnach:

$$d\left[U(S,V,N) + U'(S_0 - S, V_0 - V, N_0 - N)\right] = 0,$$

woraus mit Gl. 14

$$(T - T')dS + (-p + p')dV + (\mu - \mu')dN = 0$$

folgt und sich schließlich die bereits bekannten Gleichgewichtsbedingungen:

$$T = T', \quad p = p', \quad \mu = \mu'$$

ergeben.

Mit dem Minimal-Prinzip für $U_0 = U + U'$ findet man in gleicher Weise, wie es für die Entropie gezeigt wurde (Gl. 24), daß für die zweiten Ableitungen der inneren Energie allgemein gilt [1]:

$$\left.\frac{\partial^2 U}{\partial S^2}\right|_V > 0, \quad \left.\frac{\partial^2 U}{\partial V^2}\right|_S > 0 \tag{26}$$

1.4 Die thermodynamischen Potentiale

Bei Systemen, die z. B. durch den Kontakt mit einem Wärmereservoir eine vorgegebene Temperatur haben oder bei denen der Druck durch die Experimentierbedingungen konstant gehalten wird, sind Entropie $S = S(U,V,\{N_i\})$ und Energie $U = U(S,V,\{N_i\})$ zur Beschreibung weniger geeignet. Je nach Prozeßbedingung ist es günstiger, die intensiven Zustandsgrößen T oder p, also die partiellen Ableitungen $\frac{\partial U}{\partial S}$ bzw. $-\frac{\partial U}{\partial V}$, als unabhängige Variablen zu benutzen. Zu diesem Zweck führt man die sogenannten thermodynamischen Potentiale ein, die Funktionen von T oder p sind, und durch geeignete Transformationen aus der inneren Energie $U(S,V,\{N_i\})$ hervorgehen.

Wir suchen also eine Transformation, die eine Funktion $y(x)$ in eine Funktion $z(q)$ mit $q = \frac{dy}{dx}$ überführt:

$$x \longrightarrow q = \frac{dy}{dx}$$
$$y(x) \longrightarrow z(q)$$

Der einfachste Weg ist, die Variable x durch q auszudrücken und zu definieren:

$$z := y(x(q)) = y(q)$$

---

[1] $\frac{\partial^2 U}{\partial S^2} > 0$ folgt schon aus den Ableitungen der Umkehrfunktion $S(U)$: $\frac{\partial^2 S}{\partial U^2} < 0$ und $\frac{\partial S}{\partial U} > 0$.

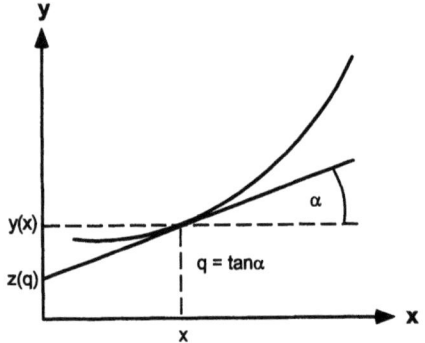

Bild 2 Zusammenhang zwischen der Funktion $y(x)$ und ihrer Legendre-Transformierten $z(q)$ mit $q = dy/dx$.

Allerdings gehen bei dieser Transformation Informationen über die ursprüngliche Funktion $y(x)$ verloren. Da die Graphen aller Funktionen $y = y(x + k)$ mit verschiedenen Konstanten k längs der x-Achse verschoben sind, also zu einem gegebenen y-Wert dieselbe Steigung $q = \frac{dy}{dx}$ haben, kann nicht auf die ursprüngliche Funktion $y = y(x)$ geschlossen werden.

Zu einer Methode, die eine Funktion $y(x)$ mit Hilfe ihrer Ableitung eindeutig beschreibt, gelangt man durch die Betrachtung der Schar der an die Kurve $y = y(x)$ angelegten Tangenten (Bild 2). Der Funktionsgraph ist als Einhüllende dieser Tangentenschar festgelegt und kann durch den Ordinatenabschnitt z als Funktion der Steigung im Punkt $(x, y(x))$ beschrieben werden. Es gilt:

$$\frac{dy}{dx} = \tan\alpha = \frac{y-z}{x}$$

Wegen

$$q = \frac{dy}{dx}$$

kann die Variable x durch q ausgedrückt werden und man erhält z als Funktion von q:

$$z(q) = y(x(q)) - qx(q). \tag{27}$$

Die Übertragungsvorschrift in Gleichung 27 überführt eine Funktion $y = y(x)$ in eine äquivalente Funktion $z = z(q)$ mit $q = dy/dx$ als unabhängige Variable und heißt Legendre-Transformation. Um bei gegebenem $z = z(q)$ die ursprüngliche Funktion $y = y(x)$ zu ermitteln, müssen wir zunächst $x(q)$ bestimmen. Aus dem Differential von z

$$\begin{aligned} dz &= dy - q\,dx - x\,dq \\ &= \frac{dy}{dx}dx - q\,dx - x\,dq \\ &= -x\,dq \end{aligned}$$

ersehen wir, daß sich x berechnet durch:

$$x = -\frac{dz}{dq}$$

Zusammen mit $z = z(q)$ können damit z und q durch x ausgedrückt werden und man erhält als Umkehrung der Legendre-Transformation:

$$y(x) = z(q(x)) + q(x)\,x$$

Bei Funktionen, die von mehreren Variablen $(x_1, ..., x_n)$ abhängen, kann die Legendre-Transformation bezüglich jeder Variable x_i ausgeführt werden. Soll bei einer Funktion $y = y(x_1, x_2, ..., x_n)$ die Variable x_1 eliminiert werden, so führt man als neue unabhängige Variable ein:

$$q_1 = \frac{\partial y}{\partial x_1} = q_1(x_1,...,x_n).$$

Mit $x_1 = x_1(q_1,x_2,...,x_n)$ erhält man die Legendre-Transformierte:

$$z(q_1,x_2,...,x_n) = y(x_1(q_1,x_2,...x_n),x_2,...x_n) - q_1 \cdot x_1(q_1,x_2,...,x_n) \tag{28}$$

und das Differential

$$[t]dz = \sum_{k \geq 1} \frac{\partial y}{\partial x_k} dx_k - d(x_1 q_1) = \sum_{k \geq 2} \frac{\partial y}{\partial x_k} dx_k - x_1 dq_1.$$

Wie wir im Abschnitt 1.3 anhand der Entropie $S(U,V)$ gesehen haben, können aus den Ableitungen von thermodynamischen Funktion wichtige allgemeine Eigenschaften hergeleitet werden (s. Gl.22). Für die zweiten partiellen Ableitungen der Legendre-Transformierten findet man:

$$\frac{\partial^2 z}{\partial q_1^2} = -\frac{x_1}{\partial q_1} = -\frac{1}{\frac{\partial^2 y}{\partial x_1^2}} \tag{29}$$

$$\frac{\partial^2 z}{\partial x_i^2} = \frac{\partial}{\partial x_i}\left[\frac{\partial y}{\partial x_i}(x_1(q_1,x_2,...x_n),x_2,...,x_n)\right].$$

Das Vorzeichen der zweiten Ableitung von z nach der neuen Variablen q ist offenbar umgekehrt gegenüber der Ableitung der ursprünglichen Funktion y nach der entsprechenden Variablen x. Damit folgt als wichtige Eigenschaft, daß die Legendre-Transformation die Krümmung des Funktionsgraphen umkehrt, so daß z. B. eine konkave in eine konvexe Funktion übergeht und umgekehrt. Man beachte, daß die zweite Ableitung von z bezüglich einer nicht-transformierten Variablen x_i nicht gleich derjenigen der Funktion y ist.

Durch Legendre-Transformationen der inneren Energie $U(S,V,\{N_i\})$ bezüglich verschiedener Variablen ergeben sich die in Tabelle 2 aufgeführten thermodynamischen Potentiale. Dabei werden eine oder mehrere extensive Variablen eliminiert und durch intensive Zustandsgrößen ersetzt.

Tabelle 1 Die extensiven Variablen und die zugehörigen intensiven Variablen.

Extensive Variable	konjugierte intensive Variable
S	$\frac{\partial U}{\partial S} = T$
V	$\frac{\partial U}{\partial V} = -p$
N_i	$\frac{\partial U}{\partial N_i} = \mu_i$
M_{el}	$\frac{\partial U}{\partial M_{el}} = E$
M_{mag}	$\frac{\partial U}{\partial M_{mag}} = H$

Die zu den extensiven Variablen konjugierten intensiven Variablen ergeben sich durch entsprechende Differentiation von U und sind in Tabelle 1 einander gegenübergestellt. Neben der

Tabelle 2 Aufstellung der wichtigsten thermodynamischen Potentiale.

thermodynamisches Potential	Symbol	unabhängige Variable	Legendre-transformation
Enthalpie	H	$S, p, \{N_i\}$	$H = U + pV$ $dH = TdS + Vdp + \sum_i \mu_i dN_i$
freie Energie	F	$T, V, \{N_i\}$	$F = U - TS$ $dF = -SdT - pdV + \sum_i \mu_i dN_i$
freie Enthalpie	G	$T, p, \{N_i\}$	$G = U - TS + pV$ $dG = -SdT + Vdp + \sum_i \mu_i dN_i$

Entropie und der Temperatur, die wir als konjugierte Variable bereits kennengelernt haben, sind weitere Paare z. B. das Magnetfeld H und das magnetische Moment M in magnetisierbaren Systemen oder das elektrische Feld E und das elektrische Dipolmoment P in polarisierbaren Materialien.

Die thermodynamischen Potentiale H, F, G sind wie die Entropie S oder die innere Energie U Zustandsfunktionen, so daß dH, dF, dG totale Differentiale sind. Der Ausdruck

$$df = a\,dx + b\,dy + c\,dz,$$

stellt dann ein totales Differential dar, bzw. die Funktion $f(x, y, z)$ existiert, wenn gilt:

$$\frac{\partial a}{\partial y} = \frac{\partial b}{\partial x}, \quad \frac{\partial a}{\partial z} = \frac{\partial c}{\partial x}, \quad \frac{\partial b}{\partial z} = \frac{\partial c}{\partial y}.$$

Mit Hilfe der Differentiale von den thermodynamischen Potentiale können wir Beziehungen zwischen den partiellen Ableitungen der Zustandsgrößen herstellen, die als Maxwell-Beziehungen bekannt sind. Lassen wir die Teilchenzahlen $\{N_i\}$ außer Acht, so erhält man:

$$dU = TdS - pdV \quad \Rightarrow \quad \left.\frac{\partial T}{\partial V}\right|_S = -\left.\frac{\partial p}{\partial S}\right|_V \quad (30)$$

$$dH = TdS + Vdp \quad \Rightarrow \quad \left.\frac{\partial T}{\partial p}\right|_S = \left.\frac{\partial V}{\partial S}\right|_p$$

$$dF = -SdT - pdV \quad \Rightarrow \quad \left.\frac{\partial S}{\partial V}\right|_T = \left.\frac{\partial p}{\partial T}\right|_V$$

$$dG = -SdT + Vdp \quad \Rightarrow \quad \left.\frac{\partial S}{\partial p}\right|_T = -\left.\frac{\partial V}{\partial T}\right|_p$$

Für die thermodynamischen Potentiale folgt aus den Gleichgewichtsbedingungen ein Minimal-Prinzip:

- Bei festgehaltenen Variablen haben die thermodynamischen Potentiale im thermodynamischen Gleichgewicht ein Minimum.

Das Minimal-Prinzip für die thermodynamischen Potentiale werden wir an zwei Fällen erläutern, die die häufig im Experiment vorliegenden Bedingungen wiedergeben. Betrachten wir wie im vorigen Abschnitt das thermodynamische Gleichgewicht eines Systems A, das sich im Kontakt mit einem System A' befindet. Als ersten Fall untersuchen wir das Gleichgewicht unter der Randbedingung, daß die Temperatur und das Volumen vorgegeben sind. Das System A' sei groß im Vergleich zu A und dient daher als Wärmereservoir. Genauer bedeutet dies, daß trotz eines Austauschs einer endlichen Wärmemenge

$$\Delta Q = -\Delta Q' \neq 0$$

zwischen A und A', die Temperatur des Wärmereservoirs A' unverändert bleibt, also:

$$A' \gg A \implies dT' = 0$$

Definieren wir die freie Energie $\tilde{F}$ (vgl. Tabelle 2) des Systems A durch

$$\tilde{F} = U - T' \cdot S$$

wobei zu beachten ist, daß T' die Temperatur des Wärmereservoirs A' ist. Bei Kontakt mit dem Wärmereservoir wird A einen neuen Gleichgewichtszustand einnehmen. Wird dabei das Volumen V von A konstant gehalten, so ergibt sich die Änderung von $\tilde{F}$ zu:

$$d\tilde{F} = dU - T' \cdot dS = dQ - T' \cdot dS$$

Für das Wärmebad ist die Entropieänderung gegeben durch

$$[b]dS' = \frac{-dQ}{T'}$$

so daß wir schreiben können:

$$d\tilde{F} = -T'\left(\frac{-dQ}{T'} + dS\right) = -T'\left(dS' + dS\right)$$

Da das zusammengesetzte System $A_0 = A + A'$ abgeschlossen ist, strebt die Gesamtentropie $S_0 = S' + S$ einem Maximum zu, so daß gilt

$$dS' + dS \geq 0$$

woraus folgt:

$$d\tilde{F} \leq 0$$

Im Kontakt mit dem Wärmebad nimmt demnach $\tilde{F}$ ab, bis der neue Gleichgewichtszustandes erreicht ist und $\tilde{F}$ ein Minimum annimmt. Da im thermischen Gleichgewicht von A und A' (Gleichung 19)

$$T = T'$$

gilt, ist $\tilde{F} = F$, so daß der Gleichgewichtszustand bei $T = T' = konst.$ und $V = konst.$ durch

$$F(T,V) = U - T \cdot S \to Minimum \tag{31}$$

charakterisiert ist.

Analog untersucht man das Gleichgewicht eines Systems A, bei dem neben der Temperatur auch der Druck konstant gehalten wird. Dazu seien die Systeme A und A' durch eine bewegliche Wand, die Wärmeaustausch zuläßt, miteinander verbunden. Wir definieren die freie Enthalpie $\tilde{G}$ des Systems A durch

$$\tilde{G} = U - T' \cdot S + p' \cdot V,$$

wobei T' und p' die Temperatur bzw. der Druck des Systems A'. Durch Wärmeaustausch und Verschiebung der Wand stellt sich ein neues Gleichgewicht ein. Da A' wieder als Reservoir dient, bleiben trotz Energieaustausch und Volumenänderung

$$dU' = -dU \neq 0$$
$$dV' = -dV \neq 0$$

die Temperatur und der Druck von A' konstant:

$$A' \gg A \implies \begin{cases} dT' = 0 \\ dp' = 0 \end{cases}$$

Die Änderung von $\tilde{G}$ ergibt sich zu:

$$\begin{aligned} d\tilde{G} &= dU - T' \cdot dS + p' \cdot dV \\ &= -T'\left(\frac{dU'}{T'} + \frac{p'}{T'}dV' + dS\right), \end{aligned}$$

und damit ist

$$d\tilde{G} = -T' \cdot (dS' + dS) \leq 0.$$

Ist das Gleichgewicht erreicht, so sind Temperatur und Druck von A und A' gleich, so daß $\tilde{G} = G$. Der Gleichgewichtszustand von A ist daher bei vorgegebener Temperatur und konstantem Druck durch ein Minimum der freien Enthalpie

$$G(T,p) = U - T \cdot S + p \cdot V \longrightarrow Minimum \tag{32}$$

gekennzeichnet.

Es sei noch angemerkt, daß für die thermodynamischen Potentiale im englischen Sprachraum etwas andere Namen üblich sind. Die „freie Energie" heißt dort „Helmholtz free energy" und die „freie Enthalpie" wird als „Gibbs free energy" bezeichnet.

Benutzt man Gl. 18 für die innere Energie U, so findet man für die freie Enthalpie G (s. Tabelle 2) die Gibbs-Duhem-Relation:

$$G = U - TS + pV = \sum_i \mu_i N_i, \tag{33}$$

wonach G vollständig durch die chemischen Potentiale μ_i beschrieben wird. Für ein einkomponentiges System ergibt sich daraus für das Differential der freien Enthalpie die Beziehung:

$$dG = -SdT + Vdp + \mu dN = d(\mu N) = \mu dN + Nd\mu$$

Führen wir mit $v = V/N$ das Volumen pro Teilchen und mit $s = S/N$ die Entropie pro Teilchen ein, so ergibt sich das Differential des chemischen Potentials zu:

$$d\mu = vdp - sdT. \tag{34}$$

1.5 Statistische Mechanik

In vielen Fällen ist es nützlich, die thermodynamischen Eigenschaften eines Systems aus dem atomaren Aufbau der Materie abzuleiten. Die Verbindung zwischen den in den Hauptsätzen beschrieben Zustandsgrößen und den mikroskopischen Eigenschaften des Systems wird durch die statistische Mechanik hergestellt.

Bei der statistischen Mechanik betrachtet man die Anzahl aller möglichen Mikrozustände Ω, die den Makrozustand des Systems, charakterisiert durch z. B. U, V und N, realisieren. Ein Mikrozustand eines klassischen mechanischen Systems mit N Teilchen ist durch den Ortsvektor $\vec{r}_i$ und den Impulsvektor $\vec{\tau}_i$ ($i = 1, ...,N$) eines jeden Teilchens charakterisiert. Faßt man die (dreidimensionalen) Orts- und Impulsvektoren aller Teilchen zu je einem $3N$-dimensionalen Vektor $\vec{x} = (x_1,...,x_{3N})$ und $\vec{\tau} = (\tau_1,...\tau_{3N})$ zusammen, so ist der Zustand des Systems durch diese beiden Vektoren im $6N$-dimensionalen Phasenraum definiert. Die innere Energie ist eine Funktion

$$U = \mathcal{H}(x_1,...,x_{3N},\tau_1,...,\tau_{3N})$$

aller $3N$ Orts- und Impulskoordinaten. Dabei hat die sogenannte Hamilton-Funktion $\mathcal{H}$ beispielsweise die Form

$$\mathcal{H} = \sum_i \frac{\tau_i^2}{2m_i} + \frac{1}{2} \sum_{i,k} \phi\left(|\vec{r}_i - \vec{r}_k|\right) \tag{35}$$

die die kinetische Energie der Teilchen sowie die Wechselwirkungen untereinander, ausgedrückt durch das Wechselwirkungspotential $\phi\left(|\vec{r}_i - \vec{r}_k|\right)$, beschreibt.

Damit die Zustände abgezählt werden können, teilt man den Phasenraum in Zellen mit dem Volumen h_0^{3N} auf und ordnet alle Punkte innerhalb einer Phasenraumzelle einem Zustand zu (Bild 3). Dabei hat h_0 die Dimension eines Drehimpulses und ist die Variationsbreite für die Orts- und Impulskoordinaten eines Zustandes, d. h. $\delta x_i\, \delta \tau_i \leq h_0$. Die statistischen Aussagen sind umso genauer, je kleiner h_0 gewählt wird. Physikalisch macht es jedoch keinen Sinn, h_0 kleiner als $\hbar = h/2\pi$ (Planck-Konstante h = 6.62·10^{-34} Js) zu setzen, denn nach der Heisenbergschen Unschärferelation können Ort und Impuls eines Teilchen nicht gleichzeitig beliebig genau bestimmt werden, sondern es gilt $\Delta x\, \Delta \tau \geq \hbar$. Betrachtet man ein quantenmechanisches System, so hat man zu einem Energieeigenwert E_k eine abzählbare Menge von Zuständen, die jeweils durch eine Eigenfunktion $\psi_{i,k}$ der Orts- und Impulsvariablen beschrieben werden.

Die makroskopischen thermodynamischen Eigenschaften werden aus den statistischen Mittelwerten des Ensembles der mikroskopischen Zustände abgeleitet. Sei $w(\vec{x},\vec{\tau})\, d^{3N}x\, d^{3N}\tau$ die Wahrscheinlichkeit, daß ein Zustand innerhalb der Phasenraumzelle bei $(\vec{x},\vec{\tau})$ liegt, so ist der Mittelwert einer makroskopischen Grösse A (z. B. U oder p):

$$\overline{A} = \int w(\vec{x},\vec{\tau}) \cdot A(\vec{x},\vec{\tau})\, d^{3N}x\, d^{3N}\tau, \tag{36}$$

mit

$$\int w(\vec{x},\vec{\tau})\, d^{3N}x\, d^{3N}\tau = 1.$$

Die Entropie ist nach der von L. Boltzmann stammenden Hypothese durch die Zahl der zugänglichen Mikrozustände Ω bestimmt:

$$S = k_B \ln \Omega. \tag{37}$$

In dieser Definition einer absoluten Entropie hat S stets einen positiven Wert. Anhand von Gleichung 37 wird leicht klar, daß die Entropie eine additive bzw. eine extensive Grösse ist. Denken wir uns zwei Systeme A und B mit $S_A = k_B ln \Omega_A$ bzw. $S_B = k_B ln \Omega_B$. Faßt man A und B als ein einziges System auf, so multipliziert sich die Zahl der erreichbaren Zustände

$$\Omega_{A+B} = \Omega_A \cdot \Omega_B$$

und damit gilt:

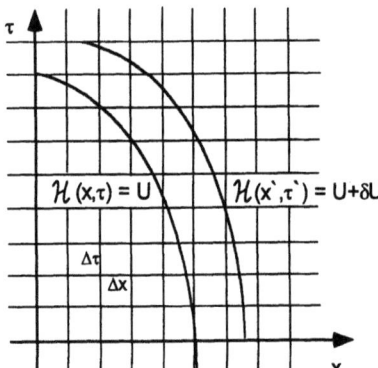

Bild 3 Eindimensionaler Phasenraum eines Teilchens mit Ort x und Impuls τ sowie die Einteilung in Zellen der Größe $\Delta x \cdot \Delta \tau = h_0$ zur Abzählung der Mikrozustände. Das durch die Kurven eingeschlossene Phasenraumvolumen gibt die Zahl $\delta \Omega(U)$ der möglichen Zustände der Energie U mit $U < \mathcal{H}(x,\tau) < U + \delta U$.

$$S_{A+B} = k_B (\ln \Omega_A + \ln \Omega_B) = S_A + S_B. \tag{38}$$

Wenn man also die Verteilungsfunktion $w(\vec{x},\vec{\tau})$ kennt, kann man aus der mikroskopischen Beschreibung zur makroskopischen Thermodynamik wechseln, indem man gemäß Gl. 36 die interessierenden Mittelwerte berechnet. Diese Mittelwerte stellen dann die thermodynamischen Variablen dar.

Die Berechnung der in Gl. 36 auftretenden Integrale ist in der Praxis nicht einfach, doch zunächst geht es darum, die Verteilungsfunktionen $w(\vec{x},\vec{\tau})$ zu bestimmen. Ihre funktionale Abhängigkeit ergibt sich aus den Randbedingungen, denen das zu beschreibende thermodynamische System unterworfen ist. Dieses Vorgehen ist analog zur Definition der unterschiedlichen thermodynamischen Potentiale. Wir können zum Beispiel fordern, daß nur mikroskopische Zustände zugelassen sind, die alle aus gleich vielen Teilchen N bestehen und sowohl das gleiche Volumen V als auch die gleiche innere Energie U besitzen. Sofern diese Bedingungen erfüllt sind, sollen alle diese Zustände gleich wahrscheinlich sein. Eine solche Gesamtheit nennt man mikrokanonisch; sie entspricht offenbar dem thermodynamischen Potential $S(U,V,N)$. Die entsprechende Verteilungsfunktion ist offenbar:

$$w(\vec{x},\vec{\tau}) = \delta(N(\vec{x},\vec{\tau}) - N)\,\delta(V(\vec{x},\vec{\tau}) - V)\,\delta(\mathcal{H}(\vec{x},\vec{\tau}) - U). \tag{39}$$

Wenn wir nicht mehr verlangen, daß jeder Mikrozustand die gleiche innere Energie U besitzt, sondern stattdessen fordern, daß der makroskopische thermodynamische Zustand des Systems durch die Variablen (T,V,N) gegeben ist, wenn wir also die Temperatur statt der inneren Energie vorgeben, dann ergibt sich die sogenannte kanonische Gesamtheit. An der kanonischen Gesamtheit sind alle Mikrozustände zu festem N und V beteiligt. Man kann zeigen, daß die Verteilungsfunktion gegeben ist durch:

$$w(\vec{x},\vec{\tau}) = \delta(N(\vec{x},\vec{\tau}) - N)\,\delta(V(\vec{x},\vec{\tau}) - V)\,\frac{1}{Z}\,e^{-\frac{\mathcal{H}(\vec{x},\vec{\tau})}{k_B T}}, \tag{40}$$

wobei die Normierungskonstante Z den Wert

$$Z = \int e^{-\frac{\mathcal{H}(\vec{x},\vec{\tau})}{k_B T}}\, d^{3N}x\, d^{3N}\tau \tag{41}$$

hat. Bis auf einen Vorfaktor ist Z das sogenannte Zustandsintegral. Der thermodynamische Wert der inneren Energie U ergibt sich in der kanonischen Gesamtheit gemäß Gl. 36 als Mittelwert:

$$\overline{U} = \frac{1}{Z} \int \mathcal{H}(\vec{x},\vec{\tau})\, e^{\left(-\frac{\mathcal{H}(\vec{x},\vec{\tau})}{k_B T}\right)}\, d^{3N}x\, d^{3N}\tau, \tag{42}$$

wobei wir uns die Integrationen über N und V bereits ausgeführt denken. Offensichtlich ist die kanonische Gesamtheit der freien Energie als thermodynamisches Potential zugeordnet. Der Exponentialterm $e^{-\mathcal{H}/k_BT}$, ist auch als Boltzmann-Faktor bekannt. Dieser drückt aus, daß die Wahrscheinlichkeit ein System (dies kann auch ein Teilchen sein) in einem bestimmten Zustand vorzufinden, empfindlich (exponentiell) vom Verhältnis der Energie U zur thermischen Energie k_BT abhängt.

Auf analoge Weise gelangen wir zur großkanonischen Gesamtheit, wenn wir statt der Teilchenzahl das chemische Potential vorgeben, das heißt, das System durch die Variablen (T,V,μ) beschreiben. In diesem Fall müssen wir allerdings zur Integration über $\vec{x} = (x_1,...,x_{3N})$ und $\vec{\tau} = (\tau_1,...,\tau_{3N})$ noch eine Summation über $N = 1,..,\infty$ hinzunehmen. Die Verallgemeinerung der Gl. 36 lautet dann:

$$\overline{A} = \sum_{N=1}^{\infty} \int A(\vec{x},\vec{\tau})\,w(\vec{x},\vec{\tau}) d^{3N}x\, d^{3N}\tau. \tag{43}$$

Die großkanonische Verteilungsfunktion lautet:

$$w(\vec{x},\vec{\tau}) = \frac{1}{Z} \delta(V(\vec{x},\vec{\tau}) - V)\, e^{-\frac{\mathcal{H}(\vec{x},\vec{\tau}) - \mu N(\vec{x},\vec{\tau})}{k_BT}}, \tag{44}$$

mit

$$Z = \sum_N \int e^{-\frac{\mathcal{H}(\vec{x},\vec{\tau}) - \mu N(\vec{x},\vec{\tau})}{k_BT}} d^{3N}x\, d^{3N}\tau. \tag{45}$$

Das zugehörige thermodynamische Potential ist die freie Enthalpie $G(T,V,\mu)$. Der Ausdruck für Mittelwerte läßt sich kompakter schreiben durch die Verwendung des Zustandsintegrals. Es gilt nämlich z. B.:

$$\overline{U} = k_BT^2 \frac{d\ln Z}{dT} \tag{46}$$

und (im großkanonischen Ensemble):

$$\overline{N} = k_BT \frac{d\ln Z}{d\mu}. \tag{47}$$

In der Praxis ist die mikrokanonische Gesamtheit wenig nützlich. In den beiden kanonischen Gesamtheiten ist die Kenntnis der Hamiltonfunktion entscheidend für die Berechnung von thermodynamischen Größen.

Abschließend muß noch ein Aspekt diskutiert werden. Wie wir bei der Einführung der thermodynamischen Potentiale diskutiert haben, lassen sich diese durch Legendre-Transformationen eindeutig ineinander überführen, die Wahl eines bestimmten Potentials ist eine reine Frage der Zweckmäßigkeit. Es ist nicht unmittelbar einsichtig, daß auch die verschiedenen statistischen Gesamtheiten äquivalente Beschreibungen des Systems liefern. Dies ist in der Tat auch nur im sogenannten thermodynamischen Limes, also für makroskopisch große Systeme der Fall. Wir können uns das am Beispiel der inneren Energie klarmachen. In der mikrokanonischen Gesamtheit hat jeder Zustand die gleiche innere Energie,

$$\mathcal{H}(\vec{x},\vec{\tau}) = U.$$

In der kanonischen Gesamtheit gilt hingegen:

$$\overline{\mathcal{H}(\vec{x},\vec{\tau})} = U,$$

das heißt, nur der Mittelwert der Energie ist vorgegeben. Nun ist aber $\mathcal{H}(\vec{x},\vec{\tau}) = \overline{\mathcal{H}(\vec{x},\vec{\tau})} + \delta\mathcal{H}$; daher beträgt der Unterschied zwischen beiden Definitionen gerade $\delta\mathcal{H}$. Die Größe $\delta\mathcal{H}/\overline{\mathcal{H}}$, die relative Fluktuation der inneren Energie, geht aber gerade für große Teilchenzahlen gegen Null, so daß im thermodynamischen Limes die Beschreibung des Systems durch die mikrokanonische oder kanonische Gesamtheit äquivalent ist.

1.6 Thermophysikalische Konstanten

Die Reaktion eines Systems auf eine Änderung der intensiven Parameter wie der Temperatur oder den Druck wird durch die sogenannten thermophysikalischen Konstanten beschrieben. Eine wichtige Größe ist die spezifische Wärmekapazität c einer Substanz. Sie gibt die Temperaturänderung bei Zufuhr oder Abfuhr einer infinitesimalen Wärmemenge an:

$$c \cdot dT = dQ = T \cdot dS.$$

Die Temperaturänderung hängt davon ab, ob die Wärme bei konstantem Druck oder bei konstantem Volumen zugeführt wird. Man unterscheidet deshalb die isobare spezifische Wärme

$$c_p = T \left.\frac{\partial S}{\partial T}\right|_p = \left.\frac{\partial H}{\partial T}\right|_p = -T \left.\frac{\partial^2 G}{\partial T^2}\right|_p > 0 \qquad (48)$$

und die isochore spezifische Wärme:

$$c_V = T \left.\frac{\partial S}{\partial T}\right|_V = \left.\frac{\partial U}{\partial T}\right|_T = -T \left.\frac{\partial^2 F}{\partial T^2}\right|_V > 0. \qquad (49)$$

Das Verhalten des Volumens bei Druckänderung, wobei die Temperatur konstant gehalten wird, wird durch die isotherme Kompressibilität

$$\kappa_T = -\frac{1}{V} \left.\frac{\partial V}{\partial p}\right|_T = -\frac{1}{V} \left.\frac{\partial^2 G}{\partial p^2}\right|_T > 0 \qquad (50)$$

beschrieben. Entsprechend definiert man bei einem thermisch isolierten System die adiabatische Kompressibilität durch:

$$\kappa_S = -\frac{1}{V} \left.\frac{\partial V}{\partial p}\right|_S = -\frac{1}{V} \left.\frac{\partial^2 H}{\partial p^2}\right|_S > 0. \qquad (51)$$

Die Vorzeichen von c_p, c_V, κ_T und κ_S folgen direkt aus den Eigenschaften der zweiten partiellen Ableitungen der inneren Energie $U(S,V)$ (Gl. 26), sowie den Eigenschaften der Legendre-Transformation Gl. 29 [2].

Der thermische Ausdehnungskoeffizient gibt die Volumenänderung an, wenn die Temperatur variiert wird und der Druck konstant bleibt:

$$\alpha = \frac{1}{V} \left.\frac{\partial V}{\partial T}\right|_p. \qquad (52)$$

---

[2] $c_V = \left.\frac{\partial U}{\partial T}\right|_T > 0$ wurde bereits in Gl. 22 gezeigt.

Die thermophysikalischen Konstanten vieler Substanzen können mit thermoanalytischen und thermomechanischen Methoden experimentell bestimmt werden. Eine detaillierte Beschreibung verschiedener Verfahren findet man in [Hemminger & Cammenga 1989]. Dabei sind nicht nur wichtige Materialparameter von Interesse, sondern mit Hilfe der thermophysikalischen Eigenschaften können auch thermodynamische Potentiale bestimmt werden. Eine wichtige Göße ist dabei die spezifische Wärmekapazität, die mit kalorimetrischen Methoden, wie der Differentiellen Thermoanalyse (DTA) oder der Registrierenden Differentialkalorimetrie (DSC = Differential Scanning Calorimetry) [Höhne et al. 1996] in Abhängigkeit der Temperatur gemessen werden kann. Im Experiment ist es am einfachsten, die Wärmekapazität bei konstantem Druck, also c_p (Gl. 48), zu bestimmen. Durch Integration über $c_p(T)$ ergibt sich die Entropie

$$\Delta S(T) = S(T) - S(T_0) = \int_{T_0}^{T} \frac{c_p(T')}{T'} dT',$$

die Enthalpie

$$\Delta H(T) = H(T) - H(T_0) = \int_{T_0}^{T} c_p(T') dT'$$

und schließlich die freie Enthalpie

$$G(T) - G(T_0) = \Delta H(T) - T \cdot \Delta S(T)$$

als Funktion der Temperatur für einen gegebenen Druck p (Bild 4).

In Festköpern ist die spezifische Wärme durch die Anregung von Gitterschwingungen bestimmt, in Metallen kommt noch der Beitrag der Leitungselektronen hinzu, wobei jedoch der Gitteranteil überwiegt. Im Rahmen der klassischen Statistik beträgt die thermische Energie pro Mol eines Kristalls aufgrund der Teilchenschwingungen $E = 3N_a k_B T$. Danach ist die spezifische Wärme temperaturunabhängig und von der Größenordnung

$$c \sim 3N_a k_B = 3R_g = 24.93 J/mol.$$

Dies ist als Dulong-Petitsches Gesetz bekannt und ist bei vielen Kristallen bei Raumtemperatur gut erfüllt. Bild 4 zeigt den typischen Verlauf von c_p eines Festköpers als Funktion der Temperatur, wonach die spezifische Wärme zunächst mit der Temperatur ansteigt, ehe sie einem konstanten Wert entgegenstrebt. Die Ursache für die Abweichung vom Dulong-Petitschen Gesetz besteht darin, daß bei tiefen Temperaturen die Energie nicht ausreicht, um alle Schwingungszustände zu besetzen. Erst bei Temperaturen, die groß gegen die sogenannte Debye-Temperatur sind, können alle Zustände angeregt werden, so daß die spezifische Wärme annähernd temperaturunabhängig wird. Die Debye-Temperatur liegt bei vielen Metallen in der Größenordnung von einigen hundert Kelvin. Eine detaillierte Behandlung der Wärmekapazität von Festkörpern findet man z. B. bei [Becker 1966] oder in Lehrbüchern zur Festkörperphysik.

Im unteren Teil von Bild 4 ist der entsprechende Verlauf der Enthalpie und der freien Energie schematisch dargestellt. Man beachte, daß die Steigung der $G(T)$-Kurven der negativen Entropie $S = -\partial G/\partial T$ entspricht und daher stets negativ ist. Da für thermodynamische Prozesse nicht die Absolutwerte, sondern die Änderung der thermodynamischen Funktionen relevant sind, werden Referenzwerte per Konvention festgelegt. So definiert man für die Enthalpie bei Raumtemperatur $H(T_R = 298K) = 0$. Wie in Abschn. 1.2 schon erwähnt, gilt am Temperaturnullpunkt nach dem 3. Hauptsatz für die Entropie $S(T = 0) = 0$.

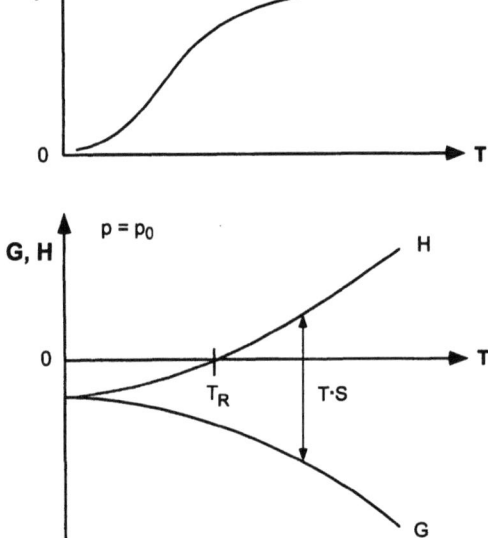

Bild 4 Die spezifische Wärme c_p (oben), die Enthalpie H, die Entropie sowie die freie Enthalpie G als Funktion der Temperatur (unten). c_p nähert sich mit zunehmender Temperatur einem Wert in der Größenordnung $\sim 3 \cdot R_g$ (Details s. Text)

Da die Zustandsgrößen durch eine Zustandsgleichung miteinander verknüpft sind, etwa $f(p,V,T) = 0$, sind auch die thermophysikalischen Konstanten nicht unabhängig voneinander, da sie sich aus den partiellen Ableitungen von Zustandsvariablen ergeben. Durch geschicktes Umformen der partiellen Ableitungen kann man Beziehungen zwischen thermophysikalischen Größen herleiten. Betrachten wir zunächst eine Funktion $z = z(x,y)$ und eine Kurve $y(x)$ in der xy-Ebene für die $z(x,y(x)) = 0$ gilt. Dann verschwindet die totale Ableitung

$$\frac{dz}{dx} = \left.\frac{\partial z}{\partial x}\right|_y + \left.\frac{\partial z}{\partial y}\right|_x \cdot \left.\frac{\partial y}{\partial x}\right|_z$$

und wir erhalten die allgemeine Beziehung:

$$\left.\frac{\partial y}{\partial x}\right|_z = -\frac{\left.\frac{\partial z}{\partial x}\right|_y}{\left.\frac{\partial z}{\partial y}\right|_x} \tag{53}$$

Für einen Prozeß, bei dem das Volumen konstant gehalten wird, so daß Druck und Temperatur voneinander abhängig sind, hat man eine Zustandsgleichung der Form:

$$V(T, p(T)) = konst.$$

Aus dem Vergleich mit Gl. 53 erhält man:

$$\left.\frac{\partial p}{\partial T}\right|_V = -\frac{\left.\frac{\partial V}{\partial T}\right|_p}{\left.\frac{\partial V}{\partial p}\right|_T}$$

und mit den Gln. 52 und 50 ergibt sich damit eine Relation zwischen thermischer Ausdehnung und isothermer Kompressibilität:

$$\alpha = \left.\frac{\partial p}{\partial T}\right|_V \cdot \kappa_T. \tag{54}$$

Mit Hilfe von Gl. 53 läßt sich leicht ein Zusammenhang zwischen isobarer und isochorer spezifischer Wärme (Gln. 48 bzw. 49) herstellen. Mit

$$\left.\frac{\partial S}{\partial T}\right|_p = -\frac{\left.\frac{\partial p}{\partial T}\right|_S}{\left.\frac{\partial p}{\partial S}\right|_T} \quad \text{und} \quad \left.\frac{\partial S}{\partial T}\right|_V = -\frac{\left.\frac{\partial V}{\partial T}\right|_S}{\left.\frac{\partial V}{\partial S}\right|_T}$$

ergibt sich

$$\frac{c_p}{c_V} = \frac{\left.\frac{\partial p}{\partial T}\right|_S \cdot \left.\frac{\partial V}{\partial S}\right|_T}{\left.\frac{\partial p}{\partial S}\right|_T \cdot \left.\frac{\partial V}{\partial T}\right|_S} = \frac{\left.\frac{\partial V}{\partial T}\right|_T \cdot \left.\frac{\partial S}{\partial p}\right|_T}{\left.\frac{\partial V}{\partial T}\right|_S \cdot \left.\frac{\partial T}{\partial p}\right|_S} = \frac{\left.\frac{\partial V}{\partial p}\right|_T}{\left.\frac{\partial V}{\partial p}\right|_S}.$$

Offensichtlich ist dies gerade das Verhältnis von isothermer und adiabatischer Kompressibilität (vgl. Gln. 50 u. 51), also:

$$\frac{c_p}{c_V} = \frac{\kappa_T}{\kappa_S} \tag{55}$$

Eine weitere Beziehung erhält man, wenn die isobare spezifische Wärme (Gl. 48) betrachtet und die Entropie als Funktion von T und V schreibt:

$$c_p = T \cdot \left.\frac{\partial}{\partial T} S(T,V)\right|_p = T \left(\left.\frac{\partial S}{\partial T}\right|_V + \left.\frac{\partial S}{\partial V}\right|_T \cdot \left.\frac{\partial V}{\partial T}\right|_p \right).$$

Nach den Maxwell-Relationen (Gln. 30) ist

$$\left.\frac{\partial S}{\partial V}\right|_T = \left.\frac{\partial p}{\partial T}\right|_V,$$

so daß sich mit der Definition des thermischen Ausdehnungskoeffizienten (Gl. 52) die Beziehung

$$c_p - c_V = VT \cdot \frac{\alpha_T^2}{\kappa_T} \tag{56}$$

ergibt. Da κ_T positiv ist, folgt, daß stets gilt:

$$c_p - c_V > 0$$

2 Phasendiagramme

2.1 Phasendiagramme einkomponentiger Systeme

Die Materie kann in unterschiedlichen Phasen vorkommen, z. B. in den Aggregatzuständen fest, flüssig und gasförmig. Auch innerhalb eines Aggregatzustandes können verschiedene Phasen auftreten, wie unterschiedliche Kristallstrukturen von Festkörpern, Ferroelektrika, magnetisch geordnete Zustände oder der supraleitende Zustand. Welche Phase eines bestimmten Stoffes den thermodynamischen Gleichgewichtszustand darstellt, hängt von den Zustandsvariablen Temperatur T, Druck p und Volumen V ab. Dabei ist das System durch zwei dieser Größen durch

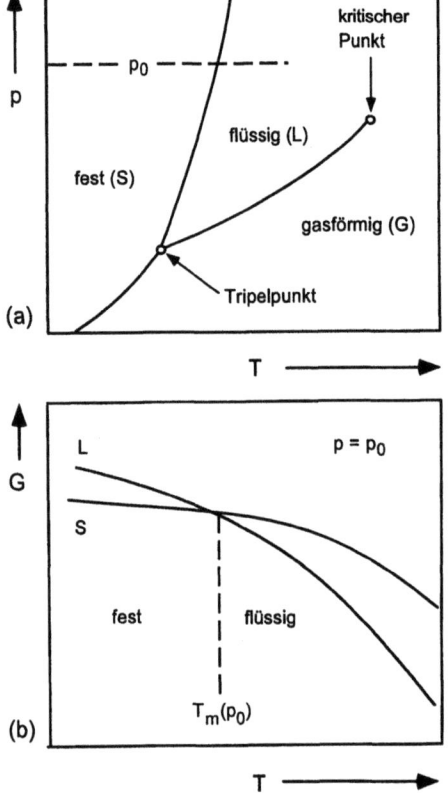

Bild 5 (a) Phasendiagramm im pT-Raum. Die Existenzbereiche der Aggregatzustände sind durch die Koexistenzkurven getrennt. (b) Die freie Enthalpie G als Funktion der Temperatur für die flüssige (L) und die feste Phase (S) bei konstantem Druck p_0 (schematisch). Der Schnittpunkt markiert die Schmelztemperatur $T_m(p_0)$.

die Zustandsgleichung $f(p,V,T) = 0$ (vgl. Gleichung 1) der Phase eindeutig charakterisiert. Die Existenzbereiche der Phasen im Zustandsraum eines Systems stellt man graphisch in einem Phasendiagramm dar.

Bild 5(a) zeigt ein typisches Phasendiagramm, das die Grenzen der thermodynamischen Stabilität der festen, flüssigen und der gasförmigen Phase im pT-Raum angibt. Die Punkte auf den Begrenzungslinien der Stabilitätsbereiche entsprechen Zuständen, in denen der Stoff aus einem Gemisch beider Phasen besteht. Die Begrenzungslinien werden deshalb auch Koexistenzlinien genannt. Auf den Koexistenzlinien befinden sich demzufolge die Phasen der angrenzenden Gebiete miteinander im thermodynamischen Gleichgewicht. Das mehrphasige Gleichgewicht bezeichnet man auch als heterogenes Gleichgewicht im Gegensatz zum homogenen Gleichgewicht, wenn das System in nur einer einzigen Phase vorliegt.

Die Koexistenzkurve zwischen der festen und der flüssigen Phase setzt sich ins Unendliche fort, da diese Phasen qualitativ verschieden sind. In der festen Phase besteht eine Fernordnung, die es weder in der flüssigen noch in der gasförmigen gibt. Die Koexistenzkurve der flüssigen und gasförmigen Phase endet im kritischen Punkt. Durch den kritischen Punkt sind eine kritische Temperatur T_{kr} und ein kritischer Druck p_{kr} definiert, woraus ein kritisches Volumen V_{kr} bzw. eine kritische Dichte ρ_{kr} folgt. Für $T > T_{kr}$ und $p > p_{kr}$ gibt es keinen Unterschied mehr zwischen der flüssigen und der gasförmigen Phase. Weiterhin ist der sogenannte Tripelpunkt ausgezeichnet, bei dem ein Gleichgewicht zwischen allen drei Phasen besteht.

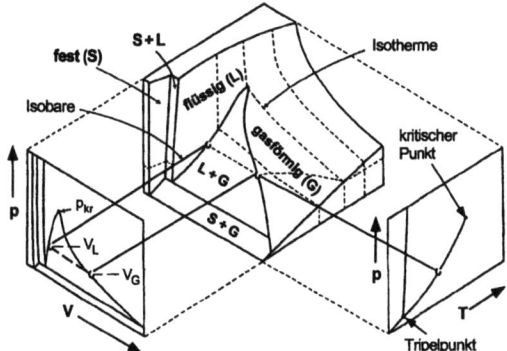

Bild 6 Die thermodynamischen Gleichgewichtszustände befinden sich auf einer Hyperfläche im Zustandsraum, welche durch die fundamentale Zustandsgleichung festgelegt ist. Die verschiedenen Phasendiagramme sind Projektionen der Hyperfläche auf die entsprechenden Ebenen.

Die Grenzen des Existenzbereiches eines Aggregatzustands findet man, indem man die thermodynamischen Potentiale der verschiedenen Phasen betrachtet. Wählt man Temperatur und Druck als Zustandsvariablen, so stellt diejenige Phase mit der niedrigsten freien Enthalpie G den Gleichgewichtszustand dar. Bild 5(b) zeigt schematisch die Temperaturabhängigkeit der freien Enthalpie für die Flüssigkeit und die feste Phase.

Bei der Gleichgewichtsschmelztemperatur T_m, die vom Druck p_0 abhängt, fällt die Kurve für die flüssige unter diejenige für den festen Zustand. Am Schmelzpunkt koexistieren beide Phasen im thermodynamischen Gleichgewicht. Da die freie Enthalpie eine additive Größe ist, kann man allgemein das Gleichgewicht zweier Phasen 1 und 2 mit Teilchenzahlen N_1 und N_2 durch ein Minimum der gesamten freien Enthalpie $G = G_1 + G_2$ ausdrücken. Mit der Gibbs-Duhem-Beziehung (Gl. 33) ist:

$$dG = dG_1 + dG_2 = (\mu_1 - \mu_2)dN = 0 \quad \Rightarrow \quad \mu_1 = \mu_2. \tag{57}$$

Dabei haben wir die Beziehung $dN_1 = -dN_2$ ausgenutzt und finden die uns schon bekannte Bedingung (Gl. 21), daß im Gleichgewicht die chemischen Potentiale μ in beiden Phasen gleich sind.

Neben dem pT-Diagramm verwendet man auch pV- oder V,T-Diagramme, die mit Hilfe der Hyperfläche im dreidimensionalen p,V,T-Zustandsraum konstruiert werden. Bild 6 zeigt die Hyperflächen der einzelnen Phasen jeweils in dem Bereich, in dem die entsprechende Phase stabil ist. Die zusammengesetzte Hyperfläche beschreibt alle homogenen Gleichgewichtszustände des Systems im p,V,T-Raum. Die Punkte außerhalb dieser Fläche sind Nicht-Gleichgewichtszustände. Befindet sich ein System in einem solchen Zustand und überläßt man das System sich selbst, so kehrt es in einen Gleichgewichtszustand zurück.

Die verschiedenen Phasendiagramme ergeben sich durch die Projektion der zusammengesetzten Hyperfläche bzw. der Phasengrenzlinien auf die p,T- , p,V- oder die V,T-Ebene. Die Koexistenzlinie im p,T-Diagramm ist in der p,V-Darstellung zu einem Koexistenzgebiet oder Zwei-Phasengebiet aufgelöst, das zusätzliche Informationen über das Phasengleichgewicht bzw. über den Übergang von einer Phase in eine andere enthält. Nehmen wir einen Punkt auf der Koexistenzlinie der flüssigen und der gasförmigen Phase im p,T-Diagramm in Bild 6, so erkennt man in der p,V-Darstellung den Volumenunterschied von flüssigem und gasförmigem Zustand, den man auf der Begrenzungslinie des Koexistenzgebietes abliest. Ebenso findet man einen Volumensprung beim Übergang fest-flüssig und fest-gasförmig.

Nicht nur die Aggregatzustände, sondern z. B. auch verschiedene magnetische Zustände werden in Phasendiagrammen dargestellt. In Bild 7 ist die Hyperfläche eines ferromagnetischen

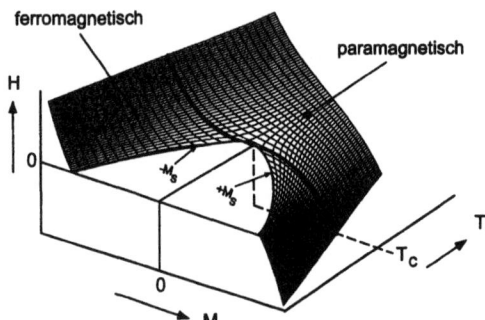

Bild 7 Der Zustandsraum eines ferromagnetischen Systems wird von den Variablen H (Magnetfeld), M (Magnetisierung) und T (Temperatur) aufgespannt.

Systems dargestellt. Der Zustand ist durch die Temperatur T, die Magnetisierung M des Materials (=resultierendes magnetisches Moment pro Volumen) und durch das äußere Magnetfeld H charakterisiert. Ferromagnetische Materialien zeigen unterhalb einer kritischen Temperatur, der Curie-Temperatur T_c, eine spontane Magnetisierung $M_S(T)$, die sich ohne ein äusseres Magnetfeld H einstellt und deren Größe von der Temperatur T abhängt. Die atomaren magnetischen Momente tendieren aufgrund der sogenannten Austauschwechselwirkung zur Parallelstellung, woraus bei $T < T_c$ eine Magnetisierung der Probe resultiert. Der gegenseitigen Ausrichtung der Spins wirkt die Wärmebewegung entgegen, so daß mit zunehmender Temperatur die spontane Magnetisierung abnimmt und bei T_c verschwindet. Oberhalb der Curie-Temperatur befindet sich das System dann im paramagnetischen Zustand, in dem erst durch ein angelegtes Magnetfeld H die Probe in Richtung des externen Feldes magnetisiert wird.

Dieser Sachverhalt spiegelt sich in der Gestalt der Hyperfläche im (H,M,T)-Raum (Bild 7) wieder. Unterhalb T_c liegt der Bereich der Fläche, der durch die Kurven $+M_S(T)$ und $-M_S(T)$ begrenzt wird, in der Ebene bei $H = 0$. Die Größe der Magnetisierung einer homogenen Probe ist durch die Temperatur bestimmt und gleich der spontanen Magnetisierung $|M_S(T)|$. Daher entspricht ein Punkt in der eingegrenzten Fläche einer Probe, die aus Bereichen mit entgegengesetzter Magnetisierung besteht, so daß die resultierende Magnetisierung $M < M_S$ ist. Die beiden Magnetisierungsrichtungen $+M_S(T)$ und $-M_S(T)$ können wir deshalb als zwei unterschiedliche Phasen und das von der $M_S(T)$-Kurve begrenzte Gebiet als Zweiphasengebiet auffassen.

Im folgenden zeigen wir einige Analogien zwischen dem fluiden und dem magnetischen System, die sich auf die Zweiphasengebiete und auf die kritische Temperatur bzw. die Curie-Temperatur beziehen. Die Phasendiagramme für verschiedene thermodynamische Systeme sehen in der Umgebung eines kritischen Punktes ähnlich aus. Dies deutet auf eine als Universalität bezeichnete Analogie im Verhalten physikalisch völlig unterschiedlicher Systeme hin. Dazu vergleichen wir die jeweils zugehörigen Projektionen der Hyperflächen, also die Phasendiagramme.

Bild 8 zeigt für beide Systeme die Koexistenzkurve in der pT- bzw. HT-Ebene, die jeweils in einem kritischen Punkt endet. Im fluiden System trennt die Kurve die flüssige und gasförmige Phase, die jenseits der kritischen Temperatur T_{kr} nicht zu unterscheiden sind. Im magnetischen System liegt die Koexistenzkurve auf der Temperaturachse ($H = 0$) und trennt die beiden Zustände $+M_S$ und $-M_S$. Die Koexistenzlinie endet bei der Curie-Temperatur, da oberhalb T_c die spontane Magnetisierung verschwindet und damit der Unterschied zwischen beiden Phasen. Diese Ähnlichkeiten beider Systeme legen die Analogie von p und H bzw. T_{kr} und T_c nahe.

Betrachten wir bei dem fluiden System anstatt des Volumens V die Dichte ρ. Im ρT-

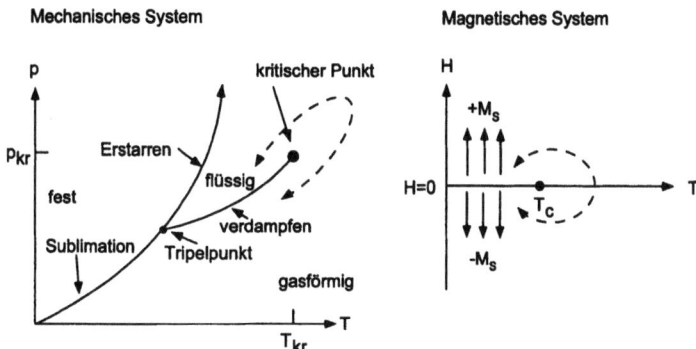

Bild 8 Dem pT-Diagramm des mechanischen Systems entspricht das HT-Diagramm eines magnetischen System. Auf den beiden Seiten der Dampfdruckkurve $p(T)$ liegt das mechanische System einmal im flüssigen und zum anderen in der gasförmigen Phase vor. Bei dem magnetischen System handelt es sich um entgegengesetzte Magnetisierungsrichtungen.

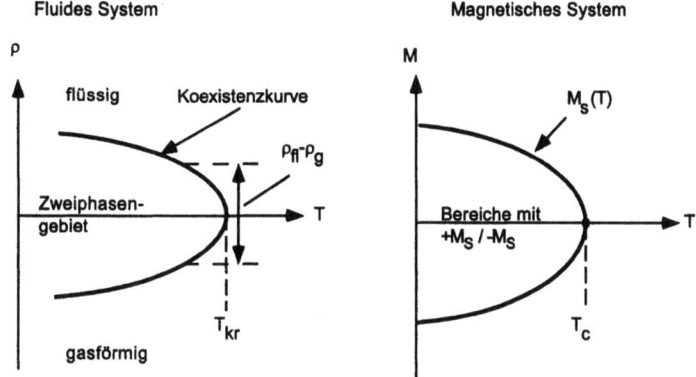

Bild 9 Dem ρT-Diagramm für ein fluides System entspricht das MT-Diagramm für ein magnetisches System.

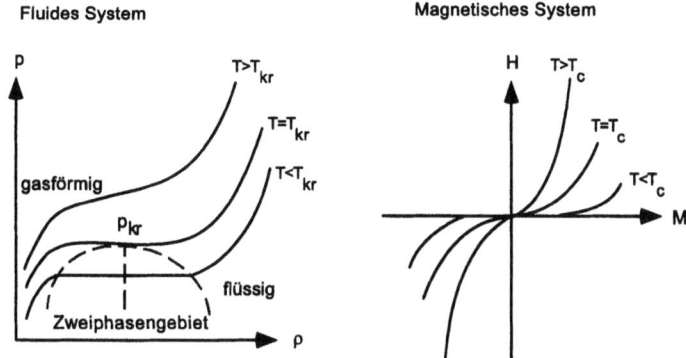

Bild 10 Dem $p\rho$-Diagramm für ein fluides System entspricht das HM-Diagramm des magnetischen Systems. Dem Phasenübergang von der flüssigen in die gasförmige Phase beim Überschreiten des Dampfdrucks $p(T)$ entspricht der Übergang von einer ferromagnetischen Phase in die andere bei $H = 0$.

Diagramm (Bild 9) markieren die Begrenzungslinien des Zweiphasengebietes jeweils die Dichte der Flüssigkeit und der Gasphase, die sich miteinander im Gleichgewicht befinden. Bei Erhöhung der Temperatur verschwindet der Dichteunterschied $\rho_L - \rho_G$ bei der kritischen Temperatur T_{kr}. Im MT-Diagramm des magnetischen Systems entspricht die spontane Magnetisierung als Funktion der Temperatur $M_S(T)$ der Koexistenzlinie im ρT-Diagramm. Bei Annäherung an die kritische Temperatur, der Curie-Temperatur T_c, verschwindet die Differenz $M_S - (-M_S) = 2M_S$. Wir haben damit die Analogie zwischen der Dichte ρ bei dem mechanischen System und der Magnetisierung M_S bei dem magnetischen System gefunden. Aufgrund der vorher gezeigten Analogie zwischen Druck p und Magnetfeld H sollten sich auch die $p\rho$- und HM-Diagramme ähnlich verhalten. Davon überzeugt man sich in Bild 10, in dem einige Niveaulinien mit konstanter Temperatur der jeweiligen Hyperfläche auf die $p\rho$- bzw. die HM-Ebene projiziert sind. Die Isothermen für $T < T_{kr}$ sind sowohl im $p\rho$-Diagramm als auch im HM-Diagramm nicht mehr stetig differenzierbar. Dieses Verhalten zeigt den Dichtesprung beim Übergang von der Flüssigkeit in die Gasphase bzw. den Magnetisierungssprung von $+M_S$ nach $-M_S$.

2.2 Phasendiagramme mehrkomponentiger Systeme

Die freie Enthalpie mehrkomponentiger Systeme

In der Werkstofftechnologie hat man es in der Regel mit vielkomponentigen Legierungen zu tun. Bei der Beschreibung von Erstarrungsvorgängen ist zudem die Koexistenz von zwei Phasen, nämlich der flüssigen und festen Phase zu berücksichtigen. So müssen bei binären Sytemen zwei Komponenten, im ganzen vier verschiedenen Konzentrationen betrachtet werden, also die Konzentrationen der zwei Komponenten in den beiden Phasen. Für die Beschreibung mehrkomponentiger, heterogener Systeme benutzt man die sogenannten Molenbrüche. Um sie zu definieren, schreiben wir die Gesamtteilchenzahl N als:

$$N = \sum_{k}^{Komponenten} \sum_{\varphi}^{Phasen} N_k^{\varphi}, \qquad (58)$$

wobei N_k^{φ} die Zahl der Teilchen der Sorte k in der Phase φ bezeichnet. Nun kann man den Anteil c_k einer Komponente an der Gesamtteilchenzahl definieren als:

$$c_k = \frac{\sum_{\varphi} N_k^{\varphi}}{N} \qquad (59)$$

Dies ist der Gesamtmolenbruch oder Konzentration der Komponente k. Analog läßt sich die Gesamtteilchenzahl der Phase φ angeben:

$$N^{\varphi} = \sum_{k} N_k^{(\varphi)} \qquad (60)$$

und schließlich der Molenbruch der Komponente k in der Phase φ:

$$c_k^{\varphi} = \frac{N_k^{(\varphi)}}{N^{(\varphi)}} \qquad (61)$$

Betrachten wir ein zweikomponentiges System, das aus den Phasen α und β besteht. Es genügt, die Gesamtkonzentration einer Teilchensorte anzugeben, die wir mit c_0 bezeichnen. Um die Anteile der Phasen $n^{\alpha} = N^{\alpha}/N$ und $n^{\beta} = N^{\beta}/N$ mit $N = N^{\alpha} + N^{\beta}$ zu bestimmen, schreiben wir für die Konzentration:

$$c_0 = \frac{c^\alpha N^\alpha + c^\beta N^\beta}{N^\alpha + N^\beta}.$$

Daraus erhält man

$$N^\alpha(c_0 - c^\alpha) = N^\beta(c^\beta - c_0)$$

und schließlich das sogenannte Hebelgesetz für die Anteile der Phasen:

$$\frac{N^\alpha}{N^\beta} = \frac{n^\alpha}{n^\beta} = \frac{c^\beta - c_0}{c_0 - c^\alpha} \tag{62}$$

Danach verhalten sich die Anteile der Phasen umgekehrt wie die Differenzen ihrer Konzentrationen zur Konzentration c_0.

Die Konzentrationen werden entweder in Atomprozenten (= Teilchenzahlen) oder in Gewichtsprozenten (genauer: Massenprozenten) angegeben. Während die ersteren Aufschluß über die chemische Zusammensetzung liefern, benötigt man die letztere Angabe bei der Probenpräparation, d.h. der Herstellung der Einwaage. Bei bekannten Atomgewichten der einzelnen Komponenten lassen sich die beiden Angaben leicht ineinander umrechnen. Dies soll am Beispiel eines binären Systems gezeigt werden. Für die Atomprozente gilt: $N = N_1 + N_2$, und mit $c_1 = N_1/N$, $c_2 = N_2/N$ folgt: $c_1 + c_2 = 1$. Entsprechend gilt für die Gewichtsprozente: $G = G_1 + G_2$, mit $g_1 = G_1/G$, $g_2 = G_2/G$, wobei G das Gesamtgewicht ist. Mit den Atomgewichten $a_{1,2}$ kann man schreiben: $G_{1,2} = N_{1,2} a_{1,2}$. Durch Einsetzen erhält man:

$$g_1 = \frac{c_1 a_1}{c_1 a_1 + c_2 a_2} \tag{63}$$

bzw.

$$c_1 = \frac{g_1 a_2}{g_1 a_2 + g_2 a_1}. \tag{64}$$

Diese beiden Formeln liefern den gesuchten (nichtlinearen) Zusammenhang zwischen den Atom- und Gewichtsprozenten.

Die freie Enthalpie eines mehrkomponentigen Systems ist nicht einfach gleich der Summe der freien Enthalpien der einzelnen Komponenten. Das liegt daran, daß bei der Durchmischung die Entropie anwächst und auch die Wechselwirkungsenergie eines herausgegriffenen Atoms oder Moleküls mit seiner Umgebung sich ändert. Man definiert daher die freie Enthalpie eines binären Systems wie folgt:

$$G = G(T,p,c_1,c_2) = c_1 G_1(T,p) + c_2 G_2(T,p) + \Delta G_{mix}(T,p,c_1,c_2). \tag{65}$$

Dabei sind c_1, c_2 die Konzentrationen der Einzelkomponenten und ΔG_{mix} ist der zusätzliche Beitrag zur freien Enthalpie, der durch das Mischen entsteht. Weil es sich dabei um eine freie Enthalpie(-differenz) handelt, kann man schreiben:

$$\Delta G_{mix} = \Delta H_{mix} - T \Delta S_{mix}. \tag{66}$$

Die dabei auftretenden Größen ΔH_{mix} und ΔS_{mix} bezeichnet man als Mischungsenthalpie bzw. als Mischungsentropie. Zunächst wollen wir einen Ausdruck für die Mischungsentropie angeben. Dazu bedienen wir uns der Kombinatorik. Da es für das Abzählen der möglichen Konfigurationen nur auf die Topologie, nicht aber auf die Abstände der einzelnen Atome / Moleküle ankommt, stellen wir uns vor, daß sie auf einem regelmäßigen Gitter verteilt sind. Dann läßt sich die Anzahl der Möglichkeiten W, N_1 Atome der Sorte 1 und N_2 Atome der Sorte 2 auf einem Gitter mit $N = N_1 + N_2$ Plätzen zu verteilen, ausrechnen, und daraus, mit Hilfe der Gl. 37

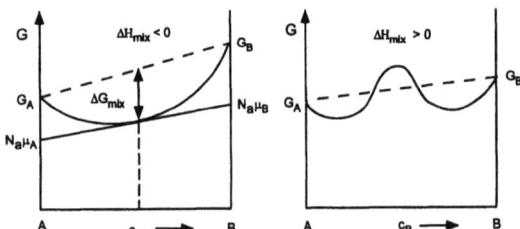

Bild 11 Einfluß der Mischungsenthalpie ΔH_{mix} auf die freie Mischungsenthalpie ΔG_{mix} für verschiedene Vorzeichen des Wechselwirkungsparameters Ω. Die Schnittpunkte der Tangente mit den Ordinaten markieren die chemischen Potentiale der Komponente A bzw. B in der Mischphase

$$S = k_B \cdot \ln W,$$

die Entropie. Man erhält für eine Stoffmenge von 1 mol:

$$\begin{aligned}\Delta S_{mix} &= -R_g(c_1 ln c_1 + c_2 ln c_2) \\ &= -R_g(c_1 ln c_1 + (1-c_1)ln(1-c_1))\end{aligned} \quad (67)$$

mit der Gaskonstanten R_g. Wie es sein muß, ist $\Delta S_{mix}(0) = \Delta S_{mix}(1) = 0$. Um einen Eindruck vom Kurvenverlauf zu erhalten, berechnen wir als Nächstes die Ableitung:

$$\frac{d\Delta S_{mix}}{dc_1} = -R_g(ln c_1 - ln(1-c_1)) \quad (68)$$

Wie man sieht, divergiert die Ableitung an den Stellen $c_1 = 0,1$. Die Ableitung verschwindet für $c_1 = 1/2$; an dieser Stelle hat die Funktion ihr Maximum.

Für die Mischungsenthalpie läßt sich kein allgemein gültiger Ausdruck angeben, daher ist man auf Modelle angewiesen. Das einfachste Modell ist das der idealen Lösung. Man nimmt einfach an, daß die Mischungsenthalpie verschwindet:

$$\Delta H_{mix} = 0$$

Damit erhält man:

$$\Delta G_{mix} = R_g T(c_1 ln c_1 + c_2 ln c_2) \quad (69)$$

und für die freie Enthalpie des Gemisches

$$\begin{aligned}G &= c_1 G_1 + c_2 G_2 + R_g T(c_1 ln c_1 + c_2 ln c_2) \\ &= c_1(G_1 + R_g T ln c_1) + c_2(G_2 + R_g T ln c_2)).\end{aligned} \quad (70)$$

Die freie Enthalpie pro Mol können wir auch mit Hilfe der chemischen Potentiale $\mu_{1,2}$ durch die Gibbs-Duhem-Beziehung (Gl. 33) ausdrücken:

$$G = N_a(c_1\mu_1 + c_2\mu_2), \quad (71)$$

Aus dieser Gleichung folgt schließlich:

$$N_a\mu_{1,2} = G_{1,2} + R_g T ln c_{1,2} \quad (72)$$

für die chemischen Potentiale der einzelnen Komponenten einer idealen Lösung.

In einem realen System gibt es immer Wechselwirkungen zwischen den Atomen. Falls die Wechselwirkung zwischen zwei ungleichen Atomen von der Wechselwirkung zwischen gleichen Atomen unterschiedlich ist, muß es einen Energiebeitrag bei der Mischung der Komponenten geben, und das Modell der idealen Lösung kann nicht richtig sein. Im Modell der regulären Lösung wird diese Wechselwirkung näherungsweise berücksichtigt. Da die Beiträge zu ΔH von den Paarwechselwirkungen herrühren, kann man in niedrigster Ordnung ansetzen:

$$\Delta H_{mix} = \Omega c_1 c_2 = \Omega c_1 (1 - c_1) \tag{73}$$

Dabei entspricht $\Omega > 0$ einem Energieaufwand bei der Mischung, also einer Abstoßung ungleicher Atome, während $\Omega < 0$ einem Energiegewinn, also einer Anziehung ungleicher Atome entspricht. Für $c_1 = 0, 1$ verschwindet obiger Ausdruck. Wir berechnen noch die Ableitungen an diesen beiden Stellen:

$$\frac{d\Delta H_{mix}}{dc_1} = \Omega(1 - 2c_1)$$

so daß folgt:

$$\frac{d\Delta H_{mix}}{dc_1}(0) = \Omega, \qquad \frac{d\Delta H_{mix}}{dc_1}(1) = -\Omega,$$

Im Gegensatz zu ΔS_{mix} bleiben die Ableitungen von ΔH_{mix} an den Punkten $c_1 = 0, 1$ endlich.

Setzen wir den Ausdruck für ΔH_{mix} in ΔG_{mix} ein, so erhalten wir für die freie Mischungsenthalpie im Modell der regulären Lösung:

$$\Delta G_{mix} = c_1(\Omega c_2^2 + R_g T ln c_1) + c_2(\Omega c_1^2 + R_g T ln c_2), \tag{74}$$

wobei wir die Beziehung $c_1 c_2 = c_1^2 c_2 + c_2^2 c_1$ ausgenutzt haben. Für $\Omega < 0$ ist auch $\Delta G_{mix} < 0$, während es für $\Omega > 0$ sein Vorzeichen ändern kann. Für die chemischen Potentiale ergibt sich entsprechend:

$$N_a \mu_{1,2} = G_{1,2} + \Omega(1 - c_{1,2})^2 + R_g T ln c_{1,2}. \tag{75}$$

Mit Hilfe der Gibbs-Duhem Beziehung (Gl. 33 bzw. 71)

$$G = N_a \sum_i c_i \cdot \mu_i$$

für die molare freie Enthalpie findet man für die chemischen Potentiale in der Phase ϕ den allgemeinen Zusammenhang:

$$\begin{aligned} N_a \mu_1 &= G(T, c_2) - c_2 \frac{\partial G}{\partial c}(c_2) \\ N_a \mu_2 &= G(T, c_2) + (1 - c_2) \frac{\partial G}{\partial c}(c_2) \end{aligned} \tag{76}$$

wobei für G die Konzentration $c = c_2$ als unabhängige Variable gewählt wurde. Die chemischen Potentiale $\mu_{1,2}(c)$ multipliziert mit N_a entsprechen demnach den Ordinatenabschnitten der an die G-Kurve bei der Konzentration c angelegten Tangente (vgl. Bild 11). Mit dieser Konstruktionsvorschrift können wir Gleichgewichte zwischen Phasen auf einfache Weise graphisch untersuchen.

Heterogene Gleichgewichte

Bei einem Gleichgewicht zweier Phasen haben diese in der Regel unterschiedliche Zusammensetzungen. Deshalb wollen wir zunächst allgemein die freie Enthalpie eines Gemisches der Phasen α und β mit den Konzentrationen c^α und c^β ermitteln. Mit c bezeichnen wir im folgenden die Konzentration der Komponente B. Betrachten wir ein binäres System der Konzentration c_0 mit $c^\alpha < c_0 < c^\beta$. Seien n^α, n^β die Zahl der Teilchen in der Phase α bzw. β bezogen auf die gesamte Teilchenzahl $N = N^\alpha + N^\beta$, also $n^\alpha + n^\beta = 1$. Die freie Enthalpie des Phasengemisches ergibt sich aus der Summe von G^α und G^β gewichtet mit dem jeweiligen Anteil:

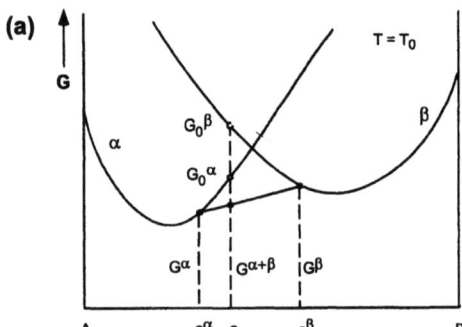

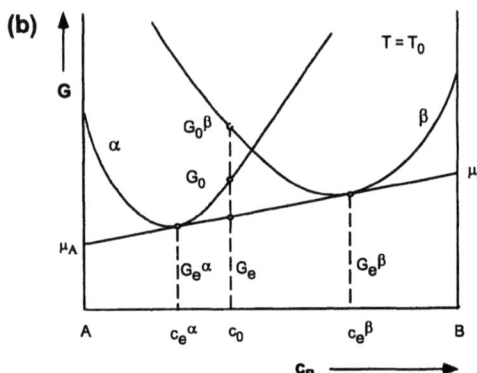

Bild 12 Die freie Enthalpie als Funktion der Konzentration c_B zweier Phasen α und β im Nichtgleichgewicht (a) und im Gleichgewicht (b).

$$G^{\alpha+\beta} = n^\alpha G^\alpha(c^\alpha) + n^\beta G^\beta(c^\beta) = G^\alpha + n^\beta \left(G^\beta - G^\alpha\right). \tag{77}$$

Mit dem Hebelgesetz findet man

$$n^\beta = \frac{c_0 - c^\alpha}{c^\beta - c^\alpha}$$

und schließlich

$$G^{\alpha+\beta} = G^\alpha + \frac{G^\beta - G^\alpha}{c^\beta - c^\alpha} \cdot \left(c_0 - c^\alpha\right). \tag{78}$$

Die freie Enthalpie des Gemisches $\alpha + \beta$ variiert demnach linear zwischen G^α und G^β für $c_0 = c^\alpha$ bzw. $c_0 = c^\beta$.

In Bild 12 sind die freien Enthalpien G^α und G^β zweier Phasen α und β als Funktion der Konzentration c dargestellt, und wir untersuchen das thermodynamische Gleichgewicht bei der Konzentration $c = c_0$. Bei einem Gemisch aus beiden Phasen α und β mit den Konzentrationen c^α bzw. c^β ist die freie Enthalpie des Systems $G^{\alpha+\beta}$ kleiner als die freie Enthalpie jeder einzelnen Phase $G^\alpha(c_0)$ und $G^\beta(c_0)$ (Bild 12(a)).

Die gesamte freie Enthalpie wird weiter abgesenkt, wenn sich durch Austausch von A und B-Atomen zwischen den Phasen die Zusammensetzungen derart verschieben, bis die Konzentrationen c_e^α und c_e^β in Bild 12(b) erreicht werden. Die freie Enthalpie hat dann das Minimum $G^{\alpha+\beta} = G_e$ erreicht, d.h. die Phasen α und β befinden sich im thermodynamischen Gleichgewicht. Wie in Bild 12(b) ersichtlich, lassen sich die Gleichgewichtskonzentrationen c_e^α und c_e^β durch Anlegen einer Doppeltangente auf einfache Weise graphisch ermitteln. Dies ist auch

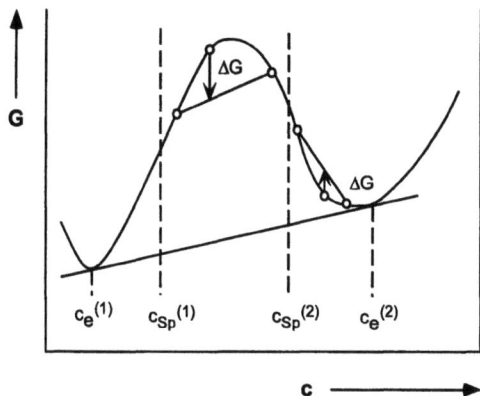

Bild 13 Die freie Enthalpie einer Phase mit positiver Mischungsenthalpie, wodurch die Phase in Bereiche mit verschiedenen Zusammensetzungen entmischt.

als „Tangentenregel" bekannt. Gemäß der Beziehung 76 markieren die Ordinatenabschnitte der an den Punkt $\left(c, G^\phi(c)\right)$ angelegten Tangente die chemische Potentiale $\mu_A^\phi(c)$ und $\mu_B^\phi(c)$ der Komponenten A bzw. B in der Phase ϕ. Aus der Gleichgewichtsbedingung Gl. 21, wonach die chemischen Potentiale jeder Komponente in beiden Phasen gleich groß sind (vgl. auch Gl. 57), ergibt sich gerade die Tangentenregel zur Bestimmung von c_e^α und c_e^β.

Für alle Konzentrationen c_0, die zwischen c_e^α und c_e^β liegen, ist das Phasengemisch $\alpha + \beta$ der Gleichgewichtszustand. Man spricht auch von einem heterogenen Gleichgewicht. Die relativen Anteile der Phasen sind dabei durch das Hebelgesetz in Gl. 62 bestimmt. Liegt c_0 außerhalb des Konzentrationsbereiches $\left(c_e^\alpha, c_e^\beta\right)$, so hat man ein homogenes Gleichgewicht, da ausschließlich diejenige Phase mit der niedrigsten freien Enthalpie stabil ist, d.h. entweder α oder β entspricht dem Gleichgewichtszustand.

Während die obigen Überlegungen für die Koexistenz zweier unterschiedlicher Phasen (z. B. fest und flüssig) gelten, wollen wir nun das Auftreten heterogener Gleichgewichte innerhalb einer Phase diskutieren. Heterogene Gleichgewichte können nämlich auch auftreten, wenn die Mischungsenthalpie (Gleichung 73) einer Phase positiv ist, d.h. wenn sich die verschiedenen Atomsorten abstossen. Anhand dem Verlauf der freien Enthalpie in Bild 13 erkennen wir, daß bei der Konzentration c_0 mit $c_e^{(1)} < c_0 < c_e^{(2)}$ im thermodynamischen Gleichgewicht das System aus Bereichen verschiedener Zusammensetzung $c_e^{(1)} \neq c_e^{(2)}$ besteht. Dadurch kommt es zur einer Entmischung einer anfänglich homogenen Legierung, die nur bei Konzentrationen c_0 mit $c_0 < c_e^{(1)}$ und $c_0 > c_e^{(2)}$ stabil ist. Das Intervall $\left[c_e^{(1)}, c_e^{(2)}\right]$ nennt man auch Mischungslücke, die man in instabile und metastabile Bereiche unterteilen kann.

Eine lokale Änderung der Zusammensetzung innerhalb einer anfangs homogenen Mischphase der Konzentration c_0 führt zu einem Gemisch von Bereichen unterschiedlicher Zusammensetzung und daher nach der Beziehung 77 zu einer Änderung der freien Enthalpie. Dabei kann G sowohl reduziert als auch erhöht werden, je nachdem ob die Sekante, die die beiden Punkte verbindet unterhalb oder oberhalb der Kurve liegt (Bild 13). In der Umgebung des Maximums von $G(c)$ ist die Kurve konkav und demzufolge führt in dem in Bild 13 dargestellten Fall jede Fluktuation der Konzentration zur Absenkung der freien Enthalpie. Dadurch werden die Konzentrationsunterschiede und der Entmischungsvorgang verstärkt, bis schließlich der Gleichgewichtszustand erreicht ist. Die homogene Phase bezeichnen wir als instabil, da die Entmischung unmittelbar und ungehemmt einsetzt.

Anders ist die Situation in dem konvexen Bereich der Kurve. Hier wird durch eine lokale, infinitesimale Änderung der Zusammensetzung die freie Enthalpie erhöht. Zur vollständigen Entmischung, die ja den Gleichgewichtszustand darstellt, muß erst eine Energieschwelle überwunden werden, d.h. die Separation ist gehemmt und damit zeitlich verzögert. In diesem Fall nennt man die homogene Phase metastabil.

Generell kann man die homogene Mischphase kurz durch die Bedingungen:

$$\frac{\partial^2 G}{\partial c^2} \leq 0, \quad \text{instabil}$$

und

$$\frac{\partial^2 G}{\partial c^2} > 0, \quad \text{metastabil}$$

beschreiben und das Entmischungsverhalten charakterisieren. Die Grenzen c_{Sp} des instabilen Bereiches werden durch die Bedingung

$$\frac{\partial^2 G}{\partial c^2}(c_{Sp}) = 0 \tag{79}$$

beschrieben und als Spinodalkonzentrationen bezeichnet.

Wie groß ist die maximale Anzahl der Phasen, die miteinander im thermodynamischen Gleichgewicht sein können? Das hängt von der Zahl der Komponenten ab. Betrachten wir ein System mit den Komponenten 1 ... n, also mit n-1 unabhängigen Konzentrationen, und k Phasen $\phi_1...\phi_k$. Bei einem Gleichgewicht zwischen allen Phasen sind die chemischen Potentiale μ jeder Komponente in allen Phasen gleich:

$$\mu_1^{\phi_1} = \mu_1^{\phi_2} = ... = \mu_1^{\phi_k}$$
$$...$$
$$\mu_n^{\phi_1} = \mu_n^{\phi_2} = ... = \mu_n^{\phi_k} \tag{80}$$

Dies sind insgesamt $(k - 1)n$ unabhängige Gleichungen. Bei k Phasen haben wir $k(n - 1)$ unabhängige Konzentrationen und mit Temperatur und Druck insgesamt $k(n - 1) + 2$ unabhängige Variable. Damit ergeben sich

$$f = k(n - 1) + 2 - (k - 1)n = n - k + 2 \geq 0 \tag{81}$$

frei wählbare Parameter oder Freiheitsgrade. Dies ist die allgemeine Form der Gibbs'schen Phasenregel. Die maximale Anzahl der sich im Gleichgewicht befindlichen Phasen ist erreicht, wenn alle Parameter eindeutig bestimmt sind, also wenn $f = 0$ ist. Betrachten wir, wie es in der Metallphysik meist angebracht ist, Systeme bei konstantem Druck, so finden wir für ein n-komponentiges System höchstens

$$k = n + 1 \tag{82}$$

Phasen, die miteinander im Gleichgewicht sein können. Dies sind z. B. zwei Phasen in einem einkomponentigen System oder drei Phasen in einer binären Legierung. Da sowohl die Temperatur als auch die Konzentrationen der Phasen bei vorgegebenem Druck eindeutig festgelegt sind, spricht man auch von einem invarianten Gleichgewicht. Ein Gleichgewicht heißt monovariant bzw. bivariant, wenn bei $p = konst.$ ein bzw. zwei Parameter frei wählbar sind.

Binäre Phasendiagramme

Mit Hilfe der freien Enthalpien von mehrkomponentigen Phasen werden die Konzentrationsbereiche der thermodynamischen Stabilität der einzelnen Phasen bzw. die des Mehrphasengleichgewichts bei vorgegebener Temperatur bestimmt. Die Grenzkonzentrationen als Funktion der Temperatur T liefern die Stabilitätsbereiche in der (T,c)-Ebene und beschreiben damit das Phasendiagramm des binären Systems.

Vollständig mischbare Systeme Ein einfacher Fall eines binären Phasendiagramms ist der von Systemen, bei denen sich die verschiedenen Atomsorten sowohl im flüssigen als auch festen Zustand gegenseitig anziehen. Der mit dem Vermischen verbundene Energiegewinn schlägt sich in einer negativen Mischungsenthalpie $\Delta H_{mix} < 0$ für beide Phasen nieder. Ein weiteres Merkmal ist, daß es im Festkörper keine chemische Ordnung gibt, d.h. die Gitterplätze können von jeder Atomsorte gleichberechtigt besetzt werden. Daraus resultiert eine konvexe Form der freien Enthalpie als Funktion der Konzentration, ähnlich wie bei der flüssigen Phase. Man sagt auch, das System ist im festen Zustand vollständig mischbar und bezeichnet die feste Phase als Mischphase oder auch als Mischkristall. Ein Beispiel für ein vollständig mischbares System ist die Legierung Cu-Ni.

In den Diagrammen (a) bis (e) von Bild 14 sind für eine AB-Legierung die freien Enthalpien der festen Mischphase (S) und der flüssigen Phase (L) als Funktion der Konzentration bei

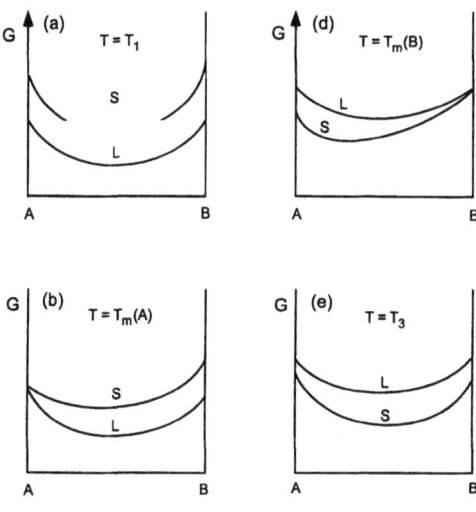

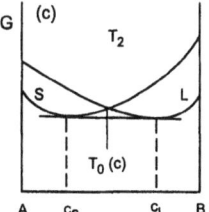
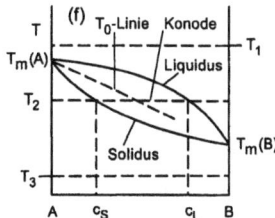

Bild 14 Konstruktion des Phasendiagramms eines vollständig mischbaren Systems aus der freien Enthalpie bei verschiedenen Temperaturen.

einigen charakteristischen Temperaturen dargestellt. Teilbild (f) zeigt die Grenzen der thermodynamischen Stabilität in der (T,c)-Ebene der beiden Phasen sowie den stabilen Bereich der Koexistenz von flüssiger und fester Phase, also das Phasendiagramm, in dem die herausgegriffenen Temperaturen gekennzeichnet sind. Bei der Temperatur T_1 liegt die Kurve für die Flüssigkeit stets unterhalb derjenigen für den festen Zustand, d.h. für alle Konzentrationen ist die flüssige Phase thermodynamisch stabil. Bei der Temperatur T_2 sind je nach Zusammensetzung die feste Phase, die flüssige Phase oder das Phasengemisch thermodynamisch stabil. Die Grenzkurve des Existenzbereichs des Festkörpers wird als Soliduslinie und die der flüssigen Phase als Liquiduslinie bezeichnet. Liquidus- und Soliduslinie schneiden sich bei der Schmelztemperatur $T_m(A)$ der Komponente A und $T_m(B)$ der Komponente B bei der Konzentration $c = 0$ bzw. $c = 1$. Dies spiegelt sich im Verlauf der freien Enthalpien der Phasen bei den Temperaturen $T_m(A)$ und $T_m(B)$ wieder (vgl.(b) und (d)): Bei der Schmelztemperatur eines einkomponentigen Systems sind die freien Enthalpien von fester und flüssiger Phase gleich groß.

Die Verbindungslinie im Phasendiagramm, die bei gegebener Temperatur die koexistierenden Phasen verknüpft (Teilbild (f)), wird als Konode bezeichnet. Die sogenannte T_0-Linie ist durch den Schnittpunkt der freien Enthalpien von fester und flüssiger Phase definiert. Sie ist bei Erstarrungsvorgängen und inbesondere bei schneller Erstarrung, auf die in Kap. 8 eingegangen wird, von Bedeutung.

Eutektika Eutektische Systeme sind dadurch gekennzeichnet, daß die Schmelze gleichzeitig in zwei feste Phasen erstarrt und somit bei der Schmelztemperatur ein Gleichgewicht zwischen drei Phasen besteht. Dabei können die festen Phasen unterschiedliche Kristallstrukturen aufweisen oder der feste Zustand entmischt sich aufgrund einer positiven Mischungsenthalpie $\Delta H_{mix} > 0$ in Bereiche unterschiedlicher Zusammensetzung. Eine positive Mischungsenthalpie bedeutet, daß Atome der gleichen Sorte als nächste Nachbarn bevorzugt werden, wodurch das Vermischen mit einem Energieaufwand verbunden ist. Dadurch weist die freie Enthalpie der festen Phase als Funktion der Konzentration ein Maximum und entsprechend zwei Minima auf.

Dieser Fall eines eutektischen Systems ist in Bild 15 anhand des Phasendiagramms einschließlich dem Verlauf der freien Enthalpien bei den gekennzeichneten Temperaturen schematisch dargestellt. Für Temperaturen T mit $T_m(A) < T < T_m(B)$ (15b)) schneiden sich die freien Enthalpien von fester und flüssiger Phase. Mit Hilfe der Doppeltangentenregel findet man einen Konzentrationsbereich, in dem ein heterogenes Gleichgewicht zwischen von fester und flüssiger Phase besteht und somit das Phasengemisch den stabilen Zustand des Systems darstellt. Für die Temperatur T_2, die sowohl unterhalb der Schmelztemperatur der Komponente A als auch unterhalb der Schmelztemperatur der Komponente B liegt, gibt es mehrere Möglichkeiten für heterogene Gleichgewichte, da die Freien Enthalpiekurven beider Phasen hier zwei Schnittpunkte aufweisen. Insgesamt ergeben sich zwei unterschiedliche heterogene Gleichgewichte, je nach Konzentration der Legierung. In dem einem Fall ist es ein Gleichgewicht der festen Phase der Konzentration c_{α_1} mit der Schmelze, bei einem höheren Gehalt an B-Atomen hat man ein Gleichgewicht zwischen der Flüssigkeit und der festen Phase mit der Konzentration c_{α_2}.

Eine besondere Situation besteht bei der Temperatur T_E. Hier ist die flüssige Phase mit der Konzentration c_E im Gleichgewicht mit der festen Phase α_1 und gleichzeitig ist die Bedingung für ein heterogenes Gleichgewicht der Flüssigkeit und der festen Phase α_2 erfüllt. Damit hat man ein Gleichgewicht von insgesamt drei Phasen. Die Temperatur T_E wird als eutektische Temperatur und die Zusammensetzung der Schmelze c_E wird als eutektische Konzentration bezeichnet. Man beachte, daß die eutektische Temperatur T_E und die Konzentrationen der sich im Gleichgewicht befindlichen Phasen eindeutig bestimmt sind, so daß es sich um ein invariantes Gleichgewicht handelt. Der Koexistenzbereich aller drei Phasen in der (T,c)-Ebene ist daher

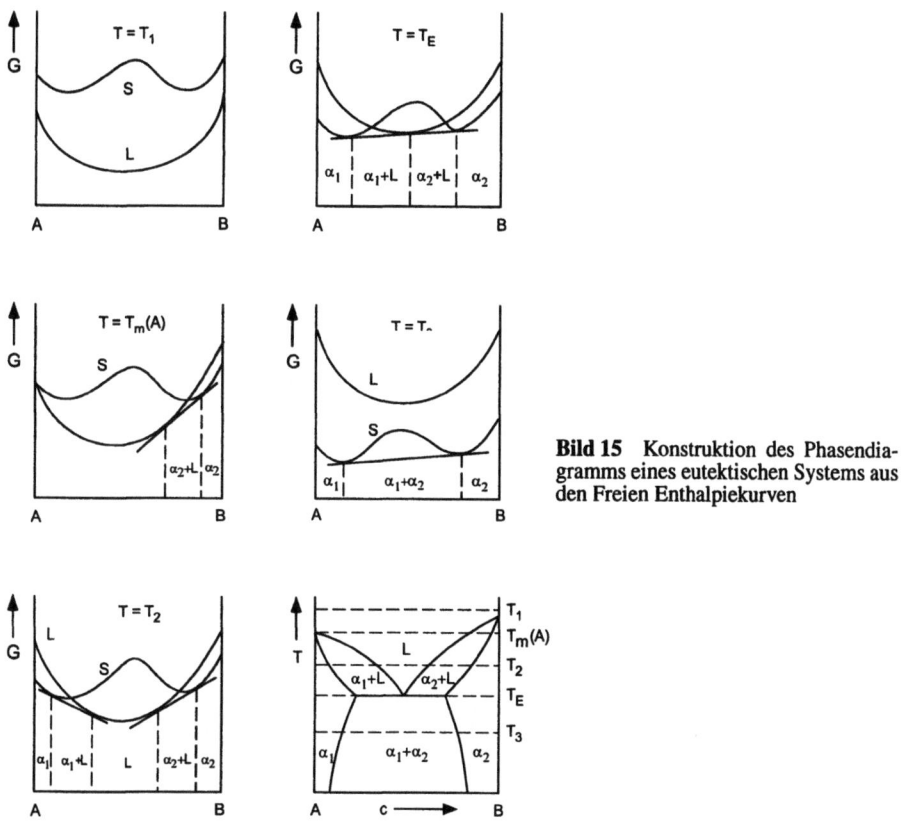

Bild 15 Konstruktion des Phasendiagramms eines eutektischen Systems aus den Freien Enthalpiekurven

nur ein eindimensionales Gebiet bei der eutektischen Temperatur, das in c-Richtung durch die Gleichgewichtskonzentrationen der festen Phasen begrenzt ist. Dieses Dreiphasen-Gebiet heißt auch eutektische Linie.

Bei vielen binären Systemen weisen die reinen Elemente unterschiedliche Kristallstrukturen auf, so daß die Legierung im festen Zustand zwei unterschiedliche Mischphasen α und β bilden kann, die jeweils die Struktur der reinen Komponente A oder der Komponente B besitzen. Wie im oben geschilderten Fall existiert eine eutektische Temperatur, bei der sich die Flüssigkeit mit beiden festen Phasen im thermodynamischen Gleichgewicht befindet.

Legierungen der eutektischen Zusammensetzung erstarren bei der eutektischen Temperatur gleichzeitig in beide feste Phasen. Dies kann man in Form der Reaktionsgleichung

$$L \longrightarrow \alpha + \beta$$

beschreiben. Dabei ist zu beachten, daß die Erstarrung bei konstanter Temperatur T_E abläuft, da die Liquidus- und Soliduslinie bei c_E zusammenlaufen. Der Schmelzpunkt T_E ist gegenüber denen der Randkomponenten meist erheblich abgesenkt. Daher rührt auch der aus dem Griechischen stammende Name „Eutektikum" = leicht schmelzend.

Peritektika Bei peritektischen Systemen besitzen die reinen Elemente stark unterschiedliche Schmelztemperaturen. Wie bei den eutektischen Legierungen existiert ein Dreiphasen-Gebiet,

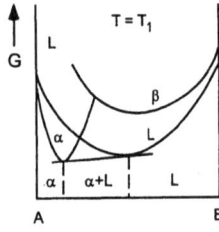
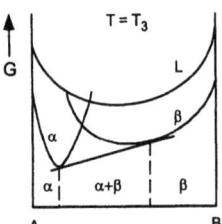
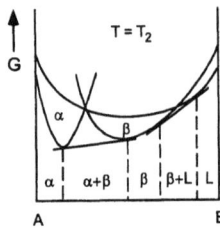
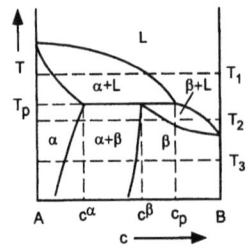

Bild 16 Schematisches Phasendiagramm eines peritektischen Systems mit der properitektischen Phase α und der peritektischen Phase β

die peritektische Linie, wobei die peritektische Temperatur zwischen den Schmelztemperaturen der Randkomponenten liegt.

Die peritektische Linie wird begrenzt durch die Konzentrationen c^α und derjenigen der Flüssigkeit, die als peritektische Konzentration c_p bezeichnet wird (vgl. Bild 16). Die Besonderheit eines peritektischen Systems und den Unterschied zu einem Eutektikum erkennt man, wenn eine Schmelze der Konzentration c mit $c^\beta < c < c^p$ unter die peritektische Linie abkühlt. Zunächst gelangt man in das Zweiphasen-Gebiet $L + \alpha$, d. h. in der Schmelze scheidet sich zuerst die properitektische Phase α aus. Bei weiterem Abkühlen unter die peritektische Linie befindet sich die Schmelze im Gleichgewicht mit der peritektischen Phase β, jedoch nicht mehr mit der properitektischen Phase. Beim Durchschreiten der peritektischen Temperatur findet die Umwandlung

$$L + \alpha \longrightarrow \beta$$

statt, bei der die Phase β auf Kosten der Phase α und der Schmelze wächst. Bei dieser sogenannten peritektischen Reaktion bildet sich eine Phase aus zwei Ausgangsphasen, im Unterschied zur eutektischen Umwandlung, bei der aus einer Phase, der Schmelze, zwei neue Phasen entstehen.

Monotektika Nicht nur der feste Zustand (vgl. Eutektika), sondern auch die flüssige Phase kann eine Mischungslücke aufweisen, Bild 17. Bei den monotektischen Systemen entmischt sich die Schmelze in zwei flüssige Phasen mit unterschiedlichen Zusammensetzungen, wenn eine kritische Temperatur T_C unterschritten wird. Bekannte Beispiele für nicht-mischbare metallische Schmelzen sind Al-Bi, Al-Pb und Cu-Pb.

Die Konzentrationen $c_{L_1}(T)$ und $c_{L_2}(T)$ der koexistierenden Flüssigkeiten liegen auf der sogenannten Binodalen, die sich aus den freien Enthalpien durch die Tangentenregel ergibt. Die Spinodale ist bestimmt durch die Wendepunkte $c_{Sp}(T)$ zwischen dem Maximum und den beiden Minima der G(c)-Kurve. Neben der Binodalen ist auch die Spinodale von großer Bedeutung für das Entmischungsverhalten, wie es anhand Gleichung 79 gezeigt wurde. Kühlt man eine homogene Schmelze unter die Spinodallinie ab, so wird jede beliebig kleine Fluktuation der lokalen Zusammensetzung verstärkt, so daß die Phasenseparation unmittelbar erfolgt. Im Gegensatz dazu ist im Gebiet zwischen der Binodalen und Spinodalen die Entmischung einer homogenen

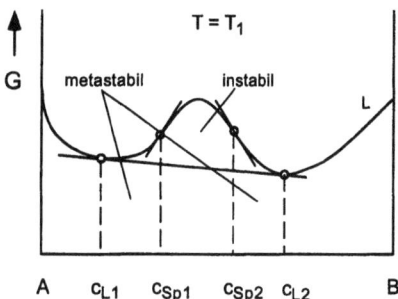

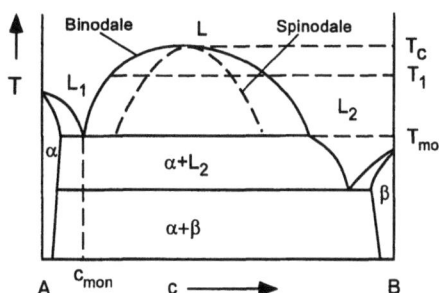

Bild 17 Schematisches Phasendiagramm eines monotektischen Systems sowie die freie Enthalpie der entmischenden Flüssigkeit als Funktion der Konzentration. Die Konzentrationen der Flüssigkeiten L_1 und L_2 liegen auf der Binodalen, die Wendepunkte $c_{Sp}(T)$ markieren die Spinodale

Flüssigkeit gehemmt, so daß die Flüssigkeit zunächst in dem homogenen Zustand verharrt, bevor die Entmischung einsetzt.

Systeme mit intermetallischen Phasen Bisher wurden Phasendiagramme von Legierungen betrachtet, die im festen Zustand Mischphasen bilden, wobei die Gitterstrukturen denen der Randkomponenten entsprechen und jede Legierungskomponente jeden beliebigen Gitterplatz besetzen kann. Hingegen zeigen intermetallische Verbindungen eine stark ausgeprägte chemische Ordnung bei einer stöchiometrischen Zusammensetzung c^*. Solche geordneten Phasen kommen häufig in Legierungen vor, bei denen eine oder mehrere Komponenten gerichtete Bindungen aufweisen.

Ein Beispiel für eine intermetallische Verbindung ist Ni-Al mit zwei einfach-kubischen Untergittern. Bei der sogenannten äquiatomaren Zusammensetzung $c_{Ni} = c_{Al} = c^*$ ist jedes Untergitter mit ausschließlich einer Atomsorte besetzt. Diese geordnete Struktur weist eine besonders hohe thermodynamische Stabilität auf. Jede Abweichung von der äquiatomaren Zusammensetzung hat zur Folge, daß sich zwangsläufig Atome beider Sorten auf dem gleichen Untergitter befinden, wodurch die chemische Ordnung gestört ist und daher die freie Enthalpie drastisch erhöht wird. Dieser Sachverhalt zeigt sich im Verlauf der freien Enthalpie als Funktion der Konzentration, die im Vergleich zu Mischphasen ein scharfes Minimum bei der stöchiometrischen Zusammensetzung c^* zeigt (Bild 18). Aufgrund der hohen chemischen Ordnung des Kristalls liegt dieses Minimum der freien Enthalpie nahezu unabhängig von der Temperatur bei der stöchiometrischen Konzentration. Die Konsequenz der „engen" freien Enthalpiekurve ist, daß bei der stöchiometrischen Konzentration die Liquidus- und Soliduslinien zusammenlaufen und daher eine Legierung der Konzentration c^* bei gleicher Zusammensetzung von fester und flüssiger Phase schmilzt und erstarrt ohne ein Temperaturintervall zu durchlaufen. Eine solche Phase, die sich wie ein reines Metall verhält, nennt man kongruent.

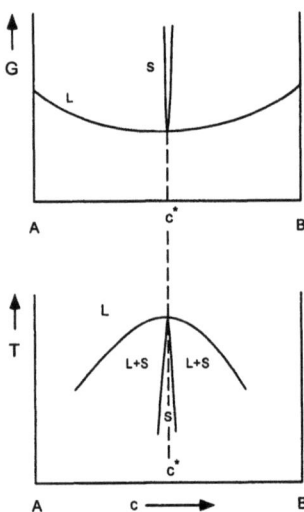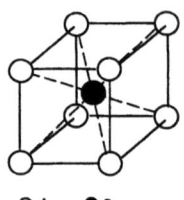

Bild 18 Die freie Enthalpie $G(c)$ einer geordneten intermetallischen Phase, die im Vergleich zur Schmelze ein scharfes Minimum bei c^* besitzt, sowie das Phasendiagramm (schematisch). Als Beispiel ist die Elementarzelle einer geordneten Phase mit zwei kubischen Untergittern dargestellt, die jeweils von nur einer Atomsorte besetzt sind, wie z.B. NiAl.

Ternäre Phasendiagramme

Die bisher angestellten Überlegungen lassen sich direkt auf die Gleichgewichte und die Konstruktion der Phasendiagramme von Systemen mit mehr als zwei Komponenten anwenden. Wir beschränken uns im folgenden auf Systeme mit drei Komponenten, ternäre Systeme oder auch Dreistoffsysteme genannt, und verweisen für eine ausführlichere Darstellung auf [Predel 1982] oder [Porter & Easterling 1981].

Zur Beschreibung von ternären Phasen genügt es wegen

$$c_A + c_B + c_C = 1,$$

zwei der Konzentrationen c_A, c_B, c_C zu betrachten, jedoch werden üblicherweise alle drei in einem Konzentrationsdreieck (Bild 19) dargestellt. Bei der Koexistenz von zwei Phasen α und β mit den Teilchenzahlen N^α und N^β eines ternären Systems ergibt sich analog zu binären Legierungen ein Hebelgesetz (s. Gl. 62) für die Zahlanteile der Teilchen $n^\alpha = N^\alpha/N$ und $n^\beta = N^\beta/N$ mit $N = N^\alpha + N^\beta$. Hat die Legierung die Konzentrationen $c = (c_A, c_B, c_C)$ (im Folgenden auch Konzentrationspunkt genannt), so findet man analog zu Gl. 62:

$$\frac{n^\alpha}{n^\beta} = \frac{c_B^\beta - c_B}{c_B - c_B^\alpha} = \frac{c_C^\beta - c_C}{c_C - c_C^\alpha} \tag{83}$$

Aus dem Hebelgesetz ist ersichtlich, daß die drei Konzentrationspunkte c, c^α und c^β im Konzentrationsdreieck auf einer Geraden liegen. Dies ist auch aus der einfachen Überlegung verständlich, daß wegen

$$c_i = n^\alpha \cdot c_i^\alpha + n^\beta \cdot c_i^\beta \quad \text{für alle } i = A, B, C$$

der Punkt c den „Schwerpunkt" der Mengenanteile n^α und n^β darstellt, wenn diese jeweils in den Punkten c^α bzw. c^β konzentriert sind. Wie bei den binären Systemen (vgl. Bild 14(f)) nennt man die Linie, die die koexistenden Phasen verbindet, die Konode.

Besteht ein ternäres System mit den Konzentrationen $c = (c_A, c_B, c_C)$ aus drei Phasen α, β und γ, so bilden die Konzentrationspunkte c^α, c^β und c^γ ein sogenanntes Konodendreieck. Da für jede Komponente i = A,B,C

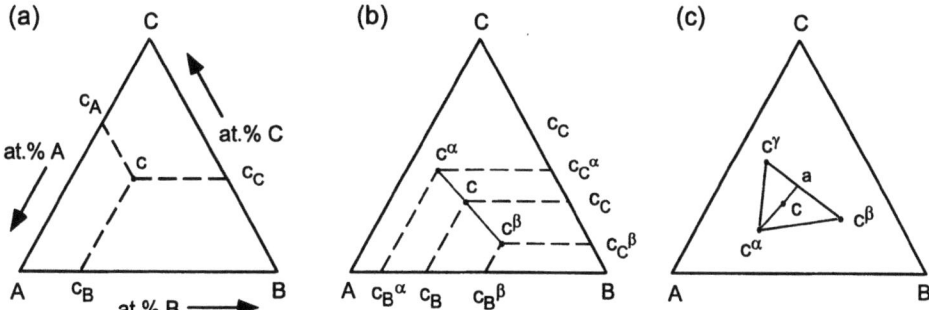

Bild 19 Gleichseitiges Dreieck zur Darstellung der Konzentrationen ternärer Systeme (a), Erläuterung des Hebelgesetzes in einem Konzentrationsdreieck (b) und das Konodendreieck mit Schwerpunktsatz (c).

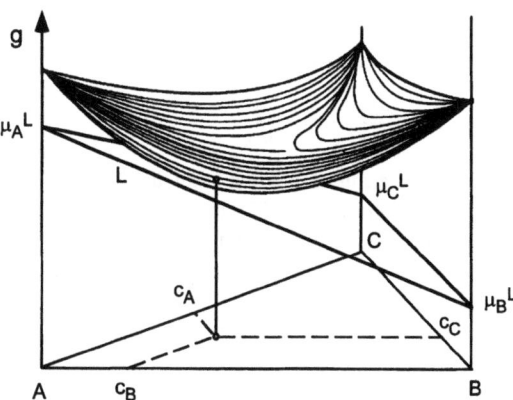

Bild 20 Die freie Enthalpie pro Atom g einer ternären Mischphase bei konstanter Temperatur, dargestellt in einem Konzentrationsdreieck (schematisch). Die Schnittpunkte der Tangentialebene mit den Ordinaten ergeben jeweils das chemische Potential der Komponente A,B bzw. C.

$$c_i = n^\alpha \cdot c_i^\alpha + n^\beta \cdot c_i^\beta + n^\gamma \cdot c_i^\gamma$$

gilt, entspricht der Konzentrationspunkt c offenbar dem „Schwerpunkt" des Dreiecks, an dessen Eckpunkten sich die Mengenanteile n^α, n^β und n^γ befinden. Die Mengenanteile können somit durch die Verhältnisse der entsprechenden Streckenabschnitte graphisch bestimmt werden, wie es für die Phase α in Bild 19(c) dargestellt ist:

$$n^\alpha = \overline{ca}/\overline{c^\alpha a},$$

wobei der Punkt a den Schwerpunkt zwischen c^β und c^γ darstellt. Der Schwerpunktsatz gilt ebenso bei der Koexistenz von vier Phasen.

Um die Gleichgewichte zwischen Phasen, die Koexistenzbereiche und schließlich die Phasendiagramme ternärer Systeme zu bestimmen, untersuchen wir die freie Enthalpie und die chemischen Potentiale als Funktion der Zusammensetzung. In Bild 20 ist die freie Enthalpie pro Atom g einer ternären Phase als Funktion der Konzentration bei konstanter Temperatur über dem Konzentrationsdreieck schematisch dargestellt. Zur Beschreibung von g benutzen wir wieder die Gibbs-Duhem-Relation und wählen die Konzentrationen der Komponenten A und B als unabhängige Variable, also

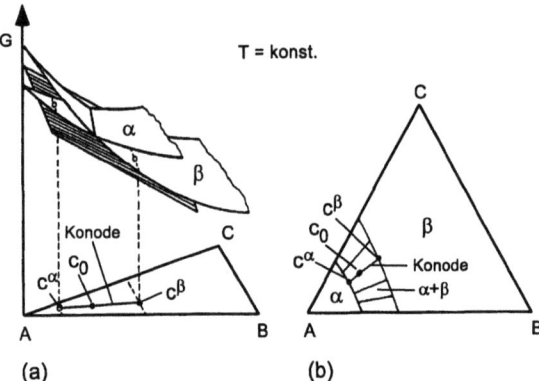

Bild 21 Die freien Enthalpien zweier Phasen α und β mit der Tangentialebene zur Bestimmung der Konzentrationen bei einem Gleichgewicht beider Phasen. (b) Der entsprechende isothermale Schnitt durch das ternäre Phasendiagramm. Im Zweiphasengebiet $\alpha + \beta$ sind einige Konoden eingezeichnet, die die Zusammensetzungen von α und β angeben.

$$g(T, c_A, c_B) = c_A \mu_A + c_B \mu_B + c_C \mu_C$$
$$= c_A (\mu_A - \mu_C) + c_B (\mu_B - \mu_C) + \mu_C$$

Damit erhält man für das chemische Potential der Komponente C:

$$\mu_C(c_A, c_B) = g(c_A, c_B) - c_A \cdot \frac{\partial g}{\partial c_A} - c_B \cdot \frac{\partial g}{\partial c_B}. \tag{84}$$

Aus dieser Beziehung ist ersichtlich, daß μ_C graphisch ermittelt werden kann, ähnlich der Tangentenkonstruktion bei binären Legierungen (vgl. Gl. 76 bzw. Bild 12): man legt an die Fläche $g(c_A, c_B)$ eine Tangentialebene bei den entsprechenden Konzentrationen an; der Schnittpunkt dieser Ebene mit der Ordinate für die Komponente C ist gerade das chemische Potential μ_C. Analog ergeben sich die chemischen Potentiale μ_A und μ_B (Bild 20).

Ternäre Phasen sind demnach bei den Konzentrationen bzw. Konzentrationspunkten c im Gleichgewicht, bei denen die an die Flächen $G(c)$ angelegten Tangentialebenen übereinstimmen, wie es in Bild 21(a) für zwei Phasen α und β dargestellt ist. Mit dieser Tangentenregel für ternäre Systeme werden die Phasendiagramme in gleicher Weise wie die von binären Legierungen konstruiert, indem die Existenzbereiche der einzelnen Phasen bei vorgegebener Temperatur ermittelt werden (Bild 21(b)).

Zur vollständigen Beschreibung der heterogenen Gleichgewichte im Zweiphasengebiet $\alpha + \beta$ reichen die Begrenzungslinien in der Konzentrationsebene nicht aus, sondern die Konzentrationen c^α und c^β auf den Löslichkeitsgrenzen sind erst durch die entsprechende Konode, auf der der Konzentrationspunkt c_0 der Legierung liegt, ersichtlich. Wie in Bild 21(b) angedeutet, liegen in der Regel die Konoden keineswegs parallel zueinander oder stehen senkrecht auf den Löslichkeitsgrenzen. Dies ist schon dadurch offensichtlich, daß bei Annäherung an die Ränder des Konzentrationsdreiecks, die Konoden parallel zu den Dreiecksseiten orientiert sein müssen, da dies den Grenzfällen einer binären AB- bzw. einer AC-Legierung entspricht. Dadurch vollzieht sich innerhalb des Zweiphasengebietes eine sogenannte Konodendrehung. Bei einem Drei-Phasengleichgewicht sind die Konzentrationspunkte durch das Konodendreieck festgelegt.

In Bild 22 sind zwei Beispiele ternärer Phasendiagramme perspektivisch dargestellt. Die Temperatur wird senkrecht zum Konzentrationsdreieck aufgetragen, woraus sich ein Dreikantprisma ergibt. Die Seitenflächen des Prismas geben die Phasendiagramme der binären Randsysteme AB, AC und BC wieder, während das Innere in die räumlichen Existenzbereiche der ternären Phasen unterteilt ist. Teilbild (a) zeigt schematisch ein System mit vollständiger Löslichkeit sowohl im flüssigen als auch im festen Zustand. Es ergeben sich eine Liquidus- und eine Solidusfläche, die kontinuierlich gekrümmt sind und das Zweiphasengebiet S + L einschließen.

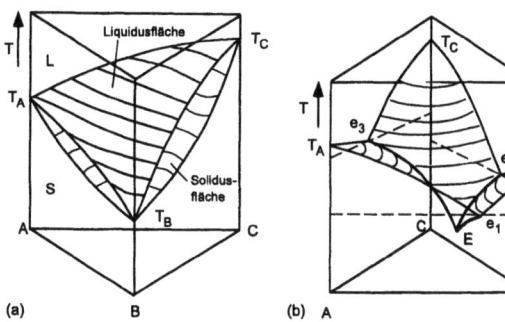

Bild 22 Räumliche Darstellung von ternären Phasendiagrammen: (a) System mit unbegrenzter Mischkristallbildung, (b) Liquidusfläche eines Systems mit mit einem ternären Eutektikum E und drei binären Eutektika e_1, e_2 und e_3.

Komplizierter sind die Phasendiagramme, wenn die Komponenten im Festen nur unvollständig mischbar sind - etwa wenn die reinen Elemente verschiedene Kristallstrukturen aufweisen, in denen die Löslichkeit der anderen Komponenten begrenzt ist - und z.B. drei feste Phasen α, β und γ existieren. In Bild 22(b) ist die Liquidusfläche dargestellt für den Fall, daß die binären Randsysteme je ein Eutektikum besitzen. Neben den binären Eutektika e_1, e_2 und e_3 existiert ein ternäres Eutektikum im Punkt E bei der eutektischen Temperatur T_E, wo sich vier Phasen im Gleichgewicht befinden, die Schmelze L und die drei festen Phasen α, β und γ. Da nach der Gibbs'schen Phasenregel (Gl. 81) die Temperatur und die Zusammensetzungen aller Phasen festgelegt sind, handelt es sich um ein invariantes Gleichgewicht. Zwischen dem ternären Eutektikum und allen binären eutektischen Punkten, die ebenfalls ein invariantes Gleichgewicht darstellen, verläuft eine sogenannte monovariante eutektische Rinne (vgl. Kap. 7 Bild 1).

Zur Darstellung der Phasengleichgewichte in ternären Systemen verwendet man häufig auch isotherme Schnitte durch das ternäre Phasendiagramm. Bild 23 zeigt solche Schnitte durch das Phasendiagramm in Bild 22(b). Die Linien in den Zweiphasengebieten deuten den Verlauf der Konoden an. Die Dreiphasengebiete haben typischerweise eine Dreiecksform, die von den Punkten herrührt, bei denen die Tangentialebene die Flächen $G(c_A, c_B, c_C)$ aller drei Phasen simultan berührt. Deshalb besteht eine Legierung mit einem Konzentrationspunkt innerhalb des Dreiecks aus drei Phasen, deren Konzentrationen durch die Eckpunkte gekennzeichnet sind.

Bei Temperaturen T unterhalb der Schmelztemperatur der reinen Komponenten hat man an Spitzen des Dreiecks die Stabilitätsbereiche der entsprechenden Mischkristalle. Dies ist für den Fall $T_{e_3} < T < T_C$ (Bild 23(a)) nur die γ-Phase und bei $T < T_B$ (Bilder 23(b) - (f)) sind es alle drei feste Phasen (vgl. auch Bild 22(b)). Bei der binären eutektischen Temperatur T_{e_3} (Teilbild (b)), die größer ist als die der anderen binären Eutektika, laufen die Begrenzungslinien der Zweiphasengebiete α+L sowie γ+L naturgemäß im eutektischen Punkt e_3 zusammen. Entsprechend ist der Verlauf bei T_{e_2} in Bild 23(c). Da die Temperatur nun niedriger ist als die eutektische Temperatur T_{e_3} des binären Systems AC, existiert auch ein Zweiphasengebiet $\alpha + \gamma$ und schließlich ein Koexistenzbereich von α, γ und L. Bei weiterer Absenkung der Temperatur unter die niedrigste eutektische Temperatur der binären Systeme reicht der Stabilitätsbereich der Schmelze nicht mehr bis zu Dreiecksrändern und verkleinert sich zu einer „Insel" (Teilbild (d)). Zwischen den Gebieten der homogenen Phasen L, α, β und γ liegen die entsprechenden Zweiphasen- und Dreiphasengleichgewichte. Schließlich schrumpft das Gebiet L bei der ternären eutektischen Temperatur T_E (Bild 23(e)) zu einem Punkt zusammen, der dem ternären eutektischen Punkt E in Bild 22(b) entspricht, und man hat einen Koexistenzbereich von vier Phasen. Die Konzentration der Schmelze liegt dabei bei der eutektischen Zusammensetzung im Punkt E. Unterhalb T_E (Teilbild (f)) sind nur noch die festen Phasen α, β und γ stabil.

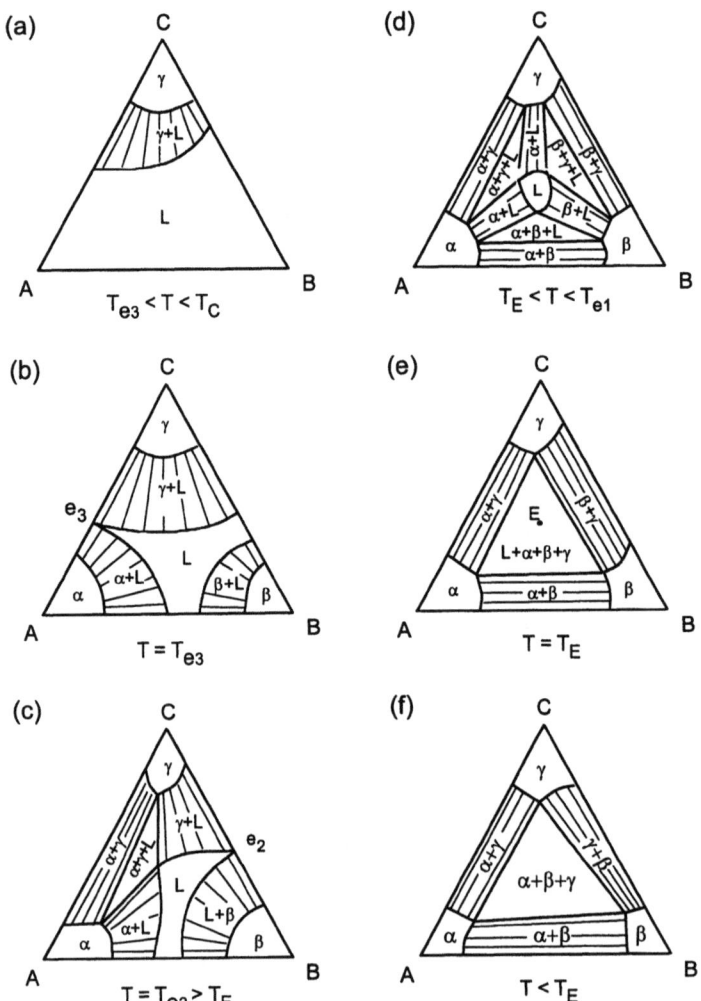

Bild 23 Isotherme Schnitte durch ein ternäres eutektisches System nach Bild 22 bei verschieden Temperaturen. In den Zweiphasengebieten sind einige Konoden schematisch dargestellt. Für weitere Details siehe Text.

2.3 Metastabile Phasen

Bisher haben wir uns mit thermodynamisch stabilen Phasen beschäftigt. Das thermodynamische Gleichgewicht ist gekennzeichnet durch ein absolutes Minimum der freien Enthalpie des Gesamtsystems. Häufig kommt auch der Fall vor, daß sich ein System in einem relativen Minimum der freien Enthalpie befindet. Man spricht dann von einem „gehemmten" oder metastabilen Gleichgewicht und bezeichnet die Phasen als metastabil.

Bild 24(a) zeigt für ein einkomponentiges System schematisch die freien Enthalpien der stabilen Phase α und der Flüssigkeit sowie den Verlauf für eine metastabile Phase β als Funktion der Temperatur. Die freie Enthalpie von β ist im gesamten dargestellten Temperaturbereich größer

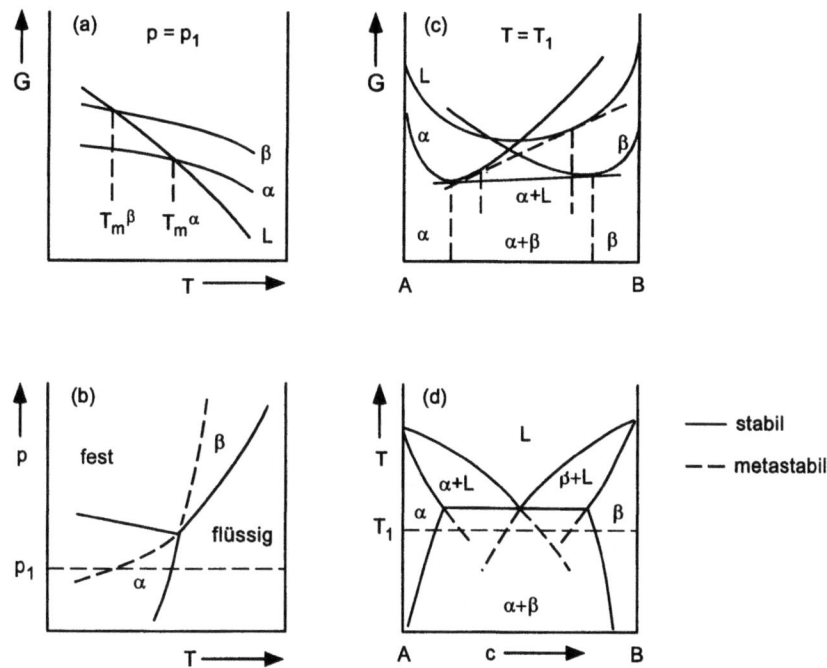

Bild 24 Konstruktion von Phasendiagrammen mit den Erweiterungen in den metastabilen Bereich

ist als die der stabilen Phase. Wenn man aber die Existenz der α-Phase ignoriert, weil z. B. die Bildung dieser Phase kinetisch unterdrückt ist, definiert man den Schnittpunkt der $G(T)$-Kurve der Phase β mit derjenigen für die flüssige Phase die Schmelztemperatur T_m^β der metastabilen Phase. Man beachte, daß die Schmelztemperatur einer metastabilen Phase stets niedriger ist als die der Gleichgewichtsphase. In gleicher Weise werden bei binären Systemen die Erweiterungen der Liquidus- und Soliduslinien in den metastabilen Bereich ermittelt (Bild 24(c) und (d)). Auch in diesem Fall liegt die Liquidustemperatur der metastabilen Phase stets unter der Liquiduslinie der stabilen Phase.

Metastabile Phasen haben eine große Bedeutung bei der Erstarrung von unterkühlten Schmelzen. Man spricht von einer unterkühlten Schmelze, wenn die flüssige Phase unter die Gleichgewichtstemperatur abgekühlt ist, ohne daß die Erstarrung einsetzt. Der unterkühlte Zustand entspricht natürlich nicht dem thermodynamischen Gleichgewicht. Dennoch kann die Schmelze für eine gewisse Zeitdauer in diesem Zustand verharren, da die Erstarrung durch die Bildung von Kristallkeimen eingeleitet wird, so daß die Erstarrung hinausgezögert werden kann. Näheres hierzu wird im Kapitel 5 behandelt. Wird die Schmelze unter die Schmelztemperatur einer metastabilen Phase unterkühlt, so kann die freie Enthalpie der Probe auch durch die Erstarrung der Flüssigkeit in die metastabile Phase abgesenkt werden. Demnach bestehen bei Temperaturen unterhalb $T_m^{metastabil}$ zwei mögliche Erstarrungswege und zwar einmal in die stabile Phase und als Alternative in die metastabile Phase. In der Tat wird metastabile Phasenbildung in unterkühlten Schmelzen experimentell beobachtet, worauf noch in folgenden Kapiteln eingegangen wird.

3 Phasenübergänge

3.1 Klassifikation von Phasenübergängen

Wechselt ein thermodynamisches System infolge einer Variation der Zustandsgrößen, wie der Temperatur oder dem Druck, von einer Phase in eine andere, so nennt man dies auch kurz einen Phasenübergang [Gebhardt & Krey 1980, Stanley 1971]. Phasenübergänge wie Schmelzen, Erstarren oder Verdampfen und Kondensieren sind mit der Koexistenz von zwei Phasen verbunden. Anders als die Phasenübergänge zwischen den Aggregatzuständen verläuft der Übergang vom ferromagnetischen in den paramagnetischen Zustand, der in Kapitel 2.1 angesprochen wurde. Bei Erhöhung der Temperatur einer ferromagnetischen Probe nimmt deren spontane Magnetisierung ab, bis sie bei der Curie-Temperatur verschwindet. Es gibt in diesem Fall demnach kein heterogenes Gleichgewicht und keine Koexistenz von ferromagnetischer und paramagnetischer Phase am Umwandlungspunkt.

Bereits dieser Vergleich zeigt, daß man Phasenübergänge klassifizieren kann. So zählen Schmelzen und Erstarren zu den Phasenübergängen 1. Ordnung, während der Übergang vom ferromagnetischen Zustand in den paramagnetischen als Phasenübergang 2. Ordnung bezeichnet wird. Um genauere Aussagen über die Art von Phasenübergängen zu treffen, betrachtet man die thermodynamischen Potentiale, z.B. die freie Enthalpie G, in der Nähe der Umwandlungstemperatur (Bild 25).

Bei dem Phasenübergang 1. Ordnung ist die Kurve $G(T)$ bei der Umwandlungstemperatur T_u nicht stetig differenzierbar. Dies äußert sich wegen $S = -\partial G/\partial T$ in einem Entropiesprung $\Delta S_{1,2} = S_1(T_u) - S_2(T_u)$ beim Übergang von der Phase 2 in die Phase 1. Die Entropiedifferenz drückt die sprunghafte Änderung des Ordnungszustandes beim Phasenübergang aus. Denken wir beispielsweise an den Schmelzvorgang eines Festkörpers mit kristalliner Struktur und die ungeordnete Schmelze. Zur Überwindung des Entropiesprungs muß dem System Wärme zugeführt werden, die wir leicht ermitteln können. Da beim Phasenübergang beide Phasen im Gleichgewicht sind, findet man mit $\Delta G_{1,2} = 0$ die Beziehung:

$$\Delta H_{1,2} = T_u \Delta S_{1,2} \tag{85}$$

wobei $\Delta H_{1,2} = H_1(T_u) - H_2(T_u)$ allgemein als Umwandlungswärme des Phasenübergangs bezeichnet wird und die üblicherweise auf eine bestimmte Stoffmenge bezogen wird, z.B. 1 Mol eines Stoffes. Sie ist die Wärme, die man dem System zuführen muß, um das System vom Zustand 2 nach 1 zu überführen. Die Wärmezufuhr bewirkt, daß sich der Anteil der Phase 1 auf Kosten der Phase 2 vergrößert. Dabei ändert sich die Temperatur nicht, sondern sie verharrt bei T_u, solange bis die die gesamte Umwandlungswärme zugeführt ist und die Transformation abgeschlossen ist. Erst dann wird die Temperatur durch weitere Wärmezufuhr wieder erhöht. Da sich beim Phasenübergang 1. Ordnung trotz Wärmezufuhr die Temperatur nicht ändert, wird die Umwandlungswärme $H_{1,2}$ auch als latente (=versteckte) Wärme bezeichnet. Umgekehrt wird beim Übergang von 1 nach 2 die latente Wärme wieder an die Umgebung freigesetzt. Beim Schmelzen und Erstarren werden der Entropiesprung ΔS, wenn eine Stoffmenge von 1 mol betrachtet wird, als molare Schmelzentropie ΔS_m und die entsprechende latente Wärme als molare Schmelzenthalpie ΔH_m oder einfach als Schmelzwärme bezeichnet.

Das Auftreten einer latenten Wärme bei Phasenübergängen 1. Ordnung spiegelt sich im Verlauf der spezifischen Wärme c_p wieder, die bei der Übergangstemperatur T_u unendlich groß ist.

Anders als die diskontinuierlichen Übergänge 1. Ordnung verlaufen die Phasenübergänge 2. Ordnung kontinuierlich. Die Ordnung des Systems und damit die Entropie ändern sich nicht

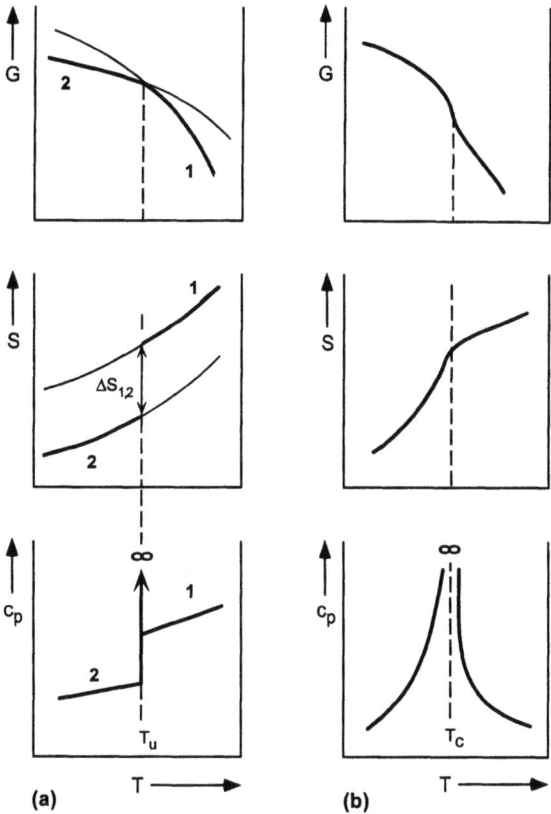

Bild 25 Die freie Enthalpie G, Entropie $S = -\frac{\partial G}{\partial T}$ und die spezifische Wärme $c_p = -T \cdot \frac{\partial^2 G}{\partial T^2}$ als Funktion der Temperatur für Phasenübergänge 1. (a) und 2. Ordnung (b).

sprunghaft, sondern $S(T)$ ist stetig bei der Umwandlungstemperatur T_u. Ein Beispiel dafür ist ein einfaches ferromagnetisches System, in dem unterhalb T_u die atomaren magnetischen Momente aufgrund der Austauschwechselwirkung zur Parallelstellung tendieren. Mit zunehmender Temperatur nimmt der Grad der gegenseitigen Ausrichtung durch die Wärmebewegung ab, bis bei T_u, der Curie-Temperatur, der Ordnungszustand zerstört ist, so daß keine spontane Magnetisierung mehr beobachtet wird. Durch diese Gleichheit der Phasen am Umwandlungspunkt tritt beim Phasenübergang kein Entropiesprung auf, wodurch die 1. Ableitung von G nach der Temperatur stetig ist. Demzufolge ist der Übergang auch nicht mit einer latenten Wärme verbunden. Im allgemeinen zeigt aber die spezifische Wärme eine Singularität, so daß die 2. Ableitung divergiert.

Eine allgemeinere Klassifizierung von Phasenübergängen geht auf Ehrenfest zurück, wo die freie Enthalpie und die Ableitungen in der Umgebung der Umwandlungstemperatur betrachtet werden (Bild 25). Danach sind bei einem Phasenübergang n-ter Ordnung die ersten $(n-1)$ Ableitungen stetig, die n-te Ableitung des Potentials ist unstetig.

Die Phasenübergänge 1. Ordnung, genauer das Phasengleichgewicht beim Übergang, wollen wir etwas genauer untersuchen. Auf der Koexistenzkurve sind die freien Enthalpien (vgl. Bild 5 in Abschnitt 2.1) und die chemischen Potentiale beider Phasen gleich. Aus der Gleichgewichtsbedingung $\mu_1 = \mu_2$ (Gleichung 57) kann man eine Differentialgleichung herleiten, die die Koexistenzkurve beschreibt. Entlang der Kurve sind auch die Änderungen der chemischen Potentiale gleich, also:

$$d\mu_1 = d\mu_2 \tag{86}$$

Mit der Gibbs-Duhem Relation (Gleichung 33 bzw. 34)

$$d\mu = \frac{\partial \mu}{\partial T}dT + \frac{\partial \mu}{\partial p}dp = -sdT + vdp,$$

und der expliziten Form der freien Enthalpie (siehe Tabelle 2) folgt für die Steigung der Koexistenzlinie im p,T-Raum (vgl. Bild 5) die Clausius-Clapeyron-Gleichung:

$$\frac{\partial p}{\partial T} = \frac{s_1 - s_2}{v_1 - v_2} = \frac{\Delta H_{1,2}}{T_u(p) \cdot \Delta V_{1,2}}. \tag{87}$$

Dabei bezeichnen $s_{1,2}$ und $v_{1,2}$ die Entropie bzw. das Volumen pro Teilchen in der Phase (1) bzw. der Phase (2). Bei Phasenübergängen 1. Ordnung ist also die Steigung der Koexistenzlinien im p,T-Diagramm (vgl. Bild 5) durch den Volumensprung $\Delta v_{1,2}$, den wir bereits in Kapitel 2.1 kennengelernt haben, und durch den Entropiesprung $\Delta s_{1,2}$ bzw. die Umwandlungswärme $\Delta H_{1,2}$ festgelegt.

Der kritische Punkt auf der Koexistenzlinie von flüssiger und gasförmiger Phase weist diesbezüglich eine Besonderheit auf, da hier beide Phasen nicht mehr zu unterscheiden sind, so daß $\Delta S_{1,2} = 0$ bzw. $\Delta H_{1,2}$ und $\Delta V_{1,2} = 0$ ist. Somit ist bei konstantem Druck $p = p_{kr}$ der Übergang von einer Temperatur $T < T_{kr}$ zu $T > T_{kr}$ nicht mit einer Umwandlungswärme verbunden und ist demnach ein Phasenübergang 2. Ordnung. Die Thermodynamik von Phasenübergängen 2. Ordnung werden wir im folgenden genauer an der Van-der-Waals' schen Zustandsgleichung für ein Gas untersuchen.

3.2 Thermodynamik des Van-der-Waals-Gases

Das Modell von van der Waals leitet die Zustandsfunktion eines realen, wechselwirkenden Gases aus der des idealen Gases (Gleichung 2) her. Im Modell ist das Volumen um das Eigenvolumen der Moleküle vermindert und der Druck durch eine attraktive Wechselwirkung erniedrigt:

$$p \to p + \frac{N^2 a}{V^2}, \quad V \to V - Nb$$

Hieraus folgt die Van der Waals'sche Zustandsgleichung:

$$\left(p + \frac{N^2 a}{V^2}\right)(V - Nb) = Nk_B T \tag{88}$$

In Bild 26 sind die Isothermen des Van-der-Waals-Gases im p,V-Diagramm aufgetragen. Man kann qualitativ die Isothermen für $T > T_{kr}$ und $T < T_{kr}$ unterscheiden. Oberhalb T_{kr} ist $p(V)$ eine streng monotone Funktion, während unterhalb ein Maximum und Minimum existiert. Die Isotherme $p(V, T_{kr})$ hat eine horizontale Tangente im kritischen Punkt (p_{kr}, T_{kr}, V_{kr}).

Die Koexistenzkurve von flüssiger und gasförmiger Phase kann in einfacher Weise mit Hilfe der Maxwell-Konstruktion graphisch bestimmt werden. Bei konstanter Temperatur ist das Differential der freien Enthalpie $dG = Vdp$. Somit ergibt sich bei der Tempertur T' und dem Druck p' für die freie Enthalpie der gasförmigen Phase (vgl. Bild 26):

$$G_G(T', p') - G_{(c)} = \int_{(c)}^{(b)} Vdp$$

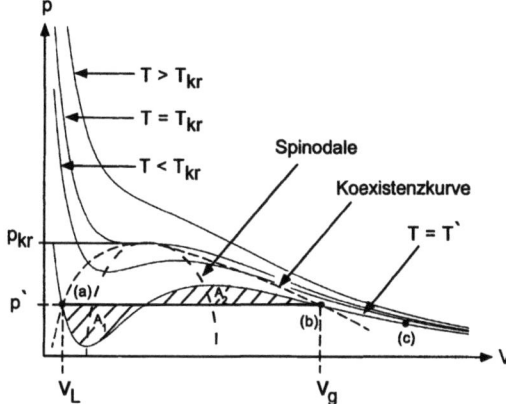

Bild 26 Die Isothermen im p,V-Diagramm des van der Waals Gases einschließlich der Koexistenzkurve und der Spinodalen. Innerhalb der Spinodalen liegen mechanisch instabile Zustände ($\partial V/\partial p > 0$). Der thermodynamische Gleichgewichtszustand $G_L = G_G$ wird durch die Maxwell-Konstruktion ermittelt.

Zur Bestimmung der freien Enthalpie der flüssigen Phase muß die Integration über die beiden Extrema hinweg bis zum Punkt (a) fortgeführt werden, also

$$G_L(T',p') - G_{(c)} = \int_{(c)}^{(a)} V dp$$

G_L und G_G sind genau dann gleich, wenn die von der p,V-Kurve eingeschlossenen Flächen A_1 und A_2 (Bild 26) gleich groß sind. Damit sind die Volumina V_G und V_L festgelegt.

Innerhalb der Koexistenzkurve, die die thermodynamisch instabilen Zustände einschließt, sind die Bereiche mit $\partial V/\partial p > 0$ auch mechanisch instabil. Eine Störung in einem kleinen Bereich einer Substanz, die lokal zu einer Erhöhung des Volumens führt, verursacht gleichzeitig einen Druckanstieg. Da nun der Druck in diesem Teilgebiet größer ist als derjenige der Umgebung, wird es sich weiter ausdehnen bis es schließlich im Maximum angelangt ist. Ebenso führt eine lokale Kontraktion dazu, daß das gesamte System zum Minimum gelangt. In Analogie zu mehrkomponentigen Systemen mit einer Mischungslücke, die wir im vorigen Abschnitt kennengelernt haben, nennt man die Begrenzungslinie des mechanisch instabilen Bereichs auch Spinodale.

Der Wendepunkt der Isotherme $T = T_{kr}$ ist gerade der kritische Punkt, weshalb

$$\left.\frac{\partial p}{\partial V}\right|_{V_{kr}} = 0, \qquad \left.\frac{\partial^2 p}{\partial V^2}\right|_{V_{kr}} = 0.$$

Hieraus folgen die kritische Temperatur T_{kr}, der kritische Druck p_{kr} und das kritische Volumen V_{kr}.

$$T_{kr} = \frac{8a}{27kb}, \qquad p_{kr} = \frac{a}{27b^2}, \qquad V_{kr} = 3Nb. \tag{89}$$

Führt man die reduzierten Variablen

$$\bar{T} = \frac{T}{T_{kr}}, \qquad \bar{p} = \frac{p}{p_{kr}}, \qquad \bar{V} = \frac{V}{V_{kr}}$$

ein, so erhält man die Gleichung

$$\left(\bar{p} + \frac{3}{\bar{V}}\right)\left(\bar{V} - \frac{1}{3}\right) = \frac{8\bar{T}}{3}. \tag{90}$$

Da es für das Van-der-Waals-Gas einen kritischen Punkt gibt, existiert dort ein Phasenübergang 2. Ordnung, wenn man das System von $T > T_{kr}$ nach $T < T_{kr}$ abkühlt. Als charakteristische Größe zur Beschreibung von Phasenübergängen 2. Ordnung führt man einen Ordnungsparameter Δ ein. Der Begriff des Ordnungsparameters wird häufig bei der Beschreibung von Phasenübergängen in magnetischen Systemen benutzt, die wir in Abschnitt 2.1 bereits besprochen haben, und ist ein Maß für die spontane Magnetisierung des Systems. So ist bei ferromagnetischen Materialen $\Delta = 0$ für $T > T_c$ und $\Delta \neq 0$ für $T < T_c$. Oberhalb der Curie-Temperatur T_c befindet sich das System im magnetisch ungeordneten, im paramagnetischen Zustand, unterhalb T_c ist das Material ferromagnetisch, in dem die Magnetmomente parallel zueinander ausgerichtet sind, so daß eine spontane Magnetisierung auftritt.

Für ein fluides System ist der Ordnungsparameter durch den Dichteunterschied beider Phasen gegeben, also $\Delta = \overline{V}_g - \overline{V}_{fl}$. In der Umgebung des kritischen Punktes erhält man für $T < T_{kr}$

$$\Delta = 4\sqrt{1 - T/T_{kr}} = 4\tau^{1/2}, \qquad (91)$$

wodurch die dimensionslose Temperatur τ definiert ist. Anhand der Temperaturabhängigkeit des Ordnungsparameters in der Nähe des kritischen Punktes in Gleichung 91 erkennt man, daß Δ stetig ist bei $T = T_{kr}$, jedoch eine singuläre Ableitung hat. Der Exponent von τ in (91) wird als kritischer Exponent bezeichnet.

Werden die thermodynamischen Beziehungen in der Umgebung durch skalierte Größen, wie z. B. τ, beschrieben, so sehen sie für verschiedene physikalische Systeme gleich aus. Das universelle Verhalten in der Nähe von Phasenübergängen werden wir im folgenden genauer untersuchen.

3.3 Landau-Theorie der Phasenübergänge

Die Landau-Theorie [Landau 1937] ist eine phänomenologische Theorie, die ursprünglich zur Beschreibung von Phasenübergängen 2. Ordnung konzipiert ist. Sie kann jedoch auch auf Phasenübergänge 1. Ordnung angewendet werden. Die Landautheorie kommt ohne Kenntnisse der mikroskopischen Struktur des betrachteten Systems aus, so daß mit ihrer Hilfe Aussagen über die Universalität von Phasenübergängen getroffen werden können.

Formal geht die Landau-Theorie aus einem Ansatz für die freie Enthalpie hervor. Diese ist eine Funktion der Temperatur und eines externen Feldes f. Bei dem externen Feld kann es sich z.B. um den Druck handeln oder um ein magnetisches Feld. Das externe Feld f ist eine intensive Größe. Das Extremalprinzip für die freie Enthalpie besagt, daß sie für ein isoliertes System bei festgehaltener Temperatur minimal ist. Deshalb variiert man die freie Enthalpie in Abhängigkeit von einem Parameter φ. Dazu wählt man in der Landautheorie für Phasenübergänge zweiter Ordnung den Ordnungsparameter $\varphi = \Delta$. Dieser ist oberhalb der kritischen Temperatur 0 und hat unterhalb einen endlichen Wert. $\Delta(T)$ ist eine stetige, aber nicht stetig differenzierbare Funktion der Temperatur. Bei $T = T_{kr}$ ist die Ableitung singulär. Für den Phasenübergang vom paramagnetischen in den ferromagnetischen Zustand ist der Ordnungsparameter das magnetische Moment, also die zum Feld konjugierte extensive Variable.

Der Ansatz für die freie Enthalpie, die als „Landauenergie" bezeichnet wird, ist eine Funktion der Temperatur und des externen Feldes, hängt aber parametrisch vom Ordnungsparameter Δ ab. Für diese parametrische Abhängigkeit setzt man eine Potenzreihe an:

$$G_L(T,f) = \sum_{i=0}^{\infty} G_i(T,f)\Delta^i$$

In der Nähe des kritischen Punktes ist der Ordnungsparameter klein, weshalb man die Reihe nach den ersten Gliedern abbrechen kann. Die Koeffizienten G_i werden außerdem um $T = T_{kr}$ entwickelt. Von wesentlicher Bedeutung ist nun, daß man eine Vorstellung von den G_i hat. Beispielsweise gilt für Systeme mit Inversionssymmetrie $G_L(\Delta) = G_L(-\Delta)$, weshalb alle Koeffizienten mit ungeradem Indizes i verschwinden. Ist der Ordnungsparameter die zum externen Feld f konjugierte Variable, so muß oberhalb der kritischen Temperatur

$$\frac{\partial G}{\partial f} \sim \Delta$$

sein, weshalb
$$G_L(T,f) = G_L(T,0) + g(T)\Delta f.$$

Für den theoretisch interessierten Leser werden im folgenden Phasenübergänge zweiter und erster Ordnung betrachtet und abschließend die Molekularfeld-Theorie vorgestellt, die zur Landau-Theorie äquivalent ist.

Phasenübergang zweiter Ordnung

Bei einem Phasenübergang zweiter Ordnung beobachtet man eine Hochtemperaturphase, in welcher der Ordnungsparameter $\Delta = 0$ ist. Unterhalb T_{kr} hat man zwei Zustände, in denen der Ordnungsparameter für $f = 0$ den Wert $\pm\Delta_S$ annimmt. Z. B. für einen Ferromagneten ist $\Delta = M$, $\Delta_S = M_S$ das spontane magnetische Moment und $f = H$ das magnetische Feld. Wegen der Symmetrie $M \leftrightarrow -M$ gibt es keine ungeraden Terme, so daß der einfachste Ansatz für die Landauenergie lautet:

$$G_L = G_2\Delta^2 + G_4\Delta^4 - f\Delta. \tag{92}$$

Damit G_L immer ein absolutes Minimum für endliche Δ besitzt, muß $G_4 > 0$ sein. G_L hat für $f = 0$ Extrema bei

- $\Delta = 0$
- $\Delta^2 = -\frac{G_2}{2G_4}$.

Die erste Lösung $\Delta = 0$ muß für $T > T_{kr}$ gelten. Für $T < T_{kr}$ soll $\Delta = \pm\sqrt{-\frac{G_2}{2G_4}}$ gelten. Deshalb muß $\frac{G_2}{2G_4} > 0$ sein für $T > T_{kr}$ und $\frac{G_2}{2G_4} < 0$ für $T < T_{kr}$. Mit

$$G_2 = a(T - T_{kr}), \qquad G_4 = b > 0$$

ist
$$\Delta_S = \sqrt{-\frac{a(T - T_{kr})}{2b}} \tag{93}$$

und
$$G_L(T,\Delta_S) = -\frac{a^2(T - T_{kr})^2}{4b}.$$

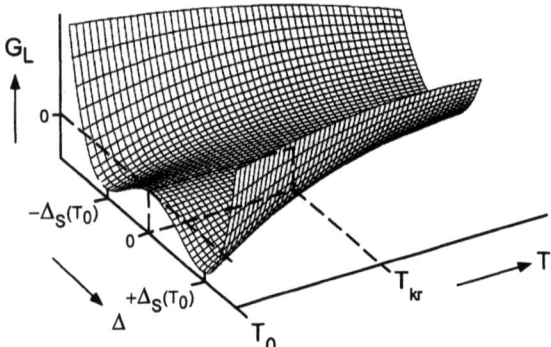

Bild 27 Die Landauenergie G_L für einen Phasenübergang 2. Ordnung in Abhängigkkeit der reduzierten Temperatur T/T_{kr} und Ordnungsparameter Δ für verschwindendes externes Feld ($f=0$). Für $T > T_{kr}$ hat G_L nur ein Minmum bei $\Delta = 0$. Unterhalb der kritischen Temperatur hat sie zwei Minima bei $\Delta = \pm\Delta_S$.

Die Abhängigkeit der Landauenergie vom Ordnungsparameter und der Temperatur ist in Bild 27 dargestellt. Für $T > T_{kr}$ existiert nur ein Minimum bei $\Delta = 0$, während man für $T < T_{kr}$ drei Extrema hat mit zwei gleichwertigen Minima bei $\Delta = \pm\Delta_S$. Bei Abkühlung unter die kritische Temperatur vollzieht das System also einen Phasenübergang, bei dem sich der Ordnungsparameter kontinuierlich ändert. Ein reales System unter T_{kr} wird seine Energie minimieren, indem sein Ordnungsparameter *einen* der beiden Werte $+\Delta_S, -\Delta_S$ annimmt. Diesen Vorgang bezeichnet man als Symmetriebrechung.

Mit der Landau-Theorie läßt sich das Verhalten eines Systems bei Annäherung an den kritischen Punkt beschreiben. Die Bedeutung der kritischen Exponenten liegt in ihrer Universalität, d.h. sie hängen nicht von den das System beschreibenden mikroskopischen Gleichungen ab. Bei $f = 0$ geht nach Gleichung 93 der Ordnungsparameter gegen Null wie:

$$\Delta_S \sim |T - T_{kr}|^\beta.$$

wodurch der kritische Exponenten β definiert ist mit $\beta = 1/2$. Dieses Verhalten mit dem gleichen Exponenten $\beta = 1/2$ ergab sich schon bei dem Phasenübergang in dem Van der Waals Gas am kritischen Punkt, mit dem Ordnungsparameter $\Delta = \overline{V}_G - \overline{V}_L$.

Außer der spontanen Änderung des Ordnungsparameters kann mit Hilfe der Landautheorie der Einfluß eines Feldes f auf Δ und somit die Suszeptibilität $\chi = d\Delta/df$ in der Nähe der kritischen Temperatur untersucht werden. Zur Beschreibung der Nullfeld-Suszeptibilität betrachtet man den durch ein kleines Feld δf hervorgerufenen Zuwachs $\delta\Delta$, um den der Ordnungsparameter Δ_S (Gl. 93) anwächst, also $\Delta = \Delta_S + \delta\Delta$. Die Nullfeld-Suszeptibilität ist somit durch

$$\chi = \left.\frac{d\Delta}{df}\right|_{f=0} \tag{94}$$

definiert. Der Ordnungsparameter Δ ergibt sich durch Minimierung der Landauenergie (Gl. 92) mit $f \neq 0$:

$$\frac{\partial G_L}{\partial \Delta} = 2G_2\Delta + 4G_4\Delta^3 - f = 0$$

Differentiation von beiden Seiten der Gleichung nach f liefert:

$$\left[2G_2\frac{d\Delta}{df} + 12G_4\Delta^2\frac{d\Delta}{df} - 1\right]_{f=0} = 0$$

und für die Suszeptibilität

$$\chi = \left.\frac{d\Delta}{df}\right|_{f=0} = \frac{1}{2a(T-T_{kr}) + 12b\Delta_S^2}.$$

Berücksichtigt man, daß $\Delta_S = 0$ für $T > T_{kr}$ und setzen für $T < T_{kr}$ die Beziehung 93 für Δ_S, so erhält man für die Suszeptibilität:

$$\chi = \begin{cases} \chi_+ = (2a|T - T_{kr}|)^{-1}, & T > T_{kr} \\ \chi_- = (4a|T - T_{kr}|)^{-1}, & T < T_{kr}. \end{cases} \qquad (95)$$

Die Suszeptibilität divergiert also für $T \to T_{kr}$ gemäß

$$\chi \sim |T - T_{kr}|^{-\gamma},$$

mit dem kritischen Exponenten $\gamma = 1$.

Bei der kritischen Temperatur T_{kr} ist der Ordnungsparameter

$$\Delta(T_{kr}) = \left(\frac{f}{4b}\right)^{1/3},$$

woraus $\delta = 3$ für den durch $\Delta(T_{kr}) \sim f^{1/\delta}$ definierten kritischen Exponenten folgt.

Die Wärmekapazität c_f, welche durch

$$c_f = -\frac{T}{V}\left(\frac{\partial^2 G}{\partial T^2}\right)_f$$

definiert ist, zeigt bei T_{kr} keine Divergenz, sondern hat einen endlichen Sprung:

$$c_f = \begin{cases} c_{f,+} = 0, & T > T_{kr} \\ c_{f,-} = \frac{a^2 T}{2b}, & T < T_{kr} \end{cases}$$

Da der kritische Exponent der spezifischen Wärme definiert ist durch:

$$c_f \sim |T - T_{kr}|^{-\alpha},$$

ergibt sich für die Landau-Theorie $\alpha = 0$.

Die kritischen Exponenten beschreiben also die bei der kritischen Temperatur T_{kr} auftretenden Divergenzen und Singularitäten und sind universell, d. h. sie hängen nach der Landau-Theorie nicht vom physikalischen System ab.

Phasenübergang erster Ordnung

Wie wir gesehen haben, ist mit jedem kritischen Punkt ein kontinuierlicher Phasenübergang 2. Ordnung verbunden. Andererseits endet am kritischen Punkt eine Koexistenzlinie, die zwei Phasen trennt. Der Phasenübergang über die Koexistenzlinie ist diskontinuierlich, also 1. Ordnung. Er entspricht dem Übergang des Systems aus dem Zustand mit $\Delta = +\Delta_S$ in den Zustand mit $\Delta = -\Delta_S$. Es erhebt sich die Frage, ob es auch Phasenübergänge gibt, die keinen kritischen Punkt haben, die also immer 1. Ordnung sind. Wie wir zu Beginn dieses Abschnitts angedeutet haben, ist vermutlich der Phasenübergang fest-flüssig von diesem Typ (vgl. auch Bild 5). Der

Grund dafür liegt in der Tatsache, daß sich die periodische Kristallstruktur nicht kontinuierlich aus der ungeordneten Flüssigkeit entwickeln kann. Mit Hilfe einer Erweiterung der Landau-Theorie ist es möglich, auch solche Systeme zu beschreiben. Falls das System weiterhin Inversionssymmetrie besitzt (d. h. invariant gegen das Vorzeichen des Ordnungsparameters ist), muß man in der Entwicklung der Landauenergie nach dem Ordnungsparameter die nächst höhere Ordnung mitnehmen, d. h. einen Term $\propto \Delta^6$. Falls das System diese Symmetrie nicht besitzt, genügt es, den Term dritter Ordnung $\propto \Delta^3$ zu berücksichtigen (einen linearen Term kann es nicht geben). Für den uns interessierenden Übergang fest-flüssig spielen die Entwicklungskoeffizienten der Fourierentwicklung der Dichte die Rolle des Ordnungsparameters. Man kan zeigen, daß die Kristallsymmetrie einen kubischen Term $\propto \Delta^3$ nicht ausschließt [Kroll 1989].

Im folgenden beschränken wir uns daher auf einen asymmetrischen Phasenübergang 1. Ordnung mit einem Δ^3-Term und betrachten für die Landauenergie den Ansatz:

$$G_L = G_2 \Delta^2 + G_3 \Delta^3 + G_4 \Delta^4 - f\Delta.$$

Wie zuvor gilt $G_4 > 0$ und $G_2 = a(T - T_0)$. Für $f = 0$ sind die Extrema Lösungen von

$$2\Delta \left(a(T - T_0) + \frac{3}{2} G_3 \Delta + 2 G_4 \Delta^2 \right) = 0.$$

Damit erhält man

- $\Delta_0 = 0$

- $\Delta_\pm = -\frac{3 G_3}{8 G_4} \pm \sqrt{\frac{9 G_3^2}{64 G_4^2} - \frac{a(T - T_0)}{2 G_4}}$

Außer bei $\Delta_0 = 0$ existieren somit zwei weitere Extrema, wenn

$$\frac{9 G_3^2}{64 G_4^2} - \frac{a(T - T_0)}{2 G_4} > 0$$

ist, also für Temperaturen T mit

$$T < T_0 + \frac{9 G_3^2}{32 a G_4} = T_1 \tag{96}$$

wodurch die Temperatur T_1 definiert ist. Bei den beiden Extrema handelt es sich um ein Minimum und ein Maximum. Wählt man $G_3 < 0$, so liegt das Minimum bei Δ_+. Bei T_1 ist es ein lokales Minimum, da $\Delta_+(T_1) > 0 = \Delta_0$ und somit $G_L(\Delta_+(T_1)) > 0 = G_L(\Delta_0)$. Ein Phasenübergang tritt bei der Übergangstemperatur T_u auf, bei der die Landauenergie für beide Phasen gleich ist, also $G_L(\Delta_+(T_u)) = G_L(\Delta_0) = 0$ ist. Es ist

$$T_u = T_0 + \frac{8 G_3^2}{32 a G_4} < T_1$$

Für $T_u > T > T_0$ hat man bei $\Delta = 0$ ein lokales Minimum. Senkt man die Temperatur unter T_0, dann hat man ein Maximum bei $\Delta = 0$.

In Bild 28 ist die Abhängigkeit der freien Enthalpie vom Ordnungsparameter und der Temperatur für $G_3 < 0$ gezeigt. Für den Ordnungsparameter als Funktion der Temperatur erhält man mit T_1 aus Gleichung (96)

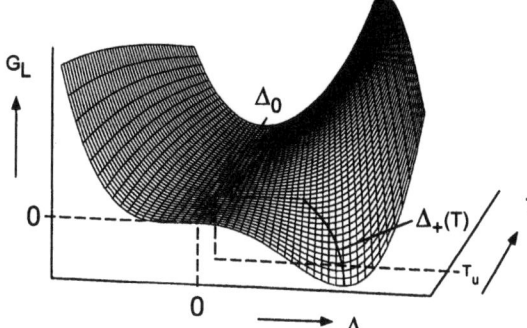

Bild 28 Die Landauenergie für einen Phasenübergang erster Ordnung enthält einen kubischen Term und ist daher nicht spiegelsymmetrisch in $\Delta = 0$. Beim Unterschreiten der Übergangstemperatur T_u, bei der die beiden Minima gleich tief sind, tritt ein diskontinuierlicher Phasenübergang auf, da der Ordnungsparamter von $\Delta = 0$ auf den Wert Δ_+ springt.

$$\Delta_+ = -\frac{3G_3}{8G_4}\left(1 + \sqrt{1 - \frac{T - T_0}{T_1 - T_0}}\right)$$

Bei der Umwandlungstemperatur T_u ist

$$\Delta_+(T_u) = -\frac{G_3}{2G_4} \neq 0,$$

d. h. der Ordnungsparameter hat einen endlichen Sprung bei T_u, wie es in Bild 28 dargestellt ist.

3.4 Molekularfeld-Theorie

Wenn man das Verhalten thermodynamischer Systeme aus den mikroskopischen Eigenschaften ableiten will, muß man die statistische Mechanik (Abschn. 1.5) benutzen. Ein bekanntes Beispiel ist der von P. Weiss eingeführte Ansatz zur Erklärung des Überganges vom ferromagnetischen in den paramagnetischen Zustand in magnetischen Systemen, die Molekularfeld-Theorie.

Wir behandeln zunächst ein paramagnetisches System, bestehend aus Teilchen, die nicht miteinander wechselwirken und einen Spin der Spinquantenzahl $s = 1/2$ (wie Elektronen) tragen. Mit Spinvektor $\vec{s}$ ist ein magnetisches Moment $\vec{\mu}_s = g\mu_B \cdot \vec{s}$ verbunden ist (g: g-Faktor, μ_B: Bohrsches Magneton). In einem externen Magnetfeld $\vec{B} = B\vec{e}_z$ können die Spins nach den Regeln der Quantenmechanik entweder parallel oder antiparallel zu $\vec{B}$ einstellen. Die magnetische Energie eines Teilchens ist damit:

$$E = -\mu_z B_z = \pm\mu B,$$

mit $\mu = |\mu_z|$. Mit der Wahrscheinlichkeit

$$P_i = \frac{e^{-E_i/k_B T}}{\sum_i e^{-E_i/k_B T}},$$

für einen bestimmten Zustand i eines Teilchens, die wir mit dem „Boltzmann-Faktor" bestimmen, berechnet sich die mittlere Magnetisierung (= magn. Moment/Volumen) durch:

$$M = N_V \cdot \sum_{\mu_z} P_i \mu_i \tag{97}$$

$$= N_V \cdot \frac{\mu e^{+\mu B/k_B T} - \mu e^{-\mu B/k_B T}}{e^{+\mu B/k_B T} - e^{-\mu B/k_B T}}$$

$$= N_V \mu \tanh\left(\frac{\mu B}{k_B T}\right).$$

Darin ist N_V die Anzahldichte der Teilchen. Für kleine Magnetfeldstärken bzw. hohen Temperaturen mit $\mu B \ll k_B T$ erhält man die Näherung

$$M \approx N_V \mu \cdot \frac{\mu B}{k_B T}.$$

und damit für die Suszeptibilität χ (s. Gl. 94) die als „Curie-Gesetz" bekannte Beziehung:

$$\chi = \frac{M}{B} = \frac{N_V \mu^2}{k_B T} = \frac{C}{T}$$

mit der Curie-Konstanten

$$C = \frac{N_V \mu^2}{k_B}.$$

Der Ferromagnetismus in Festköpern ist eine Folge der sogenannten Austauschwechselwirkung zwischen den Elektronen, durch die sich die Spins bevorzugt parallel zueinander ausrichten. Aufgrund der magnetischen Ordnung der Spins zeigt die Substanz auch in Abwesenheit eines äußeren Magnetfeldes eine spontane Magnetisierung. Auf die Natur der Austauschwechselwirkung wollen wir hier nicht eingehen und verweisen auf Lehrbücher zur Festkörperphysik. In der Molekularfeldtheorie wird die Wirkung der Spins auf ein einzelnes Spinteilchen durch ein „Molekularfeld" B_M beschrieben, daß proportional zur mittleren Magnetisierung ist:

$$B_M = \lambda M.$$

Die sogenannte Molekularfeldkonstante λ ist ein Maß für die Stärke der Wechselwirkung. Auf jedes Spinteilchen wirkt dann ein effektives Magnetfeld:

$$B_{eff} = B + \lambda M.$$

Somit ergibt sich mit Hilfe von Gleichung 97 für die Magnetisierung M eine Selbstkonsistenzbedingung:

$$M = N_V \mu \cdot \tanh\left(\frac{\mu(B + \lambda M)}{k_B T}\right). \tag{98}$$

Führen wir die Variable

$$x = \frac{\mu(B + \lambda M)}{k_B T}$$

ein, so erhalten wir zwei Bestimmungsgleichungen für M:

$$M = M_0 \tanh(x) \tag{99}$$

$$M = \frac{k_B T}{\mu \lambda} x - \mu B \tag{100}$$

mit $M_0 = N_V \mu$, die in Bild 29 als Funktion von x dargestellt sind. Bei vorgebener Temperatur und Magnetfeld ergibt sich die Magnetisierung aus dem Schnittpunkt der Geraden mit Steigung $k_B T/\mu \lambda$ und dem Achsenabschnitt $-\mu B$ mit dem Graphen von $M_0 \tanh(x)$. Für $B > 0$ hat man für alle Steigungen bzw. Temperaturen eine endliche Magnetisierung M. Ist kein äußeres Magnetfeld vorhanden, so existiert nur dann eine von Null verschiedene Magnetisierung, wenn für die Steigung

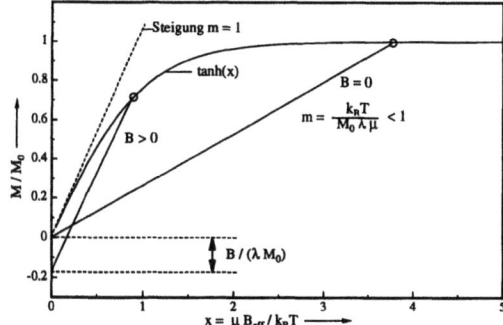

Bild 29 Relative Magnetisierung nach den Gln. 98 zur Konstruktion von $M(T)$ und zur Ermittlung der Curie-Temperatur T_c.

$$\frac{k_B T}{\mu \lambda} < M_0 \frac{d\tan(x)}{dx}(0) = M_0$$

gilt. Daraus ergibt sich für die kritische Temperatur, die Curie-Temperatur T_c, unterhalb der die Substanz eine spontane Magnetisierung besitzt und sich somit im ferromagnetischen Zustand befindet:

$$T_c = \frac{N_V \mu^2 \lambda}{k_B} = C \cdot \lambda. \tag{101}$$

Die Nullfeld-Suszeptibilität χ (s. Gl. 94) berechnet sich durch Differentiation von Gl. 98:

$$\chi = \left.\frac{dM}{dB}\right|_{B=0}$$

$$= N_V \mu \cdot \underbrace{\tanh'\left(\frac{\mu B}{k_B T} + \frac{\mu \lambda M}{k_B T}\right)\bigg|_{B=0}}_{\tanh'(0)=1} \cdot \left(\frac{\mu}{k_B T} + \frac{\mu \lambda}{k_B T} \left.\frac{dM}{dB}\right|_{B=0}\right).$$

Für $B = 0$ verschwindet das Argument von tanh, wenn $M(B = 0) = 0$ ist, d. h. die Temperatur liegt oberhalb der Curie-Temperatur T_c. Man erhält dann für $T > T_c$:

$$\chi \left(1 - \frac{N_V \mu^2 \lambda}{k_B T}\right) = \frac{N_V \mu^2}{k_B T}$$

und schließlich das sogenannte Curie-Weiss-Gesetz für die Suszeptibilität:

$$\chi = \frac{N_V \mu^2 / k_B}{T - N_V \mu^2 \lambda / k_B} = \frac{C}{T - T_c}. \tag{102}$$

Offenbar divergiert nach der Molekularfeld-Theorie die Suszeptibilität bei Annäherung an die kritische Temperatur T_c gemäß:

$$\chi \sim |T - T_c|^{-\gamma}$$

mit dem kritischen Exponenten $\gamma = 1$, also in Übereinstimmung mit der Landau-Theorie.

Literaturverzeichnis

[Becker 1966] R. Becker, *Theorie der Wärme*, Springer, Berlin/Heidelberg (1966).

[Callen 1985] H. B. Callen, *Thermodynamics and an Introduction to Thermostatistics*, John Wiley & Sons (1985).

[Gebhardt & Krey 1980] W. Gebhardt und U. Krey, *Phasenübergänge und kritische Phänomene*, Vieweg, Braunschweig (1980).

[Hemminger & Cammenga 1989] W.F. Hemminger und H.K. Cammenga, *Methoden der Thermischen Analyse*, Springer, Berlin/Heidelberg (1989).

[Höhne et al. 1996] G.W.H. Höhne, W.F. Hemminger und H.-J. Flammersheim, *Differential Scanning Calorimetry*, Springer, Berlin/Heidelberg (1996).

[Huang 1963] K. Huang, *Statistical Mechanics*, 2nd ed., John Wiley & Sons (1963).

[Kurz & Fisher 1992] W. Kurz und d. J. Fisher, *Fundamentals of Solidification*, 3. Auflage, Trans Tech Publication (1992).

[Kroll 1989] D. M. Kroll, in *Computersimulation in der Physik*, Vorlesungsmanuskripte des 20. IFF-Ferienkurses, Kernforschungsanlage Jülich GmbH (1989).

[Landau 1937] L. D. Landau, Phys. Z. Sowjetunion, **11**, (1937) 26.

[Porter & Easterling 1981] D. A. Porter und K. E. Easterling, *Phase Transformation in Metals and Alloys*, van Nostrand Reinhold (1981).

[Predel 1982] B. Predel, *Heterogene Gleichgewichte*, Steinkopff (1982).

[Stanley 1971] H. E. Stanley, *Introduction to Phase Transitions and Critical Phenomena*, Oxford University Press (1971).

5 Keimbildung

1 Gleichgewichtstheorie der Keimbildung

Mit Hilfe der Thermodynamik konnten wir die Grenzen der Stabilität der Phasen in einem System bestimmen und Phasendiagramme konstruieren. In der Praxis beobachtet man häufig, daß die Umwandlung in eine andere Phase nicht unmittelbar beim Erreichen einer Stabilitätsgrenze eintritt, sondern daß diese überschritten werden kann. Das System verharrt eine zeitlang in dem Nicht-Gleichgewichtszustand, bevor die Umwandlung in die thermodynamisch stabile Phase einsetzt. So kann man flüssige Metalle, Wasser etc. unter die Schmelztemperatur abkühlen (unterkühlen) ohne daß die Erstarrung unmittelbar einsetzt. Ebenso kann man bei konstanter Temperatur den Druck eines Gases eine gewisse Zeit über der Dampfdruck erhöhen, bevor der Dampf kondensiert.

Die Phänomene der Unterkühlung oder der Übersättigung der Dampfphase führen zu dem Schluß, daß vor der Umwandlung eine Energieschwelle überwunden werden muß, die den Phasenübergang zunächst hemmt. Wie in Kapitel 4, Abschnitt 3 ausgeführt wurde, sind Phasenübergänge 1. Ordnung, zu denen Kondensation und Kristallisation zählen, mit der Koexistenz von Mutter- und Tochterphase verbunden. Beide Phasen haben eine gemeinsame Phasengrenzfläche, die eine stets positive Energie besitzt, wodurch der Phasenübergang verzögert wird. Die Umwandlung beginnt mit der spontanen Ausscheidung von Clustern der thermodynamisch stabilen Phase in der Mutterphase, die eine höhere freie Enthalpie besitzt. Diesem Energiegewinn durch das ausgeschiedene Volumen der stabilen Phase steht der Energieaufwand durch den Aufbau einer Phasengrenze entgegen. Solche Vorgänge werden als Keimbildung bezeichnet und sind ein Merkmal von Phasenübergängen 1. Ordnung. Zur quantitativen Beschreibung von Keimbildungsvorgängen untersucht man zunächst die Grenzflächenenergie und die Änderung der freien Enthalpie eines Systems bei Ausscheidung von Clustern einer neuen Phase. Da hier nur die Gleichgewichtseigenschaften der Phasen betrachtet werden und die Kinetik der Clusterbildung nicht erfaßt wird, spricht man auch von der Gleichgewichtstheorie der Keimbildung.

1.1 Grenzflächenenergie

Bisher wurde bei heterogenen Gleichgewichten die Existenz einer Phasengrenzfläche außer Acht gelassen. Die physikalischen Eigenschaften der Grenzfläche unterscheiden sich in der Regel von denen der Phasen. So werden die Atome an der Oberfläche einer Flüssigkeit, die sich im Gleichgewicht mit der Dampfphase befindet, eine andere Wechselwirkung erfahren wie die Teilchen im Inneren der Flüssigkeit, die in alle Richtungen gleichermassen mit ihren Nachbaratomen wechselwirken. Dies trifft ebenso zu auf Atome einer Kristalloberfläche und die Teilchen der angrenzenden Schmelze. Die Grenzflächenenergie beeinflußt nicht nur Tropfenbildung in einer Dampfphase oder die Kristallkeimbildung, sondern auch das Wachstum, also z. B. den Erstarrungsprozeß einer Schmelze.

Um den Einfluß der Grenzfläche auf thermodynamische Gleichgewichte zu untersuchen, betrachtet man ein System bei festgehaltenem Volumen und konstanter Temperatur. Das System

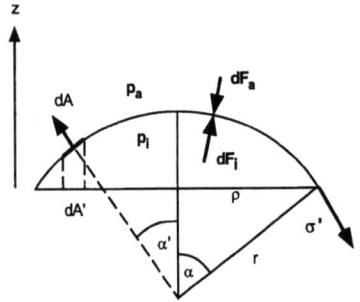

Bild 1 Mechanisches Gleichgewicht einer gekrümmten Phasengrenzfläche durch die Oberflächenspannung σ'.

wird durch die freie Energie $F(T,V,A)$ beschrieben, wobei die Oberfläche A als zusätzliche Variable auftritt. Eine Änderung der Zustandsgrößen bewirkt eine Änderung der freien Energie gemäß:

$$dF = -S\,dT - p\,dV + \sigma\,dA$$

wobei die Grenzflächenenergie σ durch

$$\sigma = \left(\frac{\partial F}{\partial A}\right)_{T,V} \tag{1}$$

definiert ist.

Im folgenden wird die Auswirkung der Grenzflächenenergie am Beispiel des Gleichgewichtes zwischen einer Flüssigkeit (L) und der Dampfphase (G) erläutert. Die Koexistenz wird durch ein Minimum der gesamten freien Energie, also durch die Bedingung

$$dF_L(T,V,A) + dF_G(T,V) = 0$$

beschrieben.

Für den Tropfen können wir eine Kugelgestalt annehmen, da diese bei gegebenem Volumen die minimale Oberfläche aufweist. Daher wird die Minimierung von $F_L + F_G$ nur noch bezüglich V durchgeführt, wobei durch die Randbedingung „Kugelform" die Oberfläche A keine unabhängige Variable mehr ist, sondern $A = A(V_L)$ berücksichtigt werden muß.

Die Änderung der freien Energie bei einer konstanter Temperatur und einer Volumenänderung $\delta V_L = -\delta V_G = \delta V$ ergibt sich zu:

$$\delta F = \left(\frac{\partial F_L}{\partial V_L} - \frac{\partial F_G}{\partial V_G}\right)\delta V_L + \frac{\partial F_L}{\partial A}\frac{dA}{dV_L}\delta V_L = 0.$$

Mit $\partial A/\partial V = 2/r$ (r Radius des Tropfens) folgt daraus, daß aufgrund der Grenzflächenenergie die Drücke nicht gleich sind, wie wir es in Kapitel 4.1 abgeleitet haben, sondern daß eine Druckdifferenz:

$$p_L - p_G = \frac{2\sigma}{r} \tag{2}$$

zwischen flüssiger und gasförmiger Phase besteht.

Zu dem gleichen Ergebnis gelangt man auch, wenn man das mechanische Gleichgewicht an der Oberfläche des Tropfens analysiert, wo der Überdruck durch die Oberflächenspannung σ' kompensiert wird (Bild 1). Dazu betrachtet man ein Kugelsegment mit dem Krümmungsradius r und einer Grundfläche mit dem Radius $\rho = r\sin\alpha$. Mit den inneren und äusseren Drücken p_i und p_a wirkt auf ein Flächenelement die Kraft $d\vec{F} = (p_a - p_i))\,d\vec{A}$. Um das Gleichgewicht zu untersuchen, genügt es die z-Komponente der gesamten Druckkraft $\vec{F}^p$ auf die gekrümmte Fläche zu berechnen:

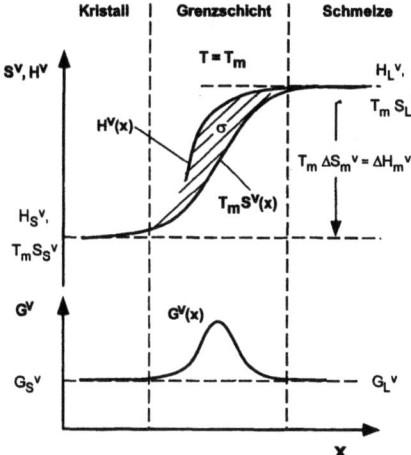

Bild 2 Entropie- und Enthalpiedichte $T_u S^v(x)$ bzw. $H^v(x)$ als Funktion der Ortskoordinate x senkrecht zur Phasengrenze zwischen Kristall und Schmelze bei der Schmelztemperatur T_m.

$$F_z^p = \int (p_i - p_a) dA \cos\alpha = \pi \rho^2 (p_i - p_a).$$

Aufgrund der Oberflächenspannung σ' wirkt auf ein Linienelement der Randlinie die Kraft $d\vec{F} = \sigma' d\vec{l}$, wobei der Vektor tangential zur Fläche und senkrecht auf dem Linienelement dl steht. Daraus resultiert eine in z-Richtung angreifende Kraft:

$$F_z^\sigma = 2\pi\rho\sigma'\cos(\frac{\pi}{2} - \alpha) = \frac{2\pi\rho^2}{r}\sigma'.$$

Im mechanischen Gleichgewicht heben sich die Kräfte F_z^p und F_z^σ auf und man findet:

$$p_i - p_a = \frac{2\sigma'}{r}$$

also gerade die thermodynamische Gleichgewichtsbedingung in Gleichung 2. Daraus ersehen wir, daß die Grenzflächenenergie σ und die Oberflächenspannung σ' identisch sind. Bei einer beliebig gekrümmten Oberfläche ist die Krümmung durch zwei senkrecht aufeinander stehende Krümmungsradien r_1 und r_2 bestimmt. Die obige Beziehung hat die allgemeinere Form:

$$p_i - p_a = \sigma' \left(\frac{1}{r_1} + \frac{1}{r_2}\right). \tag{3}$$

In der makroskopischen Thermodynamik trennt eine unendlich dünne Grenzfläche die beiden unterschiedlichen Phasen. Mikroskopisch betrachtet vollzieht sich der Übergang von einer Phase in die andere in einer endlich dicken Grenzschicht. Zur Beschreibung der Grenzflächenenergie betrachtet man den Verlauf der Enthalpie- und Entropie pro Volumen H^v und S^v bzw. $T S^v$ entlang der Ortskoordinate x senkrecht zur Phasengrenze, die der Einfachheit halber als planar angenommen wird. In Bild 2 ist die Situation für die Grenzregion zwischen einem Kristall und der Schmelze bei der Schmelztemperatur T_m skizziert. Der Nullpunkt von Enthalpie und Entropie ist derart gewählt, daß die freie Enthalpie $G_j(T_m) = H_j^v - T_m S_j^v = 0$ im Inneren der Phasen $j = S,L$ ist.

Weit entfernt von der Grenzfläche im Inneren der Phasen nehmen Enthalpie und Entropie die Werte H_j^v bzw. S_j^v für den Festkörper bzw. der Schmelze an. Durch die Änderung der lokalen Eigenschaften bei Annäherung an die Phasengrenze sind die Funktionen $T_m S^v(x)$ und $H^v(x)$ im Grenzbereich ortsabhängig. Dabei wird beim Übergang vom Kristall in die Schmelze der Anstieg der Enthalpie verschieden sein von dem der Entropie, wodurch in der Grenzregion die freie Enthalpie pro Volumen $G^v(x) = H^v(x) - T_m S^v(x)$ gegenüber G_S^v bzw. G_L^v erhöht ist. Der zusätzliche Beitrag zur freien Enthalpie des Gesamtsystems bezogen auf die Einheitsfläche auf der Phasengrenze, also die Grenzflächenenergie σ ergibt sich durch Integration von G^v über x:

$$\sigma(T_m) = \int_{-\infty}^{\infty} H^v(x,T_m) - T_m S^v(x,T_m)\, dx$$

Dabei können die Integrationsgrenzen ins Unendliche gewählt werden können, da $G_S^v(T_m) = G_L^v(T_m) = 0$. Die Grenzflächenenergie σ ist also gerade gleich der von den H^v- und S^v-Kurven eingeschlossenen Fläche bzw. gleich der Fläche unter dem Graphen $G^v(x)$ (Bild 2).

Die Grenzflächenenergie ist experimentell schwer zugänglich, so daß man weitgehend auf Modellvorstellungen über den Verlauf von Enthalpie und Entropie H^v bzw. S^v durch die Phasengrenze angewiesen ist. Hier wollen wir das Modell von [Spaepen 1975] für die Grenzflächenenergie zwischen einem Kristall und der Schmelze vorstellen, das häufig zur Beschreibung von Keimbildungs- und Erstarrungsvorgängen in Metallschmelzen benutzt wird. Danach hat die Grenzflächenenergie ihren Ursprung in der Absenkung der lokalen Entropie der an den Kristall angrenzenden Flüssigkeitsschichten. Die Grundlage bildet ein Modell für die Struktur der Grenzfläche mit gleichartigen, harten Kugeln, die nicht miteinander wechselwirkenden. Die recht aufwendige Theorie wollen wir hier nicht exakt herleiten, sondern versuchen das Prinzip zu verdeutlichen. In Bild 3 ist ein Kristall im Gleichgewicht mit der Schmelze schematisch dargestellt, wobei es sich um eine planare Grenzfläche handelt, also die Flüssigkeit sich in Kontakt mit einer bestimmten Kristallebene befindet. Um das Modell über die Struktur der Grenzfläche zu verstehen, müssen wir zunächst einige Bemerkungen zur Struktur von Flüssigkeiten anbringen, worauf im Kapitel 3 bereits eingegangen wurde. In Flüssigkeiten sind die Atome nicht völlig ungeordnet wie im gasförmigen Zustand, ebenso gibt es keine langreichweitige Anordnung der Atome wie in kristallinen Substanzen. Man vermutet seit langem, daß sich in Flüssigkeiten eine Nahordnung ausbildet, die auf dem Prinzip der Energieminimierung beruht. Die Wechselwirkungsenergie ϕ zwischen zwei Atomen im Abstand r wird häufig durch das sogenannte Mie-Potential der Form

$$\phi(r) = A r^{-m} - B r^{-n}$$

beschrieben, wobei A und B Konstanten sind. Ein Spezialfall des Mie-Potentials ist das bekannte Lennard-Jones-Potential mit $m = 12$ und $n = 6$. In dieser Modellvorstellung ergibt sich, daß der energetisch günstigste Zustand einer Flüssigkeit derjenige mit der maximalen *lokalen* Dichte ist. Die lokal dichteste Konfiguration einer zufälligen Packung hat eine tetraedrische Nahordnung. Man erwartet daher, daß sich in der Schmelze Cluster bilden, die bevorzugt eine tetraedrische Symmetrie besitzen. Solche Cluster (s. Bild 3) bestehen aus 4 Atomen, wobei die Mittelpunkte der Atome auf den Eckpunkten eines Tetraeders liegen. Da man den Raum nicht mit Tetraedern auffüllen kann, ist die bevorzugte Nahordnung der Schmelze inkompatibel mit der Ordnung des Kristalls, der durch die periodische und raumfüllende Anordnung von Oktaedern aufgebaut ist.

Wie im Inneren der Schmelze werden auch die an den Kristall angrenzenden Atome sich so anordnen, daß sie auch mit den Atomen der Kristallebene vorzugsweise Tetraeder bilden. Dagegen ist es ausgeschlossen, daß sich Atome der Flüssigkeit derart anordnen, daß sie zusammen mit Atomen der Kristallebene einen Oktaeder bilden. In diesem Falle würden diese Atome nicht

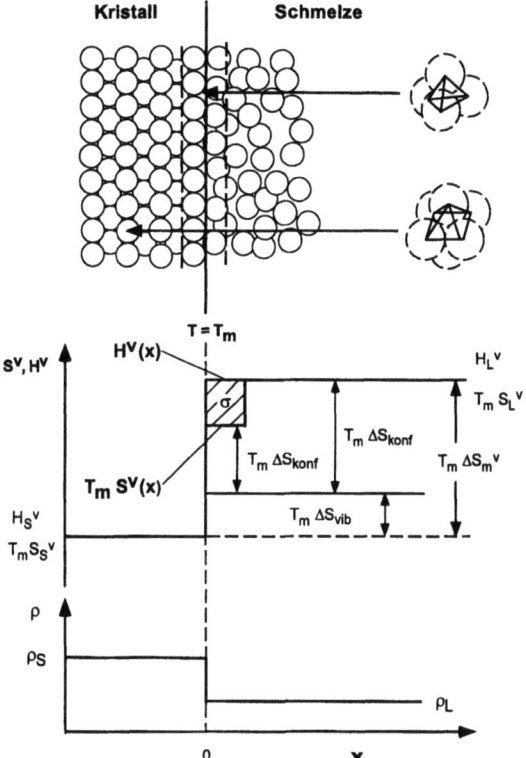

Bild 3 Schema der Grenzfläche zwischen Kristall und Schmelze sowie die Dichte ρ, Enthalpie ΔH, Vibrations- und Konfigurationsentropie ΔS_{vib} bzw. ΔS_{konf} als Funktion der Ortskoordinate x senkrecht zur Phasengrenze.

der Schmelze, sondern dem Kristall zugeordnet. Für die 1. Atomlage der Schmelze gibt es demzufolge „erlaubte" und „verbotene" Konfigurationen. Gleiches gilt für die 2. Schicht, wobei die Anordnungsmöglichkeiten weniger eingeschränkt sind als bei der direkt angrenzenden Atomlage. Diesen Effekt kann man in der 3. Schicht vernachlässigen [Spaepen 1975].

Mit der eingeschränkten Zahl der Konfigurationen der Atome in der Grenzschicht ist eine Reduzierung der Entropie verbunden. Eine weitere Eigenschaft der auf diese Weise konstruierten Grenzfläche ist, daß die Dichte der Flüssigkeit ρ_L bis zur Kristallebene konstant ist (vgl. Bild 3). Da die innere Energie, die Enthalpie in 1. Näherung nur von der Dichte abhängt, kann man daraus folgern, daß auch die Enthalpie der Schmelze bis zur Kristallebene konstant ist. Die Enthalpie- und die Entropiedichte der festen Phase sind bis zur an die Schmelze angrenzenden Kristallebene konstant, d.h. in diesem Modell wird vorausgesetzt, daß sich die Eigenschaften des Kristalls bis zur äußeren Atomlage nicht ändern. Damit resultiert nach dem Strukturmodell die Erhöhung der lokalen freien Enthalpie in der Phasengrenze, also die Grenzflächenenergie ausschließlich aus der Absenkung der Entropie der an den Kristall angrenzenden Flüssigkeitsschicht. Die Dicke der Grenzschicht beträgt etwa 2 Atomlagen.

Die Entropieerhöhung in der Schmelze gegenüber derjenigen des Kristalls, also die Schmelzentropie ΔS_m, setzt sich aus zwei Anteilen zusammen. ΔS_{vib} rührt von dem größeren lokalen Volumen her, das einem Atom in der Flüssigkeit im Vergleich zu einem Kristallatom für die Vibrationen um die Ruhelage zur Verfügung steht. Der zweite Anteil ΔS_{konf} beschreibt die Anzahl der möglichen Konfigurationen N_{konf} nach der Beziehung

$$\Delta S_{konf} = k_B \ln N_{konf},$$

die die Flüssigkeitsatome einnehmen können, also:

$$\Delta S_m = \Delta S_{vib} + \Delta S_{konf}.$$

Es wird vorausgesetzt, daß das Volumen, das die Atome einnehmen an der Grenze zum Kristall nur unwesentlich verringert ist und somit die Vibrationsentropie ΔS_{vib} als konstant angenommen wird. Dagegen ist die Konfigurationsentropie ΔS_{konf} in der Umgebung der Kristallebene reduziert.

Die Grenzflächenenergie bezogen auf 1 Atom in der Kristallebene kann man ausdrücken durch:

$$\sigma_{S,L} = \frac{n_{Kristall}}{n_{Grenzschicht}} T_m \left(\Delta s_{konf} - \Delta s_{konf}(Grenzschicht) \right).$$

Dabei ist $n_{Grenzschicht}$ die Zahl der Atome pro Flächeneinheit in der angrenzenden Flüssigkeitsschicht und Δs_{konf} den Konfigurationsanteil der Schmelzentropie pro Atom im Inneren der Schmelze bzw. an der Grenzfläche. Ohne die sehr aufwendige Berechnung vorzuführen, geben wir direkt das Ergebnis an. Die Grenzflächenenergie kann schließlich durch meßbare, thermodynamische Größen ausgedrückt werden und ergibt sich zu:

$$\sigma_{S,L} = \alpha \frac{\Delta S_m \, T_m}{N_a^{1/3} V_{m,S}^{2/3}} \qquad (4)$$

ΔS_m bezeichnet die Schmelzentropie pro Mol und $V_{m,S}$ ist das molare Volumen des Kristalls. Der Nenner kommt dadurch zustande, daß die molare Schmelzentropie auf die Fläche bezogen wird, die von der Stoffmenge 1 Mol eingenommen wird.

Tabelle 1 Grenzflächenenergien $\sigma_{S,L}$ zwischen flüssiger und fester Phase von einigen Metallen bei der Schmelztemperatur T_m berechnet nach dem Strukturmodell

Metall	Struktur	$T_m[K]$	$\sigma_{S,L}(T_m)[J/m^2]$
Fe	bcc	1809	0.35
Co	hcp	1765	0.46
Ni	fcc	1726	0.45

Der dimensionslose Faktor α hängt von der Kristallstruktur und insbesondere dem Verhältnis der Packungsdichten der Atome in der Grenzschicht und in der Kristallebene ab. Für die $\{111\}$-Ebene eines kubisch-flächenzentrierten Kristalls (fcc) bzw. die $\{1000\}$-Ebenen eines hexagonalen Gitters (hcp) ist $\alpha = 0.86$ und für die $\{110\}$-Ebenen eines kubisch-raumzentrierten Kristalls (bcc) ist $\alpha = 0.71$.

Über die Größenordnung von Grenzflächenenergien von Metallen gibt Tabelle 1 Auskunft, in der die nach Gleichung 4 berechneten Grenzflächenenergien zwischen fester und flüssiger Phase von einigen Elementen aufgelistet sind. Auffällig ist der vergleichsweise niedrige Wert für Fe, der durch den niedrigeren strukturabhängigen Faktor α bedingt ist.

Da die Grenzflächenenergie in dem Strukturmodell entropischer Natur ist, erwartet man eine Temperaturabhängigkeit der Art

$$\sigma_{S,L}(T) = \sigma_{S,L}(T_m) \frac{T}{T_m} = \alpha \frac{\Delta S_m \, T}{N_a^{1/3} V_{m,S}^{2/3}} \qquad (5)$$

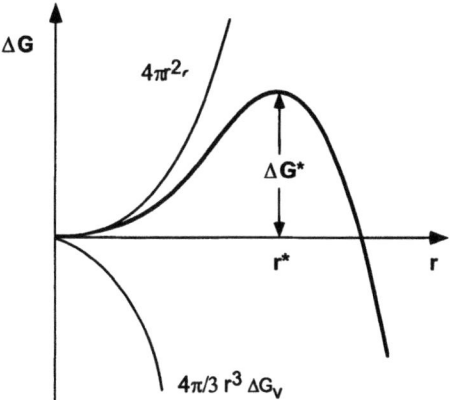

Bild 4 Die freie Enthalpie eines sphärischen Keimes als Funktion des Radius. Das Maximum definiert die Aktivierungsenergie $\Delta G*$ zur Bildung kritischer Keime.

1.2 Homogene Keimbildung

Phasenübergänge 1. Ordnung wie die Kondensation übersättigten Dampfes oder die Erstarrung unterkühlter Schmelzen werden durch Keimbildungsvorgänge eingeleitet. Die spontane Bildung von Clustern der stabilen Phase in der Ausgangsphase wird als homogene Keimbildung bezeichnet.

Im folgenden untersuchen wir die Kristallisation einer Schmelze bei Absenkung der Temperatur und festgehaltenem Druck. Da Druck und Temperatur die einstellbaren Parameter sind, wird das System durch die freie Enthalpie G beschrieben. Beim Unterschreiten der Schmelztemperatur werden sich in der Kristallkeime bilden. Die gesamte freie Enthalpie G ist die Summe der freien Enthalpie der Schmelze, der freien Enthalpie der festen Phase und der Oberflächenenergie:

$$G = G_L^v V_L + G_S^v V_S + 4\pi r^2 \sigma.$$

Darin ist G_L^v bzw. G_S^v die freie Enthalpie pro Volumen in der Schmelze bzw. in der festen Phase.

Die freie Enthalpie G dieses Systems aus Schmelze und Kristallkeim muß verglichen werden mit der freien Enthalpie G_L^0 des Zustandes, in dem sich alle Atome in der Gasphase befinden: Bei Ausscheidung eines Keims mit dem Volumen $V_S = \frac{4\pi}{3} r^3$ so ändert sich die freie Enthalpie

$$G - G_L^0 = \Delta G = \left(G_S^v - G_L^v\right) \cdot \frac{4\pi}{3} r^3 + 4\pi \sigma r^2. \tag{6}$$

In Bild 4 ist der Volumenterm $\frac{4\pi}{3} r^3 \Delta G_v$ mit

$$\Delta G_v = G_S^v - G_L^v,$$

der Grenzflächenterm $4\pi\sigma r^2$ sowie die Summe ΔG (Gl. 6) als Funktion des Teilchenradius r schematisch dargestellt. Da $T < T_m$ ist, ist $G_L^v > G_S^v$ und damit der Volumenterm stets negativ ($\sim -r^3$), während der Oberflächenterm stets positiv ist ($\sim +r^2$). Welcher Term überwiegt hängt von r ab. Bei kleinen Radien gibt es stets einen Bereich, in dem die Differenz $\Delta G = G - G_L^0$ positiv ist, wohingegen für große r der negative Term überwiegt. Daher durchläuft ΔG ein Maximum bei einem kritischen Keimradius r^*. Das Maximum ist die sogenannte Aktivierungsenergie $\Delta G^* = \Delta G(r^*)$. Aus der Bedingung

$$\frac{\partial}{\partial r} \Delta G|_{r^*} = 4\pi r^2 \Delta G_v + 8\pi r \sigma = 0$$

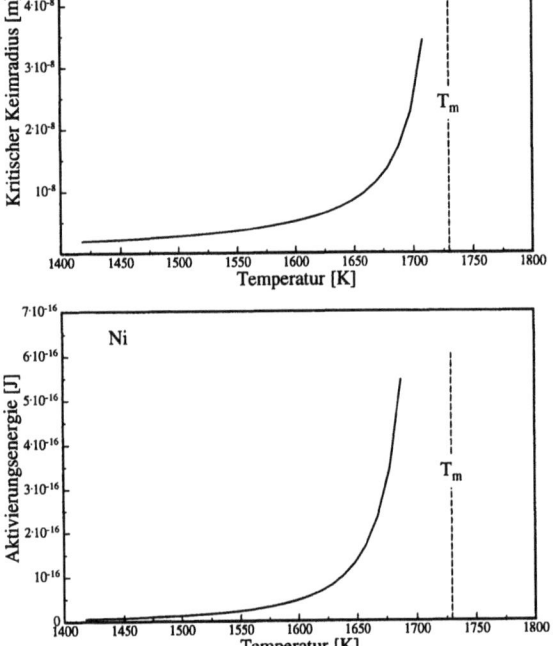

Bild 5 Kritischer Keimradius r^* und Aktivierungsenergie ΔG^* als Funktion der Temperatur in unterkühlten Ni-Schmelzen.

erhält man den kritischen Keimradius

$$r^* = -\frac{2\sigma}{\Delta G_v}. \quad (7)$$

Ob es zur Kristallisation der Schmelze kommt, hängt von der Größe des Kristallkeims ab. Da die freie Enthalpie eines Clusters ein Maximum bei dem kritischen Radius $r = r^*$ hat, wird ein Cluster mit $r < r^*$ die Tendenz zum Zerfall haben. Solche Cluster werden auch als Embryos bezeichnet. Wenn $r > r^*$ ist, wird durch Wachstum des Keims die freie Enthalpie abgesenkt, d. h. die Schmelze kristallisiert.

Die Aktivierungsenergie ΔG^* ergibt sich aus Gl. 6 bzw. 7 zu

$$\Delta G^* = \Delta G(r^*) = \frac{16\pi}{3} \frac{\sigma^3}{(\Delta G_v)^2}. \quad (8)$$

Sie ist bestimmt durch die freie Enthalpiedifferenz $\Delta G_v < 0$ als treibende Kraft und durch die Grenzflächenenergie $\sigma > 0$, die als Barriere der Kristallisation entgegenwirkt.

Die Differenz der freien Enthalpie bei $T < T_m$ können wir berechnen wegen $\frac{\partial G}{\partial T} = -S$ und unter Berücksichtigung $G_S - G_L(T_m) = \Delta G_{S,L}(T_m) = 0$ durch:

$$\Delta G_{S,L}(T) = -\int_{T_m}^{T} \Delta S_{S,L}(T')\, dT'$$

$$= -\int_{T_m}^{T} dT' \left(\Delta S_{S,L}(T_m) + \int_{T_m}^{T'} dT'' \frac{\Delta c_p(T'')}{T''} \right). \tag{9}$$

Dabei ist $\Delta c_p = c_p^S - c_p^L$ die Differenz der spezifischen Wärmen von fester und flüssiger Phase. Zu einer einfachen Näherung von $\Delta G_{S,L}$ gelangt man mit der Annahme $\Delta c_p = 0$:

$$\Delta G_{S,L} = -\Delta S_{S,L}(T_m)(T - T_m) = -\Delta S_m \Delta T \tag{10}$$

mit der Schmelzentropie $\Delta S_m = |\Delta S_{S,L}(T_m)|$ und der Unterkühlung $\Delta T = T_m - T$. Für viele Metalle ist die „schwächere" Forderung $\Delta c_p(T) = \Delta c_p = konst.$ recht gut erfüllt. Die Auswertung des Integrals ergibt:

$$\Delta G_{S,L}(T) = -\Delta S_m \Delta T - \Delta c_p \left(T \ln(T/T_m) + \Delta T \right) \tag{11}$$

Bei kleinen Unterkühlungen $\Delta T \ll T_m$ vereinfacht sich die Beziehung durch Entwicklung des logarithmischen Terms bis zur 2. Ordnung zu:

$$\Delta G_{S,L}(T) = -\Delta S_m \Delta T - \frac{\Delta c_p (\Delta T)^2}{T + T_m}.$$

Wegen Gleichung 2 ist der Druck innerhalb des Keims höher ist als in der umgebenen Phase, so daß $\Delta G_{S,L}$ druckabhängig ist. Dies wird hier jedoch vernachlässigt.

Um uns einen Überblick über die Größenordnung der Aktivierungsenergien und der kritischen Keimgrößen in Metallschmelzen zu verschaffen, sind in Bild 5 ΔG^* und r^* in unterkühlten Ni-Schmelzen als Funktion der Temperatur dargestellt. Die Grenzflächenenergie wurde nach dem Strukturmodell von [Spaepen 1975] (Gl. 5) und die freie Enthalpiedifferenz nach Gl. 11 berechnet. Mit abnehmender Temperatur der Schmelze nehmen sowohl die Aktivierungsenergie zur Bildung eines wachstumsfähigen Keims als auch die kritische Keimgröße drastisch ab. Somit wächst mit zunehmender Unterkühlung die Wahrscheinlichkeit für die Keimbildung, die die Kristallisation einleitet. Je tiefer die Schmelze unterkühlt wird, desto weniger werden die bisherigen Betrachtung, denen die makroskopischen Eigenschaften von fester und flüssiger Phase zugrundeliegen, gerechtfertigt sein, da die kritischen Keime nur noch aus wenigen 100 Atomen bestehen.

Anders als die Tropfen, die sich bei der Kondensation der Dampfphase bilden, sind bei der Kristallisation von Schmelzen die Kristallkeime nicht unbedingt kugelförmig. Außerdem hatten wir bei dem Strukturmodell nach [Spaepen 1975] gelernt, daß die Grenzflächenenergie $\sigma_{S,L}$ davon abhängig ist, mit welcher Kristallebene sich die Schmelze in Kontakt befindet. Wie sich dies auf die Keimbildung auswirkt, untersuchen wir an einem als quaderförmig angenommenen Keim mit einer quadratischen Grundfläche und den zwei unterschiedlichen Kantenlängen a und b. Dabei sollen die zwei verschiedenartigen Seiten die Grenzflächenenergien σ_1 und σ_2 haben. Mit dem Volumen des Keims $V_k = a^2 b$ und der Oberfläche $A_k = 2a^2 + 4ab$ erhält man als Energiebilanz

$$\Delta G = \Delta G_v V_k + 2\sigma_1 a^2 + 4\sigma_2 ab.$$

Im Gegensatz zu einem kugelförmigen Keim haben wir jetzt mit a und b zwei Variable. Davon können wir jedoch einen Parameter eliminieren, wenn wir bedenken, daß bei konstant gehaltenem Volumen V_k sich die Oberfläche derart einstellen wird, daß die gesamte Oberflächenenergie $2\sigma_1 a^2 + 4\sigma_2 ab$ minimal ist. Durch einfache Rechung findet man für das Verhältnis der Kantenlängen: $\frac{b}{a} = \frac{\sigma_1}{\sigma_2}$, und schließlich:

$$\Delta G = \Delta G_v V_K + 6 \left(\sigma_1 \sigma_2^2\right)^{1/3} V_K^{2/3}$$

Da für eine Kugel $A_k \sim V_k^{2/3}$ gilt, kann man rein rechnerisch das Problem wie für einen kugelförmigen Keim behandeln mit einer effektiven Grenzflächenenergie:

$$\sigma_{eff} \sim \left(\sigma_1 \sigma_2^2\right)^{1/3}$$

und daraus das kritische Keimvolumen V_k^* bestimmen.

1.3 Heterogene Keimbildung

Bei der homogenen Keimbildung sind ausschließlich Keim und Schmelze beteiligt. Somit ist dieses ein intrinsischer Prozeß, der nur von den Eigenschaften der Substanz abhängt. Die homogene Keimbildung wird jedoch in der Praxis kaum erreicht, da in der Regel Fremdphasen am Keimbildungsprozeß beteiligt sind. Durch Tiegelwände oder Oxide, mit denen sich eine Schmelze in Kontakt befindet oder Aerosolpartikel in einer Dampfphase wird die Bildung von Keimen katalysiert. Man spricht dann von heterogener Keimbildung . Dieser extrinsische Prozeß kann durch die Experimentierbedingungen beeinflußt werden. Betrachten wir einen Cluster in Form einer Kugelkalotte, der auf eine Fremdphase, z. B. einer Behälterwand wächst (Bild 6).

Außer der Grenzflächenenergie zwischen dem Keim und der Schmelze $\sigma_{L,S}$ muß man die Grenzflächenenergien zwischen dem Keim und der Fremdphase $\sigma_{S,F}$ sowie zwischen der Schmelze und dem Fremdphase $\sigma_{L,F}$ berücksichtigen. Für den Benetzungswinkel Θ erhält man aus dem horizontalen Kräftegleichgewicht

$$\cos(\Theta) = \frac{\sigma_{L,F} - \sigma_{S,F}}{\sigma_{L,S}}.$$

Um die Aktivierungsenergie zu berechnen, muß man in der Energiebilanz Gl. 6 zusätzlich den Anteil der Grenzfläche zwischen Keim und Substrat berücksichtigen. Man erhält für die Aktivierungsenergie bei heterogener Keimbildung:

$$\Delta G_{het}^* = \frac{16\pi}{3} \frac{\sigma_{L,S}^3 f(\Theta)}{\Delta G_v^2} = \Delta G_{hom}^* f(\Theta) \tag{12}$$

mit

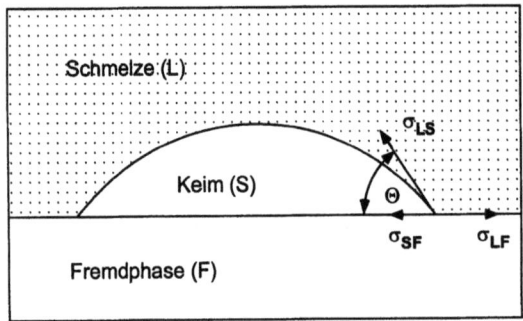

Bild 6 Heterogene Keimbildung auf einer Fremdphase.

$$f(\Theta) = \frac{1}{4}\left(2 - 3\cos(\Theta) + \cos^3(\Theta)\right).$$

Dabei variiert f zwischen 0 und 1 für $\Theta = 0$ und $\Theta = \pi$. Die Aktivierungsenergie ΔG^* ist also gegenüber derjenigen der homogenen Keimbildung reduziert und setzt demnach ein, bevor die homogene Keimbildung wirksam werden kann. Der kritische Keimradius, hier der Radius der Kugelkalotte, ist der Gleiche wie bei der homogenen Keimbildung. Der Faktor $f(\Theta)$ ist gerade das Verhältnis der Volumina von Kugelkalotte zur Vollkugel, also $f(\Theta) = V_{Kalotte}/V_{Kugel}$.

2 Keimbildungskinetik

Für die Kinetik des Phasenübergangs ist vor allem die Bildungsrate von Keimen kritischer Größe von Bedeutung. Nachdem im vorangehenden Abschnitt die Aktivierungsenergie zur Bildung von wachstumsfähigen Keimen behandelt wurde, soll nun die Größenverteilung $N(n)$ von Clustern bestehend aus n Atomen betrachtet werden. Daraus wird die Keimbildungsrate abgeleitet, die angibt, wieviele kritische Keime pro Zeiteinheit in der Ausgangsphase entstehen. Die klassische Theorie hierzu stammt von Vollmer und Weber [Vollmer & Weber 1926].

2.1 Keimbildungsrate

Ausgangspunkt der Theorie ist ein dynamisches Gleichgewicht zwischen Ausgangsphase und der Clusterverteilung $N(n)$, die durch eine stationäre Verteilungsfunktion mit $\frac{dN(n,t)}{dt} = 0$ beschrieben wird. Aus diesem Grund ist die Theorie von Vollmer und Weber eine Gleichgewichtstheorie der Keimbildung. Für die stationäre Verteilung $N^e(n)$ benutzt man einen Ansatz gemäß der Boltzmann-Statistik (vgl. Kap. 4, Abschn. 1.5):

$$N^e(n) = N_0 \, e^{-\frac{\Delta G_c(n)}{k_B T}}. \tag{13}$$

Dabei ist N_0 die Gesamtzahl der Teilchen und $\Delta G_c(n)$ ist die freie Enthalpieänderung durch die Bildung eines Clusters mit n Teilchen nach Gl. 6:

$$\Delta G_c(n) = \frac{4\pi}{3}r^3 \Delta G_v + \sigma 4\pi r^2$$

mit
$$\frac{4\pi}{3}r^3 = nv,$$

wobei v das Volumen pro Atom ist.

In Bild 7 ist die stationäre Clustergrößenverteilung N^e als Funktion des Radius r und bei konstanter Temperatur $T < T_u$ (T_u Umwandlungstemperatur) schematisch dargestellt. Da für die freie Enthalpieänderung ein Maximum beim kritischen Keimradius hat, hat die Verteilungsfunktion ein Minimum bei $r = r^*$ und strebt mit wachsendem r sogar gegen unendlich. Daher ist $N^e(r)$ auch nicht normierbar, also

$$\int_0^\infty N^e(r)\,dr \to \infty.$$

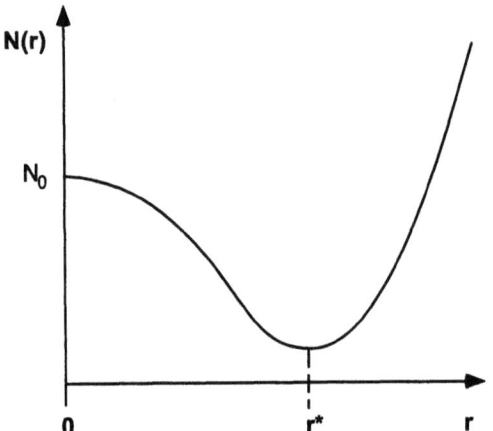

Bild 7 Zahl der Cluster N^e als Funktion des Radius r im dynamischen Gleichgewicht gemäß der Theorie von Vollmer und Weber (schematisch). $N^e(r)$ hat eine Minimum am kritischen Keimradius r^*.

Dies liegt daran, daß für $T < T_u$ sich die neue Phase mit $n = N_0$ (nach beliebig langer Zeit) mit Sicherheit gebildet haben wird und Cluster mit $n > N_0$ nicht mehr existieren. An diesem Gleichgewichtszustand sind wir aber nicht interessiert und schließen ihn aus der Betrachtung aus, indem wir fordern, daß überkritische Keime mit $r > r^*$ dem Clusterensemble entnommen werden. Die Verteilungsfunktion wird daher bei $r = r^*$ abgeschnitten:

$$N^e(r) = N_0 e^{-\Delta G_c(r)/k_B T} \Theta(r^* - r)$$

mit

$$\Theta(x) = \begin{cases} 1 & x > 0 \\ 0 & x < 0 \end{cases}$$

Die stationäre Clusterverteilung bleibt nur dann erhalten, wenn die durch die Bildung überkritischer Cluster entnommenen Atome nachgeliefert werden. Dies ist nur bei einem unendlich großen Teilchenreservoir der Fall.

Die Zahl der kritischen Keime bei der Temperatur T ergibt sich zu

$$N^e(r^*) = N_0 e^{-\frac{\Delta G^*(T)}{k_B T}}$$

mit der Aktivierungsenergie $\Delta G^* = \Delta G_c(r^*)$.

Die Keimbildungsrate I ist die Zahl der kritischen Keime, die sich pro Zeiteinheit bilden. Sie ist das Produkt der Anzahl kritischer Keime und der temperaturabhängigen Anlagerungsrate $k^+(T)$ von Teilchen:

$$I(T) = k^+(T) N(r^*) \tag{14}$$

Die Anlagerungsrate k^+ von Monomeren an einen $(n^* - 1)$-Teilchencluster kann mit Hilfe der Diffusionsgeschwindigkeit $v_D = D/a_0$ abgeschätzt werden (D: Diffusionskoeffizient). Als Diffusionslänge wird der Radius eines Monomers a_0 angesetzt. Der kinetische Anteil der Keimbildungsrate (Gl. 14) ist daher von der Größenordnung:

$$k^+(T) \approx \frac{v_D}{a_0} = \frac{D(T)}{a_0^2}.$$

Da k^+ zeitunabhängig ist und wir von einer stationären Clusterverteilung ausgegangen sind, ist auch die Keimbildungsrate zeitunabhängig und wird nur durch die Temperatur bestimmt.

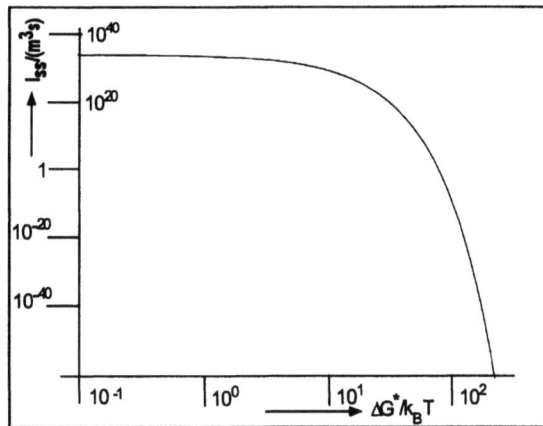

Bild 8 Die stationäre Keimbildungsrate I_{ss} als Funktion von $\Delta G^*/k_B T$ nach der Vollmer-Weber Theorie.

Mit der Stokes-Einstein-Beziehung

$$D(T)\eta(T) = \frac{k_B T}{6\pi a_0},$$

worin η die kinematische Viskosität ist, erhält man für die stationäre Keimbildungsrate I_{ss} (ss = steady state) als Funktion der Temperatur:

$$I_{ss}(T) = \frac{k_B T}{6\pi a_0^3 \eta} N_0 e^{-\frac{\Delta G^*(T)}{k_B T}}. \tag{15}$$

Die Temperaturabhängigkeit der Keimbildungsrate in Bild 8 wird durch einen thermodynamischen und einen kinetischen Anteil bestimmt. Die Exponentialfunktion mit der Aktivierungsenergie im Argument beschreibt die Abweichung vom thermodynamischen Gleichgewicht und bewirkt entsprechend dem Verlauf $\Delta G^*(T)$ (vgl. Bild 5) mit zunehmender Unterkühlung einen starken Anstieg der Keimbildungsrate. Dagegen nimmt mit abnehmender Temperatur die Mobilität der Atome ab, was sich in einer Abnahme der der Anlagerungsrate $k^+(T)$ bzw. in einem Ansteigen der Viskosität äußert. In reinen Metallen und metallischen Legierungen die Temperaturabhängigkeit von I_{ss} durch den Exponentialterm dominiert. Um einen Überblick von der Größordnung des Vorfaktors von I_{ss} zu bekommen, schätzen wir die thermische Energie mit $k_B T \sim 10^{20} J$, den Durchmesser eines Monomers mit $a_0 \sim 10^{-10} m$ und die Viskosität (vgl. Kapitel 3) mit $\eta \sim 10^{-3} Pa \cdot s$ ab. Für eine Probe der Stoffmenge 1 mol erhält man für die Keimbildungsrate:

$$I_{ss} \approx \frac{10^{33}}{\eta} e^{-\frac{\Delta G^*(T)}{k_B T}} \approx 10^{36} e^{-\frac{\Delta G^*(T)}{k_B T}} \cdot mol^{-1} s^{-1},$$

deren Verlauf in Bild 8 dargestellt ist. Wie man sieht, bewirkt im Bereich $\Delta G^*/k_B T \approx 10$ eine Änderung dieser Größe um den Faktor 10 eine Änderung von I_{ss} um den Faktor 10^{20}!

Es gibt auch metallische Legierungen, bei denen man so weit in den Bereich der unterkühlten Schmelze vordringen kann, daß eine Abnahme der Keimbildungsrate aufgrund der steigenden Viskosität auftritt. Davon wird noch am Ende dieses Kapitels die Rede sein.

Im Gegensatz zu der Annahme der Vollmer-Weber Theorie besteht eine endliche Wahrscheinlichkeit, daß überkritische Keime mit $r > r^*$ wieder zerfallen. Zur Verbesserung der Theorie müssen wir die An- und Ablagerungsprozesse von Atomen an Cluster genauer untersuchen.

Keimbildung als chemische Reaktion

Die Konzentration der Cluster in der Ausgangsphase möge hinreichend klein sein, so daß die Cluster-Cluster Wechselwirkung vernachlässigt werden kann. Das Wachstum und der Zerfall eines Clusters A_n, der aus n Teilchen besteht, ist dann bestimmt durch die An- und Ablagerung von einzelnen Teilchen, ausgedrückt in Form von Reaktionsgleichungen:

$$A_1 + A_n \rightleftharpoons A_{n+1}. \tag{16}$$

Unter diesen Annahmen erhält man für die zeitliche Entwicklung der Clustergrößenverteilung N_n eine Mastergleichung [Kelton 1991]

$$\frac{dN_n(t)}{dt} = k_{n-1}^+ N_{n-1} - \left[k_n^+ + k_n^-\right] N_n + k_{n+1}^- N_{n+1}. \tag{17}$$

Dabei bezeichnen die $k_i^\pm$ die Anlagerungs- bzw. die Ablagerungsraten einzelner Teilchen, die proportional zur Oberfläche des Clusters sind und deshalb von der Teilchenzahl i des Clusters abhängen. Die Mastergleichung ist der Ausgangspunkt für die verschiedenen Verbesserungen der Theorie der Keimbildungskinetik.

Das Verhältnis der Übergangswahrscheinlichkeiten ist gegeben durch

$$\frac{k_{n-1}^-}{k_n^+} = \exp\left(-\frac{G_c(n-1) - G_c(n)}{k_B T}\right) \approx \exp\left(\frac{\partial G_c/\partial n}{k_B T}\right). \tag{18}$$

Bei der kritischen Keimgröße n^* erreicht die freie Enthalpie eines Agglomerates ein Maximum, also $\partial g/\partial n = 0$, woraus sich ergibt, daß An- und Ablagerungsrate gleich sein müssen:

$$k_{n*}^+ = k_{n*}^-.$$

Dieses Ergebnis ist auch zu erwarten aufgrund der Überlegung, daß bei Clustern mit $n < n*$ ist die Abbaurate größer als die Anlagerungsrate sein sollte, während bei überkritischen Clustern $n > n*$ die Anlagerungsrate von Teilchen überwiegt und schließlich zur Phasenumwandlung führt.

Jede chemische Reaktion (Gl. 16) erzeugt einen Teilchenfluß j_n zwischen benachbarten Clustergrößen

$$j_n = k_{n-1}^+ N_{n-1} - k_n^- N_n.$$

Mit Hilfe dieser Flüsse läßt sich die Mastergleichung schreiben als

$$\frac{dN_n(t)}{dt} = j_n - j_{n+1}.$$

Ein stationärer Zustand stellt sich ein, falls $dN_n/dt = 0$. Dies ist entweder erfüllt, wenn $j_n = j_{n+1} = j_0 \neq 0$ oder $j_n = 0$. Den letzteren Fall bezeichnet man im Englischen als „detailed balance", weil jede chemische Reaktion im Einzelnen ausgeglichen ist. Wenn wir die Annahme des „detaillierten Gleichgewichts" machen, erhalten wir aus $j_n = 0$ mit Hilfe von Gl. 18 die stationäre Clusterverteilung:

$$N_n^e = N_1 \Pi_{i=1}^{n-1} \frac{k_i^+}{k_{i+1}^-} = N_1 \exp\left(-\frac{G_c(n)}{k_B T}\right). \tag{19}$$

Dabei sit N_1 die Zahl der Cluster mit 1 Teilchen, also gleich der Anzahl an Monomeren. Dieses Ergebnis ist gerade die Verteilungsfunktion von Vollmer und Weber.

Becker-Döring-Theorie

Aus der Betrachtung der Keimbildung als chemische Reaktion folgt, daß es in der Theorie von Vollmer und Weber eigentlich keinen Phasenübergang gibt, da es keinen Materialfluß hin zu überkritischen Clustern gibt. In der Theorie von Becker und Döring [Becker & Döring 1935] geht man weiterhin von einem stationären Zustand aus:

$$\frac{dN_n}{dt} = j_n - j_{n+1} = 0$$

aber man läßt die Annahme des „detaillierten Gleichgewichts" fallen und schreibt:

$$j_n = j_{n-1} = \ldots = j_0 \neq 0 \quad \text{für alle n.}$$

Der Teilchenfluß ist gleich der stationären Keimbildungsrate:

$$I_{ss} = j_{n^*} = j_0.$$

Drückt man die Übergangswahrscheinlichkeiten $k_i^{\pm}$ mit Hilfe der Gleichgewichtslösungen N_n^e aus (Gleichung 19), so erhält man eine Beziehung für die Keimbildungsrate:

$$j_0 = k_{n-1}^+ \left(N_{n-1} - N_n \frac{N_{n-1}^e}{N_n^e} \right),$$

und schließlich

$$\frac{j_0}{k_{n-1}^+ N_{n-1}^e} = \frac{N_{n-1}}{N_{n-1}^e} - \frac{N_n}{N_n^e}. \tag{20}$$

Bildet man nun auf beiden Seiten der Gleichung die Summe über n, so heben sich auf der rechten Seite bis auf 2 Glieder alle Terme weg, so daß sich ergibt:

$$j_0 \sum_{n=2}^{m} \frac{1}{k_{n-1}^+ N_{n-1}^e} = \frac{N_1}{N_1^e} - \frac{N_m}{N_m^e} = 1 - \frac{N_m}{N_m^e}.$$

Die Gleichgewichtsverteilung N_n^e (Bild 7) divergiert für $n \to \infty$, so daß wir annehmen können, daß der 2. Term auf der rechten Seite vernachlässigt werden kann, also

$$\lim_{n \to \infty} \frac{N_n}{N_n^e} = 0 \tag{21}$$

und die endliche Reihe auf der linken Seite durch den Grenzwert für $n \to \infty$ ersetzen können. Damit folgt für die Keimbildungsrate:

$$j_0 = \left(\sum_{i=1}^{\infty} \frac{1}{k_i^+ N_i^e} \right)^{-1}.$$

Die Summe kann näherungsweise berechnet werden, indem man sie durch ein Integral ersetzt und dann die Sattelpunktsmethode anwendet:

$$\sum_{i=1}^{\infty} \frac{1}{k_i^+ N_i^e} \approx \int_0^{\infty} \frac{dn}{k_n^+ N^e(n)}.$$

Die freie Enthalpie eines Clusters entwickeln wir um den kritischen Wert N^*:

$$G_c(n) \approx G_c(n^*) + \frac{1}{2}\left(\frac{\partial^2 G_c(n)}{\partial n^2}\right)_{n=n^*}(n-n^*)^2.$$

Man setzt ferner $k_i^+ \approx k_{n*}^+$ und nähert die Summe durch das Integral

$$\sum_{i=1}^{\infty}\frac{1}{k_i^+ N_i} \approx \left(k_{n*}^+ N_1\right)^{-1} e^{G_c(n*)/k_BT} \int_{-\infty}^{\infty} dx\, e^{\frac{G_c''(n*)x^2}{2k_BT}}.$$

Hierin ist $G_c''(n^*) < 0$ die zweite Ableitung der freien Enthalpie eines Clusters nach der Teilchenzahl bei der kritischen Größe n^*.

Nach Auswertung des Integrals erhält man für die stationäre Keimbildungsrate:

$$I_{ss} = Z k_{n*}^+ N_1 e^{\frac{-\Delta G^*}{k_BT}} = Z k_{n*}^+ N_{n*}^e. \tag{22}$$

Dabei ist N_n^e die Verteilung im Gleichgewicht nach Gl. 19 mit der kritischen Keimgröße im Argument und $\Delta G^* = G_c(n^*)$ ist die Aktivierungsenergie. Der dimensionslose Zeldovich-Faktor Z ist gegeben durch:

$$Z = \sqrt{\frac{-G_c''(n^*)}{2\pi k_B T}}. \tag{23}$$

Zur Berechnung des Zeldovich-Faktors schreiben wir G_c als Funktion der Teilchenzahl n:

$$G_c(n) = gn + \kappa \sigma n^{2/3}.$$

Hier bezeichnen g mit ($g < 0$) die freie Enthalpie pro Teilchen des Clusters und σ die Grenzflächenenergie. Die Zahl der Oberflächenatome ist proportional zu $n^{2/3}$ und der geometrische Faktor κ ist so beschaffen, daß die Oberfläche $A = \kappa n^{2/3}$ ist. Die kritische Keimgröße ergibt sich damit zu:

$$n^* = \left(-\frac{3}{2}\frac{g}{\kappa\sigma}\right)^{-3}$$

und die Aktivierungsenergie zu

$$G_c(n^*) = \Delta G^* = \frac{1}{3}\kappa\sigma n^{*2/3}.$$

Mit diesen Ergebnissen erhält man die Beziehung

$$G_c'' = -\frac{2}{3}n^{*-2}\Delta G^*$$

und schließlich die gebräuchliche Form des Zeldovich-Faktors:

$$Z = \frac{1}{n^*}\sqrt{\frac{\Delta G^*}{3\pi k_B T}} \tag{24}$$

In metallischen Systemen hängt Z in der Regel nur schwach von der Temperatur ab und ist von der Größenordnung $Z \approx 10^{-3}$.

Da die Keimbildungsrate mit der Gesamtzahl N_0 der Atome skaliert, bezieht man I üblicherweise auf das Volumen V der Probe, also

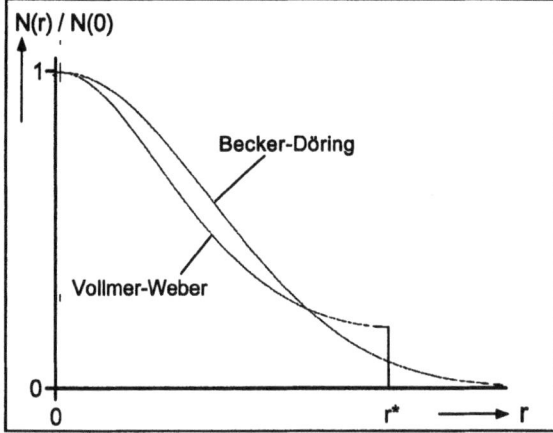

Bild 9 Die Clustergrößenverteilungen N_n^e nach Vollmer-Weber und N_n nach Becker-Döring.

$$I_v(T) = \frac{I}{V} = Z k^+(T) \rho_n e^{-\frac{\Delta G^*}{k_B T}}$$

mit der Teilchenzahldichte $\rho_n = N_1/V$.

Die Keimbildungsrate in der Theorie von Becker und Döring I^{BD} ist also die Keimbildungsrate aus der Vollmer-Weber-Theorie multipliziert mit dem Zeldovich-Faktor Z. Diese Ähnlichkeit besteht bei den Verteilungsfunktionen N_n und N_n^e nicht mehr. Während die Gleichgewichtsverteilung N_n^e divergiert für $n \to \infty$, ergibt die Becker-Döring Theorie mit Hilfe der Gleichungen 20 und 21:

$$\frac{N_n}{N_n^e} = j \int_n^\infty \frac{dx}{(k^+(x) N^e(x))}. \tag{25}$$

Die Clustergrößenverteilung N_n nach Vollmer-Weber ist eine normierbare Funktion. In Bild 9 sind die Verteilungsfunktionen beider Theorien qualitativ gegenübergestellt.

Die Überlegungen zur Bestimmung der Keimbildungsrate lassen sich direkt auf den Fall heterogener Keimbildung übertragen. Neben der herabgesetzten Aktivierungsenergie $\Delta G_{het}^* = \Delta G_{hom}^* f(\Theta)$ (Abschnitt 1.3) muß man noch berücksichtigen, daß nur diejenigen Atome an der Grenzfläche zu einer heterogenen Keimstelle einen Ausgangspunkt für einen Keim darstellen. Damit ist die Keimbildungsrate nicht proportional zur Gesamtzahl der Teilchen N_0, sondern berechnet sich gemäß:

$$I_{het} = N_{het} k^+(T) e^{\frac{-\Delta G^* f(\theta)}{k_B T}}. \tag{26}$$

N_{het} ist die Anzahl der Atome, die sich an der Grenzfläche zu Fremdphasen, z.B. Metalloxide auf der Oberfläche einer Probe oder Behälterwände, befinden. Nehmen wir als Beispiel eine kugelförmige metallische Probe mit einem Duchmesser von 5 mm und nehmen wir an, daß jedes Oberflächenatom eine heterogene Keimstelle darstellt. Daraus ergibt sich ein Verhältnis $N_{het}/N_0 \approx 10^{-6}$. Trotzdem ist die heterogene Keimbildungsrate meistens höher als die homogene wegen dem Faktor $f(\Theta)$ im Exponenten.

2.2 Glasübergang

Eine interessante Frage ist, wie tief eine Schmelze oder eine Dampfphase unter die Umwandlungstemperatur unterkühlt werden kann, bevor die Umwandlung in die stabile Phase einsetzt.

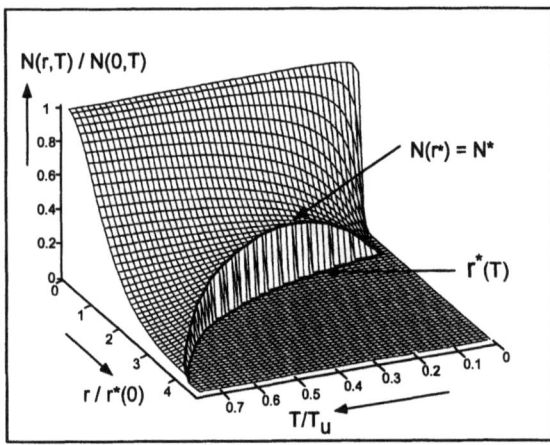

Bild 10 Die Clusterverteilung $N(r,T)/N_0$ nach der Vollmer-Weber Theorie.

Zur Vereinfachung gehen wir zunächst von isothermalen Bedingungen aus, d.h. wir unterkühlen mit unendlich hoher Kühlrate auf eine Temperatur $T < T_u$ und bestimmen die Zeitspanne Δt, die das System im metastabilen Zustand verweilt. Nimmt man an, daß bereits 1 wachstumsfähiger Keim ausreicht, um den Phasenübergang einzuleiten, so ist bei konstanter Temperatur T die Zeit Δt mit der stationären Keimbildungsrate (Gl. 22) verknüpft durch:

$$I(T)\Delta t = 1 \quad \Rightarrow \quad \Delta t = \frac{1}{I_{ss}(T)} = \frac{1}{K^+ N_{n*}^e},$$

wobei wir den Zeldovich-Faktor in der Keimbildungsrate vernachlässigen, was dem Modell von Vollmer und Weber (Gl. 15) entspricht.

Um uns einen Überblick von dem Verlauf $\Delta t(T)$ zu verschaffen, untersuchen wir zunächst die Gleichgewichtsverteilung der Clustergrößen $N^e(r,T) = N_n^e(T)$ nach Gl. 19 bzw. 13 als Funktion der Clustergröße und der Temperatur. Um den Verlauf $N^{e*}(T) = N^e(r^*,T)$ qualitativ zu verstehen, untersuchen wir das Argument der Exponentialfunktion von N^*, nämlich das Verhältnis der Energiebarriere $\Delta G^*(T)$ und der thermischen Energie $k_B T$, für die Grenzfälle $T \to T_u$ (T_u: Umwandlungstemperatur) und $T \to 0$. Zur Vereinfachung berechnen wir die freie Enthalpiedifferenz pro Volumen ΔG_v mit Hilfe der Näherung in Gleichung 10:

$$\Delta G_v = \Delta H_u \frac{T - T_u}{T_u}$$

und finden für die Aktivierungsenergie zur Keimbildung

$$\Delta G^*(T) = \frac{16\pi}{3} \frac{\sigma^3}{\Delta G_v^2} = \frac{16\pi}{3} \frac{\sigma^3}{\Delta H_u^2} \cdot \left(\frac{1}{1 - T/T_u}\right)^2$$

Dabei ist ΔH_u die latente Wärme pro Volumeneinheit. Der Radius des kritischen Keims ergibt sich in dieser Näherung zu:

$$r^* = -\frac{2\sigma}{\Delta G_v} = \frac{2\sigma}{\Delta H_u (1 - T/T_u)}.$$

Bei Annäherung an die Umwandlungstemperatur T_u strebt die Aktivierungsenergie gegen unendlich, so daß:

$$\lim_{T \to T_u} \left(\frac{\Delta G^*(T)}{k_B T} \right)^{-1} = 0.$$

Für den Grenzfall $T \to 0$ verschwindet die thermische Energie, wobei die Aktivierungsenergie wegen $\Delta G^* \sim (T_u - T)^{-1}$ einem endlichen Wert zustrebt, also gilt:

$$\lim_{T \to 0} \left(\frac{\Delta G^*(T)}{k_B T} \right)^{-1} = 0.$$

Daraus ergibt sich, daß sowohl die Zahl der kritischen Keime $N^{e*}(T)$ als auch die Keimbildungsrate $I(T)$ für $T = T_u$ und $T = 0$ verschwinden. Demnach müssen N^{e*} bzw. $I(T)$ mit abnehmender Temperatur ein Maximum durchlaufen.

Dieses Verhalten ist in Bild 10 anhand der Clusterverteilung $N^e(r,T)/N_0$ als Funktion der reduzierten Temperatur T/T_u und des reduzierten Radius $r/r_0^* = r/r^*(T \to 0) = r\Delta H_u/2\sigma$ dargestellt. Das Maximum der Verteilung kritischer Keime $N^{e*}(T) = N^e(r^*,T)$ liegt bei einer Temperatur von $T = T_u/3$.

Entsprechend dem Verlauf von $N^{e*}(T)$ bzw. $I(T)$ verkürzt sich mit abnehmender Temperatur die Zeitspanne Δt zur Bildung eines kritischen Keim und erreicht ein Minimum bei $T = T_u/3$, um bei einer weiteren Steigerung der Unterkühlung wieder zuzunehmen. Da offensichtlich $\Delta t_{min} > 0$ ist, ist es prinzipiell möglich, die Bildung eines kritischen Keims und damit die Kristallisation der Schmelze ganz zu umgehen, wenn die Abkühlgeschwindigkeit groß genug ist. In diesem Fall entsteht ein sogenanntes Glas, ein amorher (= strukturloser) Festkörper, der keine Fernordnung wie ein Kristall besitzt, sondern bei dem die Nahordnung der Schmelze „eingefroren" ist. Dies ist schematisch in Bild 11 gezeigt.

In der obigen Diskussion haben wir nur das Verhalten des Exponenten in der Keimbildungsrate betrachtet. Wie man an Gl. 15 erkennt, bestimmt die Viskosität den präexponentiellen Vorfaktor der Keimbildungsrate. Da die Viskosität mit fallender Temperatur ebenfalls stark ansteigt, reduziert sie die Keimbildungsrate noch stärker. Allgemeim wird angenommen, daß der Prozeß der Glasbildung mit dem Ansteigen der Viskosität der Schmelze mit abnehmender Temperatur verknüpft ist. Während die tief unterkühlte Schmelze noch durch viskoses Fließen charakterisiert ist,

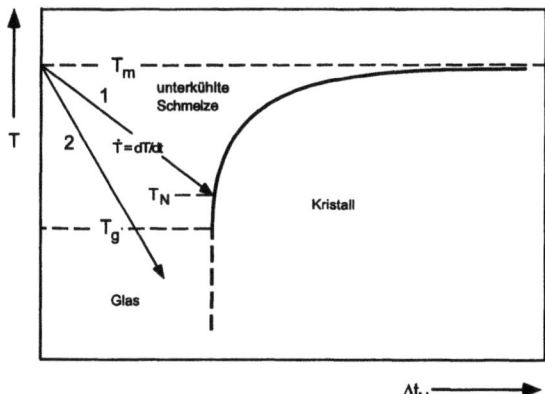

Bild 11 Das Temperatur-Zeit-Nukleations Diagramm gibt für eine gegebene Kühlrate $\dot{T} = dT/dt$ die Nukleationstemperatur T_N und die Zeitspanne Δt an, nach der sich ein kritischer Keim gebildet hat, also $N^*(\Delta t_N, T_N) = 1$, und die Kristallisation eingeleitet wird. Die beiden Temperaturverläufe zeigen den Übergang in den kristallinen Zustand (1) und den Glasübergang (2), bei dem durch hohe Kühlraten die Glastemperatur T_g erreicht wird, bevor sich ein kritischer Keim gebildet hat.

hat das Glas die Merkmale eines Festkörpers, da es scherstabil ist und der Stofftransport durch thermisch aktivierte Diffusionssprünge stattfindet. Der Übergang von der unterkühlten Schmelze zum amorphen Festkörper, der Glasübergang, geschieht bei der sogenannten Glastemperatur T_g, bei der die Viskosität in der Größenordnung 10^{14} Pa·s liegt. Einen Überblick über den Glaszustand und den Glasübergang findet man in [Caan et al. 1991].

Zur Bestimmung der kritischen Kühlraten zur Umgehung der Keimbildung und damit zur Glasbildung kann man nicht von isothermen Bedingungen ausgehen, sondern man muß die Zahl der wachstumsfähigen Keime $N_{n^*} = N^*$ ermitteln, die sich während des Abkühlvorgangs bilden, und dabei die Temperaturabhängigkeit der Keimbildungsrate berücksichtigen. Die Zahl der kritischen Keime als Funktion der Zeit t ergibt sich bei konstanter Kühlgeschwindigkeit $dT/dt = \dot{T}$ zu:

$$N^*(t) = \int_V dV' \int_{t_0}^{t} dt' \, I_v\left(T(t')\right) = \frac{V}{\dot{T}} \int_{T_u}^{T} dT' \, I_v(T'). \tag{27}$$

Dabei haben wir berücksichtigt, daß bei der Umwandlungstemperatur T_u keine Keime vorhanden sind, also $N^*(T_u) = 0$. Mit der Gl. 27 können wir für eine gegebene Kühlrate $\dot{T}$ eindeutig die Zeit Δt_N nach der sich 1 Keim gebildet hat, die Nukleationstemperatur T_N bestimmen durch die Beziehungen:

$$\frac{1}{\dot{T}} \int_{T_u}^{T_N} I(T') dT' = 1 \tag{28}$$

$$\Delta t_N = \frac{T_m - T_N}{\dot{T}}$$

Die in Abhängigkeit der Kühlrate berechneten Wertepaare $(\delta t, T_N)$ ergeben ein Temperatur-Zeit-Nukleationsdiagramm, das in Bild 11 schematisch dargestellt ist. Mit Hilfe eines solchen Diagramms kann man die kritische Kühlrate ermitteln, bei der die Glastemperatur erreicht wird, bevor die Kristallisation einsetzt und die Schmelze glasartig erstarrt.

Bekannte Beispiele für Gläser sind die Oxid-Gläser (SiO_2, B_2O_3, GeO_2) und die Chalkogenid-Gläser (S, Se, Te, As_2, PSe_2), die man mit Kühlraten von wenigen K/s herstellen kann. Daneben kennt man eine Reihe von metallischen Gläsern. Diese werden durch rasches Abschrecken der Schmelze mit Kühlraten von 10^5 - 10^6 K/s als dünne Bänder mit Dicken von 10 - 100 μm hergestellt. Dazu zählen Metall-Metalloid-Legierungen wie Fe-B, Pd-Si und Co-P. Extrem leichte metallische Glasbildner sind vielkomponentige Systeme wie Cu-Al-Ni-Zr und Zr-Ti-Ni-Cu, die bei sehr geringen Kühlraten $\sim 1 K/s$ als massive Proben mit Abmessungen von einigen cm hergestellt werden können. Die Glastemperatur vieler metallischer Gläser liegt in der Gößenordnung $T_g \approx 600 K$.

Literaturverzeichnis

[Becker & Döring 1935] R. Becker und W. Döring, Ann. Phys. **17** (1935).

[Caan et al. 1991] Caan, Haasen, Kramer, *Glasses and Amorphous Materials*, Vol. 9 von : Materials Science and Technology, VCH, Weinheim, New York, 1991.

[Kelton 1991] K. F. Kelton, *Crystal Nucleation in Liquids and Glasses*, Solid State Physics **45**, Academic Press (1991).

[Spaepen 1975] F. Spaepen, Acta Metall. **23**, (1975) 729.

[Vollmer & Weber 1926] M. Vollmer und A. Weber, Z. Phys. Chem. **119** (1926).

6 Einphasige metallische Erstarrung

Die meisten Metalle und Legierungen werden durch den Prozeß der Erstarrung aus der schmelzflüssigen Phase hergestellt. Das Urformverfahren „Gießen" ist eine der ältesten Techniken der Werkstoffverarbeitung. Obwohl der Mensch schon auf mehrere tausend Jahre Gußgeschichte zurückblickt, begann die wissenschaftliche Untersuchung der Erstarrungsvorgänge jedoch erst vor einem Jahrhundert, als erstmals der Phasenübergang theoretisch behandelt wurde [Gibbs 1878]. Die von N. Chvorinov 1940 dargelegte „Wurzel-t-Formel", die die Beziehung zwischen der Erstarrungszeit und der Abmessung eines Gußstückes beschreibt, ist der wichtigste Erfolg bei der Makroanalyse des Wärme-, Massen- sowie Impulstransportes in den Gußprozessen. Das von [Tiller et al. 1953] sowie [Rutter et al. 1953] vorgeschlagene und von [Mullins & Sekerka 1964] modifizierte Stabilitätskriterium für die Phasengrenze kennzeichnet die Entwicklung der Erstarrungstheorie im mikroskopischen Bereich. Zur quantitativen Beschreibung der Erstarrungsmorphologie, der Konzentrationsseigerung, der Gefügefeinheit sowie des übrigen Erstarrungsverhaltens wurden bis jetzt verschiedene theoretische Ansätze vorgestellt. Dadurch kann man heute die Erstarrungsvorgänge metallischer Schmelzen immer besser verstehen und kontrollieren, um so die optimalen Gebrauchseigenschaften zu erzielen.

1 Seigerungsphänomene

Bei der Erstarrung metallischer Schmelzen, die gelöste Legierungselemente enthalten - was in der Technik immer der Fall ist - treten während der Erstarrung Entmischungen dieser gelösten solutalen Elemente auf. Die Ursache dafür ist die unterschiedliche Löslichkeit dieser Elemente in der festen und flüssigen Phase. Diese Entmischungen bleiben zum größten Teil auch nach der vollständigen Erstarrung bestehen und stellen dann bleibende Inhomogenitäten der Konzentration innerhalb des Materials dar. Man nennt derartige Inhomogenitäten Seigerungen. Sie haben eine großen Einfluß auf die Werkstoffeigenschaften und spielen daher bei allen technischen Erstarrungsvorgängen eine große Rolle.

Eine Kennzahl für die Neigung zur Entmischung ist der Verteilungskoeffizient k, mit $k = c_S/c_L$, wobei c_S und c_L jeweils die Konzentration in der festen und flüssigen Phase ist. Der Verteilungskoeffizient k ist u.a. eine Funktion von Temperatur und Druck, wird aber bei geringen Legierungsgehalten als konstant angenommen. In diesem Fall kann man ein vereinfachtes Phasendiagramm verwenden, in dem die Liquidus- und Soliduslinie als Geraden dargestellt werden. Bild 1 zeigt ein solches Phasendiagramm für Zweistoffsysteme, das zugleich zur Beschreibung verschiedener Seigerungsmodelle dienen möge.

Entmischungen treten auch bei vollständiger Gleichgewichtseinstellung auf. Wie in Bild 1 dargestellt beginnt die Schmelze mit der Konzentration c_0 bei der Liquidustemperatur T_L zu erstarren. Während der Erstarrung haben die feste und die flüssige Phase eine unterschiedliche Konzentration, c_S und c_L. Wenn die Solidustemperatur T_S erreicht wird, hat die homogene feste Phase aber die Konzentration c_0, und die Entmischung ist aufgehoben. Bei Gleichgewichtserstarrung kann eine zweite Phase gemäß dem Zustandsdiagramm z.B. eutektisch ausgeschieden

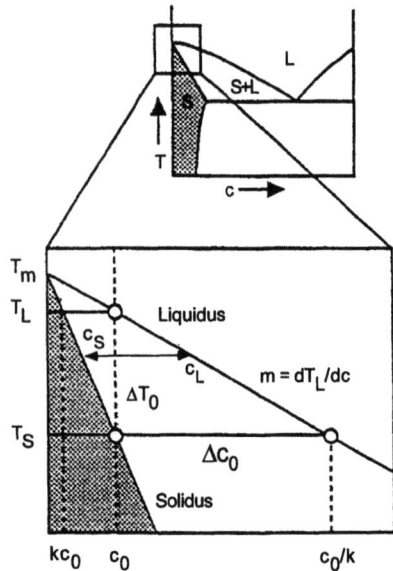

Bild 1 Vereinfachtes Phasendiagramm eines Zweistoffsystems mit den Konzentrationen der Schmelze c_L und des Festkörpers $c_S = k \cdot c_L$ und beim Durchlaufen des Erstarrungsintervalls ΔT_0.

werden. Diese Entmischung ist jedoch keine Seigerung. Als Seigerung bezeichnet man im Prinzip dabei solche Entmischung, die durch nicht vollständige Gleichgewichtseinstellung der Erstarrung verursacht sind.

Da eine vollständige Gleichgewichtseinstellung in den meisten Fällen u.a. wegen einer begrenzten Experimentierzeit nicht möglich ist, sind Seigerungen sehr verbreitet. Außer durch Entmischungen werden die Seigerungen auch durch Stofftransportvorgänge im Festen und im Flüssigen bestimmt (z. B. durch Diffusionsvorgänge und Strömungen). Die Erscheinungsformen der Seigerung können im allgemeinen in Mikroseigerung (short range segregation) und Makroseigerung (long range segregation) eingeteilt werden.

Bei Makroseigerungen liegen die Konzentrationsunterschiede in der Größenordnung des Gußstücks und können nicht durch Glühbehandlungen entfernt werden. Bei Mikroseigerungen liegen die Konzentrationsunterschiede in der Größenordnung der Kristallabmessung, sie lassen sich in den meisten Fällen durch eine Wärmebehandlung beseitigen. Bei der technischen Untersuchung des Mikrogefüges ist die Kornbildung des Gußstücks von großer Bedeutung. Dementsprechend versteht man die Mikroseigerung meistens im Bereich eines Kornes. Da ein Korn, je nach der Erstarrungsbedingungen, aus mehreren Dendriten oder Zellen besteht, wird die Mikroseigerung in noch kleinerer Abmessung bzw. als dendritsche oder zellulare Seigerung untersucht. Diese Art Mikroseigerung hat besondere Bedeutung für Einkristall-Gußteile wie Turbinenschaufeln aus Superlegierungen, wobei das ganze Gußstück aus nur einem Korn besteht. Zur quantitativen Beschreibung der Seigerung sind entsprechende Seigerungsmodelle erforderlich. Für unterschiedliche Bedingungen wurden verschiedene Modelle entwickelt.

1.1 Makroseigerungsmodelle

Zur Entwicklung der Seigerungsmodelle wird der Erstarrungsvorgang vereinfacht. Es wird eine eindimensionale, sogenannte „normale" Erstarrung betrachtet. In einer langen, schmalen Probe bewegt sich die Phasengrenze mit einer konstanten Geschwindigkeit von der einen zur anderen Seite, Bild 2(a). Es wird allgemein angenommen, daß während des Erstarrungsvorgangs der Verteilungskoeffizent k konstant bleibt und an der Phasengrenze stets Gleichgewicht herrscht. Die Konzentration an der Phasengrenze wird durch $c_S^* = k \cdot c_L^*$ beschrieben. Unter unterschiedlichen Erstarrungsbedingungen wurden verschiedene Seigerungsmodelle entwickelt.

(a) Absolutes Gleichgewicht (Hebelgesetz)

Die Randbedingungen für ein absolutes Gleichgewicht sind also vollkommener Diffusionsausgleich im Festen und Flüssigen ($D_L = \infty, D_S = \infty$). Der Erstarrungsvorgang und die entsprechende Konzentrationsänderung wird in Bild 2(a) schematisch dargestellt. Vor der Erstarrung hat die Schmelze die Konzentration c_0. Bei $T = T_L$ scheidet sich die feste Phase mit $k \cdot c_0$ aus. Die Differenz ($c_0 - k \cdot c_0$) wird vor der Erstarrungsfront angereichert. Diese Anreicherung wird, wegen der vollständigen Vermischung im Flüssigen, auf die ganze Schmelze verteilt, so daß die Konzentration in der Schmelze, $c_L = c_L^*$, steigt. Die zunächst ausgeschiedene und daher die ganze feste Phase (vollständige Vermischung im Festen) hat eine höhere Konzentration, nämlich $c_S = c_S^* = k \cdot c_L$. Der Vorgang wiederholt sich, und es kommt zu einer weiteren Abnahme der Temperatur sowie einer weiteren Erhöhung der Konzentration in der Schmelze und im Festen. Während der Erstarrung bleibt jedoch die folgende Massenbilanz erhalten:

$$c_S \cdot f_S + c_L \cdot f_L = c_0 \qquad (1)$$

wobei f_S und f_L jeweils der Anteil der festen und flüssigen Phase sind. Für die betrachtete eindimensionale Erstarrung gilt $f_S = 1 - f_L = z/L$, wobei z die Position der Erstarrungsfront und L die Probenlänge ist. Mit $k = c_S/c_L$ folgt aus der obigen Massenbilanzgleichung:

$$c_S = \frac{k c_0}{1 - (1-k)f_S} \qquad (2)$$

Diese Gleichung ist die bekannte Hebelbeziehung. Der Konzentrationsverlauf im Festen und im Flüssigen während der Erstarrung wird im Bild 2(a) durch die punktierte Linie dargestellt. Nach der Beendigung der Erstarrung ($f_S = 1$) ergibt sich im Kristall wieder eine homogene Konzentration $c_S = c_0$. Anhand der Beziehung im vereinfachten Phasendiagramm (Bild 1) kann die Hebelbeziehung folgendermaßen umgeschrieben werden:

$$f_S = \frac{c_L - c_0}{(1-k)c_L} = \frac{T_L - T}{(1-k)(T_m - T)} \qquad (3)$$

(b) Modell nach E.Scheil (1942)

Die Randbedingungen für dieses Modell sind vollständiger Konzentrationsausgleich in der Schmelze durch Diffusion ($D_L = \infty$) und keine Festkörperdiffusion ($D_S = 0$). Wie in Bild 2(b) schematisch dargestellt, beginnt die Erstarrung bei $T = T_L$ mit $c_S = k \cdot c_0$. Da es keinen Konzentrationsausgleich im Festen gibt, kann sich c_S an einer diskreten Stelle während der Erstarrung nicht ändern. Lediglich an der Erstarrungsfront stellt sich, entsprechend der Zunahme von $c_L = c_L^*$ jeweils die Gleichgewichtskonzentration $c_S^* = k \cdot c_L^*$ ein. Während der Erstarrung wird im Festen ein Konzentrationsprofil entsprechend der Zunahme von c_S^* eingestellt. Bei einer Änderung des festen Anteils df_S führt die Differenz ($c_L^* - c_S^*$) zu einer gleichmäßigen Steigerung der Konzentration dc_L in der Restschmelze ($1 - f_S$). Die Massenbilanz dabei ist:

$$(c_L^* - c_S^*)df_S = dc_L(1 - f_S) \qquad (4)$$

Durch Integration

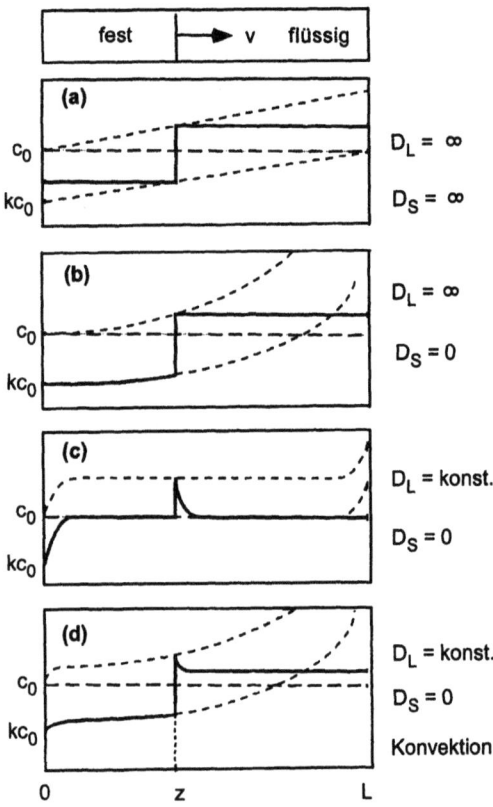

Bild 2 Schematische Darstellung für ein mit planarer Phasengrenze erstarrendes Volumenelement und die Konzentrationsverteilung nach dem Hebelgesetz (a), nach dem Modell von Scheil (b), Tiller et al. (c) und Burton et al. (d). Die durchgezogenen und die punktierten Linien zeigen jeweils die Momentaufnahme der Kontentrationsverteilung durch die Probe und den zeitlichen Verlauf der Konzentration an der Erstarrungsfront.

$$\int_{c_0}^{c_L} \frac{dc_L}{(1-k)c_L} = \int_0^{f_S} \frac{df_S}{1-f_S} \tag{5}$$

erhält man

$$c_S^* = kc_0 \cdot (1-f_S)^{(k-1)} \tag{6}$$

Dies ist die Gleichung des Scheil-Modells. Da $k < 1$ ist, wird für $f_S = 1$ die Konzentration $c_S^* = \infty$. Dieser Fall tritt in Wirklichkeit nicht auf, da vorher eutektische Ausscheidung einsetzt. Bei Systemen mit lückenloser Mischbarkeit im Festen ist die Scheil-Gleichung nicht anwendbar, da hier k nicht als konstant angenommen werden darf. Die Scheil-Gleichung kann umgeschrieben werden als:

$$f_S = 1 - \left(\frac{c_L}{c_0}\right)^{\frac{1}{k-1}} = 1 - \left(\frac{T_m - T}{T_m - T_L}\right)^{\frac{1}{k-1}} \tag{7}$$

wobei der feste Anteil als Funktion der Temperatur gegeben wird.

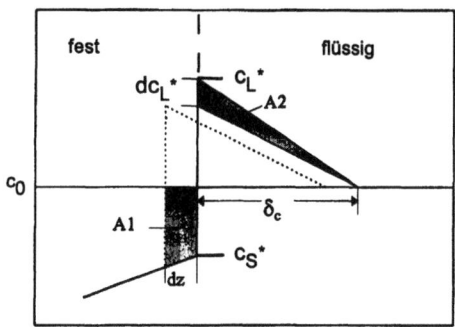

Bild 3 Vereinfachte Konzentrationsverteilung an der Erstarrungsfront im Anfangsstadium. Die Zonen A1 und A2 stellen jeweils die lokale solutale Verarmung im Festen und die entsprechende Anreicherung in der äquivalenten Grenzschicht dar. Die Massenbilanz lautet: $(c_0 - c_S^*)dz = dc_L^* \frac{\delta_c}{2}$.

(c) Modell nach W. A. Tiller, K. A. Jackson, J. W. Rutter und B. Chalmers (Diffusionsmodell)

Die Randbedingung für dieses Modell ist der Stofftransport in der Schmelze durch Diffusion mit einem endlichen Diffusionskoeffizienten $D_L = konst.$ und keine Festkörperdiffusion. Anhand Bild 2(c) wird der Erstarrungsvorgang und die Momentaufnahme der Konzentrationsverläufe dargestellt. Am Anfang der Erstarrung ist die Konzentration im Festen $k \cdot c_0$. Während der Erstarrung kann der Materialfluß infolge des Löslichkeitssprunges aus der Erstarrungsfront nur durch Diffusion in die flüssige Schmelze übergehen. Eine allgemeine lokale Stoffbilanz in der Schmelze ist:

$$\frac{dc_L}{dt} = D_L \frac{\partial^2 c_L}{\partial x^2} + v \frac{\partial c_L}{\partial x} \qquad (8)$$

Dabei ist x der Abstand vor der Erstarrungsfront, die sich mit der Geschwindigkeit v bewegt. Zum Vergleich ist z der zurückgelegte Weg der Erstarrungsfront. Nach dem Verhältnis der angereicherten und abtransportierten solutalen Menge wird die Erstarrung in drei Stadien eingeteilt:

I. Anfangsstadium (initial transient)

In diesem Stadium wird ein Konzentrationsaufstau vor der Phasengrenze gebildet. Die Randbedingungen für die obige Gleichung (8) sind $c_L = c_0$ bei $t = 0$ und $x > 0$, sowie $c_L = c_0$ bei $t > 0$ und $x = \infty$. Die Auflösung dieser Gleichung ist jedoch sehr kompliziert. Hier wird eine einfache Lösung gegeben, die das gleiche Resultat ergibt.

Analog zum stationären Zustand (s. im nächsten Teil) wird hier eine äquivalente Grenzschicht vor der Erstarrungsfront angenommen, die die solutale Anreicherung in der Schmelze aufnimmt, Bild 3. Die Dicke dieser Schicht ist $\delta_c = 2D/v$, in der die Konzentration c_L von c_L^* bis c_0 linear abnimmt. Da die totale solutale Verarmung im Festen und die entsprechende Anreicherung in der Schmelze gleich sind, gilt die Massenbilanz:

$$(c_0 - kc_L^*)dz = dc_L^* \frac{D_L}{v} \qquad (9)$$

Durch Integration der obigen Gleichung bzw. durch

$$\int_0^z \frac{v}{D_L} dz = \int_{c_0}^{c_L^*} \frac{d_L^*}{c_0 - kc_L^*} \qquad (10)$$

erhält man

$$c_L^* = \frac{c_0}{k}\left[1 - (1-k)\cdot\exp\left(-\frac{kvz}{D_L}\right)\right] \tag{11}$$

Im Anfangsstadium steigt die Konzentration an der Erstarrungsfront, c_L^* und folglich c_S^*, schnell an. Nach kurzer Zeit haben c_L^* und c_S^* jeweils die Werte c_0/k und c_0 erreicht. Nunmehr ist ein stationärer Zustand erreicht.

II. Stationärer Zustand (steady state).

Der stationäre Zustand ist dadurch gekennzeichnet, daß im Festen die Konzentration $c_S = c_S^* = c_0$ herrscht. Der Kristall wächst mit der ursprünglichen Konzentration c_0 weiter, bis der Konzentrationsaufstau das Ende der Probe erreicht. Im stationären Zustand bleibt das Konzentrationsprofil vor der wandernden Erstarrunsfront zeitlich unverändert, so daß $\frac{dc_L}{dt} = 0$ bzw. nach der Gleichung 8:

$$D\frac{\partial^2 c_L}{\partial x^2} + v\frac{\partial c_L}{\partial x} = 0 \tag{12}$$

gilt. Mit den Randbedingungen $(c_L)_{x=0} = c_0/k$ sowie

$$\left(\frac{dc_L}{dx}\right)_{x=0} = -\frac{v}{D_L}c_0\left(\frac{1-k}{k}\right) \tag{13}$$

ergibt sich

$$c_L = c_0\left[1 + \frac{1-k}{k}\exp\left(-\frac{vx}{D_L}\right)\right] \tag{14}$$

III. Endstadium (final transient)

Sobald der Konzentrationsaufstau das Ende der Probe erreicht hat, schiebt sich die Grenzschicht zusammen und die darin angereicherten Komponenten führen zu einer Steigerung der Konzentration im Kristallende. Die Länge dieser Zone ist sehr klein und hat nur die gleiche Größenordnung wie D_L/v. Im Falle eines eutektischen Systems kann die Anreicherung zur Ausscheidung eutektischer Phase führen.

(d) Modell nach J.A. Burton, R.C. Prim und W.P. Slichter (BPS-Modell, 1953)

Bei starker Konvektion in der Schmelze wird die solutale Grenzschicht vor der Erstarrungsfront rapide abgebaut. Die Dicke der durch die Konvektion zusammengeschobenen Grenzschicht wird als δ_N bezeichnet. Aus der Tatsache, daß jede makroskopische Strömung bei Annäherung an eine feste Grenze (Phasengrenze) mit der Geschwindigkeit gegen null geht, setzt das BPS-Modell folgende Bedingungen voraus, Bild 2(d):

- Stofftransport in der Grenzschicht ($x < \delta_N$) nur durch Diffusion,

- Stofftransport in der Schmelze außerhalb der Grenzschicht durch Konvektion,

- keine Festkörperdiffusion.

Im stationären Zustand gilt hier auch die Gleichung 12. Die Randbedingungen sind $c_L = c_L^*$ bei $x = 0$ und $c_L = \bar{c}_L$ (mittlere Konzentration in der Schmelze) bei $x = \delta_N$. Normalerweise ist δ_N viel kleiner als die Probenlänge L, und für ein großes Volumen der Schmelze gilt $\bar{c}_L \approx c_0$. Mit ähnlicher Vorgehensweise wie beim Diffusionsmodell ergibt sich im stationären Zustand:

$$c_L^* = \frac{\bar{c}_L}{k + (1-k)\exp\left(-\frac{v}{D_L}\delta_N\right)} \tag{15}$$

oder

$$\frac{c_L^* - c_S^*}{\bar{c}_L - c_S^*} = \exp\left(\frac{v}{D_L}\delta_N\right) \qquad (16)$$

Für die praktische Anwendung wird ein effektiver Verteilungskoeffizient k_{eff} eingeführt, der als Quotient von c_S^* und $\bar{c}_L$ definiert wird:

$$k_{eff} = \frac{c_S^*}{\bar{c}_L} \approx \frac{kc_L^*}{\bar{c}_L} \qquad (17)$$

Beim Vergleich mit Gleichung 15 ergibt sich:

$$k_{eff} = \frac{k}{k + (1-k)\exp\left(-\frac{v}{D_L}\delta_N\right)} \qquad (18)$$

Da δ_N sehr klein ist, ist der Massenanteil in dieser Grenzschicht im Vergleich mit dem ganzen System vernachlässigbar. Die Massenbilanz im System wird näherungsweise gegeben:

$$\bar{c}_L\left(1 - k_{eff}\right) df_S = (1 - f_S)\,d\bar{c}_L. \qquad (19)$$

Durch Integration erhält man

$$c_S^* = k_{eff}c_0\,(1 - f_S)^{k_{eff}-1} \qquad (20)$$

Dies ist eine Modifikation des Scheil-Modells bei Ersetzung des Verteilungskoeffizienten k durch k_{eff}. Für $\left(\frac{v}{D_L}\delta_N\right) \ll 1$ bzw. mit niedriger Geschwindigkeit, hoher Diffusionsfähigkeit und starker Konvektion ergibt sich aus Gleichung 18 $k_{eff} \approx k$. In diesem Fall ist die Gleichung 20 identisch mit dem Scheil-Modell, das für vollständige Mischung in der Schmelze gilt. Für $\left(\frac{v}{D_L}\delta_N\right) \gg 1$ bzw. ohne Konvektion, gilt $k_{eff} \approx 1$. Aus Gleichung 20 ergibt sich $c_S^* = c_0$. Dies stimmt mit dem Diffusionsmodell (stationärer Zustand) überein.

1.2 Mikroseigerungsmodelle

Während der Erstarrung der Legierungen unter normalen Gußbedingungen wird in der Regel dendritisches Mikrogefüge beobachtet. Wesentliches Merkmal dendritischer Erstarrung ist eine aufgelöste Erstarrungsfront. Um die Konzentrationsverteilung innerhalb eines Dendriten quantitativ beschreiben zu können, sind geeignete Modelle für die Mikroseigerung erforderlich. Da sich die Seigerung nicht mehr eindimensional beschreiben läßt, werden Vereinfachungen getroffen. Die Dendriten werden als Zellen in Form von Rotationsellipsoiden vereinfacht (keine Sekundärarme), wie das Bild 4(a) schematisch zeigt.

Um die Makroseigerungsmodelle dennoch verwenden zu können, betrachtet man den Fortgang der „gerichteten Erstarrung" senkrecht zur Wachstumsrichtung der Dendriten. Das Wachstum eines Dendriten wird in die radialen gerichteten Erstarrungsvorgänge der Volumenelemente zerlegt. Das Volumenelement ist so gelegt, daß das eine Ende sich in der Dendritenmitte und das andere sich in der Mitte zwischen den Dendriten befindet (Bild 4(b)). Wenn die heterogene Schicht beim Fortschreiten der Erstarrung durch das Volumenelement hindurchläuft, ändert sich der erstarrte Anteil von $f_S = 0$ ($z = 0$) bis $f_S = 1$ ($z = L = \lambda/2$). Hierbei ist L die Erstarrungslänge des Volumenelementes und λ der Primärabstand der nebeneinander wachsenden Dendriten

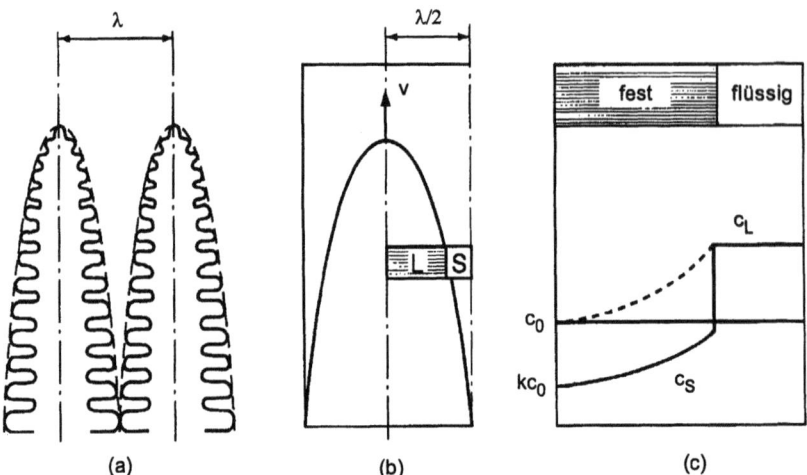

Bild 4 Geometrische Vereinfachung bei der Modellierung von Mikroseigerungen. Die Dendriten werden als Zellen betrachtet (a). In einem Volumenelement der Zelle (b) wird der Seigerungsverlauf analog zur planaren Erstarrungsfront behandelt, wie z.B. mit dem Scheil-Modell (c).

oder Zellen. Somit können die vorher dargestellten Makroseigerungsmodelle, die eigentlich für eindimensionale Erstarrung mit planarer Front entwickelten wurden, dennoch hier verwendet werden. Vor allem wird die Scheil-Gleichung häufig zur Beschreibung der dendritischen Seigerung benutzt, denn ein vollständiger Konzentrationsausgleich im Flüssigen, eine Voraussetzung für das Scheil-Modell, ist im interdendritischen Raum in etwa verifiziert (Bild 4(c)).

Bei interdendritischer Seigerung ist der Einfluß der Rückdiffusion (Diffusion im Festen) gelegentlich nicht mehr zu vernachlässigen, da die Diffusionsgrenzschicht in derselben Größenordnung liegt wie die typische Diffusionslänge. So ist z.B. bei der Primärerstarrung von δ-Eisen die Diffusion der interstitiell eingelagerten Kohlenstoff-Atome so schnell, daß das absolute Gleichgewichtsmodell (Hebelgesetz) diese Seigerung am besten beschreibt. Der andere Grenzfall ist die sehr schnelle Diffusion im Flüssigen gegenüber der Diffusion im Festen (Scheil-Modell). Für den Zwischenbereich wurde ein Modell von [Brody & Flemings 1966] entwickelt. Dabei wird der Diffusionskoeffizient im Festen als konstant angenommen. Ferner wird vorausgesetzt, daß die Diffusionsgeschwindigkeit im Flüssigen hoch genug ist, um die Bildung eines Konzentrationsaufstaus vor der Phasengrenze zu verringern bzw. zu vermeiden. Das gilt insbesondere für den Fall, daß D_S sehr groß ist, eine Konvektion vorliegt oder die Diffusionsschichtdicke im Vergleich zum Abstand L zwischen den Kristallen sehr groß ist.

Mit Berücksichtigung der Rückdiffusion im Festen gilt die Massenbilanz:

$$\left(c_L^* - c_S^*\right) df_S = (1 - f_S)\, dc_L + \frac{\delta_S}{2L} dc_S^*. \tag{21}$$

In Bild 5 sind die drei Glieder der obigen Gleichung entsprechend den Zonen A1, A2 und A3 wiedergegeben. Hierbei ist $\delta_S = 2D_S/v$ die Dicke der Grenzschicht der Rückdiffusion im Festen. Durch Integration erhält man:

$$c_S^* = kc_0[1 - (1 - 2k\alpha)f_S]^{\frac{k-1}{1-2k\alpha}} \tag{22}$$

mit der Fourrierschen Kennzahl bzw. mit der dimensionslosen Zeit

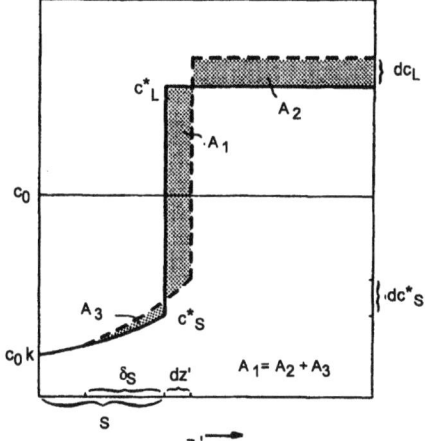

Bild 5 Schematische Darstellung der solutalen Massenbilanz an der Phasengrenze, wobei die Rückdiffusion im Festen berücksichtigt wird [Kurz & Fisher 1989].

$$\alpha = \frac{4D_S \cdot t_f}{\lambda^2}, \tag{23}$$

wobei t_f die lokale Erstarrungszeit ist. Mit der Beziehung zwischen Temperatur und Konzentration gemäß dem Phasendiagramm wird die obige Gleichung in der folgenden Form gegeben:

$$f_S = \frac{1}{1 - 2k\alpha}\left(1 - \left(\frac{T_m - T}{T_m - T_L}\right)^{\frac{1-2k\alpha}{k-1}}\right). \tag{24}$$

Bei Vernachlässigung der Diffusion im Festen bzw. $D_S = 0$ und folglich $\alpha = 0$ werden die Gleichungen 22 und 24 zum Scheil-Modell (s. Gln. 6 und 7) vereinfacht. Nach dem Vorschlag von [Clyne & W. Kurz 1981] kann der Term α in den obigen Gleichungen durch einen neuen Parameter α' ersetzt werden:

$$\alpha' = \alpha[1 - \exp\left(-\frac{1}{\alpha}\right)] - 0.5\exp\left(-\frac{1}{2\alpha}\right). \tag{25}$$

Hierbei bleibt $\alpha' = 0$ bei $\alpha = 0$, aber es gilt $\alpha' \to 0.5$ für $\alpha \to \infty$. Für den Extremfall $D_S \to \infty$ bzw. $\alpha' = 0.5$ ergeben die Gleichungen 23 und 24 das Hebelgesetz.

Bei gerichteter Erstarrung führt der Temperaturgradient bzw. der Konzentrationsgradient zur solutalen Diffusion im Flüssigen in Erstarrungsrichtung, und dadurch wird die interdendritische Seigerungsverteilung beeinflußt. Dies wird im Seigerungsmodell von T. F. Bower, H. D. Brody und M. C. Flemings [Bower et al. 1966] berücksichtigt, Bild 6. Die Massenbilanz in der Schmelze des betrachteten Volumenelementes ist:

$$f_L \cdot dc_L = c_L(1-k) \cdot df_S + \frac{\delta}{\delta z}\left(f_L D \frac{\delta c_L}{\delta z}\right) \cdot dt. \tag{26}$$

Die linke Seite der Gleichung ist die solutale Variation in der Schmelze. Der erste Term in der rechten Seite ist der Beitrag der Phasenumwandlung wegen der unterschiedlichen Löslichkeit im Festen und im Flüssigen. Der letzte Term ist die solutale Akkumulation bei der Diffusion in Achsenrichtung, da in dieser Richtung ein Konzentrationsgradient herrscht. Mit diesem letzten Term läßt sich das BBF-Modell vom Scheil-Modell unterscheiden.

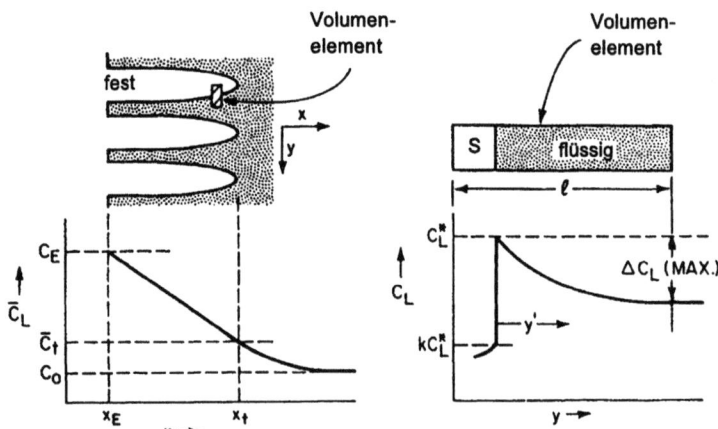

Bild 6 Schematische Darstellung der Konzentrationsverteilung im Seigerungsmodell von [Bower et al. 1966].

Die andere Besonderheit im BBF-Modell ist die Berechnung der Konzentration an der Spitze c_t unter der Berücksichtigung des Konzentrations- bzw. Temperaturgradienten:

$$c_t = (1 + a^*) c_0 \tag{27}$$

mit

$$a^* = -\frac{DG}{m v c_0} = \frac{1-k}{k} \frac{v_c}{v}.$$

Durch Integration der Gleichung 26 von $c_L = c_t$ bei $f_s = 0$ ergibt sich:

$$c_S = k \cdot c_0 \cdot \left[\frac{a^*}{1-k} + \left(1 - \frac{a^* \cdot k}{1-k}\right) \cdot (1-f_S)^{k-1} \right]. \tag{28}$$

Die entsprechende Beziehung zwischen dem festen Anteil und der Temperatur ist somit:

$$f_S = 1 - \left[\left(\frac{T_m - T}{T_m - T_L} - \frac{v_c}{kv}\right) \frac{v}{v - v_c} \right]^{\frac{1}{k-1}}. \tag{29}$$

Zusammenfassend sind die dargestellten Seigerungsmodelle in Tabelle 1 aufgelistet.

2 Morphologie und Stabilität der Erstarrungsfront

2.1 Grundlagen

Ein wichtiges Merkmal des Erstarrungsprozesses ist die Struktur der Grenzfläche zwischen fester und flüssiger Phase. Betrachtet wird diese zunächst auf atomarer Ebene. Die Rauhigkeit der Grenzfläche wird durch die Bindungsverhältnisse in Kristall und Schmelze bestimmt. Bei stark unterschiedlichen Bindungen, wie es z.B. in Kristallen mit gerichteten Bindungen der Fall ist,

Tabelle 1 Überblick der Seigerungsmodelle bei unterschiedlichen Randbedingungen.

Hebelgesetz (Absolutes Gleichgewicht) - vollst. Konzentrationsausgleich in L und S ($D_L = \infty, D_S = \infty$)	$c_S = \frac{kc_0}{1-(1-k)f_S}$ $f_S = \frac{T_L - T}{(1-k)(T_m - T)}$
Scheil-Modell - vollst. Konzentrationsausgleich in L ($D_L = \infty$) - keine Diffusion im Festen ($D_S = 0$)	$c_S^* = kc_0(1-f_S)^{(k-1)}$ $f_S = 1 - \left(\frac{T_m - T}{T_m - T_L}\right)^{\frac{1}{k-1}}$
BPS (Burton/Prim/Slichter) - vollst. Konzentrationsausgleich in der Schmelze durch Konvektion - Diffusion in der Grenzschicht ($D_L = konst.$) - keine Diffusion im Festen ($D_S = 0$)	$c_S^* = k_{eff} c_0 (1-f_S)^{(k-1)}$ mit $k_{eff} = \frac{k}{k+(1-k)\exp\left(-\frac{v}{D_L}\delta_N\right)}$
Brody/Flemings - vollst. Konzentrationsausgleich im Flüssigen ($D_L = \infty$) - Diffusion im Festen ($D_S = konst.$)	$c_S^* = kc_0 \left[1 - (1-2k\alpha)f_S\right]^{\frac{k-1}{1-2k\alpha}}$ $f_S = \frac{1}{1-2k\alpha}\left(1 - \left(\frac{T_m - T}{T_m - T_L}\right)^{\frac{1-2k\alpha}{k-1}}\right) mit$ $\alpha = \frac{4D_S \cdot t_f}{\lambda^2}$
BBF (Bower/Brody/Flemings) - isothermer Konzentrationsausgleich in L - keine Diffusion im Festen - Vorwärtsdiffusion im Flüssigen	$c_S = c_0 \left(\frac{v_c}{v} + k\left(1 - \frac{v_c}{v}\right)(1-f_S)^{k-1}\right)$ $f_S = 1 - \left(\left(\frac{T_m - T}{T_m - T_L} - \frac{v_c}{kv}\right)\frac{v}{v-v_c}\right)^{\frac{1}{k-1}}$

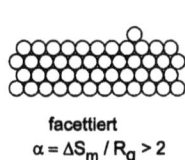

facettiert
$\alpha = \Delta S_m / R_g > 2$

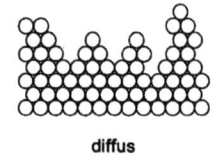

diffus
$\alpha = \Delta S_m / R_g < 2$

Bild 7 Facettierte und diffuse Grenzfläche zwischen Kristall und Schmelze.

lagern sich die Atome bevorzugt an Gitterplätzen an, wo sie möglichst viele Bindungen mit Kristallatomen eingehen können. Solche Gitterplätze sind in Winkeln und Löchern und nicht auf einer freien Oberfläche zu finden, so daß sich beim Wachstum immer erst eine Kristallebene auffüllt, bevor mit der nächsten begonnen wird. Auf atomarer Skala ist die Phasengrenze glatt und der entstehende Kristall ist facettiert (Bild 7). Die Kristallisation bezeichnet man in diesem Fall als facettiertes Wachstum. Bei ähnlichen Bindungsverhältnissen in Kristall und Schmelze stehen den Atomen in der flüssigen Phase praktisch alle Gitterplätze an der Grenzfläche gleichberechtigt zur Verfügung. Die Kristallisation erfolgt nicht durch einen Aufbau von Monolagen wie beim facettierten Wachstum, sondern die Anlagerung der Atome an den Kristall ist durch die Richtung des Wärmeflusses bestimmt. Auf atomarer Skala ist die Grenzfläche daher diffus, weshalb man

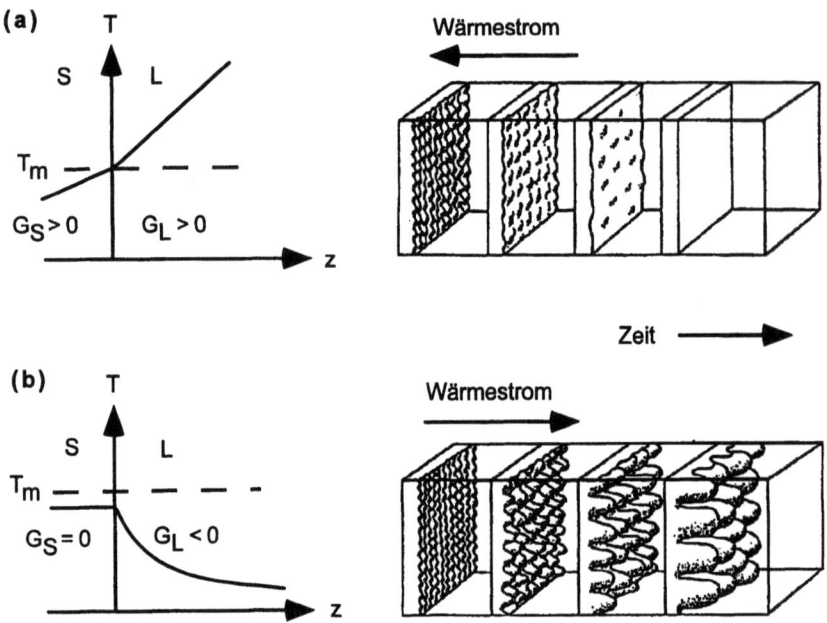

Bild 8 Stabilität der Erstarrungsfront wird in einem einkomponentigen Systemen durch die Richtung der Wärmeabfuhr bestimmt: (a) gerichtete Erstarrung und (b) Erstarrung einer unterkühlten Schmelze.

in diesem Fall auch von diffusem oder nicht-facettierten Wachstum spricht.

Der Unterschied der Bindungsverhältnisse in der flüssigen und festen Phase und damit die Tendenz zu facettiertem oder diffusem Wachstum zeigt sich in der Größe der molaren Schmelzentropie ΔS_m. Man definiert den α-Faktor als:

$$\alpha = \frac{\Delta S_m}{R_g}. \tag{30}$$

Für das Wachstum gilt näherungsweise:

$$\alpha > 2 \quad \text{facettiert} \tag{31}$$
$$\alpha < 2 \quad \text{diffus}.$$

Bei Metallen, mit denen wir uns hier hauptsächlich beschäftigen, ist in der Regel $\Delta S_m \approx 1 R_g$ und daher das Wachstum nicht facettiert.

Betrachten wir einen Kristall, der zunächst mit einer ebenen Erstarrungsfront in die Schmelze wächst (Bild 8). Um den Erstarrungsprozeß aufrechtzuerhalten, muß die an der Phasengrenze freiwerdende Schmelzwärme angeführt werden. Bei einem reinen Metall, also einem einkomponentigen System bestimmt die Richtung der Wärmeflusses bzw. der Temperaturgradient an der Phasengrenze, ob die Grenzfläche planar bleibt oder instabil wird. Die Richtung des Wärmeflusses kann durch die Prozeßführung bestimmt werden. Gießt man eine Schmelze in einen kalten Tiegel, so wird die Erstarrung an der Innenwand beginnen und die Wärme in Richtung des Tiegels, also in Richtung des Festkörpers entgegen der Wachstumsrichtung abgeführt, wie es in Bild

8 (a) dargestellt ist. Zufällig ausgebildete Störungen der ebenen Grenzfläche ragen in Bereiche höherer Temperatur hinein und schmelzen daher wieder ab. Die planare Erstarrungsfront ist also stabil.

Anders ist die Situation, wenn die Schmelze vor der Kristallisation unter die Schmelztemperatur T_m unterkühlt wird und die Erstarrung von einem zufällig gebildeten Keim im Inneren der Probe ausgeht. Durch die freiwerdende Kristallisationswärme wird die Grenzfläche aufgeheizt und befindet sich bei nahe T_m, während die Schmelze vor der Erstarrungsfront noch unterkühlt ist, Bild 8 (b). Die Kristallisationswärme wird also in die unterkühlte Schmelze abgeführt. Der negative Temperaturgradient G_L wirkt destabilisierend auf die Grenzfläche. Vorwachsende Ausbuchtungen ragen in die unterkühlte Schmelze hinein und an ihrer Spitze besteht ein größerer negative Temperaturgradient, wodurch diese Störungen schneller wachsen und sich verstärken. Andererseits hat eine Grenzfläche der Krümmung K aufgrund des Gibbs-Thomson-Effekts einen etwas niedrigeren Schmelzpunkt als eine ebene Grenzfläche. Die Schmelztemperatur ist um den Betrag

$$\Delta T_R = \frac{\sigma}{\Delta S_m^v}\left(\frac{1}{R_1} + \frac{1}{R_2}\right) = \Gamma K \qquad (32)$$

abgesenkt. Hier sind σ die Grenzflächenenergie, ΔS_m^v die Schmelzentropie pro Volumen, R_1, R_2 die lokalen Krümmungsradien und Γ der Gibbs-Thomson-Koeffizient. Durch den niedrigeren Schmelzpunkt ist der Temperaturgradient an der Spitze wieder etwas verringert und damit das Wachstum verzögert. Die Grenzflächenenergie σ wirkt also stabilisierend und führt dazu, daß die Krümmung nicht beliebig groß werden kann. ΔT_R wird auch als kapillare Unterkühlung oder Krümmungsunterkühlung bezeichnet. Auf den Gibbs-Thompson-Effekt wird noch in Kap. 10 eingegangen.

Zu beachten ist, daß die Erstarrung einer unterkühlten Probe in der Regel zweistufig abläuft, wie es in dem Temperaturverlauf in Bild 9 dargestellt ist. Dabei erstarrt die Probe nur in ersten Phase, der Rekaleszenz (=Wiedererwärmung) dendritisch, in der die freigesetzte Kristallisationswärme zu einem raschen Temperaturanstieg bis zur Schmelztemperatur T_m führt. Während der Rekaleszenz erstarrt die Probe nicht vollständig, sondern die primär entstandenen Dendriten sind noch von Restschmelze umgeben, die anschließend während der Plateauphase unter Gleichgewichtsbedingungen kristallisiert. Der dendritisch erstarrte Anteil der Probe nimmt mit dem Grad der Unterkühlung $\Delta T = T_m - T_N$ zu, wobei sich die Plateauzeit entsprechend verkürzt. Bei der sogenannten Hypercooling-Grenze ΔT_{hyp} reicht die gesamte Schmelzwärme ΔH_m gerade aus, um die Probe bis T_m aufzuheizen. Die Probe erstarrt dann vollständig während der

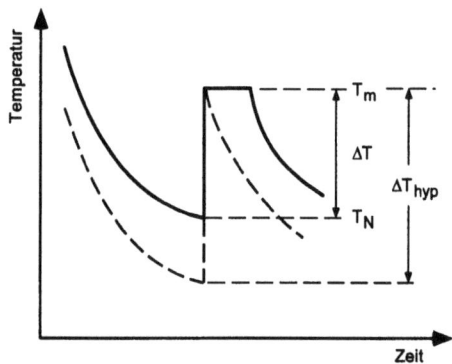

Bild 9 Temperatur-Zeit-Profil bei der Erstarrung einer unterkühlten Probe. Das schnelle Dendritenwachstum in die unterkühlte Schmelze führt durch die freiwerdende Kristallisationswärme zu einem raschen Temperaturanstieg (Rekaleszenz) bis zur Schmelztemperatur. Die interdendritische Restschmelze erstarrt anschließend während des Plateaus bei T_m.

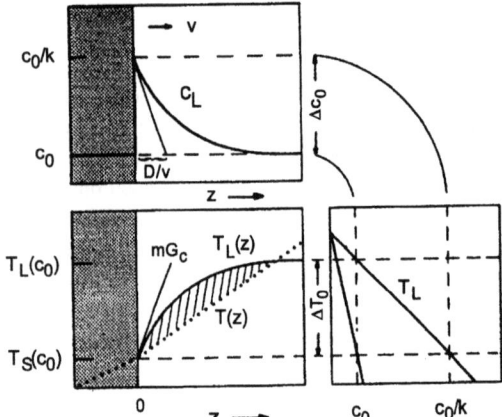

Bild 10 Morphologische Instabilität einer Legierung. Ist der Verlauf der wahren Temperatur $T(z)$ vor der Phasengrenze flacher als die Liquidustemperatur $T_L(z)$, tritt die konstitutionelle Unterkühlung auf, die zur Instabilität der Phasengrenze führt [Kurz & Fisher 1989].

Rekaleszenz und die Plateauphase verschwindet. Die kritische Unterkühlung ΔT_{hyp} läßt sich mit Hilfe der spezifischen Wärme der Schmelze durch

$$\Delta T_{hyp} = \frac{\Delta H_m}{c_p^L} \qquad (33)$$

abschätzen. Damit ergibt sich der Anteil der festen Phase f_S, der bei der Rekaleszenz erstarrt, durch

$$f_S = \frac{\Delta T}{\Delta T_{hyp}}. \qquad (34)$$

Bei weiterer Steigerung der Unterkühlung $\Delta T > \Delta T_{hyp}$ wird die Schmelztemperatur nicht mehr erreicht.

Die Erstarrungsmorphologie von Legierungen wird nicht nur durch die Temperaturgradienten bestimmt, sondern auch durch die Konzentrationsverhältnisse an der Grenzfläche. Erstmals wurde die morphologische Instabilität der Erstarrungsfront von [Tiller et al. 1953] sowie [Rutter & Chalmers 1953] diskutiert und schlugen den Begriff der „konstitutionellen Unterkühlung" vorgeschlagen. Konstitutionelle Unterkühlung ist ein spezieller Fall der Unterkühlung, der nur in Legierungssystemen auftritt und darauf beruht, daß vor der Erstarrungsfront trotz ansteigendem Temperaturgradienten die Temperatur lokal unter die Liquidustemperatur fällt, Bild 10. Bei stationärer gerichteter Erstarrung mit planarer Front entsteht eine Konzentrationserhöhung der Fremdkomponente an der Erstarrungsfront um c_0/k (vgl. Abschn. 1). Die Konzentration in der Schmelze fällt exponentiell auf c_0 ab:

$$c_L(z) = c_0 + \Delta c_0 \exp\left(-\frac{v}{D}z\right). \qquad (35)$$

Der Konzentrationsaufstau $c_L - c_0$ führt zur Absenkung der Liquidustemperatur T_L vor der Erstarrungsfront. Ist das Profil der wahren Temperatur $T(z)$ vor der Phasengrenze flacher als der Verlauf der Gleichgewichtstemperatur $T_L(z)$, ist die Schmelze konstitutionell unterkühlt. Vorwachsende Störungen reichen in die unterkühlte Schmelze hinein und werden verstärkt, da in diesem Bereich bessere Wachstumsbedingungen herrschen als an der Phasengrenze, die sich bei der lokalen Gleichgewichtstemperatur $T_L(z = 0)$ befindet. Die anfänglich planare Grenzfläche wird somit instabil. Liegt das Temperaturprofil $T(z)$ oberhalb $T_L(z)$, so werden vorwachsende Störungen wieder aufgeschmolzen, wodurch die Phasengrenze stabilisiert wird. Die Grenzbedingung für den Temperaturgradienten an der Grenzfläche G lautet:

$$G = \left(\frac{dT}{dz}\right)_{z=0} = \left(\frac{dT_L}{dz}\right)_{z=0} \quad (36)$$

bzw.

$$G = \left(\frac{dT_L}{dc_L}\right)\left(\frac{dc_L}{dz}\right)_{z=0} = m \cdot G_c \quad (37)$$

mit dem Konzentrationsgradient G_c an der Phasengrenze und der Steigung m der Liquiduslinie. Unter stationären Bedingungen gilt für die Massenbilanz an der Phasengrenze:

$$v \cdot \Delta c_0 = -D \cdot G_c.$$

Die linke Seite dieser Gleichung ist die solutale Differenz, die aufgrund der geringen Löslichkeit des Kristalls nicht eingebaut wird. Die rechte Seite ist die solutale Masse, die durch Diffusion in die Schmelze abtransportiert wird. Somit gilt:

$$G_c = -\frac{v}{D}\Delta c_0. \quad (38)$$

Dieser Ausdruck für den Konzentrationsgradienten kann man auch durch Differenzierung der Gleichung 35 erhalten. Durch Einsetzen in die Gleichung 37 ergibt sich die Grenzbedingung für das Auftreten der konstitutionellen Unterkühlung:

$$\left(\frac{G}{v}\right)_k = -m\frac{\Delta c_0}{D} = \frac{\Delta T_0}{D}. \quad (39)$$

Sobald das Verhältnis von G und v das Kriterium $(G/v)_k$ unterschreitet, kann eine planare Erstarrungsfront nicht mehr stabil weiterwachsen. Mit abnehmendem G/v-Wert bzw. mit zunehmender konstitutioneller Unterkühlung bilden sich zuerst Zellen, anschließend daran Dendriten und schließlich freiwachsende globulitische Kristalle.

Die Theorie der konstitutionellen Unterkühlung beinhaltet mehrere Vereinfachungen und fragt nur nach dem thermodynamisch stabilen Zustand. Nach [Mullins & Sekerka 1964] sowie [Sekerka 1965, 1968] wird die Methode der Störungsrechnung auf das dynamische Stabilitätsproblem der planaren Phasengrenze verwendet. Man beschreibt die planare Erstarrungsfront mit Hilfe eines Systems vier abhängiger Differentialgleichungen für die Temperatur und Konzentrationsfelder im Flüssigen und Festen. Über die Rahmenbedingungen werden alle physikalischen Eigenschaften erfaßt, z.B. die Wärmeleitfähigkeit im Flüssigen κ_L und im Festen κ_S, sowie die Grenzflächenspannungen der Phasengrenze (beschrieben durch den Gibbs-Thomson-Koeffizienten Γ). Der ebenen Phasengrenze wird eine kleine Störung in Form einer Sinusfunktion überlagert. Solange sich die Störung zurückbildet, stabilisieren die Temperatur- und Konzentrationsfelder die Phasengrenze. Bei Verstärkung der Störung wird die Phasengrenze instabil, und es kommt zu zellularem bzw. dendritischem Wachstum.

Wie in Bild 11 dargestellt wird der Verlauf der gestörten Grenzfläche angegeben durch:

$$z = \epsilon \cdot \sin(\omega y) \quad (40)$$

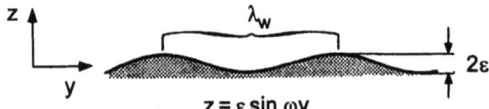

Bild 11 Sinusförmige Störung der Phasengrenze mit der Amplitude ϵ und der Wellenlänge λ_w, [Kurz & Fisher 1989].

Hierbei sind ϵ die Amplitude, λ_w die Wellenlänge und $\omega = 2\pi/\lambda_w$ die Wellenzahl. Nach der Analyse von Mullins und Sekerka hängt die Entwicklungsrate der Amplitude, $\dot{\epsilon} = d\epsilon/dt$ mit den Temperaturgradienten G_L und G_S sowie dem Konzentrationsgradienten G_c in der Schmelze vor der Phasengrenzfläche zusammen:

$$\frac{\dot{\epsilon}}{\epsilon} \sim -\bar{\kappa}_L G_L - \bar{\kappa}_S G_S + m G_c \xi_c - \Gamma \omega^2 \qquad (41)$$

Dabei sind $\bar{\kappa}_{L,S} = \kappa_{L,S}/(\kappa_L + \kappa_S)$ die mittleren Wärmeleitfähigkeiten im Flüssigen bzw. im Festen und die Stabilitätsfunktion ξ_c ist gegeben durch:

$$\xi_c = 1 - \frac{2 \cdot k}{\left[1 + \left(\frac{2 \cdot D \cdot \omega}{v}\right)^2\right]^{\frac{1}{2}} - 1 + 2 \cdot k}. \qquad (42)$$

Für $\dot{\epsilon}/\epsilon < 0$ bilden sich Störungen der Grenzfläche wieder zurück, so daß die planare Erstarrungsfront stabil ist. Hingegen ist für $\dot{\epsilon}/\epsilon > 0$ die planare Front instabil. Die Störungen werden verstärkt und wachsen weiter, verzweigen sich und bilden schließlich Dendriten.

Mit der Grenzbedingung für die morphologischen Instabilität

$$\frac{\dot{\epsilon}}{\epsilon} = 0 \qquad (43)$$

und der Beziehung 38 für den Konzentrationsgradienten findet man:

$$-G_e + \frac{v \cdot \Delta T_0}{D} \cdot \xi_c - \Gamma \cdot \omega^2 = 0. \qquad (44)$$

G_e ist der sogenannte effektive Temperaturgradient an der Erstarrungsfront:

$$G_e = \frac{G_S \cdot \kappa_S + G_L \cdot \kappa_L}{\kappa_S + \kappa_L}, \qquad (45)$$

Bei gerichteter Erstarrung wird häufig angenommen, daß die Unterschiede zwischen G_L und G_S sowie zwischen κ_L und κ_S vernachlässigt werden können und daß der effektive Temperaturgradient gleich dem durch den externen Wärmefluß aufgeprägten Temperturgradienten G ist, also $G_e = G$.

Bei sehr kleiner Geschwindigkeit v gilt für die Stabilitätsfunktion $\xi_c \to 1$. Außerdem ist der Term $\Gamma \cdot \omega^2$ in Gleichung 44 vernachlässigbar. Näherungsweise ergibt sich aus dieser Gleichung die kritische Geschwindigkeit v_c für die Phasengrenzstabilität unter konventionellen Bedingungen:

$$v_c = \frac{G \cdot D}{\Delta T_0}.$$

Dies entspricht dem Kriterium der konstitutionellen Unterkühlung bei gerichteter Erstarrung (Gl. 38). Bei sehr hoher Geschwindigkeit v gilt:

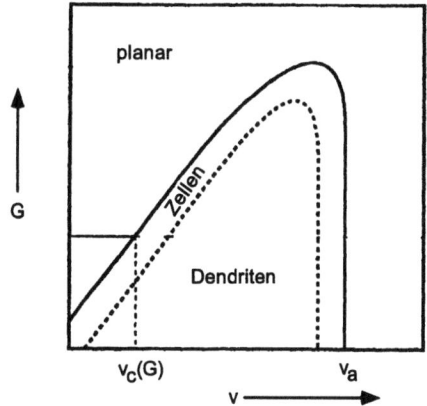

Bild 12 Erstarrungsmorphologie als Funktion des Temperaturgradienten G und der Erstarrungsgeschwindigkeit v bei gerichteter Erstarrung, [Kurz & Fisher 1989].

$$\xi_c \to \frac{\pi^2}{k \cdot \left(\frac{v \cdot \lambda_w}{2 \cdot D}\right)^2}. \tag{46}$$

Durch Einsetzen in Gleichung 44 und Vernachlässigung des Temperaturgradienten G_e, der häufig klein ist im Vergleich, erhält man die kritische Geschwindigkeit für die morphologische Stabilität bei rascher Erstarrung:

$$(v_{abs})_c = \frac{D\Delta T_0}{k\Gamma}. \tag{47}$$

Wenn die Erstarrungsgeschwindigkeit hoch genug ($v > (v_{abs})_c$) ist, wird wieder eine planare Erstarrung, die sogenannte absolute Stabilität, erreicht, Bild 12. Diese kritische Geschwindigkeit $(v_{abs})_c$ wird auch „solutale Grenze absoluter Stabilität" genannt, da bei gerichteter Erstarrung der Legierungen die solutale Diffusion eine dominierte Rolle spielt. Auf morphologische Übergänge bei hohen Erstarrungsraten und insbesondere bei unterschiedlichen Erstarrungstechniken wird im Kapitel 8 detaillierter eingegangen.

2.2 Experimentelle Beobachtungen

Die Untersuchung der Phasengrenzmorphologie im Zusammenhang mit Prozeßparametern wird häufig mittels der gerichteten Erstarrung durchgeführt, da bei diesem Verfahren der Temperaturgradient G_e (unter der Voraussetzung, daß $G_e = G$) exakt definierbar und beliebig einstellbar sind. Dabei wird einer Probe ein Temperaturgradient G aufgeprägt und unter Beibehaltung des Gradienten abgekühlt. Die gerichtete Erstarrung ist nicht nur eine moderne Technologie zur Herstellung von Bauteilen mit ausgerichtetem Gefüge, wie z. B. Turbinenschaufeln, sondern auch ein ideales Hilfsmittel zur Untersuchung des Erstarrungsverhaltens von Legierungen.

Bild 13 zeigt den Experimentaufbau zur gerichteten Erstarrung nach dem Bridgman-Prinzip, bei dem Temperaturgradient G und Erstarrungsgeschwindigkeit v unabhängig voneinander eingestellt werden können. Der Gradient G ergibt sich aus der Wahl der Temperaturen von Heizung und Kühlzone, die durch eine adiabatische Zone (Baffle) thermisch voneinander getrennt sind. Dabei wird das Temperaturprofil so eingestellt, daß die Temperatur im adiabatischen Bereich

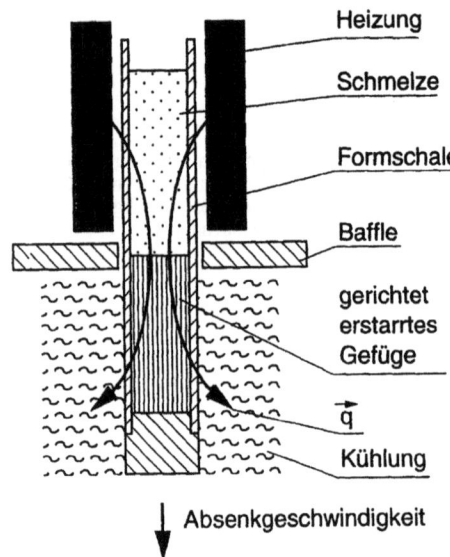

Bild 13 Schematische Darstellung des Bridgeman-Prozesses für die gerichtete Erstarrung.

gleich der Liquidustemperatur der Probe ist und sich die Phasengrenzfläche an dieser Stelle des Ofens befindet. Wird die Probe mit der Geschwindigkeit v nach unten gezogen, so bewegt sich die Erstarrungsfront mit der gleichen Geschwindigkeit v von unten nach oben durch die Probe.

Das Verfahren der gerichteten Erstarrung liefert ein gut auswertbares Gefüge, da es in eine Richtung und über weite Bereiche einheitlich wächst. Während der Erstarrungsvorgang in transparenten Substanzen direkt beobachtbar ist, bedarf es bei Metallen besonderer Techniken, um einen Zugang zu der Phasengrenze flüssig-fest zu bekommen. In der Regel wird die Restschmelze durch plötzliches Abschrecken in Wasser oder einer Flüssigmetallkühlung eingefroren.

Bild 14 zeigt als Ergebnis die Längsschliffe der Proben einer Ni-Basis-Legierung der technischen Bezeichnung SRR 99, die mit unterschiedlichen Geschwindigkeiten v erstarrt worden sind. Erwartungsgemäß wächst der Kristall bei geringem v mit ebener Erstarrungsfront. Die Erstarrungsmorphologie geht mit zunehmendem v zu zellularem und dann zu dendritischem Wachstum über. Bei weiterer Erhöhung der Erstarrungsgeschwindigkeit wird das dendritische Gefüge immer feiner bis die gerichtete Erstarrung trotz des aufgeprägten Temperaturgradienten in eine globulitische, d.h. ungerichtete Erstarrung übergeht.

Aus diesen Versuchsergebnissen lassen sich die kritischen G/v-Werte für die Übergänge der Erstarrungsmorphologie sowie für den Übergang von der gerichteten zur globulitischen Erstarrung abschätzen. Dazu ist der Temperaturgradient an der Erstarrungsfront mittels eines dünnen Thermoelementes, das in der Längsachse in einer definierten Höhe der Probe eingebaut war, ausgemessen worden. Auf diese Weise wurde ein Erstarrungsdiagramm in Bild 14 für die untersuchte Legierung ermittelt. Mit Hilfe dieses Diagramms kann man durch Wahl der Prozeßparameter das gewünschte Gußgefüge einstellen und so die Gebrauchseigenschaften optimieren.

Mit Technologien zur raschen Erstarrung, wie z.B. Meltspinning [Ma & Sahm 1992], kann man die Erstarrungsmorphologie bei extremer Abkühlrate untersuchen. Bei Meltspinning wird die Schmelze als stabiler Schmelzstrahl auf die Außenseite der rotierenden Kühlscheibe geführt, so daß sich ein stabiler Schmelzüberlauf bildet. Zwischen Kühlscheibe und Schmelzüberlauf erstarrt kontinuierlich das Band, das durch die Drehbewegung der Kühlscheibe aus dem Schmelze-

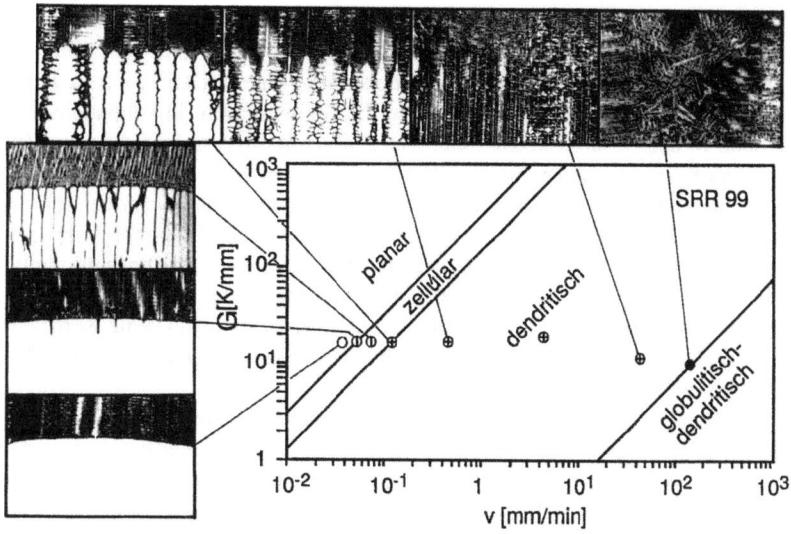

Bild 14 Das experimentell ermittelte Erstarrungsdiagramm für die Superlegierung SRR 99.

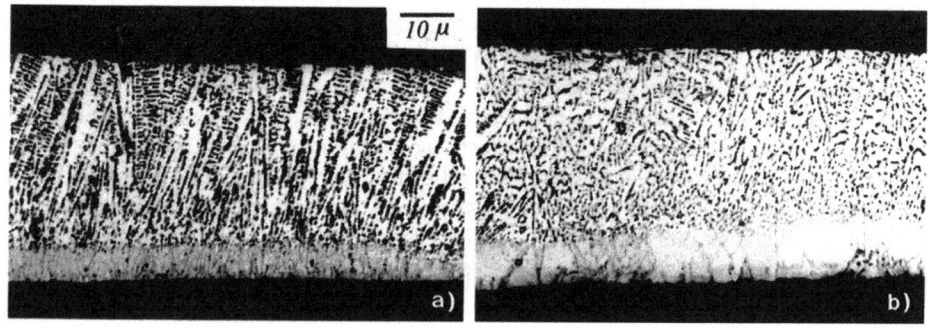

Bild 15 Typische Längsschliffe von Spinnbändern. Die planar erstarrte seigerungsfreie Zone an der Bandunterseite besteht aus Mikrokristallen (a) oder aus Grobkörnern (b). Im mittleren und oberen Bereich der Bänder sind eine zellulare bzw. dendritische Struktur zu erkennen.

reservoir gezogen wird. Der Verlauf der Bandentstehung, wobei die Wärme in der Schmelze in die Kühlscheibe gerichtet abgeführt wird, ist also ein typischer Prozeß der gerichteten Erstarrung von der Unterseite bis zur Oberseite des Bandes, wobei ein ausgerichtetes Gefüge entstehen kann. Während der Bandentstehung von unten nach oben nimmt die Erstarrungsgeschwindigkeit v jedoch dramatisch ab.

In Bild 15 wird das typische Erstarrungsgefüge der Spinnbänder dargestellt. Als Ergebnis der schnellen gerichteten Erstarrung wird hier ein sehr feines und ausgerichtetes Gefüge beobachtet. An der Bandunterseite ist eine bemerkenswerte planar erstarrte Zone zu erkennen. Diese seigerungsfreie Zone besteht normalerweise aus Mikrokristallen (Bild 15(a)). Senkrecht ausgehend von der Unterseite wachsen zahlreiche feine Kristalle bis zu einer scharfen Grenze, wo ein morphologischer Übergang zu Zellen stattfindet. Die Dicke dieser Zone bei nahezu allen Bändern beträgt 5 bis 10 μm. Untersuchungen mit dem Transmissions-Elektronenmikroskop (TEM) bestätigen, daß diese Zone aus seigerungsfrei erstarrten Mikrokristallen mit ca. 0.3 μm Durchmesser besteht. Im Bereich der Bandmitte geht die Gefügestruktur in kolumnare Zellen und Dendriten über. In der Abschreckzone treten gelegentlich wenige grobe Körner auf (Bild 15(b)). Diese groben Körner wachsen zuerst mit deutlich planarer Front eine gewisse Strecke und degenerieren dann zur feinen Zellenstruktur. Mit weiter abnehmendem v treten die Dendritenarme ungefähr in der Bandmitte auf. Dieses Phänomen ist ähnlich den morphologischen Übergängen bei der konventionellen gerichteten Erstarrung, wobei die Erstarrungsmorphologie mit zunehmendem v von planar über zellular zu dendritisch übergeht. Bei der Spinnbandbildung werden die gleichen Übergänge aber durch abnehmendes v hervorgerufen. Da die Kornzahl so gering ist, kann fast jedes große Korn von der Banduntersite bis zur Oberseite aufwachsen, wobei jedes Korn aus mehreren Dendriten besteht.

Mit Hilfe der Theorie der „absoluten Stabilität" kann die seigerungsfreie Erstarrung an der Banduntersite erklärt werden. Durch Einsetzen der Materialparameter der Legierung in Gleichung 47 erhält man die kritische Erstarrungsgeschwindigkeit für die absolute Stabilität $v_a = 793 mm/s$ [Ma & Sahm 1992]. Die entsprechende Banddicke ist $L_a = 0.0065 mm$. D. h. bis zu einer Banddicke von 6.5 μm ist das Spinnband möglicherweise schnell genug abgekühlt, um eine seigerungsfreie Erstarrung zu erreichen. Im Vergleich mit experimentellen Resultaten, wo in nahezu allen Spinnbändern eine seigerungsfrei erstarrte Zone von 5-10 μm entsteht, wird eine gute Übereinstimmung gefunden.

In einem kompletten Erstarrungsdiagramm, Bild 16, wird derEinfluß der Prozeßpararameter auf die Erstarrungsmorphologie, bei sowohl konventionellen als auch extremen Abkühlraten, dargestellt. Links der Linie für das Kriterium der konstitutionellen Unterkühlung wächst die Erstarrungsfront planar. Eine Erhöhung der Wachstumsgeschwindigkeit führt zur morphologischen Instabilität bzw. zu zellularem und dendritischem Wachstum. Bei weiterer Erhöhung der Geschwindigkeit gehen die immer feiner werdenden Dendriten wieder in Zellen über. Außerhalb der Linie der „absoluten Stabilität" hat die Erstarrungsfront die gleiche oder eine höhere Geschwindigkeit als die Diffusionsgeschwindigkeit der Atome in der Schmelze. Bevor die Atome der Legierungselemente gemäß dem Verteilungskoeffizient wegdiffundieren können, ist der Kristall mit der Konzentration der Schmelze weitergewachsen. Daher ist die seigerungslose Erstarrung wieder aufgetreten.

3 Gefügeausbildung und Gefügemerkmale

Um die Feinheit eines erstarrten Gefüges zu beschreiben, werden verschiedene Gefügemerkmale definiert. Zu den wichtigsten Gefügemerkmalen bei der gerichteten Erstarrung zählen der Radius der Dendritenspitze R, der Primärabstand λ und der Dendritenarmabstand λ_a, Bild 17. Die drei Gefügemerkmale werden in verschiedenen Wachstumsbereichen gebildet und sind auf unterschiedliche Weise mit den Prozeßparametern, wie dem Temperaturgradienten G und der Erstarrungsgeschwindigkeit v, verknüpft. Die Zellen- bzw. Dendritenspitze entsteht und existiert nur an der Erstarrungsfront. Das Spitzenwachstum ist derart wichtig, weil es den gesamten Erstarrungsvorgang startet und führt, und somit die Gefügeentstehung stark beeinflußt. Der Primärabstand λ wird als der Abstand zwischen den gerichtet wachsenden Zellen oder Dendriten definiert. Bei globulitischer Erstarrung ist der Korndurchmesser zu klein, um ein paralleles Wachstum mehrerer Stämme zuzulassen.

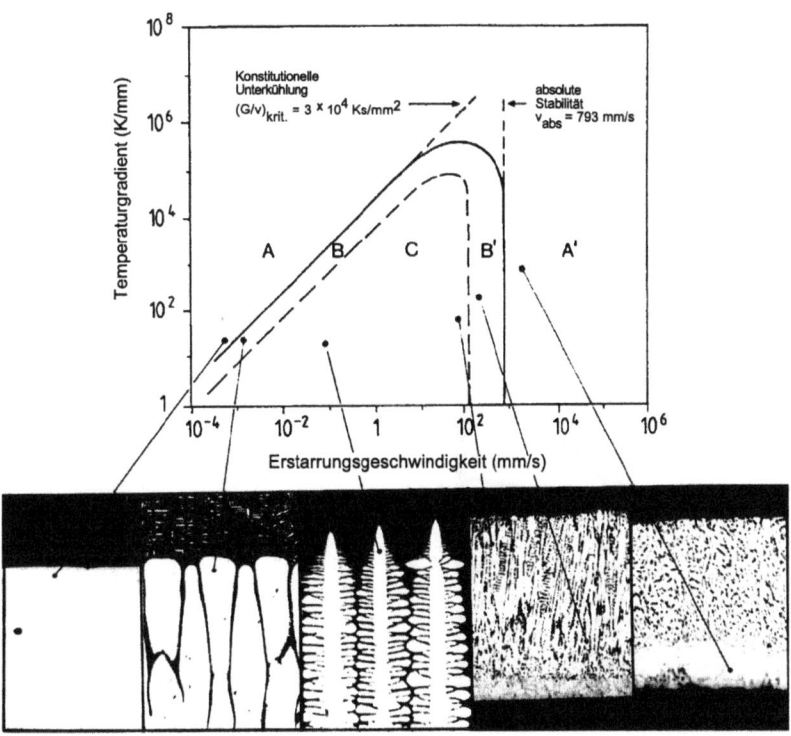

Bild 16 Das komplette Erstarrungsdiagramm für die Legierung IN 939 zeigt die Erstarrungsmorphologie in Abhängigkeit von Erstarrungsparametern einschließlich konventioneller und rascher Erstarrung. In den Zonen A - A', B-B' und C wachsen die Kristalle jeweils planar, zellular und dendritisch.

Für die dendritische Erstarrung ist der Dendritenarmabstand λ_a eine wichtige Gefügegröße. Während des Erstarrungsvorgangs vergrößert sich λ_a grundsätzlich, also als Funktion der lokalen Erstarrungszeit t_f: $\lambda_a \propto t_f^{\frac{1}{3}}$.

In Bild 18 ist eine schematische Darstellung der Gefügemerkmale R, λ und λ_a als Funktion der Erstarrungsgeschwindigkeit v. Wie ersichtlich ist der Verlauf von λ_a relativ einfach und kann mit $\lambda_a \propto v^{-1/3}$ gut beschrieben werden. Mit zunehmender Geschwindigkeit wird ein monotoner Abfall von R beobachtet. Im Gegensatz dazu steigt der Primärabstand λ dramatisch beim Morphologieübergang zellular-dendritisch. Nur im dendritischen Bereich wird eine einfache Geschwindigkeitsabhängigkeit der beiden Gefügemerkmale ermittelt:

$$R \propto v^{-1/2} \quad \text{bzw.} \quad \lambda \propto v^{-1/4}$$

Bei der Kristallisation von unterkühlten Schmelzen ist die Unterkühlung ΔT der wesentliche Prozeßparameter. Die an der Phasengrenze freiwerdende Kristallsisationswärme wird nicht über den Kristall nach außen, z.B. an eine Tiegelwand, abgeführt, sondern die unterkühlte Schmelze vor der Erstarrungsfront dient als Wärmesenke. Somit stellen sich der Temperaturgradient an der Phasengrenze und die Erstarrungsgeschwindigkeit je nach Grad der Unterkühlung $\Delta T = T_L - T_N$ (T_N: Nukleationstemperatur) ein.

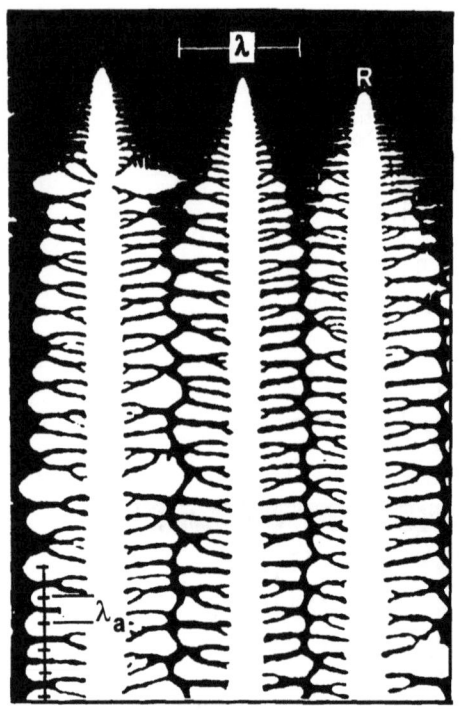

Bild 17 Das typisch dendritische Gefüge einer gerichtet erstarrten Superlegierung IN 939. Die drei wichtigsten Gefügemerkmale, nämlich der Spitzenradius R, der Primärabstand λ und der Dendritenarmabstand λ_a sind dargestellt.

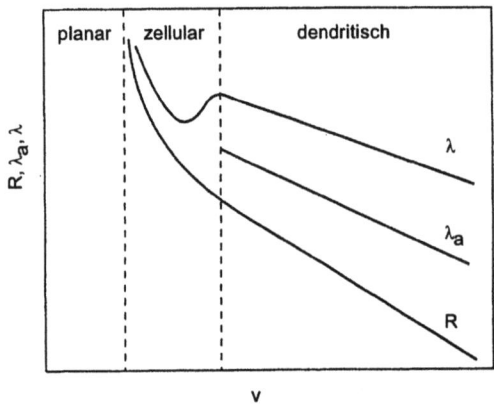

Bild 18 Schematische Darstellung der drei wichtigsten Gefügemerkmale - Spitzenradius R, Primärabstand λ und Dendritenarmabstand λ_a - als Funktion der Erstarrungsgeschwindigkeit v.

3.1 Wachstum der Dendritenspitze

Ausgehend von experimentellen Ergebnissen und den Analysen zur morphologischen Stabilität einer planaren Grenzfläche (Gln. 41 u. 43) schlugen [Langer & Müller-Krumbhaar 1977] vor, daß der Krümmungsradius R der Dendritenspitze der kürzesten Wellenlänge λ_i für die morphologische Instabilität entspricht:

$$R = \lambda_i. \tag{48}$$

Dies ist auch als die Hypothese der marginalen Stabilität bekannt. Sie ist physikalisch zwar nicht begründbar, stimmt aber mit experimentellen Messungen gut überein [Glicksman et al. 1976]. Für die morphologische Instabilität gilt nach Gl. 45 die Grenzbedingung:

$$-G_e + m \cdot G_c \cdot \xi_c - \Gamma \cdot \left(\frac{2\pi}{\lambda_i}\right)^2 = 0$$

mit dem effektiven Temperaturgradienten an der Phasengrenze $G_e = \bar{\kappa}_L G_L + \bar{\kappa}_S G_S$. Aus der entsprechenden kürzesten Wellenlänge an der Grenze zur morphologischen Stabilität ergibt sich somit für den Krümmungsradius der Dendritenspitze:

$$R^2 = 4\pi^2 \frac{\Gamma}{mG_c\xi_c - G_e}. \tag{49}$$

Der Stabilitätsparameter ξ_c kann ausgedrückt werden durch:

$$\xi_c = 1 - \frac{2k}{\left[1 + (2\pi/P_c)^2\right]^{\frac{1}{2}} - 1 + 2k} \tag{50}$$

mit der solutalen Péclet-Zahl $P_c = \frac{vR}{2D}$.

Allgemeiner ergeben Stabilitätsanalysen als Resultat:

$$R^2 = \frac{1}{\sigma^*} \frac{\Gamma}{mG_c\xi_c - G_e}, \tag{51}$$

wobei die Stabilitätskonstante σ^* von der Geometrie der betrachteten Grenzfläche abhängt:

$\sigma^* = (4\pi^2)^{-1} \approx 0.0253$ planare Grenzfläche
$\sigma^* = 0.0192$ sphärische Grenzfläche
$\sigma^* = 0.025$ parabolische Grenzfläche.

Die Stabilitätsanalyse auf mikroskopischer Ebene und unter Berücksichtigung einer Anisotropie von Grenzflächenenergie und -kinetik führen auf die Bedingung der „Mikroskopischen Solvabilität". Die Bedingungsgleichung für den sich einstellenden Dendritenradius ist formal identisch mit Gl. 49, wobei die Stabilitätskonstante σ^* von der Stärke der Anisotropie abhängt.

Gerichtete Erstarrung

Um mit Gl. 49 bzw. 51 den Dendritenradius zu bestimmen, müssen der Konzentrationsgradienten G_c in der Schmelze und der effektive Temperaturgradient G_e bekannt sein. Bei gerichteter Erstarrung ist $G_e = G$ (G: aufgeprägter Temperaturgradient) durch den externen Wärmefluß vorgegeben. Für den Konzentrationsgradienten an der Phasengrenze ergibt eine einfache Massenbilanz eine allgemeine Relation zwischen G_c und den Konzentrationen c_L^* und c_S^*:

$$-D \cdot G_c = v \cdot (c_L^* - c_S^*) = v \cdot c_L^* \cdot (1 - k), \tag{52}$$

Zur Bestimmung von c_L^* hat [Ivantsov 1947] eine zeitunabhängige Form der Dendritenspitze angenommen, die sich mit konstanter Geschwindigkeit v bewegt. In der Schmelze fällt die Konzentration von c_L^* an der Spitze auf c_0 weit vor der Erstarrungsfront ab (c_0: Konzentration der Legierung). Mit diesen Annahmen ergibt die Lösung der stationären Diffusionsgleichung Rotationsparaboloide für die Form der Grenzfläche, wobei die Längenskala durch den Krümmungsradius R bestimmt ist. Für die solutale Übersättigung Ω findet man:

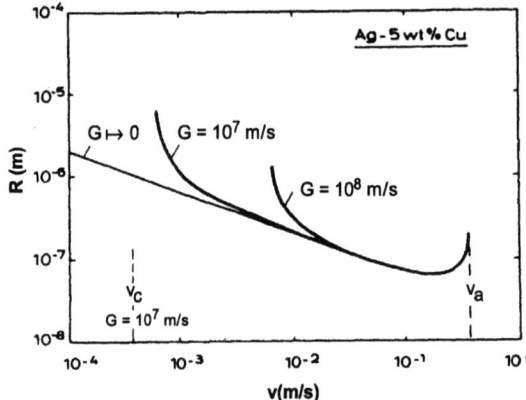

Bild 19 Spitzenradius R als Funktion der Wachstumsgeschwindigkeit v in der Legierung Ag-5% Cu nach dem Modell von W. Kurz, B. Giovanola und R. Trivedi 1986 (K-G-T-Modell).

$$\Omega = \frac{c_L^* - c_0}{c_L^* - c_S^*} = \frac{c_L^* - c_0}{c_L^* \cdot (1-k)} = I(P_c). \tag{53}$$

Hierbei ist I die sogenannte Ivantsov-Funktion:

$$I(x) = x \cdot \exp(x) \cdot \int_x^\infty \frac{1}{u} \exp(-u) du \tag{54}$$

Eine Verallgemeinerung nach [Horvay & Cahn 1961] ergab, daß auch elliptische Rotationsparaboloide Lösungen des Diffusionsproblems sein können. Mit der Ivantsov-Lösung ergibt sich für die Konzentration:

$$c_L^* = \frac{c_0}{1 - (1-k) \cdot \Omega} = \frac{c_0}{1 - (1-k) \cdot I(P_c)} \tag{55}$$

Mit Gleichung 52 erhält man den Konzentrationsgradient an der Spitze:

$$G_c = -v \cdot c_L^* \cdot (1-k)/D \tag{56}$$

Setzt man die Gleichung 55 in 56 und dann in 49 ein, so folgt:

$$\left(\frac{2P_c D}{v}\right)^2 = 4 \cdot \pi^2 \cdot \frac{\Gamma}{m \cdot \frac{-v \cdot (1-k)}{D} \cdot \frac{c_0}{1-(1-k) \cdot I(P_c)} \cdot \xi_c - G_e} \tag{57}$$

bzw.

$$\frac{\pi^2 \cdot \Gamma}{P_c^2 \cdot D^2} \cdot v^2 + \frac{m \cdot c_0 \cdot (1-k) \cdot \xi_c}{D \cdot [1-(1-k) \cdot I(P_c)]} \cdot v + G_e = 0 \tag{58}$$

Dies ist das Modell von W. Kurz, B. Giovanola und R. Trivedi (K-G-T Modell) [Kurz et al. 1986], wobei R bzw. $P_c = vR/2D$ als Funktion von v und G angegeben werden. Wie vorher diskutiert gilt $\xi_c = 1$ bei niedriger Geschwindigkeit bzw. bei kleinen Péclet-Zahlen $P_c \ll 1$. Eingesetzt in Gleichung 58 ergibt sich das Modell von [Esaka & Kurz 1985]. Als Beispiel zeigt Bild 19 das nach mit dem K-G-T Modell berechnete $R-v$-Diagramm bei verschiedenen Temperaturgradienten G für eine Ag-Cu Legierung.

Eine einfachere Lösung für das Diffusionsfeld vor der Dendritenspitze stammt von [Kurz & Fisher 1981]. Sie nahmen, wie schon [Zener 1946], für die Dendritenspitze eine hemispärische

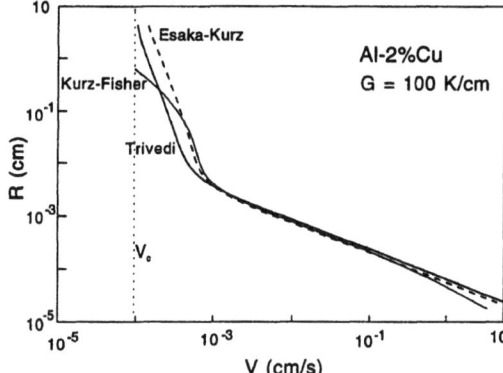

Bild 20 Spitzenradius R als Funktion der Wachstumsgeschwindigkeit v in der Legierung Al-% Cu nach den Modellen von W. Kurz und D.J. Fisher 1981, H. Esaka und W. Kurz 1985 Sowie R. Trivedi 1986.

Form an. Die Flußbilanz für den Stofftransport ergibt eine einfache Beziehung zwischen solutaler Übersättigung Ω und solutaler Péclet-Zahl:

$$\Omega = P_c.$$

Durch Ersetzen von $I(P_c)$ durch P_c und mit $\xi_c = 1$ in Gleichung 58 ergibt das Kurz-Fisher-Modell:

$$\frac{4\pi^2 \cdot \Gamma}{R^2} - \frac{m \cdot c_0}{\frac{R}{2} - \frac{D}{(1-k) \cdot v}} + G = 0 \qquad (59)$$

Für mäßige Geschwindigkeiten bzw. bei dendritischer Erstarrung ist der Einfluß von G vernachlässigbar. In diesem Fall vereinfacht sich die Kurz-Fisher-Lösung (Gl. 59) zu:

$$vR^2 = \frac{4 \cdot \pi^2 \cdot \Gamma \cdot D}{k \cdot \Delta T_0} \qquad (60)$$

Ein Modell, in dem kappilare Effekte berücksichtigt werden gibt [Trivedi 1980]. Die Péclet-Zahl P_c bzw. der Dendritenradius R werden durch eine komplizierte Funktion der Prozeßparameter beschrieben:

$$\frac{L\Gamma}{2kD\Delta T_0 P^2}[1 - F_2(P_c)]v^2 - [1 - (1-k)I(P)]^{-1}v + \frac{GD}{k\Delta T_0}[1 - F_1(P_c)] = 0 \qquad (61)$$

wobei F_1 und F_2 jeweils Funktionen von P_c sind. L ist eine harmonische Perturbationskonstante und wird als 28 gesetzt. Dieses Modell ist sehr kompliziert, kann jedoch für das dendritische Wachstum bei mäßiger Geschwindigkeit zu folgender Beziehung vereinfacht werden:

$$vR^2 = \frac{2LD\Gamma}{\Delta T_0} \qquad (62)$$

Mit den Modellen von Esaka-Kurz, Kurz-Fisher sowie Trivedi wurde der Spitzenradius R für eine Al-Cu-Legierung berechnet. In Bild 20 werden die entsprechende $R - v$-Kurven zum Vergleich miteinander dargestellt.

Für gerichtete Erstarrung haben D. Ma und P. R. Sahm die mit BBF-Seigerungsmodell [Bower et al. 1966] berechnete Spitzenkonzentration

$$c_L^* = c_0 - \frac{DG}{mv}$$

benutzt, um den Konzentrationsgradienten G_c (Gl. 56) zu berechnen. Mit dem vereinfachten Kriterium der marginalen Stabilität ($\xi_c = 1$) nach Gl. 49

$$R = 2\pi \left(\frac{\Gamma}{mG_c - G} \right)^{\frac{1}{2}} \quad (63)$$

erhält man R als eine einfache explizite Funktion von G und v:

$$R = 2\pi \left(\frac{\Gamma}{\frac{k\Delta T_0 v}{D} - kG} \right)^{\frac{1}{2}} \quad (64)$$

Es ist interessant festzustellen, daß diese Gleichung trotz ihrer Einfachheit eine rationale Beschreibung für den Spitzenradius liefert. Mit der Abnahme der Erstarrungsgeschwindigkeit v zu $v_c = GD/\Delta T_0$ wird R unendlich groß, wie es bei einer planaren Erstarrung zu erwarten ist. Auf der anderen Seite der Gleichung wird der Term kG mit zunehmendem v vernachlässigbar. In diesem Fall kann sie vereinfacht werden zu:

$$R = 2\pi \left(\frac{D\Gamma}{k\Delta T_0 v} \right)^{\frac{1}{2}} \quad (65)$$

was wiederum exakt die gleiche Vereinfachung von [Kurz & Fisher 1981] sowie von anderen Modellen [Esaka & Kurz 1985, Kurz et al. 1986] zur Berechnung für den Spitzenradius im Bereich dendritischer Erstarrung ist. Zum Vergleich werden in Tabelle 2 die oben erwähnten Modelle für den Spitzenradius R aufgelistet.

Tabelle 2 Modelle für den dendritischen Spitzenradius R

Modell	generelle Lösung	Vereinfachung Dendriten
K-G-T	$\frac{\pi^2 \cdot \Gamma}{P^2 \cdot D^2} \cdot v^2 + \frac{m \cdot c_0 \cdot (1-k) \cdot \xi_c}{D \cdot [1-(1-k) \cdot I(P)]} \cdot v + G = 0$	$R^2 = \frac{4 \cdot \pi^2 \cdot \Gamma \cdot D}{k \cdot \Delta T_0 \cdot v}$
Esaka-Kurz	$\frac{\pi^2 \cdot \Gamma}{P^2 \cdot D^2} \cdot v^2 + \frac{m \cdot c_0 \cdot (1-k)}{D \cdot [1-(1-k) \cdot I(P)]} \cdot v + G = 0$	$R^2 = \frac{4 \cdot \pi^2 \cdot \Gamma \cdot D}{k \cdot \Delta T_0 \cdot v}$
Kurz-Fisher	$\frac{4\pi^2 \cdot \Gamma}{R^2} - \frac{m \cdot c_0}{\frac{K}{2} - \frac{D}{(1-k) \cdot v}} + G = 0$	$R^2 = \frac{4 \cdot \pi^2 \cdot \Gamma \cdot D}{k \cdot \Delta T_0 \cdot v}$
Trivedi	$\frac{L\Gamma[1-F_2(P)]}{2kD\Delta T_0 P^2} v^2 - [1-(1-k)I(P)]^{-1} v + \frac{GD}{k\Delta T_0}[1-F_1(P)] = 0$	$R^2 = \frac{2L \cdot \Gamma \cdot D}{\Delta T_0 \cdot v}$
Ma-Sahm	$R^2 = \frac{4\pi^2 \Gamma}{\frac{k\Delta T_0 v}{D} - kG}$	$R^2 = \frac{4 \cdot \pi^2 \cdot \Gamma \cdot D}{k \cdot \Delta T_0 \cdot v}$

Zur vollständigen Beschreibung des Spitzenwachstums benötigt man die Temperatur der Dendritenspitze T^* bzw. die Unterkühlung $\Delta T^* = T_L - T^*$. Zum einen ist die Temperatur der Grenzfläche gegenüber der Liquidustemperatur aufgrund der konstitutionellen Unterkühlung abgesenkt. Mit Gleichung 55 erhält man sofort den Betrag der konstitutionellen Unterkühlung der Dendritenspitze:

$$\Delta T_c = m(c_0 - c_L^*) = mc_0 \left(1 - \frac{1}{1-(1-k)I(P_c)} \right). \quad (66)$$

Berücksichtigt man die Korrektur der Liquidustemperatur T_L um die kappilare Unterkühlung ΔT_R (Gl. 32), so ergibt die Temperatur der Dendritenspitze zu:

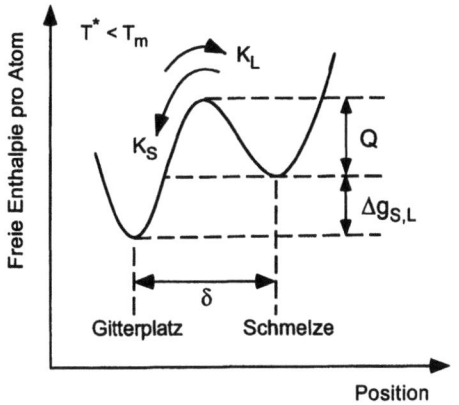

Bild 21 Freie Enthalpie pro Atom g als Funktion der Position eines Atoms an der Grenzfläche zwischen Kristall und Schmelze.

$$T^* = T_L - \Delta T_R - \Delta T_c. \qquad (67)$$

In Gleichung 67 wird vorausgesetzt, daß sich die Phasengrenze im thermodynamischen Gleichgewicht befindet. Streng genommen ist dies nicht der Fall, denn bei einem Gleichgewicht zwischen Festkörper und Schmelze würde sich die Grenzfläche nicht bewegen, also wäre $v = 0$. Die Grenzfläche ist jedoch kinetisch unterkühlt und verschiebt sich, weil sich mehr Atome aus der Schmelze an den Festkörper anlagern als umgekehrt die Atome wieder in die Schmelze gelangen. Zur Beschreibung der Grenzflächentemperatur bedarf es eines weiteren Korrekturterms aufgrund der kinetischen Unterkühlung.

Diese Situation ist in Bild 21 der Einfachheit halber für ein einkomponentiges System anhand eines Potentialschemas der Atome an der Phasengrenze veranschaulicht. Dabei wird eine Energiebarriere Q zwischen beiden Zuständen (fest und flüssig) angenommen, deren Ursprung dadurch herrührt, daß die Atome bei der Anlagerung an den Kristall durch ihre Nachbaratome gehindert werden, sofort den richtigen Gitterplatz zu erreichen. Der Nicht-Gleichgewichtszustand kommt darin zum Ausdruck, daß die freie Enthalpie pro Atom in der festen Phase niedriger ist als in der Flüssigkeit, also $\Delta g_{S,L} = g_S - g_L < 0$. Nimmt man für die Anlagerungs- und Ablagerungsraten K_S bzw. K_L eine Boltzmann-Statistik an, so erhält man mit $v = \delta \cdot (K_S - K_L)$ (δ: Dicke einer Monolage) für die Kristallisationsgeschwindigkeit [Frenkel 1932]:

$$v = v_0 \cdot \left(1 - \exp\left(\frac{\Delta g_{S,L}}{k_B T^*}\right)\right). \qquad (68)$$

Der Vorfaktor ergibt sich zu:

$$v_0 = f \nu \delta \cdot e^{-\frac{Q}{k_B T^*}}. \qquad (69)$$

ν ist eine charakteristische Schwingungsfrequenz der Atome ($\sim 10^{13}$ Hz) und f der Bruchteil der zugänglichen Gitterplätze bei der Anlagerung (bei dicht-gepackten Metallen erwartet man $f \approx 1$).

Man erkennt an Gleichung 68, daß im thermodynamischen Gleichgewicht bei $T^* = T_m$ wegen $\Delta g_{S,L} = 0$ die Erstarrungsgeschwindigkeit $v = 0$ wird. Nur für den Fall, daß die Grenzflächentemperatur T^* kleiner ist als die Schmelztemperatur T_m wird $\Delta g_{S,L} < 0$ und somit $v > 0$. Während der Erstarrung ist also die Grenzfläche um den Betrag $\Delta T_k = T_m - T^*$ kinetisch unterkühlt.

Oft wird die kinetische Unterkühlung abgeschätzt durch die Entwicklung des Exponentialterms in der Wachstumsgleichung 68 bis zur 1. Ordnung und durch die Näherung der freien Enthalpiedifferenz pro Mol durch (vgl. Kapitel 4):

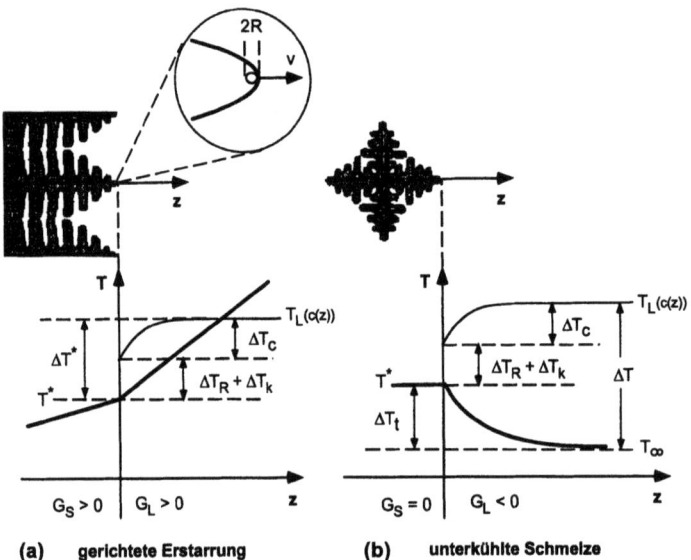

Bild 22 Schematischer Temperaturverlauf vor der Dendritenspitze bei der Erstarrung einer Legierung: (a) gerichtete Erstarrung ($G_L > 0, G_S > 0$) und (b) freies Denditenwachstum in einer unterkühlten Schmelze ($G_L < 0, G_S = 0$). Die Spitzentemperatur T^* ist beiden Fällen um die konstitutionelle (ΔT_c), die kapillare (ΔT_R) und die kinetische Unterkühlung (ΔT_k) gegenüber der Liquidustemperatur T_L abgesenkt.

$$\Delta G_{S,L} \approx \Delta H_m \frac{T_m - T^*}{T^*}$$

mit der molaren Schmelzenthalpie ΔH_m. Mit diesen Annahmen wächst die kinetische Unterkühlung linear mit der Erstarrungsgeschwindigkeit:

$$\Delta T_k = \frac{R_g T_m^2}{\Delta H_m} \frac{v}{v_0} = \frac{v}{\mu}. \tag{70}$$

mit dem kinetischen Wachstumskoeffizienten $\mu = v \Delta H_m / (R_g T_m^2)$ und der allgemeinen Gaskonstanten R_g.

Bei Legierungen ist also die Grenzflächentemperatur gegenüber der Liquidustemperatur um insgesamt drei Beiträge abgesenkt, die konstitutionelle, die kapillare und kinetische Unterkühlung (Bild 22(a)):

$$\Delta T^* = T_L - T^* = \Delta T_c + \Delta T_R + \Delta T_k. \tag{71}$$

Nicht-Gleichgewichts-Effekte an der Erstarrungsfront gewinnen mit steigender Wachstumsgeschwindigkeit zunehmend an Bedeutung, worauf im Kapitel 8 detailliert eingegangen wird.

Das Spitzenwachstum bei der gerichteten Erstarrung ist durch die Gleichungen 49 bis 71 vollständig charakterisiert. Aus den Prozeßparametern G und v können der Dendritenradius R sowie die Temperatur- und Konzentrationsverhältnisse an der Dendritenspitze (T^*, c_L^*, c_S^*) ermittelt werden.

Wachstum in unterkühlten Schmelzen

Bei der ungerichteten Erstarrung einer unterkühlten Schmelze stellen sich der Temperaturgradient an der Phasengrenze und die Erstarrungsgeschwindigkeit je nach der Temperatur der Schmelze T_N vor der Erstarrung bzw. je nach Unterkühlung ΔT ein. Zur Lösung dieses Problems wird angenommen, daß die Dendritspitze die Form eines Rotationsparaboloid besitzt und sich mit konstanter Geschwindigkeit v bewegt [Ivantsov 1947]. Die Temperatur der Schmelze weit vor der Erstarrungsfront ist $T_\infty = T_N$ und bedingt durch die Kristallisationwärme befindet sich die Grenzfläche bei einer Temperatur $T^* > T_\infty$, Bild 22(b)). Zur Beschreibung des Dendritenwachstums wird angenommen, daß die Grenzfläche isotherm ist und daß die freiwerdende Kristallisationwärme ausschließlich in die unterkühlte Schmelze abgeführt wird, also $G_L < 0$ und $G_S = 0$. Unter diesen Voraussetzungen ergibt die Lösung der stationären Wärmeleitungsgleichung analog zur Lösung des Diffusionsproblems (Gleichung 53) für die sogenannte thermische Unterkühlung ΔT_t die Beziehung:

$$\Delta T_t = T^* - T_\infty = \frac{\Delta H_m}{c_p^L} \cdot I(P_t). \tag{72}$$

Dabei sind ΔH_m die molare Schmelzenthalpie, c_p^L die spezifische Wärme der flüssigen Phase und $P_t = vR/a_L$ die thermische Pécletzahl. $a_L = \kappa_L / \rho_{m,L} c_p^L$ ($\rho_{m,L}$: molare Dichte der Flüssigkeit) ist die Wärmeleitzahl in der Schmelze.

In dem Modell von Lipton, Kurz und Trivedi (LKT-Theorie) wird die gesamte Unterkühlung $\Delta T = T_L - T_\infty$ als Summe von verschiedenen Beiträgen dargestellt. Die Spitzentemperatur T^* ist gleich der Liquidustemperatur abzüglich der kappilaren, der konstitutionellen und der kinetischen Unterkühlung (Gln. 32, 66 und 70):

$$T^* = T_L - \Delta T_R - \Delta T_c - \Delta T_k.$$

Man beachte, daß die Unterkühlung der Dendritenspitze $T_L - T^*$ wie bei der gerichteten Erstarrung durch Gleichung 71 gegeben ist, wobei beim Wachstum in unterkühlten Schmelzen die Erstarrungsgeschwindigkeit noch mit der thermischen Unterkühlung ΔT_t bzw. mit der gesamten Unterkühlung ΔT korreliert. Alle Unterkühlungsbeiträge (Bild 22(b)) zusammen genommen ergeben schließlich, daß die gesamte Unterkühlung eine Funktion von v und R ist:

$$\Delta T = T_L - T_\infty = (T_L - T^*) + (T^* - T_\infty) = \Delta T_c + \Delta T_R + \Delta T_k + \Delta T_t \equiv f(v,R). \tag{73}$$

Das Problem ist damit noch nicht eindeutig gelöst, da die Beziehung 73 bei gegebener Unterkühlung ΔT unendlich viele Paare (v,R) zuläßt. Eine zweite Bestimmungsgleichung liefert das Kriterium der marginalen Stabilität (Gl. 49), dem der Radius der Dendritenspitze R genügt. Wegen $G_S = 0$ ist der effektive Temperaturgradient an der Phasengrenze $G_e = \bar{\kappa}_L G_L$. Den Temperaturgradienten in der Schmelze an der Dendritenspitze G_L erhält man durch die Betrachtung der Wärmemenge $v \cdot \Delta H_V$ (ΔH_V: Schmelzenthalpie pro Volumeneinheit), die pro Zeit- und Flächeneinheit von der Phasengrenze in die unterkühlte Schmelze abgeführt wird und die gleich dem Wärmestrom $j = -\kappa_L G_L$ ist:

$$G_L = -\frac{v \Delta H_m \rho_{m,L}}{\kappa_L} = -\frac{v}{a_L} \frac{\Delta H_m}{c_p^L} \tag{74}$$

Zusammen mit Gl. 56 für den Konzentrationsgradienten erhält man aus Gl. 49:

$$R^2 = \frac{4\pi^2 \Gamma}{m \cdot \frac{-v \cdot (1-k)}{D} \frac{c_0}{1-(1-k) \cdot I(P_c)} \cdot \xi_c + \frac{v}{a_L} \frac{\Delta H_m}{c_p^L} \cdot \bar{\kappa}_L}. \tag{75}$$

Die Gleichungen 73 und 75 ergeben einen eindeutigen Zusammenhang zwischen ΔT, v und R für das Dendritenwachstum in unterkühlten Schmelzen.

3.2 Der Primärabstand λ

Der Primärabstand λ, der je nach Erstarrungsmorphologie dem Zellen- bzw. Dendritenabstand entspricht, ist das wichtigste Gefügemerkmal bei der gerichteten Erstarrung. Zur Entwicklung theoretischer Beziehungen zwischen dem Primärabstand, den Erstarrungsparametern und den materialspezifischen Größen wurden mehrere Ansätze vorgeschlagen.

Eine erste Näherungslösung für den Primärabstand wurde von [Hunt 1979] vorgegeben. In Anlehnung an seine Untersuchungen zur Zellen- bzw. Dendritenspitzentemperatur berücksichtigte er die Temperatur- und Konzentrationsverhältnisse sowie die Diffusionsvorgänge. Damit lieferte er die folgende Beziehung zwischen dem Spitzenradius R und dem Primärabstand λ:

$$\frac{\lambda^2 G}{R} = 4\sqrt{2}\left(\frac{DG}{v} - mc_l(1-k)\right) \tag{76}$$

Hunt benutzte den Ausdruck für R, der sich aus dem Wachstumsproblem für einzelne Dendriten ergeben hatte und nahm an, daß eine minimale Unterkühlung an der Spitze herrscht. Als Ergebnis erhielt er schließlich:

$$\lambda^4 G^2 v = 64 k D \Gamma \left(\Delta T_0 - \frac{DG}{v}\right) \tag{77}$$

Für mäßige Erstarrungsgeschwindigkeiten ist der Term kGD/v vernachlässigbar, und es ergibt sich:

$$\lambda = (64 k D \Gamma \Delta T_0)^{\frac{1}{4}} \cdot G^{-\frac{1}{2}} \cdot v^{-\frac{1}{4}} \tag{78}$$

R. Trivedi veränderte das Modell von Hunt, indem er das marginale Stabilitätskriterium benutzte, um den Spitzenradius und die Liquiduskonzentration an der Spitze, c_l, zu bestimmen [Trivedi 1984]. Damit ergibt sich eine Beziehung zwischen Primärabstand und Spitzenradius R:

$$\lambda^2 = \frac{8\sqrt{2} \cdot L D \Gamma}{vRG} \tag{79}$$

Dabei ist R jedoch selbst eine komplizierte Funktion von Materialeigenschaften und Erstarrungsbedingungen, (Gleichung 61). Für mäßige Erstarrungsgeschwindigkeiten wird die Beschreibung zu Gleichung 62 vereinfacht. Durch Einsetzen in Gleichung 79 ergibt sich:

$$\lambda = (64 L D \Gamma \Delta T_0)^{\frac{1}{4}} \cdot G^{-\frac{1}{2}} \cdot v^{-\frac{1}{4}} \tag{80}$$

Ein weiterer Ansatz zur Lösung dieser Probleme wurde von [Kurz & Fisher 1981] unter Verwendung ihrer Ergebnisse zur Beeinflussung des Zellen- bzw. Dendritenspitzenradius R durch die Erstarrungsparameter vorgeschlagen. Bei hexagonaler Anordnung der Zellen bzw. Dendriten erhält man die Beziehungen:

$$\lambda^2 = \frac{3\Delta T' R}{G} \tag{81}$$

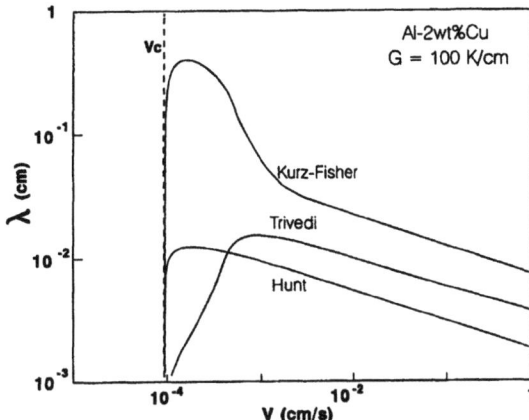

Bild 23 Theoretische Berechnung für den Primärabstand λ nach den Modellen von [Hunt 1979, Kurz & Fisher 1981 sowie [Trivedi 1984].

wobei $\Delta T'$ die Temperaturdifferenz zwischen der Spitze und der Basis einer Zelle oder eines Dendriten ist. Der Spitzenradius R ist in einem entsprechenden Modell, Gleichung 59, angegeben. Für die dendritische Erstarrung gilt eine Vereinfachung für R, Gleichung 60, sowie $\Delta T' = \Delta T_0$. Die obige Gleichung kann vereinfacht werden zu:

$$\lambda = 4.3 \left(\frac{D\Gamma \Delta T_0}{k}\right)^{\frac{1}{4}} \cdot G^{-\frac{1}{2}} \cdot v^{-\frac{1}{4}} \tag{82}$$

In Bild 23 werden die berechneten Ergebnisse für die Legierung Al-2%Cu zusammenfassend dargestellt. Im Bereich der mäßigen Geschwindigkeiten formulieren alle drei Modelle eine ähnliche Beziehung zwischen Dendritenabstand und Erstarrungsparametern: $\lambda \propto G^{-1/2} v^{-1/4}$. Im Bereich niedriger Geschwindigkeiten sind alle drei $\lambda - v$-Kurven durch ein Maximum gekennzeichnet. In der Nähe der Grenze der konstitutionellen Unterkühlung strebt der Primärabstand angeblich gegen Null, während in Experimenten ein umgekehrtes λ-Verhalten gefunden wurde.

Schon in Bild 18 ist eine schematische Darstellung für experimentell ermittelte $\lambda - v$-Kurven gegeben. Wie ersichtlich durchläuft λ nach dem Zusammenbruch der planaren Erstarrungsfront zuerst im Bereich des zellularen Wachstums ein Minimum, steigt dann bis zum Erreichen eines Maximums am Übergang vom zellularen zum dendritischen Wachstum und verringert sich schließlich wieder im Bereich rein dendritischen Wachstums. Dieses komplexe λ- Verhalten wurde in zahlreichen Experimenten beobachtet [Eshelman et al. 1988, Billia & Jamgotchiam 1990, Trivedi 1990]. Es wurde auch bemerkt, daß in einem weiteren Geschwindigkeitsbereich sowohl zellulares als auch dendritisches Wachstum möglich ist [Eshelman et al. 1988]. Dies führt zu einer starken Verstreuung der gemessenen λ-Werte.

Ein numerisches Modell, um die solutalen Diffusion in der Schmelze und die Bildung der Zellenform zu beschreiben geben [Lu & Hunt 1992]. Der Zellenabstand λ_c und der Dendritenabstand λ_d werden getrennt berechnet. Da die Anwendung dieses numerischen Modells sehr kompliziert ist, wird durch Anpassen an die numerischen Resultate die folgenden analytischen Beschreibung gegeben [Hunt & Lu 1996]:

$$\begin{aligned} \lambda'_c &= 8.18 k^{-0.485} v'^{-0.29} (v' - G')^{-0.3} \Delta T_c'^{-0.3} (1-v')^{-1.4} \\ \lambda'_d &= 0.15595 v'^{(a_d - 0.75)} (v' - G')^{0.75} G'^{-0.6028} \end{aligned} \tag{83}$$

mit
$$\Delta T'_c = \frac{G'}{v'} + \left(1 - \frac{G'}{v'}\right)\left[a_c + (1-a_c)v'^{0.45}\right]$$
$$a_c = 5.273 \cdot 10^{-3} + 0.5519k - 0.1865k^2$$
$$a_d = -1.131 - 0.1555 \cdot \log_{10}(G') - 0.7589 \cdot 10^{-2}\left[\log_{10}(G')\right]^2$$
$$G' = G\Gamma k/\Delta T_0^2 \quad v' = v\Gamma k/(D\Delta T_0)$$
$$\lambda'_c = \lambda_c \Delta T_0/(\Gamma k) \quad \lambda'_d = \lambda_d \Delta T_0/(\Gamma k).$$

Es muß darauf hingewiesen werden, daß diese Gleichungen nur die untere Grenze der Zellen- bzw. Dendritenabstände liefern. Die obere Grenze wird doppelt so hoch angenommen.

Nach einem neuen, analytischen Modell [Ma & Sahm 1998] kann der Zellen- und Dendritenabstand folgendermaßen berechnet werden:

$$\lambda_c = 4\pi \left(\frac{D\Gamma}{k\Delta T_0}\right)^{\frac{1}{2}} \left(1 - \frac{v_c}{v}\right)^{-\frac{1}{2}} v^{-\frac{1}{2}} \tag{84}$$

$$\lambda_d = 2\pi \left(kD\Gamma\Delta T_0\right)^{\frac{1}{4}} \left(1 - \frac{v_c}{V}\right)^{\frac{3}{4}} G^{-\frac{1}{2}} v^{-\frac{1}{4}}$$

Bild 24 zeigt die experimentell ermittelte Geschwindigkeitsabhängigkeit von Zellen- und Dendritenabstand in einem Succinonitril-Aceton-System. Zum Vergleich werden die mit den Gleichungen 83 und 84 berechneten Ergebnissen auch dargestellt. In beiden Modellen weist λ_c eine monotone Reduktionsfunktion der Geschwindigkeit auf. Dagegen wird eine konvexe Variation von λ_d festgelegt. Dies ist in gut Übereinstimmung mit experimentellen Ergebnissen. In Tabelle 3 werden die Modelle für Primärabstand λ zusammengefaßt.

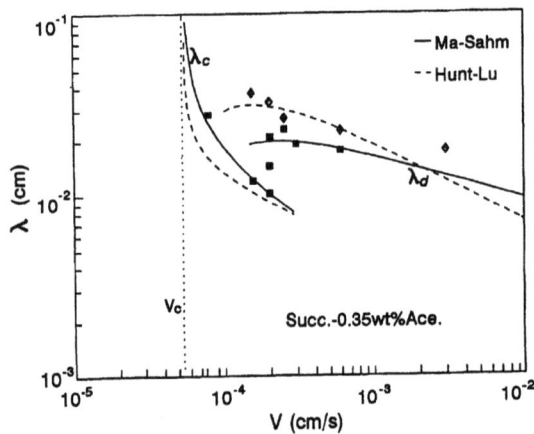

Bild 24 Experimentell ermittelter Primärabstand für die Legierung SCN-0.35% Ac, [Eshelman et al. 1988], im Vergleich mit den Modellen von [Hunt & Lu 1996] und [Ma & Sahm 1997].

3.3 Dendritenarmabstand

Während gerichteter Erstarrung verändert sich der Dendritenachsabstand λ kaum. Im Gegensatz dazu nehmen der Dendritenarmabstand durch die Reifungsprozesse stets zu, Bild 25, da sich die kleinen Arme zugunsten den größeren auflösen. Der entscheidende Prozeßparameter bei der Dendritenvergröberung ist die lokale Erstarrungszeit t_f bzw. die lokale Abkühlrate $\dot{T}$. Nach [Kurz & Fisher 1989] gilt:

Tabelle 3 Die theoretischen Modelle für den Primärabstand λ. Der Spitzenradius R wird mit den entsprechenden Modellen in Tabelle 2 berechnet.

Modell	genereller Ansatz	Dendriten
Hunt	$\lambda^4 G^2 v = 64 k D\Gamma \left(\Delta T_0 - \frac{DG}{v}\right)$	$\lambda_d = (64 k D\Gamma \Delta T_0)^{\frac{1}{4}} G^{-\frac{1}{2}} v^{-\frac{1}{4}}$
Trivedi	$\lambda^2 = \frac{8\sqrt{2} L D\Gamma}{vRG}$	$\lambda_d = (64 L D\Gamma \Delta T_0)^{\frac{1}{4}} G^{-\frac{1}{2}} V^{-\frac{1}{4}}$
Kurz-Fisher	$\lambda^2 = \frac{3\Delta T' R}{G}$	$\lambda_d = 4.3 \left(\frac{D\Gamma \Delta T_0}{k}\right)^{\frac{1}{4}} G^{-\frac{1}{2}} v^{-\frac{1}{4}}$
Hunt-Lu	$\lambda_c = 8.18 k^{-0.485} v'^{-0.29} (v' - G')^{-0.3}$ $\cdot \Delta T_c'^{-0.3} (1 - v')^{-1.4}$ $\lambda_d = 0.15595 v'^{(a_d - 0.75)} (v' - G')^{0.75} G'^{-0.6028}$	
Ma-Sahm	$\lambda_c = 4\pi \left[\frac{D\Gamma}{k\Delta T_0 (v - v_c)}\right]^{\frac{1}{2}}$ $\lambda_d = 2\pi (kD\Gamma \Delta T_0)^{\frac{1}{4}} \left(1 - \frac{v_c}{v}\right)^{\frac{3}{4}} G^{-\frac{1}{2}} v^{-\frac{1}{4}}$	$\lambda_d = 2\pi (kD\Gamma \Delta T_0)^{\frac{1}{4}} G^{-\frac{1}{2}} v^{-\frac{1}{4}}$

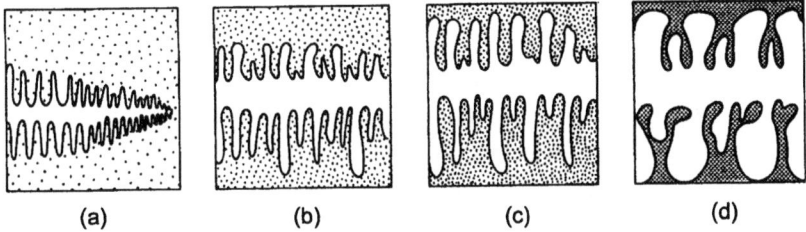

(a)   (b)   (c)   (d)

Bild 25 Schematische Darstellung der Dendritenarmvergröberung während der gerichteten Erstarrung [Flemings 1974].

$$\lambda_a = 5.5 \left(M \cdot t_f\right)^{\frac{1}{3}} \tag{85}$$

mit

$$M = \frac{D\Gamma \ln(c_e/c_0)}{m(1 - k)(c_0 - c_e)}.$$

Für die gerichtete Erstarrung ist die lokale Erstarrungszeit durch folgende Gleichung zu berechnen:

$$t_f = \frac{\Delta T'}{\dot{T}} = \frac{\Delta T'}{Gv} \tag{86}$$

Umgekehrt können durch die Bestimmung Dendritenarmabstandes λ_a aus Gefügeanalysen die lokalen Erstarrungsparameter t_f bzw. $\dot{T}$ mit Hilfe der Gleichungen 85 und 86 ermittelt werden, Bild 26.

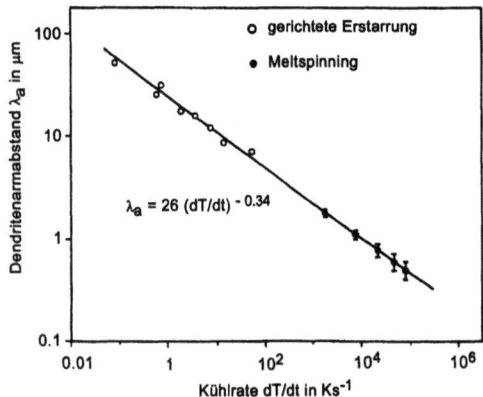

Bild 26 Dendritenarmabstand der gerichtet erstarrten Legierung IN 939 als Funktion der lokalen Abkühlrate $\dot{T} = dT/dt$. In der linearen Extrapolation der $\lambda_a - \dot{T}$-Kurve wurden die beim Schmelzspinnverfahren gemessenen λ_a-Werte eingetragen. Auf diese Weise lassen sich die $\dot{T}$-Werte diverser Verfahren ermitteln [Ma & Sahm 1992].

Literaturverzeichnis

[Aziz 1982]   M. J. Aziz, J. Appl. Phys. 53 1158-68.

[Billia & Jamgotchian 1990]   B. Billia, H. Jamgotchian, J. Cryst. Growth 106 (1990) 410-20.

[Bower et al. 1966]   T. F. Bower, H. D. Brody, M. C. Flemings, Trans. AIME 236 (1966) 624-34.

[Brody & Flemings 1966]   H. D. Brody, M. C. Flemings, Trans. AIME 236 (1966) 615-24.

[Chvorinov 1940]   N. Chvorinov, Gießerei 27 (1940) 177-186.

[Clyne & Kurz 1981]   T. W. Clyne, W. Kurz, Met. Trans. 12A (1981) 965-71.

[Esaka & Kurz 1985]   H. Esaka, W. Kurz, J. Cryst. Growth 72 (1985) 578-84.

[Eshelman et al. 1988]   M. A. Eshelman, V. Seetharaman, R. Trivedi, Acta Metall. 36 1165-74.

[Frenkel 1932]   J. Frenkel, Phys. Z. Sowjetunion 1 (1932) 498.

[Gibbs 1878]   I. W. Gibbs, zitiert in W. Patterson *Gießerei Tech.-Wissen. Beihefte* 6/8 (1952) 355-78.

[Glicksman et al. 1972]   M. E. Glicksman, R. J. Schäfer, J. D. Ayers, Metall. Trans. 7A (1972) 1474.

[Horvay & Cahn 1961]   G. Horvay und J. W. Cahn, Acta Metall. 29 (1961) 695.

[Hunt 1979]   J. D. Hunt, in *Solidification and Casting of Metals*, The Metals Society, Book 192, London, (1979) 3-9.

[Hunt & Lu 1996]   J. D. Hunt und S.-Z. Lu, Metall. Trans. 27A, (1996) 611-23.

[Ivantsov 1947]   G. P. Ivantsov, Dokl. Akad. Nauk SSSR, 58 (1947) 567-69.

[Jamotchian et al. 1983]   H. Jamgotchian, B. Billia, L. Capella, J. Cryst. Growth, 64 (1983) 338-44.

[Kurz & Fisher 1981]   W. Kurz, D. J. Fisher, Acta Metall. 29 (1981) 11-20.

[Kurz et al. 1986]   W. Kurz, B. Giovanola und R. Trivedi, Acta Metall. 34 (1986) 823-30.

[Kurz & Fisher 1989]   W. Kurz und D. J. Fisher, *Fundamentals of Solidification*, Edition 3, Trans. Tech. Publ., Switzerland (1989).

[Langer & Müller-Krumbhaar 1977]   J. S. Langer, H. Müller-Krumbhaar, J. Cryst. Growth 42 11-14.

[Lipton et al. 1987]   . Lipton, W. Kurz, R. Trivedi, Acta Metall. 35 (1987) 957.

[Lu & Hunt 1992]   S.-Z. Lu und J. D. Hunt, J. Cryst. Growth, **123** (1992) 17-34.

[Ludwig 1992]   A. Ludwig, Dissertation RWTH Aachen 1992.

[Ma & Sahm 1992]   D. Ma, P. R. Sahm, Acta Metall. 40 (1992) 251-57 und Metall. Trans. 23A 3377-81.

[Ma & Sahm 1998] D. Ma und P. R. Sahm, Metall. Trans. **29A** (1998) 1113-19.

[Miyata et al. 1985] Y. Miyata, T. Suzuki, J.-I. Uno, Metall. Trans. 16A (1985) 1799-1805.

[Mullins & Sekerka 1964] W. W. Mullins, R. F. Sekerka, J. App. Phys., 35 (1964) 444-51.

[Rutter & Chalmers 1953] J. W. Rutter und B. Chalmers, Can. J. Phys. 31 (1953) 15-39.

[Samboonsuk et al. 1984] K. Samboonsuk, J. T. Mason, R. Trivedi, Metall. Trans. 15A (1984) 967-75.

[Scheil 1942] E. Scheil, Z. Metallkd. 34 (1942) 70-72

[Sekerka 1965] R. F. Sekerka, J. App. Phys. 36 (1965) 264-68.

[Sekerka 1968] R. F. Sekerka, J. Cryst. Growth 3 (1968) 71-81.

[Tiller et al. 1953] W. A. Tiller, K. A. Jackson, J. W. Rutter, B. Chalmers, Acta Metall. 1 (1953) 428-37.

[Trivedi 1980] R. Trivedi, J. Cryst. Growth 49 (1980) 219-32.

[Trivedi 1984] R. Trivedi, *Metall. Trans*. 15A (1984) 977-82.

[Trivedi & Samboonsuk 1984] R. Trivedi, K. Samboonsuk, J. Mater. Sci. Eng. 65 (1984) 65-74.

[Trivedi et al. 1989] R. Trivedi, J. A. Sekhar, V. Seetharaman, Metall. Trans. 20A (1989) 769-77.

[Zener 1946] C. Zener, Trans. AIME 141 (1946) 757.

7 Mehrphasige metallische Erstarrung

1 Eutektische Systeme

Mehrphasige metallische Gefüge sind in wesentlicher Konsequenz von eutektischen Zusammensetzungen geprägt. Die beiden wichtigsten Gußwerkstoffklassen, nämlich Gußeisen und die Al-Si-Basis-Legierungen sind im Prinzip Eutektika. Von dem griechischen Wort „eutektos" stammend (in der Übersetzung: „leicht schmelzbar") bezeichnen sie die zuletzt erstarrenden Bestandteile einer Legierung. Für einen Überblick über die Eutektika bieten sich zwei Blickrichtungen an:

- die thermodynamische, von den Zustandsdiagrammen kommende,
- die dynamische, von der Wachstumskinetik beeinflußte, vom Erscheinungsbild des Gefüges bestimmt.

1.1 Eutektische Zustandsdiagramme

Das Eutektikum repräsentiert ein invariantes Gleichgewicht. Bei gegebenem Druck sind Temperatur und Zusammensetzung des Systems eindeutig bestimmt. Das binäre bzw. pseudo- (oder quasi-)binäre Eutektikum (Bilder 1 und 2) definiert die Reaktion

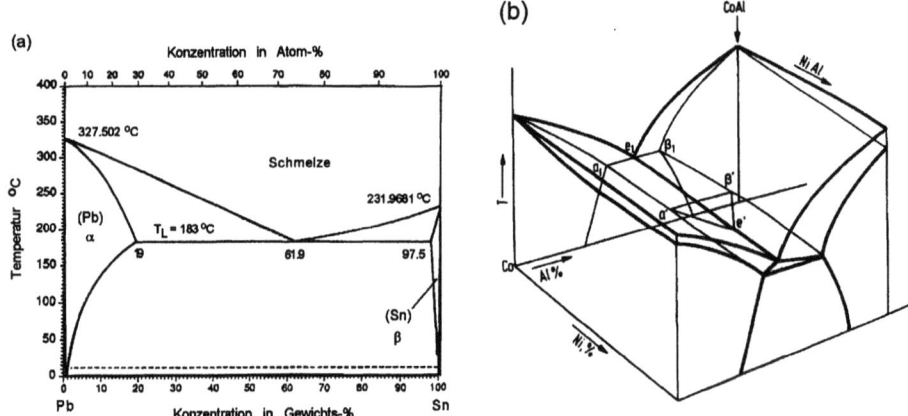

Bild 1 (a) Phasendiagramm des Blei(Pb)-Zinn(Sn)-Eutektikums. Das Pb-Sn-System ist ein einfaches binäres Eutektikum, dessen Phasendiagramm exemplarisch für diese Stoffgruppe ist; entnommen [Sahm & Engler 1977]; (b) Teil des 3-Stoffsystems Co-Ni-Al-Co-CoAl Eutektikum und der sich in das 3-Stoffsystem hinein fortsetzenden monovarianten eutektischen Rinne (entnommen [Kurz & Sahm 1975]).

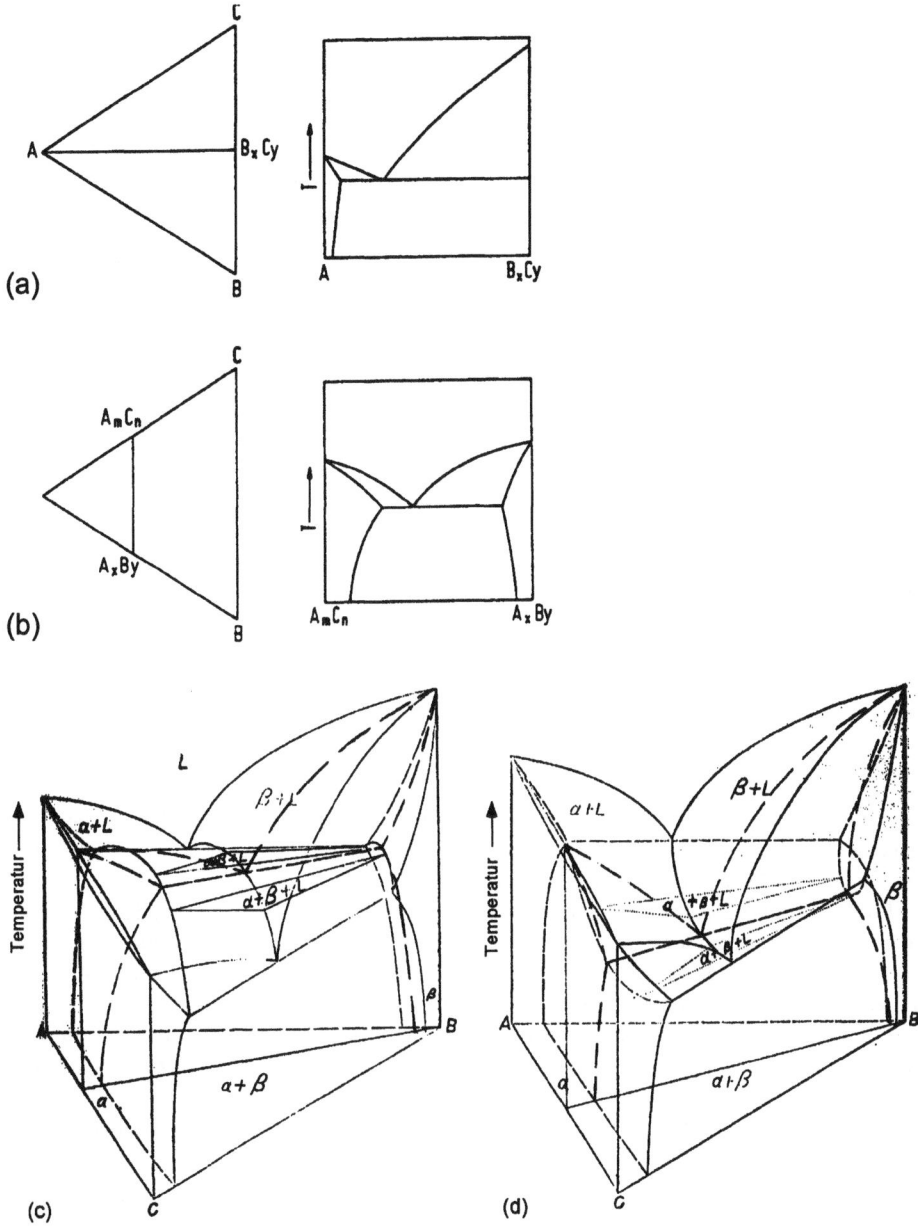

Bild 2 2 Beispiele, (a) und (b), für quasibinäre Eutektika (entnommen [Kurz & Sahm 1975]; sie liegen entweder am Maximum (c) oder Minimum (d) der im übrigen monovarianten Rinne, die 2 Randsystem-Eutektika verbindet.

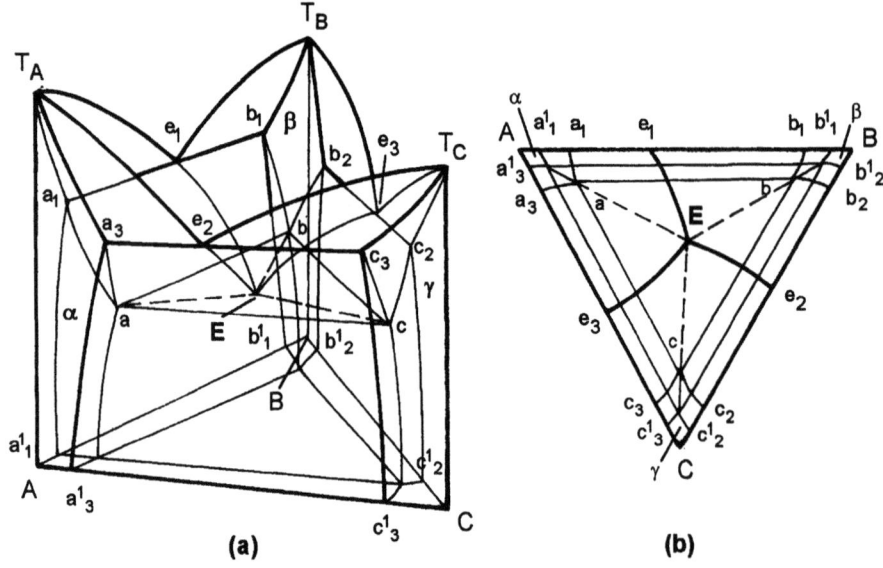

Bild 3 Ternäres System mit drei binären Eutektika und einem ternären Eutektikum: (a) perspektivische Ansicht, (b) Draufsicht.

$$L \to \alpha + \beta$$

und das ternäre (Bild 3) die Reaktion

$$L \to \alpha + \beta + \gamma$$

mit L für Schmelze und α, β, γ für die aus der Schmelze kristallisierenden Phasen. Ein mittelmäßig komplexes Dreistoffsystem, Bild 4, kann mehrere eutektische Punkte diverser Konvenienz (hier einfach binär, pseudobinär sowie ternär) aufweisen.

Ein eutektisches Gefüge, Bild 5, läßt zwei nebeneinander liegende, gleichmäßig im Verbund wachsende Phasen erkennen. Die zweite Phase tritt meistens entweder als Faser oder als Lamelle auf. Komplexere Gefüge, also etwa dreidimensional verwoben, sind Bild 6 zu entnehmen, hier aus dem Co-Cr-C-System, dem Punkt S_2 aus Bild 4 entsprechend.

Eutektika liefern die verschiedensten Materialkombinationen. So sind neben metallischen Eutektika auch eutektische Reaktionen zwischen ionisch gebundenen Stoffen, z.B. AgCl-CuCl, CaO-NiO oder zwischen diesen und Metallen denkbar, etwa UO_2-W, Mn-$MnCl_2$. Auch Eutektika mit organischen Komponenten sind bekannt, die sich besonders dafür eignen, weil durchsichtig, das eutektische Wachstum in-situ zu studieren. Eine ausgiebige Liste möglicher Kombinationen ist von W. Kurz und P. R. Sahm [1975] zusammengestellt worden.

1.2 Wachstumskinetik

Bild 7 stellt eine Möglichkeit vor, eutektische Gefüge zu klassifizieren. Hierbei wird einmal auf die Erscheinungsform der Phasen, zum anderen auf die Schmelzentropie ΔS_m bzw. den α-Faktor zurückgegriffen:

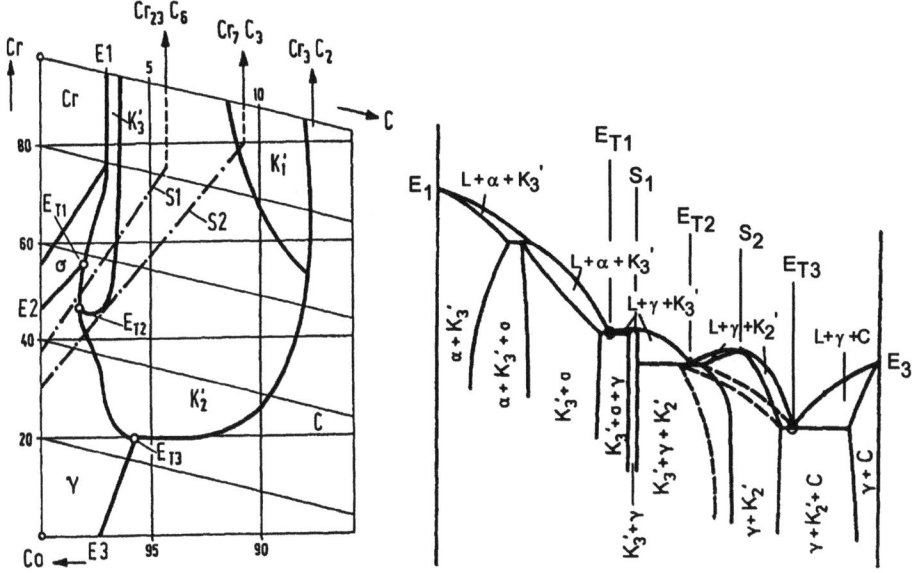

Bild 4 (a) Ausschnitt eines mittelmäßig komplexen 3-Stoffsystems (hier Co-Cr-C) nach [Köster & Sperner 1955], modifiziert nach [Thompson & Lemkey 1970] mit drei ternären Eutektika (E_{T1}, E_{T2}, E_{T3}) sowie zwei pseudobinären eutektischen Schnitten (S_1, S_2): (a) Eutektische Rinnen im System Co-Cr-C [Fritscher et al. 1973]; (b) Vertikalschnitt entlang der eutektischen Rinne $E_1 - E_{T1} - E_{T2} - E_{T3} - E_3$ [Sahm et al.72].

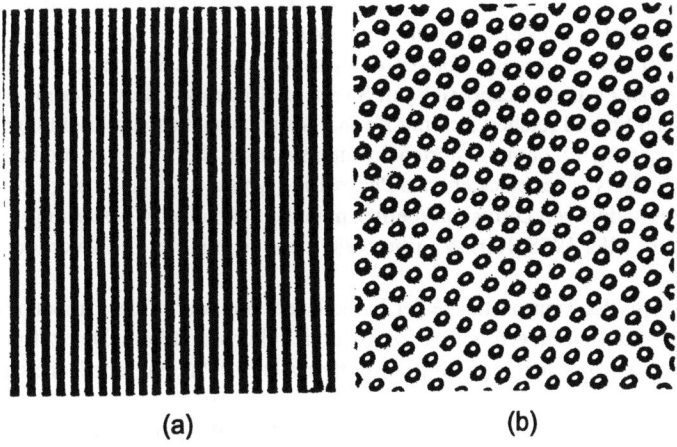

Bild 5 Querschliffe gerichtet erstarrter binärer eutektischer Legierungen als Beispiel für (a) eine lamellares Gefüge der Pb-17,4 Gew.% Cd-Legierung und (b) eine faserige Struktur der Sn-18% Pb-Legierung, entnommen [Trivedi & Kurz 1988].

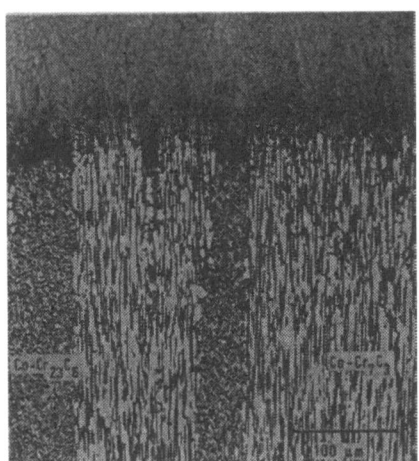

Bild 6 Ternäres eutektisches Gefüge Co-$Cr_{23}C_6$-Cr_7C_3, vgl. Bild 4, Punkt E_2, wobei man hier von einer Art „Doppel-Eutektikum" reden sollte, da offensichtlich die Kristallisation so erfolgt, daß Co-Cr_7C_3 und Co-$Cr_{23}C_6$ bänderförmig nebeneinander auskristallisieren [Sahm 1974].

$$\alpha = \Delta S_m / R_g, \qquad (1)$$

mit R_g = allg. Gaskonstante. Die beiden bereits aus der Erstarrungsfrontsystematik (Kap. 6 Abschn. 2) bekannten Formen des sog. diffusen und facettierten Wachstums treten auch bei eutektischen Gefügen auf. Stark gekoppelt wachsende Eutektika erstarren normalerweise regelmäßig, und die unregelmäßigeren Wachstumsformen sind den schwach oder gar nicht gekoppelt kristallisierenden Eutektika zuzuweisen. Eine starke Kopplung weist reproduzierbare wiederkehrende kristallografische Orientierungsbeziehungen zwischen den Phasen auf. Die Bilder 5 und 6 geben Beispiele, einmal für zwei gut gekoppelt wachsende und zum anderen für schwach gekoppelt und (facettiert) wachsendes Eutektika. Im folgenden wird vornehmlich das gekoppelte eutektische Wachstum behandelt.

Das eutektische Gefüge wird durch gleichzeitiges Wachsen der beiden Phasen während der Erstarrung aus der Schmelze gebildet. Am Beispiel des Pb-Sn-Phasendiagramms in Bild 1 ist ersichtlich, daß dieser Vorgang bei der eutektischen Temperatur T_E stattfindet und die Phasen unterschiedliche Konzentrationen aufweisen. Vor der α-Phase verarmt die Schmelze im hier gewählten Beispiel, Bild 8, an Pb und reichert sich mit Sn an. Im Gegensatz dazu verarmt die Schmelze vor der β-Phase an Sn und reichert sich mit Pb an. Es sind zwei Austauschrichtungen möglich, zum einen in z-Richtung mit der ungestörten Schmelze eutektischer Konzentration und in x-Richtung mit der Schmelze vor der benachbarten Phase. Eine typische Transportlänge in z-Richtung wird durch das Verhältnis von Diffusionskoeffizient in der Schmelze zu Erstarrungsgeschwindigkeit D/v gebildet [Tiller 1958, Kurz & Fisher 1989], und liegt in der Größenordnung von $10^{-1} cm$.

In x-Richtung ist die typische Transportlänge der Lamellenabstand, der in der Größenordnung 10^{-4} cm liegt. Der Stoffaustausch erfolgt bevorzugt auf dem kürzesten Weg. Demzufolge findet bei der eutektischen Erstarrung der Hauptstofftransport parallel zur Phasengrenzfläche statt („laterale Diffusion").

Laterale Diffusion der Atome hat einen wesentlichen Einfluß auf die Ausbildung des eutektischen Gefüges. Wäre sie allerdings die einzige bestimmende Größe, so würde sich ein sehr kleiner Lamellenabstand einstellen, da dies zur Minimierung der Diffusionswege führen würde. Zwischen den einzelnen Phasen, die unterschiedliche Zusammensetzung aufweisen, entstehen Grenzflächen. Je kleiner der Lamellenabstand wird, desto größer wird die spezifische Grenzfläche, also die gesamte Phasengrenzenfläche zwischen α und β pro Einheitsvolumen. Das Er-

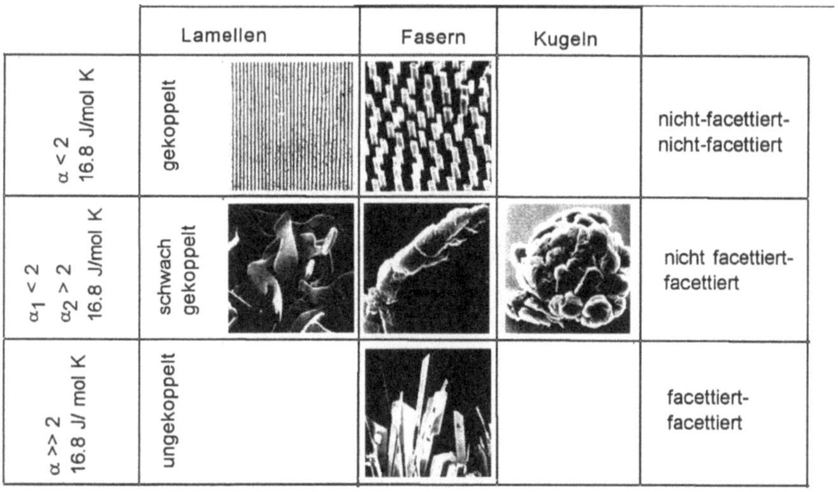

		Lamellen	Fasern	Kugeln	
$\alpha < 2$	16.8 J/mol K	gekoppelt			nicht-facettiert-nicht-facettiert
$\alpha_1 < 2$ $\alpha_2 > 2$	16.8 J/mol K	schwach gekoppelt			nicht facettiert-facettiert
$\alpha \gg 2$	16.8 J/mol K	ungekoppelt			facettiert-facettiert

Bild 7 Klassifizierung eutektischer Gefüge nach Schmelzentropie ΔS_m bzw. dem α-Faktor $\alpha = \Delta S_m / R_g$ der Phasen (1) und (2) und deren Morphologie [Kurz & Sahm 1975].

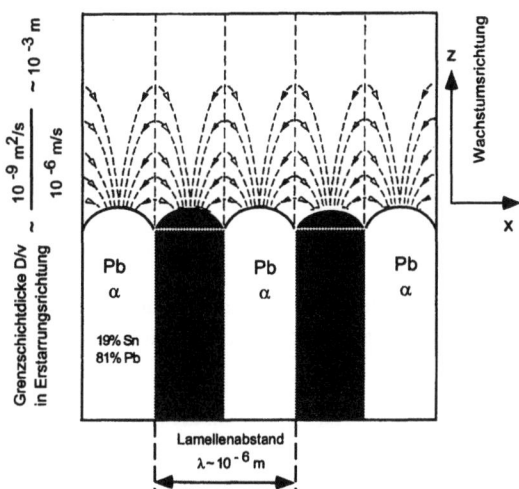

Bild 8 Stoffkonzentrationen im Festkörper und in der Schmelze bei Erstarrung am eutektischen Punkt. Die Hauptrichtung der Diffusion in der Schmelze ist lateral zur Phasengrenze. Ein Konzentrationsausgleich kann in diese Richtung leichter erfolgen als in Wachstumsrichtung, da der Diffusionsweg wesentlich kürzer ist. Zum Vergleich kann bei einphasiger Erstarrung der Konzentrationsausgleich in der Schmelze nur in Wachstumsrichtung erfolgen.

zeugen von Grenzfläche erhöht aber die Entropie des Systems. Das System strebt einen Optimalzustand mit kurzen Diffusionswegen und niedriger Entropie an.

Einen weiteren wesentlichen Einfluß auf die eutektische Erstarrung hat die Wärmebilanz. Die Unterkühlung der Fest-flüssig-Grenzfläche bestimmt u.a. den Lamellenabstand. Die Unterkühlung und das von außen aufgeprägte Temperaturprofil sind entscheidend für die Stabilität der eutektischen Erstarrungsfront.

Ein mathematisches Modell zur Beschreibung des Wachstums normaler Eutektika wurde von [Jackson & Hunt 1966] entwickelt. Sie lösten die Diffusionsgleichung für stationäre Erstarrung und berechneten die durchschnittliche Unterkühlung bzw. die Temperatur T_i der Schmelze vor der α- und β-Phase. Die Unterkühlung $\Delta T = T_E - T_i$ bezüglich der eutektischen Temperatur T_E

bei nicht zu schneller Erstarrung (dann müßte auch die thermische Unterkühlung berücksichtigt werden) setzt sich aus drei Teilen zusammen:

$$\Delta T = \Delta T_c + \Delta T_r + \Delta T_k. \tag{2}$$

ΔT_k, die kinetische Unterkühlung, ist gegenüber ΔT_c und ΔT_r klein und wird daher vernachlässigt. ΔT_c resultiert aus der Differenz zwischen lokaler (c_x) und eutektischer (c_E) Konzentration:

$$\Delta T_c = m_i \cdot (c_E - c_x), \tag{3}$$

wobei m_i die Steigung der Liquiduslinie mit $i = \alpha, \beta$ ist. Die lokale Konzentration erhielten Jackson und Hunt durch Lösen der stationären Diffusionsgleichung

$$\nabla^2 c + \frac{v}{D}\frac{\partial c}{\partial z} = 0 \tag{4}$$

in einem mit der Erstarrungsfront mitlaufenden Koordinatensystem, Bild 8. Es sind v die Erstarrungsgeschwindigkeit, D der Diffusionskoeffizient und z die Koordinate in Wachstumsrichtung. ΔT_r berücksichtigt die Krümmung der fest-flüssig-Phasengrenze:

$$\Delta T_r = \Gamma \cdot \kappa, \tag{5}$$

mit $\Gamma = \sigma/\Delta S_m$ der Gibbs-Thompson-Koeffizient, σ die Grenzflächenspannung, ΔS_m die Erstarrungsentropie und κ die durchschnittliche Grenzflächenkrümmung ($= 1/r$ und $r =$ Krümmungsradius).

Eine Vorstellung von den Gültigkeitsgrenzen des JH-Modells gibt eine Betrachtung der zur Lösung der Gleichungen gemachten Annahmen:

a) Die Diffusionsgleichung wurde nur für kleine Unterkühlungen gelöst, Bild 9.

b) Die Diffusionslänge D/v in z-Richtung ist groß gegenüber dem Lamellenabstand λ, Bild 8.

c) Für die Lösung der Diffusionsgleichung wurde eine ebene Phasengrenzfläche angenommen; die Krümmung der Phasengrenze wird bei der Berechnung der Krümmungsunterkühlung berücksichtigt.

d) Die durchschnittliche Unterkühlung der beiden Phasen ist gleich, d.h. $\Delta T_\alpha = \Delta T_\beta = \Delta T$; die Phasengrenze ist also isotherm.

Unter Berücksichtigung dieser Annahmen erhielten Jackson und Hunt als Lösung:

$$\Delta T = K_1 \lambda v + K_2/\lambda \tag{6}$$

mit

$$K_1 = m P c_0 / f_\alpha f_\beta D$$

und

$$K_2 = 2m\delta \sum_i \left(\frac{\Gamma_i \cdot \sin \Theta_i}{m_i \cdot f_i} \right)$$

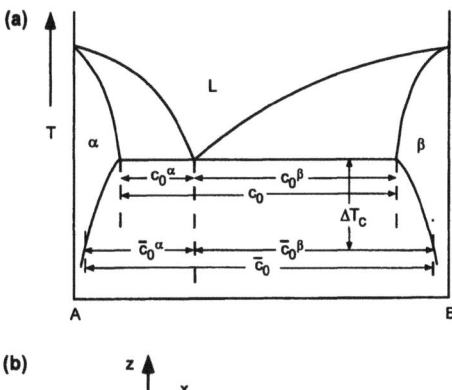
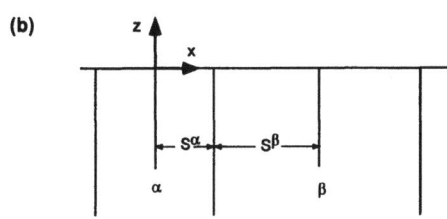
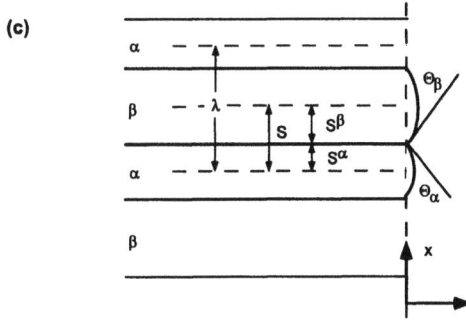

Bild 9 Definition der im JH-Modell eingehenden geometrischen Größen. (a) Phasendiagramm mit der Definition von $c_0, c_0^\alpha, c_0^\beta, \bar{c}_0, \bar{c}_0^\alpha, \bar{c}_0^\beta$. (b) Lamellare ebene Grenzfläche mit Definition von $\lambda, S_\alpha, S_\beta$ und des Koordinatensystems. Eine analytische Lösung der Diffusionsgleichung ist nicht möglich, und es muß auf die numerische Ebene zurückgegriffen werden. Die Konzentrationen $c_0, c_0^\alpha, c_0^\beta$ gelten für die eutektische Temperatur T_E, also für vernachlässigbar kleine Unterkühlung, wie sie im JH-Modell angenommen wird. Für große Unterkühlungen müßte mit den Größen $\bar{c}_0, \bar{c}_0^\alpha, \bar{c}_0^\beta$ bei der Temperatur vor $T_E - \Delta T_c$ gerechnet werden. (c) Grenzfläche mit gekrümmten Lamellen zur Definition von Θ_α und Θ_β.

wobei $i = \alpha, \beta$. In dieser Gleichung sind Unterkühlung ΔT, Lamellenabstand λ und Wachstumsgeschwindigkeit v in Beziehung zueinander gesetzt. K_1 und K_2 sind Systemparameter, Bild 10. Weiterhin ist: $m = m_\alpha m_\beta / (m_\alpha + m_\beta)$, mit m_α, m_β = Steigung der Liquiduslinien über den Phasenfeldern $L + \alpha$ und $L + \beta$, c_0 = Differenz zwischen der Konzentration in der α- und β-Phase, Bild 9, $f_\alpha = S_\alpha / (S_\alpha + S_\beta)$ und $f_\beta = S_\beta / (S_\alpha + S_\beta)$ die Volumenanteile der Phasen α bzw. β, D = Diffusionskoeffizient, $\delta = 1$ für Lamellen bzw. $\delta = 2\sqrt{f_\alpha}$ und Θ_i = Winkel, vgl. Bild 9. Der Parameter P ist definiert als:

$$P = \begin{cases} \sum_{n=1}^{\infty} \frac{1}{(n \cdot \pi)^3} \sin^2(n\pi f_\alpha) & \text{füfr Lamellen} \\ 2f_\alpha \sum_{n=1}^{\infty} \frac{1}{(\gamma_n)^3} \frac{J_1^2(\gamma_n + f_\alpha)}{J_0^2 \gamma_n} & \text{füfr Fasern} \end{cases} \quad (7)$$

Die Funktion P kann vereinfacht werden zu [Trivedi & Kurz 1988]:

$$P = \begin{cases} 0.3383 \cdot (f_\alpha f_\beta)^{1.661} & \text{füfr Lamellen} \\ 0.167 \cdot (f_\alpha f_\beta)^{1.661} & 0 \leq f_\alpha \leq 0.3 \quad \text{füfr Fasern} \end{cases} \quad (8)$$

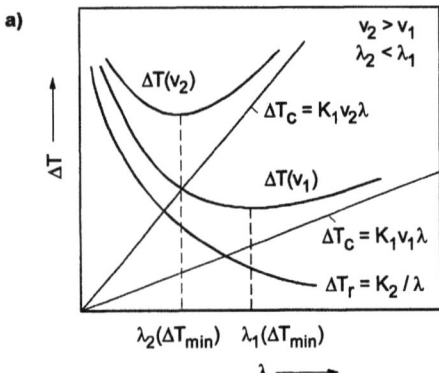
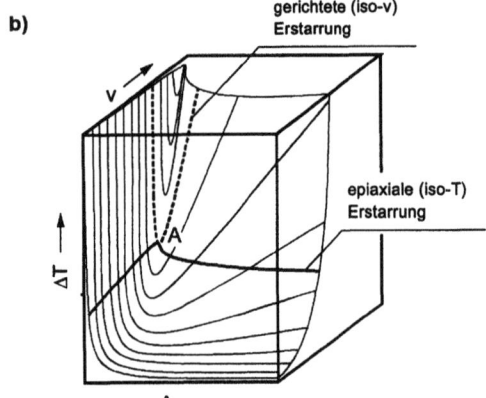

Bild 10 Schematische Darstellung des Zusammenhangs zwischen Unterkühlung, Phasenabstand und Wachstumsgeschwindigkeit (Gl. 6). In (a) ist ersichtlich, daß ein gegenläufiger Zusammenhang zwischen konzentrationsabhängiger Unterkühlung ΔT_c und Krümmungsunterkühlung ΔT_r besteht. Die Überlagerung beider Effekte führt zu einem Minimum. Für kleine Lamellenabstände $\lambda < \lambda_{min}$ ist ΔT_r der kontrollierende Term, für $\lambda > \lambda_{min}$ ist es ΔT_c [Kurz & Sahm 1975]. In (b) ist zusätzlich der Geschwindigkeitseffekt berücksichtigt. Alle dargestellten Zustände erfüllen die Bedingung lokalen Gleichgewichts. Betrachtet man den Fall der gerichteten Erstarrung mit $v = const.$, weist die zugehörige $\Delta T - \lambda$-Kurve ein Minimum auf. Dieser Punkt würde Wachstum bei minimaler Unterkühlung bedeuten. Betrachtet man den Fall ungerichteter Erstarrung mit $\Delta T = const.$, weist die $v - \lambda$-Kurve ein Maximum in Punkt A auf. Dies entspricht Wachstum bei maximaler Geschwindigkeit. Die Lamellenabstände, die sich bei ΔT_{min} oder v_{max} einstellen, werden als Extremum oder Optimum bezeichnet. Experimentelle Werte liegen bei Eutektika nahe bei diesem Wert [Shingu 1979, Kurz & Fisher 1989].

Hierin bedeuten J_1 die Bessel-Funktion erster Ordnung und γ_n die Lösungen von $J_1(x) = 0$ ist. Diese ist ungefähr $n \cdot \pi$ mit einer natürlichen Zahl n. Jackson und Hunt haben die P-Werte tabelliert, wobei $P_{Fasern} = 2 f_\alpha M$ gilt und M durch Gleichung 8 definiert ist.

Die Gültigkeit des JH-Modells unter Berücksichtigung der getroffenen Annahmen wurden von verschiedenen Wissenschaftlern untersucht, und die Annahmen wurden Zug um Zug verallgemeinert. In [Series et al. 77] wird insbesondere den diffusionsbestimmten Anteil ΔT_α betrachtet und festgestellt, daß bis zu einer Geschwindigkeit von $10^{-1} cm/s$ der Fehler in ΔT_c, berechnet nach der JH-Methode, kleiner als 10% ist. Die Autoren zeigen, daß der Fehler durch Berücksichtigung der Unterkühlung bei der Bestimmung der Konzentrationen $\bar{c}_0, \bar{c}_0^\alpha, \bar{c}_0^\beta$, Bild 9, verkleinert werden kann.

R. Trivedi et al. [1987] lösten die komplette Diffusionsgleichung ohne die Annahme $\lambda \ll D/v$ und zeigten, daß bis zu $10^{-1} cm/s$ die Abweichungen unbedeutend sind.

K. Brattkus et al. [1990] zeigten, daß die w. o. gemachte Annahme d) ohne Änderung des Ergebnisses des JH-Modells vernachlässigt werden kann. Eine analytische Lösung der Gleichungen ist dann allerdings nicht mehr möglich, und es muß auf numerische Verfahren zurückgegriffen werden.

P. Magnin et al. [1987, 1991] haben das JH-Modell dahingehend weiterentwickelt, daß es auch für nicht-ebene Grenzflächen gilt. Sie ermöglichen damit die Anwendung des Modells für irreguläre Eutektika.

K. Kassner und C. Misbah [1991] haben das eutektische Wachstums während der gerichteten Erstarrung durch numerisches Integrieren der Integralgleichungen mit Randbedingungen untersucht. Die von K.A. Jackson und J.D. Hunt [1966] gemachten Einschränkungen entfallen bei dieser Betrachtung. Es werden lediglich die folgenden Annahmen getroffen, die dem JH-Modell ebenfalls unausgesprochen zugrundeliegen:

- zweidimensionale Betrachtung,

- konstanter Temperaturgradient, d.h. die Wärmediffusion ist wesentlich größer als die Stoffdiffusion, und die latente Erstarrungswärme kann vernachlässigt werden,

- keine Diffusion im Festkörper,

- diffuse Grenzfläche,

- konstante Steigung der Liquidus- und Soliduslinie, d.h. die Verteilungskoeffizienten sind nicht von der Temperatur abhängig,

- isotrope Oberflächenspannung.

Sie finden eine Gruppe diskreter Lösungen für jede Wellenlänge, die sich in der Unterkühlung unterscheiden. Die Lösung mit minimaler Unterkühlung ähnelt der JH-Lösung, Bild 10.

1.3 Lamellenabstand normaler Eutektika

Für die Eigenschaften eutektischer Werkstoffe ist der Lamellenabstand die entscheidende Größe. Gleichung 6 kann durch einen beliebigen Lamellenabstand λ erfüllt werden. Es bedarf eines weiteren Kriteriums, um einer Vorherbestimmung des tatsächlichen Lamellenabstandes bei der eutektischen Erstarrung näherzukommen.

Ausgehend von der thermodynamischen Überlegung, daß die Erstarrung mit minimaler Entropieproduktion einhergeht, ging W. A. Tiller [1958] von Erstarrung bei minimaler Unterkühlung aus, Bild 10. K. A. Jackson und J. D. Hunt griffen dieses Kriterium auf und erhielten durch Ableiten der Gleichung 6:

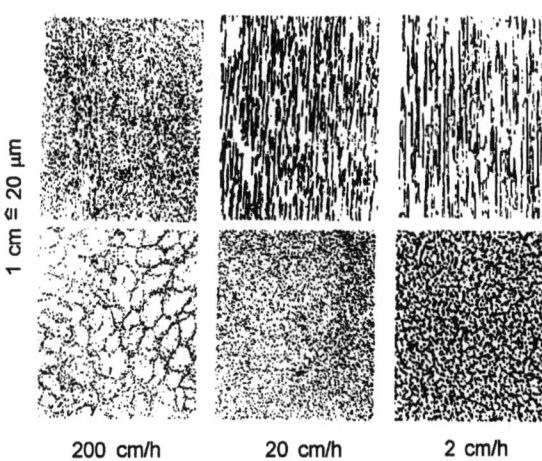

Bild 11 Gefüge des Co-Cr$_7$C$_3$ Eutektikums im Längs- und Querschnitt. Mit zunehmender Erstarrungsgeschwindigkeit verfeinert sich das Gefüge deutlich, vgl. [Sahm & Lorenz 1972].

$$\lambda^2 \cdot v = \frac{K_2}{K_1} = K \tag{9}$$

$$\Delta T^2/v = 4K_1 \cdot K_2 = K_a \tag{10}$$

$$\Delta T \cdot \lambda = 2K_2 = K_b \tag{11}$$

Die intuitive Annahme eines Wachstums am Extremum, dem Minimum (mit m indiziert), führt zu einer eindeutigen Lösung $\lambda = \lambda_m$. Die Verfeinerung des Gefüges ist am Beispiel des Co-Cr_7C_3 Eutektikums in Bild 11 dargestellt. K. A. Jackson und J. D. Hunt selbst kritisierten diesen Ansatz, da er nicht die Mechanismen beschreibt, die zu einer Wellenlängenanpassung führen. Sie diskutierten qualitativ die Stabilität einer lamellaren Erstarrungsfront. Lamellenabstände $\lambda \leq \lambda_m$ sind instabil, da eine kleine Störung zum Überwachsen der Lamelle führt, Bild 12. Lamellenabstände größer als λ_m sind stabil, Bild 12 b). JH zeigten jedoch, daß die Krümmung in der Lamellenmitte bei großen Wellenlängen λ von konvex nach konkav umschlägt, Bild 12. Vertieft sich die Tasche so weit, daß dz/dx unendlich wird, d.h. die Seitenwand unter 90° aufragt, sagen sie das Ankeimen der zweiten Phase in der Tasche voraus, woraus eine Halbierung des Lamellenabstands folgt. K. A. Jackson und J. D. Hunt leiten hieraus ein Kriterium für die maximale Wellenlänge (indiziert mit M) ab. Für eine β-Phaseninstabilität für λ_M gilt:

$$\lambda_M^2 \cdot v = a\left(1 + b\sin\Theta_\beta\right)\left(\Gamma D/m_\beta c_0\right) \tag{12}$$

Die Faktoren a und b hängen von den Volumenanteilen f_α und f_β der Phase ab. Variiert f_β von 0.1 bis 0.5, so ändern sich a von 325.8 auf 368.5 und b von 0.851 auf 0.584 [Trivedi & Kurz 1988]. Dieses Kriterium stimmt jedoch nur schlecht mit den Meßwerten überein, Bild 13.

Die mathematischen Untersuchungen der lamellaren eutektischen Erstarrung sagen also ein Band möglicher Wellenlängen voraus. Eine genaue Vorhersage, bei welcher Wellenlänge der Erstarrungsprozeßstattfindet, erlauben sie nicht. Die Berechnung der Konstante zur Bestimmung des Zusammenhangs $\lambda^2 v = K$ ist schwierig, da die Bestimmungsgrößen, insbesondere die Grenzflächenspannung zwischen Schmelze und α- bzw. β-Phase, nicht bekannt sind.

Experimentelle Ergebnisse dienen zum Füllen dieser Wissenslücke. R. M. Jordan und J. D. Hunt [1972] haben Untersuchungen am Pb-Sn Eutektikum durchgeführt, Bild 13, und diese mit dem JH Modell verglichen. Sie zeigen, daß der durchschnittliche Lamellenabstand größer ist als der für minimale Unterkühlung berechnete.

Entsprechend Ergebnisse werden mit dem transparenten, organischen Eutektikum CBr_4-C_2Cl_2 erzielt [Seetharaman & Trivedi 1988]. Auch hier zeigt sich, daß die Erstarrung nahe, aber nicht direkt am Minimum erfolgt. Der durchschnittlichen Lamellenabstand zu 20 % größer als λ_m, Bild 14.

1.4 Irreguläre Eutektika

Die Erstarrung irregulärer Eutektika unterscheidet sich von dem normaler Eutektika in einem wesentlichen Faktor, das Wachstum der facettierenden Phase erfolgt entlang ihrer kristallographischen Vorzugsrichtung und nicht ausschließlich in Richtung des Wärmeflusses. In dieser Eigenart ist die Ursache für die vielfältigen Strukturen begründet, die bei diesen Legierungen zu beobachten sind, Bilder 7 und 15. Eine Struktur des diffus - facettierten Wachstums ist in Bild 6 am Beispiel des Co - Cr_7C_3 Eutektikums dargestellt, eine Zwischenform im Vergleich zu den ganz normalen Gefügen (Bilder 5 und 15).

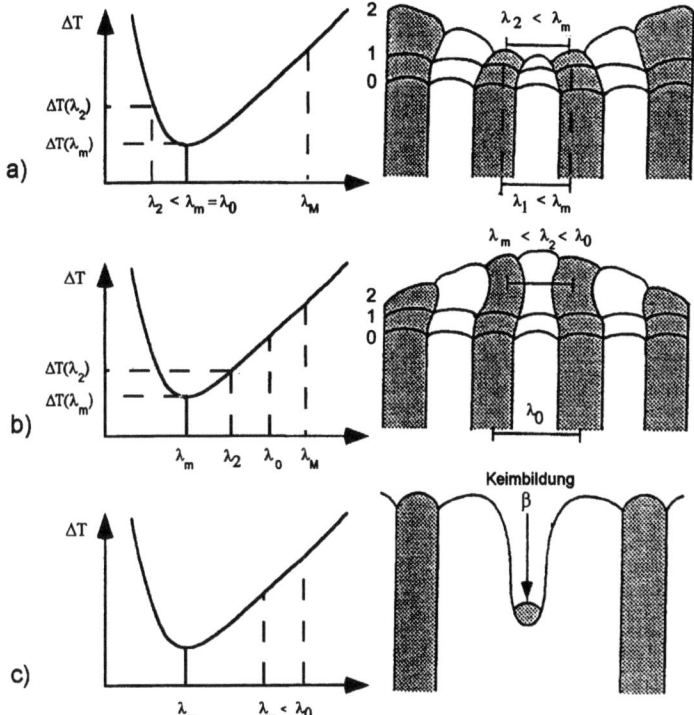

Bild 12 Instabilitäten einer lamellaren Erstarrungsfront nach [Jackson & Hunt 1966]: a)$\lambda_2 < \lambda_m$: Eine Störung der Erstarrungsfront, die zu einer Verkleinerung des Lamellenabstandes führt, erhöht die lokale Unterkühlung. Als Folge buchtet sich die Erstarrungsfront ein. Lamellen mit geringerer Unterkühlung haben bessere Wachstumsbedingungen, Zustand (1), und die Lamelle am tiefsten Punkt wird überwachsen, Zustand (2). Die beiden Nachbarlamellen wachsen zusammen, und der Lamellenabstand erreicht einen Wert $\lambda > \lambda_m$. b)$\lambda_2 > \lambda_m$: Verkleinert sich die Lamellenweite ausgehend von λ_0, Zustand (0), auf $\lambda_2 > \lambda_m$, Zustand (1) und (2), so verringert sich die lokale Unterkühlung, d.h. der Übergang flüssig → fest erfolgt bei einer höheren Temperatur (vgl. Kapitel 1, Bild 10). Die Erstarrungsfront eilt an dieser Stelle voraus (2). Die Länge der Erstarrungsfront wird vergrößert und die zunächst verkleinerte Lamelle vergrößert sich.
c)$\lambda_2 > \lambda_M$: Ist die Lamellenweite soweit angewachsen, daß sich eine Tasche mit senkrechten Seitenwänden ausbildet, halbiert sich die Wellenlänge durch Keimbildung der zweiten Phase in der Tasche.

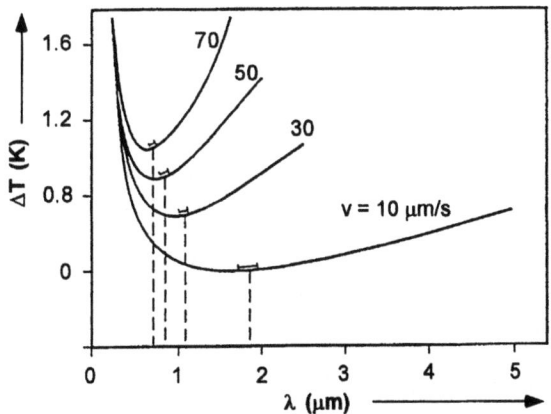

Bild 13 Nach der JH-Methode berechnete $\Delta T - \lambda$-Kurven für verschiedene Erstarrungsgeschwindigkeiten des Pb-Sn Eutektikums. Die experimentell bestimmten durchschnittlichen Lamellenabstände (für die jeweilige Geschwindigkeit) sind durch die gestrichelte Linie gekennzeichnet. Die Streuung des Lamellenabstands ist durch die Balken |−| angegeben. Es ist zu erkennen, daß die Erstarrung nahe des λ Minimums, und zwar bei $\lambda > \lambda_m$ erfolgt. Zu berücksichtigen ist, daß die in die Berechnung eingehende Oberflächenspannung indirekt bestimmt wurde [Jordan & Hunt 1972].

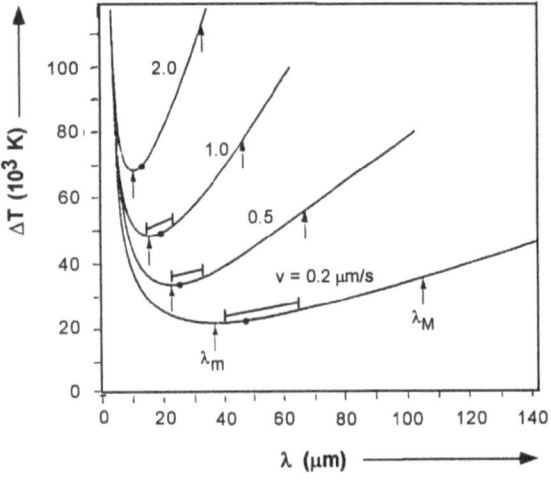

Bild 14 Zusammenhang zwischen der Unterkühlung ΔT und λ für das CBr_4-C_2Cl_3 Eutektikum berechnet nach der JH-Methode. Eingetragen sind die experimentell ermittelten durchschnittlichen Lamellenabstände als Punkt und die Streuung als Balken [Seetharaman & Trivedi 88]. Der berechnete Wert λ_M ist viel größer als der gemessene Maximalwert, der durch das rechte Ende der Schattierung gekennzeichnet ist.

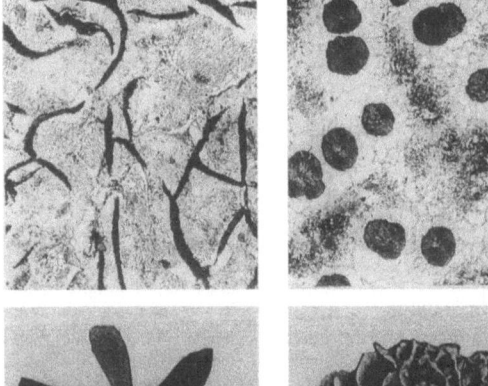

Bild 15 Gußeisen, Fe-C Eutektikum für zwei seiner Erscheinungsformen, vgl. auch Bild 7, wobei der „lamellare Graphit" in Wirklichkeit (wenn aus seiner Grundmasse herausgeätzt) ein mehr oder weniger feines Schwammgefüge darstellt [Bunin 1953].

groblamellarer Graphit x 200 feinlamellarer Graphit x 1000

Die wichtigsten Gußlegierungen Al-Si und Fe-C gehören zu dieser Gruppe der irregulären Eutektika. Ihre kommerzielle Bedeutung hat zu Bestrebungen geführt, den Erstarrungsprozeß der Eutektika ebenso wie den normaler eutektischer Systeme einer mathematischen Beschreibung zuzuführen. Zunächst wurde die Anwendbarkeit der JH-Theorie auf diese Legierungen geprüft. D. J. Fisher und W. Kurz [1980] zeigten experimentell, daß die Lamellenabstands-Unterkühlungsbeziehung eines irregulären Eutektikums dem $\Delta T \lambda = K_b$ Gesetz (Gl. 11) nahezu folgt. Das Wachstum findet jedoch weit entfernt vom Extremum statt, Bild 16. Die Tendenz zu größeren Lamellenabständen ist im Wachstum der facettierenden Phase entlang der kristallographischen Vorzugsrichtung und nicht entlang des Wärmeflusses begründet. In Bild 17 ist die geltende Vorstellung des Wachstumsprozesses schematisch dargestellt. Da die Lamellen nicht in einer Richtung, sondern unter Winkeln zueinander wachsen, konvergieren oder divigieren sie. Nähern

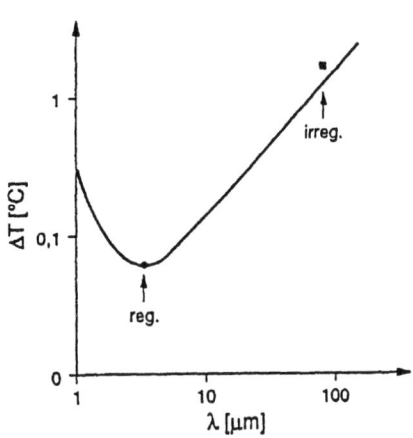

Bild 16 Die nach dem JH-Model mit der Beziehung $\Delta T \lambda = K$ berechnete Beziehung bei konstanter Erstarrungsgeschwindigkeit. Mit dem organischen Eutektikum Campher-Naphtalen wurden von Fisher und Kurz [1980] Experimente durchgeführt (v = 8.9 μm/s). Dieses System wächst bei einer Erstarrungsgeschwindigkeit sowohl regulär als auch irregulär. Die Struktur hängt von der Kristallorientierung der facettierenden Naphtalenphase ab. Da der Diffusionskoeffizient nicht bekannt ist, wurde die Kurve so berechnet, daß das Minimum durch den Meßwert für das reguläre Eutektikum geht. Fisher und Kurz haben hier das Kriterium minimaler Unterkühlungen angewendet. Die experimentell ermittelte $\Delta T \lambda = K$ Beziehung liegt fast auf dieser Kurve, ist aber zu höheren Werten verschoben. Da reguläres Wachstum nicht am Extremum, sondern bei höheren λ- Werten erfolgt, ist die von Fischer und Kurz berechnete Kurve fehlerbehaftet. Das Minimum muß nach links verschoben werden, so daß die Meßwerte für das irreguläre Eutektikum besser auf der $\Delta T \lambda = K$ Kurve liegen. Die Grundaussage bleibt also erhalten.

sich zwei Lamellen auf eine Distanz λ_{min}, so endet das Wachstum einer Lamelle. Divergieren zwei Lamellen um den Abstand λ_{br}, so teilt sich die Lamelle. Weiterhin läßt sich der Hauptwert der Verteilung $\bar{\lambda}$ bestimmen, der nach [Magnin et al. 1991] etwa dem arithmetischen Mittel entspricht:

$$\bar{\lambda} = \frac{\lambda_{br} + \lambda_{min}}{2} \qquad (13)$$

Magnin et al. [1991] haben Untersuchungen am Al-Si Eutektikum durchgeführt. Sie berechneten mit den Beziehungen 9 und 10 die $\Delta T - \lambda - v$ Beziehungen und verglichen sie mit den gemessenen Werten des mittleren Lamellenabstandes, Bild 18. Es zeigt sich auch hier eine gute Übereinstimmung zwischen Messungen und Rechnungen. Die experimentellen Ergebnisse liegen jedoch rechts des Minimums λ_{ex}. H. Jones und W. Kurz [1981] beschrieben die Lage des Arbeitspunktes durch $\lambda = \phi \lambda_{ex}$. ϕ ist nach ihrer Auffassung ein Parameter, der den Mechanismus der Lamellenabstandselektion abweichend vom Kriterium minimaler Unterkühlung berücksichtigt. Eine treffende mathematische Beschreibung existiert allerdings bis jetzt nicht. Die Gleichungen 9 bis 13 lassen sich dann umschreiben:

$$\bar{\lambda}^2 v = \phi^2 K_1/K_2 \qquad (14)$$
$$\Delta T/\sqrt{v} = (\phi + 1/\phi)\sqrt{K_1 K_2} \qquad (15)$$
$$\bar{\lambda}\Delta T = \left(\phi^2 + 1\right) K_2 \qquad (16)$$

mit

$$\phi = \frac{\lambda_{min} + \lambda_{br}}{2\lambda_{min}}.$$

In Tabelle 1 sind die physikalischen Konstanten sowie die Konstanten K_1 und K_2 des JH-Modells und experimentell ermittelte ϕ zusammengestellt.

Tabelle 1 Physikalische Konstanten für einige wichtige Eutektika, nach [Magnin & Trivedi 1991].

		Fe-C	Fe-Fe$_3$C	Al-Si	Al-Al$_2$Cu	Sn-Pb	CBr$_4$-C$_2$Cl$_6$
T_E	[°C]	1154.5	1147.1	577.2	548.2	183.0	83.0
m_α	[K/wt%]	-135	-135	-7.5	-4.6	-0.83	-1.48
m_β	[K/wt%]	470	60	15.7	3.8	2.34	2.16
c_E	[wt%]	4.26	4.30	12.6	32.7	38.1	8.4
c_α^0	[wt%]	2.08	2.11	1.64	5.65	2.5	5.08
c_β^0	[wt%]	99.9	6.69	99.98	52.5	81.0	16.18
ρ_α	[g/cm^3]	7.4	7.4	2.5	2.5	7.3	3.09
ρ_β	[g/cm^3]	2.11	7.2	2.15	4.0	10.3	2.75
f_α	[-]	0.92	0.515	0.873	0.54	0.63	0.676
f_β	[-]	0.074	0.485	0.127	0.46	0.37	0.324
c_0^*	[wt%]	31.1	4.58	87.7	46.0	83.4	10.6
c_0^*/c_0	[-]	0.32	1.00	0.89	0.98	1.03	0.96
Γ_α	[10^{-7}mK]	1.9	1.9	1.96	2.4	0.79	0.8
Γ_β	[10^{-7}mK]	3.7	2.4	1.7	0.55	0.48	1.14
Θ_α	[°]	25	50	30	65	65	60
Θ_β	[°]	85	55	65	55	35	55
D_{eff}	[10^{-9}Ks/m^2]	1.25	4.7	4.3	2.8	1.1	1.24
ϕ	[-]	5.4	1.8	3.2	1	1	1
K_1	[10^{-9}Ks/m^2]	150.5	6.03	8.30	4.62	5.93	0.937
K_2	[10^{-6}mK]	2.358	0.752	0.936	0.472	0.207	0.356

1.5 Zur praktischen Bedeutung der Eutektika

Neben ihrer großen Bedeutung in der Gießereitechnik, die vor allem darin begründet ist, daß niedrig schmelzende und damit energiesparende Erschmelzungs- und Gießverfahren ermöglicht werden (so die o.e. Gußeisen- und Al-Si-Basis Werkstoffe), sind zahlreiche Varianten als sogenannte in-situ Verbundwerkstoffe untersucht worden [Kurz & Sahm 1975]. Mithilfe der gerichteten Erstarrung sind ausgeprägt anisotrope Gefüge (vgl. Bilder 6 und 11), mit interessanten Eigenschaftskombinationen herstellbar. Hochtemperaturanwendungen (z. B. mit den pseudobinären Eutektika (Co-Cr$_7$C$_3$, CoTaC, Ni$_3$Al-Ni$_3$NbTa), elektronische, magnetische, optische Komponenten (Beispiele: InSb-NiSb als sog. Feldplatte oder UO$_2$-W als Kaltkathode, Bi-BiMn als Hartmagnet, NiSb-FeSb als Polarisationsfilter: alles pseubinäre Eutektika) sind vorgeschlagen und ausgetestet worden. Allerdings haben die genannten Beispiele sich bisher nicht auf breiter Basis durchsetzen können.

Der niedrige Schmelzpunkt eutektischer Zusammensetzungen liefert auch eine vorteilhafte Ausgangssituation zur Herstellung amorph erstarrender Legierungen. Aussichtsreiche Kandidaten sind jeweils Systeme mit gegenüber den Basiskomponenten tief liegenden eutektischen Temperaturen (z. B. Au-Si, wobei der Schmelzpunkt des Goldes bei $T_m(Au) = 1063°C$, der des Siliziums bei $T_m(Si) = 1410°C$ und der des Eutektikums bei $T_E(AuSi - Eut.) = 370°C$) liegt.

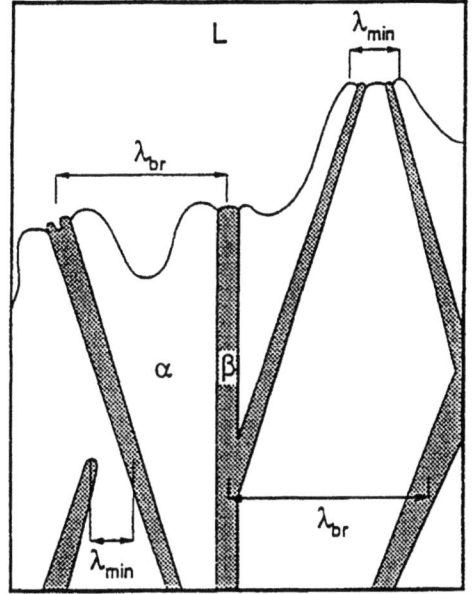

Bild 17 Schematische Darstellung des Wachstums irregulärer lamellarer Eutektika. Es sind der minimale Lamellenabstand λ_{min} bei dem eine Lamelle ihr Wachstum beendet und der maximale Lamellenabstand λ_{br} bei dem Zwillingsbildung auftritt, dargestellt [Magnin et al. 1991].

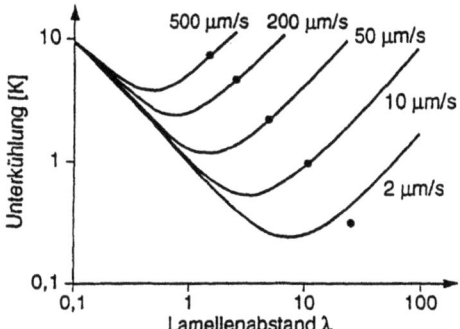

Bild 18 Vergleich der theoretischen $\Delta T - \lambda - v$ Beziehung und den experimentell ermittelten mittleren Lamellenabstand und Unterkühlungen, die für verschiedene Erstarrungsgeschwindigkeiten gemessen wurden (Punkte). Die theoretische Kurve (durchgezogene Linie) wurden mit völlig unabhängig bestimmten physikalischen Größen, die die Konstante bestimmen, berechnet [Magnin et al. 1991].

2 Peritektische Erstarrung

Einige metallische Systeme (z.B. Sn-Sb, Mn-Bi, Al-Ti, aber auch Fe-C) weisen in ihrem Phasendiagramm wie in Bild 19 eine peritektische Linie auf. Die peritektische Linie beschreibt analog zur eutektischen Linie ein Dreiphasengebiet. Die beim Überschreiten der Linie auftretende Phasenumwandlung weist einige Besonderheiten auf, die im Folgenden behandelt werden.

2.1 Definition der peritektischen Umwandlung

Bei der peritektischen Umwandlung reagiert die Schmelze L mit einer festen Phase α zu einer zweiten festen Phase β: $L + \alpha \rightarrow \beta$. Das einfache peritektische Phasendiagramm (Bild 19)

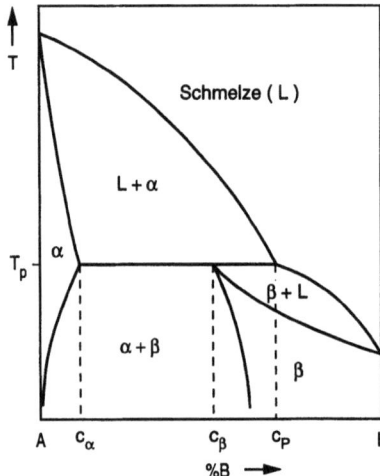

Bild 19 Peritektisches Phasendiagramm (schematisch). α bezeichnet die properitektische Phase, β die peritektische Phase. Bei T_p verläuft die peritektische Isotherme, bei deren Unterschreiten die peritektische Umwandlung einsetzt.

enthält die Schmelze, die properitektische Phase α mit Solidus- und Liquiduskurve, eine peritektische Linie bei der peritektischen Temperatur T_p, bei deren Unterschreiten die peritektische Umwandlung einsetzt und die daraus resultierende peritektische Phase β.

Bei der peritektischen Umwandlung unterscheidet man zwei Stufen, die in der Regel nacheinander ablaufen:

1. Die **peritektische Reaktion** [StJohn 1990]:
   Die Phasenumwandlung geschieht unter Beibehaltung eines 3-Phasen-Tripelpunktes (α, β, L). Alle drei Phasen stehen dabei in direktem Kontakt zueinander.

2. Die **peritektische Transformation** [StJohn & Hogan 1977]:
   Nachdem sich auf der Oberfläche der properitektischen Phase die erste „Lage" des Peritektikums gebildet hat, steht diese nicht mehr in direktem Kontakt zur Schmelze. Das weitere Wachstum der peritektischen β-Phase erfolgt über Diffusion durch den bereits festen Anteil der α-Phase. Diese Umwandlung geschieht in der Regel sehr langsam und ist daher selten vollständig.

Im Konzentrationsintervall $c_\alpha < c \leq c_\beta$ (Bild 19) erstarrt das System hypoperitektisch. Die properitektische Phase wird bei der Erstarrung nicht vollständig umgewandelt. Im Festkörper liegen sowohl die properitektische als auch die peritektische Phase vor. Bei höheren Konzentrationen im Bereich $c_\beta < c \leq c_p$ wird die properitektische Phase bei der peritektischen Umwandlung gänzlich aufgebraucht. Der erstarrte Festkörper besteht vollständig aus der Phase β. Das System ist hyperperitektisch.

2.2 Phasendiagramme binärer Peritektika

Die Erstarrungsvorgänge der Peritektika hängen stark von dem Typ des jeweiligen Phasendiagramms ab. Man unterscheidet drei Fälle [Brody & David 1977]:

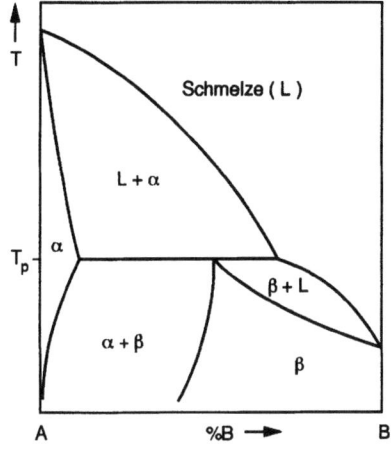

Bild 20 Peritektisches System vom Typ B. β-Solidus-Linie und β-Solvus-Linie sind entgegengerichtet.

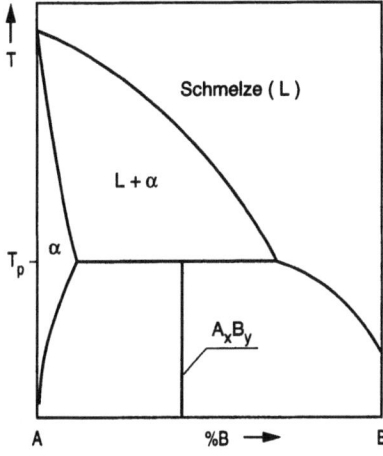

Bild 21 Peritektisches System vom Typ C. Peritektische Phase ist eine Strichphase ohne nennenswerte Löslichkeit (i.A. eine intermetallische Verbindung mit festem stöchiometrischen Verhältnis).

Typ A:
Die β-Liquidus-Linie und die β-Solvus-Linie (zwischen α- und β-Phase) sind gleichgerichtet. Dieser Typ wurde im vorherigen Abschnitt besprochen (vgl. Bild 19). Die peritektische Transformation läuft hier selten vollständig ab, da beim Wachsen der Kristallite die treibende Kraft der Festkörperdiffusion, der Konzentrationsunterschied „innen" zu „außen" (entsprechend der jeweiligen Breite des β- Phasengebietes) im Laufe der Abkühlung in etwa gleich bleibt.

Typ B:
Die β-Solidus-Linie und die β-Solvus-Linie sind entgegengerichtet (Bild 20). In diesem Fall läuft die peritektische Transformation oft vollständig ab, da das Konzentrationsintervall der peritektischen β-Phase mit sinkender Temperatur stark zunimmt. Beim Wachsen der Kristallite steigt die Konzentrationsdifferenz „innen" zu „außen" rasch an (Seigerung) und damit die treibende Kraft der Festkörperdiffusion.

Typ C:
Die peritektische Phase ist eine Strichphase (i. A. eine intermetallische Verbindung). Die peritektische Transformation ist in diesem Fall besonders langsam, da keine treibende Kraft für die Diffusion vorhanden ist.

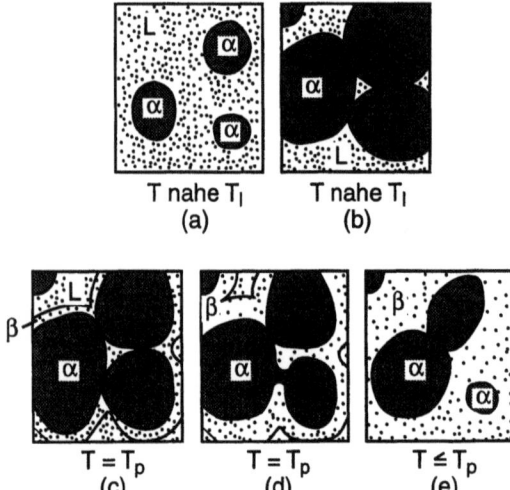

Bild 22 Peritektische Gleichgewichtserstarrung im Konzentrationsbereich $c_\alpha < c < c_\beta$ (aus [Hansen & Beiner 1974]): bei T_L nukleiert die properitektische α-Phase (a) und wächst während des Durchlaufens des Liquidus-Solidus-Intervalls (b). Bei T_p nukleiert die peritektische β-Phase (c) heterogen auf der α-Phase. Beim Wachstum der β-Phase wird der Anteil der α-Phase verringert, da deren Atome für die Bildung der β-Phase benötigt werden (d). Die Umhüllung geschieht durch die sogenannte peritektische Reaktion, d. h. unter Beibehaltung eines 3-Phasen-Tripelpunktes (α, β, L). Das weitere Wachstum der β-Phase unterhalb T_p erfolgt über die peritektische Transformation (e).

2.3 Gleichgewichtserstarrung

Bei der Gleichgewichtserstarrung eines peritektischen Systems sind folgende Fälle zu unterscheiden (vgl. Bild 19) [Brody & David 1977]:

$c \leq c_\alpha$:
Das System erstarrt einphasig als α-Kristall.

$c_\alpha < c < c_\beta$:
Die Erstarrung läuft hier in drei Schritten ab (Bild 22). Bei Erreichen der Liquidus-Kurve nukleiert die properitektische α-Phase. Diese wächst und reift während des Durchlaufens des Liquidus-Solidus-Intervalls. Beim Unterschreiten von T_p nukleiert die peritektische β-Phase, i. A. heterogen auf der α-Phase. Die durch das Wachstum der β-Phase erfolgende Umhüllung (Peritektikum [griech.] = das Herumgelegte) geschieht durch die peritektische Reaktion, unter Beibehaltung eines 3-Phasen-Tripelpunktes (α, β, L). Das weitere Wachstum der peritektischen β-Phase erfolgt über Diffusion durch den bereits gebildeten Anteil der β-Phase, die peritektische Transformation. Diese Umwandlung geschieht in der Regel sehr langsam und ist selten vollständig.

$c_\beta < c < c_p$:
In diesem Konzentrationsintervall wird die peritektische β-Phase z. T. direkt aus der Schmelze gebildet, da der Anteil der α-Phase in der Schmelze klein ist. Die β-Phase nukleiert somit auch an anderen Nukleationsplätzen durch heterogene Keimbildung (Kapitel 5). Die Erstarrung verläuft ansonsten aber wie im vorherigen Fall.

$c > c_p$:
Die β-Phase wird direkt aus der Schmelze gebildet. Es entsteht ein einphasiges Gefüge.

2.4 Gerichtete Erstarrung

Zur gerichteten Erstarrung wird ein Temperaturgradient G in der Probe eingestellt und die Probe unter Beibehaltung des Gradienten abgekühlt. Ein häufig eingesetztes Verfahren zur Realisierung der gerichteten Erstarrung ist das Bridgmanprinzip, das bereits in Kap. 6 (Bild 13) vorgestellt wurde. Durch eine Kühl- und eine Heizzone, die quasi-adiabatisch getrennt sind, wird der für die gerichtete Erstarrung notwendige räumliche Temperaturgradient in der Probe einstellt. Die Temperaturen von Heiz- und Kühlzone werden so gewählt, daß sich die Liquidustemperatur im quasi adiabatischen Bereich befindet. Zieht man die in der Heizzone aufgeschmolzene Probe in die Kühlzone, bewegt sich die Erstarrungsfront gerichtet durch die Probe.

Eine weitere verbreitete Methode ist das Power-Down-Verfahren. Dabei wird ebenfalls mit einer Anordnung von zwei Heiz- und Kühlzonen ein räumlicher Temperaturgradient erzeugt. Im Gegensatz zum Bridgman-Verfahren wird die Probe aber nicht bewegt. Gerichtet erstarrt wird durch Kühlung eines oder beider Heizer.

Wird zu Beginn der gerichteten Erstarrung die Probe vollständig aufgeschmolzen und werden keine Kristallisationskeime oder Keimbildner eingesetzt, erstarrt die Schmelze autonom gerichtet. Dazu muß zunächst die Temperatur der Keimbildungsgrenze unterschritten werden. Dann setzt homogene Keimbildung und ein schnelles Wachstum der festen Phase bis zum Ort der Solidustemperatur ein. Mit fortschreitender Abkühlung wandert die Erstarrungsfront bis zum heißen Ende der Probe.

In peritektischen Systemen kann mit dieser Methode eine homogene Dispersion properitektischer Partikel in einer peritektischen Matrix erzeugt werden. Dies wurde in einem Experiment unter Schwerelosigkeit für das System Sn-Sb nachgewiesen [Kammler 1997]. Dabei nukleierten in einer Probe zunächst properitektische Partikel. Diese wurden dann von der peritektischen Erstarrungsfront überwachsen und so in die peritektische Matrix eingebaut. Fernziel ist die Herstellung von peritektischen Dispersionswerkstoffen mit verbesserten mechanischen und magnetischen Eigenschaften durch Partikelhärtung bzw. durch „fixieren" der Blochwände.

2.5 Einflüsse der Erstarrungsparameter auf die Morphologie

Wie in Kap. 6 eingehend behandelt wurde, hängt bei gerichteter Erstarrung eines Mischkristalls die Morphologie der Erstarrungsfront nach dem Kriterium der konstitutionellen Unterkühlung (Gl. 39) vor allem vom G/v-Verhältnis ab (G: Temperaturgradient, v: Erstarrungsgeschwindigkeit). Mit sinkendem G/v-Verältnis bricht die planare Ertarrungsfront auf, es bildet sich zunächst eine zelluläre Morphologie und später Dendriten.

Im Fall einer peritektischen Legierung kann man das Phasendiagramm in drei Bereiche unterteilen und das Kriterium der konstitutionellen Unterkühlung für jeden Teilbereich einzeln betrachten (Bild 23). Im Bereich zwischen reinem A und c_α gilt:

$$\frac{G}{v} \geq \frac{m_\alpha \cdot c_0 \cdot (1 - k_\alpha)}{D \cdot k_\alpha} \tag{17}$$

m_α ist die Steigung der Liquidus-Kurve der α-Phase, D die Diffusionskonstante, k_α der Verteilungskoeffizient. Im Bereich zwischen c_α und c_β gilt:

$$\frac{G}{v} \geq \frac{m_\alpha \cdot (c_p - c_0)}{D} \tag{18}$$

Oberhalb von c_β gilt:

$$\frac{G}{v} \geq \frac{m_\beta \cdot c_0 \cdot (1 - k_\beta)}{D \cdot k_\beta} \tag{19}$$

m_β ist die Steigung der Liquidus-Kurve der β-Phase, k_β der entsprechende Verteilungskoeffizient.

Diese Ungleichungen ergeben drei Geraden, die im $G/v - c$-Diagramm fünf Bereiche unterschiedlicher Erstarrungsmorphologien abteilen (Bild 23). In Bereich A erfolgt eine „normale"

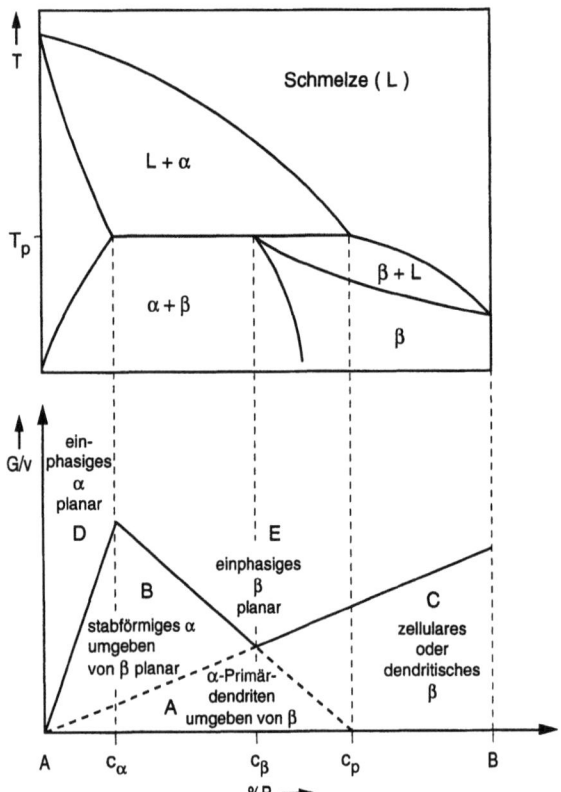

Bild 23 Gerichtete Erstarrung einer peritektischen Legierung. Die Geraden entsprechen dem Kriterium der konstitutionelle Unterkühlung jeder Phase und teilen so im $G/v - c$-Diagramm fünf Bereiche unterschiedlicher Erstarrungsmorphologien ab, nach [Brody & David 1977].

Erstarrung mit Primärdendriten der α-Phase oberhalb der peritektischen Temperatur, die unterhalb der peritektischen Temperatur von der β-Phase überwachsen werden. Im Bereich B bilden sich α-Dendriten oder Zellen mit wachsender Unterkühlung der Spitzen, die von einer planaren β-Front überwachsen werden. Bei hohen Konzentrationen im Bereich C wächst zelluläres oder dendritisches β. Bei niedrigen Konzentrationen im Bereich D wächst eine planare α-Front, bei höheren Konzentrationen von β im Bereich E eine planare β-Front.

2.6 Alternierendes Wachstum

In einigen peritektischen Systemen wird bei hohen G/v-Verhältnissen alternierendes Wachstum beobachtet. Dabei erstarrt aus der Schmelze mit der Ausgangskonzentration c_0 zunächst die planare properitektische Phase mit der Konzentration $k_\alpha c_0$. Dazu ist eine Unterkühlung ΔT_α erforderlich (Bild 24).

Die Festkörperkonzentration der properitektischen Phase ist geringer als die der Schmelze. Mit zunehmender Erstarrung reichert sich daher die Schmelze mit B-Atomen an. Dadurch nimmt auch die Konzentration der erstarrenden properitektischen Phase zu. Die Phasenzustandspunkte bewegen sich dabei auf der α-Soliduslinie und auf der um die Unterkühlung ΔT_α verschobenen α-Liquiduslinie. Durch den hohen Gradienten entsteht auch beim Unterschreiten der peritektischen Temperatur T_p weiter properitektische Phase und die Phasenzustandspunkte folgen

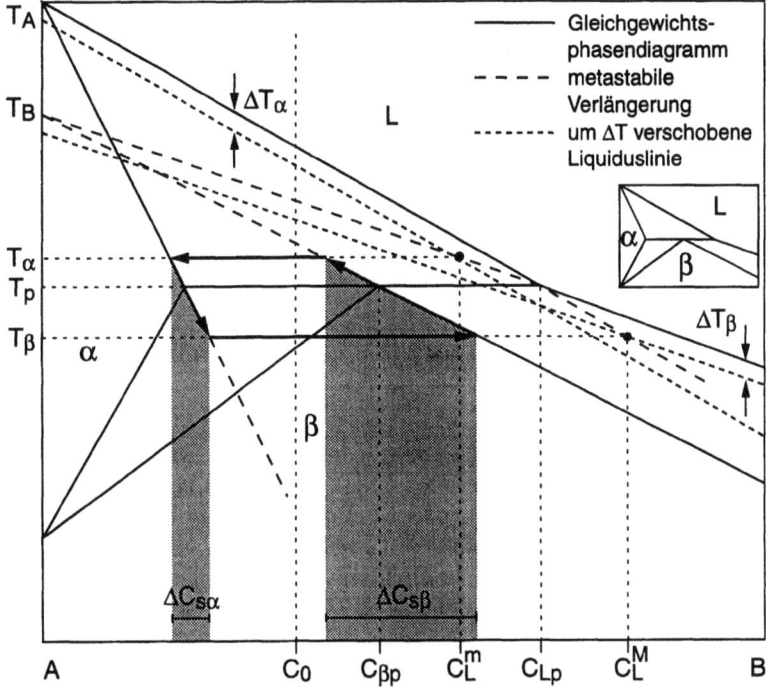

Bild 24 Peritektisches Phasendiagramm mit metastabilen Verlängerungen und durch Unterkühlung verschobenen Liquiduslinien. Die Pfeile kennzeichnen den zeitlichen Ablauf des alternierenden peritektischen Wachstums. Die Konzentration der properitektischen Phase alterniert im Konzentrationsintervall $\Delta c_{S\alpha}$ und die der peritektischen Phase im Intervall $\Delta c_{S\beta}$ [Trivedi 1995].

zunächst noch der metastabilen Verlängerungen der α-Soliduslinie und der um die Unterkühlung ΔT_α verschobenen Liquiduslinie. Erst bei der Konzentration c_L^M mit der Unterkühlung ΔT_β nukleiert die peritektische Phase β. Die Festkörperkonzentration c_β der Phase β ist nun höher als die Konzentration in der Schmelze. Die Konzentration der Schmelze und die Phasenzustandspunkte folgen nun den β-Solidus- und Liquiduslinien. Mit zunehmender Bildung der peritektischen Phase nimmt die Konzentration in der Schmelze wieder ab, bis bei der Konzentration c_L^m mit einer Unterkühlung um ΔT_α wieder α entsteht, und der Prozeß sich wiederholt.

Das alternierende Konzentrationsprofil der Schmelze und die wechselweise Erstarrung der beiden Phasen stellt sich im erstarrten Festkörper durch eine Aneinanderreihung von Anfangstransienten der beiden Phasen dar (siehe Bild 25) In den properitektischen Schichten nimmt die Konzentration kontinuierlich zu und in den peritektischen Schichten ab, bis das Wachstum der jeweils anderen Phase einsetzt. Die α-Phase erstarrt dabei innerhalb des Konzentrationsintervalls $\Delta c_{S\alpha}$ und die β-Phase im Intervall $\Delta c_{S\beta}$ (Bilder 24 und 25).

2.7 Gekoppeltes Wachstum

Gekoppeltes Wachstum ist in binären Peritektika bisher nicht eindeutig beobachtet worden. Das Diagramm der freien Enthalpie in Bild 26 zeigt, daß ohne Unterkühlung der α-Phase ein gleichzeitiges gekoppeltes Wachstum nicht möglich ist. Bei der peritektischen Temperatur läßt sich

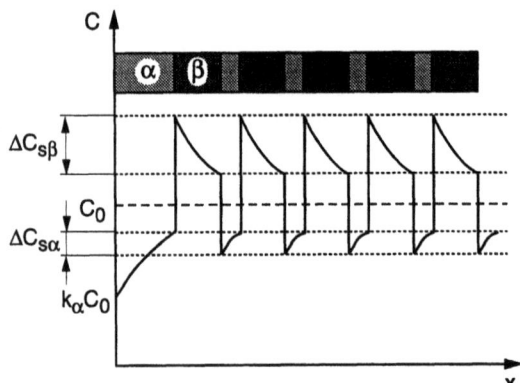

Bild 25 Oben: alternierend erstarrter peritektischer Festkörper mit properitektischer Phase α und peritektischer Phase β [Trivedi 1995]. Unten: Konzentrationsprofil längs der Probe.

eine Dreifachtangente an die Enthalpie-Kurven, mit dem Berührungspunkt der Schmelze oberhalb der beiden festen Phasen, anlegen (siehe Kapitel 4). In binären Systemen ist reines peritektisch gekoppeltes Wachstum deshalb nicht möglich. A. Ostrowski nimmt in einem Modell an, daß sich durch Krümmungsunterkühlung die Kurve der freien Enthalpie der α Phase soweit nach oben verschiebt (Bild 26 α'), daß eine neue Dreifachtangente mit dem Berührungspunkt an der Kurve der Schmelzphase zwischen den Berührungspunkten an den Kurven der α'-Phase und der γ-Phase angelegt werden kann. Damit wird das Phasendiagramm des Peritektikums in das eines metastabilen Eutektikums transformiert, in dem gekoppeltes Wachstum der beiden Phasen α' und γ möglich ist.

Ein quasibinäres peritektisches System, in dem gekoppeltes Wachstum beobachtet wurde ist das System Ti-Al(-O) [Meissen & Busse 1997]. Die Legierung erstarrte dabei mit Lamellenbreiten von ca. 100 μ m. Damit läßt sich die Krümmungsunterkühlung

$$\Delta T_R = \Gamma K$$

abschätzen mit der Krümmung

$$K = \frac{dA}{dv} = \frac{1}{r_1} + \frac{1}{r_1}.$$

r_1 und r_2 bezeichnen den maximalen Radius bzw. den minimaler Radius und Γ ist der Gibbs-Thomson-Koeffizient.

Setzt man für $\Gamma = \sigma/\Delta S_m \approx 10^{-7} Km$ und $r_1 = r_2 = 50\mu m$ an, erhält man eine Unterkühlung $\Delta T_R \approx 5 mK$. Diese Unterkühlung ist nicht ausreichend, um ein metastabiles Eutektikum zu erzeugen. Dazu wäre eine Unterkühlung von ca. 5 K notwendig. Der damit verbundene maximale Spitzenradius der α-Lamellen läge bei ca. 50 nm.

Es ist ungeklärt, ob der in der Legierung enthaltene Sauerstoff von ca. 1 at% eine zusätzliche kinetische Unterkühlung der α- Phase bewirkt [Kurz & Fisher 1989]. Der Sauerstoff könnte die Aktivierunsenergie, die bei der Anlagerung von Teilchen in der Schmelze an die α- Phase aufgewendet werden muß, erhöhen und so zu einer gößeren kinetischen Unterkühlung führen. Möglicherweise führt der Sauerstoff, interstitiell gelöst, zu entscheidenden Veränderungen der Gibb'schen Energien [Kattner et al. 1992], so daß es unzulässig ist, dieses ternäre System als quasi-binäres System zu behandeln.

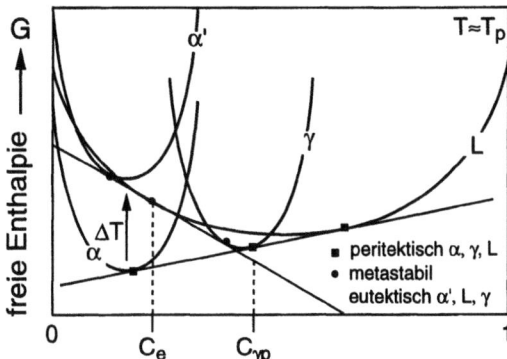

Bild 26 Freie Enthalpien eines peritektischen Systems α, β und L. Durch Unterkühlung um ΔT verschiebt sich die Kurve der properitektischen Phase und es entsteht das metastabile eutektische System α', L und β.

3 Monotektische Systeme

Eine dritte Klasse mehrphasiger metallischer Gefüge bilden die sogenannten „monotektischen" Legierungen. Diese zeichnen sich, wie im Kapitel 4 beschrieben, einerseits durch eine Mischungslücke im schmelzflüssigen Zustand aus und andererseits repräsentiert das Monotektikum wie das Eutektikum ein invariantes Gleichgewicht (siehe Bild 27). Eine Mischungslücke im schmelzflüssigen Zustand wird in sehr verschiedenen Systemen gefunden: Man kennt Metall-Metall-Systeme wie Al-Bi, Al-Pb, Cu-Pb, Hg-Ga [Predel 1986], Metall-Oxid-, Sulphid- und Silikat Systeme wie In-InS, Fe-SiO$_2$ [Oetters 1993], Gläser wie B$_2$O$_3$-PbO [Mazuin & Porai-Koshts 1994], organische Flüssigkeiten wie Cyclohexanol-Methanol oder Succinonitril-Wasser [Beysens et al. 1987] oder auch Öl und Wasser.

Nichtmischbare Fluide haben einen breiten Bereich der Anwendung: Metallische Legierungen werden als Gleitlager in Kraftfahrzeugmotoren (Cu-Sn-Pb) und als elektrische Kontakte und Schalter (Ni-Ag) eingesetzt. Die Nichtmischbarkeit in Metalloxid- und Silikat-Systeme wird in der Stahlmetallurgie bei Raffination verwendet [Oetters 1993]. Nichtmischbare Gläser können als thermoschock-resistente Keramiken eingesetzt werden [Mazuin & Porai-Koshts 1994]. Organische Fluide finden Anwendung in der Nahrungsmittelindustrie oder in Kosmetika.

In der Mischungslücke koexistieren zwei Schmelzen unterschiedlicher Zusammensetzung bei gegebener Temperatur im Gleichgewicht. Mit sinkender Temperatur verändern beide Schmelzen ihre Zusammensetzung und es verändern sich ihre relativen Volumenanteile. Bei der monotektischen Temperatur T_{mon} existieren bei gegebenem Druck und Temperatur drei Phasen im Gleichgewicht: die Schmelzen L_1 und L_2 und der Festkörper S_α. Die monotektische Reaktion ist definiert durch:

$$L_1 \rightarrow L_2 + S_\alpha$$

Im Gegensatz zur eutektischen Reaktion zerfällt eine Schmelze nicht in zwei Festkörper, sondern in eine Schmelze und einen Festkörper. Da es in manchen monotektischen Legierungen gelingt faserige Gefüge zu erzeugen, die denen der Fasereutektika ähnlich sehen, ist man lange davon ausgegangen, daß die in Abschnitt 1 skizzierte Theorie des eutektischen Wachstum von Jackson und Hunt sinngemäß auch auf Monotektika anwendbar ist. Neue Forschungsergebnisse, die im Folgenden zumindest ansatzweise dargestellt werden, zeigen, daß gerade der schmelzflüssige Charakter der zweiten Phase bei der monotektischen Reaktion Besonderheiten bewirkt, die in Eutektika (oder auch Peritektika) nicht zu beobachten sind und die theoretische Behandlung deutlich verändern und erschweren.

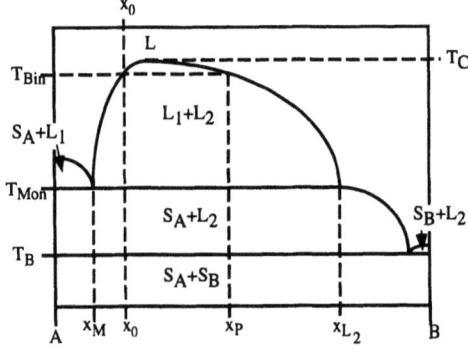

Bild 27 Schema eines Phasendiagrammes mit Mischungslücke im Flüssigen.

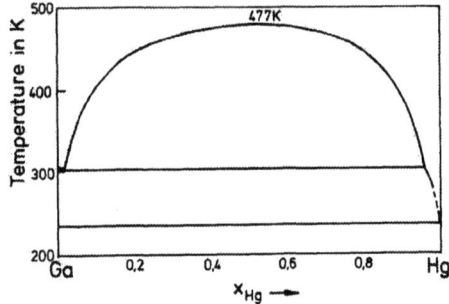

Bild 28 Das Zustandsdiagramm von Ga-Hg nach [Predel 1960]

3.1 Monotektische Zustandsdiagramme

Nachfolgend wird eine kurze Übersicht der wichtigsten metallischen Systemtypen mit einer Mischungslücke im Flüssigen gegeben. In den meisten Fällen sind die energetischen und strukturellen Besonderheiten der Systeme nicht hinreichend genau bekannt, als daß die atomistischen Ursachen für das Auftreten einer Mischungslücke eindeutig angegeben werden können. In der Regel liegen deutliche Unterschiede in den Atomradien und den Bindungsverhältnissen (Mischungsenthalpie) gleichzeitig vor.

Das Ga-Hg System hat die niedrigste kritische Temperatur (T_{mon} = 447 K) aller binären metallischen Systeme (siehe Bild 28). Die Binodale ist in diesem System fast symmetrisch um x_{Hg} = 0.5, so daß es in guter Näherung als reguläre Lösung beschrieben werden kann. Das technisch bedeutsame System Al-Pb (Lagerwerkstoffe) kann ebenfalls sehr gut als reguläre Lösung angesehen werden (Bild 29) [Sommer 1996]. In den meisten Systemen sind allerdings die Binodalen nicht symmetrisch um x = 0.5 und die kritische Temperatur weicht mehr oder minder stark vom Wert ab, der aus dem Modell der regulären Lösung bestimmt wird. Ein Beispiel ist das Bi-Ga system [Predel 1960, Elliott 1965] und speziell das Bi-Zn System [Elliott 1965] (siehe Bilder 30, 31). Das Bi-Ga System gehört zu der Klasse von monotektischen Systemen, bei denen die kritische Temperatur niedriger ist als der Schmelzpunkt der höher schmelzenden Komponente (ein anderes technisch bedeutendes Beispiel dieser Klasse ist Cu-Pb).

Bei einer großen Zahl von Übergangsmetallen wie Ni, Fe, V gibt es nur eine sehr begrenzte Mischbarkeit im Flüssigen mit Elementen der Hauptgruppen wie Pb, Sn, In und Bi. Die Ausdehnung und Form der Mischungslücke ist zum Teil nicht einmal bekannt, wie bei den Systemen Ni-Ag und Fe-Ag, die als elektrische Kontakte Verwendung finden [Haan & Anderko 1958].

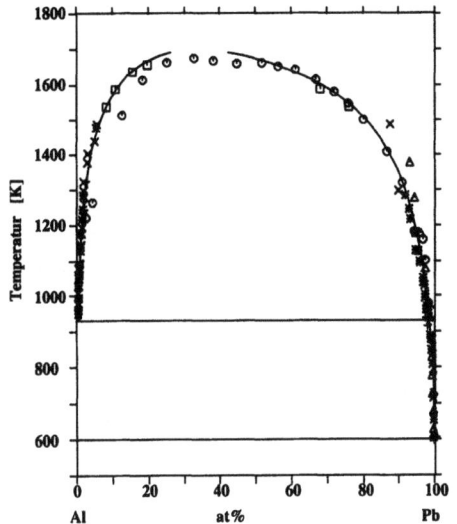

Bild 29 Das Zustandsdiagramm von Al-Pb nach [Sommer 1996].

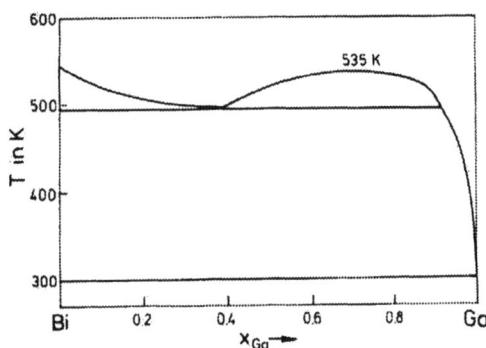

Bild 30 Das Zustandsdiagramm von Bi-Ga nach [Predel 1960, Elliott 1965].

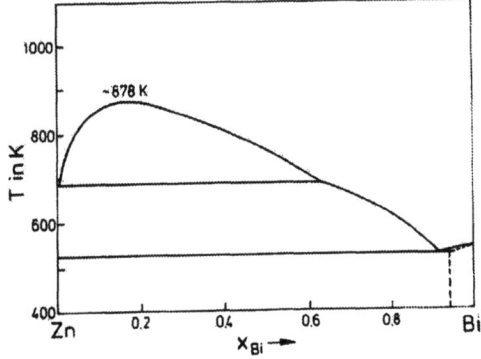

Bild 31 Das Zustandsdiagramm von Bi-Zn nach [Elliott 1965].

Auffallend an praktisch allen monotektischen Systemen ist

1. Bei der monotektischen Temperatur entsteht immer ein fast reiner Festkörper (höher schmelzende Komponente) und

2. die monotektische Konzentration ist in den meisten Fällen sehr klein, unter 1 at.% (Ausnahmen hiervon sind z.B. Bi-Ga und Cu-Pb).

Das bedeutet: Der Verteilungs- oder Segregationskoeffizient k ist in der Größenordnung 0.0001 und kleiner. Damit kann man unmittelbar folgern, daß eine Erstarrungsfront in monotetkitischen Legierungen zu Instabilitäten neigt. Denn nach dem Tillerkriterium muß der Quotient aus Gradient vor der Erstarrungsfront und Erstarrungsgeschwindigkeit G/v größer sein als $(1-k)c_0/(kD)$, mit c_0 als der Bruttokonzentration der Legierung. Extrem kleine Werte des Verteilungskoeffizienten bedingen deshalb, daß sehr steile Temperaturgradienten und/oder sehr kleine Erstarrungsgeschwindigkeiten eingestellt werden müssen, wenn man eine planare Erstarrungsfront etablieren will.

3.2 Erstarrung monotektischer Legierungen

Die Erstarrung von Legierungen mit einer Mischungslücke im Flüssigen kann in drei Katergorien, entspechend der Legierungszusammensetzung, eingeteilt werden:

a) Legierungen mit untermonotektischer,

b) exakt monotektischer und

c) übermonotektischer Zusammensetzung.

Die Erstarrung von Legierungen der Kategorie a) kann wie klassische einphasige Erstarrung behandelt werden (siehe Kapitel 6), man hat nur den sehr kleinen Verteilungskoeffizienten zu beachten. Die Erstarrung von Legierungen exakt monotektischer Legierung ist Gegenstand der Forschung seit Mitte der siebziger Jahre, insbesondere wegen der mutmaßlichen Ähnlichkeit zur eutektischen Erstarrung. Legierungen der Kategorie c) unterscheiden sich sehr deutlich von übereutektischen Legierungen, da bei der Abkühlung aus dem Einphasengebiet oberhalb der Mischungslücke das flüssige Zweiphasengebiet passiert werden muß und damit die Phasentrennung flüssig-flüssig der Erstarrung vorausgeht.

Erstarrung exakt monotektischer Legierungen

Gefügetypen Bei der Erstarrung von Legierungen exakt monotektischer Zusammensetzung werden unterschiedliche Gefügetypen beobachtet: Zum einen flüssige Fasern der L_2-Phase, zum anderen werden statt Fasern Tropfen beobachtet, die entweder regulär als Perlschnüre auftreten und daher den Eindruck erwecken, daß die flüssigen L_2-Fasern in Tropfen zerfallen sind oder irregulär in der Matrix verteilt sind (siehe Bild 32).

Eine anderes Gefügebild wird als irreguläres Monotektikum bezeichnet. Cu-Pb-Legierungen zeigen diesen Gefügetyp besonders ausgeprägt (siehe Bild 33)

Neben diesen einfachen Gefügetypen, findet man in binären, vor allem aber ternären Legierungen zahlreiche Mischvarianten der Gefügetypen. In ternären Legierungen kommt noch hinzu, daß i.a. zuerst der Festkörper der höherschmelzenden Komponente primär kristallisiert (zumeist

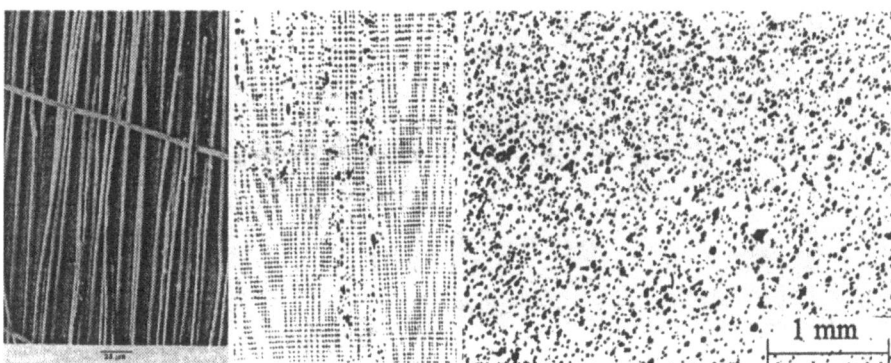

Bild 32 Gefügetypen bei exakt monotektischer Zusammensetzung (v. l. n. r.): In-Fasern in einer gerichtet erstarrten Al-In-Legierung (die Al-Matrix wurde chemisch aufgelöst) nach [Grugel & Hellawell 1981], perlschnurartige Anordnung von In in einer Al-In Legierung nach [Grugel & Hellawell 1981] und statistisch verteilte Tropfen in einer ZnPb-Legierung.

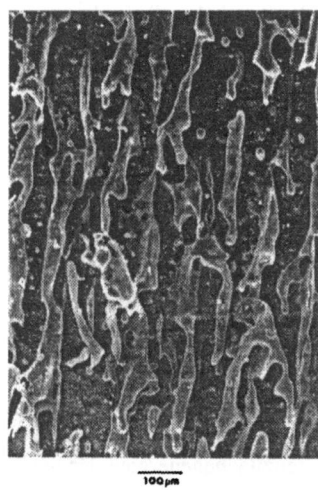

Bild 33 Irreguläre Ausbildung von Blei in einer CuPb Legierung; nach [Grugel & Hellawell 1981].

dendritisch). Im Gegensatz zu eutektischen Legierungen zeigt sich im interdendritischen Raum kein lamellares oder faserförmiges Gefüge, sondern die Tropfen der L_2-Phase sind irregulär verteilt (siehe Bild 34).

Modelle monotektischer Erstarrung Die Erstarrung von Legierungen exakt monotektischer Zusammensetzung wird vielfach in enger Analogie zur Erstarrung eutektischer Legierungen behandelt [Kurz & Sahm 1975, Derby 1983, Derby 1984, Flemings 1974]. Auch wenn dieser Ansatz nahe liegt, gibt es einige Besonderheiten und Differenzen zu beachten:

1.) Im Gegensatz zur eutektischen Reaktion, ist eine der Endphasen eine Schmelze ($L_1 \Rightarrow S_1 + L_2$), die im allgemeinen wegen ihres deutlich niedrigeren Schmelzpunktes weiter hinter der monotektischen Reaktionsfront noch flüssig bleibt.

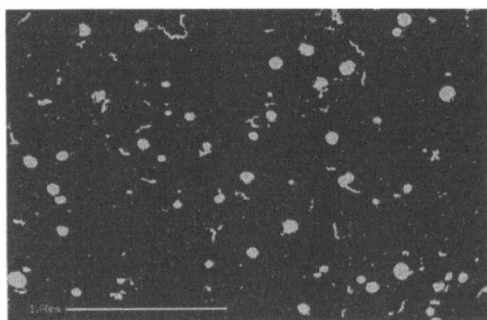

Bild 34 Pb-Tropfen in einer AlPb7Si3.5 Legierung, die unter Schwerelosigkeit erstarrt wurde.

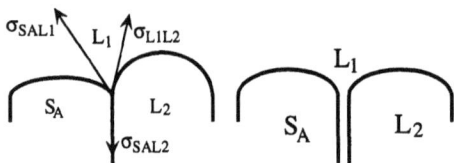

Bild 35 Das Diagramm illustriert die Hypothese von G. Chadwick [Chadwick 1965] nach der zur Ausbildung eines faserförmigen Gefüges die Grenzflächenspannungen die richtige Proportion haben müssen. Im rechten Teilbild ist eine Situation illustriert, in der die L_1-Phase den Festkörper vollständig benetzt und damit zwischen die beiden Phasen S_A und L_2 eindringt.

2.) Da eine der Produktphasen flüssig ist, ist die $L_1 - L_2$ Grenzfläche eine solche niedriger Energie (Größenordnung 20 - 100 mJ/m^2) und hat eine hohe Mobilität (d.h. sie kann im Vergleich zu Festkörpern schnell relaxieren). Zudem ist zu beachten, daß prinzipiell an dieser Grenzfläche im Temperaturgradienten vor der Erstarrungsfront die Grenzflächenspannung variiert und damit Marangoni-Konvektion erzeugt wird, die zum Stofftransport vor der Reaktionsfront beitragen kann.

3.) Wie oben erwähnt ist die monotektische Zusammensetzung im allgemeinen sehr klein und der monotektische Punkt liegt in vielen Fällen nahe der reinen Komponente. Deswegen wurden bei gerichtet monotektischer Erstarrung bisher nur faserförmige im Gegensatz zu theoretisch möglichen lamellaren Monotektika beobachtet (wenn es überhaupt gelang Fasern zu erzeugen).

Einer der bedeutendsten Faktoren, die nach Chadwick entscheiden, ob Monotektika als Faserverbunde erstarrt werden können, sind die Verhältnisse der Grenzflächenenergien der beteiligten Phasen [Chadwick 1965]. Nach Chadwick können faserförmige Gefüge erzeugt werden, wenn zwischen den drei reagierenden Phasen S_1, L_1 und L_2 ein Gleichgewicht der Grenzflächenspannungen vorliegt, so wie in Bild 35 dargestellt. Ein Gleichgewicht der Grenzflächenspannungen tritt auf, wenn die Grenzflächenenergien so sind, daß $\sigma_{S_1L_2} < \sigma_{S_1L_1} + \sigma_{L_1L_2}$. Bild 35 (rechts) illustriert eine Situation, in der diese Bedingung nicht erfüllt wird. In diesem Falle ist $\sigma_{S_1L_2} > \sigma_{S_1L_1} + \sigma_{L_1L_2}$ und die L_1-Phase trennt S_1 und L_2 während der Erstarrung. Da kein Kontakt zwischen S_1 und L_2 an der Grenzfläche existiert, ist ein gekoppeltes Wachstum nicht möglich. Nach Chadwick ist diese „Nicht-Kontakt-Situation" Ursache der sogenannten irregulären Gefüge.

Ein anderer Faktor, der die Erstarrung monotektischer Legierungen beinflußt und in direkter Korrelation zum Kriterium von Chadwick steht, wurde von [Cahn 1979] diskutiert. Er zeigte, daß eine Beziehung zwischen dem Verlauf der Binodalen und der Benetzung existiert; insbesondere ist die Temperaturdifferenz zwischen kritischer Temperatur und monotektischer Temperatur wesentlich. Cahn's Analyse beruht auf dem Effekt der sogenannten kritischen Benetzung, d.h. in Systemen mit Mischungslücke existiert eine Temperatur oberhalb der beide Flüssigkeiten sich vollständig benetzen, d.h. kein Gleichgewichtskontaktwinkel existiert. Die Ursache liegt darin, daß die Grenzflächenenergie flüssig-flüssig entlang der Binodalen nach einem einfachen Potenzgesetz von der Temperatur abhängt $\sigma_{L1L2} \propto (1 - T/T_{krit})^{1.26}$, während die Differenz der Grenzflächenenergien $\Delta\sigma = (\sigma_{SL1} - \sigma_{SL2})$ zwischen den beiden flüssigen Phasen und dem entstehenden Festkörper etwas schwächer als linear von der Temperatur abhängt. Der Gleichgewichtskontaktwinkel zwischen allen drei Phasen an der monotektischen Reaktionsfront ist aber gerade das Verhältnis aus $\Delta\sigma$ und σ_{L1L2}. Bei einer Temperatur unterhalb der kritischen Temperatur wird der Nenner null, so daß kein Kontaktwinkel mehr existiert. Diese Temperatur ist die kritische Benetzungstemperatur. Cahn schlug deshalb folgendes Modell vor: In monotektischen Systemen, bei denen die kritische Benetzungstemperatur deutlich oberhalb der monotektischen liegt, kann sich ein Gleichgewicht der drei Phasen ausbilden und damit ein faserförmiges Gefüge entstehen. Ist die kritische Benetzungstemperatur unterhalb der monotektischen, bilden sich irreguläre Gefüge aus. Eine solche Situation ist in Systemen anzutreffen, bei denen die kritische Temperatur unterhalb der Schmelztemperatur der höher schmelzenden Komponente liegt (CuPb) im Gegensatz zum AlPb- oder auch AlIn- System.

Entsprechend den oben gezeigten Gefügetypen, werden in der Literatur vereinfachend zwei Gefügetypen diskutiert. Typ A bezeichnet faserförmige Gefüge, bei denen sich Fasern mit hohem Schlankheitsgrad ausbilden, die im wesentlichen regulär und dicht gepackt angeordnet sind. Ein solcher Typ wird bei Erstarrungsgeschwindigkeiten beobachtet die i.a. kleiner als 5 μm/s sind, und wenn ein sehr steiler Temperaturgradient anliegt ($G \approx$ 100 K/cm). Zur Erklärung dieser Strukturen wird im allgemeinen das Modell von Jackson und Hunt für Eutektika herangezogen. Grugel, Lograsso und Hellawell [Grugel et al. 1984] haben an transparenten Modellsystemen gezeigt, daß bei höheren Wachstumsgeschwindigkeiten die stationäre Front zusammenbricht und feine irreguläre Fasern in einer unebenen Wachstumsfront entstehen. Dieser Übergang ist nach diesen Autoren auf periodische Störungen der monotektischen Reaktionsfront und Rayleigh-Instabilitäten der L_2-Fasern hinter der monotektischen Reaktionfront zurückzuführen. Diese Art des Wachstums wurde häufig beobachtet [Portard 1979, Vinet & Potard 1983, Kneissl et al. 1983]. Nach [Schafer et al. 1983] sind die Perlschnüre auf Rayleigh-Instabilitäten der L_2-Fasern zurückzuführen, die im interzellularen Raum wachsen, wenn die Erstarrungsfront nicht mehr planar gehalten werden kann.

Gefüge vom Typ B sind nie das Resultat eines stationären Wachstums. Die monotektische Reaktion entwickelt statt regelmäßig angeordneter Fasern, grobe, vernetzte Gebilde der L_2-Phase selbst bei geringen Erstarrungsgeschwindigkeiten und extremen Gradienten. Diese irregulären Gebilde richten sich bei steigender Erstarrungsgeschwindigkeit sogar eher in Richtung eines faserförmigen Gefüges aus. Es wird im allgemeinen angenommen, daß dieser Gefügetyp darauf beruht, daß das oben erwähnte Chadwick-Kriterium nicht eingehalten wird. In [Carlberg & Bergman 1985] wie auch in [Derby & Favier 1983] wird dieser Fall sogar als einer behandelt, indem der wachsende Festkörper die L_2-Schmelze formt.

Grugel, Lograsso und Hellawell [1984] haben oben erwähnte Hypothesen von Chadwick und Cahn bestätigt und konnten zeigen, daß eine enge Korrelation zwischen der Höhe der Mischungslücke und dem Gefügetyp existiert. Tabelle 2 faßt ihre Ergebnisse zusammen. Die Ähnlichkeit zur eutektischen Erstarrung wird auch dadurch zum Ausdruck gebracht, daß auch bei den Monotektika eine Relation der Art „Faserabstand zum Quadrat multipliziert mit der Erstarrungsgeschwindigkeit ist konstant" gefunden wird. Dies illustriert Bild 36.

Tabelle 2 Gefügetypen gerichtet erstarrter Monotektika nach [Grugel et al. 1984]

System	T_m/T_c	Gefügetyp
$Ga - Pb$	0.5	faserförmig "A"
$Sb - Sb_2S_3$	0.5	faserförmig "A"
$Al - Bi$	0.59	faserförmig "A"
$Al - In$	0.75	faserförmig "A"
$(CH_2CN)_2 - H_2O$	0.887	faserförmig "A"
$(CH_2CN)_2 - C_3H_5(OH)_3$	0.896	faserförmig "A"
$Cu - 16wt\%Pb - 3wt\%Al$	0.9	Mischform
$Cu - 32wt\%Pb2.1wt\%Al$	0.9	Mischform
$Cu - 26wt\%Pb3.2wt\%Al$	0.8	faserförmig "A"
$CH_2CN)_2 - 7.5wt\%$ Ethanol- $6.9C_3H_5(OH)_3$	0.937	Mischform
$CH_2CN)_2$- Ethanol	0.94	irregulär "B"
$Cu - Pb$	0.97	irregulär "B"
$Cd - Ga$	0.98	irregulär "B"

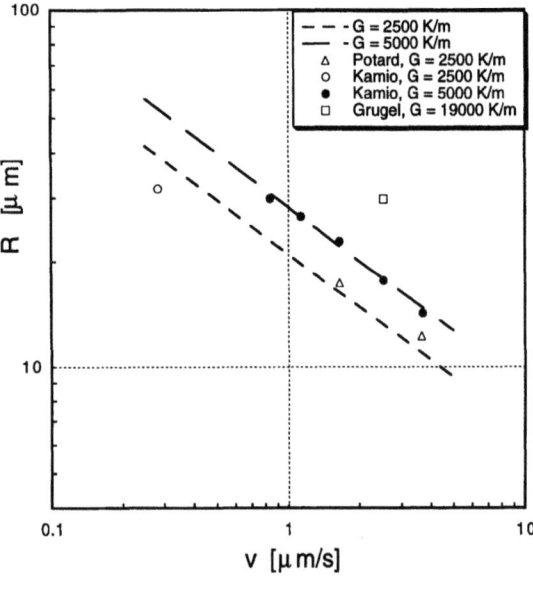

Bild 36 Zusammenhang zwischen Faserabstand R und Erstarrungsgeschwindigkeit v in Monotektika. Es gilt $R^2 \cdot v=$ konst.

3.3 Erstarrung übermonotektischer Legierungen

Übermonotektische Legierungen können zumindest theoretisch ebenfalls mit faserförmigem Gefüge erstarrt werden. Wenn jedoch eine solche Legierung erstarrt wird, existiert vor der Erstarrungsfront ein Gebiet, indem im Gleichgewicht zwei flüssige Phasen koexistieren. Dadurch ist es möglich, daß sich vor der Erstarrungsfront (nicht notwendigerweise an der Erstarrungsfront) Tropfen der im allgemeinen schwereren L_2-Phase bilden und auf die Erstarrungsfront durch schwerkraftbedingte Sedimentation fallen. Ebenfalls ist zu berücksichtigen, daß die Tropfen vor der Erstarrrungsfront eine Marangoni-Bewegung ausführen können, die bei vertikaler gerichteter Erstarrung und planarer Erstarrungsfront der Stokes-Bewegung gerade entgegengesetzt ist. Diese Probleme kann man vermeiden, falls es für ein gegebenes Legierungssystem möglich ist, die Erstarrung mit einem geeigneten Verhältnis der Erstarrungsgeschwindigkeit v und des Temperaturgradienten G durchzuführen. Insbesondere wird in der Arbeitsgruppe von Andrews und Mitarbeitern theoretisch und experimentell an Möglichkeiten des gekoppelten übermonotektischen Wachstums gearbeitet [Andrews 1991, Andrews et al. 1988]- [Andrews 1993].

Im nachfolgenden wird der in der Regel auftretende Fall behandelt, daß vor der Erstarrungsfront eine Phasentrennung im schmelzflüssigen Zustand auftritt. Kühlt man eine Schmelze übermonotektischer Zusammensetzung aus dem Einphasengebiet oberhalb der Binodalen ab, laufen folgende Prozesse bis zur vollständigen Erstarrung ab:

- flüssig-flüssig Phasentransformation $L \Rightarrow L_1 + L_2$;

- räumliche Phasentrennung, Entwicklung einer Dispersion oder Suspension (z. B. Wachstum und Bewegung von Tropfen);

- Erstarrung durch monotektische Reaktion: $L_1 \Rightarrow S_A + L_2$;

- Erstarrung der L_2-Phase bei der (meist entarteten) eutektischen Reaktion weit unterhalb der monotektischen Temperatur.

Die einzelnen Prozesse bei der Gefügebildung in der Mischungslücke werden im folgenden kurz skizziert, vor allem mit Referenz zu experimentellen Befunden an übermonotektischen Legierungen.

Keimbildung in der Schmelze

Der Prozeß der Keimbildung in nichtmischbaren Füssigkeiten läßt sich mit den in Kapitel 5 dargelegten Modellen der Keimbildung behandeln. Wendet man die Theorie der homogenen Keimbildung auf das System AlBi an (unter Benutzung der bekannten Abhängigkeit der freien Enthalpie des Systems von Konzentration und Temperatur und der bekannten Temperaturabhängigkeit der Grenzflächenspannung) kann man die kritische Keimgröße und die Aktivierungsenergie als Funktion der Unterkühlung unter die Binodale berechnen. Das Ergebnis zeigt Bild 37.

Dem Diagramm entnimmt man, daß der typische Keimradius eine Größe von 3-7 nm hat, deutlich größer als in Festkörperreaktionen oder bei der Keimbildung eines Festkörpers aus

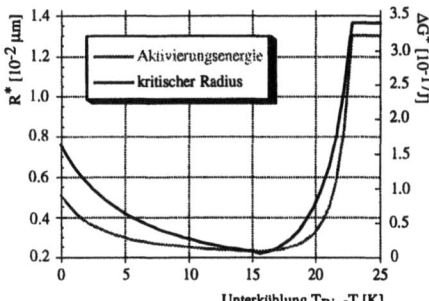

Bild 37 Aktivierungsenergie für die Keimbildung und kritischer Keimradius als Funktion der Unterkühlung unter die Binodale für eine Legierung Al+7wt%Bi nach [Diefenbach 1993]

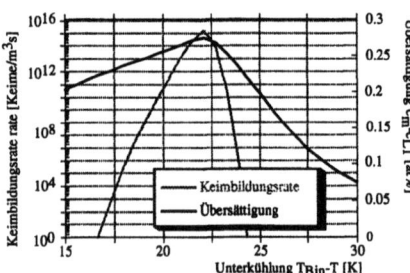

Bild 38 Keimbildungsrate und Übersättigung in einer Al+7wt%.Bi Legierung in Abhängigkeit von der Unterkühlung nach [Diefenbach 1993].

der Schmelze. Die kleinste Aktivierungsenergie ist bei dieser Legierungszusammensetzung bei ca. 16 K unterhalb der Binodalen zu beobachten. Die maximale Unterkühlung sollte deshalb ebenfalls in diesem Bereich liegen. Bei der Kristallisation von Festkörpern aus der Schmelze kann man hingegen beobachten, daß bei Vermeidung heterogener Keimbildung maximale Unterkühlungen von einigen hundert Kelvin erzielt werden können[Herlach et al. 1993]. Aus den dargestellten Kurven kann man die Keimbildungsrate und die Übersättigung in der Matrix berechnen. Bild 38 zeigt das Ergebnis. Die Keimbildungsrate wächst rasch von Null auf einen sehr hohen, maximalen Wert, der ungefähr mit dem Maximum der Übersättigung zusammenfällt, um dann ebenso rasch wieder auf einen vernachlässigbar kleinen Wert zu fallen. Die Übersättigung sinkt hingegen nach erfolgter Keimbildung nur langsam ab. Auch wenn die Zahl der Keime pro Volumeneinheit hoch ist, ist die Zahl der gelösten Atome im Keim recht gering (ca. 1000), so daß die Zahl der gelösten Atome in der Matrixschmelze hoch bleibt. Die Übersättigung wird durch Wachstum der Keime und im späteren Stadium der Entwicklung der Dispersion durch Ostwaldreifung abgebaut (siehe Kapitel 10).

Der Prozeß der Keimbildung ist sehr schwer direkt experimentell zugänglich (im Gegensatz zur Entmischung in Festkörpern). Man muß auf indirekte Methoden zurückgreifen. Bisher gibt es zwei Arbeiten dazu [Perepezko et al. 1982, Uebber & Ratke 1991], die dieselbe Technik benutzen. Eine einphasige Schmelze wird durch extrem rasche Erstarrung mittels Verdüsung in einem Heliumstrahl in so kleine Tröpfchen zerlegt, daß zumindest einige der Tröpfchen frei von heterogenen Keimbildnern sind. Die feinen Pulver werden in einer inerten Matrix dispergiert und mittels DTA untersucht. Beim Aufschmelzen und Erstarren zeigt sich die monotektische Reaktion als endotherm (bzw. exotherm) und der Eintritt der flüssig-flüssig Entmischung als schwache Wärmetönung. Dies ist schematisch in Bild 39 gezeigt.

Das Ergebnis solcher Versuche mit ZnPb-Legierungen zeigt Bild 40. In Zn-Pb Legierungen setzt die Keimbildung bei 1.2 at.% Pb-Gehalt erst bei 50 K und 10 K bei 6 at.% Pb unterhalb der Binodalen ein. In Ga-Bi Legierungen ist die Unterkühlung bei Zusammensetzung knapp oberhalb der monotektischen Konzentration nur wenige Kelvin groß und bei Zusammensetzung in der Umgebung des kritischen Punktes nicht messbar. Vergleicht man die experimentellen Befunde mit den Vorhersagen der klassischen Keimbildungstheorie, erhält man unter der Annahme einer homogenen Keimbildung in der Schmelze eine zufriedenstellende Übereinstimmung [Granasy & Ratke 1993].

Tropfenbewegung

Wenn während der Abkühlung einer übermonotektischen Legierung die Binodale unterschritten wurde, so daß sich Keime gebildet haben und gewachsen sind, können die so entstande-

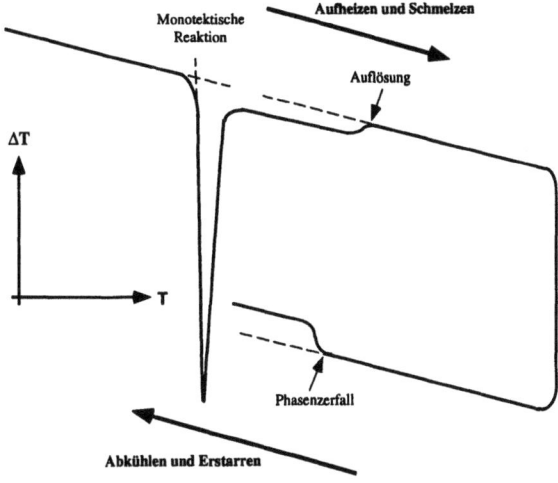

Bild 39 Schema des Signals einer Differentialthermoanalyse (DTA) einer übermonotektischen Legierung, die eine Unterkühlung unter die Binodale zeigt.

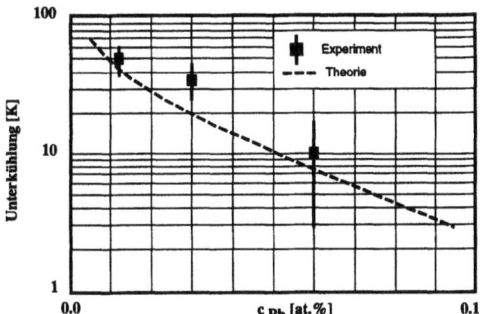

Bild 40 Gemessene Unterkühlung unter die Binodale bis zum Einsetzen der Keimbildung und theoretische Analyse mit klassischer Theorie der homogenen Keimbildung nach [Granasy & Ratke].

nen Tropfen sich auf Grund zumindest zweier Effekte in der Schmelze bewegen. Im einfachsten Fall eines einzelnen Tropfens (Viskosität η_p) in einer unendlich ausgedehnten Matrix (Viskosität η_m), der sich unter dem Einfluß der Schwerkraft der Stärke g bewegt, erhält man aus der Lösung der Navier-Stokes Gleichung für die Fallgeschwindigkeit (Stokes-Geschwindigkeit) [Hadamard 1911, Rybczynski 1911]:

$$U_S = \frac{9}{2} \frac{\Delta\rho}{\eta_m} \frac{1+\hat{\mu}}{\frac{2}{3}+\hat{\mu}} g R^2 \qquad (20)$$

Die Geschwindigkeit U_0 ist proportional zur Dichtedifferenz zwischen Matrix und Tropfen $\Delta\rho$ und zum Quadrat des Tropfenradius R. $\hat{\mu} = \eta_p/\eta_m$ ist das Verhältnis der Viskositäten.

Eine andere Quelle möglicher Tropfenbewegung ist ein Temperaturgradient in der Schmelze, der zur sogenannten thermokapillaren oder Marangoni-Bewegung führt. Ursache der Bewegung ist die Temperatur- bzw. Konzentrationsabhängigkeit der Grenzflächenspannung zwischen beiden Flüssigkeiten. Existiert ein Temperaturgradient in der Matrixschmelze, existiert auch eine Temperaturdifferenz zwischen den Polen eines Tropfen. Da die Grenzflächenspannung temperaturabhängig ist, existiert eine Spannungs- bzw. Druckdifferenz zwischen den Polen. Diese Differenz setzt eine Strömung entlang der Grenzfläche und auf Grund der endlichen Viskosität und der Kontinuität der Stromlinien auch eine im gesamten Tropfen und der umgebenden Schmelze in Gang. Der Tropfen bewegt sich auf diese Weise von Gebieten hoher Grenzflächenspannung in solche niedriger, d.h. von kalt nach warm. Für einen einzelnen Tropfen, der sich in einem linearen Temperaturfeld (konstanter Gradient bewegt) wurde das Problem 1956 von Young, Goldstein and Block [Young et al. 1959] gelöst. Die Tropfengeschwindigkeit auf Grund dieses Effektes berechnet sich zu:

$$U_M = -\frac{2}{\eta_p(2+\hat{\lambda})(2+3\hat{\eta})} \frac{d\sigma}{dT} \nabla T \ R \qquad (21)$$

wobei $d\sigma/dT$ die Temperaturabhängigkeit der Grenzflächenspannung ist, $\hat{\lambda}$ das Verhältnis der Wärmeleitfähigkeiten von Tropfen und Matrix und ∇T der Temperaturgradient. Die Marangoni-Geschwindigkeit hängt nur linear vom Tropfenradius ab. Generel ist zu bemerken, daß die Tropfenbewegung erheblichen Einfluß auf den Stoff- und Wärmetransport haben kann, denn eine z.B. bewegt sich ein kalter Tropfen rasch in wärmere Gebiete der Schmelze, so nimmt er praktisch die „Kälte" seines ursprünglichen Aufenthalts mit. Er wirkt also als Wärmesenke. Jeder Tropfen der siche bewegt, verdrängt Flüssigkeit. Existiert ein Konzentrationsgefälle in der Schmelze schiebt der Tropfen z.B. höher konzentrierte Schmelze, die in seiner Bewegungsrichtung liegt hinter sich und verändert somit das Konzentrationsfeld in der Matrix. Dieser Einfluß der Tropfenbewegung auf Stoff- und Wärmetransport ist im Einzelfall zu prüfen. Bei Metallen mit ihren relativ hohen Wärmeleitfähigkeiten und geringen Viskositäten (kleine Prandtl-Zahl) wirken die Tropfen praktisch nicht als Wärmequelle oder -senke (im Gegensatz zu organischen Flüssigkeiten, bei denen die Prandtl-Zahl um bis zu 5 Zehnerpotenzen größer ist).

Diffusives und konvektives Wachstum

Während der Phasentrennung in der Mischungslücke werden die entstehenden Tropfen generell Wachsen durch rein diffusiven oder aber durch diffusiv-konvektiven Stofftransport. Das Problem des rein diffusiven Wachstums von kugeligen Teilchen in einer Matrix wurde schon 1949 von Zener exakt gelöst (s. z. B. [Christian 1975, Martin & Doherty 1976]). Bild 41 veranschaulicht die Situation.

Weit entfernt von der Grenzfläche habe die Matrix die Konzentration c_m, die auf den Wert c_β im Teilchen springt, während direkt an der Grenzfläche die Kontentration der Matrix den Wert c_I annimmt. Wenn lokales Gleichgewicht gilt, ist $c_I = c_{\alpha e}$, d.h. Gleichgewichtskonzentration entsprechend dem Phasendiagramm wird angenommen. Die mittlerweile klassische Lösung von Zener für dieses Problem lautet (im Fall geringer Übersättigung):

$$R^2 = D\frac{c_m - c_{\alpha e}}{c_\beta - c_{\alpha e}}t \quad \Rightarrow \quad \frac{dR}{dt} \propto \frac{1}{R} \propto \nabla c \ |_R \qquad (22)$$

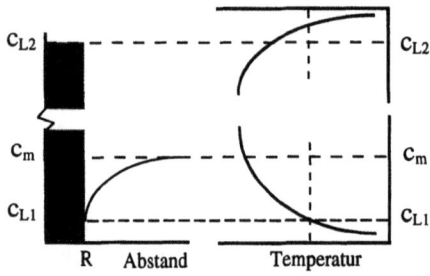

Bild 41 Schematische Darstellung des Konzentrationsprofils um einen Tropfen in einer Matrixschmelze, die übersättigt ist in Relation zum Phasendiagramm.

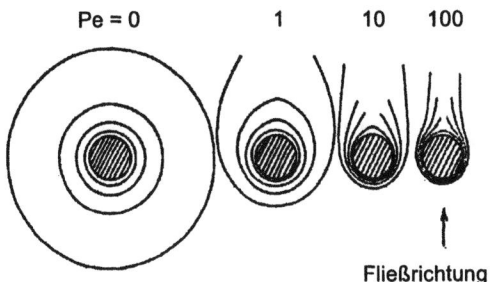

Bild 42 Isokonzentrationslinien um einen kugeligen Tropfen bei unterschiedlichen Peclet-Zahlen.

Der Tropfenradius wächst proportional zur Wurzel aus der Zeit. Dieses Gesetz ist in Festkörperreaktionen häufig bestätigt worden. In metallischen Legierungen wurde das Wachstum bzw. die Auflösung von Tropfen in einem Weltraumexperiment an Ga-Hg Suspensionen röntgenografisch untersucht. Diese Ergebnisse bestätigen die Rechnungen von Zener [Otto & Frohberg 1987].

Wenn Tropfen sich durch Stokes- oder Marangoni-Bewegung in der umgebenden Matrixschmelze bewegen, kann dem diffusiven Stofftransport konvektiver überlagert sein. Grundlegende theoretische Arbeiten zu diesem Problemkreis wurden von Nielson [1961], Levich [1962] und Brian und Hales [1969] durchgeführt. Die Grundgleichungen für Stofftransport mit konvektivem Beitrag sind im Kapitel 2 dargelegt worden, ebenso wie dort der Begriff der Peclet-Zahl als $Pe = UR/D$ eingeführt worden ist. U war eine charakteristische Geschwindigkeit (z.B. Stokes-Geschwindigkeit), R eine charakteristische Länge des hydrodynamischen Problems (hier Tropenradius) und D der Diffusionskoeffizient.

Die Péclet-Zahl beschreibt, ob konvektiver Transport vernachlässigt werden kann $Pe \ll 1$ oder wesentlich ist $Pe \gg 1$. Der wesentliche Effekt von Strömungen auf das Wachstum (oder die Auflösung) von Tropfen läßt sich dem Bild 42 entnehmen, in der die Isokonzentrationlinien um ein Teilchen für verschiedene Péclet-Zahlen dargestellt sind. Am Staupunkt werden die Isokonzentrationslinien mit steigender Péclet-Zahl immer stärker zusammengedrückt und rücken näher an die Teilchenoberfläche heran, während im Nachlauf die Ausdehnung des Konzentrationfeldes praktisch unverändert bleicht. Mittelt man um einen ganzen uUmlauf um ein Tropfen, kann man die Asymmetrie des Konzentrationsfeldes wieder beseitigen und führt so etwas wie einen effektive Reichweite des Feldes ein, eine diffusive Grenzschichtdicke (diffusive boundary layer) δ. Es läßt sich zeigen, daß folgende Relationen gelten: $\delta \approx Pe^{-1/3}$ für feste Teilchen und $\delta \approx Pe^{-1/2}$ für Tropfen. Die Auswirkung auf das Tropenwachstum lassen sich dann wie folgt angeben:

$$\frac{dV}{dt} = I\Omega = \Omega \, D\nabla c|_R \, 4\pi R^2 \Rightarrow \frac{dR}{dt} \propto \frac{1}{\delta} \qquad (23)$$

mit V als dem Tropfenvolumen und Ω als dem Atomvolumen des gelösen Stoffes. Diese Relation zeigt, daß konvektiver Stofftransport zu einem schnelleren Wachstum (oder Auflösung) der Tropfen führt.

Man sollte sich dabei daran erinnern, daß im Falle der Stokes-Bewegung die charakteristische Geschwindigkeit selbst noch vom Quadrat des Radius abhängt, bzw. die Marangoni-Bewegung linear. Damit ist die Peclet-Zahl bei Stokes-Bewegung proportional zur dritten und bei Marangoni-Bewegung zur zweiten Potenz des Tropfenradius.

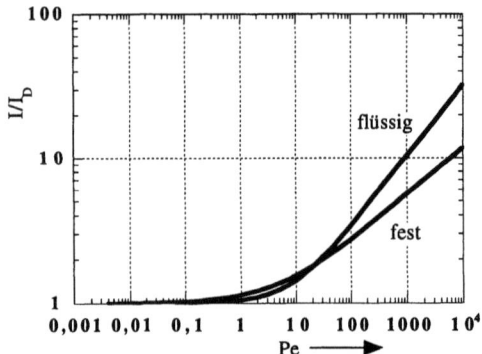

Bild 43 Transportstrom I= 'Zahl der Atome, die am Tropfen angelagert werden' im Verhältnis zu rein diffusivem Transport I_D als Funktion der Peclet Zahl für feste und flüssige Teilchen.

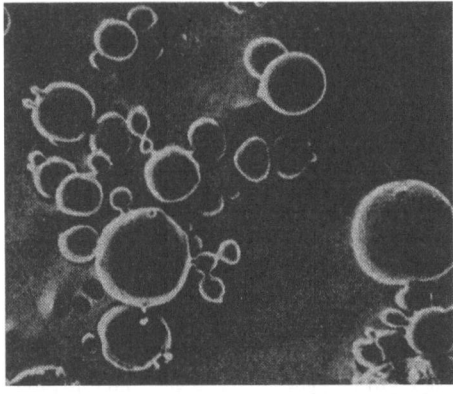

Bild 44 Stoßprozesse und Koagulation in einer In-Al Legierung, die so rasch erstarrt wurde, daß die Koagulation noch nicht vollständig abgelaufen war.

Koagulation

Im Gegensatz zu Ausscheidungen in Festkörpern sind die ausgeschiedenen Tropfen in Flüssigkeiten nicht im Raum fixiert. Sie bewegen sich relativ zur Matrix entweder durch Stokes- und/oder Marangoni-Bewegung oder sie werden durch sonstige Strömungen der Matrix mitgenommen (natürliche Konvektion, Zwangskonvektionen). Tropfen können sich deshalb so nahe kommen, daß sie miteinander kollidieren und zu einem neuen Tropfen verschmelzen. In Metallschmelzen kann die Koagulation so rasch erfolgen, daß eine Dispersion innerhalb weniger Sekunden vollständig entmischt und räumlich getrennt ist. Ein Beispiel eingefrorener Koagulationsereignisse zeigt Bild 44.

Koagulationsprozesse sind im wesentlichen auf die Wechselwirkung der Strömungsfelder um die Tropfen zurückzuführen, die wiederum von verschiedenen Parametern beeinflußt werden. Man denke an eine Autofahrt durch ein Schneegestöber: nicht jede Schneeflocke trifft die Windschutzscheibe, die meisten werden im Strömungsfeld um die Karosserie herumgelenkt. Kollisionsprozesse von Teilchen und Tropfen sind ein klassisches Forschungsgebiet der Aerosolmechanik und Physik der Atmosphäre (Wolken- und Regenbildung). Der interessierte Leser sei auf entsprechende Literatur verwiesen [Hidy & Brock 1970], [Fuchs 1964], und [Rogers & Yau 1989].

3.4 Modell der Gefügeentwicklung übermonotektischer Legierungen

Das Gefüge vollständig erstarrter übermonotektischer legierungen hängt entscheidend von den oben genannten Prozessen beim Kühlen durch die Mischungslücke ab (und selbstverständlich davon, wie die Erstarrungsfront mit den Tropfen, die in der Mischungslücke gebildet wurden wechselwirkt, d. h. damit auch vor allem von der Morphologie der fest-flüssig Grenzfläche). Eine einheitliche Beschreibung der Vorgänge in der Mischungslücke gelingt zum Beispiel mit sogenannten populationsdynamischen Ansätzen, die im wesentlichen auf Arbeiten von Smoluchowski und Müller zurückgehen [Smoluchowski 1916, Müller 1926]. Ein anderer Ansatz wurde erst kürzlich von Ratke und Diefenbach entwickelt [Diefenbach 1994, Diefenbach et al. 1993].

Populationsdynamik

Smoluchowski behandelte das Problem der Bildung von Agglomeraten oder Clustern aus submikroskopischen Teilchen, die Brownsche Bewegung ausführen. Die wesentlichen Kenngröße dieses Modells ist ds sogenannte Kollisonsvolumen $K(v,v')$ zweier Teilchen der Volumina v und v'. Es wird definiert als ihr gemeinsamer Stoßquerschnitt $\sigma_{tot} = \pi(v^{1/3} + v'^{1/3})^2$ multipliziert mit ihrer Differenzgeschwindigkeit, die genau genommen empfindlich vom Strömungsfeld um die Teilchen und ihrer gegenseitigen Beeinflussung abhängt. Die damit verbundene Orts- und Zeitabhängigkeit des Problems wird im Smoluchowski-Modell ausgeklammert und die Relativgeschwindigkeit nur als abhängig vom Tropfen- bzw. Teilchenradius gemacht (Stokes oder Marangoni). Zudem werden Dispersionen grundsätzlich als so verdünnt angesehen, daß nur Zwei-Teilchen Koagulationen berücksichtigt werden müssen. Die Koagulationsrate zweier Tropfen der Volumen v und v' zu einem neuen Tropfen des Volumens $v+v'$ ist dann proportional zur Konzentration der Reaktanden Koagulationsrate $\approx K(v,v')n(v,t)n(v',t)$, mit $n(v,t)$ als der Dichte von Tropfen im Volumenintervall $[v, v + dv]$ zur Zeit t. Für die Erstarrung übermonotektischer Legierungen kann man die raum-zeitliche Entwicklung der Tropfengrößen nicht vernachlässigen. Diese wird nur im Koagulationsterm vernachlässigt. Die Entwicklung einer Tropfengrößenverteilung $n(x,y,z,v,t)$ wird durch eine Kontinuitätsgleichung beschrieben. Wenn die Tropfengeschwindigkeit $U(x,y,z)$ ist, dann ist $j = U(x,y,z)n(x,y,z,v,t)$ die Tropfenstromdichte in einem Volumenelement. Erhaltung der Masse erfordert dann, daß folgende Gleichung gültig ist:

$$\frac{\partial n}{\partial t} + \nabla \cdot \vec{j} = \frac{\partial n}{\partial t} + \nabla (U(x,y,z)n(x,y,z,t)) = 0 \qquad (24)$$

Berücksichtigt man nun verschiedene Prozesse, die in der Mischungslücke auftreten – Keimbildungsrate $I(x,y,z,t)$, Tropfenwachstum durch Diffusion oder Konvektion dR/dt, Tropfenbewegung $U(x,y,z)$ und Koagulationen – so erhält man folgende komplexe Gleichung [Ratke 1987 a, Alkemper & Ratke 1994, Ratke & Alkemper 1995]:

$$\frac{\partial n}{\partial t} + \nabla (U(x,y,z)n(x,y,z,t)) + \frac{\partial}{\partial R}\left(\frac{dR}{dt} \cdot n\right) =$$

$$I(x,y,z,t) + \frac{1}{2}\int_0^v K(v,v-v')n(v,t)n(v-v',t)dv' - n(v,t)\int_0^\infty n(v',t)K(v,v')dv'$$

Für eine gegebene Anfangsverteilung $n(v,0)$ und einen gegebenen Kollisionskern $K(v,v')$

muß diese nichtlineare Integro-Differentialgleichung gelöst werden. Für verschiedene Tropfenbewegungsarten hängt er unterschiedlich vom Tropfenvolumen ab. Im allgemeinen ist die Gleichung viel zu komplex, um analytisch lösbar zu sein. Für verschiedene Spezialfälle und Vereinfachungen sind analytische Lösungen hergeleitet worden. Davis und Mitarbeiter [Davis 1984, Davis & Acrivos 1985, Davis & Hassen 1988, Davis et al. 1989, Rogers & Davis 1990, Yiantsios & Davis 1990, Zhang & Davis 1991] und Ratke und Mitarbeiter [Ratke 1987 b, Ratke 1987 a, Ratke 1988] haben diese Gleichung benutzt um die Tropfenverteilung und damit das Gefüge übermonotektischer Legierungen beim Kühlen durch die Mischungslücke zu beschreiben. In [Markworth et al. 1976], sowie von Fredriksson und Mitarbeiter[Bergman et al. 1982, Carlberg & Fredrikkson 1980] und Kneissl, Ratke und Fischmeister [Ratke et al. 1987, Ratke et al. 1989] wird die Gleichung benutzt, um die Tropfenevolution in Wasser–Ölemulsionen zu studieren, bzw. in Zn-Bi und Zn-Pb-Legierungen.

Alkemper und Ratke [1994] untersuchten die Phasentrennung und Erstarrung von Al-Bi Legierungen und beschrieben das Gefüge mit Hilfe von Gl. 25, wobei sie Koagulationsereignisse vernachlässigten. Binäre Al-Bi Legierungen mit Bi-Gehalten bis zu 13 Gew.% Bi wurden in ein Aluminiumoxidrohr gegossen, das am Boden durch eine Kupferplatte abgedichtet wurde. Die Kupferplatte sorgte für eine rasche Erstarrung der Schmelze mit ungefähr 1 mm/s Erstarrungsgeschwindigkeit. Die Kühlraten führten zu einer homogenen Verteilung von Bi-Tropfen, solange die Bi-Gehalte kleiner als 7 Gew.% waren. Bei höheren Gehalten zeigte sich eine Sedimentation der schwereren Bi-Tropfen in Richtung der Kupferplatte. Die Sedimentation konnte quantitativ im Rasterelektronenmikroskop vermessen werden (lokaler Bi-Gehalt in dünnen Schichten senkrecht zur Zylinderachse des Gusses, Tropfenverteilung, Tropfengröße). Der lokale Volumengehalt Bi, der mittlere Tropfenradius und der größte lokale Tropfenradius sind drei Indikatoren, die mit der Theorie verglichen werden können. Vernachlässigt man Koagulationen, kann man Gl. 25 schreiben als:

$$\frac{\partial f}{\partial t} = Q(r,x,t) + u(r)g\frac{\partial f}{\partial x} - \frac{\partial}{\partial r}\left(\frac{dr}{dt} \cdot f\right) \qquad (25)$$

mit $Q(r,x,t) = I(t)b(r)q(x)$ als der Keimbildungsrate, die aus drei Teilen besteht: der zeitabhängigen Keimbildungsrate I selbst, der Größenverteilung der Keime $b(r)$ und der räumlichen Verteilung der Keimbildungsereignisse in der Probe $q(x)$. Der zweite und der dritte Term definieren Sedimentation und diffusives Wachstum. Nimmt man an, daß I=const. und die Größenverteilung der Keime durch eine δ-Funktion beschrieben werden kann sowie, daß es keinen bevorzugten Keimbildungsplatz in der Probe gibt, kann man die Gleichung einfach mit der Methode der Charakteristiken lösen. Für die Verteilungsfunktion erhält man dann:

$$f(r,x,t) = \frac{I}{DS}r \qquad r \leq r_{max} = \sqrt[4]{\frac{4DS(H-x)}{w_0}} \qquad (26)$$

wobei die Abkürzung $U_S = w_0 r^2$ benutzt wurde. Diese einfache lineare Abhängigkeit vom Radius führt zu einer einfachen in der Zeit linearen Veränderung der Teilchenzahldichte. Aus der Teilchengrößenverteilung kann man den Volumenanteil berechnen:

$$\begin{aligned}\Phi(x,T) &= \int_0^{r_{max}} \frac{4\pi}{3}r'^3 f(r',x,t)dr' \\ &= \frac{4\pi}{15}\frac{I}{DS}\frac{4DS(H-x)}{w_0}^{\frac{5}{4}}\end{aligned} \qquad (27)$$

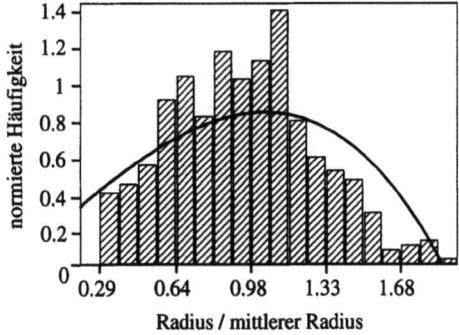

Bild 45 Histogramm der Tropfenradien in einer Al-11 Gew.%Bi Legierung nach gerichteter Erstarrung (im Labor). Die Balken ist die gemessene Verteilung, die durchgezogene Linie ist die theoretische Vorhersage.

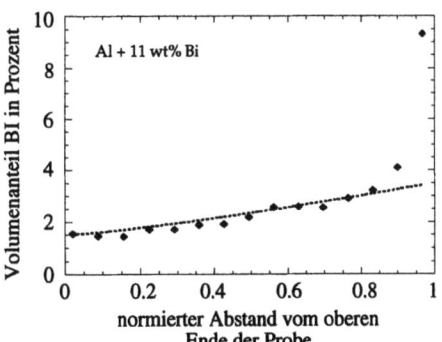

Bild 46 Volumenkonzentration Bi in einer Al-11 Gew%.Bi Legierung nach Erstarrung im Erdlabor. Die durchgezogene Linie entspricht der theoretischen Beschreibung nach Gl.27.

Diese Voraussagen können mit dem Experiment verglichen werden. Es bleiben nur zwei anpaßbare Parameter: I und D. Bild 45 zeigt eine experimentelle Teilchengrößenverteilung mit der eingezeichneten theoretischen Verteilung (Al-11 Gew.% Bi). Man beachte, daß die Teilchengrößen in ebenen Schliffen ausgewertet werden, während die theoretische, lineare Verteilung im Raum gilt. Rechnet man die theoretische 3D-Verteilung in die zu beobachtende Verteilung von Schnittkreisradien um, erhält man die eingezeichnete Kurve.

Die lokale Verteilung des Bismuths zeigt Bild 46 verglichen mit der theoretischen Vorhersage. Die Übereinstimmung ist verblüffend gut bis auf die Schichten unmittelbar an der Kühlplatte. Der größte beobachtbare Radius ist in Bild 47 dargestellt. Hier finden sich zwei theoretische Kurven. Einmal berechnet nach Gl.26 und zum anderen wurden Koagulationen in einem einfachen

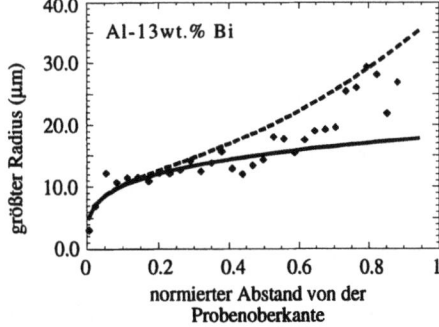

Bild 47 Größter beobachteter Radius in einer Al-13 Gew.% Bi Legierung nach gerichteter Erstarrung im Erdlabor. Die durchgezogene Linie entspricht der theoretischen Analyse unter Berücksichtigung von Koagulationen, nach [Alkemper & Ratke 1994].

Modell berücksichtigt (es wurde angenommen, daß jeder fallende Tropfen alle Tropfen aufsaugt, die unter ihm liegen und langsamer sind).

Das Resultat ist verblüffend. Mit dieser einfachen Theorie kann die Verteilung der Bi-Tropfen hinreichend gut wiedergegeben werden, obwohl das Modell augenscheinlich zahlreiche Mängel aufweist: Die Keimbildunsgrate ist orts- und zeitabhängig (s.o.), das Temperaturfeld verändert sich räumlich und zeitlich. Der Diffusionskoeffizient hängt von Temperatur und Konzentration ab. Vor allem aber ist die Wirkung der durchlaufenden nicht-ebenen, sondern dendritischen Erstarrungsfront gar nicht ins Kalkül gezogen worden. Es sieht nach diesen Befunden so aus, als ob die Erstarrungsfront nichts weiter bewirkt, als die einmal in der Mischungslücke durch Keimbildung, Wachstum und Sedimentation erfolgte räumliche Ausbildung der Dispersion einzufrieren.

Dieser theoretische Ansatz wurde mittlerweile auch für die Marangoni-Bewegung weiterentwickelt und in einer numerischen Simulation wurde die Temperatur- und damit Zeitabhängigkeit aller thermophysikalischen Größen berücksichtigt. Das Modell für ausschließliche Bewegung der Tropfen im Temperaturgradienten wurde mit mehreren binären, ternären und quaternären AlPb-Basislegierungen überprüft und ebenfalls im wesentlichen verifiziert. Je nach erweiterndem Legierungselement (zu AlPb z.B. Si, Cu, Cr, Mg oder Ni oder Kombinationen dieser) verändert sich aber das Gefüge drastisch. Das denritische Netzwerk hat in ternären Legierungen erheblichen Einfluß auf die Gefügeausbildung. Populationsdynamische Modelle scheinen deshalb geeignet zu sein, die Gefügeausbildung im höherkomponentigen übermonotektischen Legierungen qualitativ richtig wiederzugeben. Vor allem die Wechselwirkung eines Tropfenensembles mit einer morphologisch instabilen Erstarrungsfront (zellular oder dendritisch) ist allerdings zur Zeit noch Gegenstand der Forschung, da der Einbau oder die Verschiebung der Tropfen in das dendritische Netzwerk bzw. sogar in die Dendritenstämme noch unverstanden ist, allerdings auch wesentlich die Gebrauchseigenschaften solcher Legierungen für die Anwendung als Lagerwerkstoffe in Fahrzeugmotoren bestimmt.

Literaturverzeichnis

[Andrews et al. 1988] J. Andrews, A. Sandlin, and P.A.Curreri, Metall. Trans. **19A** (1988) 2645.

[Andrews et al. 1989] J. Andrews, C. Briggs, and M. Robinson, in *7th European Symposium Materials Science under microgravity conditions,Oxford*, ESA-SP 295, Nordwijk, The Netherlands, 1989, p. 127.

[Andrews et al. 1991 a] J. Andrews *et al.*, in *AIAA/IKI Microgravity Science Symposium*, Elsevier, Moscow, 1991, p. 238.

[Andrews et al. 1991 b] J. Andrews, A. Sandlin, and R. Merrick, Adv. Space Res. **11**, (1991) 291.

[Andrews 1991] J. Andrews, Materials Science Forum **77**, (1991) 269.

[Andrews et al. 1992] J. Andrews, A. Schmale, and A.C.Sandlin, J. Crystal Growth **119**, (1992) 152.

[Andrews 1993] B. Andrews, in *Immiscible Liquid Metals and Organics*, edited by L. Ratke, DGM-Informationsgesellschaft, Oberursel, 1993, p. 199.

[Alkemper & Ratke 1994] J. Alkemper and L. Ratke, Z. Metallkde. **85** (1994) 365.

[Bergman et al. 1982] A. Bergman, T. Carlberg, H. Fredriksson, and J. Stjerndahl, in *Materials Processing in the reduced gravity environment of space*, Elsevier, Amsterdam, 1982, p. 579.

[Beysens et al. 1987] D. Beysens, J. Straub, and D. Turner, in *Fluid Sciences and Materials Science in Space*, edited by H.U.Walter, Springer -Verlag, Berlin, 1987, p. 221.

[Brattkus et al. 1990] K. Brattkus, B. & C. Caroli und B. Roulet, I. Stationary pattern, I. Phy. France **51** (1990) 1847-1864.

[Brian & Hales 1969] P. Brian and H. Hales, AIChE Journal **15**, (1969) 419.

[Brody & David 1977] H.D. Brody and S.A. David, *Controlled Solidification of Peritectic Alloys*, Solidification and Casting of Metals, Proceedings of the Metals Society, 1977.

[Bunin et al. 1953] K.P. Bunin et al., Litejnoje Proiwodstwo **4** (1953) 25.

[Cahn 1979] J. Cahn, Met. Trans. **10A** (1979) 119.

[Carlberg & Fredrikkson 1980] T. Carlberg and H. Fredriksson, Metall. Trans. **11A** (1980) 1665.

[Carlberg & Bergman 1985] T. Carlberg and A. Bergman, Scripta Metall. **19** (1985) 333.

[Chadwick 1965] G. Chadwick, British J. Applied Physics **16** (1965) 1095

[Christian 1975] J. Christian, *The Theory of Phase Transformation in Metals and Alloys*, 2nd ed., Pergamon Press, Elmsford NY, 1975, Vol. 1.

[Davis 1984] R. Davis, J. Fluid Mech. **145** (1984) 179.

[Davis & Acrivos 1985] R. Davis and A. Acrivos, Ann. Rev. Fluid Mech. **17** (1985) 91.

[Davis & Hassen 1988] R. Davis and M. Hassen, J. Fluid Mech. **196**, (1988) 107.

[Davis et al. 1989] R. Davis, J. Schonberg, and J. Rallison, Phys. Fluids A **1**, (1989) 77.

[Derby 1983] B. Derby, in *4th European Symposium Materials Science under microgravity conditions, Madrid*, ESA-SP 191, Nordwijk, The Netherlands, 1983, p. 277.

[Derby & Favier 1983] B. Derby and J. Favier, Acta Metall. **31**, (1983) 1123.

[Derby 1984] B. Derby, Scripta Metall. **18**, (1984) 169.

[Diefenbach et al. 1993] S. Diefenbach, L. Ratke, B. Prinz, and H. Ahlborn, in *Immiscible Liquid Metals and Organics*, edited by L.Ratke, DGM-Informationsgesellschaft, Oberursel, 1993, p. 291.

[Diefenbach 1994] S. Diefenbach, Dissertation, Ruhr-Universität Bochum, 1994.

[Elliott 1965] R. Elliott, *Constitution of binary alloys*, first supplement ed., Mc Graw Hill Book Company, New York, 1965.

[Fisher & Kurz 1980] D. J. Fisher und W. Kurz, Acta Metall. **28** (1980) 777-794

[Flemings 1974] M. Flemings, in *Solidification Processing*, edited by B. Clark and M. Gardner, McGraw-Hill, New York, 1974.

[Fritscher et al. 1973] K. Fritscher, G. Wirth und G. Bunk: DFVLR interner Bericht Nr. 73-37 (1973).

[Fuchs 1964] N. Fuchs, *The Mechanics of Aerosols*, Pergamon Press, Oxford, 1964.

[Granasy & Ratke 1993] L. Granasy and L. Ratke, Scripta Metall. et Materialia **28** (1993) 1329.

[Grugel & Hellawell 1981] R.Grugel, A.Hellawell, Met.Trans. **12A** (1981) 669 - 681

[Grugel et al. 1984] R. Grugel, T. Lograsso, and A. Hellawell, Met. Trans. **15A**, (1984) 119.

[Haan & Anderko 1958] M. Hansen and K. Anderko, *Constitution of binary alloys*, Mc Graw Hill Book Company, New York, 1958.

[Hadamard 1911] J. Hadamard, Compt. Rend. Acad. Sci. **152** (1911) 1735.

[Hansen & Beiner 1974] J. Hansen und F. Beiner, *Heterogene Gleichgewichte*, de Gruyter, Berlin (1974).

[Herlach et al. 1993] D. Herlach *et al.*, Int.Mat.Rev. **38**, (1993) 273.

[Hidy & Brock 1970] G. Hidy and J. Brock, *Topics in current Aerosol Research*, Pergamon Press, Oxford, 1970.

[Jackson & Hunt 1966] K.A. Jackson, J.D. Hunt, Transactions of the Metallurgical Society **236** (1966) 1129.

[Jones & Kurz 1981] H. Jones und W. Kurz, Z. Metall, **72** (1981) 792-797

[Jordan & Hunt 1972] R.M. Jordan und J.D. Hunt, Metallurgical Transaction **3** (1972) 1385

[Kammler 1997] T. Kammler, *Autonom gerichtete Erstarrung der peritektischen Legierung Zinn-Antimon*, Fortschrittsberichte VDI Reihe 5, Nr. 487 (1997).

[Kassner & Misbah 1991] K. Kassner und C. Misbah 1991: Physical Reviev **44** (1991) 6513- 6532.

[Kattner et al. 1992] U.R. Kattner, L.C.Lin, Y.A. Chang, *Thermodynamic asessment and calculation of the TiAl systen*, Metallurgical Transactions, 23A (1992).

[Kneissl et al. 1983] A. Kneissl, P. Pfefferkorn, and H. Fischmeister, in *4th European Symposium Materials Science under microgravity conditions, Madrid*, ESA-SP 191, Nordwijk, The Netherlands, 1983, p. 55.

[Köster & Sperner 1955] W. Köster und F. Sperner Arch. Eisenhw. **26** (1955) 555-9.

[Kurz & Fisher 1989] W. Kurz und D.J. Fisher: *Fundamentals of Solidification*, Trans Tech Publications 1989.

[Kurz & Sahm 1975] W. Kurz und P.R. Sahm, *Gerichtet erstarrte eutektische Werkstoffe*, Springer Verlag 1975.

[Langer 1980] J. Langer, Phys.Rev. **A21** (1980) 948.

[Levich 1962] V. Levich, *Physicochemical Hydrodynamics*, Prentice Hall, Englewood Cliffs, N.H., 1962.

[Magnin & Kurz 1987] P. Magnin und W. Kurz, Acta metall. **35** (1987) 1119-1128.

[Magnin et al. 1991] P. Magnin, J.T. Mason und R. Trivedi, Acta Metall. Mater. **39** (1991) 469-48.

[Magnin & Trivedi 1991] P. Magnin und R. Trivedi: Acta Metall. Mater. **39** (1991) S. 453-467

[Markworth et al. 1976] A. Markworth, S. Gelles, and W. Oldfield, in *Computer Simulations for Materials Application*, edited by R. Arsenault, J. Beeler, and J. Simmons, NBS, Gaitteburg, 1976, p. 1023.

[Martin & Doherty 1976] J. Martin and R. Doherty, *Stability of Microstructures in Metallic Systems*, Cambridge University Press, Cambridge UK, 1976).

[Massalski 1986] T. Massalski, *Binary alloy phase diagrams*, ASM American Society for Metals, Metals Park Ohio, 1986.

[Meissen & Busse 1997] F. Meissen and P. Busse, *Coupled Growth of the Properitectic - and the Peritectic -Phases in Binary Titanium Aluminides*, Scripta Materialia 36, 6 (1997) 653.

[Mazuin & Porai-Koshts 1994] *Phase Separation in Glass*, edited by O. Mazurin and A. Porai-Koshts, North-Holland, Amsterdam, 1984.

[Müller 1926] H. Müller, Kolloid Z. **28**, (1926) 1.

[Nielson 1961] A. Nielson, J.Phys.Chem. **65**, (1961) 46.

[Oetters 1993] W. Oeters, in *Immiscible Liquid Metals and Organics*, edited by L.Ratke, DGM- Informationsgesellschaft, Oberursel, 1993, p. 261.

[Otto & Frohberg 1987] G. Otto and G. Frohberg, in *6th European Symposium Materials Science under microgravity conditions, Bordeaux*, ESA-SP 256, Nordwijk, The Netherlands, 1987, p. 355.

[Perepezko et al. 1982] J. Perepezko, C. Galup, and K. Cooper, in *Materials Processing in the reduced gravity environment of space*, Elsevier, Amsterdam, 1982.

[Predel 1960] B. Predel, Physikal. Chemie **24**, (1960) 206.

[Predel 1986] B. Predel, *Heterogene Gleichgewichte*, Springer-Verlag, Berlin, 1986.

[Portard 1979] C. Potard, in *3rd European Symposium Materials Science under microgravity conditions,Grenoble*, ESA-SP 142, Nordwijk, The Netherlands, 1979, p. 255.

[Ratke 1987 a] L.Ratke, Habilitationsschrift, Universität Stuttgart 1987

[Ratke 1987 b] L. Ratke, J. Coll. Interf. Sci. **119** (1987) 391.

[Ratke et al. 1987] L. Ratke, H. Fischmeister, and A. Kneissl, in *6th European Symposium Materials Science under microgravity conditions, Bordeaux*, ESA-SP 256, Nordwijk, The Netherlands, 1987, p. 161.

[Ratke 1988] L. Ratke, Adv. Space Res. **8**, (1988) 7.

[Ratke et al. 1989] L. Ratke, H. Fischmeister, and A. Kneissl, in *7th European Symposium Materials Science under microgravity conditions, Oxford*, ESA-SP 295, Nordwijk, The Netherlands, 1989, p. 135.

[Ratke & Alkemper 1995] L.Ratke, J.Alkemper, Adv. Colloid Interface Sci. **58** (1995) 151 - 170

[Rogers & Yau 1989] R. Rogers and M. Yau, *A Short Course in Cloud Physics*, PergamonPress, Oxford, 1989.

[Rogers & Davis 1990] J. Rogers and R. Davis, Met. Trans. **21A** (1990) 59.

[Rybczynski 1911] W. Rybczynski, Bull. Acad. Sci. Cracovie **A 40** (1911).

[Sahm et al. 1972] P.R. Sahm, M. Lorenz, W. Hugi und V. Frühauf, Metall. Trans. Vol. 3, (1972) 1022-25.

[Sahm & Lorentz 1972] P.R. Sahm und M. Lorenz J. Mat. Sci. **7** (1972) 793-806

[Sahm 1974] P.R. Sahm: in *Verbundwerkstoffe*, Konferenzberichtsband, Konstanz, Deutsche Gesellschaft für Metallkunde), (1974) S. 76

[Sandlin et al. 1989] A. Sandlin, J. Andrews, and P. Curreri, in *7th European Symposium Materials Science under microgravity conditions, Oxford*, ESA-SP 295, Nordwijk, The Netherlands, 1989, p. 127.

[Schafer et al. 1983] C. Schafer, M. Johnston, and R.A.Parr, Acta Metall. **31**, (1983) 1221.

[Schingu 1979] P.H. Schingu: J. Appl. Phys. 50 (9), (1979) S. 5743-5746

[Seetharaman & Trivedi 1988] V. Seetharaman und R. Trivedi: Metallurgical Transaction A, Vol. 19 A, No. 12, (1988) 2955.

[Series et al. 77] R.W. Series, J.D. Hunt und K.A. Jackson, J. Crystal Growth, Vol. 40 (1977) S. 221-233.

[Smoluchowski 1916] M. Smoluchowski, Phys. Z. **17**, (1916) 557.

[Sommer 1996] F.Sommer, Z.Metallkde. **87** (1996) 865 - 873

[StJohn 1990] D. H. StJohn, *The Peritectic Reaction*, Acta Metallurgica et Materialia, 38, 4 (1990) 631.

[StJohn & Hogan 1977] D. H. StJohn und L. M. Hogan, *The Peritectic Transformation*, Acta Metallurgica et Materialia, 25 (1977) 77.

[Tiller 1958] W.A. Tiller: in *Liquid Metals and Solidification*, ASM, Cleveland OH, (1958) S. 276

[Thompson & Lemkey 1970] E.R. Thompson und F.D. Lemkey, Metall. Trans. Vol. 1 (1970) 2799-2806

[Trivedi et al. 1987] R. Trivedi, P. Magnin und W. Kurz, Acta Metallurgica Vol. 35, (1987) 971-980.

[Trivedi & Kurz 1988] R. Trivedi und W. Kurz, in *Solidification of Eutectic Alloys*, D. M. Stefanescu, G.J. Abbaschian, R.J. Bayuczik (eds.), TMS, 1988, 3-34.

[Trivedi 1995] R. Trivedi, *Theory of layered-structure formation in peritectic systems*, Metallurgical and materials, 26A (1995) 1583.

[Uebber & Ratke 1991] N. Uebber and L. Ratke, Scripta Metall. et Mater. **25** (1991) 1133.

[Vinet & Potard 1983] B. Vinet and C. Potard, J.Crystal Growth **61**, (1983) 355.

[Yiantsios & Davis 1990] S. Yiantsios and R. Davis, J. Fluid Mech. **217** (1990) 547.

[Young et al. 1959] N. Young, J. Goldstein, and M. Block, J. Fluid Mech. **6** (1959) 350.

[Zhang & Davis 1991] X. Zhang and R. Davis, J. Fluid Mech. **230**, (1991) 479.

8 Schnelle Erstarrung

1 Einleitung

Ob es sich bei einem Erstarrungsvorgang um eine schnelle Erstarrung handelt, wird im allgemeinen durch zwei Kriterien bestimmt. Zum einen ist die Tatsache, ob ein thermodynamisches Gleichgewicht an der Phasengrenze vorliegt oder nicht entscheidend. Tabelle 1 zeigt hierzu nach [Boettinger 1986] die mit steigender Wachstumsgeschwindigkeit an der Phasengrenze auftretenden Phänomene. Es wird deutlich, daß bereits bei Geschwindigkeitsbereichen, die in der Praxis häufig vorkommen ($v > 1mm/s$), das Gleichgewichtsphasendiagramm die Gegebenheiten an der Phasengrenze nicht mehr beschreibt.

Das zweite Kriterium für die schnelle Erstarrung ergibt sich aus der Größe der thermischen bzw. solutalen Pécletzahl. Sie setzt die Erstarrungsgeschwindigkeit v ins Verhältnis zu der Geschwindigkeit, mit der die an der Grenzfläche frei werdende Menge an Wärme bzw. an Legie-

Tabelle 1 Mit zunehmender Erstarrungsgeschwindigkeit auftretende Erstarrungsphänomene.

$v \approx 1nm/s$	Globales Gleichgewicht in flüssiger und fester Phase • keine Konzentrationsgradienten • keine Temperaturgradienten • Hebel-Gesetz ist gültig
$v \approx 1\mu m/s$	Lokales Gleichgewicht an der Phasengrenze • Gleichgewichtsphasendiagramm beschreibt die Konzentrationsverhältnisse an der Grenzfläche • Korrektur durch Krümmungseffekte an der Grenzfläche
$v \approx 1mm/s$	Lokales metastabiles Gleichgewicht an der Phasengrenze • die stabile Phase kann nicht ausreichend schnell wachsen • ein metastabiles Phasendiagramm beschreibt die Gegebenheiten an der Grenzfläche
$v \approx 1m/s$	Kein Gleichgewicht an der Phasengrenze • das Phasendiagramm ist ungültig • die chemischen Potentiale sind nicht gleich

rungselementen, die über die Diffusion abtransportiert werden kann. Für kleine v und damit kleine Pécletzahlen beeinflußt die latente Wärme bzw. der Stofftransport die Erstarrung nicht - es kann von einer unendlich schnellen Diffusion ausgegangen werden. Für große Pécletzahlen (und damit große v) ist dies nicht mehr gerechtfertigt.

Im folgenden wird zuerst die Thermodynamik der schnellen Erstarrung behandelt und wie sich eine Abweichung vom thermodynamischen Gleichgewicht an der Phasengrenze beschreiben läßt. In Abschnitt 3 wird dann auf die Stabilitätsanalyse von R. Trivedi und W. Kurz [Trivedi 1986] eingegangen, die eine Erweiterung der Analyse von W. W. Mullins und R. F. Sekerka [Mullins 1964] (s. auch Kap. 6, Abschn. 2) für hohe Pécletzahlen darstellt. Anhand dieser Stabilitätsanalyse werden die morphologischen Übergänge bei der schnellen Erstarrung diskutiert. Abschließend werden einige praktische Beispiele für Verfahren beschrieben, bei denen die erwähnten Phänomene von entscheidender Bedeutung sind.

2 Nichtgleichgewichts-Thermodynamik

Wenn eine ebene Phasengrenzfläche in einem mehrkomponentigen System fortschreitet, dann kommt es auf Grund der unterschiedlichen Lösungsvermögen von Schmelze und Festkörper zu einer Entmischung an der Erstarrungfront. Atomar (bzw. molekular) betrachtet, vollzieht sich diese Entmischung durch Platzwechselvorgänge über die Grenzfläche hinweg. Entsprechend der Ratentheorie führt dies zu einem von der Erstarrungsgeschwindigkeit und von der Temperatur an der Phasengrenze T^* abhängigen Zusammenhang zwischen den Konzentrationen in der Schmelze unmittelbar an der Grenzfläche, c_L^*, einerseits und den entsprechenden Konzentrationen im Festkörper, c_S^*, andererseits:

$$c_S^* = f_1\left(T^*, c_L^*\right)$$

Dieser Zusammenhang wird in der Literatur [Aziz 1988], [Baker 1972] als *erste Response-Funktion* bezeichnet. Die für hinreichend kleine Geschwindigkeiten gültige und im allgemeinen benutzte Form der ersten Response-Funktion lautet

$$c_S^* = k_e(T) \cdot c_L^*,$$

mit dem Gleichgewichts-Verteilungskoeffizienten $k_e(T)$. Weiterhin ergibt sich aus der Ratentheorie ein Zusammenhang zwischen Erstarrungsgeschwindigkeit und treibender Kraft, aus dem sich ein Zusammenhang zwischen der Temperatur an der Phasengrenze T^* und v bzw. c_L^* und c_S^* ableiten läßt:

$$T^* = f_2\left(v, c_L^*, c_S^*\right).$$

Diese Relation wird in der Literatur als *zweite Response-Funktion* bezeichnet. Für hinreichend kleine Geschwindigkeiten läßt sich diese Beziehung schreiben als

$$T^* = T_m - m(c_L^*) \cdot c_L^*,$$

mit der Schmelztemperatur der reinen Substanz T_m und der Steigung der Liquiduslinie $m(c_L^*)$.

Die beiden Response-Funktionen beschreiben die Reaktion der Erstarrungsfront auf die an der Phasengrenze herrschenden Bedingungen. In Kombination mit der thermischen und solutalen Flußbilanz sowie der Forderung der Stetigkeit der Temperatur an der Phasengrenze bilden sie die Randbedingungen für die mathematische Beschreibung des Erstarrungsvorganges.

Bild 1 beschreibt die Auswirkung der beiden geschwindigkeitsabhängigen Response-Funktionen auf ein binäres Phasendiagramm. Die Funktion f_1 sorgt für einen mit zunehmender Geschwindigkeit steigenden Verteilungskoeffizienten und damit für ein Annähern der Liquidus- und

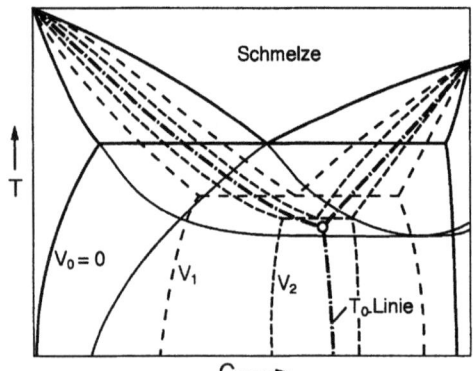

Bild 1 Schematisches Phasendiagramm einer binären Legierung für verschiedene Wachstumsraten $v_2 > v_1 > v_0 = 0$, nach [Kurz 1991].

Soliduslinien, während f_2 für eine mit der Geschwindigkeit wachsende Liquidussteigung sorgt. Im Grenzfall bewirkt dies, daß Liquidus- und Soliduslinie in der sogenannten T_0-Linie zusammenfallen.

Im folgenden soll nun näher auf die Funktionen f_1 und f_2 für die Erstarrung binärer Legierungen unter Nichtgleichgewichts - Bedingungen eingegangen werden.

2.1 Erste Response-Funktion

Es wurden mehrere theoretische Modelle zur Beschreibung eines geschwindigkeitsabhängigen Verteilungskoeffizienten $k(v)$ entwickelt. Eines davon ist das „Continous Growth Model" [Aziz 1982], welches in späteren Arbeiten experimentell verifiziert wurde. Man betrachtet dabei eine feste Phase bestehend aus den Phasenbestandteilen A und B, die sich mit konstanter Geschwindigkeit v relativ zum Kristallgitter in die Schmelze hineinbewegt. Hierbei wird angenommen, das A und B sowohl in der festen als auch in der flüssigen Phase das gleiche Atomvolumen Ω besitzen. Die Anzahl der Atome von A und B die pro Flächen- und Zeiteinheit in den Festkörper eingebaut werden, J^A und J^B, ergeben sich dann zu:

$$
\begin{aligned}
J^A &= \left(1 - c_S^*\right) \frac{v}{\Omega} \\
J^B &= c_S^* \frac{v}{\Omega}
\end{aligned}
\tag{1}
$$

Die Konzentration der B-Atome c_S^* muß dabei als Molenbruch geschrieben werden. J^A bzw. J^B ist der physikalische Fluß der jeweiligen Komponente über die Phasengrenze bezüglich eines mitbewegten Koordinatensystems. Für ein relativ zum Kristall ruhendes Koordinatensystem lassen sich die sogenannten „diffusiven Flüsse" J_D^A bzw. J_D^B schreiben als die Differenz zwischen den tatsächlichen Flüssen J^A und J^B und den Flüssen, die sich ergeben würden, falls der Festkörper mit der Zusammensetzung der Schmelze c_L^* wachsen würde:

$$
\begin{aligned}
J_D^A &= \left(1 - c_L^*\right) \frac{v}{\Omega} - J^A \\
J_D^B &= c_L^* \frac{v}{\Omega} - J^B
\end{aligned}
\tag{2}
$$

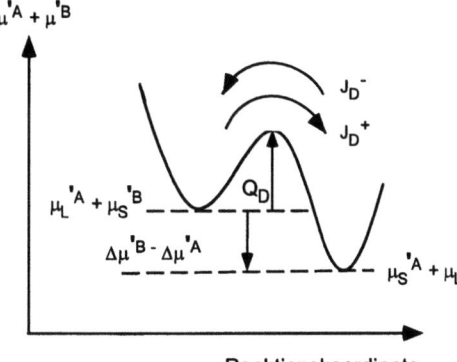

Bild 2 Reaktionsdiagramm für den Platzwechsel $A \leftrightarrow B$. Anfangszustand: A in der Schmelze und B im Festkörper; Endzustand: A im Festkörper und B in der Schmelze.

Die Summe der diffusiven Flüsse ergibt sich dabei zu Null. Der diffusive Fluß gibt die Anzahl des jeweiligen Phasenbestandteils pro Flächen- und Zeiteinheit an, der sich auf Grund der unterschiedlichen Löslichkeit in Festkörper und Schmelze nicht im Festkörper einbauen kann. Eine solche Entmischung an der Phasengrenze erzwingt einen Platzwechsel zwischen den Phasenbestandteilen A und B. In Bild 2 sind die Verhältnisse für diesen Platzwechselvorgang in einem Diagramm der freien Enthalpie über den Reaktionskoordinaten dargestellt. Im Anfangszustand dieses Platzwechsels befindet sich das Atom von B im Festkörper während das A-Atom seinen Platz in der Schmelze hat. Im Endzustand ist dies genau umgekehrt. Für die Vorwärtsreaktion ergibt sich damit (vgl. Gln. 68 und 69 in Kapitel 6):

$$J_D^+ = \frac{f\nu\lambda}{\Omega}\left(1 - c_L^*\right) \cdot c_S^* \exp\left(-\frac{Q_D}{k_B T^*}\right) \quad (3)$$

wobei f ein geometrischer Faktor, ν die Anzahl der versuchten Platzwechselvorgänge pro Zeiteinheit [1], δ der interatomare bzw. intermolekulare Abstand, Q_D die Aktivierungsbarriere für die Bewegung der Komponenten über die Grenzfläche und k_B die Boltzmann-Konstante ist. Für die Rückreaktion gilt:

$$J_D^- = \frac{f\nu\lambda}{\Omega}\left(1 - c_S^*\right) \cdot c_L^* \exp\left(-\frac{Q_D + \left(\Delta\mu'^A - \Delta\mu'^B\right)}{k_B T^*}\right) \quad (4)$$

mit $\Delta\mu'^i := \mu_S'^i - \mu_L'^i, i = A, B$.
Das Umordnungspotential μ'^i ist durch die Differenz des chemischen Potentials und dem Beitrag der idealen Mischungsentropie gegeben:

$$\mu'^i\left(T^*, c_i^*\right) := \mu^i\left(T^*, c_i^*\right) - k_B T^* \ln\left(c_i^*\right) \quad , \quad i = A, B \quad (5)$$

Dieser Ansatz liegt darin begründet, daß in Gl. 3 bzw. 4 die ideale Mischungsentropie durch die Gewichtung der Ausdrücke mit den Faktoren $\left(1 - c_L^*\right) \cdot c_S^*$ und $\left(1 - c_S^*\right) \cdot c_L^*$ bereits berücksichtigt wurde. Damit ergibt sich ein im Gleichgewicht (d.h. $\Delta\mu^A = \Delta\mu^B = 0$) verschwindender Fluß $J_D = J_D^+ - J_D^-$. Herrscht kein Gleichgewicht, so läßt sich J_D mit Hilfe der Gleichungen 3 und 4 schreiben als:

$$J_D = \frac{v_D}{\Omega} \cdot \left[\left(1 - c_L^*\right) \cdot c_S^* - \kappa_e \left(1 - c_S^*\right) \cdot c_L^*\right] \quad (6)$$

---

[1] nach [Vineyard 1957] ist ν in der Größenordnung der atomaren bzw. molekularen Vibrationsfrequenz

wobei $v_D := fv\delta \exp(-Q_D/k_B T^*)$ als Diffusionsgeschwindigkeit über die Grenzfläche interpretiert werden kann. κ_e ist ein sogenannter Platzwechselparameter, der definiert ist durch:

$$\kappa_e(T^*, c_S^*, c_L^*) := \exp\left(-\frac{\Delta \mu'^B - \Delta \mu'^A}{k_B T^*}\right) \quad (7)$$

Wird Gleichung 1 in 2 eingesetzt und das Ergebnis unter Berücksichtigung von $J_D = J_D^B = -J_D^A$ mit Gleichung 6 kombiniert, so ergibt sich ein Ausdruck für den geschwindigkeitsabhängigen Verteilungskoeffizienten $k(v)$ [Aziz 1988]:

$$k(v) = \frac{c_S^*}{c_L^*} = \frac{\frac{v}{v_D} + \kappa_e}{\frac{v}{v_D} + 1 - (1 - \kappa_e) c_L^*} \quad (8)$$

und damit die erste Response-Funktion f_1. Für verdünnte Lösungen vereinfacht sich Gleichung 8 zu [Aziz 1982]:

$$k(v) = \frac{\frac{v}{v_D} + k_e}{\frac{v}{v_D} + 1} \quad (9)$$

Die Erhöhung des Verteilungskoeffizienten nach Gln. 8 bzw. 9 und damit der Konzentration des Festkörpers über die Löslichkeitsgrenzen des Phasendiagramms ist auch unter dem Begriff „Solute Trapping" bekannt.

2.2 Zweite Response-Funktion

Für einkomponentige Systeme ergibt sich die Erstarrungsgeschwindigkeit durch die Differenz der thermisch aktivierten Hin- und Rücksprungraten zu

$$v = v_0(T^*) \cdot [1 - \exp(\Delta \mu / k_B T^*)] \quad (10)$$

wobei v_0 die maximale Erstarrungsgeschwindigkeit bei unendlicher treibender Kraft darstellt (d.h. es erfolgt kein Rücksprung) und $\Delta \mu$ [2] die für das Fortschreiten der Front verantwortliche Differenz der freien Enthalpie zwischen Schmelze und Festkörper ist. $\Delta \mu$ hat bei reinen Substanzen ihren Ursprung in einer Unterkühlung der Schmelze. Für $\Delta \mu \ll k_B T$ ergibt sich aus Gleichung 10 eine lineare Beziehung zwischen der Geschwindigkeit v und der treibenden Kraft, welche für Metalle eine gerechtfertigte Näherung darstellt [Turnbull 1950].

Aziz und Kaplan [Aziz 1988] nehmen an, daß auch für binäre Legierungen die Kinetik der Erstarrung durch analoge Sprungprozesse beschrieben werden kann. Dabei kann allerdings die treibende Kraft sowie die Höhe der diffusiven Barriere für jede Komponente verschieden sein. Die treibenden Kräfte sind durch die Differenzen in den chemischen Potentialen zwischen Festkörper und Schmelze, $\Delta \mu^i, (i = A, B)$, gegeben. Die $\Delta \mu^i$ haben ihren Ursprung in einer Abweichung der jeweiligen Grenzflächenkonzentrationen im Festkörper bzw. in der Schmelze von ihrem Gleichgewichtswert.

Jackson leitete eine resultierende Erstarrungsrate durch Aufsummierung der als unabhängig betrachteten Einzelflüße her [Jackson 1958]. Bei diesem Vorgehen ergaben sich allerdings keine Effekte durch *solute trapping*. Daher nehmen Aziz und Kaplan an, daß sich die Komponenten abhängig voneinander in den Festkörper einbauen, quasi wie Moleküle [Aziz 1988]. Dabei gehen die Autoren davon aus, daß die gesamte Differenz der freien Enthalpie zwischen Schmelze und Festkörper in eine Bewegung der Phasengrenze umgesetzt wird.

---

[2] für den Erstarrungsvorgang ist $\Delta \mu$ so definiert, daß gilt $\Delta \mu < 0$

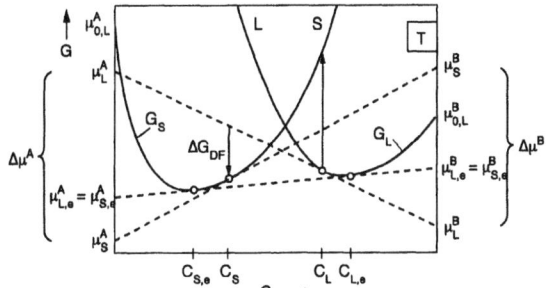

Bild 3 Differenz der freien Enthalpie zwischen Festkörper und Schmelze. Ist die Schmelze der Konzentration $c^*_{L,e}$ mit dem Festkörper der Konzentration $c^*_{S,e}$ im Gleichgewicht, so gilt die Doppeltangentenregel. Für eine Schmelze mit der Konzentration c^*_L und einem Festkörper mit c^*_S, die nicht im Gleichgewicht sind, ergibt sich eine Differenz in der freien Enthalpie ΔG_{DF} des Systems, nach [Baker 1972].

Die Differenz der freien Enthalpie zwischen Schmelze und Festkörper ergibt sich aus der mit der jeweiligen Grenzflächenkonzentration im Festkörper gewichteten Summe der Differenzen der chemischen Potentiale zwischen Festkörper und Schmelze (vgl. Bild 3 nach [Baker 1972]) zu:

$$\Delta G_{DF}\left(T^*, c^{A*}_S, c^{A*}_L, c^{B*}_S, c^{B*}_L\right) = \sum_{i=A,B} c^{i*}_S \cdot \Delta \mu^i \qquad (11)$$

wobei gilt

$$\Delta \mu^i = \Delta \mu^i(T^*, c^{A*}_S, c^{A*}_L, c^{B*}_S, c^{B*}_L) := \mu^i_S(T^*, c^{A*}_S, c^{B*}_S) - \mu^i_L(T^*, c^{A*}_L, c^{B*}_L).$$

Damit es zu einer Erstarrung kommen kann muß ΔG_{DF} negativ sein. Damit ergibt sich:

$$v = v_0 \cdot [1 - \exp(\Delta G_{DF}/k_B T^*)] \qquad (12)$$

Diese Gleichung entspricht der gesuchten *zweiten Response-Funktion* des Systems.

Unter der Annahme verdünnter binärer Lösungen, nähern Boettinger und Corriell [Boettinger 1986] die Differenz der freien Enthalpie zwischen Schmelze und Festkörper durch den Ausdruck:

$$\Delta G_{DF} = k_B T^* \cdot \left((1 - c^*_S) \ln k^A / k^A_e + c^*_L \ln k^B / k^B_e\right) \qquad (13)$$
$$\approx k_B T^* \cdot \left[(c^*_L - c^*_S) - (c^*_{L,e} - c^*_{S,e}) + c^*_S \ln\left(k^B / k^B_e\right)\right]$$

Mit $c^*_{L,e} = -(T_m - T^*)/m_e$ (T_m: Schmelztemperatur der Komponente A) ergibt sich daraus in der linearen Näherung von Gleichung 12 eine Beziehung, die nach T^* aufgelöst gerade zu einem Ausdruck für die Funktion f_2 führt [3]:

$$T^* = T_m + m(v) c^*_L + \frac{m_e}{(1 - k_e)} \frac{v}{v_0} \qquad (14)$$

mit

$$m(v) := m_e \cdot \left(1 + \frac{k_e - k(v)(1 - \ln(k(v)/k_e))}{1 - k_e}\right)$$

---

[3] Hier ist $k^B_e = k_e$ bzw. $k^B(v) = k(v)$ gesetzt.

3 Morphologische Übergänge

Die wohl größte Bedeutung kommt der Frage nach der morphologischen Stabilität einer ebenen Erstarrungsfront durch die Feststellung zu, daß Dendriten mit einem Spitzenradius wachsen, welcher der größten gerade noch stabilen Wellenlänge einer infinitesimal gestörten ebenen Erstarrungsfront entspricht (Marginale Stabilitätshypothese, $R = \lambda_i$, [Langer 1977] siehe Kap. 6). Diese charakteristische Wellenlänge ergibt sich entsprechend der klassischen Stabilitätsanalyse von W. W. Mullins und R. F. Sekerka [Mullins 1964] durch die Untersuchung der relativen Wachstumsgeschwindigkeit $\dot{\epsilon}/\epsilon$ einer infinitesimal kleinen Störung der Wellenlänge λ. Für $\dot{\epsilon}/\epsilon < 0$ ist die Front stabil bezüglich der betrachteten Störung und für $\dot{\epsilon}/\epsilon > 0$ instabil (Kap. 6, Abschn. 2). In Erweiterungen dieser Analyse auf beliebige Pécletzahlen [4] leiteten R. Trivedi und W. Kurz [Trivedi 1986] die folgende Ungleichung für die Stabilität der ebenen Front ab:

$$\dot{\epsilon}/\epsilon \approx -\Gamma\omega^2 - [\bar{\kappa}_L G_L^* \xi_L + \bar{\kappa}_S G_S^* \xi_S] + m G_c^* \xi_c \leq 0 \quad (15)$$

Hierbei ist Γ der Gibbs-Thomson Koeffizient, $\bar{\kappa}_L$ und $\bar{\kappa}_S$ bezeichnen die relativen Wärmeleitfähigkeiten der Schmelze und des Festkörpers, m die Liquidussteigung und $\omega = 2\pi/\lambda$ die Wellenzahl der Störung. G_L^* und G_S^* sind die thermischen Gradienten in der Schmelze bzw. im Festkörper und G_c^* ist der solutale Gradient in der Schmelze, jeweils direkt an der ungestörten Phasengrenzfläche. Die Stabilitätsfunktionen ξ_L, ξ_S und ξ_c sind Funktionen der jeweiligen Pécletzahl. Sie sind für kleine Pécletzahlen gleich eins und streben für Pécletzahlen, die groß gegen eins sind, gegen Null (ξ_L und ξ_c) bzw. eins (ξ_S) (siehe Bild 4). Entsprechend [Trivedi 1986] sind sie definiert durch:

$$\begin{aligned}
\xi_L &:= (\omega_L - 2/\delta_L) / (\bar{\kappa}_L \omega_L + \bar{\kappa}_S \omega_S) \\
\xi_S &:= (\omega_S + 2/\delta_S) / (\bar{\kappa}_L \omega_L + \bar{\kappa}_S \omega_S) \\
\xi_c &:= (\omega_c - 2/\delta_c) / (\omega_c - (2/\delta_c)(1-k))
\end{aligned} \quad (16)$$

mit

$$\begin{aligned}
\omega_L &= 1/\delta_L + [(1/\delta_L)^2 + \omega^2]^{1/2} \\
\omega_S &= -1/\delta_S + [(1/\delta_S)^2 + \omega^2]^{1/2} \\
\omega_c &= 1/\delta_c + [(1/\delta_c)^2 + \omega^2]^{1/2}
\end{aligned}$$

wobei $\delta_L = 2a_L/v$, $\delta_S = 2a_S/v$ und $\delta_c = 2D/v$ die jeweiligen Diffusionslängen der thermischen bzw. solutalen Felder bezeichnen. a_L ist die Wärmeleitzahl der Schmelze und a_S die des Festkörpers.

Die verschiedenen Terme in Ungleichung 15 zeigen je nach Vorzeichen eine stabilisierende (negativ) bzw. destabilisierende (positiv) Wirkung. Hierbei kommt ihnen die folgende anschauliche Bedeutung zu. Der erste Term beschreibt die stabilisierende Wirkung der Oberflächenspannung. Da sowohl die Liquidussteigung m als auch der vor einer Erstarrungsfront entstehende Konzentrationsgradient im allgemeinen negativ sind, beschreibt der dritte Term die destabilisierende Wirkung des Konzentrationsgradienten. Der zweite Term (eckige Klammer in Gl. 15) schließlich stellt eine Mittelung über die thermischen Gradienten in Schmelze und Festkörper

---

[4] Die solutale Pécletzahl ist definiert durch $P_c := v\lambda/2D$. Für die thermische Pécletzahl muß unterschieden werden, ob die Wärmeleitzahl der Schmelze a_L, oder des Festkörpers a_S zugrundegelegt wird. Entsprechend gilt: $P_L := v\lambda/2a_L$ bzw. $P_S := v\lambda/2a_S$

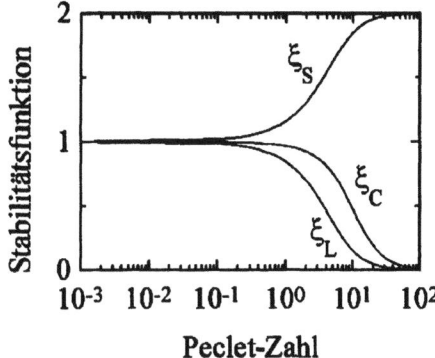

Bild 4 Abhängigkeit der Stabilitätsfunktionen ξ_c, ξ_L und ξ_S von der Pécletzahl, nach [Trivedi 1986].

dar und kann als effektiver thermischer Gradient bezeichnet werden. Seine Wirkung ist stabilisierend bei der gerichteten Erstarrung ($G_S > 0, G_L > 0$) und destabilisierend beim Wachstum in die unterkühlte Schmelze ($G_S = 0, G_L < 0$). Ungleichung 15 gilt sowohl für die langsame Erstarrung (thermodynamisches Gleichgewicht an der Phasengrenze), als auch für den Fall des „Solute Trapping". In diesem Fall müssen lediglich die entsprechenden geschwindigkeitsabhängigen Terme für den Verteilungskoeffizienten $k(v)$ und die Liquidussteigung $m(v)$ (siehe Abschnitt 2) berücksichtigt werden [Huntley 1993].

Die Forderung der marginalen Stabilität besagt nun, daß die rechte Seite von Ungleichung 15 für die entsprechende Wellenlänge λ_i gerade gleich Null ist. Setzt man für den Radius der Dendritenspitze $R = \lambda_i$, so gelangt man damit zu der Beziehung zwischen R und v die unter dem Begriff „marginale Stabilitätshypothese" bekannt geworden ist. Im folgenden sollen nun die morphologischen Übergänge bei der gerichteten Erstarrung sowie bei der Erstarrung in die unterkühlte Schmelze betrachtet werden.

3.1 Morphologische Übergänge bei der gerichteten Erstarrung

Für den Fall der gerichteten Erstarrung wird angenommen, daß gilt:

$$G = [\bar{\kappa}_L G_L^* \xi_L + \bar{\kappa}_S G_S^* \xi_S] = konst.$$

In diesem Fall läßt sich mit Hilfe der Ungleichung 15 berechnen, welche Wellenlängen λ für eine bestimmte Geschwindigkeit v instabil sind. Trägt man diese instabilen Wellenlängen für einen konstanten Temperaturgradienten G über v auf, so gelangt man zu Bild 5 (nach [Ludwig 1992]).

Bild 5 zeigt deutlich, daß nur für Geschwindigkeiten zwischen den beiden Grenzwerten v_c und $(v_{abs})_c$ eine planare Front instabil werden kann. Hierbei bildet sich zuerst eine zellulare Erstarrungsfront, die bei weiterem Entfernen von der Stabilitätsgrenze in eine dendritische Wachstumsmorphologie übergeht. Für hinreichend kleine thermische Gradienten läßt sich die Grenze der absoluten Stabilität näherungsweise beschreiben durch:

$$(v_{abs})_c \approx \frac{D \Delta T_0}{\Gamma k} \approx 0.1 m/s \quad (17)$$

wobei ΔT_0 das Erstarrungsintervall der betrachteten Legierung bezeichnet. Führt man in Gleichung 17 die Definition der solutalen Grenzschichtdicke $\delta_c := D/v$ und der Kapillaritätslänge

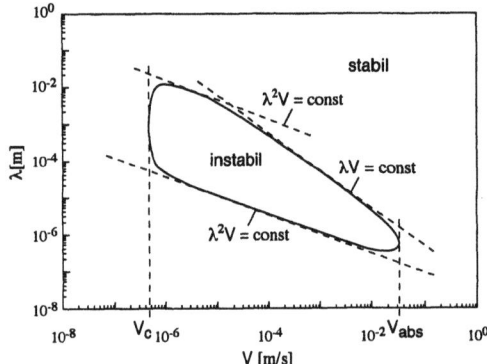

Bild 5 Instabiler Bereich nach der Stabilitätsanalyse von Trivedi und Kurz [Trivedi 1986] für das gerichtete Wachstum, nach [Ludwig 1992].

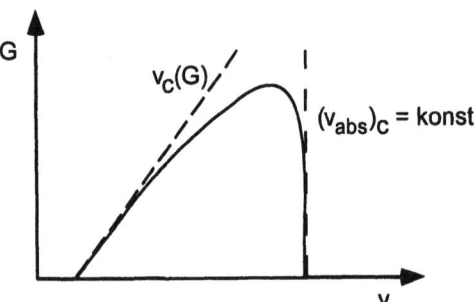

Bild 6 Abhängigkeit des instabilen Bereiches vom Temperaturgradient.

$S_c := \Gamma k/\Delta T_0$ ein, so folgt daraus:

$$v = (v_{abs})_c \quad \Leftrightarrow \quad \delta_c = S_c \tag{18}$$

Auf die Grenzgeschwindigkeit für niedrige Wachstumsraten v_c, dem Kriterium der konstitutionellen Unterkühlung wurde in Kapitel 6 näher eingegangen.

Anschaulich gesprochen bedeutet die absolute Stabilität, daß das Diffusionsfeld mit zunehmender Geschwindigkeit steiler wird und sich die Isokonzentrationslinien immer stärker an die gestörte Grenzfläche „anschmiegen". Dies bewirkt einen sich angleichenden Konzentrationsgradienten in den Wellenbergen und -tälern der gestörten Front und ermöglicht so kein bevorzugtes Wachstum der Störung mehr. Es bleibt daher nur die stabilisierende Wirkung der Oberflächenspannung, die für eine planare Grenzfläche bei $v > (v_{abs})_c$ sorgt.

Wie bereits erwähnt, besitzt der thermische Gradient bei der gerichteten Erstarrung einen stabilisierenden Einfluß auf die Grenzfläche. Dieser Einfluß ist in Bild 6 dargestellt. Wie aus Gl. 17 zu erkennen, ist die Grenze der absoluten Stabilität $(v_{abs})_c$ für hinreichend kleine Gradienten unabhängig von G und stellt eine der beiden Asymptoten in Bild 6 dar. Die andere Asymptote entspricht dem Kriterium der konstitutionellen Unterkühlung. Für niedrige Temperaturgradienten G stellen diese Asymptoten gerade die Grenzen des instabilen Bereichs dar und damit die Grenzen, an denen bei Geschwindigkeitserhöhung die morphologischen Übergänge planar $\to$ zellular/dendritisch (v_c) bzw. zellular/ dendritisch $\to$ planar (($v_{abs})_c$) stattfinden. Bei einer Erhöhung des Gradienten weicht die Grenzlinie des instabilen Bereiches von diesen beiden Näherungen entsprechend Beziehung 15 ab. Dies hat zur Folge, daß für hinreichend hohe Gradienten die planare Front für alle Wachstumsraten zur stabilen Frontmorphologie wird.

Die Abhängigkeit des instabilen Bereichs von der Legierungszusammensetzung und damit

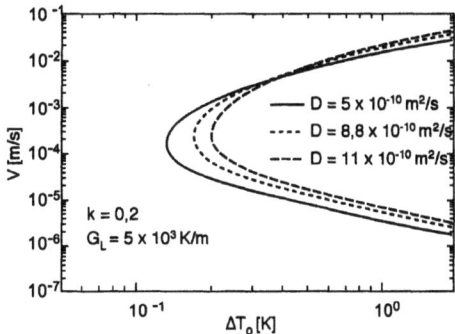

Bild 7 Abhängigkeit des instabilen Bereiches vom Erstarrungsintervall nach [Ludwig 1996].

vom Erstarrungsintervall ΔT_0 ist in Bild 7 (nach [Ludwig 1996]) dargestellt. Auch hier stellen v_c und $(v_{abs})_c$ wieder die asymptotischen Grenzen des instabilen Bereichs dar. Wie aus Gleichung 17 ersichtlich, fällt $(v_{abs})_c$ linear mit kleiner werdendem Erstarrungsintervall, während v_c sich genau umgekehrt verhält. Der Übergangsbereich verläuft wieder entsprechend Beziehung 15. Dies sorgt dafür, daß der instabile Bereich für kleine ΔT_0 ebenfalls kleiner wird und schließlich ganz verschwindet. Mit anderen Worten, bei hinreichend verdünnten Lösungen wächst das System bei der gerichteten Erstarrung immer mit einer planaren Morphologie.

Zusammenfassend folgt aus dem Kriterium der marginalen Stabilität also die Existenz zweier morphologischer Übergänge für die gerichtete Erstarrung einer Legierung. Eine anfänglich planare Erstarrungsfront geht bei einer Erhöhung der Erstarrungsgeschwindigkeit bei $v = v_c$ in eine zellular/ dendritische Morphologie über, um bei weiterer Geschwindigkeitssteigerung für $v > (v_{abs})_c$ wieder planar zu erstarren.

Bild 8 zeigt für den theoretischen Übergang zellular/ dendritisch → planar im Bereich $(v_{abs})_c$ den Zusammenhang zwischen der Unterkühlung der Erstarrungsfront ΔT^* und der Wachstumsrate v. Die Beiträge der konstitutionellen Unterkühlung ΔT_c, der kapillaren Unterkühlung ΔT_R und der kinetischen Unterkühlung ΔT_k, sowie der Beitrag aufgrund der Korrektur der Liquiduslinie ΔT_L sind ebenfalls dargestellt. Sowohl die kinetische Unterkühlung als auch die Korrektur der Liquiduslinie sind im Bereich des dendritischen Wachstums vernachlässigbar - die Dendritenspitzenunterkühlung wird ausschließlich durch den konstitutionellen und kapillaren Beitrag gestellt.

Bei der planaren Erstarrung oberhalb der Geschwindigkeit der absoluten Stabilität $(v_{abs})_c$ bekommt die Kinetik einen immer stärker dominierenden Einfluß. Außerdem nimmt der Einfluß der Korrektur der Liquidustemperatur, die sich dem Wert der T_0 - Linie annähert, zu, während der Beitrag der konstitutionellen Unterkühlung gegen null geht. Letzteres bedeutet, das im Grenzfall $\Delta T_c = 0$ keine Entmischung an der Phasengrenze stattfindet ($k = 1$). Aus dem Verlauf von ΔT_c läßt sich schließen, daß für den gezeigten Fall *solute trapping* erst bei einer planaren Erstarrungsfront stattfindet.

Wie in Bild 8 gezeigt, kann es im Übergangsbereich dendritisch/ zellular → planar durch das Auftreten von Nichtgleichgewichtseffekten an der Phasengrenze zu einer mit steigender Erstarrungsgeschwindigkeit fallenden Frontunterkühlung kommen [Ludwig 1992]. Da ein solcher Bereich für das System verboten ist, führt ein „Aufzwingen" einer in diesem Bereich liegenden Geschwindigkeit zu Oszillationen des Systems zwischen einer dendritischen bzw. zellularen und einer planaren Erstarrungsfront und es entstehen sogenannte „banded structures" [Zimmermann 1990]. Dies wurde sowohl bei dendritisch als auch bei eutektisch erstarrenden Systemen experimentell beobachtet [Boettinger 1984], [Zimmermann 1989], [Zimmermann 1990].

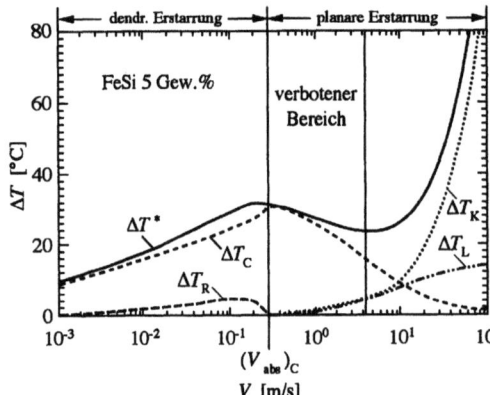

Bild 8 Unterkühlung an der Dendritenspitze bzw. der planaren Front als Funktion der Wachstumsgeschwindigkeit. Der Bereich in dem die Unterkühlung mit zunehmender Geschwindigkeit fällt, kann nicht auftreten. Werden dem System Geschwindigkeiten in diesem Intervall aufgezwungen, so kommt es zu einer Oszillation um diesen Bereich, was zu den sogenannten „banded structures" führt, aus [Ludwig 1992].

3.2 Morphologische Übergänge bei der Erstarrung von unterkühlten Schmelzen

Zur Beschreibung der Erstarrung aus der unterkühlten Schmelze wird angenommen, daß die gesamte Erstarrungswärme über die Schmelze abfließt, daß also gilt (s. Kap. 6 Gl. 74):

$$G_S = 0 \quad \text{und} \quad G_L = -v\Delta H_m/\kappa_L$$

Bild 9 zeigt, analog zu Bild 5 den Bereich instabiler Wellenlängen λ (schraffierter Bereich) als Funktion der Wachstumsrate v. Im Gegensatz zur gerichteten Erstarrung hat bei der Erstarrung in die unterkühlte Schmelze wie bereits erwähnt auch der thermische Gradient einen destabilisierenden Einfluß. Dies hat zur Folge, daß in Bild 9 keine „instabile Insel" zu sehen ist, sondern alle Wellenlängen oberhalb der Kurve instabil sind. Der Bereich unterhalb der Kurve wird durch die Kapillarität der Grenzfläche stabilisiert.

Im Bereich $0 < v < (v_{abs})_c$ fällt die Wellenlänge der marginalen Stabilität (und damit nach $R = \lambda_i$ auch der Spitzenradius der wachsenden Dendriten) mit steigender Geschwindigkeit. Die Erstarrung wird dabei vorwiegend von der solutalen Diffusion des an der Grenzfläche frei werdenden Legierungselementes bestimmt. Die Dendriten werden dementsprechend als solutale Dendriten bezeichnet.

Erreicht die Wachstumsrate den Wert $(v_{abs})_c$, so können aufgrund der starken Lokalisierung des Konzentrationsfeldes keine solutalen Dendriten mehr entstehen. Das Wachstum der

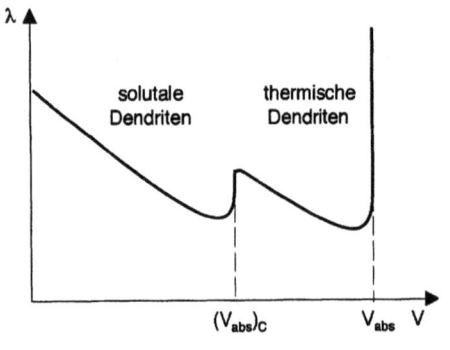

Bild 9 Instabiler Bereich nach der Stabilitätsanalyse von Trivedi und Kurz für das Wachstum in die unterkühlte Schmelze.

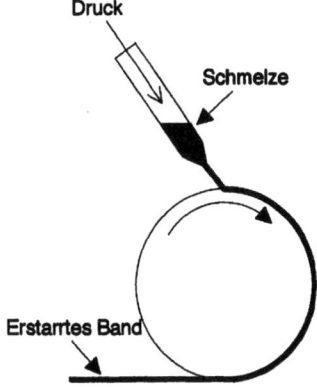

Bild 10 Schematische Darstellung einer Meltspin-Anlage.

Dendriten wird nun allein durch die Abführung der Erstarrungswärme kontrolliert. Analog zum solutalen Fall bezeichnet man sie daher als thermische Dendriten. Der Spitzenradius erfährt in diesem Punkt einen Sprung zu höheren Werten hin. Erst bei einer weiteren Geschwindigkeitserhöhung beginnt $R = \lambda_i$ wieder zu sinken. Ein morphologischer Übergang von Dendriten zu einer planaren Erstarrungsfront findet der Theorie nach bei v_{abs} statt, wobei gilt:

$$v_{abs} := (v_{abs})_T + (v_{abs})_c \qquad (19)$$

mit

$$(v_{abs})_T := \frac{a_L \Delta T_{hyp}}{\Gamma} \approx 10^3 \ m/s.$$

Dabei ist $\Delta T_{hyp} = \Delta H_m / c_p^L$ die Hypercooling-Grenze (Kap. 6 Gl. 33). Mit der Definition der thermischen Grenzschichtdicke $\delta_T := a/v$ und der thermischen Kapillaritätslänge $S_c := \Gamma / \Delta T_{hyp}$ folgt:

$$v = (v_{abs})_T \quad \Leftrightarrow \quad \delta_T \cong S_T. \qquad (20)$$

Experimentell konnte dieser morphologische Übergang noch nicht nachgewiesen werden, da derart hohe Erstarrungsgeschwindigkeiten ($v \cong 10^3 m/s$) bis jetzt nicht zu erreichen sind.

Unter bestimmten experimentellen Bedingungen, kann die Grenzgeschwindigkeit für diesen morphologischen Übergang jedoch drastisch gesenkt werden. Existiert nämlich ein thermischer Gradient $G_S > 0$, so kann ein bestimmter Bruchteil η der Wärme über den Festkörper abtransportiert werden. Gleichung 19 muß dann verallgemeinert werden zu [Ludwig 1991]:

$$v_{abs} := s \cdot (v_{abs})_T + (v_{abs})_c. \qquad (21)$$

Für den Fall $G_S = 0$ gilt $s = 1$, d.h. Gl. 21 geht über in Gl. 19. Mit wachsendem Gradienten G_S und damit steigendem η, sinkt s bis es schließlich für $\eta \geq 0.5$ gleich Null wird. Mit anderen Worten, wird die Hälfte der Erstarrungswärme oder mehr über den Festkörper abtransportiert, so gilt $v_{abs} = (v_{abs})_c$.

4 Experimentelle Beispiele

Im folgenden wird nun auf verschiedene experimentelle Verfahren eingegangen, bei denen die beschriebenen Erstarrungsphänomene entscheidenden Einfluß haben. Detailliertere Informationen zu diesen Verfahren sind beispielsweise in [Jones 1982] zu finden.

4.1 Meltspinning

Meltspinning wird zur Herstellung von Bändern bzw. Folien direkt aus der Schmelze benutzt. Sie weisen in der Regel eine Dicke von bis zu 100 μm und eine Breite von bis zu 50 mm auf. Bild 10 zeigt schematisch die Funktionsweise einer solchen Anlage. Die Schmelze wird dabei kontinuierlich durch eine Düse oder ein Düsensystem auf eine rotierende Walze gespritzt, auf der sie erstarrt und einen Teil der Umdrehung mitgeführt wird, bevor das erstarrte Band tangential zur Drehrichtung davonfliegt. Beim Meltspinning werden Abkühlraten von bis zu 10^6 K/s realisiert. Die Rotationsgeschwindigkeit der Walze kann bis zu 60 m/s betragen. Die entstehenden Bänder sind meist mikrokristallin, bei Banddicken um die 20 μm ist jedoch auch die Herstellung von amorphen Bändern möglich. Die Temperaturmessung auf der Bandoberseite ist pyrometrisch oder mit einer Thermokamera möglich.

4.2 Randschichtumschmelzen

Das Prinzip des Randschichtumschmelzens ist in Bild 11 zu sehen. Ein Substrat wird mit einem Hochenergiestrahl (z.B. Laser, Elektronen oder Neutronen) beschossen, während es sich relativ zu diesem rasch bewegt ($v_{Substrat} \leq 50 m/s$). Dadurch wird die obere Randschicht des Substrats aufgeschmolzen und erstarrt entsprechend des sehr hohen Temperaturgradienten im Werkstück ($10^6 - 10^8 K/m$). Es werden Erstarrungsgeschwindigkeiten von mehreren m/s erreicht. Auf diese Weise ist es möglich gezielt amorphe Randbereiche herzustellen. Weiterhin besteht die Möglichkeit des Zulegierens von Pulvern in den Randbereichen. Aufgrund einer definierten Erstarrungsrichtung in der Symmetrieebene ist eine lokale Messung der Erstarrungsgeschwindigkeit möglich.

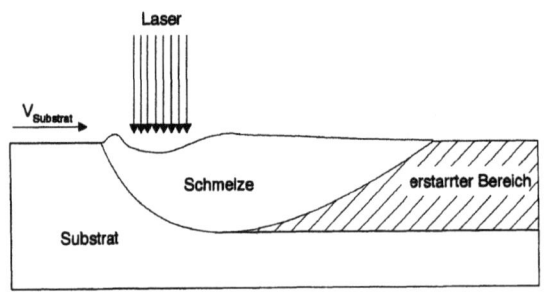

Bild 11 Schematische Darstellung des Erstarrungsvorganges beim Randschichtumschmelzen.

4.3 Elektromagnetische Levitation

Eine elektromagnetische Levitation ist nur bei elektrisch leitenden Materialien (Metalle, Halbleiter) möglich. Hierbei werden die Proben in einem von einer Spule erzeugten elektromagnetischen Wechselfeld zum Schweben gebracht. Die Probe wird durch den Spulenstrom induktiv geheizt. Eine Temperaturregelung kann über konvektive Kühlung durch einen Gasstrom erfolgen. Der Vorteil dieses behälterfreien Verfahrens ist das Fehlen von Tiegelwänden und etwaigen Verschmutzungen, wodurch eine heterogene Keimbildung nahezu ausgeschlossen wird. Auf diese Weise sind Unterkühlungen von mehreren $100 K$ erzielbar und eine externe Nukleation durch ein Triggerereignis möglich. Die Messung der Temperatur geschieht auf pyrometrischem Wege, während die Erstarrungsgeschwindigkeit über die Detektion der latenten Wärme durch zwei Photodioden gemessen wird. Es sind Wachstumsraten von bis zu 80 m/s erreichbar. Zu näheren Einzelheiten siehe Kapitel 14.

4.4 Splatcooling

Die Funktionsweise einer Splatcooling-Anlage ist in Bild 12 skizziert. Eine Probe wird in einer Levitationsanlage unterkühlt und dann fallengelassen. Beim Passieren einer Lichtschranke löst sie eine Mechanik aus, die zwei Stempel aufeinander prallen läßt, wodurch die Probe zerquetscht wird. Auf diese Weise können Abkühlraten von bis zu 10^8 K/s erzielt werden. Eine Temperaturmessung ist dabei jedoch nicht möglich. Außerdem entstehen durch den Einsatz hoher mechanischer Energie Massenbewegungen und eine Gefügebeeinflussung durch Verformung nach Beendigung der Erstarrung ist nicht auszuschließen.

4.5 Pulververdüsung

Wie in Bild 13 dargestellt, wird bei der Pulververdüsung Schmelze mit hohen Druck aus einer Düse in einen Rezipienten gespritzt und dort durch Beschuß mit Gas (oder Flüssigkeit) durch ein ringförmig angebrachtes Düsensystem in kleine Tröpfen zerstäubt. Dadurch entsteht ein Pulver mit einer gaussverteilten Korngröße zwischen 0.1 und $10 \mu m$. Eine Unterkühlung der

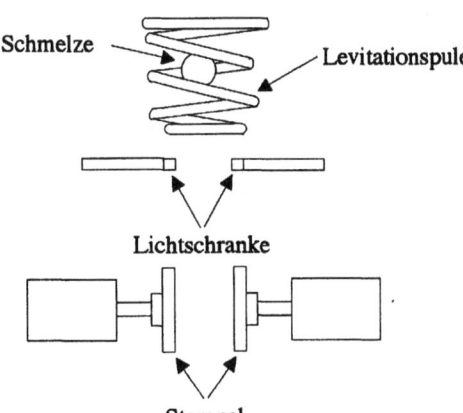

Bild 12 Schematische Darstellung einer Splatcooling-Anlage.

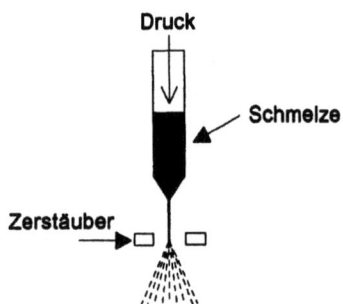

Bild 13 Schematische Darstellung einer Pulververdüsungsanlage.

Tröpfchen wird dadurch erreicht, daß die in der Schmelze vorhandenen Keimstellen auf die große Anzahl der Tröpfchen verteilt werden. Je geringer die Anzahl der Keimstellen bzw. je feiner die Verdüsung ist, desto größer ist die Wahrscheinlichkeit der Entstehung von Tröpfchen ohne Keimstelle. Eine Temperaturmessung ist aufgrund der großen Anzahl der Tröpfchen nicht möglich. In einer Fallröhre, in der nur wenige Tröpfchen gleichzeitig untersucht werden, geschieht eine Temperaturmessung auf pyrometrischem Weg. Eine technische Anwendung der Pulververdüsung besteht in der Kompaktierung der hergestellten Pulver und Weiterverarbeitung zu Werkstoffen mit besonderen Eigenschaften.

Literaturverzeichnis

[Aziz 1982] M.J. Aziz, J. Appl. Phys. **53** (1982) S. 1158.

[Aziz 1988] M.J. Aziz, T. Kaplan, Acta Metall. **36** (1988) S. 2335.

[Baker 1972] J.C. Baker, J.W. Cahn, in *Solidification*, ASM, Metals Park, Ohio (1972) S. 23 ff.

[Boettinger 1984] W.J. Boettinger, D. Shechtman, R.J. Schaefer, F.S. Biancaniello, Metall. Trans. **15A** (1984) S. 55 ff.

[Boettinger 1986] W.J. Boettinger, S.R. Corriell, in *Science and Technology of Undercooled Melt* (Hrsg.: P.R. Sahm, H. Jones, C.M. Adams) Martinus Nijhoff Publications, Dordrecht (1986) S. 81

[Huntley 1993] D.A. Huntley, S.H. Davis, Acta Metall. Mater. **41** (1993) S. 2025 ff.

[Jackson 1958] K.A. Jackson, Can. J. Phys. **36** (1958) S. 683 ff.

[Jones 1982] H Jones, *Rapid Solidification of Metals and Alloys* (Hrsg.: The Institution of Metallurgists), The Chameleon Press Limited, London (1982)

[Langer 1977] J.S. Langer, H. Müller-Krumbhaar, J. Crystal Growth **42** (1977) S. 11 ff.

[Ludwig 1991] A. Ludwig, Acta Metall. Mater. **39** (1991) S. 2795 ff.

[Ludwig 1992] A. Ludwig, *Flüssig-Fest- Phasentransformation von FeSi-5Gew.%-Legierungen unter Nichtgleichgewichtsbedingungen*, Fortschr. Ber. VDI, Reihe 5, Nr. 266, VDI-Verlag, Düsseldorf (1992).

[Ludwig 1996] A. Ludwig, W. Kurz, Acta Mater. **44** (1996) 3643.

[Ludwig 1999] A. Ludwig, Physica D (1999) im Druck.

[Kurz 1991] W. Kurz, R. Trivedi; Met. Trans. **22A** (1991) S. 3051 ff.

[Mullins 1963] W.W. Mullins, R.F. Sekerka, J. Appl. Phys. **34** (1963) S. 323 ff.

[Mullins 1964] W.W. Mullins, R.F. Sekerka, J. Appl. Phys. **35** (1964) S. 444 ff.

[Trivedi 1986] R. Trivedi, W. Kurz, Acta Metall. **34** (1986) S. 1663 ff.

[Turnbull 1950]   D. Turnbull, J. Appl. Phys. 21 (1950) S. 1022 ff.

[Vineyard 1957]   G.H. Vineyard, J. Phys. Chem. **66** (1957) S. 121 ff.

[Zimmermann 1989]   M. Zimmermann, M. Carrard, W. Kurz, Acta Metall. **37** (1989) S. 3305 ff.

[Zimmermann 1990]   M. Zimmermann, Dissertation, ETH Lausanne (1990)

9 Transparente Modellsubstanzen

1 Definition der Plastischkristalle

Vieles, was man heute über die Erstarrung von Metallen weiß, ist auf das Studium von Erstarrungsvorgängen an transparenten, organischen, metallähnlich erstarrenden Substanzen den sogenannten Plastischkristallen (engl.: plastic crystal) zurückzuführen [Billia 1993, Glicksman 1993]. Diese Substanzen kristallisieren mit nicht-facettierten Phasengrenzflächen und bilden daher, genauso wie Metalle, in Abhängigkeit von der Konzentration, des Phasendiagrammes und den jeweiligen Erstarrungsbedingungen planare, zellulare, dendritische oder eutektische Erstarrungsfrontmorphologien.

Plastischkristalle wurden 1938 von J. Timmermans aufgrund ihrer, im Vergleich mit ihren Nachbarn in der entsprechenden homologen Reihe, anomal geringen Schmelzentropie entdeckt [Timmermanns 1938]. Er fand, daß die organischen Substanzen, die eine Schmelzentropie kleiner als etwa 17 J/(K·mol) ($\approx 2R_g$) aufweisen, über bemerkenswerte Eigenschaften verfügen. Da diese Materialien entweder symmetrisch bezüglich des Zentrum sind (z.B.: CH_4, CCl_4, Pentaerythritol usw.) oder bei Rotation um eine beliebige Achse eine Kugel bilden (z.B.: Cyclohexan, Campher usw.) nannte Timmermans sie „molecular globulare".

Nachdem Michils zeigte, daß diese Klasse von organischen Substanzen eine ausserordentliche hohe Verformbarkeit besitzt, wurde ihnen der Name Plastischkristalle gegeben[Michils 1948]. Perfluorocyclohexan z.B. ist so plastisch, daß es unter seinem eigenen Gewicht zu fließen beginnt [Staveley 1962]. Die plastische Verformbarkeit dieser Materialklasse besitzt eine gewisse Analogie zum Hochtemperaturkriechen, wie es z.B. bei Kupfer und Gold bei ungefähr Hundert Kelvin unterhalb des Schmelzpunktes auftritt [Michils 1948, Dunning 1961]. Die besondere Plastizität der Plastischkristalle verschwindet bei Unterschreiten einer bestimmten, von der jeweiligen Substanz abhängigen Temperatur.

Der Grund für die anomal geringe Schmelzentropie der Plastischkristalle liegt in der physikalischen Natur des fest/flüssig Phasenüberganges bei molekularen Substanzen. Im Festkörper sitzen die Moleküle auf raumfesten Gitterplätzen (Kristallinität) und haben eine feste Orientierung zueinander (Anisotropie). Wird die thermische Energie erhöht, so wird sowohl die räumliche Struktur als auch die Orientierungsbeziehung aufgelöst. Die Orientierung der Moleküle in der Schmelze ist räumlich und zeitlich statistisch verteilt, was die für eine Flüssigkeit typische Isotropie bewirkt. Daher kann der fest/flüssig Phasenübergang bei molekularen Substanzen als Überlagerung zweier Effekte verstanden werden:

- Auflösung bzw. Bildung einer räumlichen Kristallstruktur (Kristallinität);

- Auflösung bzw. Bildung einer kollektiven Molekülorientierung (Anisotropie).

Im allgemeinen findet der Verlust der Kristallinität und der Anisotropie bei der gleichen Temperatur statt, dem Schmelzpunkt der betreffenden Substanz. Es existieren allerdings Substanzen, die sogenannten Flüssigkristalle (engl.: liquid crystal), bei denen die Auflösung der Kristallinität am Schmelzpunkt nicht mit der Auflösung der Anisotropie zusammenfällt (mesomorphe Phasen, anisotrope Flüssigkeiten). Diese Substanzen bestehen aus sehr langen Molekülen die sich nicht verbiegen lassen, so daß die Orientierungsbeziehung des Festkörpers auch noch in der Flüssigkeit vorliegt. Erst oberhalb einer weiteren Grenztemperatur werden solche Flüssigkeiten isotrop.

Bei Plastischkristallen bauen sich die Moleküle mit der gleichen räumlich und zeitlich statistisch verteilten Orientierung der Flüssigkeit in den wachsenden Festkörper ein. Dies zeigt sich am Verschwinden der normalerweise zu beobachtenden Diskontinuität der dielektrischen Konstante am Schmelzpunkt [Morgan 1940, Baker 1940]. Diese Substanzen besitzen eine hohe Entropie im festen Zustand und eine symmetrische Kristallstruktur nahe des Schmelzpunktes. Bei Unterschreitung einer bestimmten Transformationstemperatur findet dann eine kollektive Orientierung der Moleküle statt, der Kristall wird anisotrop. Daraus folgt eine Diskontinuität in der dielektrischen Konstanten und eine damit verbundene Änderung der optischen Aktivität [Jackson 1965]. Bei dieser Festkörpertransformation verliert der Kristall den Überschuß an Entropie, den eine normale molekulare Verbindung bei der Erstarrung verliert.

Flüssigkristalle und Plastischkristalle können also als komplementäre Ausnahmen bezüglich des normalen Schmelzvorganges von molekularen Festkörpern verstanden werden: Bei Flüssigkristallen tritt die Fluidität zuerst auf, bei Plastischkristallen die Isotropie [Timmermans 1961].

Daß die „plastische Kristallinität" durch eine Art „Vorschmelz"-Prozeß zustande kommt, wird durch den Vergleich von Pentan und Neo-Pentan deutlich (siehe Bild 1). Beide Substanzen bestehen aus fünf Kohlenstoff- und zwölf Wasserstoffatomen. Beim Pentan bilden die fünf Kohlenstoffatome eine eindimesionale Kette, wogegen sie beim Neo-Pentan einen symmetrischen Tetraeder mit einem Zentralatom bilden. In beiden Fällen sind die noch freien Kohlenstoffvalenzen mit je einem Wasserstoffatom abgesättigt. Obwohl beide Substanzen eine ähnliche Verdampfungstemperatur besitzen (Pentan: 309 K, Neo-Pentan: 265,5 K) ist ihr Schmelzpunkt sehr unterschiedlich (Pentan: 132 K, Neo-Pentan: 257 K). Allerdings besitzt Neo-Pentan eine Festkörpertransformation in der Nähe des Schmelzpunktes von Pentan (140 K). Die mit dieser Festkörpertransformation verbundene Energie- und Entropieänderung ist ungewöhnlich hoch und fast vergleichbar mit der entsprechenden Änderung beim Schmelzen von normalen molekularen Festkörper [Timmermans 1961].

Die oben beschriebene Beobachtung beim Vergleich zwischen Pentan und Neo-Pentan läßt sich verallgemeinern: Plastischkristalle besitzen einen höheren Schmelzpunkt als andere Substanzen mit dem gleichen Molekulargewicht. Da der Verdampfungsvorgang wesentlich weniger strukturabhängig ist als der Schmelzvorgang, besitzen Substanzen mit gleichem Molekulargewicht ähnliche Verdampfungstemperaturen. Der anomal hohe Schmelzpunkt der Plastischkristalle hat eine Verringerung des Temperaturunterschieds zwischen Schmelz- und Verdampfungsvorgang zur Folge. Bei vielen Plastischkristallen wird sogar Sublimation beobachtet.

Moleküle die einen Plastischkristall bilden, besitzen eine hohe Rotationssymmetrie. Beobachtet werden u. a. tetraedrische, oktaedrische und zyklische Moleküle. Denkt man sich um die äußeren Atome solcher Moleküle ein Kugel gelegt, so zeigt sich, daß der entsprechende Radius etwa 15% bis 20% größer ist als der mittlere Molekülabstand. Daher ist für eine Rotationsbewegung eine gewisse kollektive Bewegung notwendig. Dies hat zur Folge, daß einige tetraedrische Moleküle Plastischkristalle bilden können (z.B. Methan (CH_4), Silan (SiH_4), German (GeH_4) und Carbon-Tetraclorid (CCl_4)), andere jedoch nicht (z.B. Silikon-Tetrachlorid ($SiCl_4$)).

Aufgrund der hohen Rotationssymmetrie und der statistisch varriierenden Orientierung der Moleküle innerhalb eines plastischkristallinen Festkörpers treten keine gerichteten kovalenten Bindungen auf. Daher kann sich eine Kristallstruktur mit hoher Symmetrie bilden. Plastischkristalle besitzten in der Regel metallähnliche Kristallstrukturen, wie flächen- und raumzentriert kubische oder hexagonale Strukturen. 2-Methyl und 2-Propanethiol besitzen sogar alle drei Strukturen bei unterschiedlichen Temperaturen [Guthrie 1961].

Brandstetter fand Hinweise darauf, daß eine Legierungsbildung zu einer Verringerung der

226   9 Transparente Modellsubstanzen

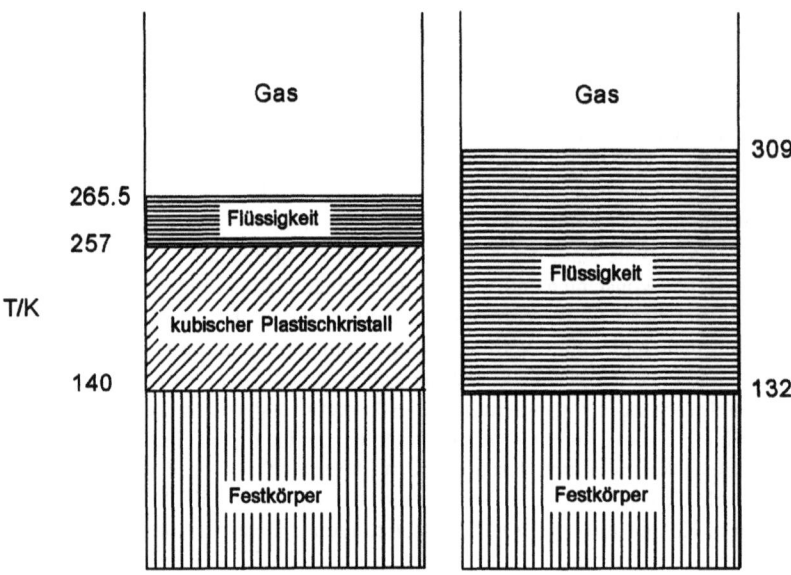

Bild 1 Die bei Neo-Pentan (links) und Pentan (rechts) auftretenden Phasen in Abhängigkeit von der Temperatur (nach [Timmermanns 61])

Transformationstemperatur für das Verschwinden der plastischkristallinen Phase führt [Brandstetter 1953]. Die derzeit bekannten etwa 150 Plastischkristalle bilden eine extrem kleine Untergruppe der Menge von mehreren Millionen organischen Verbindungen. Die meisten Angaben über Plastischkristalle sind in den Referenzen [Timmermans 1961, Murrill 1970 a & b, Murrill 1972, Doshi 1973, Klingen 1974] zu finden.

2 Experimentelles Vorgehen

Da beim Studium der Erstarrung von Metallen eine direkte Beobachtung der fest/flüssig Phasengrenze nicht möglich ist, verwendet man hierfür Plastischkristalle. Dabei sind in der Vergangenheit zwei unterschiedliche Versuchstechniken entwickelt worden. Zum einen wird die Erstarrung in eine ausgedehnte unterkühlte Schmelze untersucht, zum anderen die gerichtete Erstarrung von dünnen Proben in einem definierten Temperaturgradient. Im folgenden sollen die Grundzüge dieser beiden Techniken beschrieben werden.

2.1 Wachstum in unterkühlte Schmelzen

Die schematische Darstellung einer Wachstumskammer, wie sie von M. E. Glicksman und Mitautoren zur Untersuchung des Wachstums in die unterkühlte Schmelze von reinem Bernsteinsäuredinitril (engl.: succinonitrile (SCN)) benutzt wurde, ist in Bild 2 zu sehen [Glicksman 1995a]. Zu Beginn der Experimente wird hochreines SCN in der Versuchskammer aufgeschmolzen um dann die Temperatur der Schmelze auf die gewünschte Unterkühlung abzusenken. Dabei sind

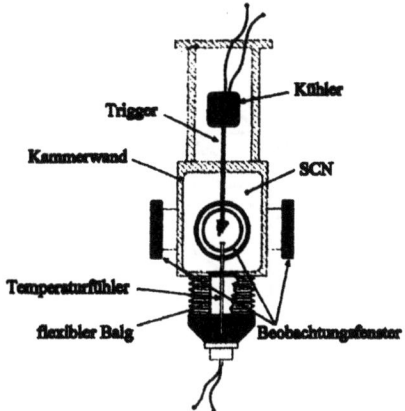

Bild 2 Schematische Darstellung einer Wachstumskammer. Der Kühler induziert die Keimbildung, die sich entlang des Triggers in die Versuchskammer fortpflanzt, in der ein einkristalliner, freiwachsender Dendrit entsteht (aus [Glicksman 1995 a]).

aufgrund heterogener Keimbildung an den Gefäßwänden die erreichbaren Unterkühlungen begrenzt. Nachdem sich in der Versuchskammer ein thermisches Gleichgewicht bei der gewünschten Temperatur eingestellt hat, wird das Ende einer mit SCN gefüllten Kapillare (Trigger in Bild 2) abgekühlt. Das SCN in der Kapillare erstarrt daraufhin und die Errstarrungsfront bewegt sich entlang der Kapillare in die Versuchskammer hinein. Hat die Erstarrungsfront die Kapillare verlassen, bildet sich ein Dendrit, der frei in die unterkühlte Schmelze hineinwächst. Über die Beobachtungsfenster werden Fotos der Dendriten gemacht, die später digitalisiert und an einem Computer ausgewertet werden.

2.2 Gerichtete Erstarrung

Bild 3 zeigt schematisch den apparativen Aufbau für Experimente zur gerichteten Erstarrung einer SCN-Azeton Legierung nach [Somboonsuk 1984]. Die Proben befinden sich zwischen zwei Glasplättchen, die einen definierten Abstand zueinander haben. Sie sind hermetisch verschlossen. Diese Probenzellen werden entlang eines Temperaturgradienten zwischen einer kalten und einer warmen Kammer bewegt. Die Zuggeschwindigkeit wird über die Messung der Position der Zelle als Funktion der Zeit bestimmt. Innerhalb der Zelle befindet sich ein Thermoelement zur Temperaturmessung. Über ein Mikroskop kann die Erstarrungsfront und somit die Form der Dendriten beobachtet werden.

3 Beispiele für Erstarrungsfrontmorphologien

Aufgrund ihrer Transparenz besitzen die organischen Modellsubstanzen gegenüber den Metallen den entscheidenden Vorteil, die Erstarrungsmorphologien in situ beobachten zu können. In diesem Kapitel soll anhand von Beispielen aus der Literatur dargelegt werden, inwieweit transparente Modellsubstanzen geholfen haben metallische Erstarrungsfrontmorphologien zu verstehen und Gesetzmäßigkeiten für diese aufzustellen. Neben dem dendritischen, dem zellularen und dem eutektischen Wachstum wird zum Abschluß dieses Kapitels auf nicht-klassische Erstarrungsmorphologien eingegangen, die bei verschiedenen Modellsubstanzen beobachtet wurden.

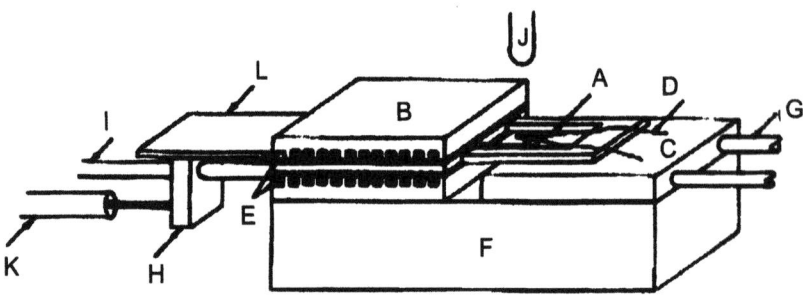

Bild 3 Schematische Zeichnung einer Apparatur zur gerichteten Erstarrung: (A) Probenzelle, (B) heiße Kammer, (C) untere Hälfte der kalten Kammer (die obere Hälfte wurde der Übersichtlichkeit halber nicht dargestellt), (D) Thermoelement, (E) Heizwicklung, (F) Teflon Schiene, (G) Wasser Zu- und Abfluß, (H) Schraubenmutter der (I) Antriebsschraube (Verbindung zum Motor), (J) Mikroskop, (K) Wegmesser, und (L) Zellenhalter (aus [Somboonsuk 1984]).

Die am häufigsten zur Untersuchung der metallischen Erstarrung benutzten Modellsysteme sind Bernsteinsäuredinitril (SCN) sowie seine Legierungen mit Aeton (SCN-Ae) und Argon (SCN-Ar), Pivalinsäure (PVA) bzw. ihre Legierung mit Ethanol (PVA-Eth), Xenon (Xe) sowie die eutektische Legierung CBr_4-C_2Cl_6.

3.1 Dendritisches Wachstum

Die in metallischen Werkstoffen am häufigsten anzutreffende Mikrostruktur besteht aus Dendriten, die in Kapitel 6 schon behandelt wurden. Dendriten ($\delta\epsilon\nu\delta\rho o\nu$, griech.: Baum) sind charakterisiert durch ihre Form, bestehend aus einer Spitze, einem Stamm und den mehr oder weniger verzweigten Seitenarmen. Man unterscheidet zwischen thermischen Dendriten, die beim Wachstum reiner Stoffe in eine unterkühlte Schmelze entstehen und solutalen Dendriten, die sich bei der gerichteten Erstarrung von Legierungen bilden. Bild 4 zeigt einen thermischen Dendriten aus reinem SCN.

Bei der gerichteten Erstarrung von Legierungen bestehen dendritische Strukturen aus regelmäßigen Anordnungen paralleler Dendriten (Dendritenarray), die jeweils im Bereich der Spitze eine periodische Konfiguration von Seitenarmen besitzen. Bild 5 zeigt ein solches Dendritenarray des organischen Legierungssystems SCN-Azeton. Eine der wichtigen Konsequenzen einer solchen Struktur ist das damit verbundene Auftreten von Mikroseigerungen. Sie entstehen durch die im allgemeinen verringerte Löslichkeit der Legierungsbestandteile im Festkörper. Dies führt dazu, daß die Legierungsbestandteile zwischen den Dendriten angereichert werden.

Experimentelle Studien an transparenten Modellsubstanzen sowohl zum dendritischen Wachstum reiner Stoffe in unterkühlte Schmelzen [Glicksman 1976, Huang 1981] als auch zur gerichteten Erstarrung von Legierungen [Somboonsuk 1984, Esaka 1985a] haben gezeigt, daß dendritische Strukturen im Bereich der wachsenden Spitze zeitunabhängige Charakteristiken aufweisen. Für das Wachstum in die unterkühlte Schmelze ergaben sich drei zeitunabhängige

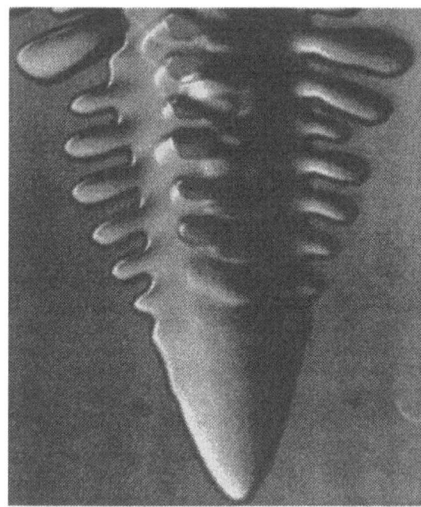

Bild 4 Typischer Dendrit in unmittelbarer Spitzennähe. Das Bild zeigt einen Dendriten im System SCN beim Wachstum in eine unterkühlte Schmelze (aus [Glicksmann 1988]).

Größen: der Dendritenspitzenradius R, die Temperatur der Spitze T^* sowie der Seitenarmabstand im Bereich der Spitze λ_a. Als vierte charakterisierende Größe kommt bei der gerichteten Erstarrung noch der mittlere Dendritenachsabstand oder der Primärabstand λ hinzu. Unmittelbar hinter den Spitzen zeigen die wachsenden Dendriten eine hochgradige Dynamik bei der Entwicklung der Seitenarme.

Charakterisierung der Dendritenspitze

Besonders bei der Charakterisierung der Dendritenspitze spielen die Modellsubstanzen aufgrund ihrer Transparenz eine große Rolle. Schon 1935 vermutete Papapetrou bei Untersuchungen des Erstarrungsverhaltens von NH_4Cl-Lösungen, daß Dendriten eine rotationsparabolische Spitze besitzen [Papapetrou 1935]. M.E. Glicksmann und Mitautoren zeigten, daß dies für thermische Dendriten aus SCN tatsächlich zutrifft [Glicksman 1976] [1]. Eine Dendritenspitze kann daher durch den Krümmungsradius R dieses Paraboloids charakterisiert werden. M.E. Glicksman und Mitautoren fanden, daß bei vorgegebener Unterkühlung ΔT_∞ die Dendriten mit konstantem Spitzenradius R und konstanter Erstarrungsgeschwindigkeit v wachsen. Diese eindeutige Beziehung zwischen ΔT_∞, R und v hat sich bei allen bisher untersuchten Materialien bestätigt.

Im Gegensatz zu SCN bildet H_2O eine ellipsoidparabolische Spitze aus [Koo 1991] [2]. Eine solche Dendritenspitze kann durch die beiden Hauptkrümmungsradien R_1 und R_2 des Ellipsoidparaboloids charakterisiert werden. Wieder sind bei vorgegebener Unterkühlung die Geschwindigkeit v und nun R_1 und R_2 konstant. Das Verhältnis der beiden Radien beträgt etwa 28.

Zur Untersuchung der Dendritenspitzengeometrie bei der gerichteten Erstarrung studierten R.M. Sharp und A. Hellawell Al-Cu und Al-Ag Dendriten, deren Wachstumsform durch einen Abschreckvorgang „eingefroren" wurde [Sharp 1970, Sharp 1971]. Da bei dieser Technik durch

---

[1] Bei neueren Untersuchungen haben J.C. LaCombe und Mitautoren gezeigt, daß sich die Spitze eines thermischen SCN-Dendriten bei $\Delta T_\infty = 0.46K$ bis zum Bereich in dem die Seitenarme auftreten genauer durch ein Polynom vierten Grades beschreiben läßt [LaCombe 1995].

[2] allerdings geört H_2O nicht zu den Plastischkristallen

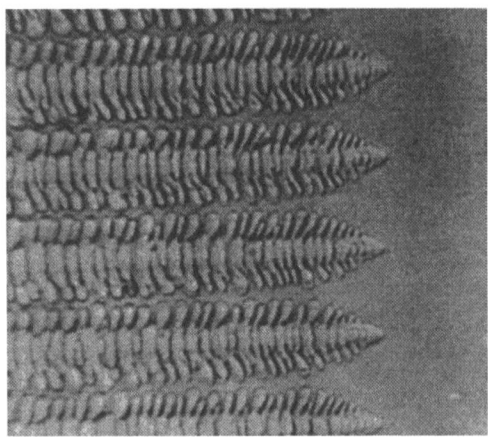

Bild 5 Bei der gerichteten Erstarrung auftretendes Dendritenarray hier im System SCN-Ace (aus [Esaka 1986]).

das Abschrecken eine Veränderung der Spitzengeometrie auftritt und zudem die metallographischen Schnittebenen nur schwer zu definieren sind, bestehen gegenüber dieser Technik Vorbehalte [Somboonsuk 1984]. Bei in-situ Untersuchungen an transparenten Modellsystemen entstehen diese Probleme nicht. So wiesen K. Somboonsuk und Mitautoren [Somboonsuk 1984] sowie H. Esaka und W. Kurz nach, daß beim System SCN-Azeton unabhängig von den Versuchsbedingungen auch solutale Dendriten eine rotationsparabolische Spitze besitzen [Esaka 1985a, Esaka 1986].

Auch die Erkennntnis, daß beim dendritischen Wachstum in unterkühlte Schmelzen das Produkt $v \cdot R^2$ eine für die untersuchte Substanz charakteristische Konstante darstellt (vgl. Kap. 6) ist der Untersuchung an transparenten Modellsubstanzen zu verdanken [3]. Folgende reine Substanzen wurden dazu untersucht: SCN [Glicksman 1976, Glicksman 1981, Huang 1981, Lappe 1990], PVA [Glicksman 1989, Rubinstein 1991a], Camphene [Rubinstein 1988, Rubinstein 1991b], H_2O [Fujijoka 78, Koo 1991], Helium [Frank 1986], Krypton [Bilgram 1989], Xenon [Bilgram 1989], NH_4Br (in Lösung) [Honjo 1982, Dougherty 1988]. Daß auch im Falle der gerichteten Erstarrung von Legierungen das Produkt $v \cdot R^2$ eine nur von der Konzentration der untersuchten Legierung abhängige Größe ist, wurde an folgenden Systemen gezeigt: SCN-Aze [Somboonsuk 1984, Esaka 1985b, Esaka 1986], CBr_4-C_2Cl_6 bzw. C_2Cl_6-CBr_4 [Seetharaman 1989], PVA-Eth [Eshelman 1988, Trivedi 1991a].

M.A. Chopra und M.E. Glicksman untersuchten das Wachstum von SCN-Aceton in die unterkühlte Schmelze [Chopra 1988]. Hier dominiert bei geringer Unterkühlung die thermische und bei höherer Unterkühlung die solutale Diffusion. Auch in diesem Fall stellte sich das Produkt $v \cdot R^2$ als konzentrationsabhängige Konstante heraus. Ihr Wert wurde mit zunehmender Konzentration kleiner. Für die Konzentrationsabhängigkeit des Dendritenspitzenradius wurden unterschiedliche Beobachtungen gemacht. Während K. Soomboonsuk und Mitautoren für SCN-Aceton einen mit zunehmender Konzentration abnehmenden Spitzenradius fanden [Somboonsuk 1984], ergab sich ein solches Verhalten im System PVA-Eth nur bei geringen Konzentrationen. Für $c_\infty > 0.5$ gew.% blieb hier R konstant [Trivedi 1991a].

Auch der Zusammenhang zwischen der Temperatur der Dendritenspitze T^* und der Erstarrungsgeschwindigkeit v wurde an Modellsubstanzen untersucht. So fanden H. Esaka und W. Kurz [Esaka 1984, Esaka 1985a, Esaka 1986], daß die $T^* - v$-Relation für das System SCN-

---

[3] Nur bei den Untersuchungen zum Wachstum thermischer PVA-Dendriten fanden E.R. Rubinstein und M.E. Glicksman einen mit zunehmender Unterkühlung steigenden Wert der Größe $v \cdot R^2$ [Rubinstein 1991a].

Aceton ein Maximum besitzt. Sie untermauerten damit die Ergebnisse von M.H. Burden und J.D. Hunt am metallischen System Al-Cu [Burden 1974].

Selektion des anfänglichen Seitenarmabstandes

Neben dem Dendritenspitzenradius R ist der Seitenarmabstand in unmittelbarer Spitzennähe λ_a eine weitere Größe zur Charakterisierung des dendritischen Wachstums. M. E. Glicksman und Mitautoren erkannten, daß beim Wachstum thermischer Dendriten, d.h. beim Wachstum reiner Substanzen in eine unterkühlte Schmelze, das Verhältnis von λ_a und R konstant ist [Glicksman 1976]. In der Folgezeit fanden M.E. Glicksman und Mitautoren bei SCN $\lambda_a/R = 3.0$ [Huang 1981] und bei PVA $\lambda_a/R = 6.8$ [Glicksman 1986]. Der höhere Wert für PVA wurde der im Vergleich zu SCN sehr viel höheren Anisotropie der Grenzflächenspannung zugeschrieben. Für H_2O wurde von H. Honjo und Y. Sawada $\lambda_a/R = 4.8$ gefunden [Honjo 1982]. A. Dougherty fand beim Wachstum eines PVA-Dendriten in eine unterkühlte PVA-1 Gew.% Eth Schmelze $\lambda_a/R = 6 \pm 1$ [Dougherty 1991].

R. Trivedi und K. Somboonsuk [Trivedi 1984a, Somboonsuk 1984] sowie H. Esaka und W. Kurz [Esaka 1985a, Esaka 1986] untersuchten die gerichtete Erstarrung von SCN-Aceton und fanden, daß dieses Skalierungsgesetz auch für solutale Dendriten gültig ist. Sie bestimmten λ_a/R zu 2.0. Für das System CBr_4-C_2Cl_6, von dem bekannt ist, daß es eine hohe Anisotropie der Grenzflächenspannung besitzt, fanden V. Seetharaman und Mitautoren [Seetharaman 1989] $\lambda_a/R = 3.18$ für CBr_4-Dendriten und $\lambda_a/R = 3.47$ für C_2Cl_6-Dendriten. Für das System PVA-Eth wurde $\lambda_a/R = 3.8$ ermittelt [Trivedi 91a]. Genauso wie M.E. Glicksman im Falle der thermischen Dendriten, vermuten V. Seetharaman und Mitautoren, daß auch bei solutalen Dendriten das Verhältnis λ_a/R mit zunehmender Anisotropie der Grenzflächenspannung steigt. Für eine NH_4Br-Lösung fanden H. Honjo und Y. Sawada $\lambda_a/R = 4.8$ [Honjo 1982].

Selektion des stationären Dendritenachsabstandes

Bei der gerichteten Erstarrung von Legierungen ergeben sich unter geeigneten Versuchsbedingungen regelmäßige Anordnungen paralleler Dendriten, sogenannte Dendritenarrays (Bild 5). Dabei ist der mittlere Abstand der Dendriten, der sogenannte Dendritenachsabstand λ eine für den Erstarrungsvorgang charakteristische Größe. Für die Abhängigkeit von λ von der Erstarrungsgeschwindigkeit v und dem Temperaturgradienten G [4] wurde experimentell folgende Form gefunden [Hunt 1979, Kurz 1981, McCartney 1981, Moir 1991]

$$\lambda_1 = A v^{-a} G^{-b} \tag{1}$$

Diese Beziehung gilt sowohl für die Erstarrung metallischer Syteme, als auch für transparente Modellsubstanzen. So bestimmte D.G. McCartney für die metallischen Systeme Al-Cu und Al-Mg-Si a zu 0.28. Für die transparenten Modellsysteme SCN-Aze bzw. PVA-Eth fanden H. Esaka $a = 0.38$ [Esaka 1986] (SCN-Aze) bzw. R. Trivedi und J.T. Mason [Trivedi 1991a] $a = 0.42$ (PVA-Eth.). Für b ergaben zahlreiche Untersuchungen sowohl an metallischen Systemen als auch an transparenten Modellsystemen in guter Näherung den Wert $b = 0.5$ [Hunt 1979, McCartney 1981, Mason 1982, Mason 1984, Somboonsuk 1984, Trivedi 1991a].

---

[4] Da bei den experimentellen Untersuchungen die Erstarrungsgeschwindigkeiten in der Regel gering sind, wird G bei der Beurteilung des sich ergebenden Dendritenachsabstandes im allgemeinen als konstant angenommen.

Untersuchungen an den metallischen Systemen Pb-Sn, Pb-Au [Mason 1982] sowie Pb-Pd [Mason 1984] zeigten jedoch, daß a (wenn auch nur leicht) von G und b (ebenfalls nur leicht) von v abhängig ist. Die Allgemeingültigkeit der empirischen Gleichung 1 muß daher kritisch hinterfragt werden. Wie schon bei der Abhängigkeit des Radius R von der Konzentration c_∞, so zeigt auch die Abhängigkeit des Dendritenachsabstandes λ_1 von c_∞ für die beiden Modellsysteme SCN-Aze und PVA-Eth ein völlig unterschiedliches Verhalten. Während im System SCN-Azeton λ_1 mit steigendem c monoton ansteigt [Esaka 1986], ist λ_1 im System PVA-Eth im untersuchten Konzentrationsbereich (0.076 Gew.%-1.54 Gew.%) unabhängig von c_∞ [Trivedi 1991a].

Die theoretischen Modelle aus [Hunt 1979, Kurz 1981, Trivedi 1984b] sagen alle für den Exponenten a in $\lambda = A v^{-a} G^{-b}$ einen Wert von 0.25 und für b den Wert 0.5 voraus. Wie bereits erwähnt, zeigen zahlreiche experimentelle Studien an metallischen sowie an tranaparenten Systemen in etwa $b = 0.5$ [Hunt 1979, McCartney 1981, Mason 1982, Mason 1984, Somboonsuk 1984, Trivedi 1991a]. Die experimentellen Werte für a streuen zwischen 0.28 bei Al-Legierungen [McCartney 1981] und 0.42 für das Modellsystem PVA-Eth [Trivedi 1991a]. Aus dem Gesagten ergibt sich, daß die drei oben erwähnten Modelle nur eine tendenzielle Beschreibung der Realität liefern.

Entsprechend dem Modell von R. Trivedi [Trivedi 1991a] variiert λ_1 mit $\Delta T_S = -m(c_L^* - c_S^*)$ entsprechend $\lambda_1 \propto \Delta T_S^{-0.25}$. Dabei sind c_S^* und c_L^* die Konzentrationen an der Grenzfläche. Da sich für das System PVA-Eth die Größe ΔT_S im untersuchten Konzentrationsintervall nachweislich nur gering ändert, ist die experimentell festgestellte Unabhängigkeit von λ_1 und c_∞ (Abschnitt 3.1) theoretisch begründet. Für das System SCN-Azeton ist $\Delta T_S \propto c_\infty$, so daß sich aus R. Trivedi's Modell in diesem Fall eine $\lambda_1 \propto c_\infty^{-0.25}$ Abhängigkeit ergibt. Dies entspricht auch in etwa den experimentellen Beobachtungen von K. Somboonsuk und Mitautoren [Somboonsuk 1984].

Dynamische Anpassung bei Veränderung der Wachstumsbedingungen

K. Somboonsuk und R. Trivedi untersuchten die Anpassung der Größen R, λ_1 und λ_a bei einer abrupten Änderung der Vorschubgeschwindigkeit [Somboonsuk 1985] für reines SCN bzw. für das Legierungssystem SCN-Aze. Je nachdem, ob die Vorschubgeschwindigkeit erhöht oder erniedrigt wird, ergeben sich unterschiedliche Anpassungsmechanismen. In beiden Fällen bleibt die Relation $\lambda_a / R = konst.$ zu jedem Zeitpunkt näherungsweise gültig.

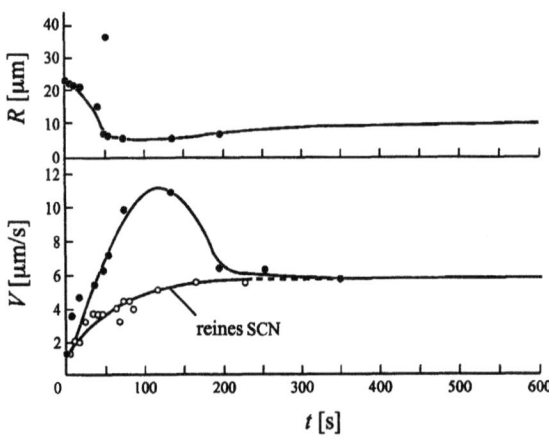

Bild 6 Variation des Dendritenspitzenradius und der Wachstumsgeschwindigkeit bei einer abrupten Erhöhung der Vorschubgeschwindigkeit von 1.17 μm/s auf 5.8 μm/s für eine SCN-Aze Legierung und für reines SCN (nach [Somboonsuk 1985]).

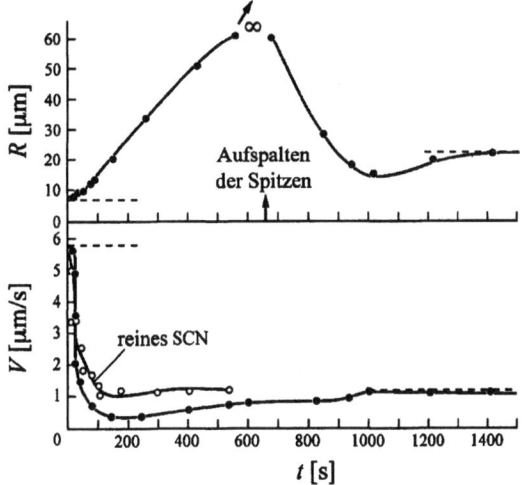

Bild 7 Variation des Dendritenspitzenradius und der Wachstumsgeschwindigkeit bei einer abrupten Erniedrigung der Vorschubgeschwindigkeit von 5.8 μm/s auf 1.17 μm/s für eine SCN-Azeton Legierung und für reines SCN (nach [Somboonsuk 1985]).

Bei einer plötzlichen Erhöhung der Vorschubgeschwindigkeit fanden sie, daß zunächst die Dendritenspitzen feiner werden, während der Dendritenachsabstand λ_1 sich nicht ändert, und anschließend eine Verringerung von λ_1 durch Wachstum tertiärer Arme erfolgt. Die Anpassung des Spitzenradius geht mit einer Zunahme der Wachstumsgeschwindigkeit einher, wobei diese zum „Überschwingen" neigt (siehe Bild 6). Für reines SCN wurde kein Überschwingen beobachtet, woraus K. Somboonsuk und R. Trivedi schlossen, daß das solutale Feld um die Dendritenspitze für dieses Verhalten verantwortlich ist. Die Anpassung von λ_1 an die neue Vorschubgeschwindigkeit erfolgte etwa 10-20 mal langsamer als die Anpassung von R und λ_1.

Für die zeitliche Entwicklung von R, λ_1 und λ_a bei einer abrupten Verringerung der Vorschubgeschwindigkeit fanden K. Somboonsuk und R. Trivedi, daß (i) der Dendritenradius anfänglich zunimmt und durch Annäherung von Dendritenspitze und ehemaligen Seitenarmen eine quasi-ebene Situation entsteht, daß (ii) diese ihrerseits instabil wird und sich ein komplexes Array von zellulären Strukturen mit vergleichbar kleinem mittleren Abstand bildet, und daß sich schließlich (iii) der mittlere Abstand durch Selektion vergrößert und so ein neues Dendritenarray entsteht. Die Anpassung des Radius erfolgt etwa eine Größenordnung langsamer als bei einer abrupten Geschwindigkeitserhöhung (siehe Bild 7). Diesmal ist die Anpassung des Spitzenradius mit einer Abnahme der Wachstumsgeschwindigkeit verbunden. Erneut wird eine Tendenz zum „Überschwingen" in der Geschwindigkeitsanpassung beobachtet.

Dendritisches Wachstum in unterkühlte Schmelzen

Wie bereits im Abschnitt 3.1 festgestellt, ergibt sich für das Wachstum in unterkühlte Schmelzen eine eindeutige Abhängigkeit zwischen der Unterkühlung der Schmelze ΔT_∞ und der Erstarrungsgeschwindigkeit v bzw. dem Dendritenspitzenradius R. Da im Gegensatz zu Metallen bei transparenten Modellsubstanzen eine in-situ Messung von R möglich ist, spielten diese gerade bei der Bestätigung dieser Abhängigkeit eine große Rolle. Sie wurde insbesondere in den zahlreichen Arbeiten vom M.E. Glicksman und Mitautoren z.B.: [Glicksman 1976, Huang 1981, Glicksman 1988, Glicksman 1995b] immer wieder untermauert. In-situ Messungen von R und v als Funktion von ΔT wurden an folgenden reinen transparenten Modellsubstanzen durchgeführt: SCN [Glicksman 1976, Glicksman 1981, Huang 1981, Glicksman 1995a], PVA

[Glicksman 1989, Rubinstein 1991a], Camphene [Rubinstein 1988, Rubinstein 1991b], H_2O [Fujioka 78, Koo 1991], Helium [Frank 1986], Krypton [Bilgram 1989], Xenon [Bilgram 1989]. Hinzu kommen noch die Versuche mit wäßrigen NH_4Br-Lösungen, bei denen ein freies solutales Wachstum in eine übersättigte Lösung eingestellt wird [Honjo 1982, Dougherty 1988]. Dabei wird davon ausgegangen, daß die freiwerdende Erstarrungswärme sich so rasch in der Schmelze bzw. im Festkörper verteilt, daß sie keinen Einfluß auf das Wachstum der solutalen Dendriten hat. Beim Wachstum von SCN-Dendriten in eine unterkühlte SCN-Azeton Schmelze wurde durch Konzentrationserhöhung der Übergang von thermischen zu solutalen Dendriten und der damit verbundene Einfluß auf R und v als Funktion von ΔT_∞ untersucht [Chopra 1988].

Beim Wachstum in eine unterkühlte Schmelze heizt die freiwerdende Erstarrungswärme die unterkühlte Schmelze auf, was sich im Temperatur-Zeit-Profil als Rekaleszenz bemerkbar macht (vgl. Kap. 6). Unter adiabatischen Bedingungen liegt im Anschluß an die Wachstumsperiode ein Festkörperanteil f_S in der Schmelze vor, der sich aus der einfachen Wärmebilanz [5] $f_S \cdot \Delta H_m = \Delta T_\infty \cdot c_p^L$ bzw. darausfolgend zu

$$f_S = \frac{\Delta T_\infty}{\Delta T_{hyp}}$$

ergibt, mit der Hypercooling-Grenze (auch Einheitsunterkühlung genannt) $\Delta T_{hyp} = \Delta H_m / c_p^L$. Bei einer Unterkühlung von $\Delta T \geq \Delta T_{hyp}$ wird also die ganze Schmelze durch die Erstarrung aufgebraucht. Es stellt sich damit die Frage, ob $\Delta T_\infty = \Delta T_{hyp}$ die Grenze für ein dendritisches Wachstum in die unterkühlte Schmelze darstellt, und wenn ja, welche Erstarrungsmorphologie unter diesen Bedingungen auftritt. Aufgrund der Möglichkeit der in-situ Beobachtung der Erstarrungsfront bieten sich auch zur Beantwortung dieser Frage Untersuchungen an transparenten Modellsystemen an.

Solche hohen Unterkühlungen sind in der Vergangenheit jedoch sowohl bei Metallen als auch bei transparenten Modellsubstanzen nur in Einzelfällen erreicht worden. M.E. Glicksman unterkühlte Phosphor (P4) bis jenseits der Einheitsunterkühlung [Glicksman 1967]. R. Willnekker und Mitautoren [Willnecker 1997] bzw. G. Wilde und Mitautoren [Wilde 1996] erreichten in den binären metallischen Systemen (Co, Ni, Fe)-Pd die Einheitsunterkühlung. Sie berichten von einer dendritischen Struktur auf der Oberfläche der Probe und schließen daraus, daß jenseits der Einheitsunterkühlung immer noch dendritisches Wachstum stattfindet [Wilde 1996]. Zudem zeigen sie, daß jenseits der Hypercooling-Grenze auch keine Seigerung mehr auftritt ($k(v) = 1$). Die unterkühlungsbedingte Kornfeinung scheint bei solch hohen Unterkühlungen nicht mehr aufzutreten, da bei diesen Proben sehr viel größere Körner beobachtet wurden. R. Willnecker und Mitautoren führen diese Körner auf eine begonnene Rekristallisation zurück [Willnecker 1997].

A. Ludwig gelang es, die organische Modellsubstanz SCN in Borosilikat Kapillaren bis jenseits der Einheitsunterkühlung zu unterkühlen [Ludwig 1996 b]. Die beobachteten Erstarrungslunker ließen ein dendritisches Wachstum auch jenseits ΔT_{hyp} vermuten. Auf Grund dieser Beobachtungen haben Schillings und Mitautoren Messungen der Erstarrungsgeschwindigkeit bis ΔT_{hyp} [Schillings 1997] bzw. darüber durchgeführt [Schillings 1999] (Bild 8). Es stellte sich heraus, daß die Erstarrung in diesem Experiment zunächst entlang der Kapillare (bei verdünnten SCN-Ar Legierungen und niedrigeren Unterkühlungen nachweislich als „Oberflächendoublonen" [Ludwig 1999b], (siehe Abschnitt 3.4) erfolgt. Anschließend findet ein Wachstum vom Rand in Richtung zur Mitte der Kapillare statt. Dieses Wachstum kann in Form von thermischen Dendriten erfolgen. Es sind aber auch erstmals thermische Zellen beobachtet worden [Schillings

---

[5] Hier ist angenommen, daß die spezifische Wärme der Schmelze c_p^L im unterkühlten Bereich unabhängig von der Temperatur ist.

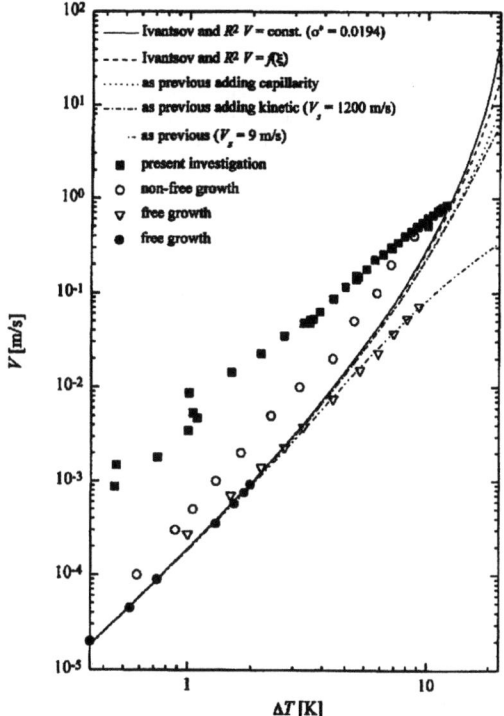

Bild 8 Vergleich der in Borosilikatkapillaren gemessenen Wachstumsgeschwindigkeit für das „nicht-freie" Wachstum mit den Messungen des „freien" Wachstums aus [Glicksman 1995 a, Glicksman 1976]. Die Linien wurden mit der Hypothese der marginalen Stabilität unter verschiedenen ergänzenden Annahmen berechnet (aus [Schillings 1997, Ludwig 1998c]).

1999]. Die in Bild 8 gezeigten Messungen stellen die $v - \Delta T_\infty$ Relation der Oberflächenstrukturen dar. Der Vergleich mit dem „freien" Wachstum thermischer Dendriten von M.E. Glicksman [Glicksman 1976, Glicksman 1995a] zeigt, daß die Geschwindigkeiten des „nicht-freien" Wachstums deutlich höher sind. Eine Erklärung für diesen Sachverhalt steht bis heute aus.

Test der Transporttheorie des dendritischen Wachstums

Entsprechend der Ivantsov-Lösung bzw. der Horvay-Cahn-Erweiterung (vgl. Kap. 6, Abschn. 3.1) ergibt sich ein eindeutiger Zusammenhang zwischen der dimensionslosen Unterkühlung

$$u_T^* = \sqrt{A_H} P_t e^{P_t} \int_{P_t}^{\infty} \frac{e^{-z}}{\sqrt{z[z + (A_H - 1) P_t]}} dz$$

und der Pécletzahl P_t. A_H bezeichnet das Verhältnis der Spitzenradien. Daher kann durch unabhängige Messung von u_T^* und P_t die Transporttheorie überprüft werden. Bild 9 zeigt den Vergleich zwischen der Ivantsov-Lösung und der Horvay-Cahn-Erweiterung einerseits, sowie den experimentellen Ergebnissen verschiedener Autoren an unterschiedlichen transparenten Modellsystemen andererseits.

Eine gute Übereinstimmung ergibt sich bei SCN und PVA für $u_T^* > 0.04$. Daß die Abweichungen für $u_T^* < 0.04$ durch Konvektion verursacht werden, haben Glicksman und Mitautoren durch Mikrogravitationsexperimente an SCN gezeigt [Glicksman 1995a] . Bei den IDGE

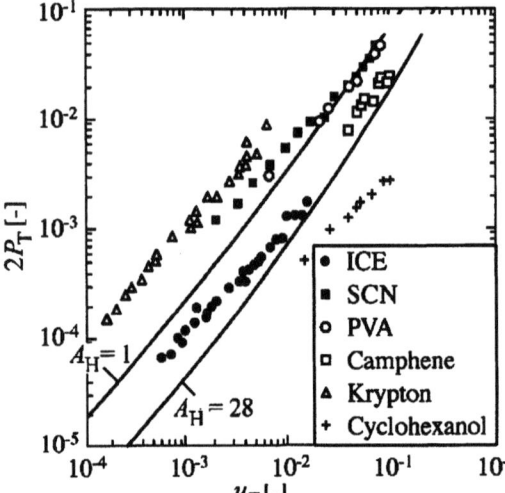

Bild 9 Vergleich von experimentell ermittelten Pécletzahlen mit der Ivantsov-Lösung bzw. der Horvay-Cahn-Erweiterung. Die Messungen für SCN stammen aus [Huang 1981], für PVA aus [Glicksman 1984], für Camphene aus [Rubinstein 1991 b], für Krypton aus [Bilgram 1988, Bilgram 1989], für H_2O aus Koo 1996]. Das Radienverhältnis von H_2O ist zu $A_H = 28$ bestimmt worden [Koo 1996]. Alle anderen Substanzen wachsen mit einer rotationsparabolischen Dendritenspitze ($A_H = 1$).

(„isotherm dendritic growth experiments") konnte eine gute Übereinstimmung zwischen den Experimenten und der Ivantsov-Lösung bis zu $u_T^* = 0.02$ beobachtet werden. Da SCN bei der Erstarrung eine Dichteerhöhung von etwa 3% (PVA von 4%) aufweist, führt die damit verbundene nachspeisungsbedingte Konvektion, die auch unter Schwerelosigkeit vorhanden ist, für $u_T^* \geq 0.002$ offensichtlich zu keiner Beeinflussung der Transportvorgänge vor der wachsenden Dendritenspitze.

Ganz allgemein zeigen die Ergebnisse der IDGE, daß Messungen bei kleinen Unterkühlungen durch Konvektionsvorgänge gestört werden. Daher kann nicht ausgeschlossen werden, daß die Abweichungen bei Krypton, Xenon und H_2O zumindest zum Teil auf Konvektion zurückzuführen sind. Bei Krypton und Xenon wird zudem berichtet, daß sie keine rotationsparabolische Spitze besitzen [Bilgram 1989, Bisang 1995]. Vielmehr wird das Diffusionsfeld für $u_T^* = 0.001$ besser durch eine sphärische Approximation beschrieben [Bilgram 1989]. Für Xenon Dendriten ergibt sich eine Spitzengeometrie der Form $x^{1,67}$ [Bisang 1995]. Auch bei den H_2O Dendriten wird eine Abweichung von der zur theoretischen Analyse angenommen ellipsoidparabolischen Geometrie mit dem Radienverhältnis $A_H = 28$ beobachtet [Koo 1896]. Zudem besitzt H_2O bei der Erstarrung eine Dichteverringerung von 10%, was zu einer verstärkten Konvektion von der Dendritenspitze in die umgebende Schmelze und damit zu einer Beeinflussung des Diffusionsfeldes führen kann.

Im Gegensatz zu H_2O besitzt Camphen bei der Erstarrung eine Dichtezunahme von auch etwa 10%. Entsprechend könnte hier Nachspeisungskonvektion zum Teil für die beobachtete Abweichung verantwortlich sein. Andererseits wurden kürzlich Hinweise darauf gefunden, daß Camphen keine kubisch-raumzentrierte, sondern eine tetragonale Kristallstruktur besitzt [Rubinstein 1991b]. Für Cyclohexanol fanden Singh und Glicksman [Singh 1990], daß die Form eines im Festkörper eingeschlossenen isothermen Tropfens eine starke Zweizähligkeit besitzt. Daher wird bezweifelt, daß Cyclohexanol eine kubisch-flächenzentrierte Kristallstruktur besitzt. K. Koo vermutet, daß die Abweichung zwischen experimentellen Ergebnissen und theoretischen Vorhersagen bei Camphen und bei Cyclohexanol (Bild 9) in einer bislang unbekannten Abhängigkeit der Wachstumskinetik von der Kristallstruktur begründet ist [Koo 1896].

Test der Stabilitätstheorie für das dendritische Wachstum

Auch bei der Überprüfung der Stabilitätstheorie für das dendritische Wachstum spielen transparente Modellsubstanzen eine entscheidende Rolle. So steht der theoretische Wert der Stabilitätskonstante σ^* aus der linearen Stabilitätsanalyse von J.S. Langer und H. Müller-Krumbhaar für kubische Kristalle ($\sigma^* \approx 0.026$) in guter Übereinstimmung mit den experimentellen Ergebnissen von M.E. Glicksman und Mitautoren an SCN ($\sigma^* = 0.025$). Aus simultanen Messungen von v und R bei vorgegebener Unterkühlung kann σ^* nach Kapitel 6 (Abschn. 3.1) experimentell bestimmt werden. In Tabelle 1 und Tabelle 2 sind experimentell ermittelte Werte von σ^* für reine Stoffe bzw. Legierungen aufgelistet.

Mit den Ergebnissen aus Kapitel 6 (s. Gl. 51) ergibt sich entsprechend der Hypothese der marginalen Stabilität bei Vernachlässigung der Anlagerungskinetik für den „Arbeitspunkt" solutaler Dendriten

$$v \cdot R^2 = \frac{1}{\sigma^*} \frac{\Gamma D}{k \Delta T_0} \tag{2}$$

Zur Überprüfung dieser Gleichung untersuchten zahlreiche Autoren das Produkt vR^2 für verschiedene transparente Legierungssysteme auf Konstanz und berechneten σ^*. So fanden K. Somboonsuk und Mitautoren [Somboonsuk 1984], R. Trivedi und K. Somboonsuk [Trivedi 1984] sowie H. Esaka und W. Kurz [Esaka 1985a] für das System SCN-Aze in dem von ihnen untersuchten Geschwindigkeitsbereich eine hinreichende Konstanz, wobei sie den Wert für σ^* zu 0.020 bestimmen konnten. H. Seetharaman und Mitautoren [Seetharaman 1989] bestimmten σ^* für das System CBr_4-C_2Cl_6, von dem bekannt ist, daß es eine hohe Anisotropie der Grenzflächenspannung besitzt. Sie fanden für CBr_4 Dendriten $\sigma^* = 0.022$ und für C_2Cl_6 Dendriten $\sigma^* = 0.019$. Offensichtlich ist der Wert der Konstanten σ^* im Gegensatz zu den Vorhersagen der "Mikroskopischen Solvabilität" nicht nennenswert von der Stärke der Anisotropie der Grenzflächenspannung abhängig.

R. Trivedi und J.T. Mason fanden im System PVA-Eth, in dem die Anlagerungskinetik nachweislich nicht zu vernachlässigen ist, daß σ^* mit zunehmender Konzentration sinkt[Trivedi 1991a]. Für $c_\infty = 0.076$ Gew.% ergab sich $\sigma^* = 0.055$ und für $c_\infty = 1.54$ Gew.% $\sigma^* = 0.01$. Allerdings stellte sich für dieses System heraus, daß der Quotient σ^*/α eine von der Konzentration unabhängige Größe darstellt. Die entsprechende Abnahme von α mit c_∞, die auf eine nicht-lineare Anlagerungskinetik schließen läßt, führen R. Trivedi und J.D. Mason auf das Vorhandensein von Clustern in der PVA-Schmelze zurück [Trivedi 1991a]. Dabei bleibt offen, ob sich die Cluster direkt an den wachsenden Festkörper anlagern oder sich erst auflösen müssen. Mit diesem Modell kann auch die Beobachtung von E.R. Rubinstein und M.E. Glicksman erklärt werden, die für reines PVA einen mit steigender Unterkühlung sinkenden Wert für σ^* fanden [Rubinstein 1988, Rubinstein 1991a].

A. Schillings und Mitautoren [Schillings 1997] zeigten, daß auch die von M.E. Glicksman und Mitautoren gemessene $v - \Delta T_\infty$ Relation [Glicksman 1995a, Glicksman 1976], insbesondere unter Berücksichtigung der höchsten erreichten Unterkühlungen von $\Delta T_\infty \approx 10$ K, nur dann erklärt werden kann, wenn man eine lineare kinetische Unterkühlung mit einem kinetischen Wachstumskoeffizienten $\mu = 0.0366$ m / (sK) annimmt (strichpunktierte Linie in Bild 8). Sie kommen damit zu einem Ergebnis analog zu dem von Willnecker und Mitautoren [Willnecker 1989] für das metallische System Nickel.

Einen wichtigen experimentellen Beitrag zur Beantwortung der Frage, ob die Hypothese der

Tabelle 1 Experimentelle Werte bestimmte der Stabilitätskonstanten σ^* für das Wachstum reiner Substanzen in unterkühlte Schmelzen. [a] Hier wurde der gemittelte Radius $R_m = 2R_1R_2/(R_1 + R_2)$ verwendet [Koo 1991]. [b] Dieser Wert wurde nicht gemessen, vielmehr wurde er in Analogie zu SCN und PVA willkürlich gewählt, um die unbekannte Grenzflächenspannung zu bestimmen.

Material	σ^*	Referenz
SCN	0.0195	[Huang 1981]
PVA	0.022	[Glicksman 1989, Rubinstein 1991 a]
Camphen	0.02^b	[Rubinstein 88, 91b]
Cyclohexanol	0.027	[Singh 1989]
PVA	$f(\Delta T)$	[Rubinstein 1988, 1991a]
NH_4Br-Wasser	0.072±0.037	[Honjo 1982]
NH_4Br-Wasser	0.081±0.02	[Dougherty 1988]
HET	0.038	[Oswald 1988]
H_2O	0.025	[Fujioka 1978]
H_2O	0.075^a	[Koo 1991]
Helium	0.0013	[Frank 1986]
Krypton	$f(\Delta T)$	[Bilgram 1988, 1989]
Xenon	$f(\Delta T)$	[Bilgram 1989]

Tabelle 2 Entsprechend Gl. 2 bestimmte experimentelle Werte der Stabilitätskonstanten σ^* für die gerichtete Erstarrung von Legierungssystemen.

Material	σ^*	Referenz
SCN-Ace	0.020	[Somboonsuk 1984, Esaka 1985 a]
CBr_4-C_2Cl_6	0.022	[Seetharaman 1989]
C_2Cl_6-CBr_4	0.019	[Seetharaman 1989]
PVA + Eth	$f(c)$	[Eshelman 88, Trivedi 1991 a]
PVA + 1% Eth	0.05±0.02	[Dougherty 1991]
PVA + 0.96% Eth	0.016	[Trivedi 1991 a]

marginalen Stabilität auch bei gleichzeitiger thermischer und solutaler Diffusion vor der Dendritenspitze gültig ist, lieferten M.A. Chopra und Mitautoren [Chopra 1988] ebenfalls durch Untersuchungen an einem transparenten Modellsystem (SCN-Azeton). Bild 10 zeigt den Vergleich ihrer Messungen mit den Vorhersagen des LGK-Modells [Lipton 1984]. Das experimentell beobachtete Maximum der $v - c$ Relation genauso wie der mit zunehmender Konzentration abnehmende Spitzenradius wird von der Theorie qualitativ richtig wiedergegeben. Nach M.E. Chopra und Mitautoren könnten die Abweichungen bei höheren Konzentrationen auf das Auftreten von thermo-solutaler Konvektion zurückzuführen sein [Chopra 1988]. Als weitere Möglichkeit für die Unterschiede zwischen den Messungen und den theoretischen Vorhersagen wird eine Änderung der fest/flüssig Grenzflächenspannung mit zunehmender Konzentration diskutiert.

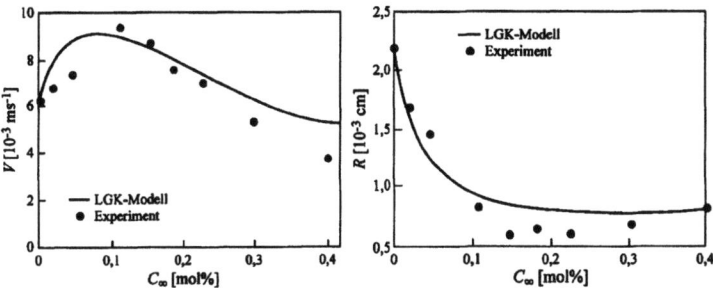

Bild 10 Vergleich zwischen den gemessenen Wachstumsgeschwindigkeiten (a) und den Spitzenradien (b) als Funktion der Konzentration mit den Vorhersagen des LGK-Modells. Die Messungen wurden am System SCN-Ace durchgeführt. Die Unterkühlung betrug $\Delta T = 0.5$ K (nach [Chopra 1988]).

3.2 Zellulares Wachstum

Zellulare Wachstumsformen treten im Übergangsbereich zwischen planarer und dendritischer Erstarrung auf. Sie existieren bei niedrigen Erstarrungsgeschwindigkeiten in der Nähe der Grenze der konstitutionellen Unterkühlung v_c, aber auch bei hohen Geschwindigkeiten in der Nähe der absoluten Stabilitätsgrenze v_{abs}. Sie treten immer im kollektiven, d.h. sich gegenseitig beeinflussenden Wachstum auf. Bild 11 zeigt ein typisches „Zellenarray", das bei der gerichten Erstarrung des transparenten Systems SCN-Ace aufgenommen wurde.

Die exakte Definition des zellularen Wachstums gibt immer wieder Anlaß zur Diskussion. Einerseits wird den Zellen in vielen Veröffentlichungen die Eigenschaft zugesprochen, daß sie nicht notwendigerweise in eine bevorzugte kristallographische Richtung wachsen, sondern sich am Wärmefluß orientieren. Sind die Erstarrungsbedingungen beinahe so, daß Seitenarme entstehen könnten, so besitzen die Zellen schon annähernd die Wachstumsrichtung der späteren Dendriten, also mitunter einen Winkel zum Temperaturgradienten [Trivedi 1991c].

Andererseits wird die Unterscheidung zwischen Zellen und Dendriten häufig anhand der Spitzenform getroffen: Zellen haben rundliche, Dendriten parabolische Spitzen [Hunt 1996]. Bei dieser Unterscheidung treten wieder Schwierigkeiten im Übergangsbereich auf, da dort den Zellen annähernd parabolische Spitzenform zugeschrieben wird [Eshelman 1988]. Zudem gibt es Beobachtungen von thermischen Dendriten mit runden Spitzen [Bilgram 1989].

Das wohl eindeutigste Unterscheidungsmerkmal zwischen Zellen und Dendriten besteht im Auftreten von Seitenarmen. Prinzipiell besitzen Dendriten Seitenarme, Zellen nicht. Bei lokal vergrößertem Zellabstand oder im Übergangsbereich zwischen Zellen und Dendriten existieren allerdings auch "Zellen" mit einer leicht gestörten Grenzfläche zur Nachbarzelle. Hier wird dann gelegentlich von dendritischen Zellen (bei geringen Störungen) oder zellularen Dendriten (bei größeren Störungen) gesprochen [Ma 1986a, Ma 1986b]. Aufgrund der erwähnten Schwierigkeiten muß die Frage nach einer genauen Definition des zellularen Wachstums offen bleiben.

Über das zellulare Wachstum (und auch den Übergangsbereich zum dendritischen Wachstum) existieren insbesondere an transparenten Modellsubstanzen eine ganze Reihe detaillierter experimenteller Studien. Im folgenden soll nun die Bedeutung der Modellsubstanzen bei der Untersuchung und Charakterisierung des zellularen Wachstums aufgezeigt werden. Als wichtigstes Charakterisierungsmerkmal für zellulares Wachstum wird auf den mittleren Zellabstand und dessen Abhängigkeit von Prozeßparametern eingegangen. Anschließend werden experimentelle Beobachtungen zur Dynamik der Abstandsselektion vorgestellt. Mit dem Auftreten von

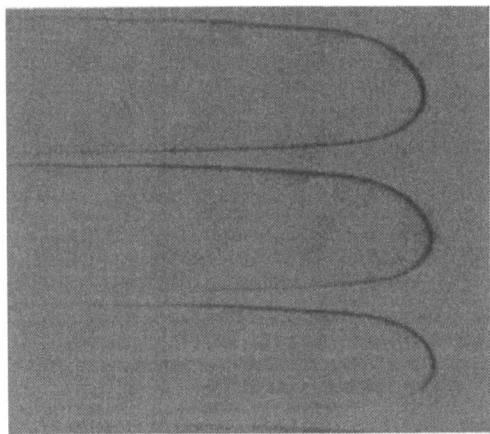

Bild 11 Typische zellulare Erstarrungsmorphologie. Das Bild zeigt Zellen bei der gerichteten Erstarrung im System SCN-Aze, aus [Esaka 1986].

länglichen Zellen, über das in den sechziger und siebziger Jahren häufiger berichtet wurde, das in den letzten Jahrzehnten durch die zunehmenden Anzahl von Arbeiten an „flachen" Proben aber wenig Beachtung fand, werden auch längliche Zellen behandelt. Insbesondere werden Arbeiten vorgestellt, aus denen hervorgeht, daß längliche Zellen nicht nur im Zusammenhang mit der Destabilisierung von ebenen Fronten bei v_c, quasi als Übergangsstruktur, sonderen durchaus gleichberechtigt zu den „normalen" runden Zellen auch für $v \gg v_c$ auftreten.

Selektion des stationären Zellabstandes

Schon in den fünfziger Jahren berichteten J.W. Rutter und B. Chalmers [Rutter 1953] bzw. W.A. Tiller und J.W. Rutter [Tiller 1956] aufgrund ihrer Beobachtungen am System Pb-Sn, daß bei ansonsten konstanten Versuchsbedingungen der mittlere Zellabstand λ_1 mit zunehmender Erstarrungsgeschwindigkeit sinkt. Dies wurde in der Folgezeit durch Beobachtungen an metallischen Systemen wie Al-Cu [?], Fe-Ni [Jin 1974], Al-Si-Mg [McCartney 1981], Al-Ti [Jamgotchian 1983], Al-Cu [Miyata 1985] aber auch am transparenten Modellsystem CBr_4-Br [Cheveigné 1985, 1986] bestätigt.

Demgegenüber berichteten C. Klaren und Mitautoren [Klaren 1980] sowie J.T. Mason und Mitautoren [Mason 1982, Mason 1984] von größer werdenden mittleren Zellabständen bei zunehmender Erstarrungsgeschwindigkeit in den Systemen Pb-Au und Pb-Pd. Dieses Verhalten wurde ebenfalls von H. Esaka und W. Kurz [Esaka 1985a/b] sowie von K. Somboonsuk und Mitautoren [Somboonsuk 1984] am transparenten System SCN-Ace und von J. Bechhofer und A. Libchaber [Bechhofer 1986] an verunreinigtem Modellsystem PVA beobachtet.

Dieser Widerspruch zwischen den unterschiedlichen experimentellen Beobachtungen wurde von M.A. Eshelman und Mitautoren [Eshelman 1988] durch Untersuchungen an den Modellsystemen SCN-Aze und PVA-Eth aufgeklärt. Sie fanden, daß mit steigender Erstarrungsgeschwindigkeit der mittlere Zellabstand zunächst fällt, ein Minimum bei v_t durchläuft, dann rasch ansteigt und nach Erreichen eines Maximums erneut abfällt (Bild 12). In diesem Geschwindigkeitsbereich besitzen die Zellen schon eine annähernd parabolische Spitze. Jenseits einer oberen Grenzgeschwindigkeit v_m wurden keine Zellen mehr beobachtet. Für Zellen unterhalb v_t fanden M.A. Eshelman und Mitautoren, daß Abstand und Amplitude der Zellen etwa gleich sind (FZ: flache Zellen). Oberhalb v_t, also auf dem ansteigenden Ast der $\lambda_1 - v$ Kurve, nimmt die Amplitude stark zu, so daß diese Zellen eine Amplitude haben, die um mehr als eine Größenordnung

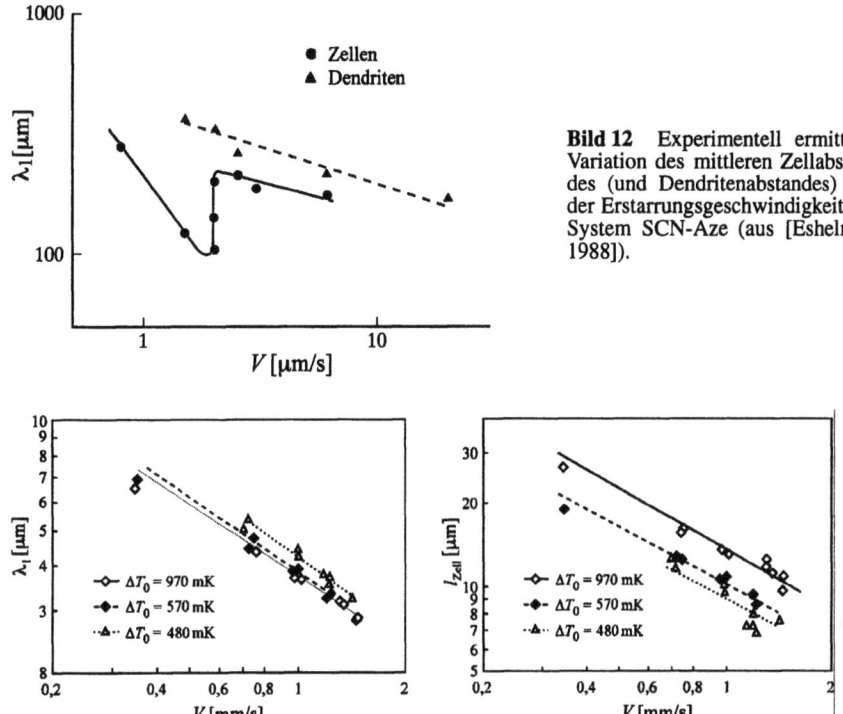

Bild 12 Experimentell ermittelte Variation des mittleren Zellabstandes (und Dendritenabstandes) mit der Erstarrungsgeschwindigkeit am System SCN-Aze (aus [Eshelman 1988]).

Bild 13 (a) Zellabstand als Funktion der Erstarrungsrate für verschiedene Konzentrationen im System SCN-Ar. (b) Zellamplitude als Funktion der Erstarrungsrate wie in (a) (aus [Ludwig 1996c]). Die Angaben des experimentell bestimmten Erstarrungsintervalls ist nach [Ludwig 1996a] den folgenden Konzentrationen zugeordnet: $\Delta T_0 = 970 mK \Rightarrow c_\infty = 0.0516$ Gew.% Ar; $\Delta T_0 = 570 mK \Rightarrow c_\infty = 0.0299$ Gew.% Ar; $\Delta T_0 = 480 mK \Rightarrow c_\infty = 0.0267$ Gew.% Ar.

größer als der mittlere Zellabstand ist (TZ: tiefe Zellen). Diese Beobachtungen wurden in der Folgezeit von D. Ma und P.R. Sahm durch Untersuchungen an Ni-Basissuperlegierungen [Ma 1991] bestätigt. Für v_t geben Kurz und Fisher den Näherungsausdruck $v_t = v_c/k$ an [Kurz 1981].

Die Unterscheidung in flache und tiefe Zellen ist nicht nur in der unterschiedlichen Reaktion auf eine Geschwindigkeitsänderung begründet, sondern auch im völlig unterschiedlichen Seigerungsverhalten. Im Gegensatz zu flachen Zellen tritt bei tiefen Zellen eine ausgeprägte Mikroseigerung auf.

W.A. Tiller und J.W. Rutter [Tiller 1956] fanden an metallischen Systemen schon früh, daß der mittlere Zellabstand von der kristallographischen Richtung der entsprechenden Körner abhängt. Da dieser Effekt nicht sehr ausgeprägt ist, wurde er in der Folgezeit wenig beachtet. Für Systeme mit starker Anisotropie in der Mobilität kann die Wachstumsrichtung der Zellen von der Richtung des Wärmeflusses abweichen [Trivedi 1991c]. Eine denkbare Erklärung für die Abhängigkeit des mittleren Zellabstandes von der kristallographischen Richtung der wachsenden Körner könnte demnach in einer unterschiedlichen Wachstumsrichtung der Zellen liegen. Dabei würde der Effekt durch eine anisotrope Grenzflächenspannung (die mit einer Anisotropie der Mobilität zusammenhängt) verstärkt.

A. Ludwig und W. Kurz untersuchten den Zellabstand und die Zellamplitude für verdünnte SCN-Ar Legierungen [Ludwig 1996c]. Sie fanden, daß in der Nähe der morphologischen Sta-

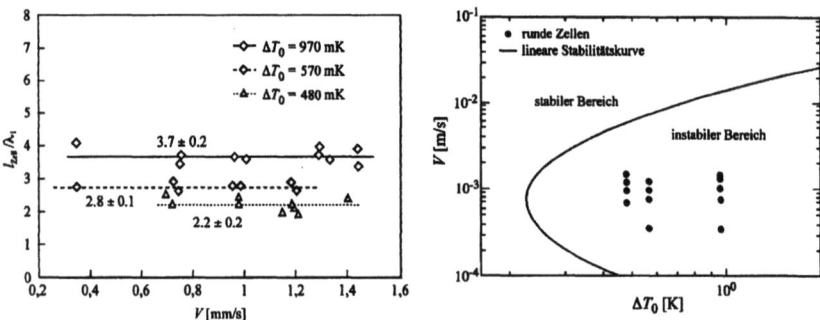

Bild 14 (a) Verhältnis zwischen Zellamplitude und -abstand als Funktion der Erstarrungsrate im System SCN-Ar. Innerhalb des untersuchten Geschwindigkeitsbereiches ist dieses Verhältnis unabhängig von v. Es verringert sich mit abnehmender Konzentration. Entsprechend der linearen Stabilitätsanalyse ist für $v = 1$ mm/s die ebene Front bei einer Konzentration, die einem Erstarrungsintervall von $\Delta T_0 = 230$ mK entspricht, stabil. Hier ist also die Grenze für zellulares Wachstum (aus [Ludwig 1996 c]). (b) Vergleich der untersuchten Erstarrungsbedingungen für drei unterschiedlich verdünnte Legierungen mit der theoretisch berechneten Stabilitätskurve (aus [Ludwig 1996 c]).

bilitätskurve nur flache Zellen auftreten. Entsprechend fanden sie eine Verringerung des Zellabstandes λ_1 mit zunehmender Erstarrungsgeschwindigkeit (Bild 13(a)). Dies wurde auch für die Zellamplitude l_{Zell} gefunden (Bild 13(b)). Es zeigte sich, daß in dem untersuchten Geschwindigkeitsbereich das Verhältnis l_{Zell}/λ_1 eine Konstante ist, deren Wert nur von der Konzentration der Legierung abhängt (Bild 14(a)). In Bild 14(b) ist gezeigt, wie Messungen an den drei untersuchten Legierungen in Relation zur morphologischen Stabilitätskurve stehen.

Dynamik der Abstandsselektion

V. Seetharaman und Mitautoren [Seetharaman 1988a] untersuchten das dynamische Verhalten von Zellen bei quasi-instantaner Erhöhung der Erstarrungsgeschwindigkeit ausgehend von einer stationären planaren Front in den zellularen Bereich. Im System SCN-Aze (isotrope Grenzflächenenergie) beobachteten sie einen „Einschwingvorgang" des mittleren Zellabstandes auf den Gleichgewichtswert. Ausgehend von einem sich nach der Destabilisierung der ebenen Front ergebenden sehr kleinen Zellabstand wächst der Abstand zunächst über den Gleichgewichtswert hinaus an und nimmt anschließend wieder ab, wobei er den Gleichgewichtswert wieder unterschreitet. Anschließend geht der Zellabstand asymptotisch gegen den Gleichgewichtswert. Dabei variiert der Abstand durch Zellelimination bzw. Zellteilung. Im Gegensatz dazu geht der Zellabstand im System PVA-Eth (starke Anisotropie der Grenzflächenenergie und der Anlagerungskinetik) direkt asymptotisch gegen den Gleichgewichtswert, da eine Zellteilung in diesem System wegen der dabei notwendigen „ungünstigen" kristallographischen Flächenanteile nur erschwert möglich ist. In beiden Fällen legt die Morphologie bis zum Erreichen des Gleichgewichtswertes eine Strecke zurück, die etwa 30 mal dem sich einstellenden Zellabstand entspricht.

Bei einer schrittweisen Geschwindigkeitserhöhung von 0.5 auf 1.7 μm/s (Geschwindigkeitszuwachs je Schritt 0.1 μm/s mit jeweils konstanter Phase von 15 Minuten), beobachteten V. Seetharaman und Mitautoren am System PVA-Eth [Seetharaman 1988a], daß der mittlere Zellabstand bis 1.1 μm/s unverändert bleibt, die Amplitude aber deutlich zunimmt und die Spitzen der Zellen feiner werden. Dieses Verhalten ist ähnlich dem dynamischen Verhalten von dendritischen Strukturen [Somboonsuk 1985]. Bei weiterer Geschwindigkeitserhöhung kann sich der

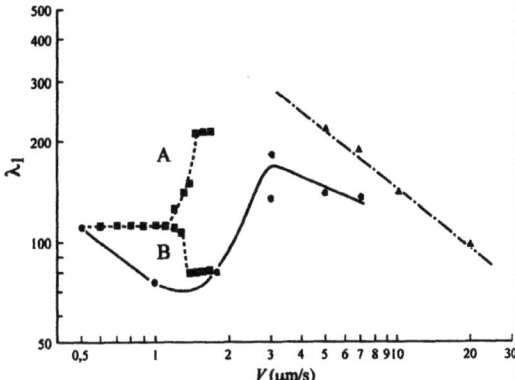

Bild 15 Variation des mittleren Zellabstandes mit der Geschwindigkeit bei Geschwindigkeitserhöhung von 0.5 nach 1.7 μm/s in Schritten von 0.1 μm/s im System PVA-Eth. Zum Vergleich sind die Werte für das stationäre zellulare bzw. dendritische Wachstum angegeben (aus [Seetharaman 1988a].

Zellabstand entweder verringern oder vergrößern (Bild 15). Bei einer Verringerung des Abstandes führen *lokale* Störungen zu einer Zellteilung, die dann die benachbarte Zelle beeinflußt und diese letztlich ebenfalls zu einer Zellteilung veranlaßt. So setzt sich eine Halbierung der Zellen entlang der Front fort. Im Gegensatz dazu ist die Vergrößerung des Zellabstandes ein *nicht lokalisiertes* Phänomen, bei dem quasi jede zweite Zelle eliminiert wird und sich dadurch der Abstand verdoppelt.

Längliche Zellen

Längliche Zellen wurden von D. Walton und Mitautoren [Walton 1955] entdeckt. Sie dekantierten eine niedriglegierte Sn-Pb Schmelze während der Erstarrung an der Grenze zur konstitutionellen Unterkühlung. Aufgrund ihrer Beobachtungen in dieser und der darauf folgenden Arbeit mit niedriglegierten Pb-Sn, Pb-Ag, Pb-Au Schmelzen [Tiller 1956] stellten sie fest, daß bei der Destabilisierung einer ebenen Front zunächst punktförmige Vertiefungen, sogenannte „pox" oder auch „nodes" entstehen, bevor es zur Ausbildung von Zellen kommt. Die ersten Zellen, die sich bilden, sind unregelmäßig und länglich. Bei zunehmender Erstarrungsgeschwindigkeit bilden diese dann reguläre, hexagonale Zellen. Zudem zeigte sich, daß bei den untersuchten Legierungen die länglichen Zellen in (111)-Richtung ausgerichtet sind. Entsprechend der Kristallographie der Körner bilden die länglichen Zellen unterschiedlicher Körner miteinander einen definierten Winkel (Bild 16).

Außer Walton und Mitautoren beobachteten und untersuchten zahlreiche weitere Autoren längliche Zellen in metallischen Systemen [Biloni 1961, Biloni 1963, Biloni 1966, James 1966, Cole 1964, Morris 1969, Sato 1971, Sato 1977, Shibata 1978, Sato 1980, Jamgotchian 1983].

Daß längliche Zellen auch in transparenten Modellsystemen auftreten, zeigte A. Ludwig und Mitautoren an den Systemen SCN-Ar [Ludwig 1996 b] und CBr_4-C_2Cl_6 [Ludwig 1997] (siehe Bild 16, rechtes Teilbild). Im System SCN-Ar wurden die länglichen und runden Zellen gleichzeitig innerhalb eines Kornes beobachtet. Dies gilt für Erstarrungsbedingungen in der Nähe von v_c und auch in der Nähe von (v_{abs}) [Ludwig 1996 b]. Bei Erhöhung der Konzentration, also bei zunehmendem Abstand zur morphologischen Stabilitätskurve, traten nur noch runde Zellen auf. Demgegenüber wurden im System CBr_4-C_2Cl_6 aus länglichen Zellen bestehende Körner auch bei hochkonzentrierten Legierungen beobachtet [Ludwig 1997, 1999a].

Alle oben erwähnten Beobachtungen länglicher Zellen wurden bei massiven Proben. Untersuchungen zur gerichteten Erstarrung transparenter Modellsubstanzen mit Hilfe flacher Proben können die Existenz länglicher Zellen grundsätzlich nicht zeigen.

 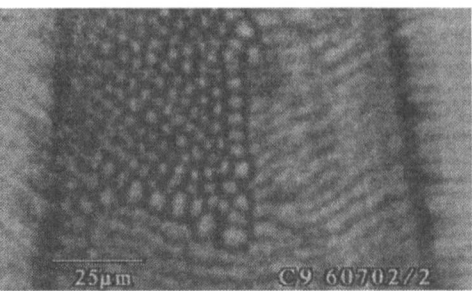

Bild 16 Links: Korngrenze zwischen zwei Körnern bestehend aus länglichen Zellen in einem metallischen System (aus [Tiller 56a]). Rechts: Korngrenze zwischen Körnern bestehend aus länglichen und hexagonalen Zellen im transparenten Modellsystem CBr_4-C_2Cl_6 (aus [Ludwig 1997 a]).

3.3 Eutektisches Wachstum

Reguläre Eutektika

Die gerichtete Erstarrung regulärer Eutektika wurde an einer ganzen Reihe von metallischen und organischen Systemen untersucht [Kurz 1975]. Bild 17 zeigt eine eutektische Erstarrungsfront eines regulären eutektischen Modellsystems.

Neben den Phasenanteilen f_α und f_β, stellt der mittlere Lamellenabstand λ_E eine charakteristische Größe der regulären Eutektika dar. Ähnlich wie bei der dendritischen Erstarrung ergibt sich auch für das eutektische Wachstum, wenn auch aus anderen physikalischen Prinzipien, ein Skalierungsgesetz der Form:

$$\lambda_E^2 \cdot v = konst. \tag{3}$$

Die Gültigkeit diese Skalierungsgesetzes ist neben vielen metallischen Systemen [Chilton 1960/1, Hunt 1963, Chadwick 1963/4, Davies 1964, Mollard 1967, Moore 1968a, Moore 1968b, Cline 1969, Beghi 1971, Jordan 1971, Sahm 1971, Sahm 1972a, Sahm 1972b, Flemings 1974, Trivedi 1991 b] auch für das transparente eutektische Modellsystem CBr_4-C_2Cl_6 experimentell nachgewiesen [Seetharaman 1988b].

V. Seetharaman und R. Trivedi [Seetharaman 1988b] sowie R. Trivedi und Mitautoren[Trivedi 1991b] untersuchten die Varianz der auftretenden Lamellenabstände im organischen System

Bild 17 Typische Front eines regulären lamellaren Eutektikums. Das Bild zeigt eutektische Lamellen im System CBr_4-C_2Cl_6 bei der gerichteten Erstarrung (aus [Ludwig 1998 d]).

CBr$_4$-C$_2$Cl$_6$ und in mehreren eutektischen Pb-Basislegierungen. Sie fanden eine signifikante Varianz des Lamellenabstandes. Offensichtlich existiert kein eindeutiger Selektionsmechanismus für den Lamellenabstand, sondern bei gegebener Geschwindigkeit können alle Lamellenabstände innerhalb eines Intervalls auftreten, wenn auch mit eindeutigem Häufigkeitsmaximum. Sie führten daher neben dem mittleren Lamellenabstand λ_E, den minimalen λ_m und den maximalen Abstand λ_M (vgl. Abschn. 1.3in Kap. 7) als die das entsprechende Intervall begrenzende Größen ein und zeigten, daß auch für diese Größen ein Skalierungsgesetz der Form 3 gilt [Seetharaman 1988b, Trivedi 1991b].

Dynamische Anpassung des Lamellenabstandes

Um die dynamische Anpassung einer eutektischen Front auf abrupte Geschwindigkeitsänderungen direkt beobachten zu können, führten V. Seetharaman und R. Trivedi [Seetharaman 1988 a & b] in-situ Untersuchungen am transparenten eutektischen System CBr$_4$-C$_2$Cl$_6$ durch. Sie stellten fest, daß bei einer Geschwindigkeitserhöhung, in einer ersten Phase die Anpassung des Lamellenabstandes zunächst sehr schnell erfolgt, um dann in einer zweiten Phase eher asymptotisch gegen den Gleichgewichtswert zu konvergieren. Dabei wurden zunächst für eine λ_E-Halbierung (vierfache Geschwindigkeitserhöhung) zwei Mechanismen beobachtet. Entweder spaltet sich die Minoritätsphase auf, oder es findet eine Keimbildung der Minoritätsphase statt (Bild 18). Bei einer Verfeinerung, die einer ungeraden Änderung von λ_E entspricht, treten Mischformen auf. Die Anpassung des Lamellenabstandes bei einer Geschwindigkeitsreduzierung erfolgt durch Elimination einzelner Lamellen.

V. Seetharaman und R. Trivedi fanden, daß der Lamellenabstand, der sich nach Erreichen des Gleichgewichtszustandes einstellt, unabhängig von der Vorgeschichte ist. Die Zeit, die zur Einstellung des Gleichgewichts benötigt wird, hängt allein von der Geschwindigkeitsänderung ab und nicht davon, ob die Geschwindigkeit erhöht oder erniedrigt wurde. Die endgültige Anpassung des Lamellenabstandes erfolgt durch die Anwesenheit und die Bewegung von Lamellenfehlern [Jackson 1966, Hogan 1970, Dean 1974, Seetharaman 1988 c]. Der Urspung solcher Lamellenfehler wird in [Dean 1974, Double 1973] diskutiert.

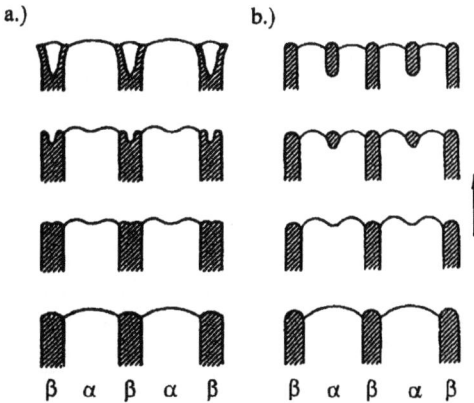

Bild 18 Schematische Darstellung der Halbierung des Lamellenabstandes, verursacht durch eine abrupte Geschwindigkeitserhöhung um den Faktor vier (a) durch Aufspaltung der Minoritätsphase oder (b) durch Keimbildung der Minoritätsphase. Der Pfeil gibt die Richtung der Veränderung an (nach [Shewmon 1969]).

Irreguläre Eutektika

Die meisten technisch relevanten eutektischen Legierungen (z.B.: Fe-C, Al-Si) weisen ein irreguläres Eutektikum auf. Wie im Abschnitt 1.4 von Kap. 7 besprochen wurde, ist dieses dadurch charakterisiert, daß eine der beiden eutektischen Phasen mit einer facettierten Grenzfläche wächst. Da das Wachstum dieser Phase in Richtung einer bevorzugten kristallographischen Richtung erfolgt, ist die Anpassung des Lamellenabstandes an die bestehenden Bedingungen erschwert. Bei Annäherung zweier Lamellen der facettierenden Phase und Unterschreiten eines definierten minimalen Lamellenabstandes λ_m kommt das Wachstum einer der beiden Lamellen zum Stillstand [Fisher 1980]. Divergieren die Lamellen, so erfolgt bei Überschreiten eines maximalen Lamellenabstandes λ_M eine Verzweigung. Auch λ_M ist eindeutig definiert [Fisher 1980]. Dementsprechend oszilliert der Lamellenabstand zwischen λ_m und λ_M.

Neben zahlreichen Arbeiten über irreguläre eutektische metallische Systeme wie etwa das irreguläre eutektische Wachstum des Al-Si Eutektikums [Steen 1972, Toloui 1976, Elliot 1980, Glenister 1981, Grugel 1987, Hogan 1987, Magnin 1991 a, Bayraktar 1995], des Fe-C bzw. Fe-Fe$_3$C Eutektikums [Fisher 1980, Jones 1981, Magnin 1987, Magnin 1988 a, Magnin 1988 b] sowie des Al-Al$_3$Fe Eutektikums [McLeod 1973] wurden auch organische Systeme untersucht. Erwähnenswert sind die Beobachtungen an den transparenten irregulären Eutektika Camphor-Naphthalin, Borneol-SCN und Neopentylglycol-SCN [Fisher 1980]. Bei den Untersuchungen stellte sich heraus, daß auch bei irregulären Eutektika sowohl $\lambda_E^2 v$ als auch $\overline{\Delta T}_E v^{-1/2}$ konstant sind. $\overline{\Delta T}_E$ bezeichnet die mittlere Unterkühlung der eutektischen Wachstumsfront. Nur in [Elliott 1980] wurde von einer Abweichung berichtet, die aber von P. Magnin und Mitautoren dem, für ein definiertes Wachstum zu geringen Gradienten zugeschrieben wurde [Magnin 1991b].

3.4 Nicht-klassische Erstarrungsmorphologien

Neben den klassischen Morphologien für die einphasige (eben, zellular, dendritisch) und die zweiphasige (eben regulär, „eben" irregulär) ist in der jüngsten Zeit von weiteren Morphologien bei der Erstarrung nicht-facettierender Systeme berichtet worden. Angeregt durch numerische Simulationen der Strukturbildung bei Systemen mit isotroper fest/flüssig Grenzflächenspannung wurden sogenannte „seaweed" Strukturen bei der Erstarrung transparenter Modellsubstanzen auch experimentell gefunden. Darüber hinaus sind in unterschiedlichen transparenten Modellsystemen zellulare und dendritische Doublonen, also Strukturen, die eine zellulare oder dendritische Doppelspitze aufweisen, untersucht worden. Aber nicht nur bei der einphasigen Erstarrung haben sich neue Morphologien gezeigt. Auch bei eutektischen Modellsystemen treten Morphologien auf, die sich nicht in klassische Schemata einordnen lassen.

„Seaweed" Strukturen

Bei der gerichteten Erstarrung einer untereutektischen CBr$_4$-C$_2$Cl$_6$ Legierung in flachen Proben (was bei der Betrachtung der fest/flüssig Grenzflächenspannung einem zweidimensionalen Schnitt durch das dreidimensionale Kristallgitter entspricht) fanden S. Akamatsu und Mitautoren, daß, je nach dem, welche Kristallgitterebenen in der Ebene der Probe lagen, unterschiedliche Wachstumsmorphologien auftraten [Akamatsu 1995]. Wenn eine {111}-Gitterebene in der Ebene der Probe lag, fanden sie eine zeitabhängige nicht-dendritische Wachstumsmorphologie, die der theoretisch vorhergesagten „seaweed"-Struktur ähnelte.

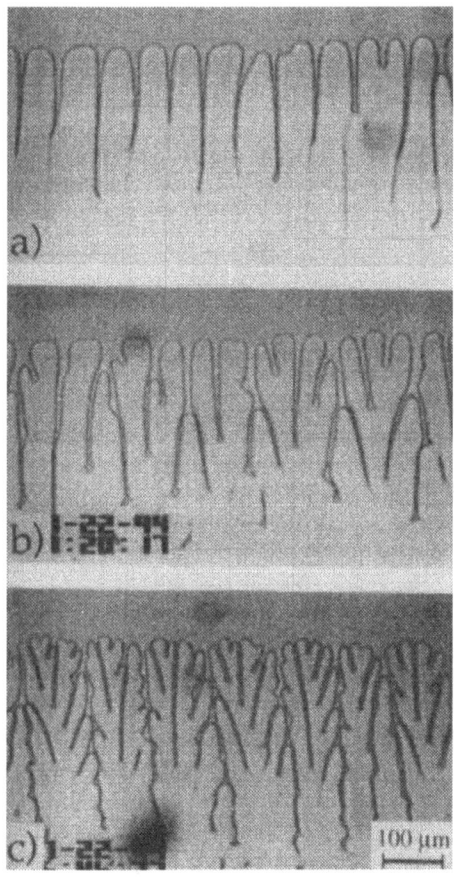

Bild 19 Der Morphologieübergang beim Wachstum nahe der {111} Richtung bei Geschwindigkeitserhöhung von (a) $v = 4\mu m/s \approx 2.1 v_c$ über (b) $v = 8.5\mu m/s \approx 4.5 v_c$ nach (c) $v = 32\mu m/s \approx 17 v_c$ (aus [Akamatsu 1995]).

Bild 19 zeigt einen Morphologieübergang für eine Geschwindigkeitserhöhung von $v \approx 2.1 \cdot v_c$ [6] nach $v \approx 17 \cdot v_c$ bei einem Kristalliten, dessen {111}-Gitterebene in der Ebene der Probe lag. Bei Geschwindigkeiten nahe v_c ist die Morphologie zellular, während sich mit zunehmender Geschwindigkeitserhöhung die typische "seaweed"-Struktur bildet (Bild 20). Diese Struktur, die theoretisch für den Fall isotroper fest/flüssig Grenzflächenspannungen vorhergesagt wurde, zeichnet sich durch ein zeitabhängiges, nicht-dendritisches Wachstum aus, wobei immer wieder Doublonen auftreten (siehe nächster Abschnitt). Eine „seaweed"-Struktur besteht aus quasistationären „seaweed"-Zellen mit einem typischen Achsabstand von etwa $5 \cdot l_c$ [7]. Diese „seaweed"-Zellen besitzen eine innere Dynamik, bei der kontinuierlich Doublonen entstehen bzw. vergehen. Daher bezeichnen S. Akamatsu und Mitautoren die Doublonen als Grundbausteine der „seaweed"-Struktur.

CBr_4-C_2Cl_6 Kristallite, deren {111}-Gitterebenen in der Ebene einer flachen Probe liegen, besitzen eine isotrope fest/flüssig Grenzflächenspannung. Daher ist das Auftreten der „seaweed"-Struktur in diesem Fall eine gute Bestätigung der von T. Ihle und H. Müller-Krumbhaar [Ihle 1993, Ihle 1994] vorhergesagten Morphologie für Systeme mit isotroper Grenzflächenspannung.

---

[6] v_c ist die Grenzgeschwindigkeit für das Auftreten einer konstitutionellen Unterkühlung (siehe Abschn. 2 in Kap. 6).
[7] $l_c = D/v_c$ ist die Diffusionslänge bei v_c

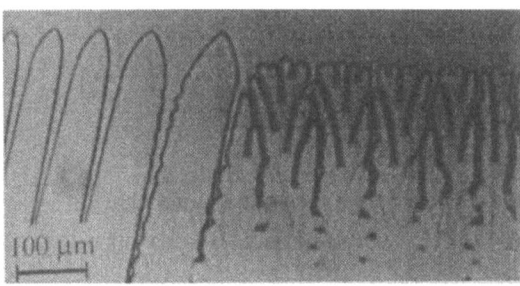

Bild 20 Korngrenze zwischen einem relativ zum Gradienten geneigten „dendritischen" Korn (links) und einem Korn bestehend aus „seaweed" Strukturen (rechts) ($v = 29 \mu m/s \approx 15 v_c$) (aus [Akamatsu 1995]).

Doublonen

Doublonen (von engl. „doublon") sind Wachstumsformen, deren Spitzen aus zwei durch Schmelze getrennten symmetrischen Hälften bestehen. Doublonen wurden bisher bei der gerichteten Erstarrung dünner Schichten beobachtet. Je nach Form der Hälften kann zwischen zellularen und dendritischen Doublonen unterschieden werden. Zellulare Doublonen traten im System SCN-Aze [Jamgotchian 1993] sowie im System SCN-Ar [Ludwig 1999b] auf (Bild 21 und Bild 22), dendritische Doublonen im System CBr_4-C_2Cl_6 [Akamtsu 1995] und im System SCN-Ar [Ludwig 1999b] (Bild 24 und Bild 25).

H. Jamgotchian und Mitautoren zeigten, daß bei der gerichteten Erstarrung neben der bekannten zellularen Erstarrungsfront, die sich aus individuellen Zellen aufbaut, ein zellulares Wachstum möglich ist, bei dem die Zellen immer paarweise angeordnet sind; d.h. es wachsen zellulare Doublonen (Bild 21) [Jamgotchian 1993]. Diese zellularen Doublonen weisen folgende Charakteristika auf: i) Die Form eines halben zellularen Doublons ist asymmetrisch; ii) die Länge des flüssigen Bereiches innerhalb eines Doublons ist deutlich kürzer als diejenige des Bereichs zwischen unterschiedlichen Doublonen; iii) der Abstand zwischen den beiden Doublonenhälften ist signifikant kleiner als der Abstand benachbarter Doublonen; iv) der sich im erstarrten Material bildende Zellabstand ist dennoch einheitlich. Zellulare Doublonen treten entsprechend den experimentellen Beobachtungen von H. Jamgotchian und Mitautoren am Übergang zwischen flachen und tiefen Zellen auf [Jamgotchian 1993], d.h. um das Minimum der $\lambda_1 - v$ Relation für das zellulare Wachstum herum. Der Geschwindigkeitsbereich für die Existenz von zellularen Doublonen ist also nach unten und nach oben begrenzt. Insbesondere im transienten Bereich der Abstandsadaption wurden neben zellularen Doublonen auch einzelne Zellen und Multiplets (Objekte bestehend aus mehr als zwei Zellen) beobachtet.

Bei der Erstarrung einer mit $\dot{T} = 0.044$ K/s abkühlenden SCN-Ar Schmelze innerhalb einer langen feinen quadratischen Kapillare fand A. Ludwig [Ludwig 1999b], daß der Festkörper in Form einer flachen quasi-zweidimensionalen dendritischen Struktur, die sich in direktem Kontakt mit der Kapillarwand befindet, in die Schmelze hineinwächst. Die Seitenarme dieser sogenannten Oberflächendendriten wachsen in engem Kontakt miteinander. Sie lassen sich in drei Klassen unterteilen: A: zellulare Seitenarme; B: dendritische Seitenarme und C: dynamische, hochgradig instabile Strukturen, die je nach mittlerem Strukturabstand eine Ähnlichkeit mit der „seaweed"-Struktur haben. Für Legierungen mit geringen Konzentrationen ($c_\infty \leq 0.0125$ Gew.%) werden nur zellulare Seitenarme beobachtet, wobei diese Strukturen häufig aus zellularen Doublonen bestehen (Bild 22). Für Legierungen mit 0.0125 Gew.% $\leq c_\infty \leq 0.0299$ Gew.% sind die Seitenarme instabil: die Strukturen teilen sich ständig und werden immer wieder überwachsen (Bild 23). Für Legierungen mit hoher Konzentration ($c_\infty \geq 0.0516$ Gew.%) bilden die Seitenarme stabile dendritische Doublonen (Bild 24). In den Übergangsbereichen zwischen stabilen und in-

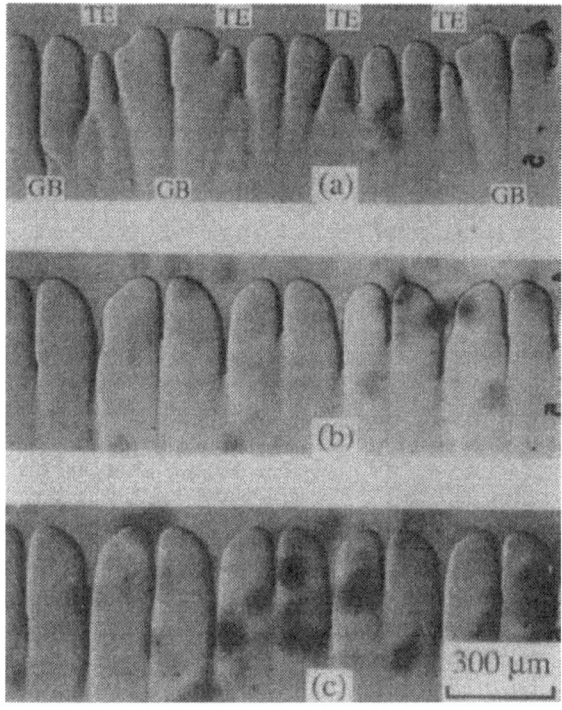

Bild 21 Entstehung eines stationären Arrays zellularer Doublonen im System SCN-Ace (c_0 = 0.5 Gew.%). Dargestellt ist die Erstarrungsmorphologie, nach der es bei $v = 0.75 \mu m/s = 1.7 v_c$ und $G \approx 430$ K/m (a) 2400 s; (b) 5000 s und (c) 8400 s gewachsen ist (aus [Jamgotchian 1993]).

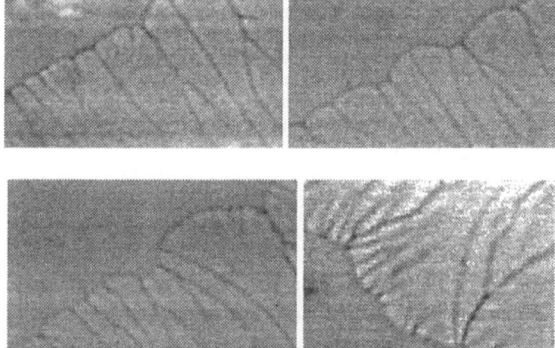

Bild 22 Zellulare Doublonen im System SCN-Ar (aus [Ludwig 1999b]).

Bild 23 Transiente Zwischenstrukturen im System SCN-Ar (aus [Ludwig 1999 b]).

stabilen zellularen Doublonen und zwischen stabilen und instabilen dendritischen Doublonen treten gekrümmte Doublonen vom jeweiligen Typus auf.

Für ein Wachstum in <100>-Richtung fanden S. Akamatsu und Mitautoren [Akamatsu 1995] bei der gerichteten Erstarrung einer untereutektischen CBr_4-C_2Cl_6 Legierung in flachen Proben dendritische Doublonen bei Erstarrungsgeschwindigkeiten größer 20 v_c (Bild 25). Diese dendritischen Doublonen traten auch zusammen mit Dendriten auf. Falls eine {100}-Gitterebene in der Ebene der Probe lag, entstanden die Doublonen durch Dendritenpaare. Für den Fall, daß eine {100}-Gitterebene einen großen Winkel mit der Ebene der Probe bildete, entstanden die Doublonen aus einer Teilung der Spitze („tip splitting").

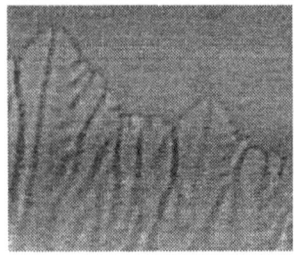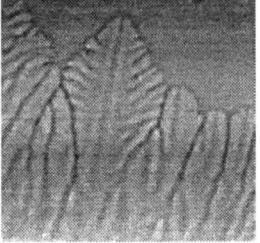

Bild 24 Dendritische Doublonen im System SCN-Ar (aus [Ludwig 1999b]).

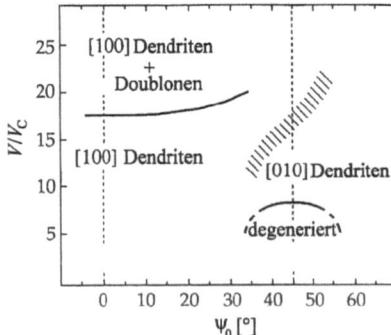

Bild 25 Dendritische Doublonen in der Nähe der {001}<100> Richtung im System CBr_4-C_2Cl_6 (v = 103 μm/s ≈ 27 v_c und c_0 ≈ 4 mol%) (aus [Akamatsu 1995]). Die {001}<100> Richtung ist so definiert, daß die {001}-Gitterebene des Kristalls in der Ebene der flachen Probe liegt und der Festkörper in <100>-Richtung wächst.

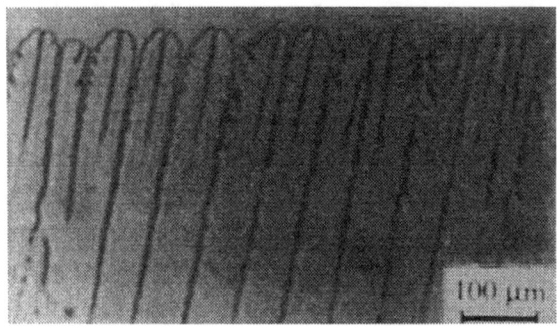

Bild 26 Schematisches Diagramm der bei unterschiedlichen Erstarrungsgeschwindigkeiten auftretenden Morphologien als Funktion des Winkels zwischen der Ziehrichtung und der [100]-Richtung für einen wachsenden Festkörper, dessen {100}-Gitterebene in der Ebene der Probe liegt (aus [Akamatsu 1995]).

In Bild 26 ist schematisch der Existenzbereich für Doublonen beim Wachstum eines Festkörpers dargestellt, dessen {100}-Gitterrichtung in der Ebene der Probe liegt. Mit zunehmendem Winkel zwischen der Ziehgeschwindigkeit und der [100]-Richtung steigt die Grenzgeschwindigkeit für das Auftreten von Doublonen. Bei einem in die beiden zueinander senkrechten [100]-Richtungen 45° zur Ziehgeschwindigkeit geneigtem Wachstum fanden S. Akamatsu und Mitautoren für geringe Wachstumsgeschwindigkeiten ($v \leq 7v_c$) ein „degeneriertes" Wachstum von unstetigen Strukturen in [110]-Richtung („unsteady tilted fingers"). F. Heslot und A. Lebchaber beobachteten solche Strukturen in einer mit einer unbekannten Substanz gering verdünnten SCN Legierung bei ähnlichen Wachstumsbedingungen bereits 1985 [Heslot 1985]. Sie nannten sie „chaotische" Struktur.

Wie oben dargelegt, treten unabhängig von der aktuellen Wachstumsrichtung für Festkörper, deren {111}-Gitterebene in der Ebene der Probe liegt, „seaweed" Strukturen auf. In Bild 27 sind die auftretenden Morphologien für verschiedene Erstarrungsgeschwindigkeiten gezeigt, die sich ergeben, wenn sich die Gitterebene, die in der Ebene der Probe liegt, von {111} nach {100} dreht

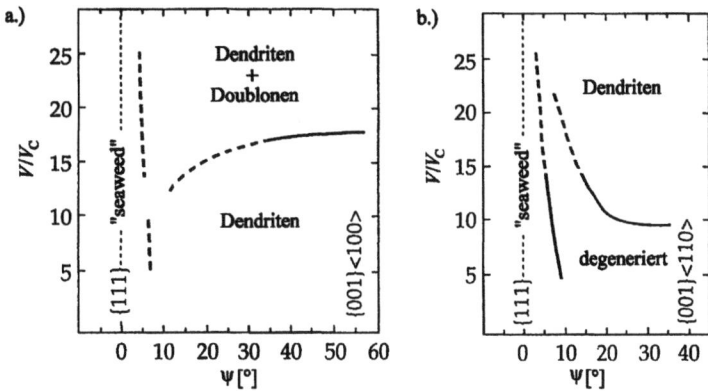

Bild 27 Schematisches Diagramm der bei unterschiedlichen Erstarrungsgeschwindigkeiten auftretenden Morphologien für eine Drehung der Gitterebene, die in der Ebene der Probe liegt, von {111} nach {001}: (a) Wachstum in eine [100]-Richtung; (b) Wachstum in eine [110]-Richtung (aus [Akamatsu 1995]).

und zwar bei gleichzeitigem Wachstum in eine [100]-Richtung (a) bzw. in eine [110]-Richtung (b). In Bild 27 sind durchgezogene Linien experimentell ermittelt, wogegen gestrichelte Linien Extrapolationen darstellen.

Nicht-planare eutektische Fronten

Bei der gerichteten Erstarrung verschiedener unter- und übereutektischer Legierungen im System CBr_4-C_2Cl_6 fanden A. Ludwig und Mitautoren [Ludwig 1999c] unterschiedliche nicht-planare eutektische Fronten. Dabei handelt es sich um Strukturen, die in direktem Kontakt mit der Kapillarwand wuchsen. Aufgrund der relativ hohen Ziehgeschwindigkeiten (v = 100-2000 m/s) und des direkten Kontaktes mit der Kapillarwand waren die beobachteten Strukturen im allgemeinen nur zeitweilig stabil.

Die eutektischen Zellen (Bild 29) traten sehr häufig sowohl bei leicht unter- als auch bei leicht übereutektischen Legierungen für Erstarrungsgeschwindigkeiten von v = 200-2000 m/s auf. Bei den gleichen Legierungen und unter den gleichen Erstarrungsbedingungen traten auch scharfe und runde eutektischen Spitzen, sowie eutektische Spitzen mit unregelmäßigen Lamellen auf (Bild 29 und Bild 30). Die eutektischen Spitzen mit einer ausgeprägten einphasigen Rippe (Bild 29(a)) konnten im oberen Geschwindigkeitsbereich beobachtet werden v = 600-1800 m/s. Sie waren eher selten. Bei der unregelmäßig geformten eutektischen Spitze in Bild 29(c) handelt

Bild 28 Im System CBr_4-C_2Cl_6 beobachtete nicht-planare eutektische Front in Form eutektischer Zellen (aus [Ludwig 1999 c]).

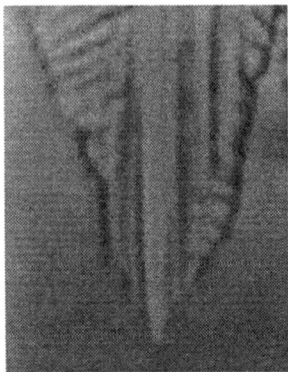 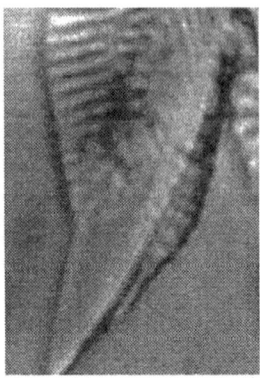 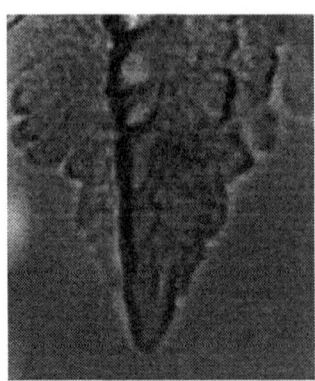

Bild 29 Im System CBr_4-C_2Cl_6 beobachtete nicht-planare eutektische Fronten. (a) scharfe eutektische Spitze; (b) eutektische Spitze mit ausgeprägter einphasiger Rippe; (c) unregelmäßig geformte eutektische Spitze (aus [Ludwig 1999 c]).

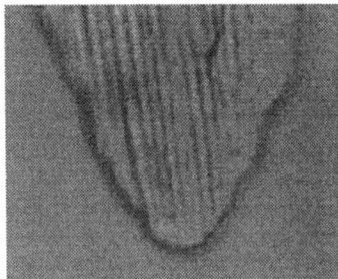 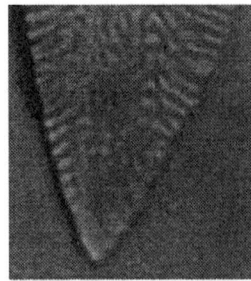 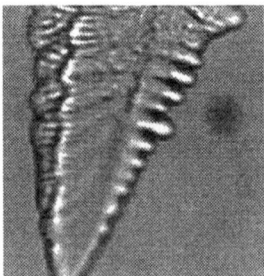

Bild 30 Im System CBr_4-C_2Cl_6 beobachtete nicht-planare eutektische Fronten. (a) runde eutektische Spitze; (b) eutektische Spitze mit unregelmäßigen Lamellen; (c) Dendrit mit eutektischen und einphasigen Seitenarmstrukturen (aus [Ludwig 1999 c]).

es sich wahrscheinlich um eine Struktur, die nicht in Kontakt mit der Kapillarwand wächst. Besonders bemerkenswert ist die Spitze in Bild 30(c), die auf einer Seite zweiphasige Seitenarme besitzt und auf der anderen nur einphasige. Derzeit wird an einer Interpretation für das Auftreten der unterschiedlichen eutektischen Spitzenformen gearbeitet.

Literaturverzeichnis

[Akamatsu 1995] S. Akamatsu, G. Faivre, T. Ihle, Phys. Rev. E **51** (1995) S. 4751 ff.

[Baker 1940] W.O. Baker, C.P. Baker, Ann. New York Acad. Sci. **40** (1940) S. 447 ff

[Bayraktar 1995] Y Bayraktar, D. Liang, H. Jones, J. Mater. Sci **30** (1995) S. 5939 ff.

[Bechhofer 1986] J. Bechhofer, A. Libchaber, Phys. Rev. A **35** (1986) S. 1393 ff.

[Beghi 1971] G. Beghi, G. Piatti, K.N. Street, J. Mater. Sci. **6** (1971) S. 118 ff.

[Bilgram 1988] J.H. Bilgram, M. Firmann, W. Kanzig, Phys. Rev. B **37** (1988) S. 685 ff.

[Bilgram 1989] J.H. Bilgram, M. Firmann, E. Hürlimann, J. Cryst. Growth **96** (1989) S. 175 ff.

[Billia 1993] B. Billia, R. Trivedi, in: Handbook of Crystal Growth Vol. 1B, (Hrsg.: D.T.J. Hurle) Elsevier Science Publishers (1993) S. 899 ff.

[Biloni 1961] H. Biloni, Can. J. Phys. **39** (1961) S. 1501 ff.

[Biloni 1963] H. Biloni, G.F. Bolling, Trans. Metall. Soc. AIME **227** (1963) S. 1351 ff.

[Biloni 1966] H. Biloni, G.F. Bolling, G.S. Cole, Trans. Met. Soc. AIME **236** (1966) S. 930 ff.

[Bisang 1995] U. Bisang, J.H. Bilgram, Phys. Rev. Lett. **75** (1995) S. 3898 ff.

[Brandstetter 1953] M. Brandstetter, H. Fischmann, Sci. Pharm. **21** (1954) 264.

[Burden 1974] M.H. Burden, J.D. Hunt, J. Cryst. Growth **22** (1974) S. 99 ff.

[Chadwick 1963/4] G.A. Chadwick, J. Inst. Met. **92** (1963/4) S. 18. ff.

[Cheveigné 1985] S. de Chaveigné, C. Guthmann, M.-M. Lebrun, J. Cryst. Growth **73** (1985) S. 242 ff.

[Cheveigné 1986] S. de Cheveigné, C. Guthmann, M.M. Lebrun, J. Phys. France **47** (1986) S. 2095 ff.

[Chilton 1960/1] J.P. Chilton, W.C. Winegard, J. Inst. Met. **89** (1960/1) 162.

[Chopra 1988] M. A. Chopra, M. E. Glicksman, N. B. Singh, Metall. Trans. A **19** (1988) 3087.

[Cline 1969] H.E. Cline, J.D. Livingston, Trans. TMS-AIME **245** (1969) S. 1987 ff.

[Cole 1964] G.S. Cole, W.C. Winegard, J. Inst. Met. **92** (1964) S. 322 ff.

[Davies 1964] V. de L. Davies, J. Inst. Met. **93** (1964) S. 10 ff.

[Dean 1974] H. Dean, J.E. Gruzleski, J. Cryst. Growth **21** (1974) S. 51 ff.

[Doshi 1973] N. Doshi, M. Furman, R. Rudman, Acta Cryst. B **29** (1973) S. 143 ff.

[Double 1973] D.D. Double, Mater. Sci. Eng. **11** (1973) S. 325 ff.

[Dougherty 1988] A. Dougherty, J.P. Gollub, Phys. Rev. A **38** (1988) S. 3043 ff.

[Dougherty 1991] A. Dougherty, J. Cryst. Growth **110** (1991) S. 501 ff.

[Dunning 1961] W.J. Dunning, J. Phys Chem Solids **18** (1961) 21.

[Elliott 1980] R. Elliott, S.M.D. Glenister, Acta Metall. **28** (1980) 1489.

[Esaka 1984] H. Esaka, W. Kurz, J. Cryst. Growth **69** (1984) 362.

[Esaka 1985a] H. Esaka, W. Kurz, J. Cryst. Growth **72** (1985) 578.

[Esaka 1985b] H. Esaka, W. Kurz, Z. Metallkde **76** (1985) 127.

[Esaka 1986] H. Esaka, PhD Thesis, Ecole Polytechnique Fédérale de Lausanne (1986)

[Eshelman 1988] M.A. Eshelman, V. Seetharaman, R. Trivedi, Acta Metall. **36** (1988) 1165.

[Fisher 1980] D.J. Fisher, W. Kurz, Acta Metall. **28** (1980) S. 777 ff.

[Flemings 1974] M.C. Flemings, *Solidification Processing*, Mc.Graw-Hill, New York, NY. (1974)

[Frank 1986] J.P. Frank, J. Jung, J. Low Temp. Phys. **64** (1986) S. 165 ff.

[Fujioka 1978] T. Fujioka, Doktorarbeit, Carnegie-Mellon Universität (1978)

[Glenister 1981] S.M.D. Glenister, R. Elliott, Metall. Sci. (1981) S. 181 ff.

[Glicksman 1967] M.E. Glicksman, R.J. Schaefer, J. Cryst. Growth **1** (1967) S. 297 ff.

[Glicksman 1976] M.E. Glicksman, R.J. Schaefer, J.D. Ayers, Metall. Trans. A **7** (1976) S. 1747 ff.

[Glicksman 1981] M.E, Glicksman, S.C. Huang, Acta Metall. **29** (1981) S. 701 ff.

[Glicksman 1984] M.E. Glicksman, Mater. Sci. Eng. **65** (1984) S. 45 ff.

[Glicksman 1986] M.E. Glicksman, N.B. Singh, in *Rapid Solidified Powder Aluminium Alloys*, Hrsg.: M.E. Fine, E.A. Starke, ASTM Philadelphia (1986) S. 44 ff.

[Glicksman 1988] M.E. Glicksman, E. Winsa, R.C. Hahn, T.A. Lograsso, S.H. Tirnizi, M.E. Selleck, Metall Trans. A **19** (1988) S. 1945 ff.

[Glicksman 1989] M.E. Glicksman, N.B. Shingh, J. Cryst. Growth **98** (1989) S. 277 ff.

[Glicksman 1993] M. E. Glicksman, S. P. Marsh, in *Handbook of Crystal Growth*, ed. D. T. J. Hurle, Elsevier Science Publishers, Holland **1B** (1993) 1075 ff.

[Glicksman 1995a] M.E. Glicksman, M.B. Koss, L.T. Bushnell, J.C. Lacombe, E.A. Winsa, ISIJ International 35 (1995) S. 604 ff.

[Glicksman 1995b] M.E. Glicksman, M.B. Koss, E.A. Winsa, JOM 47 (1995) S. 49 ff.

[Grugel 1987] R.G. Grugel, W. Kurz, Metall. Trans. A 18 (1987) S. 1137 ff.

[Guthrie 1961] G. B. Guthrie, J. P. McCullough, Phys. Chem. Solids, 18 (1961) 53.

[Heslot 1985] F. Heslot, A. Lebchaber, Phys. Scripta T9 (1985) S. 126 ff.

[Hogan 1970] L.M. Hogan, R.W. Kraft, F.D. Lemkey, in *Advances in Materials Research* 5 (Hrsg.: H. Hermann), John Wiley, New York (1970) S. 83 ff.

[Hogan 1987] L.M. Hogon, H. Song, Metall Trans. A 18 (1987) S. 707 ff.

[Honjo 1982] H. Honjo, Y. Sawada, J. Cryst. Growth 58 (1982) S. 297 ff.

[Huang 1981] S.C. Huang, M.E. Glicksman, Acta Metall. 29 (1981) S. 701 ff. und S. 717 ff.

[Hunt 1963] J.D. Hunt, J.P. Chilton , J. Inst. Metal. 92 (1963) S. 21 ff.

[Hunt 1979] J.D. Hunt, in *Solidification and Casting of Metals*, Metals Soc., London (1979) S. 3 ff.

[Hunt 1996] J.D. Hunt, S.-Z. Lu, Metall. Mater. Trans. A. 27 (1996) S. 611 ff.

[Ihle 1993] T. Ihle, H. Müller-Krumbhaar, Phys. Rev. Lett. 70 (1993) S. 3083 ff.

[Ihle 1994] T. Ihle, H. Müller-Krumbhaar, Phys. Rev. E. 49 (1994) S. 2972 ff.

[Jackson 1965] K.A. Jackson, J.D. Hunt, Acta Met. 13 (1965) S. 1212 ff.

[Jackson 1966] K.A. Jackson, J.D. Hunt, Trans. Metall. Soc. AIME 236 (1966) S. 1129 ff.

[James 1966] D.W. James, Trans. Met. Soc. AIME 236 (1966) S. 936 ff.

[Jamgotchian 1983] H. Jamgotchian, B. Billia, L. Capella, J. Crystal Growth 64 (1983) S. 338 ff.

[Jamgotchian 1993] H. Jamgotchian, R. Trivedi, B. Billia, Phys. Rev. E. 47 (1993) S. 4313 ff.

[Jin 1974] I. Jin, G.R. Purdy J. Cryst. Growth 23 (1974) S. 37 ff.

[Jones 1981] H. Jones, W. Kurz, Zeitschrift f. Metallkunde 72 (1981) S. 792 ff.

[Jordan 1971] R.M. Jordan, J.D. Hunt, Metall. Trans 2 (1971) S. 3401 ff.

[Klaren 1980] C.M. Klaren, J.D. Verhoeven, R. Trivedi, Metall. Trans. A 11 (1980) S. 1853 ff.

[Klingen 1974] T. J. Klingen, J. H. Kindsvater, Mol. Cryst. Liq. Cryst. 26 (1974) 365.

[Koo 1991] K. Koo, R. Ananth, W.N. Gill, Phys. Rev. A 44 (1991) S. 3782 ff.

[Koo 1896] K.-K. Koo, J. Phys. Soc. Japan 65 (1996) S. 499 ff.

[Kurz 1975] W. Kurz, P.R. Sahm, *Gerichtet erstarrte eutektische Werkstoffe*, Springer-Verlag, Berlin (1975)

[Kurz 1981] W. Kurz, D.J. Fisher, Acta Metall. 29 (1981) S. 11 ff.

[LaCombe 1995] J.C. LaCombe, M.B. Koss, V.E. Frodkar, M.E. Glicksman, Phys. Rev. E 52 (1995) 2778.

[Lappe 1990] U. Lappe, Doktorarbeit, Giesserei-Institut der RWTH Aachen (1990)

[Lipton 1984] J. Lipton, M.E. Glicksman, W. Kurz, Mater. Sci. Eng. 65 (1984) S. 57 ff.

[Ludwig 1996 a] A. Ludwig, W. Kurz, Acta Mater. 44 (1996) S. 3643 ff.

[Ludwig 1996 b] A. Ludwig, W. Kurz, Mater. Sci. Forum 215/216 (1996) S. 12 ff.

[Ludwig 1996 c] A. Ludwig, W. Kurz, Scripta Metall. 35 (1996) S. 1217 ff.

[Ludwig 1997] A. Ludwig, R. Schadt, P.R. Sahm, Mater. Sci. Eng. A 226-8 (1997) S. 124 ff.

[Ludwig 1999a] A. Ludwig. M. Pelzer, A. Schillings, P.R. Sahm, in Vorbereitung (1999)

[Ludwig 1999b] A. Ludwig. Phys. Rev. A, (1999) zur Veröffentlichung eingereicht

[Ludwig 1999c] A. Ludwig, M. Pelzer, A. Schillings, P.R. Sahm, (1999) in Vorbereitung.

[Ma 1986a]   D. Ma, R. Lentzen, P.R. Sahm, Giessereiforschung **38** (1986) S. 106 ff.

[Ma 1986b]   D. Ma, P.R. Sahm, Giessereiforschung **38** (1986) S. 146 ff.

[Ma 1988]   D. Ma, W. Axmann, P.R. Sahm, in *Solidification Processing 1987*, Institute of Metals, London (1988) S. 160 ff.

[Ma 1991]   D. Ma, P.R. Sahm, Z. Metallkde **82** (1991) S. 869 ff.

[Magnin 1987]   P. Magnin, W. Kurz, Acta Metall. **35** (1987) S. 1119 ff.

[Magnin 1988a]   P. Magnin, W. Kurz, Met. Trans. A **19** (1988) S. 1955 ff.

[Magnin 1988b]   P. Magnin, W. Kurz, Met. Trans. A **19** (1988) S. 1965 ff.

[Magnin 1991a]   P. Magnin, J.T. Mason, R. Trivedi, Acta Meall. **39** (1991) S. 469 ff.

[Magnin 1991b]   P. Magnin, R. Trivedi, Acta Metall. **39** (1991) S. 453 ff.

[Mason 1982]   J.T. Mason, J.D. Verhoeven, R. Trivedi, J. Cryst. Growth **59** (1982) S. 516 ff.

[Mason 1984]   J.T. Mason, J.D. Verhoeven, R. Trivedi, Metall. Trans. A **15** (1984) S. 1665 ff.

[McCartney 1981]   D.G. McCartney, J.D. Hunt, Acta. Metall. **29** (1981) S. 1851 ff.

[McLeod 1973]   A.J. McLeod, L.M. Hohan, C. Adam, D.C. Jenkinson, J. Cryst. Growth **19** (1973) S. 302 ff.

[Michils 1948]   A. Michils, Soc. Chim. Belg. **57** (1948) 575.

[Miyata 1985 b]   Y. Miyata, T. Suzuki, J.-I. Uno, Metall. Trans A **16** (1985) S. 1799 ff.

[Moir 1991]   S.A. Moir, H. Jones, Mater. Letters **12** (1991) S. 142 ff.

[Mollard 1967]   F.R. Mollard, M.C. Femings, Trans TMS-AIME **239** (1967) S. 1534 ff.

[Moore 1968a]   A. Moore, R. Elliot, in *Proc. Brighton Conf. Solidification of Metals*, Iron and Steel Inst., London (1968) S. 167 ff.

[Moore 1968b]   A. Moore, R. Elliot, J. Inst. Met. **96** (1968) S. 62 ff.

[Morgan 1940]   S. O. Morgan, Ann. New York Acad. Sci. **40** (1940) 357.

[Morris 1969]   L.R. Morris, W.C. Winegard, J. Cryst. Growth **5** (1969) S. 361 ff.

[Murrill 1970 a]   E. Murrill, L. Breed, Thermochem. **1** (1970) 239.

[Murrill 1970 b]   E. Murrill, L. Breed, Thermochem. **1** (1970) 409.

[Murrill 1972]   E. Murrill, L. Breed, Thermochem. **3** (1972) 311.

[Muschol 1992]   M. Muschol, D. Liu, H.Z. Cummins: Phys. Rev. A **46** (1992) S. 1038 ff.

[Oswald 1988]   P. Oswald, J. Phys. (Paris) **49** (1988) S. 1083 ff.

[Papapetrou 1935]   A. Papapetrou, Zeitschrift f. Kristallographie **92** (1935) S. 89 ff.

[Rubinstein 1988]   E.R. Rubinstein, Doktorarbeit, Rennsselear Poytechnic Institute, Troy, N.Y. (1988)

[Rubinstein 1991a]   E.R. Rubinstein, M.E. Glicksman, J. Crystal Growth **112** (1991) S. 84 ff.

[Rubinstein 1991b]   E.R. Rubinstein, M.E. Glicksman, J. Crystal Growth **112** (1991) S. 97 ff.

[Rutter 1953]   J.W. Rutter, B. Chalmers, Can. J. Phys. **31** (1953) S. 15 ff.

[Sahm 1971]   P.R. Sahm, D.J. Watts, Metall. Trans. **2** (1971) S. 1260 ff.

[Sahm 1972a]   P.R. Sahm, M. Lorenz, W. Hugu, V. Frühauf, Metall. Trans. **3** (1972) S. 1022 ff.

[Sahm 1972b]   P.R. Sahm, M. Lorenz, J. Mater. Sci. **7** (1972) S. 793 ff.

[Sato 1971]   T. Sato, G. Ohiro, Trans. JIM **12** (1971) S. 285 ff.

[Sato 1977]   T. Sato, G. Ohiro, J. Crystal Growth **40** (1977) S. 7

[Sato 1980]   T. Sato, K. Ito, G. Ohiro, Trans. JIM **21** (1980) S. 441 ff.

[Schillings 1997] A. Schillings, A. Ludwig, P.R. Sahm, in *Proceedings of the 4th Decennial International Conference on Solidification Processing*, Hrsg.: J. Beech, H. Jones, Depart. of Eng. Materials, Sheffield (1997) S. 401 ff.

[Schillings 1999] A. Schillings, A. Ludwig, P. R. Sahm, in Vorbereitung (1999).

[Seetharaman 1988a] V. Seetharaman, M.A. Eshelman, R. Trivedi, Acta Metall. **36** (1988) S. 1175 ff.

[Seetharaman 1988b] V. Seetharaman, R. Trivedi, Metall. Trans. A **19** (1988) S. 2955 ff.

[Seetharaman 1988c] V. Seetharaman, R. Trivedi, in *Solidification Processing of Eutectic Alloys*, Hrsg.: D.M. Stefanescu, G.J. Abbaschian, R.J. Bayuzick, The Metallurgical Society (1988) S. 65 ff.

[Seetharaman 1989] V. Seetharaman, L.M. Fabietti, R. Trivedi, Metall. Trans. A. **20** (1989) S. 2567 ff.

[Sharp 1970] R.M. Sharp, A. Hellawell, J. Cryst. Growth **6** (1970) S. 253 ff.

[Sharp 1971] R.M. Sharp, A. Hellawell, J. Cryst. Growth **11** (1971) S. 77 ff.

[Shewmon 1969] P.G. Shewman, *Transformations in Metals*, McGraw Hill, New York (1969)

[Shibata 1978] K. Shibata, T. Sato, G. Ohira, J. Crystal Growth **44** (1978) S. 419 ff.

[Singh 1989] N.B. Singh, M.E. Glicksman, J. Crystal Growth **98** (1989) S. 534 ff.

[Singh 1990] N. B. Singh, M. E. Glicksman, Thermochemica Acta 159 (1990) 93.

[Somboonsuk 1984] K. Somboonsuk, J.T. Mason, R. Trivedi, Metall. Trans A. **15** (1984) S. 967 ff.

[Somboonsuk 1985] K. Somboonsuk, R. Trivedi, Acta Metall. **33** (1985) S. 1051 ff.

[Staveley 1962] L.A.K. Staveley, Ann. Rev. Phys. Chem. **13** (1962) S. 351 ff.

[Steen 1972] H.A.H. Steen, A. Hellawell, Acta Metall. **20** (1972) S. 363 ff.

[Tiller 1956] W.A. Tiller, J.W. Rutter, Can. J. Phys. **34** (1956) S. 96 ff.

[Timmermans 1938] J. Timmermans, J. Chim. Phys **35** (1938) S. 331 ff.

[Timmermans 1961] J. Timmermans, Phys. Chem. Solids **18** (1961) S. 1 ff.

[Toloui 1976] B. Toloui, A. Hellawell, Acta. Metall **24** (1976) S. 565 ff.

[Trivedi 1980] R. Trivedi, J. Cryst. Growth **49** (1980) S. 219 ff.

[Trivedi 1984a] R. Trivedi, K. Somboonsuk, Mater. Sci. Eng. **65** (1984) S. 65 ff.

[Trivedi 1984b] R. Trivedi, Metall. Trans. A **15** (1984) 977

[Trivedi 1991a] R. Trivedi, J.T. Mason, Metall. Trans A **22** (1991) S. 235 ff.

[Trivedi 1991b] R. Trivedi, J.T. Mason, J.D. Verhoeven, W. Kurz, Metall. Trans. A. **22** (1991) S. 2523 ff.

[Trivedi 1991c] R. Trivedi, V. Seetharaman, M.A. Eshelman, Metall. Trans. A **22** (1991) S. 585 ff.

[Walton 1955] D. Walton, W.A. Tiller, J.W. Rutter, W.C. Winegard, Trans. Met. Soc. AIME **203** (1955) S. 1023 ff.

[Wilde 1996] G. Wilde, G.P. Görler, R. Willnecker, Appl. Phys. Lett. **69** (1996)

[Willnecker 1989] R. Willnecker, D.M. Herlach, B. Feuerbacher, Phys. Rev. Lett. **62** (1989) S. 2707 ff.

[Willnecker 1997] R. Willnecker, G.P. Görler, G. Wilde, Mater. Sci. Eng. A **226-8** (1997) S. 439 ff.

10 Vergröberungsphänomene – Ostwaldreifung

„Die Großen fressen die Kleinen!". Dieser Spruch des täglichen Lebens trifft sicherlich auf Gefügestrukturen in Metallen und ihren Legierungen zu, vor allem wenn sie nicht im thermodynamischen Gleichgewicht sind (und welche Legierung ist das schon wirklich?). Im Nachfolgenden werden deshalb sogenannte Vergröberungsphänomene behandelt, d.h. Umgestaltungen des Gefüges mehrphasiger Legierungen. Als Modellgefüge werden sogenannte Dispersionen behandelt.

Ein Gemisch aus festen oder flüssigen Teilchen in einer festen, flüssigen oder gasförmigen Substanz bezeichnet man als Dispersion, Suspension oder Aerosol, wenn die Teilchen nicht oder nur geringfügig von der sie einschließenden Matrixsubstanz aufgelöst werden. Dispersionen kommen bei metallurgischen Prozessen sehr häufig vor: Zur Desoxidation von Stahlschmelzen werden Eisen-Aluminium und Eisen- Silizium-Legierungen vor dem Abguß zugeführt, so daß der in der Stahlschmelze gelöste Sauerstoff in Form von Aluminiumoxid oder Siliziumoxid abgebunden wird. Dabei entstehen zahlreiche feste Korundteilchen und flüssige Siliziumoxidteilchen im Stahlbad, die häufig nicht vollständig aus der Schmelze entfernt werden können und die Stahlqualität verschlechtern. Die Teilchen bzw. Tropfen haben Durchmesser bis zu 50 μm.

Zur Verfeinerung des Gußgefüges von Aluminiumlegierungen (Kornfeinung) werden der Schmelze Titanboride zugesetzt, die als feste Kristallisationskeime die räumlich gleichmäßige Kristallisation der Aluminiumschmelze bewirken sollen. Wird der Prozeß nicht optimal durchgeführt, so fallen die Boridteilchen bald nach der Zugabe durch schnelle Vergröberung aus, wobei die kornfeinende Wirkung verloren geht.

Aushärtbare Legierungen sind ein klassischen Beispiel für eine Dispersion fester Teilchen. Gleichmäßig verteilte Teilchen (Durchmesser 1nm bis 1μm, Teilchendichte bis zu $10^{19}m^{-3}$), bewirken in einem festen Metall eine erhebliche Festigkeitssteigerung. Man kann solche Dispersionen in festen Legierungen durch Auslagern eines übersättigten Mischkristalls bei erhöhter Temperatur herstellen. Das Aushärten von Aluminiumlegierungen, von Nickelbasis-Superlegierungen und die Vergütung der Stähle sind Beispiele wichtiger Anwendungsfälle in der Technik. Auch hier spielt die Vergröberung der dispergierten Teilchen während der Auslagerung eine entscheidende Rolle für die mechanischen Eigenschaften des Produktes.

In der Gießereipraxis werden meist mehrkomponentige Legierungen abgegossen, die in der Regel dendritisch erstarren (s. Kap. 6 und Kap. 15). Die in die Schmelze hineinwachsenden Dendriten kann man als eine Dispersion fester Teilchen in einer flüssigen Matrix betrachten, deren Form und Größe sich kontinuierlich von der Dendritenspitze bis zum Dendritenfuß verändert.

Legierungen, die aus Komponenten bestehen, die im flüssigen Zustand nicht mischbar sind, die monotektischen Legierungen, bilden während des Abgusses Tropfen aus, die rasch durch verschiedene Prozesse vergröbern. Monotektische Legierungen aus Bronze und Blei finden weite technische Anwendung als Gleitlagerwerkstoffe in allen Kraftfahrzeugmotoren. Die räumliche Verteilung der Bleiteilchen und ihre Größe bestimmen entscheidend die Eigenschaften des Werkstoffes.

Ein weiteres typische Beispiel für das Auftreten von Dispersionen ist das Flüssigphasensintern von z.B. Hartmetallen. Unter Sintern versteht man die Kompaktierung von Pulverschüttungen durch Stofftransport zwischen den Pulverteilchen während einer Wärmebehandlung. Flüssigphasensintern bezeichnet eine Wärmebehandlung einer mehrkomponentigen Pulvermischung oberhalb des Schmelzpunktes der niedriger schmelzenden Komponente, wodurch die Mischung rasch verdichtet wird. Aus Wolframkarbid und Kobalt entsteht auf diese Weise innerhalb von Sekunden bis Minuten ein sogenanntes Hartmetall. Die in der Schmelze verteilten festen Teilchen wachsen im allgemeinen durch Umlösungsvorgänge, d.h. die großen Teilchen wachsen auf Kosten der kleinen. Dies bezeichnet man als Ostwaldreifung. Durch gezielte Beeinflussung der Wärmebehandlung können die Größe und die Verteilung der Teilchen und somit die Eigenschaften des Werkstoffes eingestellt werden.

Ganz allgemein kann man festhalten: Das Endstadium von Phasenübergängen erster Ordnung, die einen einphasigen in einen zweiphasigen Zustand überführen, ist dadurch gekennzeichnet, daß die Zweiphasengebiete durch Umlösung (Ostwaldreifung) vergröbern (eine exzellente mathematische Behandlung des Problems der Keimbildung, Wachstums und Reifung bei einem Phasenübergang erster Ordnung geben [Binder & Stauffer 1976]).

Zentraler Gegenstand dieses Kapitels ist die Vergröberungsvorgänge der genannten Beispiele einheitlich theoretisch zu beschreiben, um so das wesentliche Rüstzeug an die Hand zu geben, daß zur Lösung konkreter Probleme notwendig ist. Es stellt sich nämlich bei genauerer Betrachtung der genannten Beispiele heraus, daß sie im Wesentlichen durch ein und dasselbe theoretische Modell beschrieben werden können: Die Theorie der Ostwaldreifung, die Anfang der sechziger Jahre von Lifshitz, Slyozov [1961] und Wagner [1961] enwtickelt und vor allem in den letzten 10 Jahren erweitert und verbessert wurde (siehe [Voorhees 1985, Ratke 1991]). Die Bezeichnung Ostwaldreifung geht auf eine Entdeckung des Chemikers W. Ostwald (Nobelpreis für Chemie 1909) aus dem Jahre 1900 zurück [Ostwald 1900]. Er entdeckte bei der Untersuchung von HgO-Niederschlägen in Wasser, daß kleinere Teilchen eine größere Löslichkeit haben als große. Als Ursache erkannte er hierfür, daß das chemische Potential eines Teilchens in einer Lösung vom Radius abhängt [1]. Seit dieser Zeit wird die Vergröberung von Dispersionen dann als „Ostwaldreifung" bezeichnet, wenn Löslichkeitsunterschiede auf Grund unterschiedlicher Teilchenradien die Konzentrationsverhältnisse in einer Lösung dominieren und deshalb „große" Teilchen auf Kosten der „kleinen" wachsen. Zusammenfassende Darstellungen von experimentellen und theoretischen Methoden zur Untersuchung der Ostwaldreifung geben die Literaturüberblicke von Fischmeister und Grimvall [1973], Ratke [1991] und Vengrenovitch [1982].

1 Thermodynamische Überlegungen zur Ostwaldreifung

1.1 Gleichgewicht eines Teilchens in einer Matrix

Der erste Schritt zur Entwicklung einer Theorie der Vergröberung, ist die Erkenntnis, daß eine Dispersion (generell mehrphasiges Gefüge) nicht im thermodynamischen Gleichgewicht ist, solange nicht alle inneren Grenzflächen zwischen den verschiedenen Phasen verschwunden sind. Die Grenzflächen enthalten Grenzflächenenergie. Eine Dispersion kann diesen Überschuß an Energie abbauen, in dem der Gehalt an innerer Grenzfläche verringert wird. Dies geschieht durch Umlagerungen im Gefüge.

Um diesen Vorgang zu verstehen, betrachten wir ein zweiphasiges System: Eine Matrix, die eine verdünnte Lösung von B- in A-Atomen sei und Teilchen, die praktisch nur aus B-Atomen bestehen. Die freie Enthalpie G des dispersen Systems läßt sich dann in zwei Anteile zerlegen:

---

[1] Gemeint ist hier das chemische Potentials der Atome, die das Teilchen konstituieren und die in der Matrix gelöst sind. Die genaue Definition des Begriffes vom „chemischen Potential eines Teilchens" wird im nächsten Abschnitt gegeben.

$$G = G_A + G_0 = \sigma A + g_M V_M + g_T V_T \tag{1}$$

Hierbei bezeichnet G_A den Teil, der abhängig von der Grenzflächenenergie ist und beschreibt alle Anteile der freien Enthalpie, die nicht von der Existenz von Phasengrenzflächen abhängen. G_0 kann in zwei Anetile zerlegt werden, die von den Volumina der beiden Phasen V_M und V_T abhängen. Die Größen g_M und g_T sind die freien Enthalpien der Matrix bzw. der Teilchen pro Volumeneinheit. Unter der Voraussetzung, daß die Grenzflächenspannung isotrop ist (für Kristalle ist die Grenzflächenspannung verschiedener Kristallflächen um bis zu 15% Prozent unterschiedlich), läßt sich der Term G_A schreiben als $G_A = \sigma A$ mit σ als spezifischer Grenzflächenergie und A der Größe der Grenzfläche Teilchen und Matrix in m^2. Wir betrachten als erstes den einfachsten Fall: ein Teilchen in einer unendlich ausgedehnten Matrix und untersuchen die Gleichgewichtsverhältnisse. Das chemische Potential der B-Atome im Teilchen berechnet sich aus:

$$\mu_B^P = \frac{\partial G}{\partial N_B} = \mu_B^0 + \sigma \frac{\partial A}{\partial N_B} = \mu_B^0 + \sigma \Omega \frac{\partial A}{\partial V} \tag{2}$$

Hierbei ist N_B die Zahl der B-Atome im Teilchen, V das Teilchenvolumen, Ω das mittlere Atomvolumen $\Omega = \partial V / \partial N_B$ und μ_B^0 eine rein temperaturabängige Funktion ist. Betrachtet man der Einfachheit halber kugelige Teilchen, so gilt $\partial A / \partial V = 2/R$, mit R dem Radius des Teilchens. Wenn die Matrix eine ideale Lösung ist, gilt:

$$\mu_B^M = k_B T \ln(c_M) + \mu_B^1 \tag{3}$$

Dabei ist c_M die Konzentration der B-Atome in der Matrix und μ_B^1 ist wieder eine rein temperaturabängige Funktion. Sind Teilchen und Matrix im Gleichgewicht, sind die chemischen Potentiale gleich groß, d.h. $\mu_B^P = \mu_B^M$. Einsetzen der Gleichungen (2) und (3) ergibt: $k_B T \ln(c_m) = 2\sigma\Omega/R + \mu_B^0 - \mu_B^1$. Da eine ebene Grenzfläche zwischen Teilchen und Matrix dem Fall $R \to \infty$ entspricht, läßt sich die Differenz der beiden konstanten chemischen Potentiale bestimmen. Bezeichnet $c_M(R \to \infty) = c_\infty$ die Konzentration der B-Atome in der Matrix, die im Gleichgewicht zu einer B-Phase ist, die eine ebene Grenzfläche mit ihr bildet, dann folgt die sogenannte Gibbs-Thomson-Beziehung, die die fundamentale Gleichung für alle Arten von Vergrößerungsprozessen darstellt:

$$c_M(R) = c_\infty \exp\left(\frac{2\sigma\Omega}{k_B T R}\right) \cong c_\infty \left(1 + \frac{2\sigma\Omega}{k_B T R}\right) \tag{4}$$

Die Beziehung besagt, daß ein Teilchen vom Radius R sich im Gleichgewicht in einer unendlich ausgedehnten Matrix befindet, wenn die Konzentration an B-Atomen in der Matrix den Wert hat, der durch diese Gleichung festgelegt ist. Die Linearisierung des Exponentialausdruckes ist immer zulässig, wenn das Argument klein ist, d.h. die Grenzflächenspannung klein oder aber die Teilchen hinreichend groß sind ($R \geq 0.1 \mu m$). In dieser Gleichung hat der Ausdruck $2\sigma\Omega/(k_B T)$ die Dimension einer Länge. Man bezeichnet ihn als Kapillarlänge und verwendet häufig das Symbol Γ. Einsetzen typischer Werte zeigt, das Γ im Bereich 1-3 nm liegt.

Betrachten wir noch einen anderen Fall, den wir in Kap. 6 als kapillare Unterkühlung (Gl. 32) beim dendritischen Wachstum bereits kennengelernt haben, die Abhängigkeit der Schmelztemperatur vom Krümmungsradius einer fest-flüssig Grenzfläche. Sei $g_L = h_L - T s_L$ die freie Enthalpie pro Mol einer Schmelze bestehend aus dem Anteil h_L der Enthalpie und dem der Entropie $T \cdot s_L$. Für den Festkörper gilt eine ähnliche Relation, allerdings ist er hier als gekrümmt anzusehen mit der Krümmung K, die im allgemeinsten Fall ortsabhängig ist. Dann gilt $g_S = h_S - T s_S + \sigma \Omega_m K$. In dieser Gleichung bezeichnet Ω_m das mittlere Molvolumen. Im Gleichgewicht sind die partiellen freien molaren Enthalpien gleich, d.h. $g_S(T^*) = g_L(T^*)$ und eine kurze Rechnung liefert für die Schmelztemperatur T^* des gekrümmten Festkörpers:

$$T^* = \frac{\Delta h_m}{\Delta s_m} - \frac{\sigma \Omega_m K}{\Delta s_m} = T_0 - \frac{\sigma \Omega_m}{\Delta s_m} \cdot K \tag{5}$$

mit T_0 als der Gleichgewichtsschmelztemperatur einer ebenen Grenzfläche, $\Delta h_m = h_L - h_S$ der molaren Schmelzenthalpie und $\Delta s_m = s_L - s_S$ der molaren Schmelzentropie. Im Gleichgewicht mit einer ebenen Grenzfläche ($K = 0$) sind alle drei über die Relation $\Delta s_m = \Delta h_m / T_0$ miteinander verknüpft. Definiert man mit $\Gamma = \sigma \Omega_m / \Delta h_m$ wieder eine Kapillarlänge, so kann man für die Schmelztemperatur schreiben:

$$T^* = T_0(1 - \Gamma \cdot K) \tag{6}$$

Die relative Abweichung zur ebenen Grenzfläche ist durch

$$\frac{\Delta T}{T_0} = \frac{T^* - T_0}{T_0} = -\Gamma \cdot K \tag{7}$$

gegeben. Diese Gleichung zeigt, je stärker eine Grenzfläche fest-flüssig gekrümmt ist, desto niedriger ist ihre Schmelztemperatur verglichen mit der einer ebenen Grenzfläche, wenn die Krümmung K positiv ist. Konvexe Flächen haben eine positive Krümmung, konkave eine negative [2]. Dementsprechend ist bei konkaven die Schmelztemperatur heraufgesetzt. Dies kann man sich physikalisch so veranschaulichen: Alle Atome in einem unendlich ausgedehnten Festkörper mögen sich in ihren Gleichgewichtslagen befinden. Wir trennen diesen Festkörper mit einer absolut ebenen Gernzfläche auf. Dann fehlt jedem Grenzflächenatomen sein Gegenstück (des anderen halbunendlichen Festkörpers), so daß es zu einer Umordnung der Oberfläche kommt (Rekonstruktion). Jetzt wird diese Oberfläche gekrümmt, z.B. in Form einer Kugel (konvexe Krümmung). Dann sind die Atome an der Oberfläche aus ihrer Gleichgewichtslage entfernt und dies umso mehr, je größer die Krümmung ist. Damit ist die Bindungsenergie der Oberflächenatome im Vergleich zu einer ebenen Grenzfläche herabgesetzt. Deshalb ist der Schmelzpunkt erniedrigt. Bei konkaven Grenzflächen sind die Verhältnisse gerade umgekehrt.

Es sei darauf hingewiesen, daß bei der Beschreibung der Vergröberung von Sekundärdendriten diese häufig als Zylinder beschrieben werden. Dann ist die Krümmung K nicht $2/R$ wie bei einer Kugel, sondern $1/R$ (im allgemeineren Fall kann man die Krümmung durch die beiden Hauptkrümmungsradien R_1, R_2 ausdrücken $K = 1/R_1 + 1/R_2$, wobei beide Radien ortsabhängig sein können). Zudem hat die Gleichung für die absolute Schmelztemperatur T^* eine prinzipiell ähnliche Form wie die linearisierte Gl.(4), einzig das Vorzeichen ist verschieden. Damit lassen sich beide Fälle mit demselben Formalismus behandeln.

1.2 Ungleichgewicht vieler Teilchen in einer Matrix

Betrachten wir nun die physikalisch interessante Situation: viele Teilchen mit unterschiedlichem Radius, die sich in einer Matrix irgendwie räumlich verteilt befinden. Entsprechend der Gibbs-Thomson Gleichung realisiert jedes Teilchen an seiner Oberfläche die Gleichgewichtskonzentration, die von Gl.(4) vorgegeben wird. Die Matrix kann aber nicht mit jedem Teilchen im Gleichgewicht sein, denn zu jedem Radius gehört eine bestimmte Gleichgewichtskonzentration

---

[2] Hier wird konvex und konkav wie folgt definiert: Betrachten wir einen beliebigen Punkt auf der Oberfläche eines Dendriten und konstruieren an ihn einen Kreis, der die Berandung des Dendriten in genau diesem Punkt und keinem anderen berührt oder gar schneidet. Dann gibt es zwei mögliche Fälle: Der Mittelpunkt des Berührungskreises liegt in der Schmelze oder im Festkörper. Im ersten Fall wird die Krümmung als konkav und damit negtativ betrachtet, im zweiten als konvex und positiv gezählt.

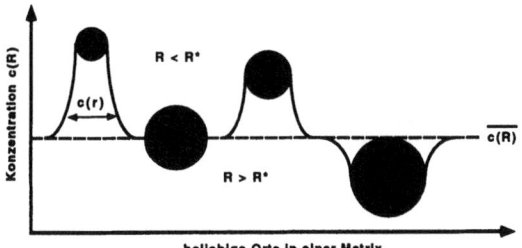

Bild 1 Schematische Darstellung der Konzentrationsverhältnisse in einer Dispersion, wenn die Konzentration an gelösten Atomen in der Matrix nur durch die unterschiedlichen Krümmungsradien der Teilchen entsprechend der Gibbs-Thomson Gleichung 4 bestimmt werden.

in der Matrix (s.Gl.4). Die Matrix wird dieser Situation gerecht, in dem sich eine mittlere Matrixkonzentration einstellt (in genügender Entfernung zum jeweiligen Teilchen). Sei $f(R,t)dR$ die Teilchendichte mit einem Radius im Intervall $R, R + dR$ zum Zeitpunkt t. Dann läßt sich die mittlere Konzentration so definieren:

$$\overline{c(t)} = \frac{\int_0^\infty c(R,t) \cdot f(R,t) \, dR}{\int_0^\infty f(R,t) \, dR} \quad (8)$$

Setzt man die Gibbs-Thomson Gleichung (4)ein und berücksichtigt, daß die Teilchenzahldichte $n(t)$ gegeben isst durch:

$$n(t) = \int_0^\infty f(R,t) \, dR \quad (9)$$

so erhält man:

$$\overline{c(t)} = c_\infty \left(1 + \frac{\Gamma}{n(t)} \int_0^\infty \frac{1}{R} f(R,t) \, dR \right) = c_\infty \left(1 + \frac{\Gamma}{R^*(t)}\right) \quad (10)$$

Mit dieser Beziehung wird der sogenannte kritische Radius R^* definiert. Teilchen mit genau diesem Radius sind momentan im Gleichgewicht mit der Matrix. Teilchen deren Radius kleiner ist, haben lokal an ihrer Grenzfläche zur Matrix eine höhere Matrixkonzentration gelöster Atome, Teilchen mit geringerem Radius eine niedrigere lokale Konzentration. Dementsprechend existieren in der Matrix Konzenrationsunterschiede. Dies führt zu Stofftransport von den kleinen Teilchen zu den großen, mit der Wirkung, daß Teilchen mit $R < R^*$ sich auflösen, während die anderen wachsen.Dies ist schematisch in Bild 1 dargestellt.

Der kritische Radius bleibt aber nicht konstant für alle Zeiten, sondern er ändert sich, da durch das verschwinden der kleineren Teilchen aus der Größenverteilung diese sich kontinuierlich ändert. Dementsprechend wird in jedem Zeitschritt neu festgelegt, welche Teilchen als klein und welche als groß gelten. Dies bedeutet aber auch, daß eine Dispersion mit unterschiedlichen Teilchen nicht im thermodynamischen Gleichgewicht ist, sondern ihm nur zustrebt, vorausgesetzt, die gelösten Atome haben eine hinreichende Beweglichkeit. Hier sei angemerkt, daß eine Dispersion nie im Gleichgewicht ist, solange sie eine Dispersion ist, also aus mindestens zwei Teilchen besteht. Denn thermodynamisches Gleichgewicht verlangt, daß die freie Enthalpie minimal ist, d.h. die Gesamtgrenzfläche einer Dispersion minimiert wird. Dies ist erst erreicht, wenn aus einer Dispersion mit N Teilchen ein System mit einem einzigen Teilchen geworden ist.

2 Diffusionskontrollierte Vergröberung

Experimentell kann man in Dispersionen leicht den mittleren Teilchenradius als Funktion der Zeit ermitteln und mit etwas mehr Aufwand auch die Teilchengrößenverteilung. Ziel einer Theorie der Vergröberung oder Ostwaldreifung ist es deshalb, diese beiden Größen bzw. Funktionen vorauszusagen. Dazu betrachtet man als erstes, wie diffusives Wachsen oder Schrumpfen von Teilchen überhaupt abläuft. Sind die Konzentrationsverhältnisse in einer Matrix durch die Gibbs-Thomson Gleichung dominiert (s.Gl.4), dann sind die Unterschiede zwischen $c(R)$ und c_∞ i.a. nicht sehr groß (typischerweise gilt für $(c(R) - c_\infty)/c_\infty \cong 0.001 - 0.01$) und die Konzentrationsfelder um jedes Teilchen können als stationär betrachtet werden. Das Konzentrationsfeld um ein Teilchen kann deshalb aus der Lösung der Laplacegleichung $\nabla^2 c = 0$ gewonnen werden [3]. Die Randbedingungen sind:

$$c(R) = c_\infty \left(1 + \frac{\Gamma}{R}\right) \quad (11)$$

$$\lim_{r \to \infty} c(r) = \bar{c} \quad (12)$$

Die erste Randbedingung gibt die Gibbs-Thomson Gleichung (4) für ein Teilchen mit dem Radius R auf seiner Kugeloberfläche wieder, die zweite besagt, daß weit weg vom Teilchen die Matrixkonzentration auf einen konstanten mittleren Wert abfällt. Die erste Randbedingung hält daher fest, daß zumindest an der Oberfläche lokales Gleichgewicht mit der Matrix existiert (diese Bedingung ist nicht zwingend. Es gibt physikalische Situation, in denen diese Annahme verletzt ist. Siehe hierzu [Uffelmann et al. 1994]) Die zugehörige Lösung der Laplacegleichung in Kugelkoordinaten lautet:

$$c(r) = \bar{c} + (c(R) - \bar{c})\frac{R}{r} \quad (13)$$

Die Wachstumsrate eines Teilchen ist beschreibbar als:

$$\frac{dR}{dt} = \frac{\Omega \cdot I}{4\pi R^2} \quad (14)$$

worin I den Transportstrom durch die Grenzfläche des Teilchens bezeichnet, gemessen in Atomen pro Zeiteinheit.[4] Der Transportstrom I berechnet sich aus:

$$I = \int j(r = R) df = j \cdot 4\pi R^2 \quad (15)$$

und die Transsportstromdichte j aus dem Konzentrationsfeld

$$j = -D \left.\frac{dc}{dr}\right|_{r=R} \quad (16)$$

---

[3] Im allgemeinsten Fall wird der Transport der gelösten Atome in der Matrix durch die 2.Ficksche Gleichung beschrieben: $\partial c/\partial t = D\nabla^2 c$ (D = Diffusionskoeffizient). Da die Konzentrationsvariationen sehr schwach veränderliche Funktionen der Zeit sind, denn die Ostwaldreifung ist ein langsamer Prozeß, kann die Gleichung vereinfacht werden zu $\nabla^2 c = 0$, der Laplacegleichung.

[4] Die Gleichung für die Wachstumsrate erhält man aus folgender Überlegung: Die zeitliche Änderung des Teilchenvolumens V ist gleich der Zahl der Atome I, die sich pro Zeiteinheit an das Teilchen anlagern oder von ihm ablösen multpliziert mit dem Volumen jedes Atoms Ω. Anders ausgedrückt: $dV/dt = I \cdot \Omega$. Bei einer Kugel gilt $V = 4\pi/3 R^3$, also folgt obige Gleichung (14).

mit D als Diffusionskoeffizient der gelösten Atome in der Matrix. Eine exaktere Betrachtung der zeitabhängigen Lösung der Diffusionsgleichung liefert das gleiche Ergebnis, wenn die Übersättigung gering ist [Aaron & Kotler 1971]. Aus den Gleichungen (13,14,15) und (16) erhält man für die Wachstumsrate den Ausdruck

$$\frac{dR}{dt} = \frac{D\Omega c_\infty}{R}\left(\frac{\bar{c}-c_\infty}{c_\infty} - \frac{\Gamma}{R}\right) = \frac{D\Omega c_\infty \Gamma}{R}\left(\frac{1}{R^*} - \frac{1}{R}\right) = \frac{\epsilon}{R^2}(\frac{R}{R^*}-1) \qquad (17)$$

mit $\epsilon = D\Omega c_\infty \Gamma$. Diese Gleichung zeigt deutlich, für Teilchen deren Radius kleiner ist als der kritische, ist dR/dt negativ, d.h. sie schrumpfen, während die größeren wachsen. Man erkennt an der Gleichung in der Form 'linke seite = letzter Term der rechten Seite' schon die prinzipielle Form des Wachstumsgesetzes in einer Dispersion: Wäre der Term in Klammern $(R/R^* - 1)$ konstant, ergäbe eine Integration ein kubisches Wachsen der Teilchen. Die Gleichung läßt sich aber nicht integrieren ohne die Kenntnis der zeitabhängigen Teilchengrössenverteilung, die den kritischen Radius zu jedem Zeitpunkt festlegt.

Die Teilchengrössenverteilung läßt sich aus einer Kontinuitätsgleichung bestimmen. Die zeitliche Änderung in einer Größenklasse geschieht dadurch, daß einen Fluß von Teilchen in diese Klasse hinein und heraus gibt (sortiert man die Radien auf der x-Achse eines Koordinatensystems an, dann bewegen sich die schrumpfenden Teilchen zum Koordinatenursprung hin, die wachsenden von ihm weg). Der Strom der Teilchenradien kann als Geschwindigkeit der Bewegung dR/dt multipliziert mit einer Dichte $f(R,t)$ definiert werden. Damit erhält man:

$$\frac{\partial f}{\partial t} + \frac{\partial}{\partial R}\left(\frac{dR}{dt}\cdot f\right) = 0 \qquad (18)$$

Diese partielle Differentialgleichung ist simultan zu lösen mit der Ratengleichung (17) unter Berücksichtigung der Definition des kritischen Radius aus Gl.(10). Damit ist ein nichtlineares Problem formuliert worden, dessen vollständige zeitabhängige Lösung bisher nur numerisch gelungen ist. Lifshitz, Slyozov und Wagner [Lifshitz & Slyozov 1961, Wagner 1961] gelang es eine sogenannte asymptotische Lösung analytisch zu ermitteln.

3 Die LSW Analyse der Ostwaldreifung

Bevor die Methode von Lifshitz, Slyozov und Wagner zur Lösung des Problems der Ostwaldreifung besprochen werden kann, ist es notwendig, die Gleichungen in eine normierte, dimensionslose Form zu bringen, die den universellen Charakter der Ostwaldreifung zeigt. Wir führen deshalb zwei dimensionslose Radien ein durch:

$$r = \frac{R}{\overline{R_0}} \qquad \text{und} \qquad r^* = \frac{R^*}{\overline{R_0}} \qquad (19)$$

wobei $\overline{R_0}$ den anfänglichen mittleren Radius der Teilchengrössenverteilung bezeichnet.[5] Ebenso wird eine dimensionslose Zeit eingeführt:

$$\tau = \frac{2D\Omega^2 c_\infty}{k_B T \overline{R_0}^3}\cdot t \qquad (20)$$

---

[5] Wenn nicht anders vermerkt, bezeichnen waagerechte Balken immer Mittelwerte bezüglich der Teilchengrößenverteilung. In diesem Falle also: $\overline{R_O} = 1/n(t)\cdot \int Rf(R,t)\,dr$.

Damit wird die Wachstumsgleichung (17) für den Radius zu:

$$\frac{dr}{d\tau} = \frac{1}{r^2}\left(\frac{r}{r^*} - 1\right) \tag{21}$$

Die Kontinuitätsgleichung (18) transformiert trivial. In der LSW-Theorie wird eine weitere nichttriviale Transformation der Variablen von r,τ auf ρ,Θ durchgeführt:

$$\rho = \frac{r}{r^*} \quad \text{und} \quad \Theta = \ln(r^*/r_0^*) \tag{22}$$

Gerade die Einführung einer Zeit mit der Definition von Θ erscheint etwas eigenartig und ist sicher nich unmittelbar einsichtig. Man bedenke aber, daß im Wachstumsgesetz (21 die einzige zeitabhängige Größe der kritische Radius ist. Deshalb kann man implizit eine Zeit über die Variation des kritischen Radius definieren. In der Gleichung für Θ bezeichnet r_0^* den anfänglichen kritischen Radius. Damit läßt sich das Wachstumsgesetz (21) nach einer kleinen Rechnung umschreiben zu:

$$\frac{d\rho}{d\Theta} = \frac{1}{r^{*2}\frac{dr^*}{d\tau}}\frac{\rho - 1}{\rho^2} - \rho = \nu\frac{\rho - 1}{\rho^2} - \rho \tag{23}$$

Die Kontinuitätsgleichung behält wieder ihre Form. Man ersetze t bzw. τ durch Θ und R bzw. r durch ρ. Die Diffenrentialgleichung (23) für die zeitliche Änderung von ρ ließe sich direkt integrieren, wenn

$$\nu = \frac{1}{r^{*2}}\frac{d\tau}{dr^*} \tag{24}$$

eine Konstante wäre. LSW konnten zeigen, daß im Grenzfall sehr großer Zeiten ($\Theta \to \infty$) ν in der Tat eine Konstante ist.[6] Unter dieser Voraussetzung läßt sich die Kontinuitätsgleichung mit einem Separationsansatz lösen, d.h. $f(\rho,\Theta) = g(\Theta)\cdot h(\rho)$. Setzt man dies in die Kontinuitätsgleichung ein, so erhält man:

$$\frac{1}{g(\Theta)}\frac{dg}{d\Theta} = -\frac{1}{h}\frac{dh}{d\rho}\frac{d\rho}{d\Theta} - \frac{d}{d\rho}\frac{d\rho}{d\Theta} = q \tag{25}$$

wobei q die noch zu bestimmende Separationskonstante ist. Integriert man die nur Θ abhängige Seite der Gleichung erhält man für die zeitliche Änderung der Verteilungsfunktion den Ausdruck:

$$g(\Theta) = g_0 \exp(q\Theta) \tag{26}$$

Bei dem Prozeß reiner Ostwaldreifung ist die Volumenkonzentration Φ an Teilchenphase konstant, denn es wird nur Material von den Kleinen zu den großen Teilchen umgelagert und die gesamte Konzentration gelöster Atome in der Matrix wird nur durch die Teilchen und ihre unterschiedliche Krümmungsradien erzeugt. Deshalb kann die Separationskonstante wie folgt bestimmt werden

$$\Phi \propto \int R^3 f(R,t)dR \propto g(\Theta)r^{*3}\int \rho^3 h(\rho)d\rho \propto r^{*q}r^{*3} \tag{27}$$

Die Volumenkonzentration ist konstant, wenn $q = -3$. Alle andere Terme in den exakten Ausdrücken sind zeitunabhängig, so daß einzig durch die richtige Wahl von q die Zeitabhängigkeit von r^* aufgehoben werden kann. Der zeitunabhängige Anteil der Teilchengrössenverteilung $h(\rho)$ ist dann:

---

[6] Es mag an dieser Stelle nicht einleuchten, daß $\Theta \to \infty$ wirklich eine große Zeit bedeutet. Wenn man die Analyse zu Ende geführt hat, kann man aber zeigen, daß sich Θ auch schreiben läßt als $\Theta = \ln(1 + 4/9 \cdot \tau)$, siehe Gl.(30).

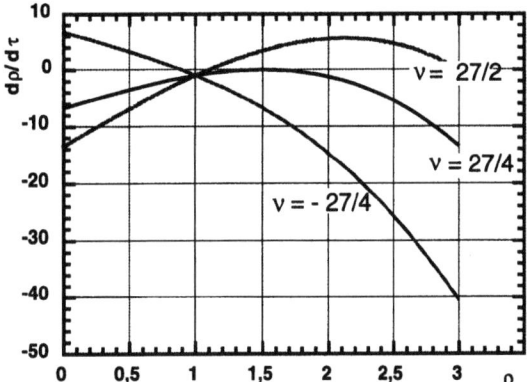

Bild 2 Verlauf der normierten Wachstumrsrate $d\rho^3/d\Theta$ als Funktion von ρ für verschiedene Werte von ν.

$$h(\rho) = \frac{1}{\frac{d\rho}{d\Theta}} \exp\left(\int_0^\rho \frac{3d\rho'}{\frac{d\rho'}{d\Theta}}\right) \tag{28}$$

Diese Gleichung kann man auswerten, wenn der Wert von ν bekannt ist. Lifhitz und Slyozov konnten zeigen, daß nur ein Wert von ν in Gl. (23) die Masseerhaltung im System gewährleistet, wenn zugleich die Verteilungsfunktion $h(\rho)$ jenseits eines Grenzwertes ρ_m für alle $\rho > \rho_m$ identisch verschwindet. Dies kann man sich durch Betrachtung des Verlaufes von $1/3 d\rho^3/d\Theta$ verständlich machen (diese Beziehung gewinnt man aus Gl.(23) durch Multiplikation mit ρ^2).

Bild 2 zeigt den Verlauf der normierten Wachstumsrate $1/3 d\rho^3/d\Theta$ für Werte von $\nu < 0$ (hier = -27/4), $\nu = 27/4$ und $\nu > 27/4$ (hier =27/2). Im Falle negativer ν-Werte entsteht eine physikalisch unsinnige Situation: die kleinen Teilchen wachsen, während die großen schrumpfen. Im Falle sehr großer ν-Werte hat die Kurve für die normierte Wachstumsrate zwei Nullstellen ρ_1, ρ_2. Das heißt, Teilchen mit $\rho < \rho_1$ schrumpfen, Teilchen mit $\rho > \rho_2$ ebenfalls, während alle anderen Teilchen wachsen. Auch dies ist eine unphysikalische Situation, denn die Gibbs-Thomson Gleichung verbietet ein Schrumpfen der sehr großen Teilchen auf Kosten mittelgroßer. Ebenfalls ist nicht im Einklang mit ihr ist, das im Bereich positiver Wachstumsraten die Wachstumsrate einen parabolischen Verlauf hat, d.h. ein Maximum, so daß Teilchen mit normierten Radien unterhalb des maximalen Wertes gleich schnell wachsen, wie Teilchen mit einem größeren absoluten Radius, die auf der anderen Seite des Maximums in der normierten Auftragung liegen. Es gibt nur eine Situation, die anders aussieht. Diese ist als Kurve mit dem Wert $\nu = 27/4$ dargestellt. Dann hat die Kurve $d\rho^3/d\Theta$ mit der ρ-Achse einen Berührungspunkt $\rho_B = \rho_m$. Alle Teilchen mit Radien $\rho < \rho_m$ schrumpfen zwar, aber $d\rho/d\Theta$ ist in dem Bereich bis ρ_m eine monoton steigende Funktion von ρ. Alle Teilchen mit ρ-Werten jenseits dieses Berührungspunktes würden ebenfalls schrumpfen, wenn man nicht fordert, daß die Verteilungsfunktion der Radien jenseits dies Wertes identisch gleich null ist. Dies kann gewährleistet werden, wenn man fordert, daß die Wachstumsrate $d\rho/d\Theta$ und alle ihre höheren Ableitungen nach ρ identisch gleich null für Werte $\rho > \rho_m$ sind. Die Werte von ρ_m und ν lassen sich dann aus folgenden Gleichungen eindeutig bestimmen:

$$\left.\frac{d\rho}{d\Theta}\right|_{\rho_m} = 0 \quad \text{und} \quad \left.\frac{d}{d\rho}\frac{d\rho}{d\Theta}\right|_{\rho_m} = 0 \tag{29}$$

Eine kurze Rechnung liefert: $\nu = 2(3/2)^3$ und $\rho_m = 3/2$. Damit kann man die Gl.(24) integrieren:

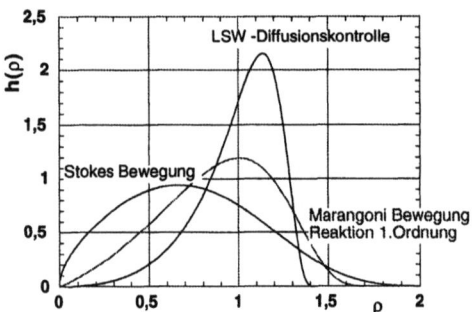

Bild 3 Zeitunabhängige Teilchengrößenverteilung für verschiedene Arten des Stofftransportes (siehe Text).

$$r^{*3} - r_0^{*3} = \frac{4}{9} \cdot \tau \tag{30}$$

Die Verteilungsfunktion soll an dieser Stelle nicht explizit angegeben werden [Lifshitz & Slyozov 1961, Wagner 1961] (wer viel Zeit hat, kann die Integrale mit Partialbruchzerlegung lösen). Die Verteilungsfunktion $h(\rho)$ ist in Bild 3 dargestellt.

Mit dieser Verteilung kann man den mittleren Teilchenradius als Funktion der Zeit berechnen, bzw. man berechnet die Relation zum kritischen Radius. Im bis hierher behandelten Fall des Stofftransportes durch Diffusion in der Matrix, läßt sich zeigen, daß $r^* = \bar{r}$. Mittelwert und kritischer Wert sind identisch. Gleichung (30) läßt sich auf die Radien R und die Zeit t umformen zu:

$$\overline{R}^3 - \overline{R_0}^3 = \frac{8D\sigma\Omega^2 c_\infty}{9k_B T} \cdot t = K_{LSW} \cdot t \tag{31}$$

Die Ergebnisse der LSW Theorie der Ostwaldreifung enthalten einige erstaunliche Charakteristika. Erstens wird behauptet, daß unabhängig von der Anfangsverteilung der Teilchenradien die Teilchengrössenverteilung eine zeitunabhängige Form annimmt (nämlich $h(\rho)$). Zum zweiten wird behauptet, daß im asymptotischen Grenzfall ($\tau \to \infty$) die Gefügestruktur sich selbst ähnlich ist, d.h. es gibt eine charakteristische Länge, nämlich r^*. Bezieht man alle Längen auf diese Länge, so sind die Gefügestrukturen und die normierte Grössenverteilung gleich. Betrachtet man eine Gefüge zu einem Zeitpunkt t_0 und bestimmt einen mittleren Teilchenradius R_0, so ist zu einem Zeitpunkt $t_1 = 8 \cdot t_0$ der mittlere Radius um eine Faktor 2 angewachsen. In einem Mikroskop kann man beide Gefüge nicht unterscheiden, wenn man zum Zeitpunkt t_1 die Vergrößerung um einen Faktor 2 verkleinert. Das drückt die Selbstähnlichkeit aus. Es sei darauf hingewiesen, daß die grundsätzlichen Vorhersagen vor allem in fest-fest Dispersionen immer wieder bestätigt wurde, d.h. vor allem das Gesetz für das Wachstum des mittleren Teilchenradius (siehe hierzu z.B.[Fischmeister & Grimvall]). Die von LSW vorhergesagte Teilchengrössenverteilung wurde allerdings nicht beobachtet. Die Ursachen werden im folgenden Abschnitt behandelt.

Zuvor soll aber noch die Anwendung dieser theoretischen Betrachtung auf die Vergröberung von Dendriten besprochen werden. In Abschnitt 1 wurde der Einfluß der Grenzflächenkrümmung auf den Schmelzpunkt eines Festkörpers abgeleitet und festgestellt, daß die Gibbs-Thomson Gleichung (Gl.(4)) bis auf das Vorzeichen identisch ist mit dieser Gleichung (Gl.(6)). Während bei Dispersionen kleine Teilchen auf Kosten der Großen wachsen, bedeutet die Änderung des Vorzeichens in der Gl. 6, daß konkave Flächen erstarren, während konvexe schmelzen. Mit anderen Worten, die Spitze eines Sekundärdendriten hat eine niedrigere Schmelztemperatur als sein Fußbereich, an dem ein Übergang zu einem anderen Dendriten stattfindet und daher eine konkave Krümmung vorliegt. Im isothermen Fall (und nur der wird hier betrachtet) bedeutet dies: Die Dendritenspitzen schmelzen zurück, während die Fußbereiche wachsen. Dies ist ein sehr vereinfachtes Bild. Die Wirklichkeit ist etwas komplizierter, denn Dendriten kann man selbst im einfachsten Fall bestenfalls als Rotationsparaboloide auffassen. D.h. der Ausdruck der Krümmung enthält die beiden Hauptkrümmungradien. Im allgemeinen ist damit die Krümmung ortsabhängig und verändert sich längs eines Dendriten. Damit variiert die Konkurrenz zwischen Wachstum und Auflösung längs des Dendriten. Außer einem Rückschmelzen der Dendritenspitzen wird man auch ein Dickerwerden der Dendriten feststellen, denn wie bei einer Dispersion gibt es im Übergangsbereich fest-flüssig viele Dendriten, mit lokal unterschiedlichen Krümmungen. Dendriten mit im Mittel höherer Krümmung schmelzen und solche mit geringerer Wachsen auf ihre Kosten. Eine einfache Beschreibung behandelt, wie schon erwähnt, ein solches Dendritennetzwerk als Zylinder mit unterschiedlichem Radius.

4 Ostwaldreifung bei endlicher Volumenkonzentration

Die bisher behandelte Theorie der Ostwalreifung von LSW macht einge Annahmen, die experimentell nicht leicht realisierbar sind. Diese Annahmen sollen hier noch einmal explizit zusammengefaßt werden:

1. Die Matrix ist eine verdünnte Lösung von B in A;

2. Die Probe, d.h. das disperse System, ist unendlich ausgedehnt;

3. Die Volumenkonzentration von Teilchen ist Null, d.h. die Konzentrationsfelder der Teilchen überlappen nicht. Es gibt keine Wechselwirkung zwischen den Teilchen;

4. Der Transport der gelösten Atome in der Matrix geschieht über Diffusion, d.h. die Teilchen sind ortsfest und der Einbau der B-Atome in die Oberfläche der Teilchen ist nicht behindert;

5. Die Grenzflächenenergie ist isotrop; die Teilchen sind kugelig.

Die erste Annahme ist eine Einschränkung, weil in vielen experimentellen Systemen die Matrix nicht verdünnt ist, bzw. ternäre Legierungen benutzt werden. Diese Probleme wurden aber theoretisch gelöst und führen i.a. nur zu einer Veränderung der Reaktionskonstanten in Gl.(31) (siehe [Calderon 1994, Chaix & Allibert 1986, Chaix et al. 1986, Umantsev & Olson 1993]). Die zweite Annahme ist ebenfalls nicht problematisch, solange der Teilchenabstand klein gegen die Probenabmessungen ist, oder anders ausgedrückt, in einer endlich großen Probe genügend Teilchen sind. Die fünfte Annahme ist ebenfalls nicht allzu problematisch. Zwillinger [1989] konnte zeigen, daß die von LSW abgeleiteten Gesetzmäßigkeiten auch für nicht sphärische Teilchen gelten. Die Herleitung zeigt zudem, daß der entscheidende Ausdruck die Variation des chemischen Potentials mit der Krümmung ist. Gleichung (2) kann man auch so schreiben: $\mu_P(c) = \mu_0 + \Omega \sigma K$ mit $K = \partial A / \partial V$. Für nicht-kugelige Teilchen ist der Ausdruck für die Krümmung komplizierter, da die Kristallanisotropie der Grenzflächenenergie berücksichtigt werden muß. Die Annahme ortsfester Teilchen, d.h. ruhender Teilchen wird im nächsten Abschnitt genauer betrachtet, indem der Einfluß von Teilchenbewegungen in einer flüssigen Matrix und damit verbundener konvektiver Stofftransport untersucht wird. Der Einfluß einer Grenzflächenbarriere wird im übernächsten Abschnitt behandelt.

Gerade Annahme drei, ein unendlich verdünntes disperses System ($\Phi \to 0$), ist experimentell nicht realisierbar. Die bis heute untersuchten Systeme enthalten in der Regel 5 - 90 Vol.% Teilchen. Insbesondere beim Flüssigphasensintern sind Volumenanteile von mehr als 60 % keine Seltenheit. Die von LSW gemachte Annahme eines verdünnten dispersen Systems erleichterte die mathematische Beschreibung erheblich, denn dann konnte man das diffusive Wachstum der Teilchen als ein Einteilchenproblem behandeln, d.h. die Laplace-Gleichung für das Konzentrationsfeld um ein Teilchen konnte ohne Rücksicht darauf gelöst werden, daß in der Nachbarschaft sich noch andere Teilchen befinden. Dies führte zur oben dargestellten Lösung (Gl.13). Betrachtet man die Lösung auf ihren funktionalen Charakter, so erkennt man, daß die die Konzentration mit dem Abstand r von der Teilchenoberfläche wie wie $1/r$ abfällt. D.h. formal entspricht dies einem Coulombpotential. Die Reichweite des Konzentrationsfeldes ist unendlich. Wenn der Abstand der Teilchen endlich ist, beeinflussen sich die Konzentrationsfelder um sie herum deshalb (analog zum Einfluß elektrischer Ladungen, was zur Ausbildung von Dipol-, Quadrupol-, Oktupolfeldern etc. führt). Die gegenseitige Beinflussung der Konzentrationsfelder verändert die lokale Übersättigung für ein Teilchen, verändert die mittlere Matrixkonzentration und damit auch die Kinetik der Reifung und wahrscheinlich auch die Teilchengrössenverteilung. Es ist nicht einmal klar, ob stationäre Verteilungen noch existieren bzw. der Prozeß noch selbstähnlich ist.

Auf die grundlegende Arbeit von Lifshitz, Slyozov und Wagner aufbauend wurden von verschiedenen Gruppen ([Ardell 1972a, Asimov 1963, Brailsford & Wynblatt 1979, Davies et al. 1980 b, Davies et al. 1980 a, Enomoto 1991, Enomoto 1987, Enomoto 1986, Tsumuraya & Miyata 1983, Voorhess & Glicksman 1984 a, Voorhess & Glicksman 1984 b]) mathematische Modelle entwickelt, die das Vielteilchendiffusionsproblem zu lösen versuchen. Ausgangspunkt ist in der neueren Literatur eine Variante der Diffusionsgleichung: In einem System von N Teilchen, die an Orten $\vec{r}_i$ plaziert sind und eine Quell- bzw. Senkenstärke B_i haben, ist das Konzentrationsfeld in der Matrix durch die Poissongleichung

$$\nabla^2 c = 4\pi \sum_{i=1}^{N} B_i \delta(\vec{r} - \vec{r}_i) \tag{32}$$

bestimmt. Die Quell-und Senkenstärken werden festgelegt durch weitere Gleichungen: durch Randbedingungen, d.h. an jeder Teilchenoberfläche ist die Gibbs-Thomson-Beziehung zu erfüllen (4) und die Summe über alle Quellen- und Senkenstärken muß null sein (es erfolgt nur Austausch von Stoff durch Umlösen der Teilchen, die Matrix ist praktisch nur passiv, d.h. Träger des Feldes), d.h. $\sum B_i = 0$ (in der Elektrostatik entspricht dies der Ladungsneutralität des Gesamtsystems von Teilchen mit unterschiedlichen Oberflächenladungen in einer Multipolanordnung). Zudem wird angenommen, daß die Teilchen räumlich regellos ohne Überlapung verteilt sind. Das so formulierte Problem ist mit verschiedenen mathematischen Methoden gelöst worden. Obwohl im Detail die Resultate etwas unterschiedlich sind, erhalten alle Autoren folgende gemeinsame Aussagen:

- Das zeitabhängige Potenzgesetz von LSW für den mittleren Teilchenradius bleibt erhalten (Gl.31). Die Ratenkonstante ist allerdings eine Funktion der Volumenkonzentration:

$$\overline{R}^3 - \overline{R_0}^3 = K(\Phi) \cdot t = K_{LSW} \cdot g(\Phi) t \tag{33}$$

- Im asymptotischen Zustand ($t \to \infty$) existieren wieder zeitunabhängige stationäre Lösungen für die Verteilungsfunktionen, die jetzt aber Funktionen der Volumenkonzentration sind.

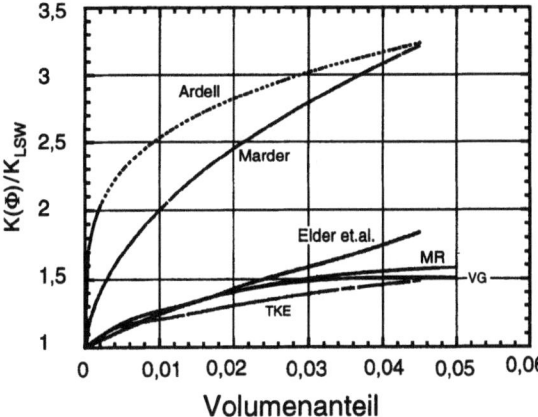

Bild 4 Normierte Wachstumskonstante für den mittleren Teilchenradius nach verschiedenen Modellen (siehe Literaturverzeichnis).

- In dem Maße wie Φ wächst, werden die Verteilungsfunktionen breiter, mehr gaußähnlich und der Abschneideradius ρ_m wird größer als 1.5.

- Die Ratenkonstante wächst rasch mit der Volumenkonzentration. Abb.4 zeigt $g(\Phi)$.

Die neueren Theorien zum Einfluß endlicher Volumenkonzentration sind auf Grund ihrer mathematischen Vereinfachungen zur Lösung des Vielteilchendiffusionsproblems (für eine Diskussion siehe [Voorhees 1985]) i.a. bis zu einem Volumengehalt an Zweitphase von ca. 30% gültig. Die Modelle sind bisher experimentell nicht verifiziert worden.

5 Der Einfluß von Strömungen auf die Ostwaldreifung

Die Behandlung der Ostwaldreifung durch Lifshitz, Slyozov und Wagner setzte voraus, daß die Teilchen ortsfest sind. In flüssigen Matrices ist dies kaum verwirklichbar. Einerseits haben die dispergierten Teilchen selten exakt das gleiche spezifische Gewicht wie die Matrix (Beispiel: WC-Co) und andererseits ist im Kapitel 2 ausgeführt worden, daß schon geringe Temperaturgradienten in einer Flüssigkeit Strömungen (natürliche Konvektion) bewirken, so daß die Matrix sich bewegt und die Teilchen mit ihr mitgenommen werden können. Durch Konvektion wird Stofftransport bewirkt. Die Grundgleichungen hierfür sind im Kapitel 2 hergeleitet worden. Konvektiver Stofftransport verändert die Konzentrationsfelder um dispergierte Teilchen in der Matrix, i.a. damit auch die Konzentrationsgradienten an den Teilchenoberflächen und somit die Wachstumsbzw. Auflösungsrate. Dementsprechend sollte sich die Kinetik der Ostwaldreifung verändern. Das Problem wurde zuerst theoretisch und experimentell von Ratke und Thieringer [1985, 1987] untersucht und später von Gang Wan und Sahm auf die Vergröberung von Dendriten beim Rheogießen angewandt [Wan & Sahm 1990 a & b].

Dazu betrachtet man eine Dispersion fester Teilchen oder Tropfen in einer flüssigen Matrix. Die Teilchen mögen eine zur Matrix verschiedene Dichte haben. Dann werden die Teilchen in der Matrix sinken bzw. aufsteigen. Ihre Geschwindigkeit wird durch die wohlbekannte Stokes-Formel beschrieben, d.h. ihre Geschwindigkeit ist proportional dem Quadrat des Teilchen/Tropfenradius. An der Flüssigkeit könnte auch ein Temperaturgradient anliegen, so daß Tropfen sich durch Marangoni-Bewegung in der Matrix i.a. von Gebieten niedrigerer zu solchen höherer Temperatur bewegen. In diesem Fall ist die Geschwindigkeit proportional zum

Radius der Tropfen. Zudem kann man auch einen hypothetischen Fall betrachten, in dem feste Teilchen oder Tropfen sich mit konstanter, von ihrem Radius unabhängiger Geschwindigkeit bewegen. Alle Teilchen- bzw. Tropfengeschwindigkeiten sollen so klein sein, daß in jedem Fall die Reynolds-Zahl kleiner 1 ist ($Re \ll 1$). Die Peclet-Zahl soll hingegen sehr groß gegen 1 sein (zur Definition der Peclet-Zahl siehe das Kapitel 2). Dann ist weit entfernt von den Teilchen/Tropfen die Konzentration konstant und bestimmt durch Konvektion, aber nahe der Oberfläche ist in der Behandlung der Diffusionsgleichung mit konvektivem Term (siehe Kapitel 2) der Konzentrationsgradient so steil, daß erste und zweite Ableitungen der Konzentration nach dem Ort von ähnlicher Grössenordnung sind und damit die vollständige Gleichung gelöst werden muß. Die Gleichung wird nahe der Teilchenoberfläche gelöst, in dem man die Ausdrücke für das Strömungsfeld um eine Kugel, die sich in einer viskosen Flüssigkeit bewegt, einsetzt und die so entstehende konvektive Diffusionsgleichung

$$\nabla^2 c - Pe \cdot \vec{v} \cdot \nabla c = 0 \tag{34}$$

löst. Eine Lösung für große Peclet Zahlen wurde von Levich [Levich 1962] angegeben. Wir wollen seine Analyse hier zumindest skizzieren (für Details sei auf das Buch von Levich verwiesen). Dazu nehmen wir an, daß ein Tropfen sich mit einer konstanten Geschwindigkeit V_0 in einer Flüssigkeit bewegt (z.B. Stokesgeschwindigkeit).

Das Geschwindigkeitsfeld in der Matrixflüssigkeit $\vec{v}(r, \Theta)$ [7] kann man durch eine Stromfunktion beschreiben (siehe das Kapitel 2 zur Definition der Stromfunktion):

$$\psi(r, \Theta) = -\frac{1}{2} V_0 r^2 \sin^2 \Theta \left[1 - \frac{1}{2} \frac{2 + 3k}{1 + k} \frac{R}{r} + \frac{1}{2} \frac{k}{1 + k} \left(\frac{R}{r} \right)^3 \right] \tag{35}$$

wobei k das Verhältnis der Viskositäten bezeichnet $k = \mu_P / \mu_M$. [8] Die radiale and azimuthale Komponente des Geschwindigkeitsfeldes sind damit definiert durch:

$$v_r = -\frac{1}{r^2 \sin \Theta} \frac{\partial \psi}{\partial \Theta} \quad \text{and} \quad v_\Theta = -\frac{1}{r \sin \Theta} \frac{\partial \psi}{\partial r} \tag{36}$$

Zur Lösung der konvektiven Diffusionsgleichung wechseln wir das Koordinatensystem von (r, Θ, c) zum Stromfunktionssystem $(r \to \psi(r, \Theta), \Theta, c \to u)$. Führt man die entsprechenden Transformationen an Gl.(34) durch, erhält man eine neue Gleichung:

$$\frac{\partial^2 u}{\partial \psi^2} \left(\frac{\partial \psi}{\partial r} \right)^2 + \frac{\partial u}{\partial \psi} \frac{\partial^2 \psi}{\partial r^2} + \frac{2}{r} \frac{\partial u}{\partial \psi} \frac{\partial \psi}{\partial r} - \frac{\partial u}{\partial \psi} \frac{\partial \psi}{\partial r} v_r + \frac{v_\Theta}{r} \frac{\partial u}{\partial \Theta} + \frac{v_\Theta}{r} \frac{\partial u}{\partial \psi} \frac{\partial \psi}{\partial \Theta} = 0 \tag{37}$$

Obwohl diese Gleichung auf den ersten Blick schlimmer aussieht, als die ursprüngliche, ist sie doch einfacher zu lösen, da Näherungslösungen gefunden werden können. Wir nehmen an, daß das Konzentrationsfeld weit entfernt vom Teilchen konstant ist (die Pecletzahl ist sehr groß gegen 1 und deshalb gilt weit entfernt vom Teilchen $\nabla c = 0$, also $c(r \gg R) = $ konst.). Deshalb entwickeln wir die Stromfunktion als Funktion des Abstandes von der Oberfläche, indem wir

---

[7] Wir verwenden hier Kugelkoordinaten r, Θ, ϕ. Das Problem der Strömung um eine Kugel ist zwar exakt ein dreidimensionales, läßt sich aber mit zwei Koordinaten r, Θ behandeln, da es um die polare Achse der Kurgel rotationssymmetrisch ist. Es sei - obwohl es klar sein sollte - noch einmal betont, daß hier Θ nicht eine normierte Zeit ist, sondern eben die Winkelvariable des Problems.

[8] Im Kapitel 2 wurde ausgeführt, daß man für zweidimensionale Strömungsfelder Stromfunktionen definieren kann, während dies für dreidimensionale Probleme nur in sehr wenigen Fällen möglich ist. Der hier behandelte Fall ist durch die Symmetrie (siehe Fußnote 5) quasi zweidimensional.

die Koordinate $y = r - R$ einführen. Dann kann die Stromfunktion angenähert werden durch:
$\psi \approx -V_0 y \sin^2 \Theta$. Berechnet man die Ableitungen nach r und Θ und benutzt die Definition und Eigenschaften einer Stromfunktion reduziert sich die Gl.(37) zu:

$$\frac{\partial^2 u}{\partial \psi^2}\left(\frac{\partial \psi}{\partial y}\right)^2 + \frac{2}{R}\frac{\partial u}{\partial \psi}\frac{\partial \psi}{\partial y} - \frac{v_\Theta}{r}\frac{\partial u}{\partial \psi}\frac{\partial \psi}{\partial \Theta} = 0 \tag{38}$$

Dies läßt sich weiter vereinfachen. In der Nähe der Oberfläche vernachlässigen wir den zweiten Term (i.e. wir vernachlässigen die erste Ableitung von u nach ψ gegen die zweite). Dann benutzen wir, daß $\partial \psi / \partial r = \partial \psi / \partial y \cong 1/2 V_0 R \sin^2 \Theta$ und erhalten nach einer länglichen Rechnung:

$$\frac{\partial u}{\partial \Theta} = \frac{V_0^* R^3 \sin^3 \Theta}{2} \frac{\partial^2 u}{\partial \psi^2} \tag{39}$$

Formal sieht die Gleichung wie eine klassische Wärmeleitungsgleichung aus, was offensichtlicher wird, wenn man die neue Variable

$$\zeta = \frac{V_0^* R^3}{2} \int \sin^3 \Theta d\Theta = V_0 R^3 \left(\frac{\cos^3 \Theta}{3} - \cos \Theta\right) + a_1 \tag{40}$$

einführt, die Gl.39 umformt zu:

$$\frac{\partial u}{\partial \zeta} = \frac{\partial^2 u}{\partial \psi^2} \tag{41}$$

mit den Randbedingungen:

$$u = c_m \quad \text{for} \quad \psi \to \infty \quad \text{and} \quad u = c_\alpha \quad \text{for} \quad \psi \to 0 \tag{42}$$

wobei c_m die Konzentration weit entfernt vom Teilchen ist und c_α ist die Oberflächenkonzentration. Die Lösung der Gleichung ist gegeben durch:

$$c(r) = \frac{2(c_m - c_\alpha)}{\sqrt{2}} \int_0^{\frac{-\psi}{2\sqrt{t-t_0}}} \exp(-z^2)\, dz + c_1 \tag{43}$$

mit $t_0 = a_1 - 2/3 D R^3 V_0$. Einsetzen der angenäherten Stromfunktion und Rücktransformation auf r, Θ Koordinaten liefert die endgültige Lösung des Prolems:

$$c(r) = \frac{2(c_m - c_\alpha)}{\sqrt{2}} \int_0^W \exp(-z^2)\, dz + c_1 \tag{44}$$

mit

$$W = \frac{R V_0}{2\sqrt{D V_0 R^3 \left(\frac{2}{3} - \cos \Theta + \frac{\cos^3 \Theta}{3}\right)}} \tag{45}$$

Bildung des Gradienten an der Teilchenoberfläche ($y=0$) und Multiplikation mit dem Diffusionskoeffizienten um die Stromdichte j zu erhalten ergibt:

$$j = D \left.\frac{\partial c}{\partial r}\right|_{r=R} = \sqrt{\frac{D V_0}{R}} \sqrt{\frac{3}{\pi}} \sqrt{\frac{(1+\cos \Theta)^2}{2+\cos \Theta}} (c_m - c_\alpha) = D \frac{(c_m - c_\alpha)}{\delta} \tag{46}$$

Der Ausdruck auf der rechten Seite wurde hingeschrieben, um eine formale Analogie mit dem Ausdruck reiner Diffusion zu erzeugen. Dort ist die Srtomdichte an der Oberfläche einer Kugel gerade $j = D(c_m - c_\alpha)/R$. Hier ist der Gradient auf eine Dicke der Schicht δ verändert oder konzentriert. Integriert man über den Winkel, kann man den Gesamtstrom von gelösten Atomen durch die Grenzfläche Teilchen/Matrix berechnen zu:

$$I = 8(c_m - c_\alpha)\sqrt{\frac{\pi V_0}{3}} D R^{3/2} \qquad (47)$$

Mit diesem Gesamtstrom kann man die Wachstumsrate eines Teilchens berechnen und durch Einführung der Gibbs-Thomson Beziehung für die Konzentrationen (man ersetze c_m durch $\bar{c}$ und c_α durch $c(R)$) eine Ratengleichung für die Ostwaldreifung unter konvektiven Bedingungen erhalten. Auf die Details wird an dieser Stelle verzichtet, sie können in der Arbeit von Ratke und Thieringer [Ratke & Thieringer 1985] nachgelesen werden.

Das Ergebnis ihrer Analyse - auch für feste Teilchen - besagt, daß es nahe der Teilchenoberfläche eine sogenannte diffusive Grenzschicht gibt. Ausserhalb dieser Schicht der Dicke δ (Definition siehe Gl.(46) ist die Konzentration konstant, weil von konvektivem Transport dominiert ($Pe >> 1$), innerhalb dieser Schicht ist Diffusion dominant. Die Dicke der diffusiven Grenzschicht skaliert bei festen Teilchen wie $\delta \propto 1/\sqrt[3]{Pe}$ und bei Tropfen wie $\delta \propto 1/\sqrt{Pe}$. Da die Peclet-Zahlen proportional zu dem Produkt aus Teilchenradius und Teilchengeschwindigkeit sind, diese aber entweder in den drei angesprochenen Fällen konstant, proportional zu R oder R^2 sind, ist die Grenzschichtdicke i.a. deutlich kleiner als der Teilchenradius und skaliert mit dem Teilchenradius nach einem Potenzgesetz (ein Beispiel zeigt Gl.47).[9] Damit sind die Konzentrationsgradienten steiler als im rein diffusiven Fall. Hieraus allein folgt schon, daß die Wachstums- und Auflösungsraten größer sind und damit die Kinetik der Vergröberung verändert ist. Eine einfache Abschätzung liefert folgende Relationen:

$$\frac{dR}{dt} \sim j(r=R) \sim \left.\frac{\partial c}{\partial r}\right|_{r=R} \sim \frac{\bar{c} - c(R)}{\delta} \propto \frac{1}{R^p} \qquad (48)$$

Der Wert von p in dieser Beziehung hängt von der Art der Teilchenbewegung ab. Es ergeben sich neue Wachstumsgesetze der Ostwaldreifung im Falle konvektiver Diffusion, die allgemein beschrieben werden können als:

$$\bar{R}^n - \bar{R}_0^n = K_n \cdot t \qquad (49)$$

Für den Exponenten n gilt $n = p + 1$. Die Tabelle 1 gibt einen Überblick der Wachstumsexponenten und ihrer Relation zur Art der Teilchenbewegung, der Natur der Teilchen (fest oder flüssig) und der Auswirkung auf die Teilchengrössenverteilung. Die Analyse des Problems zeigt, daß auch in diesen Fällen asymptotisch stationäre Teilchengrössenverteilungen existieren, deren Form allerdings erheblich von der des rein diffusiven Falls abweicht (siehe Abb.3. Für die Details der Herleitung sei auf die Arbeit von Ratke und Thieringer verwiesen [Ratke & Thieringer 1985]). Wesentliche Merkmale dieser Analyse sind:

- Konvektiver Stofftransport beschleunigt die Ostwaldreifung. Der Wachstumsexponent n ist immer kleiner als 3.

- Konvektiver Stofftransport zu flüssigen Teilchen ist immer mit schnellerer Reifung verbunden als der zu festen.

---

[9] Diese Relationen erhält man, wenn man in dem Ausdruck für die Stromdichte Gl.(46) nach Integration über den Winkel die Peclet-Zahl einführt als $Pe = V_0 R/D$. Man sieht unmittelbar, daß δ umgekehrt mit der Wurzel aus der Peclet-Zahl skaliert.

Tabelle 1 Ergebnisse der Analyse von Ratke und Thieringer

Wachstums-exponent	Breite der Verteilung	Abschneide-radius ρ_m	Strömungstyp	Relativ-geschwindigkeit	Teilchenart
3	schmal	3/2	keine	Null	fest/flüssig
8/3	↕	8/5	konstant	$U = U_0$	fest
5/2	↕	5/3	konstant	$U = U_0$	flüssig
2	↕	2	Stokes	$U \propto R^2$	fest
2	↓	2	Marangoni	$U \propto R$	flüssig
3/2	breit	3	Stokes	$U \propto R^2$	flüssig

- Die Teilchengrössenverteilungen werden breiter als die LSW-Verteilung für rein diffusiven Stofftransport.

- Im Falle konvektiven Stofftransportes zu Tropfen verändert die Teilchengrössenverteilung ganz markant ihre Form: Statt einer konkaven Krümmung am Ursprung, ist sie dort konvex gekrümt.

Diese theoretischen Vorhersagen wurden von Thieringer und Rratke mit Al-Pb Dispersionen experimentell bestätigt [Thieringer & Ratke 1987]. Der scheinbar hypothetische Fall radiusunabhängiger Teilchenbewegung wurde von Akaiwa, Hardy und Voorhees experimentell mit Dispersionen fester Sn-Teilchen in einer eutektischen Blei-Zinn-Schmelze gefunden [Aikawa et al. 1991]

6 Reaktionskontrollierte Ostwaldreifung

Es gibt verschiedene Mechanismen, durch die eine Oberflächenreaktion der zeitbestimmende Schritt in der Vergröberung der Teilchen werden kann: Behinderung der Anlagerung, da das Teilchen eine exakte stöchiometrische Zusammensetzung hat, oder die Bindungsenergie an eine bestimmten Kristallfläche ist extrem klein bzw. die Kristallfläche ist fast atomar glatt, oder die Anlagerung erfordert zusätzliche Oberflächendiffusion zu geeigneten Anlagerungsplätzen (wie z.B. Schraubenversetzungen). Allgemein läßt sich festhalten, daß es zahlreiche Situation gibt, die formal dadurch beschrieben werden können, daß es eine zusätzliche Energiebarriere an der Oberfläche eines Teilchens gibt, die durch thermische Aktivierung erst überwunden werden muß. Bei Tropfen gibt es diese Erscheinung grundsätzlich nicht, da diese hochmobile Grenzflächen besitzen. Ist der Übertritt von der umgebenden Matrix in das Teilchen auf diese Weise langsam im Verhältnis zur Diffusion in der umgebenden Matrix, so spricht man von reaktionskontrolliertem Wachstum oder Reifung (langsam bedeutet hierbei: Ist $\tau_{Diffusion} = R^2/D$ die charakteristische Zeit für die Diffusion in der Matrix und bezeichnet $\tau_{Reaktion}$ die typische Verweilzeit eines gelösten Atoms vor einem Teilchen bis zur Anlagerung an die Oberfläche, dann ist die Oberflächenreaktion langsam, wenn gilt $\tau_{Reaktion} \gg \tau_{Diffusion}$). Wagner [Wagner 1961] nimmt in seiner Behandlung des reaktionskontrollierten Wachstums an, daß die Transferrate von der Matrix zum Teilchen proportional zur Differenz zwischen der lokalen Oberflächenkonzentration $c(R)$ und der mittleren Matrixkonzentration $\bar{c}$ ist, die im Falle $\tau_{Reaktion} \gg \tau_{Diffusion}$ als konstant in der ganzen Matrix angesehen wird (denn die Diffusion ist bedeutend schneller als die Oberflächenreaktion). Dies kann man schreiben als:

$$\frac{dR}{dt} = -K_T \Omega (c(R) - \bar{c}) \tag{50}$$

Hierbei ist K_T eine temperaturabhängige Transferkonstante (formal entspricht dies der Ratengleichung einer chemischen Reaktion erster Ordnung). Mit Hilfe des oben behandelten Schemas der asymptotischen Analyse läßt sich diese Gleichung umwandeln in:

$$\frac{dr}{d\tau} = \frac{1}{r^*} - \frac{1}{r} \tag{51}$$

mit

$$\tau = \frac{2K_T \Omega^2 c_\infty \sigma}{k_B T \overline{R_0}^2} \quad \text{und} \quad r = \frac{R}{R_0} \tag{52}$$

als normierten Zeiten und Radien. Das Wachstumsgesetz für den kritischen Radius berechnet sich zu:

$$r^{*2} - 1 = \frac{1}{2} \cdot \tau \tag{53}$$

während die stationäre Teilchengrößenverteilung lautet:

$$h(\rho) = \frac{8}{3} \frac{\rho}{(2-\rho)^2} \exp\left(\frac{-3\rho}{2-\rho}\right) \tag{54}$$

für $\rho < 2$. Für $\rho > 2$ gilt $h(\rho) = 0$. Mit Hilfe dieser Verteilung berechnet man die Relation zwischen dem messbaren mittleren Teilchenradius $\bar{R}$ und dem kritischen Teilchenradius R^* zu $R^* = 8/9\bar{R}$. Die Verteilung ist ebenfalls in Bild 3 dargestellt. Reaktionskontrollierte Ostwaldreifung wurde vor allem bei facettiert wachsenden Teilchen, wie z.B. in WC-Co Legierungen, beobachtet [Exner & Fischmeister 1966, Exner & Fischmeister 1970]. In neuerer Zeit wurde bei Kupferteilchen, die in einer Bleischmelze reiften, ein reaktionskontrolliertes Wachstum entsprechend dem Quadrat der Konzentrationsdifferenz (s.Gl. 50) beobachtet [Uffelmann et al. 1994], also entsprechend einer Reaktion zweiter Ordnung.

Ausblick

Die dargelegte Analyse des Problems der Ostwaldreifung einer Dispersion fester oder flüssiger kugeliger Teilchen in einer Matrix läßt sich auch auf andere Probleme anwenden. Für die Behandlung der Vergröberung von Dendriten analysiere man die lokal variierenden Krümmungsradien in einer dendritischen Zone ("mushy zone" zwischen Liquidus- und Soliduslinie), so daß man eine Verteilungsdichte der lokalen Krümmungen schreiben kann und behandele dann die Vergröberung völlig analog zu den hier behandelten Fällen. Diese Vorgehensweise wurde von Glicksman angewandt [Glicksman & Voorhees 1984]. Die theoretische Analyse für die Vergröberung von Dendriten besagt, daß die Dendritendurchmesser bei diffusivem Stofftransort und konstanter Temperatur wie $t^{1/3}$ wachsen. Sorgfältige Experimente bestätigen diese Vorhersage.

Literaturverzeichnis

[Aaron & Kotler 1971] H.B. Aaron and G.R. Kotler, Second Phase Dissolution, *Met. Trans.*, **2** (1971) 393 – 408.

[Aikawa et al. 1991] N. Akaiwa, S.C. Hardy and P.W. Voorhees The Effects of Convection on Ostwald Ripening in Solid-Liquid Mixtures, *Acta metall. mater.*,**39** (1991) 2931 – 2942.

[Ardell 1969] A.J. Ardell, Experimental Confirmation of the Lifshitz-Wagner Theory of Particle Coarsening, In *The Mechanism of Phase Transformations in Crystalline Solids*, Monograph and Report Ser. No. 33, pages 111 – 116. The Institute of Metals, 1969.

[Ardell 1972 a] A.J. Ardell, The Effect of Volume Fraction on Particle Coarsening: Theoretical Considerations, *Acta metall.*, **20** (1972) 61 – 71.

[Ardell 1972 b] A.J. Ardell, On the Voarsening of Grain Boundary Precipitates, *Acta metall.*, **20** (1972) 601 – 609

[Asimov 1963] R. Asimov, Clustering Kinetics in Binary Alloys, *Scripta Metall.*, **11** (1963) 72 – 73.

[Binder & Stauffer 1976] K. Binder and D. Stauffer, Statistical Theory of Nucleation, Condensation and Coagulation, *Advances in Physics*, **25** (1976) 343 – 396

[Brailsford & Wynblatt 1979] A.D. Brailsford and P.Wynblatt, The Dependence of Ostwald Ripening Kinetics on Particle Volume Fraction, *Acta Metall.*, **27** (1979) 489 – 497.

[Brown 1985] L.C. Brown, Direct Observation of Coarsening in Al-cu Alloys *Acta metall.*, **33** (1985) 1391 – 1398.

[Calderon 1994] H.A. Calderon, P.W. Voorhees, J.L. Murray, and G. Kostorz, Ostwald Ripening in Concentrated Alloys, *Acta metall. mater.*, **42** (1994) 991 – 1000.

[Chaix & Allibert 1986] J.M. Chaix and C.H. Allibert, Ostwald Ripening Growth Rate for Nonideal Systems with Significant Mutual Solubility - II. Ternary Systems. Application to Liquid Phase Sintering of W-Ni-Cr *Acta metall.*, **34** (1986) 1593 – 1598

[Chaix et al. 1986] J.M. Chaix, N. Eustathopoulos, and C.H. Allibert. Ostwald Ripening Growth Rate for Nonideal Systems with Significant Mutual Solubility - I. Binary Systems. *Acta metall.*, **34** (1986) 1589 – 1592.

[Davies et al. 1980 a] C.K.L. Davies, P. Nash, and R.N. Stevens. Precipitation in Ni-Co-Al Alloys - Part 1. Continuous Precipitation. *J. Mat. Sci.*, **15** (1980) 1521 – 1532.

[Davies et al. 1980 b] C.K.L. Davies, P. Nash, and R.N. Stevens. The Effect of Volume Fraction of Precipitate on Ostwald Ripening. *Acta Metall.*, **28** (1980) 179 – 189.

[Enomoto 1991] Y. Enomoto. Finite Volume Fraction Effects on Coarsening - II. Interface-Limited Growth. *Acta metall.*, **39** (1991) 2013 – 2016.

[Enomoto 1987] Y. Enomoto, K. Kawasaki, and M. Tokuyama. The Time Dependent Behaviour of the Ostwald Ripening for the Finite Volume Fraction. *Acta metall.*, **35** (1987) 915 – 922.

[Enomoto 1986] Y. Enomoto, M. Tokuyama, and K. Kawasaki. Finite Volume Fraction Effects on Ostwald Ripening. *Acta metall.*, **34** (1986) 2119 – 2128.

[Exner & Fischmeister 1966] E. Exner and H.F. Fischmeister. Gefügeausbildung von gesinterten Wolframkarbid-Kobalt-Hartlegierungen. *Archiv für das Eisenhüttenwesen*, **37** (1966) 417 – 426.

[Exner & Fischmeister 1970] H.E. Exner and H. Fischmeister. Zur experimentellen Überprüfung der Wagner- Lifshitz- Theorie für das Wachstum grober Teilchen. *Z. Metallkde.*, **61** (1970) 218 – 225.

[Fischmeister & Grimvall] H. Fischmeister and G. Grimvall. Ostwald Ripening - A Survey. In G.C. Kuczynski, editor, *Sintering and related Phenomena*, pages 119 – 149, New York, 1973. Plenum.

[Glicksman & Voorhees 1984] M.E. Glicksman and P.W. Voorhees. Ostwald Ripening and Relaxation in Dendritic Structures. *Met. Trans. A*, **15A** (1984) 995 – 1001.

[Hardy & Voorhees 1988] S.C. Hardy and P.W. Voorhees, Ostwald Ripening in a System with a High Volume Fraction of Coarsening Phase *Met. Trans. A* **19A** (1988) 2713 – 2721.

[Levich 1962] V.G. Levich, *Physicochemical Hydrodynamics* Prentice Hall, Englewood Cliffs, NJ 1962.

[Lifshitz & Slyozov 1961] I.M. Lifshitz and V.V. Slyozov. The Kinetics of Precipitation from Supersaturated Solid Solutions. *J. Phys. Chem. Solids* **19** (1961) 35 – 50.

[Ostwald 1900] W. Ostwald, Über die vermeintliche Isomerie des roten und gelben Quecksilberoxyds und die Oberflächenspannung fester Körper *Z.Phys. Chem.*, **34** (1900) 495 – 503.

[Ratke 1991] L. Ratke. Ostwald Ripening in Liquids. In J.N. Koster and R.L. Sani, editors, *Low-Gravity Fluid Dynamics and Transport Phenomena*, Vol.130, Progress in Astronautics and Aeronautics, pages 661 – 699, Washington, DC, 1990.

[Ratke & Thieringer 1985] L. Ratke and W.K. Thieringer. The Influence of Particle Motion on Ostwald Ripening in Liquids. *Acta metall.*, **33** (1985) 1793 – 1802.

[Takajo et al. 1984] S. Takajo, W.A. Kaysser, and G. Petzow. Analysis of Particle Growth by Coalescence During Liquid Phase Sintering. *Acta metall.*, **32** (1984) 107–113.

[Thieringer & Ratke 1987] W.K. Thieringer and L. Ratke. The Coarsening of Liquid Al-Pb-Dispersions. *Acta metall.*, **35**:1237 – 1244, 1987.

[Tsumuraya & Miyata 1983] K. Tsumuraya and Y. Miyata. Coarsening Models Incorporating Both Diffusion Geometry and Volume Fraction of Particles. *Acta metall.*, **31** (1983) 437 – 452.

[Uffelmann et al. 1994] D.Uffelmann, W.Bender, L.Ratke, B.Feuerbacher, Ostwald Ripening in Lorentz-Force Stabilized Cu-Pb Dispersions at Low Volume Fractions, I - Experimental Observations *Acta metall. et mater.*, **44** (1994).

[Umantsev & Olson 1993] A. Umantsev and G.B. Olson. Ostwald Ripening in Multicomponent Alloys. *Scripta metall. et materialia*, **29**:1135 – 1140, 1993.

[Vengrenovitch 1982] R.D. Vengrenovitch. On the Ostwald Ripening Theory. *Acta metall.*, **30** (1982) 1079 – 1086.

[Voorhees 1985] P.W. Voorhees. The Theory of Ostwald ripening. *J. Statist. Phys.*, **38** (1985) 231 – 252.

[Voorhess & Glicksman 1984 a] P.W. Voorhees and M.E. Glicksman. Solution to the Multiparticle Diffusion Problem with Applications to Ostwald Ripening - I. Theory. *Acta metall.***32** (1984) 2001 – 2012.

[Voorhess & Glicksman 1984 b] P.W. Voorhees and M.E. Glicksman. Solution to the Multiparticle Diffusion Problem with Applications to Ostwald Ripening - II. Computer Simulations. *Acta metall.***32** (1984) 2013 – 2030.

[Wagner 1961] C. Wagner. Theorie der Alterung von Niederschlägen durch Umlösen (Ostwaldreifung). *Z.Elektrochemie*, **65** (1961) 581 – 591.

[Wan & Sahm 1990 a] Gang Wan and P.R. Sahm. Ostwald Ripening in the Isothermal Rheocasting Process. *Acta. metall. mater.*, **38** (1990) 967 – 972.

[Wan & Sahm 1990 b] Gang Wan and P.R. Sahm. Particle Growth by Coalescence and Ostwald Ripening in Rheocasting of Pb-Sn. *Acta. metall. mater.*, **38** (1990) 2367 – 2372.

[Zwillinger 1989] Zwillinger. Coarsening of Non-spherical Particles. *J. Crystal Growth*, **94** (1989) 159 – 165.

11 Kristallwachstum, Gleichgewichts- und Wachstumsformen von Kristallen

Gegenstand dieses Kapitels ist die Beziehung zwischen Kristallstruktur, Kristallwachstum und Kristallmorphologie. Ziel der Betrachtung ist das Verständnis der Gleichgewichtsform eines Kristalls. Dieses Kapitel hält sich in seiner Darstellung im wesentlichen an die historische Entwicklung: Von Bravais [1866], von Niggli [ab 1920], von Donnay und Harker [1937] und schließlich von Hartman und Perdok [ab 1955] stammt - immer weiter verfeinert - die Idee, daß sich die Gleichgewichtsform aus der Anordnung der Kristallbausteine (Kristallstruktur) oder aber aus der Abfolge der chemischen Bindungen (PBC-Vektoren) herleiten läßt.

Auf dem Gebiet des Kristallwachstums sind vor allem Gibbs [1878] und Wulff [1901] zu nennen, deren Konzepte von Kossel, Stranski und Kaischew (ab 1927/28) weitergeführt wurden. Deren Idee besteht im wesentlichen in der Berechnung der Anlagerungsenergie von Atomen und Molekülen auf Flächen, vor Stufen und in Nischen, die als bevorzugte Anlagerungsplätze dienen und so das Kristallwachstum vorantreiben. Diese als atomistische Theorie bezeichnete Idee ist in der Lage, die Gleichgewichtsform einfacher Kristalle abzuleiten, jedoch ist sie nicht in der Lage, zu erklären, warum die meisten Kristalle aus einer Lösung oder Schmelze wachsen können, die weit geringer übersättigt (unterkühlt) ist, als dies für die zweidimensionale Keimbildung nach Kossel und Stranski berechnet wird. Dies gelang erst durch das Konzept des Spiralwachstums von Burton, Cabrera und Frank (ab 1949), die die Bedeutung von Versetzungen, insbesondere Schraubenversetzungen, für das Kristallwachstum erkannten. Einen guten Überblick über das gesamte Gebiet vermitteln die Monographien von Buckley [1951], Honigmann [1958], Smakula [1962], Meyer [1968], Hartman [1973] sowie Chernov [1984].

1 Grundlegende Begriffe: Tracht, Habitus, Wachstums-, Gleichgewichtsform

Vor dem eigentlichen Einstieg in die Problematik sollen zunächst einige Termini technici definiert werden, um Verwechslungen vorzubeugen. Wir sprechen von der Morphologie eines Kristalls, wenn wir seine Gestalt durch die Kombination von Flächen und deren Größen beschreiben. Die Morphologie läßt sich vollständig durch die Tracht und den Habitus erfassen, wobei man unter Tracht die Menge der an einem Kristallpolyeder vorhandenen Flächen (hkl) bzw. Flächenformen (Kristallformen) {hkl} versteht, während der Habitus die Gestalt eines Kristalls beschreibt. Diese ist durch die Größenverhältnisse der einzelnen Formen bedingt. Typische Habitusbegriffe sind stengelig, nadelig, prismatisch, plattig, blättchenförmig, würfelig, kugelig etc. Bild 1 zeigt den Unterschied der beiden Begriffe am Beispiel zweier Kubooktaeder-Kombinationen.

Man spricht von der Gleichgewichtsform eines Kristalls, wenn seine Tracht und sein Habitus im thermodynamischen Gleichgewicht mit der Umgebung sind und der Kristall aufgehört hat zu wachsen. Demgegenüber versteht man unter der Wachstumsform eines Kristalls seine Morphologie zu einem gegebenen Zeitpunkt des Wachstums. Wichtig ist, daß die Form nach genügend langem Wachstum, die sog. stationäre Wachstumsform, im allgemeinen nicht mit der Gleichgewichtsform übereinstimmt. Experimentell erhält man nur die Wachstumsform; die Gleichgewichtsform ist aus Wachtumsexperimenten (Wachstum ist immer Ungleichgewicht!) nicht zu ermitteln, sondern muß theoretisch aus Modellen abgeleitet werden.

Bild 1 Unterschied zwischen Tracht und Habitus; beide Kristalle sind Kombinationen von Würfel {100} und Oktaeder {111}, wobei links ein würfeliger Habitus und rechts ein oktaedrischer Habitus vorliegt. Die Tracht ist in beiden Fällen gleich.

2 Thermodynamische Gleichgewichtsbedingung: Gibbs – Wulff

Wir beginnen mit der thermodynamischen Betrachtung der Gleichgewichtsform nach [Gibbs 1878]. Bei dieser hat der Kristall bei gegebenem Volume V (d. h. fester Anzahl der Kristallbausteine) die kleinste freie Enthalpie G. Der für das Wachstum wesentliche Anteil liegt in der freien Oberflächenenergie σ; sie ist gegeben durch

$$\sigma = \frac{\partial G}{\partial A}$$

wobei A die Größe der Oberfläche bezeichnet. Sofern σ isotrop ist, ist die Gleichgewichtsform eine Kugel, da die Kugel bei festem Volumen die kleinste Oberfläche besitzt. Die Erfahrung, daß Kristalle üblicherweise stark von der Kugelgestalt abweichen, legt den Schluß nahe, daß die Oberflächenspannung i. a. nicht isotrop ist. Dann ist die Gleichgewichtsform natürlich keine Kugel mehr, sondern ein Polyeder, dessen Flächen die kleinste freie Oberflächenenergie für die jeweilige Richtung haben. Dieser Sachverhalt ist Aussage des Wulffschen Theorems [Wulff 1901], welches besagt, daß die Gleichgewichtsform durch die minimale freie Oberflächenenergie definiert ist:

$$\frac{\sigma_1}{h_1} = \frac{\sigma_2}{h_2} = \ldots = const., \tag{1}$$

wobei h_i die Zentraldistanz der i-ten Fläche bezeichnet. Dieses Theorem wird manchmal auch als Gibbs-Curie-Kriterium bezeichnet; es besagt, daß die Zentraldistanz h_i der spezifischen freien Oberflächenenergie σ_i der i-ten Fläche und damit der Normalengeschwindigkeit des Flächenwachstums proportional ist. Anschaulich wird der Satz durch die sog. Wulffsche Konstruktion (Bild 2). Man erkennt, daß Flächen mit zu großer Oberflächenspannung (in Bild 2 z. B. σ_2) so weit außen liegen, daß sie nicht mehr an der Gleichgewichtsform beteiligt sind.

Aus der Abbildung wird deutlich, daß die Flächen mit geringer Wachstumsgeschwindigkeit (kleinen σ-Werten) im Laufe des Wachstums größer werden, während Flächen mit großer Wachstumsgeschwindigkeit kleiner werden und schließlich verschwinden. Im Endstadium des Wachstumsprozesses muß der Kristall daher von Flächen mit minimalen Verschiebungsgeschwindigkeiten begrenzt sein. Dies sind die Gleichgewichts- oder G-Flächen.

Ein Verständnis für das Wulffsche Theorem folgt unmittelbar aus dem Gleichgewichtskriterium von Gibbs, welches aussagt, daß die freie Enthalpie des Systems Kristall (G_{Kr})/ Nährphase (G_{NP}) im Gleichgewicht ein Minimum annehmen muß, d. h.

$$G_{System} = G_{Kr} + G_{NP} + G_{Grenzfl.} = Min.! \tag{2}$$

Da im Gleichgewicht gilt: $V_{Kr} = konst.$ und $V_{NP} = konst.$ reduziert sich der Ausdruck 2 zu:

$$G_{Grenzfl.} = Min.! \tag{3}$$

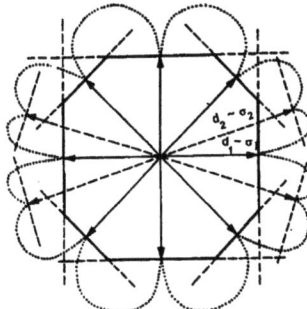

Bild 2 Wulffsche Konstruktion für zwei Dimensionen. Von einem Mittelpunkt M aus werden in Richtung der Normalen auf die möglichen Flächen (hkl) Strecken proportional ihrer spezifischen freien Oberflächenspannung σ_i gezeichnet und durch die Endpunkte die senkrechte Fläche gelegt. Die inneren Flächen mit kleinstem σ bilden die Gleichgewichtsform (ausgezogene Linien). Punktiert: Verlauf der Oberflächenspannung in Abhängigkeit von der Richtung.

Das heißt aber nichts anderes, als daß im Gleichgewicht

$$\sum_{j=1}^{N} \sigma_j A_j = Min. \qquad (4)$$

ein Minimum annehmen muß (Gibbssche Bedingung), wobei σ_j die spezifische freie Oberflächenenergie und A_j die Größe der j-ten Fläche bedeuten. Der Wulffsche Satz (Gl. 1) stellt damit die Lösung des Variationsproblems Gl. 4 dar.

Obgleich das Gibbs-Curie-Kriterium ein sehr wirksames Werkzeug zum Verständnis des Kristallwachstums und der Gleichgewichtsform darstellt, kann es keine Auskunft über den tatsächlich vorliegenden Habitus geben. Dieser hängt von den Umständen des Wachstums, insbesondere von Faktoren wie Übersättigung, Unterkühlung und Temperatur ab, die die Wachstumsgeschwindigkeit in den einzelnen Richtungen beeinflussen.

3 Kristallgitter und Morphologie: Bravais – Niggli – Donnay – Harker

Alternativ zur thermodynamischen Beschreibung des Kristallwachstums berücksichtigte Bravais bereits 1866 die Struktur der Kristalle [Bravais 1866]. Er ordnete die morphologisch wichtigen Flächen den Gitterebenen mit der größten Dichte von Gitterpunkten zu. Eine Verfeinerung und Erweiterung dieses Modells erfolgte durch [Niggli 1920] sowie [Donnay & Harker 1937].

Das Grundkonzept von Bravais korreliert die Dichte der Gitterpunkte, D_{hkl}, den Netzebenenabstand d_{hkl} und die Verschiebungsgeschwindigkeit (Prominenz) einer Fläche (hkl). Die Kernaussage ist, daß die morphologisch wichtigsten Wachstumsflächen (also die mit den kleinsten Verschiebungsgeschwindigkeiten) parallel zu Netzebenen mit hoher Gitterpunktdichte D_{hkl} bzw. mit kleiner Elementarmasche S_{hkl} liegen. Diesen Sachverhalt bezeichnet man als das Gesetz von Bravais. Da das Volumen V der primitiven Elementarzelle eines gegebenen Gitters eine Konstante ist (also nicht von h, k und l abhängt), ist die Gitterpunktdichte D_{hkl} einer Netzebene (h, k, l) direkt proportional dem Netzebenenabstand d_{hkl} [1]. Die Information über die „Prominenz" einer Kristallfläche läßt sich also unmittelbar aus dem Netzebenenabstand herleiten; sie entspricht damit der Abfolge der Reflexe in einem Röntgen-Pulverdiagramm. Die Bestimmung

---

[1] Wegen $D_{hkl} = \frac{1}{S_{hkl}} = \frac{1}{V} \cdot d_{hkl}$ (S_{hkl} = Fläche einer Gittermasche, V = Volumen der Elementarzelle) sind die beiden Aussagen „großes D_{hkl}" und „großes d_{hkl}" äquivalent.

11 Kristallwachstum, Gleichgewichts- und Wachstumsformen von Kristallen

Tabelle 1 Abfolge der prominenten Flächen im primitiven und innenzentrierten kubischen Gitter. Die Reihenfolge der Flächen beim innenzentrierten Gitter ergibt aus der Abfolge der g^2-Werte, d. h. die (110-Fläche ist die prominenteste, gefolgt von (100) und (211).

P	hkl	100	110	111	210	211	221	310	311	320	321	410	322	411
	g^2	1	2	3	5	6	9	10	11	13	14	17	17	18
I	hkl	200	110	222	420	211	442	310	622	640	321	411	322	431
	g^2	4	2	12	20	6	36	10	44	52	14	18	22	26

des Netzebenenabstandes als Funktion der Indizes h,k und l ist für rechtwinklige Achsensysteme (rhombisch, tetragonal und kubisch) einfach:

$$d_{hkl} = \frac{1}{\sqrt{\left(\frac{h}{a}\right)^2 + \left(\frac{k}{b}\right)^2 + \left(\frac{l}{c}\right)^2}},$$

wobei a,b und c die Gitterparameter sind; für nicht-orthogonale Systeme ist die Formel etwas komplizierter.

Um im kubischen System ($a = b = c$) die morphologische Wichtigkeit der verschiedenen Formen $\{hkl\}$ möglichst einfach zu diskutieren, berechnet man die Summe ihrer Quadrate

$$g_{hkl}^2 = h^2 + k^2 + l^2.$$

Für ein kubisch primitives Gitter stimmt das theoretische Resultat mit den beobachteten Formen auch gut überein. Für zentrierte Gitter ändert sich diese Situation aber drastisch. Beim innenzentrierten Gitter I zum Beispiel hat die Netzebene (100) zwar dieselbe Besetzungsdichte wie ein primitives Gitter, jedoch nur den halben Netzebenenabstand; andere Netzebenen, z. B. die (110)-Ebene, sind infolge der Zentrierung, bei unverändertem Netzebenenabstand, doppelt so dicht besetzt. Allgemein entstehen beim innenzentrierten Gitter infolge der Zentrierung zusätzliche Gitterpunkte auf den Positionen $m + 1/2, n + 1/2, p + 1/2$. Die Besetzungsdichte verdoppelt sich bei denjenigen Netzebenen, die solche Punkte enthalten. Einfache arithmetische Überlegungen führen dann zu Auswahlregeln für die Miller-Indizes h,k und l solcher Netzebenen: Für das I-Gitter zeigen alle Netzebenen (hkl) mit $h + k + l = 2n$ (gerade) die Verdoppelung von D_{hkl}. Zur Diskussion der Reihenfolge der Kristallflächen muß man dann nur alle Indizes mit $h + k + l = 2n + 1$ (ungerade) verdoppeln und deren g^2 bestimmen. Umsortieren nach den g^2 liefert dann die gesuchte neue Rangordnung der Flächen. In Tabelle 1 ist das Vorgehen zusammenfassend für das primitive und das innenzentrierte Gitter dargestellt. Ähnliches gilt für die anderen zentrierten Gitter. Man erkennt in allen Fällen die Beziehungen zu den integralen Auslöschungen der Röntgenreflexe.

Eine genauere Betrachtung, die auf Niggli und vor allem auf Donnay und Harker zurückgeht, berücksichtigt die Änderung der Besetzungsdichte von Netzebenen beim Auftreten von Gleitspiegelebenen und Schraubenachsen (und nicht bloß von zentrierenden Gitterpunkten), wie sie durch die Symmetrieelemente einer Raumgruppe hervorgerufen werden. So verändert z. B. eine zweizählige Drehachse entlang [001] den Netzebenenabstand d_{001} parallel zu dieser Achse. Bei einer parallelen zweizähligen Schraubenachse dagegen wird d_{001} halbiert, was die Bedeutung der zugehörigen Kristallfläche reduziert. Einen analogen Einfluß haben Gleitspiegelebenen. Wiederum entsprechen die Auswahlregeln den röntgenographischen Auslöschungsbedingungen, nur sind es diesmal die zonalen (Gleitspiegelebenen) und serialen (Schraubenachsen) Auslöschungen.

Donnay und Harker haben für jede Raumgruppe eine Rangordnung der Formen aufgestellt und diese als „morphologischen Aspekt" bezeichnet. Insgesamt gibt es für die 230 Raumgruppen 97 verschiedene morphologische Aspekte, d. h. einige Raumgruppen haben den gleichen Aspekt. Allein im kubischen System treten 17 Aspekte auf. In jedem Fall läßt sich die Theorie durch Röntgenbeugung prüfen, da sich die Reihenfolge der Prominenz der Flächen aus der Abfolge ihrer Reflexe im Röntgenpulverdiagramm ergibt.

Eine eingehende Darstellung der Theorie von Bravais-Donnay-Harker findet sich bei [Phillips 1971], wo auch Tabellen der morphologischen Aspekte und Beispiele (z. B. Schwefel) aufgeführt sind.

4 Atomistische Theorie des Kristallwachstums: Kossel – Stransky

Eine Verbindung zwischen thermodynamischer und gittertheoretischer Betrachtung stellt das atomistische Modell von Kossel und Stranski dar [Knacke & Stranski 1952]. Nach einem kurzen Überblick über die Theorie wird am Beispiel des NaCl-Kristalls demonstriert, wie die Kristallmorphologie mit dieser Methode erklärt werden kann.

In diesem Modell gibt es an der Oberfläche eines Kristalls für die Bausteine verschiedene Plätze der Anlagerung, wobei diese Positionen durch unterschiedliche Anlagerungsenergien (Bindungsenergien) gekennzeichnet sind. Für Ionenkristalle werden diese Energien z. B. mittels elektrostatischer Wechselwirkungen berechnet. Von besonderer Bedeutung ist die Anlagerungsenergie bzw. Abtrennarbeit aus der sog. Halbkristallage (Anlagerungsenergie und Abtrennarbeit sind dem Betrage nach gleich groß und unterscheiden sich nur im Vorzeichen). Die Abtrennarbeit aus einer Halbkristallage entspricht der halben Abtrennarbeit eines Bausteins aus dem Inneren (Volumen) eines Kristalls, d. h. der halben Gitterenergie. Im thermodynamischen Gleichgewicht sind die Wahrscheinlichkeiten für Anlagerung und Abtrennung in der Halbkristallage genau gleich groß, d. h. Anlagerung und Ablösung befinden sich im dynamischen Gleichgewicht (wiederholbarer Schritt). Allgemein gilt, daß Atome, deren Abtrennarbeit größer als die der Halbkristallage ist, im Gleichgewicht besetzt sind. Umgekehrt sind Positionen mit kleinerer Abtrennarbeit unbesetzt. Dies führt schließlich dazu, daß ein Kristall im Gleichgewicht von einer kleinen Anzahl von Kristallformen $\{hkl\}$ begrenzt wird, die atomar glatt sind. Das Modell gilt streng nur für $T = 0$, da ausschließlich Bindungsenergien, aber keine Entropien berücksichtigt werden. Bei endlichen Temperaturen kommt es zur atomaren Aufrauhung der Oberflächen.

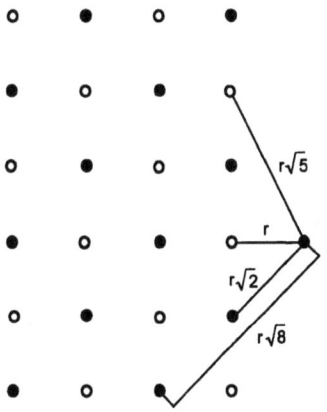

Bild 3 Anlagerung eines Ions an die [100]-Kante einer Netzebene von NaCl.

11 Kristallwachstum, Gleichgewichts- und Wachstumsformen von Kristallen

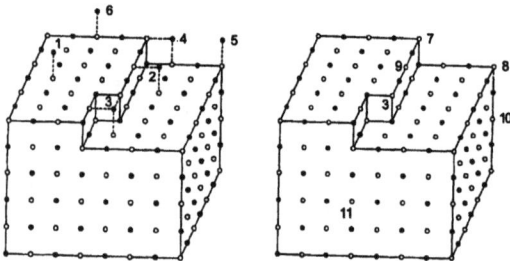

Bild 4 (a) Anlagerung von Ionen an verschiedene Positionen der Würfelfläche (100) der NaCl-Struktur. (b) Abtrennung von Ionen aus der NaCl-Struktur. Die Ziffern entsprechen Tabelle 2.

Das klassische Beispiel für die Theorie ist NaCl mit dem Würfel {100} als Gleichgewichtsform. Betrachten wir zu Beginn die Anlagerung eines Ions an eine eindimensionale Kette, die aus positiven und negativen einwertigen Ionen mit Abstand r aufgebaut ist. Die Anlagerungsenergie ergibt sich dann durch Aufsummierung der Beiträge der nächsten, übernächsten, drittnächsten usw. Nachbarn:

$$A'_{1-dim} = \Phi' \frac{e^2}{r} = \frac{e^2}{r}\left(1 - \frac{1}{2} + \frac{1}{3} - \frac{1}{4} + \ldots\right) = \frac{e^2}{r} \ln 2 = 0.6932 \cdot \frac{e^2}{r}. \quad (5)$$

Analog ist das Vorgehen in zwei Dimensionen, d. h. bei der Anlagerung an eine Netzebene (Bild 3). Hier liefert die geometrische Betrachtung:

$$\begin{aligned} A''_{2-dim} &= \Phi'' \frac{e^2}{r} \\ &= \frac{e^2}{r}\left[\left(1 - \frac{2}{\sqrt{2}} + \frac{2}{\sqrt{5}} - \frac{2}{\sqrt{10}} + \ldots\right) - \frac{1}{2} + \frac{2}{\sqrt{5}} - \frac{2}{\sqrt{8}} + \ldots\right] = 0.1144 \cdot \frac{e^2}{r}. \end{aligned} \quad (6)$$

In drei Dimensionen ist die Rechnung analog. Es wird ein Ion auf dem Block eines Kristalls angelagert:

$$A'''_{3-dim} = \Phi''' \frac{e^2}{r} = 0.0662 \cdot \frac{e^2}{r}. \quad (7)$$

Aus Bild 4(a) entnimmt man sofort, daß der wiederholbare Schritt 3 der Summe der Beträge A', A'' und A''' entspricht:

$$A_{Halbkr.} = \Phi_{Halbkr.} \frac{e^2}{r} = \frac{e^2}{r}(0.6932 + 0.1144 + 0.0662) = 0.8738 \frac{e^2}{r}. \quad (8)$$

Dieser Wert für die Halbkristallage ist nichts anderes als die halbe Madelung-Konstante (1.7476).

Mit Hilfe dieses einfachen Modells läßt sich die Anlagerungsenergie an einer beliebigen Position im Kristall berechnen, indem die einzelnen Beiträge - also Anlagerung an Kette, vor eine Netzebene oder auf einen Block - überlagert werden. Tabelle 2 enthält die resultierenden Φ-Werte der einzelnen Atompositionen, sowohl für Anlagerung (Bild 4(a)) als auch für Ablösung (Bild 4(b)).

Wie kann man sich nun das Wachstum eines NaCl-Kristalls im Kossel-Stranski-Modell vorstellen? Beim Wachstum werden sich Ionen bevorzugt dort anlagern, wo der Energiegewinn, d. h. der Φ-Wert, möglichst groß ist. Wie Tabelle 2 zeigt, ist das die Position 3. Also werden angefangene Ketten zunächst weiter gebaut (Wachstum in der „Halbkristallage"). Wenn dieser Schritt

Tabelle 2 Φ-Werte der Anlagerungsenergien und Abtrennarbeiten für einen NaCl-Kristall mit {100} als einzige Gleichgewichtsform.

Lage des Bausteins	Art der Summenbildung der Φ-Werte	Resultierender Φ-Wert	
1	Φ'''	0.0662	
2	$\Phi'' + \Phi'''$	0.1806	
3	$\Phi' + \Phi'' + \Phi'''$	0.8738	Anlagerung
4	$\frac{1}{2}\Phi' + \Phi'' + \frac{1}{2}\Phi'''$	0.4941	Bild 4(a)
5	$\frac{1}{4}\Phi' + \frac{1}{2}\Phi'' + \frac{1}{4}\Phi'''$	0.2470	
6	$\frac{1}{2}\Phi'' + \frac{1}{2}\Phi'''$	0.0903	
7	$\frac{3}{2}\Phi' + \Phi'' + \frac{1}{2}\Phi'''$	1.1872	
8	$\frac{7}{4}\Phi' + \Phi'' + \frac{1}{4}\Phi'''$	1.3440	Ablösung
9	$2\Phi' + \Phi'' + \Phi'''$	1.5669	Bild 4(b)
10	$2\Phi' + \frac{3}{2}\Phi'' + \frac{1}{2}\Phi'''$	1.5910	
11	$2\Phi' + 2\Phi'' + \Phi'''$	1.6814	

abgeschlossen ist, wird eine neue Kette in Position 4 angefangen, und erst wenn die gesamte Netzebene fertig ist, kann - energetisch gesehen - eine neue Netzebene von Position 6 her begonnen werden. Das Wachstum beginnt also am Rand des Kristalls und läuft von dort schnell nach innen.

Analoges gilt für die Auflösung (4(b) und Tabelle 2. Hier wird Schritt 3 mit kleinster Abtrennarbeit so oft wie möglich eintreten. Ist die ganze Kette abgelöst, so beginnt die Ablösung einer neuen Kette vom Rande her (Position 7) und einer Ebene von der Ecke her (Position 8).

Die gleichen Überlegungen lassen sich auf die anderen Wachstumsformen übertragen. Betrachten wir als weiteres Beispiel die Rhombendodekaederfläche (110) in Bild 5: Hier liegen wieder einfache Ketten von abwechselnd positiven und negativen Ionen vor, die jedoch, anders als bei der Würfelfläche, so nebeneinander liegen, daß Ionen gleichen Vorzeichens benachbart sind. Das resultierende Coulomb-Potential Φ'' wird deshalb negativ ($\Phi'' = -0.0270$). Somit ist (110)-Fläche instabil und dürfte gar nicht existieren. Sicher muß sie anders entstehen als die (100)-Fläche, die durch Nebeneinanderlegen alternierender Ketten gebildet wird. Man kann die (110)-Fläche aber interpretieren als Scheinfläche, die dadurch gebildet wird, daß sich parallel zur (100)-Fläche Ketten anlagern. Tatsächlich ist das auch energetisch sehr günstig, wie Bild 5 zeigt. Darüberhinaus kann sich problemlos ein Ion auf die (110)-Fläche anlagern; allerdings werden die so gebildeten NaCl-Ketten nicht direkt nebeneinander liegen, sondern einen gewissen Abstand zueinander haben (minimal zwei Kettenabstände), was zu einer Vergröberung bzw. Treppenbildung der (110)-Fläche führt. Dieses wird experimentell auch beobachtet. Bedingt durch

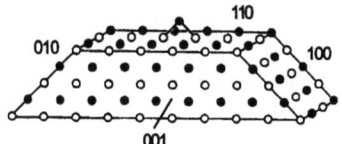

Bild 5 Anlagerung eines Ions auf eine atomar glatte Rhombendodekaederfläche (110) von NaCl.

den Energiegewinn ist die Verschiebungsgeschwindigkeit der (110)-Fläche größer als die der Würfelfläche.

Zusammenfassend läßt sich also festhalten:

- Die Theorie erklärt die Gleichgewichtsform von NaCl, nämlich den Würfel {100}.

- Die Energiegewinne bei der Anlagerung (wiederholbarer Schritt) spiegeln sich in der hohen lateralen Ausbreitungsgeschwindigkeit der Würfelflächen wieder.

- Die Wachstumsgeschwindigkeit in Normalenrichtung ist sehr klein.

- Die zweidimensionale Keimbildung einer neuen Fläche erfolgt selten, aber wenn sie geschieht, beginnt die Anlagerung am Rand und läuft dann schnell nach innen.

Ungeklärt bleibt in der Theorie jedoch, warum das Kristallwachstum bereits bei sehr kleinen Übersättigungen der Nährphase einsetzen kann. Dieses Problem wird im Abschnitt 6 behandelt.

5 Kristallstruktur und Morphologie: Hartman - Perdok

Eine Verfeinerung und Weiterentwicklung des Kossel-Stranski-Modells und seiner atomistischen Betrachtungsweise geht auf Hartman und Perdok zurück [Harmann & Perdok 1955, Hartmann 1973]. Die Autoren stellen die sogenannten PBC-Vektoren (*periodic bond chain vectors*) ins Zentrum der Betrachtungen; dies sind ununterbrochene Ketten starker chemischer Bindungen, deren Anordnung und Richtung die Morphologie eines Kristalls bestimmt. Damit besteht die Möglichkeit, im Gegensatz zu Kossel-Stranski, auch Kristalle mit komplizierter Struktur zu behandeln, jedoch auf Kosten der Genauigkeit der Energieberechnung, da die „attachment energies" von Hartman-Perdok nur qualitativ abgeschätzt werden können, im Gegensatz zu den Anlagerungsenergien (Φ-Werten) von Kossel-Stranski.

Ausgangspunkt ist wiederum ein Kristall, der sich in einer Nährphase befindet und durch Anlagerung weiterer Atome oder Moleküle wächst (Bild 6(a)). Aus dem Kossel-Stranski-Modell folgt, daß die Anlagerung bevorzugt dort stattfinden wird, wo der größte Energiegewinn zu erwarten ist, d. h. dort, wo die meisten chemischen Bindungen gebildet werden. Diese Idee wird

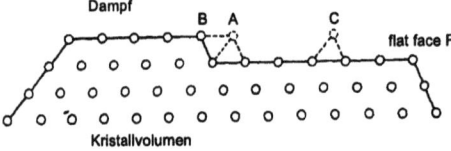

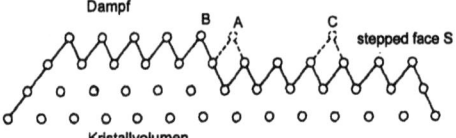

Bild 6 (a) Anlagerung von Atomen an einen Kristall. Jeder Kreis stellt einen PBC-Vektor senkrecht zur Zeichenebene dar. Bevorzugtes laterales Wachstum der F-Fläche wird in Position A auftreten, da sich dort zwei PBC-Vektoren treffen, während bei C nur ein PBC-Vektor verläuft (senkrecht zur Zeichenebene). (b) Ausbildung von „stepped faces S", da zwischen A und B kein PBC-Vektor existiert, d. h. es findet kein Schichtwachstum statt

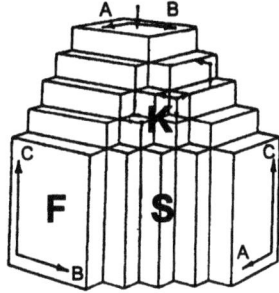

Bild 7 Hypothetischer Kristall mit drei PBC-Vektoren: A∥[100], B∥[010] und C∥[001]. F-Flächen sind (100), (010) und (001); S-Flächen sind (110), (101) und (011), K-Fläche ist (111).

nun in das PBC-Konzept umgesetzt: In Bild 6(a) kreuzen sich in Position A zwei PBC-Vektoren, zum einen der horizontale Vektor $B-A$, zum anderen der Vektor senkrecht zur Zeichenebene. In Position C andererseits gibt es nur den Vektor senkrecht zur Zeichenebene. Damit ist klar, daß A die stabilere Position ist; das Wachstum wird in den „kinks" lateral weitergehen (ähnlich dem wiederholbaren Schritt bei Kossel-Stranski) und eine ebene Kristallfläche („flat face F") aufbauen; das Wachstum dieser F-Flächen erfolgt also in Schichten („slices").

Sind dagegen die vertikalen PBC-Vektoren in A nicht an die in B gebunden, d. h. ist B-A keine starke chemische Bindung, so findet kein Schichtwachstum statt (ebene Kristallfläche), sondern es entstehen „stepped faces", wie dies Bild 6(b) zeigt.

Insgesamt ergeben sich aus dem Konzept der PBC-Vektoren drei Arten von Flächen (Bild 7):

- F-Flächen (*flat faces*); diese enthalten mindestens zwei PBC-Vektoren in einer Schicht (*slice*) der Dicke d_{hkl}.

- S-Flächen (*stepped faces*); sie enthalten nur einen PBC-Vektor in einer Schicht d_{hkl}.

- K-Flächen (*kinked faces*); sie enthalten keinen PBC-Vektor.

Eine geometrische Übersicht über die drei Flächen gibt Bild 7.

Nur die F-Flächen kommen als prominente Gleichgewichtsflächen von Kristallen vor; sie bilden atomar glatte Flächen und zeigen schnelles Lateralwachstum und langsames Normalenwachstum. Sie entsprechen den G-Flächen von Kossel und Stranski. S-Flächen wachsen mittels eindimensionaler Keimbildung, ihre Wachstumsgeschwindigkeit ist größer, und sie treten mit geringer Prominenz auf. Die K-Flächen benötigen keinerlei Keimbildung, sie wachsen schnell aus und treten daher nur selten in der Morphologie eines Kristalls auf.

6 Schraubenversetzungen und Kristallwachstum: Burton – Cabrera – Frank

Bei der Diskussion des Kossel-Stranski-Modells des Kristallwachstums (Abschnitt 4) war hervorgehoben worden, daß das Modell sehr gut die Gleichgewichtsform liefert und den Wachstumsmechanismus (wiederholbarer Schritt) einfacher Kristalle beschreibt, aber in einem wesentlichen Punkt vom Experiment drastisch abweicht, den (normalen) Wachstumsgeschwindigkeiten

286   11 Kristallwachstum, Gleichgewichts- und Wachstumsformen von Kristallen

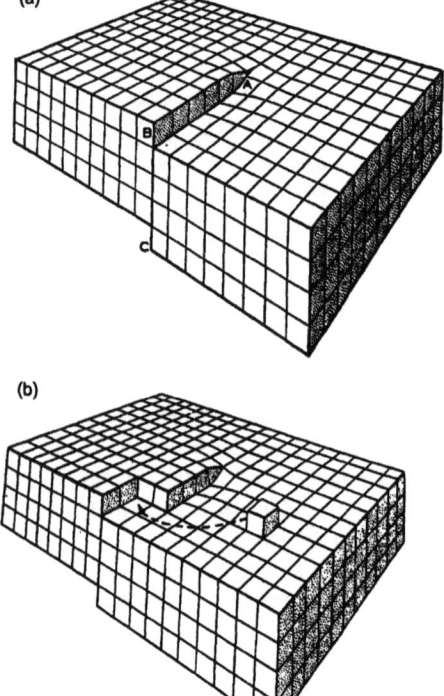

Bild 8 Blockdarstellung einer Schraubenversetzung mit versetzungslinie bei A und Stufenhöhe (Burgersvektor) B (a) und die Anlagerung eines Atoms an die Stufe einer Schraubenversetzung (b).

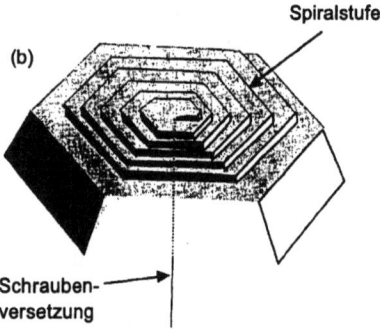

Bild 9 (a) Schematische Darstellung einer Wachstumsspirale; (b) alternative Darstellung.

der Kristallflächen. Diese „zweidimensionale Keimbildung" auf einer atomar glatten Kristallfläche wird vom Kossel-Stranski-Modell im Vergleich zu den experimentell bestimmten Wachstumsgeschwindigkeiten um mehrere Größenordnungen zu gering angegeben. Diese Diskrepanz wurde von Burton, Cabrera und Frank [Burton et al. 1949, Crystal Growth Disc. 1959] durch die Entdeckung des „Spiralwachstums" weitgehend überbrückt. Die Autoren erkannten, daß Schraubenversetzungen als kontinuierlichen Quellen von Wachstumsspiralen eine wichtige Bedeutung zukommt. Tritt durch eine Kristalloberfläche eine Schraubenversetzung (mit einer Komponente des Burgers-Vektors senkrecht zur Oberfläche), dann bildet sich auf der Oberfläche eine Stufe. An diese Stufe können sich ständig Atome gemäß dem wiederholbaren Schritt des Kossel-Stranski-Modells anlagern, was zur Bildung einer Spirale und zur kontinuierlichen Entstehung neuer Windungen führt, d. h. es kommt zum „Spiralwachstum" der Fläche. Damit bedarf es in diesem Fall keiner zweidimensionalen Keimbildung, so daß die hohen Wachstumsgeschwindigkeiten der (glatten) G-Flächen erklärt werden können.

Bild 8(a) zeigt eine Schraubenversetzung, bei der der Burgersvektor, der die Stufenhöhe bei B definiert, parallel zur Versetzungslinie A und senkrecht zur Kristalloberfläche steht. In Bild 8(b) ist ein Atom auf der glatten Kristallfläche „gelandet" und wird an der Stufe der Schraubenversetzung (kink) eingebaut. Die durch eine Schraubenversetzung erzeugte Wachstumsspirale zeigt schematisch Bild 9. Man erkennt die kontinuierliche Verbreitung der Spirale nach außen und das „Drehen" der Schraube nach oben, so daß dem Wachstum ständig neue Nischenplätze geboten werden, d. h. das Spiralwachstum wirkt wie eine ständige Bereitstellung neuer wiederholbarer Schritte auf der Kristalloberfläche, ohne daß zweidimensionale Keimbildung erforderlich wird.

Literaturverzeichnis

[Bravais 1866] A. Bravais: *Études Cristallographiques*, Gauthier Villars, Paris, 1866.

[Buckley 1951] H. E. Buckley: *Crystal Growth*, Wiley, New York, 1951.

[Burton et al. 1949] W. K. Burton, N. Cabrera und F. C. Frank: *Role of Dislocations in Crystal Growth*, Nature **163** (1949) 398.

[Chernov 1984] A. A. Chernov: *Modern Crystallography III - Crystal Growth*, Springer, Berlin, 1984.

[Crystal Growth Disc. 1959] *Crystal Growth. Discussions of the Faraday Society* No. 5, 1949, Butterworths, London (1959). (Berühmter Diskussionsband über den Status des Kristallwachstums im Jahre 1949.)

[Donnay & Harker 1937] J. D. H. Donnay und D. Harker: *A New Law of Crystal Morphology Extending the Law of Bravais*, Amer. Mineralogist **22** (1937) 446-467.

[Gibbs 1878] J. W. Gibbs: *Thermodynamische Studien*, Leipzig, 1892. Originalarbeit 1878.

[Hartman & Perdok 1955] P. Hartman und W. G. Perdok: *On the Relations between Structure and Morphology of Crystals. I, II, III* Acta Crystallogr. **8** (1955) 49-52, 521-524, 525-529.

[Hartman 1973] P. Hartman (Ed.): *Crystal Growth: An Introduction*, North Holland, Amsterdam, 1973.

[Honigmann 1958] B. Honigmann: *Gleichgewichts- und Wachstumsformen von Kristallen*, Steinkopf, Darmstadt, 1958.

[Knacke & Stranski 1952] O. Knacke und I. N. Stranski: *Die Theorie des Kristallwachstums*, Ergebn. der exakten Naturwiss. **26** (1952) 383-427.

[Meyer 1968] Klaus Meyer: *Physikalisch-chemische Kristallographie*, VEB Deutscher Verlag für Grundstoffindustrie, Leipzig, 1968.

[Niggli 1920] A. Niggli: *Beziehungen zwischen Wachstumsformen und Struktur der Kristalle*, Z. Anorg. Chemie **110** (1920) 55-81.

[Phillips 1971] F. C. Phillips: *An Introduction to Crystallography*, 4th Edition, Longman, London, 1971.

[Smakula 1962] Alexander Smakula: *Einkristalle*, Springer, Berlin, 1962.

[Wulff 1901] G. Wulff: *Zur Frage der Geschwindigkeit des Wachstums und der Auflösung der Kristallflächen*, Z. Kristallogr. **34** (1901) 449-530.

12 Korngrenzen

1 Bedeutung von Korngrenzen

Ein kristalliner Festkörper stellt nur im Idealfall eine perfekte periodische Struktur dar und ist immer mit Kristallbaufehlern behaftet. Man unterscheidet nulldimensionale Fehlstellen, wie zum Beispiel Leerstellen oder Fremdatome, eindimensionale Fehlstellen (Versetzungen) und zweidimensionale Fehlstellen, die Korn- und Phasengrenzen. Dabei trennen die Korngrenzen Kristallbereiche der gleichen Phase aber unterschiedlicher kristallographischer Orientierung, während Phasengrenzen unterschiedliche Phasen voneinander trennen (siehe hierzu Kapitel 13).

Der Zustand eines Kristalls im thermischen Gleichgewicht ist bei fester Temperatur und gegebenem Druck durch das Minimum der freien Enthalpie $G = H - TS$ festgelegt. Die Erzeugung eines Kristallbaufehlers ist stets mit einer Erhöhung der Enthalpie H verbunden, so daß am absoluten Temperaturnullpunkt, wegen $T \cdot S = 0$ nur der ideale Kristall im Gleichgewicht ist. Bei Temperaturen über dem Nullpunkt kann es zur Bildung von Gitterstörungen kommen, wenn der Entropieanteil $-TS$ die Bildungsenthalpie ΔH_B kompensiert.

Die Konzentration von atomaren Gitterstörungen rungen im thermischen Gleichgewicht ist gegeben durch:

$$c_a = \exp\left(\frac{-\Delta G_B}{k_B T}\right). \tag{1}$$

Dabei ist ΔG_B die freie Bildungsenthalpie und setzt sich zusammen aus der Bildungsenthalpie ΔH_B und der Bildungsentropie $-T \cdot S_B$. Betrachtet man die Größe von ΔG_B für die unterschiedlichen Kristallbaufehler, so ergeben sich nur für Leerstellen genügend große Konzentrationen im thermischen Gleichgewicht. Bei den anderen Gitterfehlern sind die Konzentrationen so klein, daß sie im thermischen Gleichgewicht praktisch nicht auftreten. Dennoch sind Versetzungen und Korngrenzen Bestandteile fast jeden realen Kristalls. Das rührt daher, daß sich der Werkstoff aufgrund der Herstellungsprozesse und Bearbeitungsmethoden in einem stabilen mechanischen, obgleich thermodynamisch instabilen Zustand befindet, der durch das Vorhandensein von Versetzungen und Korngrenzen gekennzeichnet ist.

Korngrenzen bestimmen sehr stark die Eigenschaften eines Werkstoffs. Sie behindern die Versetzungsbewegung oder dienen als Quelle und Senke für Punktdefekte. Damit haben Korngrenzen direkten Einfluß auf die mechanischen und elektrischen Eigenschaften eines Kristalls. Beim Vergleich der Streckgrenzen von Poly- und Einkristallen wird dieser Einfluß besonders deutlich. Bestimmt die Existenz von Korngrenzen die Mikrostruktur und Eigenschaften der Werkstoffe, so ist die Korngrenzenbewegung ein Werkzeug des Werkstoffes zur Mikrostrukturveränderung. Die Bewegung von Korngrenzen ist neben der Keimbildung der wichtigste Prozeß während der Rekristallisation kristalliner Werkstoffe und trägt somit in besonderer Weise zur Gefügeentwicklung bei. (Literaturhinweise: [Bollman 1979, Gleiter & Chalmers 1972, Chadwick & Smith 1976, Balluffi 1980, Wolf & Yip 1992, Sutton & Balluffi 1995])

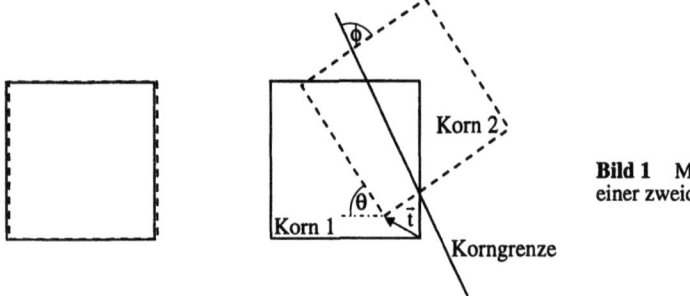

Bild 1 Mathematische Beschreibung einer zweidimensionalen Korngrenze.

2 Mathematische Beschreibung der Korngrenzen und Definition des Korngrenzencharakters

Die Struktur von Korngrenzen ist schwierig zu beschreiben und zu bestimmen, da sie von einer Vielzahl von Parametern abhängt. Im zweidimensionalen Fall benötigt man allein zur makroskopischen Festlegung der Korngrenze schon vier Parameter, zwei Winkel und einen zweidimensionalen Translationsvektor (siehe Bild 1).

Im dreidimensionalen Fall sind acht Parameter notwendig, um die Korngrenze und ihre räumliche Lage zu beschreiben. Diese acht Parameter lassen sich in fünf makroskopische und drei mikroskopische Parameter einteilen. Zu den fünf makroskopischen Parametern, die die Geometrie der Korngrenze beschreiben, gehören der Normalenvektor der Korngrenzenebene $\vec{n} = (n_1, n_2, n_3)$ und drei Winkel, zum Beispiel die drei Eulerwinkel, die die Rotation darstellen, mit der die beiden Körner ineinander überführt werden können. Die Struktur der Korngrenze ist ebenfalls abhängig von den drei mikroskopischen Parametern, die den dreidimensionalen Translationsvektor $\vec{t} = (t_1, t_2, t_3)$ bilden.

Die makroskopischen Parameter lassen sich von außen beeinflußen, während sich der Translationsvektor so einstellt, daß die Korngrenze eine möglichst geringe Energie besitzt. Neben diesen acht Parametern, die die Korngrenze festlegen, gibt es weitere Parameter, die Einfluß auf die Korngrenzeneigenschaften haben. Hierbei unterscheidet man intrinsische Parameter, wie Fremdatomkonzentrationen oder andere Gitterdefekte, und extrinsische Parameter, wie die Temperatur oder der Druck. Insgesamt sind die Struktur und Eigenschaften von Korngrenzen also von einer ganzen Reihe von Größen abhängig, wodurch ihre Untersuchung und Beschreibung sehr schwierig wird.

Wie bereits erwähnt unterscheiden sich die beiden Körner, die durch eine Korngrenze getrennt werden, nur in ihrer kristallographischen Orientierung nicht aber in ihrer Kristallstruktur. Daher sollte es möglich sein, die beiden Kristallite durch eine Rotation ineinander zu überführen. Die allgemeine Transformation setzt sich dann aus einer Rotation und der Translation mit dem Translationsvektor $\vec{t}$ zusammen:

$$\vec{r}^{(2)} = \underline{\underline{R}}\vec{r}^{(1)} + \vec{t} \tag{2}$$

Da es sich bei der Rotation um eine orthonormale Transformation handelt, muß die Rotationsmatrix unabhängig von der Art der Darstellung und von der Wahl des Koordinatensystems sein. Es gibt also für die Rotationsmatrix verschiedene äquivalente Darstellungen, von denen man sich je nach Problemstellung die geeignetste auswählt:

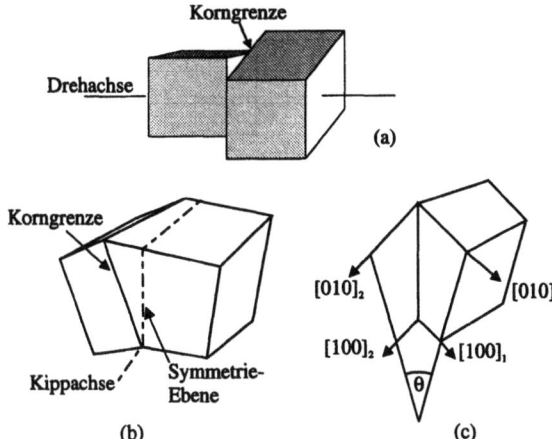

Bild 2 Anordnung von Korngrenze und Rotationsachse zueinander bei verschiedenen Korngrenzentypen: (a) Drehkorngrenze, (b) asymmetrische Kippkorngrenze, (c) symmetrische Kippkorngrenze (aus [Gottstein 1992 a]).

- die Eulerwinkel ($\varphi_1, \phi, \varphi_2$) sind bei Texturuntersuchungen die günstigste Darstellung, da es sich hierbei um generalisierte Koordinaten handelt und die Winkel somit voneinander unabhängig sind.

- Bei ausgeprägter Probensymmetrie, beispielsweise bei der Betrachtung von Walzgut, bietet sich die Angabe der kristallographischen Richtungen an, die mit den Hauptachsen der Probengestalt zusammenfallen. Das heißt, es reichen zwei zueinander senkrechte Richtungen $[hkl]$ und $[uvw]$ in Miller-Indizes. Dabei stellt gewöhnlich die eine Richtung die Blechnormale und die andere die Walzrichtung im Kristallkoordinatensystem dar.

- Bei Korngrenzenproblemen verwendet man üblicherweise die Angabe von Drehachse $[hkl]$ und Drehwinkel θ.

Bei der Darstellung der Desorientierung durch Drehwinkel und Drehachse lassen sich sofort drei Korngrenzentypen unterscheiden:

- Die Drehachse liegt parallel zur Korngrenzennormalen. Hierbei ist die Korngrenzenebene eindeutig bestimmt, siehe Bild 2(a). Man spricht von Drehkorngrenzen.

- Die Drehachse liegt senkrecht zur Korngrenzennormalen, das heißt parallel zur Korngrenzenebene. In diesem Fall gibt es unendlich viele Ebenen, die parallel zur Drehachse liegen, die Korngrenzenebene ist also nicht eindeutig bestimmt. Diese Korngrenzen heißen Kippkorngrenzen. Liegen dabei die kristallographischen Richtungen in beiden angrenzenden Körnern spiegelsymmetrisch zueinander, wobei die Korngrenze die Spiegelebene ist, so spricht man von symmetrischen Kippkorngrenzen (Bild 2(c)). Kippkorngrenzen, für die diese Symmetrie nicht besteht, bezeichnet man als asymmetrische Kippkorngrenzen (Bild 2(b)).

- Alle anderen Korngrenzen sind gemischte Korngrenzen, die aus Dreh- und Kippkorngrenzenanteilen zusammengesetzt sind.

Tabelle 1 Äquivalente Rotationsbeziehungen für die $60°<111>$ Zwillingsorientierung im kubisch-flächenzentrierten Gitter

Nr.	h	k	l	Winkel	Nr.	h	k	l	Winkel
1	1	1	1	179.972	13	-1	1	3	146.443
2	1	0	2	131.81	14	1	-3	-1	146.443
3	0	-1	1	109.471	15	3	-1	1	146.443
4	-1	-2	0	131.81	16	-1	1	-3	146.433
5	0	-1	-2	131.81	17	-1	-1	-1	60.0
6	2	1	0	131.81	18	1	1	1	60.0
7	1	0	-1	109.471	19	1	-1	0	70.529
8	-1	1	0	109.471	20	0	1	-1	70.529
9	-2	0	-1	131.81	21	-1	0	1	70.529
10	0	2	1	131.81	22	2	1	1	180.0
11	1	3	-1	146.443	23	1	2	1	180.0
12	-3	-1	1	146.443	24	1	1	2	180.0

Ist die Rotationsmatrix in Gleichung 2 vorgegeben, so ergibt sich eine Orientierung eindeutig aus der anderen. Enthält jedoch das Kristallgitter Symmetrieelemente, so läßt sich die Rotationsmatrix nicht eindeutig aus den beiden Orientierungen ableiten.

Da es im kubischen Gitter 24 Symmetrieelemente gibt (vierzählige Symmetrie der $<100>$-Achsen, dreizählige Symmetrie der $<111>$-Achsen und zweizählige Symmetrie der $<110>$-Achsen), existieren stets 24 verschiedene Möglichkeiten, die beiden Orientierungen zur Deckung zu bringen. Es gibt also auch 24 äquivalente Rotationsmatrizen. Man erhält alle diese Matrizen, indem man eine bereits gefundene Rotationsmatrix mit den 24 Symmetriematrizen multipliziert.

In Tabelle 1 sind alle 24 verschiedenen Darstellungen mit Drehachse/Drehwinkel für eine $60°<111>$ Zwillingsorientierung im kubisch flächenzentrierten Gitter aufgelistet.

Man erkennt, daß sich die Orientierungsdifferenz als $60°<111>$ Rotation darstellen läßt. Hierbei bildet die {111}-Ebene die Drehkorngrenze und die {110}-Ebene eine Kippkorngrenze. Eine andere Möglichkeit der Beschreibung liefert die $70.53°<110>$ Rotation. In diesem Fall wäre die {111}-Ebene eine Kippkorngrenze und die {110}-Ebene die Drehkorngrenze (siehe dazu Bild 3).

Diese Ambivalenz wird dadurch gelöst, daß man die Rotation mit dem kleinsten Winkel

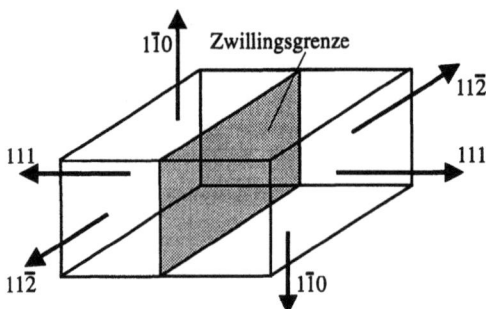

Bild 3 Darstellung der $60°<111>$ Zwillingsgrenze.

wählt. Häufig richtet sich die konkrete Wahl von Drehachse und Drehwinkel jedoch vor allem nach dem Problem, das behandelt werden soll.

3 Atomistische Struktur

3.1 Primäre Versetzungsmodelle der Korngrenzenstruktur

Um die Struktur von Korngrenzen zu beschreiben, muß zunächst auf einen anderen Gitterfehler, die Versetzung, eingegangen werden. Versetzungen gehören zu den linienhaften Gitterfehlern. Zur Darstellung einer Stufenversetzung denke man sich ein einfach-kubisches Gitter und füge in die obere Kristallhälfte von oben her eine zusätzliche Atomebene ein. Dadurch wird die ideale Atomanordnung natürlich gestört. Die Begrenzungslinie der eingeschobenen Halbebene wird als Stufenversetzung bezeichnet. Denkt man sich einen Kristall teilweise längs einer Ebene aufgeschnitten und die Kristallteile parallel zur Schnittlinie verschoben, so spricht man bei dem dabei entstehenden linienförmigen Fehler von einer Schraubenversetzung.

In geometrischer Hinsicht wird eine Versetzung durch zwei Größen gekennzeichnet, durch die Richtung der Versetzungslinie $\vec{s}$ und durch den Burgers-Vektor $\vec{b}$, der durch den Burgers-Umlauf definiert wird.

Um den Burgers-Vektor zu finden, vollführt man um die Versetzungslinie im gestörten Kristall einen geschlossenen Umlauf im Uhrzeigersinn, siehe Bild 4(a), und überträgt diesen Umlauf in den zugehörigen ungestörten Kristall, siehe Bild 4(b). Dazu wird bei dem gleichen Ausgangsatom begonnen und jeweils die gleiche Anzahl von Atomen in eine Richtung vorangeschritten. Nach der gleichen Anzahl von Gesamtschritten gelangt man im ungestörten Kristall jedoch nicht wieder am Ausgangspunkt an, sondern es bleibt noch ein Restweg übrig, dessen Länge und Richtung den Burgers-Vektor festlegt.

Bei Stufenversetzungen steht der Burgers-Vektor senkrecht auf der Versetzungslinie, während er bei Schraubenversetzungen parallel zur Versetzungslinie ist. Alle anderen Versetzungen sind gemischte Versetzungen, die sich aber in Stufen- und Schraubenanteile zerlegen lassen.

Ist eine Korngrenze vollständig aus Versetzungen aufgebaut, so spricht man von Kleinwinkelkorngrenzen. Entsprechend heißt eine Korngrenze, die nicht mehr in einzelne Gitterversetzungen aufgelöst werden kann, Großwinkelkorngrenze. Am einfachsten strukturiert ist die symmetrische Kleinwinkel-Kippkorngrenze (Bild 5(a)). Sie besteht aus einer Anordnung von übereinander liegenden Stufenversetzungen, die alle den gleichen Burgers-Vektor haben.

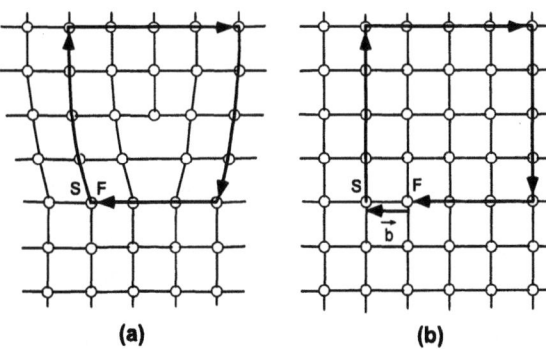

Bild 4 Darstellung des Burgers-Umlaufes. Im gestörten Kristall (a) fallen Startpunkt S und Endpunkt F zusammen. Im zugehörigen ungestörten Kristall (b) definiert die Wegstrecke $\overline{SF}$ den Burgers-Vektor $\vec{b}$ (aus [Hirth 1992]).

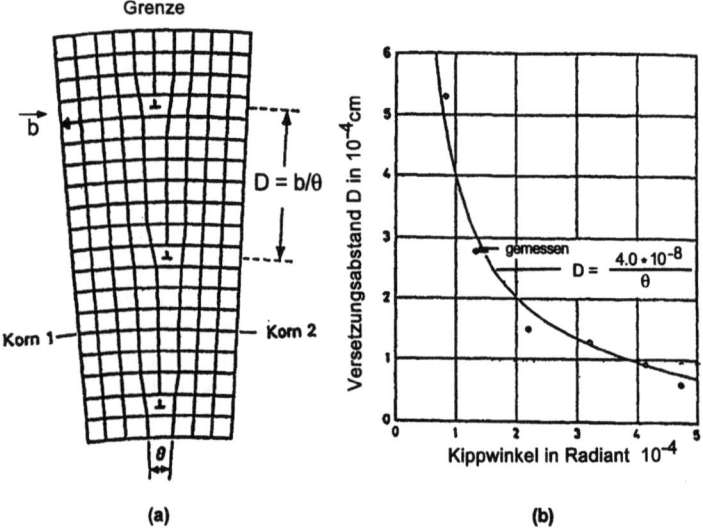

Bild 5 (a) Versetzungsstruktur einer symmetrischen < 100 >- Kleinwinkelkorngrenze mit Kippwinkel θ in einem einfach kubischen Kristall (aus [8]). (b) Gemessene und berechnete Werte des Versetzungsabstandes in einer symmetrischen Kleinwinkel-Kippkorngrenze in Germanium (aus [Gottstein 1992 a]).

Für den Desorientierungswinkel zwischen den beiden Körnern gilt, bei einem Burgers-Vektor $\vec{b}$ und dem Abstand D der Versetzungen (Bild 5(a)) :

$$\frac{b}{D} = 2 \sin\left(\frac{\theta}{2}\right) \approx \theta. \tag{3}$$

Die Struktur von asymmetrischen Kleinwinkel-Kippkorngrenzen ist komplizierter. Sie bestehen aus mindestens zwei Scharen zueinander senkrechter Stufenversetzungen. Auch die Kleinwinkel-Drehkorngrenzen benötigen wenigstens zwei Scharen von Versetzungen; hierbei handelt es sich jedoch um Schraubenversetzungen.

Das Versetzungsmodell für Kleinwinkel-Korngrenzen ist auch experimentell bestätigt. Die einzelnen Versetzungen der Kleinwinkel-Korngrenze lassen sich im hochauflösenden TEM sichtbar machen. Auch die experimentelle Bestimmung von θ und D bestätigen Gleichung 3 (siehe Bild 5(b)).

Da die Kleinwinkel-Korngrenze eine streng periodische Anordnung von Versetzungen im Abstand D darstellt, kann sich der Versetzungsabstand in der Korngrenze nur in ganzzahligen Vielfachen von b ändern. Betrachtet man dazu Gleichung 3, so ändert sich für $b \ll D$ der Winkel θ quasi-kontinuierlich. Ist D jedoch in der Größenordnung von b, so gibt es für θ nur diskrete Werte, die immer weiter auseinanderliegen. Die Versetzungen rücken dann so nah zusammen, daß sich die Versetzungskerne überlappen und die Lokalisation von Einzelversetzungen nicht mehr möglich ist. Die Beschreibung der Korngrenze durch einzelne Gitterversetzungen ist dann nicht mehr sinnvoll [Gottstein 1992 a]. Eine strenge Unterteilung in Kleinwinkel- und Großwinkel-Korngrenzen ist nur für sehr kleine bzw. sehr große Drehwinkel eindeutig möglich. Im Winkelbereich $10° - 25°$ ist der Übergang fließend.

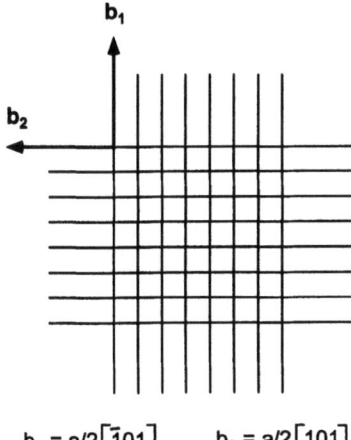

Bild 6 Quadratisches Netzwerk zweier zueinander senkrecht stehender Versetzungen.

$b_1 = a/2[\bar{1}01]$ $b_2 = a/2[101]$

Die Anordnung der Versetzungen in der symmetrischen Kleinwinkelkorngrenze stellt einen energetisch besonders günstigen Fall dar. Das Spannungsfeld einer symmetrischen Kleinwinkelkippkorngrenze läßt sich geschlossen berechnen, wie im Anhang A gezeigt ist. Unter der Voraussetzung einer unendlich ausgedehnten Korngrenze erhält man für die Schubspannung σ_{xy}:

$$\sigma_{xy} = \frac{2\pi G_\tau b}{(1-\nu_Q)} \cdot \frac{x}{D^2} \cdot \exp\left(-\frac{2\pi x}{D}\right) \cdot \cos\left(\frac{2\pi y}{D}\right) \quad (4)$$

Das Spannungsfeld dieser Anordnung fällt exponentiell mit der Entfernung von der Korngrenze ab. Für Entfernungen $x \geq D$ ist das Spannungsfeld kaum noch merklich.

Für eine vorgegebene Kristallstruktur bestimmen immer nur ganz wenige, niedrigindizierte Burgersvektoren die Versetzungsstruktur. Das sind zum Beispiel für das kubisch raumzentrierte Gitter die vier verschiedenen $a/2 <111>$ Vektoren und für das kubisch flächenzentrierte Gitter die sechs $a/2 <110>$ Vektoren. Bei Betrachtung der Lage einer Versetzung in der Korngrenze relativ zur Rotationsachse und zur Korngrenzenebene kann man erkennen, daß die Rotationsachse stets senkrecht zum Burgersvektor der Versetzung steht und die Versetzungen in der Korngrenzenebene liegen. Daraus folgt, daß es nur bestimmte Korngrenzen geben kann, die aus den elementaren Gitterversetzungen aufgebaut sind. So gibt es im kubisch flächenzentrierten Gitter zum Beispiel die symmetrische $<112>$ Kippkorngrenze. Diese Korngrenze besteht aus einer Schar von $a/2 <110>$ Stufenversetzungen, da hierbei der Burgersvektor senkrecht auf der Rotationsachse steht. Außerdem liegen die Versetzungen in ihrer Gleitebene, weswegen die Korngrenze sowohl durch Verformungsvorgänge, das heißt Neuerzeugung von Versetzungen als auch durch Erholungsvorgänge, also Gleit- und Kletterprozesse gebildet werden kann.

Ein anderes Beispiel ist die $<100>$ Drehkorngrenze im kubisch flächenzentrierten Gitter. In der $\{100\}$-Ebene liegen zwei zueinander senkrechte $a/2 <110>$ Vektoren. Die Korngrenze ist also durch ein quadratisches Netz von zwei Schraubenversetzungen mit den Burgersvektoren b_1 und b_2 (siehe Bild 6) realisierbar. Da die Versetzungen senkrecht aufeinander stehen, gibt es zwischen ihnen keine Wechselwirkung.

Schließlich sei noch die $<111>$ Drehkorngrenze erwähnt. In der $\{111\}$-Ebene liegen drei $a/2 <110>$ Vektoren. In Bild 7(a) ist eine Anordnung aller drei Versetzungen dargestellt. Es gilt:

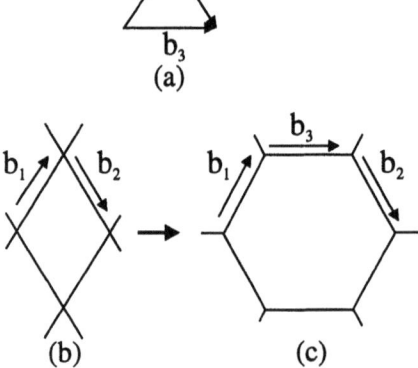

Bild 7 (a) Darstellung der drei $a/2 <110>$ Versetzungen, (b) rautenförmiges Netzwerk und (c) aus (b) resultierendes hexagonales Netzwerk (aus [Gottstein 1979]).

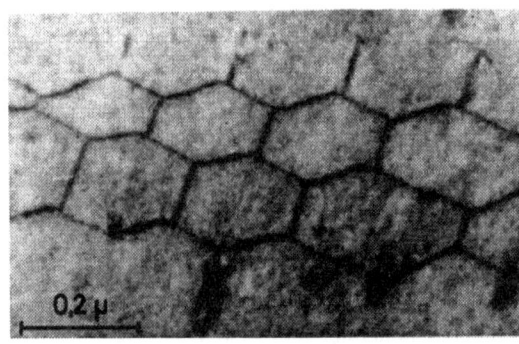

Bild 8 TEM-Aufnahme einer $<111>$ Drehkorngrenze in α-Eisen (aus [Mascanzoni 1970]).

$$\frac{a}{2}[101] + \frac{a}{2}[01\bar{1}] = \frac{a}{2}[110] \tag{5}$$

Eine Versetzungsanordnung von zwei der drei Burgersvektoren ist nicht stabil, da im Gleichgewicht in einem Versetzungsknoten die Summe der Burgersvektoren verschwinden muß.

Die Drehkorngrenze benötigt auch nur mindestens zwei Sätze von Schraubenversetzungen. Es wäre also eine Anordnung wie in Bild 7(b) denkbar. Im Knoten ist die Summe der Burgersvektoren offensichtlich Null. Nun nimmt die Energie einer Versetzungslinie quadratisch mit dem Burgersvektor zu. Es wird dann wegen

$$b_1^2 + b_2^2 \geq b_3^2$$

am Knotenpunkt, wo sich b_1 und b_2 schneiden, unter Energiegewinn ein Zerfall in zwei Tripelpunkte erfolgen. Aus der rautenförmigen Anordnung (Bild 7(b)) wird so ein hexagonales Netzwerk (Bild 7(c)). In Bild 8 kann man gut das hexagonale Netzwerk einer $<111>$ Drehkorngrenze in α-Eisen erkennen.

Aber auch niedrigindizierte Ebenen lassen sich häufig nicht durch elementare Versetzungen realisieren. Ein Beispiel ist die $<100>$ Drehkorngrenze im kubisch raumzentrierten Gitter, da es keinen $a/2 <111>$ Vektor in der $\{100\}$-Ebene gibt. Bei beliebiger Drehachse und Korngrenzenebene ergibt sich die Versetzungsstruktur durch Überlagerung von Versetzungen mit Stufen- und Schraubenanteilen. Bei einer Kippkorngrenze müssen dann die Schraubenanteile der Versetzungen mit wechselndem Vorzeichen auftreten, um sich über größere Abstände herauszumitteln,

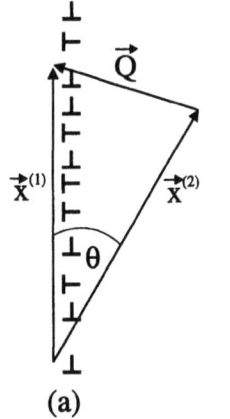
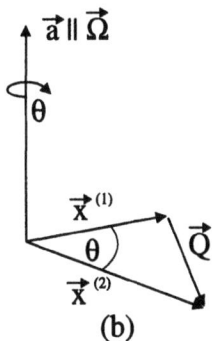

Bild 9 (a) Definition des Vektors $\vec{Q}$ (aus [Hirth 1992]) und (b) Darstellung der Geometrie der Frank'schen Formel.

so daß makroskopisch allein die Stufenanteile den Korngrenzentyp festlegen. Für das Beispiel der $<111>$ Kippkorngrenze im kubisch raumzentrierten Gitter heißt das, man benötigt Stufenversetzungen mit einem $a/2 <110>$ Burgersvektor. Es treten aber als Gitterversetzungen nur $a/2 <111>$ Versetzungen auf. Dazu betrachte man folgende Gleichungen:

$$\frac{a}{2}[111] = \frac{a}{2}[110] + \frac{a}{2}[001]$$
$$\frac{a}{2}[11\bar{1}] = \frac{a}{2}[110] + \frac{a}{2}[00\bar{1}] \tag{6}$$

Die Schraubenkomponente [001] mittelt sich heraus und die Kippkomponente bleibt übrig. Auf diese Weise kann man durch geeignete Wahl der Versetzungen jede Kipp- und Drehkorngrenze konstruieren. Die meisten Korngrenzen weisen sowohl Kipp- als auch Drehanteile auf, es handelt sich also um gemischte Korngrenzen. Das ist unmittelbar einsichtig, da es sich bei Körnern um räumlich geschlossene Strukturen handelt. Die Frage ist nun, welche Versetzungsstruktur eine beliebige Kleinwinkelkorngrenze besitzt.

Um eine Kleinwinkelkorngrenze zu bilden, kann man folgendermaßen vorgehen: man teile einen perfekten Kristall in zwei Teile. In beiden Teilen nehme man einen Vektor $\vec{x}^{(1)}$ und $\vec{x}^{(2)}$. Im perfekten Kristall sollten die beiden Vektoren identisch sein, also:

$$\vec{x}^{(2)} - \vec{x}^{(1)} = 0$$

Nun wird ein Kristallteil um den Winkel θ um die Achse $\vec{a}$ gedreht, während der andere Kristallteil festgehalten wird. Dann sind die beiden Vektoren nicht mehr gleich, sondern es gilt:

$$\vec{x}^{(2)} - \vec{x}^{(1)} = \vec{Q}(\theta, \vec{a}, \vec{x}^{(1)}) \tag{7}$$

Betrachtet man die Versetzungen, so ist $\vec{Q}$ der resultierende Burgersvektor aller Versetzungen, die von $\vec{x}^{(1)}$ geschnitten werden (siehe Bild 9(a)):

$$\vec{Q}(\vec{x}^{(1)}) = \sum_i c_i(\vec{x}^{(1)}) \cdot \vec{b}_i. \tag{8}$$

Dabei ist c_i die Anzahl der Versetzungen mit dem Burgersvektor $\vec{b}_i$, die von $\vec{x}^{(1)}$ geschnitten werden [Hirth 1992]. Die Drehachse $\vec{a}$ und der Drehwinkel θ definieren den Vektor $\vec{\Omega}$ (Bild 9(b)):

$$\vec{\Omega} = \theta \cdot \vec{a}. \tag{9}$$

Ferner gilt:

$$\frac{Q}{2} = x^{(1)} \cdot \sin\frac{\theta}{2},$$

woraus für kleine Winkel θ folgt

$$Q = x^{(1)} \cdot \sin\theta \approx x^{(1)} \cdot \theta. \tag{10}$$

Damit läßt sich schreiben (siehe auch Bild 9(b)):

$$\vec{Q} = \vec{x}^{(1)} \times \vec{\Omega} = \theta \cdot (\vec{x}^{(1)} \times \vec{a}) \tag{11}$$

Die Gleichungen 8 und 11 bilden zusammen die sogenannte Frank'sche Formel [Frank 1950] für Kleinwinkelkorngrenzen. Die Versetzungen, die durch $\vec{Q}$ definiert werden, bilden eine Korngrenze und zeichnen sich durch ein Spannungsfeld aus, das nicht langreichweitig ist. Die Frank'sche Formel gestattet, die minimale Versetzungsanordnung einer beliebigen Kleinwinkelkorngrenze bei gegebenem Drehwinkel θ und Drehachse $\vec{a}$ zu bestimmen. Natürlich sind auch komplexere Versetzungsanordnungen möglich, wenn redundante Versetzungen ohne zusätzliche Rotation überlagert werden. Das ist in der Realität häufig der Fall.

Wenn man von der Beschreibung der Kleinwinkelkorngrenzen zu den Großwinkelkorngrenzen übergeht, so scheint es bei erster Betrachtung nicht unsinnig, auch bei den Großwinkelkorngrenzen davon auszugehen, daß sie sich zumindest geometrisch durch Versetzungsnetzwerke darstellen lassen. Kennt man die Versetzungen, die die Korngrenze bilden, so lassen sich daraus die atomistische Struktur und die Eigenschaften der Korngrenze ableiten.

Bei den Kleinwinkelkorngrenzen ist der Versetzungsabstand so groß, daß die Struktur und der Einfluß des Versetzungskernes zu vernachlässigen ist. Das Spannungsfeld läßt sich dann durch Superposition der Spannungsfelder der Einzelversetzungen berechnen. Ebenso verhält es sich mit der Energie (siehe Abschnitt 5). Mit zunehmendem Desorientierungswinkel rücken die Versetzungen jedoch näher zusammen, so daß der Versetzungsabstand in der gleichen Größenordnung liegt, wie der Durchmesser der Kerne. Die ganze Korngrenze wird dann durch eine Wand von Versetzungskernen gebildet, die miteinander wechselwirken können.

Während also der Versetzungskern einer Versetzung im Gitter einen Durchmesser von wenigen Burgersvektoren hat (man spricht dann von lokalisierten Versetzungen) kann der Versetzungskern in einer Korngrenze über die gesamte Korngrenzenfläche ausgeschmiert sein (delokalisierte Versetzung). Da die Beschreibung dieser Wand aus Versetzungskernen gegenüber einer atomistischen Beschreibung (siehe unten) keine Vorteile hat und außerdem lediglich als qualitative Beschreibung dienen kann, ist das Versetzungsmodell für Großwinkelkorngrenzen nur für wenige ganz spezielle Orientierungsbeziehungen sinnvoll.

3.2 Geometrische Theorie der Großwinkelkorngrenzen

Friedel konnte zuerst zeigen, daß für bestimmte Desorientierungen ein Übergitter existiert, das von einem Bruchteil $1/\Sigma$ der Gitterpunkte der zwei angrenzenden Kristallite aufgespannt wird [Friedel 1926]. Dieses Gitter wird als Koinzidenzgitter, bzw. englisch als Coincidence Site Lattice (CSL) bezeichnet und ist unabhängig von der Korngrenzenebene. Der Wert $1/\Sigma$ gibt die räumliche Dichte der Koinzidenzpunkte an, das sind die Punkte, die beiden Kristalliten angehören, wenn man sich die Kristallgitter ineinander fortgesetzt denkt. Die einfachste Darstellung für Σ ist dann:

θ	Σ	θ	Σ
8.80	85	25.99	89
10.39	61	28.07	17
12.68	41	30.51	65
14.25	65	31.89	53
16.26	25	36.87	5
18.92	37	41.11	73
22.62	13	42.08	97
25.06	85	43.60	29

Tabelle 2 Rotationswinkel θ für Gitterkoinzidenzen mit $\Sigma < 100$ im kubischen Gitter mit $<100>$ Drehachse (aus [Gottstein 1992 a])

$$\Sigma = \frac{Volumen\,der\,Elementarzelle\,des\,CSL}{Volumen\,der\,Elementarzelle\,des\,Kristallgitters} \quad (12)$$

Je kleiner Σ ist, desto mehr Koinzidenzpunkte gibt es. Bei bestimmten Desorientierungsbeziehungen zweier Körner gibt es in der Korngrenze viele Koinzidenzpunkte. Es ist zu erwarten, daß die Energie der Korngrenze dann wegen der guten Passung besonders gering wird. Korngrenzen, bei denen die angrenzenden Körner in einer Koinzidenzbeziehung stehen, heißen auch spezielle Korngrenzen. Für eine $36.87° <110>$-Rotation ergibt sich aus Gleichung 12 (siehe Bild 10):

$$\Sigma = \frac{a \cdot \left(a\sqrt{5}\right)^2}{a^3} = 5$$

Die Schwierigkeit besteht nun darin, für beliebige Rotationen und Rotationsachsen die Koinzidenzbeziehung, also Σ, zu bestimmen. So gibt es nur für ganz bestimmte Rotationsbeziehungen kleine Werte für Σ, während im allgemeinen gar keine Gitterkoinzidenz auftritt. In Tabelle 2 kann man erkennen, daß sich Σ daher nicht kontinuierlich und auch nicht monoton mit dem Drehwinkel ändert. Außerdem gehen die Koinzidenzbeziehungen für kleine Abweichungen von der Koinzidenzrotation verloren.

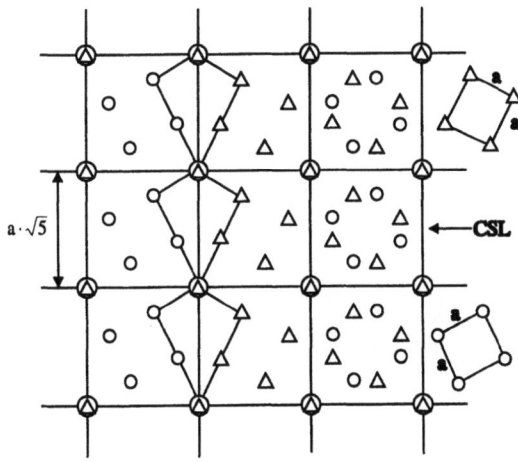

Bild 10 Koinzidenzgitter und Struktur einer $36.87° <110>$ Korngrenze ($\Sigma = 5$) in einer kubischen Kristallstruktur. Rechte Bildhälfte: Drehkorngrenze; linke Bildhälfte: Kippkorngrenze (aus [Gottstein 1992 a]).

3.3 Die O-Gitter Theorie

Die O-Gitter Theorie nach [Bollmann 1970] liefert eine übergeordnete mathematische Beschreibung zweier Raumgitter, die in einer Rotationsbeziehung zueinander stehen. Danach ist ein Koinzidenzpunkt ein Gitterpunkt des rotierten Gitters, der mit einem Gitterpunkt des unrotierten Gitters zusammenfällt. Außerdem besteht eine Korrelation zwischen dem Koinzidenzpunkt $x^{(2)}$ und dem Gitterpunkt $x^{(1)}$, der mit dem Koinzidenzpunkt vor der Rotation identisch war (siehe Bild 11).

Das bedeutet, der Koinzidenzpunkt hat bezüglich des rotierten Gitters die gleichen Koordinaten wie der Gitterpunkt $x^{(1)}$ bezüglich des unrotierten Gitters. Daher gilt für alle Koinzidenzpunkte, da sie vor und nach der Rotation mit einem Gitterpunkt des unrotierten Gitters zusammenfallen:

$$\vec{x}^{(2)} - \vec{x}^{(1)} = \vec{b}^L \tag{13}$$

wobei $\vec{b}^L$ ein Gittervektor ist (siehe Bild 11). Bollmann hat nun Gleichung 13 auch für Nichtgitterpunkte verallgemeinert. Betrachtet man dazu einen beliebigen Raumpunkt, so liegt dieser immer innerhalb einer Elementarzelle, die aus den angrenzenden Gitterpunkten gebildet wird. In Bezug auf diese Elementarzelle hat der Raumpunkt die inneren Koordinaten $\vec{x}_i$, wobei für den auf den Gitterparameter normierten Betrag $0 \leq x_i < 1$ gilt (siehe Bild 12). Gleichung 13 beschreibt dann alle Raumpunkte, die im Ausgangsgitter und im transformierten Gitter die gleichen inneren Koordinaten haben.

Die Raumpunkte, die sich aus Gleichung 13 ergeben, heißen nach Bollmann O-Punkte und spannen das O-Gitter auf. Das Koinzidenzgitter ist damit ein Spezialfall des O-Gitters, wobei zusätzlich zu Gleichung 13 noch

$$x_i = 0$$

gilt. Um nun Gleichung 13 zu lösen, kann man die Transformationsvorschrift $\underline{\underline{R}}$ benutzen. Es gilt offensichtlich:

$$\vec{x}^{(2)} = \underline{\underline{R}} \cdot \vec{x}^{(1)}$$
$$\Rightarrow \vec{x}^{(1)} = \underline{\underline{R}}^{-1} \cdot \vec{x}^{(2)}$$

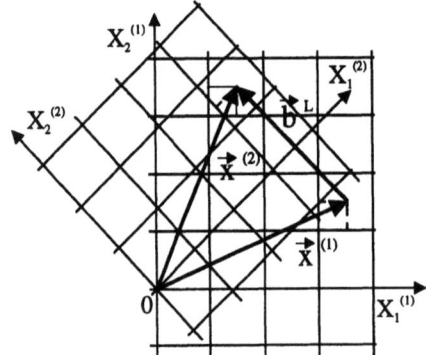

Bild 11 Definition des O-Gitters: Vektorbeziehungen für einen O-Punkt (aus [Bollmann 1970]).

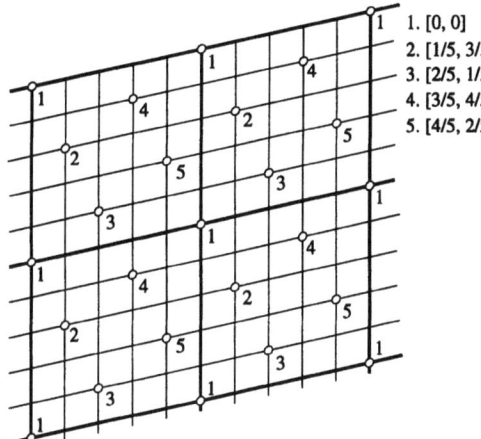

Bild 12 Definition der inneren Koordinaten (aus [Bollmann 1970]).

$$\vec{x}^{(2)} - \vec{x}^{(1)} = \left(\underline{\underline{E}}_3 - \underline{\underline{R}}^{-1}\right) \cdot \vec{x}^{(2)} = \vec{b}^L \qquad (14)$$

Dabei ist $\underline{\underline{E}}_3$ die dreidimensionale Identitätsmatrix. Alle Punkte, die Gleichung 14 erfüllen, sind O-Punkte und werden als $\vec{x}_o$ bezeichnet. Also:

$$\left(\underline{\underline{E}}_3 - \underline{\underline{R}}^{-1}\right) \cdot \vec{x}_o = \vec{b}^L \qquad (15)$$

Mit Hilfe der O-Gitter Theorie ist es möglich, zu jedem beliebigen Drehwinkel eine Lösung von Gleichung 15 zu finden, auch dann, wenn kein Koinzidenzgitter existiert. Vergleicht man Gleichung 13 mit Gleichung 7, so beinhaltet die O-Gitter Theorie die, im Abschnitt 3.1 behandelte Frank'sche Formel als Spezialfall für Kleinwinkelkorngrenzen.

3.4 Das DSC-Gitter

Wenn die Korngrenzen bei exakten Koinzidenzbeziehungen eine besonders niedrige Energie haben, so sollte die Korngrenze bei Abweichungen von der Koinzidenzlage versuchen, ihre Substruktur möglichst beizubehalten. Betrachtet man einen perfekten Kristall, so kann er mit der Nomenklatur des CSL als Bikristall mit $\Sigma = 1$ angesehen werden. Bei Abweichungen eines Kristallbereiches von der idealen Orientierung kann die Koinzidenzdichte durch den Einbau von Gitterversetzungen aufrechterhalten werden. Man erhält eine Kleinwinkelkorngrenze. Der Einbau der Versetzungen bewirkt also eine Rotation von Gitterpunkten der beiden Kristallbereiche.

Bei Abweichungen von anderen Koinzidenzlagen sollte es daher auch möglich sein, die Koinzidenzdichte durch Einführung von entsprechenden Versetzungen zu erhalten. Am einfachsten ist dabei eine Translation um den Gittervektor des Koinzidenz-Gitters. Jedoch ist dieser, wie gesehen, viel größer als die Gittervektoren der beiden Kristallite, so daß die Einführung von Versetzungen mit einem CSL-Vektor als Burgersvektor eine enorme Erhöhung der Versetzungsenergie bewirken würde und von daher nicht in Betracht kommt. Das Koinzidenzgitter muß aber

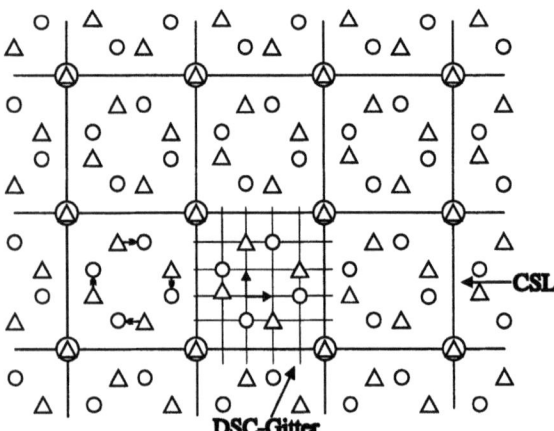

Bild 13 CLS- und DSC-Gitter einer 36.87° < 110 > Rotation in kubischen Gitter (aus [Gottstein 1992 a]).

auch gar nicht nach der Translation dieselben Gitterpunkte besitzen, sondern es genügt die Dichte der Koinzidenzpunkte zu erhalten. Daher kann der Translationsvektor viel kleiner sein. Es genügt ein Vektor, der einen Punkt des einen Kristallgitters mit einem Punkt des anderen Gitters zur Deckung bringt. Damit gehen zwar alle Koinzidenzpunkte verloren, aber für jeden verlorenen Koinzidenzpunkt entsteht ein neuer. Ein Vektor, der eine solche Translation bewirkt, heißt DSC-Vektor (Displacement Shift Complete), da er das Koinzidenzgitter vollständig verschiebt. Alle DSC-Vektoren spannen das DSC-Gitter auf. In Bild 13 ist zu dem CSL der 36.87° < 110 > Rotation im kubischen Gitter aus Bild 10 zusätzlich das DSC-Gitter eingezeichnet.

Durch den Einbau von Versetzungen mit einem DSC-Gittervektor als Burgersvektor läßt sich also die Koinzidenzdichte bei Abweichungen von der exakten Koinzidenzlage erhalten. Das CSL und das DSC-Gitter haben für die Kristallgitter in den beiden Körnern keine reale Bedeutung, sondern nur für die Korngrenze. Bei Translation eines der beiden Kristallgitter um einen DSC-Vektor bleibt die Koinzidenzpunktdichte in der Korngrenze erhalten, jedoch ändern sich die Positionen der Koinzidenzpunkte.

Nun kann eine Gittertranslation stets durch die Bewegung einer Versetzung beschrieben werden, die in das Gitter eingefügt wird und deren Burgersvektor gerade dem Translationsvektor entspricht. Ebenso läßt sich die Translation der Koinzidenzpunkte in der Korngrenze durch eine Versetzung darstellen, die die Korngrenze durchwandert. Bleibt eine solche Versetzung, deren Burgersvektor ein DSC-Gittervektor ist, in der Korngrenze stehen, so werden an dieser Stelle zwei Korngrenzenbereiche mit dem gleichen Koinzidenzmuster, aber in unterschiedlichen Positionen voneinander getrennt. Solche Versetzungen heißen Korngrenzenversetzungen und können ebenso wie die Gitterversetzungen durch Angabe ihres Burgersvektors und ihres Linienelements beschrieben werden.

Es gibt jedoch einen wesentlichen Unterschied zwischen den Gitterversetzungen und den Korngrenzenversetzungen. Im allgemeinen wird der Burgersvektor der Korngrenzenversetzungen kein Translationsvektor des Gitters sein, da die DSC-Gittervektoren meistens kleiner als die Gittervektoren sind. Daher können Korngrenzenversetzungen mit solchen Burgersvektoren nur in der Korngrenzenfläche existieren, da sie außerhalb der Korngrenze das Gitter längs der von der Versetzung überstrichenen Fläche zerstören würden. Das gilt natürlich nicht, wenn der Burgersvektor der Korngrenzenversetzung ein Gittervektor ist.

3.5 Atomare Anordnung in der relaxierten Korngrenze

Betrachtet man den Übergangsbereich zwischen zwei perfekten Gittern verschiedener Orientierung, so gibt es in diesem Bereich Gitterpunkte in Abständen, die stark vom Gleichgewichtsabstand abweichen. Eine solche Abweichung würde zu einer hohen Störenergie in der Korngrenze führen, daher wird die Korngrenze versuchen die Störung zu relaxieren. Die Relaxation der Atomanordnung in der Korngrenzen kann auf verschiedene Arten geschehen. Durch Starrkörpertranslation, das heißt Verrückung der Teilgitter gegeneinander oder durch die Beseitigung einzelner, besonders störender Atome. Eine weitere Möglichkeit sind Umlagerungen, die innerhalb der Korngrenze Versetzungen erzeugen und somit die Störung auf schmale Bereiche beschränken.

Relaxationsvorgänge können durch Computersimulationen modelliert werden. Dabei wird davon ausgegangen, daß die Anordnung mit der geringsten Störenergie gegenüber dem ungestörten Kristall auch die in der Realität wahrscheinlichste Anordnung ist. Die Berechnungen erfolgen im einfachsten Fall unter der Annahme von Zentralkräften zwischen den einzelnen Atomen. Die Vielkörper-Wechselwirkungen werden dabei entweder völlig vernachlässigt oder durch Modifikation der verwendeten Paarpotentiale berücksichtigt. Grundsätzlich scheint eine Paarpotential-Wechselwirkung nur angebracht zu sein, wenn die elektronische Struktur der individuellen Atome durch ihre Nachbarschaft nicht wesentlich gestört wird. Beispiel wäre dabei die klassische Annahme eines homogenen Elektronengases im Festkörper. Diese Annahme ist jedoch bei Anwesenheit von Gitterdefekten wesentlich verletzt. Besonders an Grenzflächen weicht die Elektronendichte von der im Volumen ab. Deshalb benutzt man heute zur Simulation von Korngrenzen unter anderem empirische Potentiale (z.B. „embedded atom potentials"), die die lokale Elektronendichte am Ort eines jeden Atoms aufsummieren.

Im folgenden sollen zwei Modelle vorgestellt werden, die die Struktur von Korngrenzen mit Hilfe von Computersimulationen berechnen.

Das Polyedereinheiten-Modell

In allen Untersuchungen wurde gefunden, daß die Relaxation immer zu einer bestimmten Formation von kompakten Polyedern in der Korngrenze führt. Aus energetischen Gründen werden

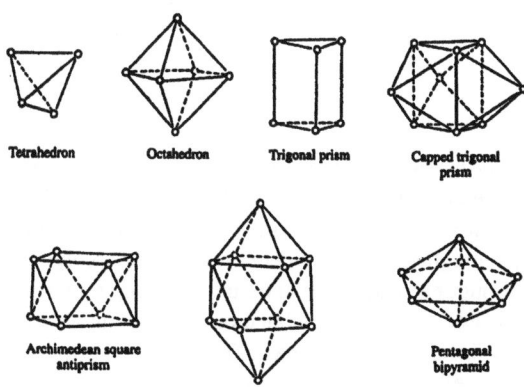

Bild 14 Bei Computersimulationen der Korngrenzenstruktur gefundene Bernal-körper (aus [Sutton 1995]).

Bild 15 Vergleich einer HREM-Aufnahme einer Σ21 Korngrenze in Gold mit der durch Computersimulation ermittelten Strukter (Symbole) (aus [Krakow 1990]).

die Atome in der Korngrenze einerseits möglichst dicht gepackt sein, ohne sich andererseits zu überlappen. Das führt zu einer beschränkten Zahl solcher Polyeder, die identisch sind mit den Bernal-Körpern [Bernal 1964]. In Bild 14 sind aus Computersimulationen ermittelte Bernal-Körper dargestellt.

Infolge der Forderung nach Kompabilität mit den umliegenden Atomen werden die Polyeder stets verzerrt sein. Die Grenze für die höchste auftretende Verzerrung ist die Bedingung, daß kein weiteres Atom im Zentrum des Polyeders untergebracht werden kann [Ashby 1978]. Diese Forderung ist sehr allgemein und erlaubt hohe Verspannungen. Bild 15 zeigt eine HREM-Aufnahme einer gekrümmten Σ21[001] Korngrenze in Gold. Man kann erkennen, daß lokale Relaxationen zum Einbau von abgeschnittenen trigonalen Prismen führen.

Die lokalen Relaxationen spielen in diesem Modell eine zentrale Rolle, da hiermit auf langperiodische Bereiche in der Korngrenzenebene verzichtet werden kann und auf die Form der Korngrenze keine Rücksicht genommen werden muß. Das Modell basiert auf der Betrachtung der lokal an einem Atom wirkenden Kräfte und wie diese Kräfte das lokale freie Volumen der Grenzfläche minimieren. Daraus folgt, daß es in der Korngrenze sowohl Bereiche mit hoher Packungsdichte als auch mit niedriger Packungsdichte gibt. Dieses Bild erinnert an das frühe Korngrenzenmodell von Mott [Mott 1948], in dem Bereiche der Korngrenze mit guter Passung durch Bereiche mit schlechter Passung getrennt sind.

Das Modell der Polyedereinheiten kann zur Beschreibung der Korngrenzenstruktur nur angewandt werden, wenn die atomistische Struktur schon bekannt ist, also entweder experimentell durch HREM-Aufnahmen oder durch Computersimulation ermittelt wurden. Es sind keine Voraussagen über die Korngrenzenstruktur möglich.

Im Gegensatz dazu kann man das Struktureinheiten-Modell, welches als nächstes kurz erläutert werden soll, benutzen, um Aussagen über die Struktur jeder beliebigen Korngrenze zu machen.

Das Struktureinheiten-Modell

Das Struktureinheiten-Modell betrachtet die systematischen Änderungen der Korngrenzenstruktur bei Variation der Desorientierung. Das allgemeine Bauprinzip einer Korngrenze läßt sich mit Hilfe dieser Struktureinheiten folgendermaßen ausdrücken. Für einige spezielle Korngrenzen sind energetisch günstige Atomanordnungen möglich, die aus einer periodischen Abfolge von gleichen Struktureinheiten bestehen. Alle Korngrenzen, deren Orientierungsbeziehung zwischen zwei solcher speziellen Korngrenzen liegt, sind aus einer Kombination der Struktureinheiten der beiden am nächsten liegenden speziellen Korngrenzen aufgebaut. Dabei ist die Periode der allgemeinen Korngrenze länger als die der speziellen.

Da nun die verschiedenen Struktureinheiten unterschiedlichen Kornorientierungen entsprechen, ist zu erwarten, daß sie nicht zusammenpassen. Bei der Kombination verschiedener Struk-

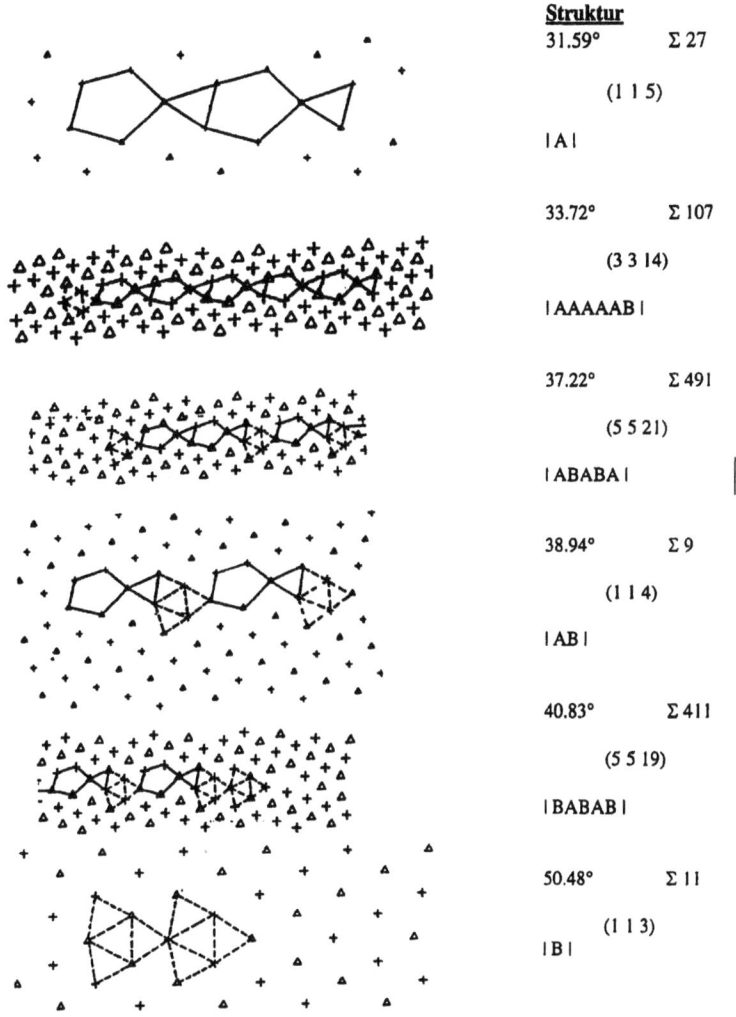

Bild 16 Nach dem Struktureinheiten-Modell berechnete, relaxierte Strukturen für < 110 > Kippkorngrenzen im Bereich 31.59° bis 50.48° (aus [Sutton 1995])

tureinheiten entstehen dann in der Korngrenze elastische Verzerrungen, die zu einer höheren Energie der allgemeinen Korngrenze im Gegensatz zu einer speziellen Korngrenze führen. Nur in Korngrenzen, die aus einer einzigen Sorte von Struktureinheiten bestehen, passen die Struktureinheiten spannungsfrei zusammen.

In Bild 16 ist eine Abfolge von < 110 > Kippkorngrenzen im Drehwinkelbereich von 31.59° (Σ27) bis 50.48° (Σ11) unter Angabe der jeweiligen periodischen Abfolge der Struktur A und B dargestellt. Von der reinen A-Struktur der Σ27 Korngrenze gelangt man durch den Einbau von Struktureinheiten B zur Σ11 Korngrenze, die nur noch aus B-Einheiten besteht. Die Struktur der abgebildeten Korngrenzen wurde aus Computersimulationen nach dem Prinzip der kleinsten Energie berechnet [Sutton 1983].

Bild 17 Darstellung einer 34.89° Kippkorngrenze durch Struktureinheiten und Korngrenzenversetzungen (aus [Sutton 1995])

Die relaxierte Struktur einer symmetrischen < 110 > Kippkorngrenze mit einem Desorientierungswinkel von 34.89° ist in Bild 17 dargestellt. Zwischen einer Struktureinheit B liegen jeweils drei Struktureinheiten A. Die durchgezogenen Linien zeigen (115)-Ebenen, die in die Korngrenze eingeschoben worden sind und bei B enden. Die Struktureinheiten B stimmen dann mit Versetzungskernen von Korngrenzenversetzungen überein. Das Struktureinheiten-Modell liefert daher die Referenzgitter, in die Versetzungen eingebaut werden, um die Orientierung zu ändern. Periodische Anordnungen aus gemischten Struktureinheiten entsprechen CSL mit höherem Σ. Durch Zulassung beliebig hoher Werte von lassen sich dann Korngrenzen beliebiger Desorientierung beschreiben.Korngrenzen, die vollständig aus identischen Einheiten aufgebaut sind werden auch "favoured boundaries" genannt [Sutton 1983]. Alle Grenzen im Winkelbereich zwischen zwei "favoured boundaries" bestehen aus Mischungen der Struktureinheiten. Die Struktureinheiten in der Minderzahl, in Bild 17 also die Struktureinheit B, entsprechen den Kernen von Korngrenzenversetzungen in der „favoured boundary", die nur aus der Majorität der Struktureinheiten (in Bild 17 also A) besteht. Auf diese Weise verknüpft das Struktureinheiten-Modell die atomistische Beschreibung der Korngrenze mit Hilfe der Computersimulation mit den geometrischen Modellen.

4 Wechselwirkung von Korngrenzen mit Gitterdefekten

4.1 Wechselwirkung mit Punktdefekten

Wie bereits erwähnt, können Versetzungen miteinander wechselwirken. Doch nicht nur Versetzungen, sondern alle Gitterfehler wechselwirken miteinander. Da Korngrenzen Gitterfehler sind, ist zu erwarten, daß es Wechselwirkungen zwischen Korngrenzen und anderen Gitterfehlern gibt. Gerade diese Wechselwirkungen beeinflussen die Eigenschaften eines polykristallinen Festkörpers in besonderem Maße. In diesem Kapitel wird die Wechselwirkung mit Punktdefekten und Versetzungen betrachtet. Die Wechselwirkung mit Phasengrenzen wird in Kapitel 13 beschrieben.

Eine Korngrenze kann als Quelle und Senke für Leerstellen dienen. Es ist bekannt, daß die Diffusion entlang von Korngrenzen gegenüber der Volumendiffusion beschleunigt abläuft. Aus diesem Grund beobachtet man bei Abschreckexperimenten [Doherty 1959], daß sich in der Nähe von Korngrenzen kaum Punktdefekte finden (siehe Bild 18), da hier die Diffusion schneller abläuft als im Volumen und sich somit beim Abschrecken eine kleinere Konzentration an Punktdefekten in der Umgebung der Korngrenze einstellt. Umgekehrt konnte auch die Wirkung der Korngrenze als Leerstellenquelle experimentell nachgewiesen werden [Barnes 1958].

Eine weitere wichtige Wechselwirkung von Korngrenzen mit Punktdefekten ist die Adsorption oder auch Segregation von gelösten Atomen an der Korngrenze [Sutton 1995, Johnson 1977], da die Segregation vor allem einen großen Einfluß auf die Bewegung der Korngrenze hat [Gottstein 1992 b, Shvindlerman 1982]. Experimente zeigen, daß die Konzentration von Legierungs-

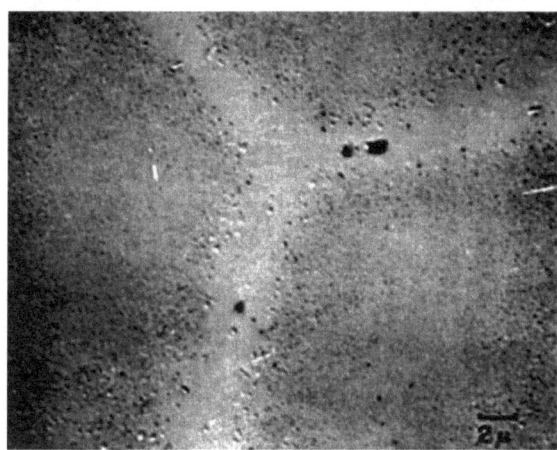

Bild 18 Die Wirkung einer Korngrenze als Leerstellensenke (aus [Rosenbaum 1959])

atomen an Korngrenzen im allgemeinen von der Konzentration im Korninnern verschieden ist [Gleiter 1972]. Die unterschiedlichen gelösten Atome, die in Vielkomponenten-Systemen vorhanden sind, werden oft bevorzugt an inneren Grenzflächen adsorbiert. Eine Anreicherung von gelösten Atomen an Korngrenzen bei konstanter Temperatur und konstantem Druck wird immer dann eintreten, wenn eine Zunahme des chemischen Potentials der Teilchen eine Verringerung der freien Grenzflächenenergie bewirkt.

Sei $c_1(A)$ die Konzentration von Legierungsatomen A auf einem Gitterplatz 1 und entsprechend $c_2(A)$ die Konzentration auf einem Gitterplatz 2, so gilt:

$$c_1(A) = c_2(A) \cdot \exp\left(-\frac{\Delta G_{1,2}}{k_B T}\right) \qquad (16)$$

Dabei ist $\Delta G_{1,2}$ die Differenz der freien Energien zwischen Platz 1 und Platz 2. Ist also die Differenz der freien Energien zwischen Platz 1 und Platz 2 positiv, so wird das Legierungsatom von Platz 1 zu Platz 2 wechseln. Nun gibt es in Korngrenzen immer Plätze mit anderem Volumen als im Gitter. Legierungsatome, die im Gitter mehr Volumen einnehmen als der Gitterplatz zur Verfügung stellt, erzeugen lokal Spannungen. Segregieren diese Atome zur Korngrenze und finden sie dort einen Platz, der besser ihrem Volumen entspricht, so können auf diese Weise die Spannungen abgebaut und die Gesamtenergie des Systems reduziert werden. Das Ausmaß der Segregation an Korngrenzen bei einer gegebenen Legierung wird von der Zahl geeigneter Plätze für Legierungsatome in der Korngrenze, also von der Korngrenzenstruktur abhängen und daher von Korngrenze zu Korngrenze verschieden sein. Daraus läßt sich auch ableiten, daß die Segregation an speziellen Korngrenzen geringer ist als an allgemeinen Korngrenzen.

Die Wechselwirkungskräfte, die die Segregation an Korngrenzen hervorrufen, lassen sich in elastische und chemische Wechselwirkungen unterteilen. Bei den elastischen Wechselwirkungen kann man zwei Effekte unterscheiden: die parelastische (Gitterparameter-Effekt) und die dielastische (Schubmodul-Effekt) Wechselwirkung. Der Gitterparameter-Effekt beruht auf der unterschiedlichen Atomgröße von Legierungsatom und Matrixatom. Nach den Hume-Rothery Regeln ist die Löslichkeit von Legierungsatomen, deren Atomgröße um mehr als 15% von der Atomgröße der Matrixatome abweicht, sehr gering. In diesem Fall werden die Legierungsatome viel eher an den Korngrenzen zu finden sein, als im Korninneren.

Die dielastische Wechselwirkung wird durch Unterschiede im Schubmodul hervorgerufen.

Der Schubmodul beeinflußt die elastische Energie E_{el}, die durch den Einbau eines Legierungsatoms auf einem regulären Gitterplatz aufgebracht werden muß. Die Bindungsenergie E_{Seg} des Legierungsatoms in der Korngrenze ist dann gerade die Differenz der elastischen Energien $E_{Seg} = E_{el} - E_{el}^{KG}$. Die maximale Bindungsenergie erhält man also dann, wenn das Legierungsatom in der Korngrenze vollkommen elastisch relaxiert. Dann gilt gerade:

$$E_{Seg} = -E_{el}.$$

Aber auch wenn die Atomgrößen von Legierungs- und Matrixatom nicht wesentlich voneinander verschieden sind, gibt es Fälle, in denen Segregation beobachtet werden kann. Die für diese Segregation verantwortliche, chemische Wechselwirkung beruht im wesentlichen auf der unterschiedlich ausgeprägten Tendenz der Atome, sich mit Atomen des gleichen Elements oder eines anderen Elements zu umgeben.

Ein weiterer Grund für die Segregation ist auch die unterschiedliche Elektronenstruktur in der Korngrenze im Vergleich zum perfekten Gitter. Dadurch kommt es zu elektrostatischen Wechselwirkungen der Korngrenze mit den Legierungsatomen, die zur Verarmung oder zur Anreicherung von Legierungsatomen in der Korngrenze führen [Seeger 1959, Ishida 1975].

4.2 Wechselwirkung mit Versetzungen

Korngrenzen als Senken für Versetzungen

Die Wirkung von Kleinwinkel-Korngrenzen als Senke für Gitterversetzungen kann vollständig als Wechselwirkung der Gitterversetzungen mit den primären Versetzungen der Korngrenze aufgefaßt werden. Der energetisch günstigste Fall ist dabei, wenn die Gitterversetzungen den Kristall verlassen und vollständig in der Korngrenze aufgenommen werden. Durch die Aufnahme der Gitterversetzungen wird sich der Gehalt an Versetzungen in der Korngrenze erhöhen und damit der Abstand zwischen den einzelnen Versetzungen erniedrigen. Daraus ergibt sich eine Zunahme des Desorientierungswinkels. Auf diese Weise steigt zwar die Energie der Korngrenze (siehe Abschn. 5.1), jedoch verringert sich durch die Abnahme der Versetzungsdichte die Energie des übrigen Kristalls. Insgesamt bewirkt die Aufnahme von Gitterversetzungen in einer Kleinwinkel-Korngrenze eine Reduktion der elastischen Energie der Versetzungen und damit der Gesamtenergie des Systems. Da die Versetzungen sowohl in der Korngrenze als auch im Gitter klettern müssen, um ihre Gleichgewichtsposition einzunehmen, ist die Absorption von Versetzungen in Korngrenzen ein thermisch aktivierter Vorgang.

Wenn eine Gitterversetzung auf eine Korngrenze trifft, deren Orientierungsbeziehung nur wenig von einer Koinzidenzlage abweicht, so ist es für die Versetzung immer möglich, in mehrere lokalisierte DSC-Versetzungen zu dissoziieren. Das folgt aus der Tatsache, daß der Gesamt-Burgersvektor erhalten bleiben muß und alle Gitterversetzungen auch DSC-Versetzungen sind. Durch die Dissoziation wird das langreichweitige Spannungsfeld der Gitterversetzung verringert deshalb auch die Energie des Systems reduziert (siehe Abschn. 3.1). Die Kinetik der Dissoziation wird im allgemeinen vom Typ der gebildeten Versetzungen und von der Temperatur abhängen, da sich die neu entstandenen Versetzungen durch Gleit- und Kletterprozesse in der Korngrenze bewegen können. Die Dissoziation von Versetzungen in Korngrenzen ist experimentell häufig nachgewiesen worden [Dingley 1979].

Allgemeine Korngrenzen enthalten keine lokalisierten Korngrenzenversetzungen. Trifft eine Gitterversetzung auf eine solche Korngrenze, so wird sie in sehr viele Teilversetzungen dissoziiert (Delokalisation). Für den praktischen Gebrauch kann man diese Versetzungsverteilung ansehen als eine beliebig große Anzahl von Versetzungen mit infinitesimalem Burgers-Vektor. Auch in diesem Fall können sich die dissoziierten Versetzungen durch Gleit- und Kletterprozesse durch die Korngrenze bewegen, so daß, wie oben schon erwähnt, die Kinetik der Dissoziation von der Temperatur abhängig ist. Eine allgemeine Korngrenze kann daher nur bei genügend hohen Temperaturen effektiv als Versetzungssenke wirken.

Korngrenzen als Gleithindernisse

Im folgenden soll die Rolle von Korngrenzen als Hindernis für die plastische Deformation durch eine Behinderung des Versetzungsgleitens betrachtet werden. Dazu denke man sich, daß das Gleiten in Korn 1 beginnt und die gleitenden Versetzungen an die Korngrenze zu Korn 2 stoßen. Unter welchen Bedingungen können nun Versetzungen direkt von Korn 1 nach Korn 2 gleiten, oder werden sie sich an der Korngrenze aufstauen? Der direkte Weg durch die Korngrenze ist nur in wenigen ganz speziellen Fällen möglich. Der einfachste Fall ist der, bei dem die Gleitebenen in beiden Körnern parallel und die Burgersvektoren der Versetzungen in beiden Körnern gleich sind. Sind die Gleitebenen nicht parallel, schneiden sich jedoch entlang einer Linie, die in der Korngrenze liegt, und sind außerdem die beiden Burgers-Vektoren identisch sowie parallel zu dieser Linie, so können die einlaufenden Schraubenversetzungen einfach quergleiten und auf diese Weise die Korngrenze passieren.

Im allgemeinen Fall werden diese speziellen geometrischen Bedingungen jedoch nicht erfüllt sein. Alle Gleitsysteme sind dann durch die Korngrenze begrenzt, und es ist der einlaufenden Versetzungen unmöglich die Korngrenze zu durchqueren. Ist die Temperatur so niedrig, daß keine Dissoziation stattfinden kann, so stauen sich die einlaufenden Versetzungen an der Korngrenze auf. Die Anhäufung von Versetzungen vor der Korngrenze erhöht lokal die Spannung in der Nähe der Korngrenze, und dadurch können in Korn 2 neue Versetzungen generiert werden, die in Korn 2 von der Korngrenze weggleiten können. Dieses Phänomen ist der physikalische Grund für die Festigkeitssteigerung durch Kornfeinung, die durch die Hall-Petch-Gleichung beschrieben wird [Sutton 1995]:

$$\sigma = \sigma_0 + \frac{k}{\sqrt{D}} \qquad (17)$$

Darin bedeuten σ_0 die kritische Spannung, die notwendig ist, um Versetzungen in Korn 2 zu bewegen, k die materialabhängige Hall-Petch-Konstante und D der Korndurchmesser von Korn 1, σ ist die makroskopische Fließspannung.

Die Möglichkeit, in Korn 2 neue Versetzungen zu erzeugen hängt vor allem von der Größe der äußeren Spannung ab und der Tendenz, die Versetzungen in der Korngrenze zu dissoziieren. Das heißt, mit zunehmender Temperatur werden Klettervorgänge immer wahrscheinlicher, und die Dissoziation der angehäuften Versetzungen bewirkt eine Relaxation der lokalen Spannungen, so daß keine neuen Versetzungen mehr generiert werden.

5 Energie der Korngrenze

5.1 Abhängigkeit von der Desorientierung

Wie zu Beginn dieses Kapitels bereits dargestellt wurde, hängen die Eigenschaften von Korngrenzen von einer Vielzahl von Parametern ab. So ist auch die Korngrenzenenergie durch die acht Parametern, die zur Festlegung der Korngrenzenstruktur benötigt werden, bestimmt.

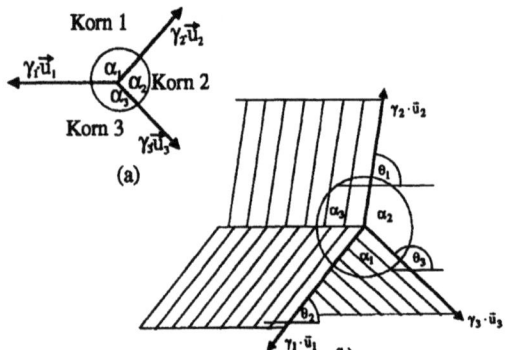

Bild 19 Darstellung des mechanischen Gleichgewichts an einer Korngrenzenecke

Bei der experimentellen Ermittlung der Korngrenzenenergie benutzt man den Umstand, daß sich Korngrenzen, die in einer Ecke zusammenstoßen, ein mechanisches Gleichgewicht einzustellen versuchen. Die Einstellung des Gleichgewichts wird durch Glühen der Probe bei hohen Temperaturen erleichtert. Für die Interpretation ist es am günstigsten, Trikristalle zu verwenden, weil man hier die Desorientierung der am Gleichgewicht beteiligten Körner genau kennt. Gleichgewicht bedeutet hierbei, daß sich die Korngrenzenspannungen, die tangential zur jeweiligen Korngrenze angreifen, und die Drehterme, die der räumlichen Anisotropie der Korngrenzenspannung Rechnung tragen, das heißt die Abhängigkeit der Korngrenzenenergie von der räumlichen Lage der Korngrenze berücksichtigen, gerade kompensieren. Die allgemeine Gleichgewichtsbedingung wird durch die Herring-Beziehung [Herring 1961] wiedergegeben:

$$\sum_i \gamma_i \left(\vec{u}_i + \frac{1}{\gamma_i} \cdot \frac{\partial \gamma_i}{\partial \theta_i} \cdot \vec{n}_i \right) = 0 \tag{18}$$

Dabei sind die einzelnen Größen gemäß Bild 19(a) definiert. Also sind γ_i die Korngrenzenspannungen, $\vec{u}_i$ die Einheitsvektoren tangential zur Korngrenze sowie $\vec{n}_i$ die Einheitsvektoren senkrecht zur Korngrenze. Die Drehterme werden durch $\partial \gamma_i / \partial \theta_i$ beschrieben, wobei θ_i der Winkel zwischen Korngrenze und einer festen Referenzrichtung ist (siehe Bild 19(b)).

Gleichung 18 ist in ihrer allgemeinen Form sehr kompliziert. Wenn man jedoch die Drehterme vernachlässsigen kann, vereinfacht sie sich zu:

$$\sum_i \gamma_i \vec{u}_i = 0 \tag{19}$$

Daraus leitet sich mit Hilfe des Sinussatzes (siehe Bild 19(b)) ab:

$$\frac{\gamma_1}{\sin \alpha_1} = \frac{\gamma_2}{\sin \alpha_2} = \frac{\gamma_3}{\sin \alpha_3} \tag{20}$$

Durch Messen der Gleichgewichtswinkel α_i kann man mit Gleichung 20 die Energien der beteiligten Korngrenzen ins Verhältnis setzen und erhält so die relative Korngrenzenenergie in Abhängigkeit von der Desorientierung (Bild 20).

Besonders einfach wird die Abhängigkeit der Korngrenzenenergie vom Drehwinkel im Fall der Kleinwinkelkorngrenzen. Hierbei kann man die Energie der Korngrenze aus der Energie der Einzelversetzung berechnen. Für die Energie einer Stufenversetzung pro Längeneinheit gilt:

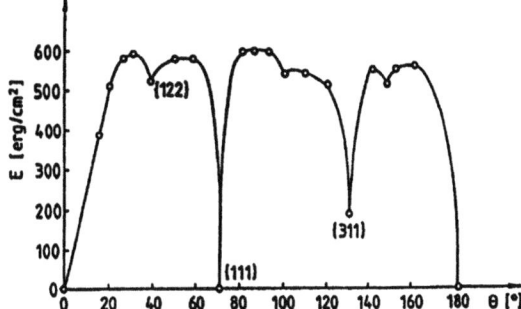

Bild 20 Energie von symmetrischen <110> Kippkorngrenzen in Aluminium in Abhängigkeit vom Drehwinkel θ (aus [Hu 1972])

$$E_V = \frac{G_\tau b^2}{4\pi(1-\nu_Q)} \cdot \ln\frac{R}{r_0} + E_K + E_{WW} \tag{21}$$

Dabei bedeutet R die Kristallgröße, r_0 der Radius des Versetzungskernes, E_K die Energie des Versetzungskernes sowie E_{WW} die Wechselwirkungsenergie der Versetzungen untereinander. Ferner sind G_τ das Schubmodul und ν_Q die Querkontraktionszahl.

Bei Kleinwinkelkorngrenzen beeinflussen sich die Versetzungen derart, daß sich ihr Spannungsfeld auf die Entfernung etwa ihres Abstandes reduziert: $R \approx D$. Ferner ist $r_0 \approx \alpha b$ und $\alpha \approx 1$. Betrachten wir eine symmetrische Kleinwinkel-Kippkorngrenze, so besteht die Korngrenze aus n_V Stufenversetzungen pro cm. Für die Energie der Korngrenze pro Flächeneinheit gilt dann:

$$\gamma^{KWKG} = n_V \cdot E_V = n_V \cdot \left(\frac{G_\tau b^2}{4\pi(1-\nu_Q)} \cdot \ln\frac{D}{\alpha b} + E_K \right) \tag{22}$$

Aus Gleichung 3 und $n_V = 1/D$ folgt schließlich:

$$\gamma^{KWKG} = \theta \cdot (A_K + B_K \ln\theta) \tag{23}$$

$$\text{mit} \quad A_K = \frac{E_K}{b} - B_K \ln\alpha$$

$$\text{und} \quad B_K = \frac{G_\tau b}{4\pi(1-\nu_Q)}$$

In Bild 21 ist der Verlauf der Energie in Abhängigkeit vom Drehwinkel einer symmetrischen Kleinwinkel-Kippkorngrenze für verschiedene Metalle dargestellt. Die theoretische Kurve berechnet sich dabei nach:

$$\frac{E}{E_m} = \frac{\theta}{\theta_m} \cdot (1 - \ln\theta + \ln\theta_m) \tag{24}$$

wobei θ_m für die verschiedenen Metalle angegeben ist. Die Werte von E_m sind nicht bekannt, so daß nur die relativen Energien gemessen werden können. Man kann erkennen, daß für Winkel größer als etwa 20°, die nach Gleichung 24 berechnete Kurve nicht mehr mit den Meßpunkten übereinstimmt. Das ist konsistent damit, daß für Winkel oberhalb 15° das Versetzungskonzept zur Beschreibung der Korngrenzen versagt.

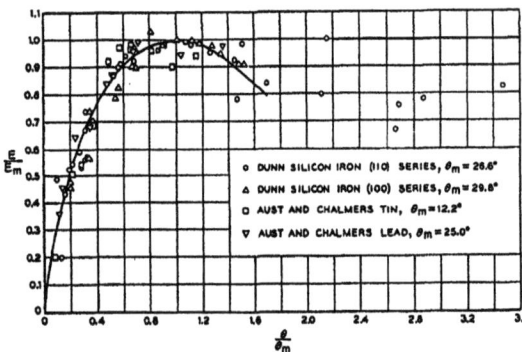

Bild 21 Gemessene (Symbole) und berechnete (durchgezogene Linie) Energie von Kleinwinkelkorngrenzen als Funktion der Desorientierung nach [Read 1953].

Für unsymmetrische Kippkorngrenzen und Drehkorngrenzen läßt sich die Energie der Korngrenze analog zu Gleichung 22 herleiten. Dabei sind die Energien im Vergleich zu den symmetrischen Kippkorngrenzen bei gleichem Desorientierungswinkel stets höher, da der Versetzungsgehalt größer ist.

Für Großwinkelkorngrenzen sollte man, auf der Basis des Modells der Struktureinheiten, erwarten, daß die Korngrenzenenergie ein Minimum für exakte Koinzidenzbeziehungen hat und zunimmt für Abweichungen von dieser Desorientierung. Jedoch ist die Korrelation zwischen Geometrie und Energie der Korngrenze viel komplizierter. In Bild 22 sind experimentell ermittelte Energien den aus Computersimulationen berechneten gegenübergestellt. Im Fall der <100> Kippkorngrenze gibt es kaum eine Übereinstimmung zwischen Experiment und Berechnung, das bedeutet, daß nicht alle Koinzidenzgrenzen auch über besonders niedrige Energien verfügen. Die Koinzidenzdichte kann somit nicht allein für die Stabilität der Korngrenze verantwortlich sein.

Die fehlenden Minima bei Korngrenzen mit Koinzindenzbeziehungen sind möglicherweise auf eine mangelnde Empfindlichkeit der Messtechnik zurückzuführen [Humphreys 1995]. Außerdem ist bekannt, daß die Energie und die Struktur von Großwinkelkorngrenzen durch Segregation beeinflußt werden. Messungen der Korngrenzenenergie zeigen, daß mit zunehmender Segregation die Energien von speziellen und allgemeinen Korngrenzen immer ähnlicher werden (siehe Bild 23). Weiterhin wird die Korngrenzenenergie im allgemeinen bei sehr hohen Temperaturen bestimmt, so daß es vorher schon zur strukturellen Phasenumwandlung der Korngrenze gekommen sein kann, während die Berechnungen durch Computersimulation für $T = 0$ durchgeführt werden.

5.2 Abhängigkeit von der räumlichen Korngrenzenlage

Um die Abhängigkeit der freien Korngrenzenenergie von der Korngrenzenlage $\gamma(\vec{n})$ bei fester Rotation und Translation darzustellen, bedient man sich des Wulff'schen Plots. In Abb.24 ist ein solcher Plot schematisch in zwei Dimensionen veranschaulicht. Hierbei ist die Energie für jede Lage durch einen Vektor in Richtung von $\vec{n}$ und einer Länge proportional zur Größe von γ dargestellt. Der innere Kreis ist der Orientierungskreis der Korngrenzennormalen. Die äußere Kurve stellt die entsprechende Größe der Korngrenzenenergie dar. Das innere Achteck zeigt die energetisch günstigste Kornform bei gegebenem Energieverlauf. Betrachtet man Bild 24, so erzeugen Ebenen mit besonders niedriger Energie Minima („cusps") im Wulff'schen Plot.

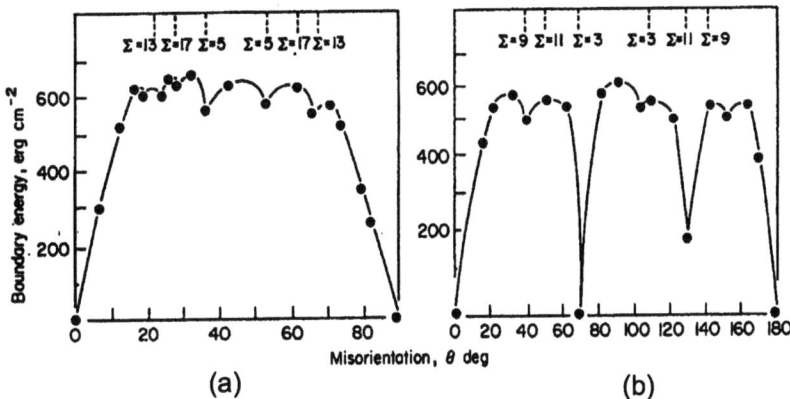

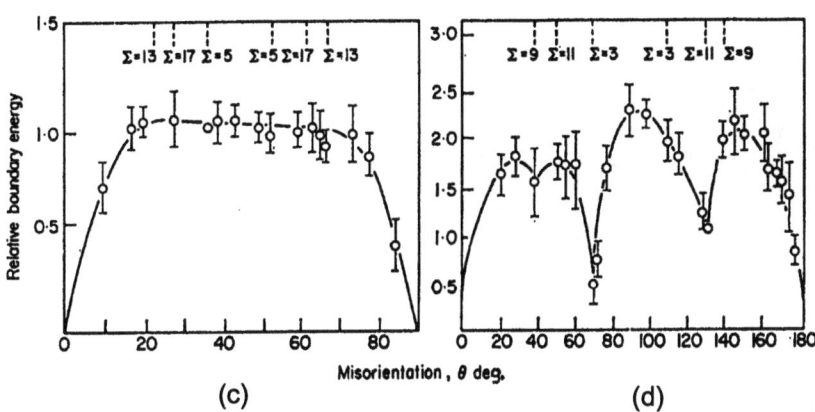

Bild 22 (a) und (b); berechnete Korngrenzenenergie für symmetrische <100> und <110> Kippkorngrenzen in Aluminium; (c) und (d): bei 650°C gemessene Korngrenzenenergie der <100> und <110> Kippkorngrenzen in Aluminium (aus [Pumphrey 1976]).

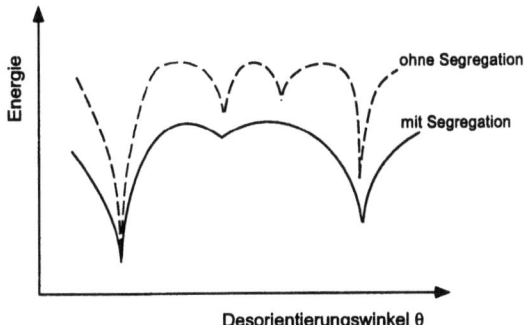

Bild 23 Schematisches Diagramm für die Änderung der Energieabhängigkeit von der Desorientierung mit und ohne Segregation (aus [Sautter 1977])

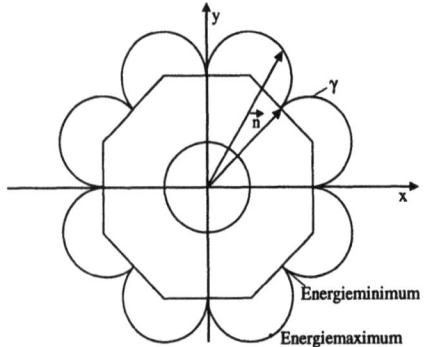

Bild 24 Darstellung eines zweidimensionalen Wulff'schen Plots (aus [Gottstein 1992 a])

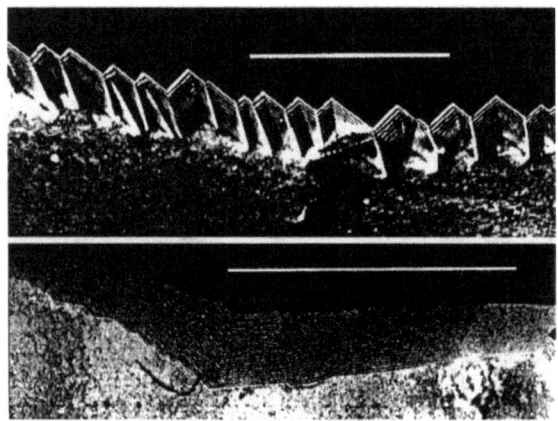

Bild 25 Facettierte Korngrenzen in Stahl (aus [Balluffi 1980])

Aus der Betrachtung des Wulff'schen Plots ergibt sich weiterhin die Tendenz für eine ausgedehnte, flache Korngrenze, zu facettieren, wenn dadurch die Energie herabgesetzt wird. Das bedeutet, daß es durch Aufspaltung der Ausgangsfläche in Teilflächen mit niedriger Energie möglich ist, die Gesamtenergie, trotz Erhöhung der Gesamtfläche zu reduzieren. In Bild 25 ist eine solche Facettierung dargestellt.

Anhang

Betrachtet man das Spannungsfeld einer Versetzung im Ursprung (siehe Bild 26), so läßt es sich durch den folgenden Spannungstensor beschreiben:

$$\underline{\underline{\sigma}} = \frac{G_\tau b}{2\pi \cdot (1 - \nu_Q)} \begin{pmatrix} \frac{y \cdot (3x^2 + y^2)}{(x^2 + y^2)^2} & \frac{x \cdot (x^2 - y^2)}{(x^2 + y^2)^2} & 0 \\ \frac{x \cdot (x^2 - y^2)}{(x^2 + y^2)^2} & \frac{y \cdot (x^2 - y^2)}{(x^2 + y^2)^2} & 0 \\ 0 & 0 & 0 \end{pmatrix} \quad (25)$$

Eine Versetzung im Abstand $y_0 = nD$ vom Ursprung auf der y-Achse hat demnach den Spannungstensor:

$$\underline{\underline{\sigma}} = \frac{G_\tau b}{2\pi \cdot (1-\nu_Q)} \begin{pmatrix} \frac{(y-nD)\cdot(3x^2+(y-nD)^2)}{(x^2+(y-nD)^2)^2} & \frac{x\cdot(x^2-(y-nD)^2)}{(x^2+(y-nD)^2)^2} & 0 \\ \frac{x\cdot(x^2-(y-nD)^2)}{(x^2+(y-nD)^2)^2} & \frac{(y-nD)\cdot(x^2-(y-nD)^2)}{(x^2+(y-nD)^2)^2} & 0 \\ 0 & 0 & 0 \end{pmatrix} \quad (26)$$

Betrachten wir das Spannungsfeld einer Anordnung von Stufenversetzungen auf der y-Achse jeweils im Abstand D voneinander im Bereich $-\infty < y < \infty$, also den Fall einer symmetrischen Kleinwinkelkippkorngrenze, so gilt für das Spannungsfeld dieser Anordnung:

$$\underline{\underline{\sigma}} = \frac{G_\tau b}{2\pi \cdot (1-\nu_Q)} \quad (27)$$

$$\times \begin{pmatrix} \sum_{n=-\infty}^{\infty} \frac{(y-nD)\cdot(3x^2+(y-nD)^2)}{(x^2+(y-nD)^2)^2} & \sum_{n=-\infty}^{\infty} \frac{x\cdot(x^2-(y-nD)^2)}{(x^2+(y-nD)^2)^2} & 0 \\ \sum_{n=-\infty}^{\infty} \frac{x\cdot(x^2-(y-nD)^2)}{(x^2+(y-nD)^2)^2} & \sum_{n=-\infty}^{\infty} \frac{(y-nD)\cdot(x^2-(y-nD)^2)}{(x^2+(y-nD)^2)^2} & 0 \\ 0 & 0 & 0 \end{pmatrix}$$

Die Reihenentwicklung soll exemplarisch an der Spannungskomponente σ_{xy} berechnet werden. Die anderen Komponenten lassen sich ganz analog entwickeln. Zu lösen ist also:

$$\sigma_{xy} = \frac{G_\tau b}{2\pi \cdot (1-\nu_Q)} \cdot \sum_{n=-\infty}^{\infty} \frac{x \cdot (x^2 - (y-nD)^2)}{(x^2 + (y-nD)^2)^2} \quad (28)$$

Mit der Substitution:

$$p = -y/D \quad q = x/D \quad (29)$$

folgt aus Gleichung 28

$$\sigma_{xy} = \frac{G_\tau b}{2\pi \cdot (1-\nu_Q)} \cdot \frac{q}{D} \cdot \sum_{n=-\infty}^{\infty} \frac{q^2 - (n+p)^2}{(q^2 + (n+p)^2)^2}. \quad (30)$$

Betrachtet man die Fourierzerlegung von $\cos(mx)$, so läßt sich schreiben [Cottrell 1958]:

$$\cos(mx) = -\frac{1}{\pi} \cdot \sum_{n=-\infty}^{\infty} \frac{(-1)^n m \cdot \sin(m\pi)}{n^2 - m^2} \cdot \cos(nx). \quad (31)$$

Setzt man $x = \pi$ und addiert $n/(n^2 - m^2)$ zu jedem Term der Reihe (was auf die Summe keinen Einfluß hat, da $-\infty < n < \infty$), so erhält man:

$$\pi \cot(m\pi) = \sum_{n=-\infty}^{\infty} \frac{1}{n+m}. \quad (32)$$

Sei nun $m = p + iq$ und $m = p - iq$, dann gilt:

$$\frac{1}{2} \cdot \sum_{n=-\infty}^{\infty} \left(\frac{1}{n+p+iq} + \frac{1}{n+p-iq} \right) = \sum_{n=-\infty}^{\infty} \frac{n+p}{q^2 + (n+p)^2} \quad (33)$$

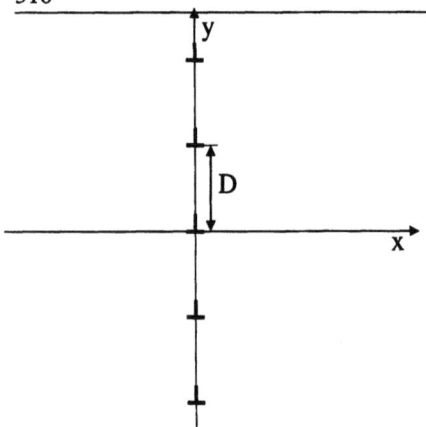

Bild 26 Versetzungsanordnung einer symmetrischen Kleinwinkel-Kippkorngrenze.

und außerdem mit Gleichung 32:

$$\sum_{n=-\infty}^{\infty} \frac{n+p}{q^2+(n+p)^2} = \frac{\pi}{2} \cdot (\cot \pi(p+iq) + \cot \pi(p-iq)) \qquad (34)$$

Gleichung 34 läßt mit Hilfe von Additionstheoremen und der Beziehung $\cos(ix) = \cosh(x)$ umformen:

$$\sum_{n=-\infty}^{\infty} \frac{n+p}{q^2+(n+p)^2} = \frac{\pi \sin(2\pi p)}{\cosh(2\pi q) - \cos(2\pi p)} \qquad (35)$$

Wird Gleichung 35 nach p differenziert, so ergibt sich:

$$\sum_{n=-\infty}^{\infty} \frac{q^2-(n+p)^2}{(q^2+(n+p)^2)^2} = 2\pi^2 \cdot \frac{\cosh(2\pi q)\cos(2\pi p) - 1}{(\cosh(2\pi q) - \cos(2\pi p))^2} \qquad (36)$$

Damit wird aus Gleichung 30:

$$\sigma_{xy} = \frac{G_\tau b}{(1-\nu_Q)} \cdot \frac{q}{D} \cdot \pi \cdot \frac{\cosh(2\pi q)\cos(2\pi p) - 1}{(\cosh(2\pi q) - \cos(2\pi p))^2} \qquad (37)$$

Für $q \gg D/\pi 2$ und mit $\cos(2\pi p) \le 1$ folgt schließlich Gleichung 4:

$$\sigma_{xy} = \frac{2\pi G_\tau b}{(1-\nu_Q)} \cdot \frac{x}{D^2} \cdot \exp\left(-\frac{2\pi x}{D}\right) \cdot \cos\left(\frac{2\pi y}{D}\right)$$

Literaturverzeichnis

[Ashby 1978] Ashby, M.F.; Spaepen, F.; Williams, S.; Acta Met., **26** (1978) 1647.
[Balluffi 1980] Balluffi, R.W. (ed.); Grain Boundary Structure and Kinetics, ASM Ohio, 1980.
[Barnes 1958] Barnes, R.S.; Redding, G.B.; Cottrell, A.H.; Phil. Mag., **3** (1958) 97.

[Bernal 1964] Bernal, J.D.; Proc. Soc. London, **280 A** (1964) 299.

[Bollmann 1970] Bollmann, W.; *Crystal Defects and Crystalline Interfaces*, Springer, Berlin, 1970.

[Chadwick 1976] Chadwick, G.A.; Smith, D.A.; *Grain Boundary Structure and Properties*, Academic Press, New York, 1976.

[Cottrell 1958] Cottrell, A.H.; *Dislocations and Plastic Flow in Crystals*, Oxford University Press, Oxford, 1958.

[Dingley 1979] Dingley, D.J.; Pond, R.C.; Acta Met., **27** (1979) 667.

[Doherty 1959] Doherty, P.E.; Davis, R.S.; Acta Met. **7** (1959) 118

[Frank 1950] Frank, F.C.; Report of the Symposium on the Plastic Deformation of Crystalline Solids, Carnegie Institute of Technology, Pittsburgh, 1950.

[Friedel 1926] Friedel, G.; Leçons de Crystallographie, Paris, 1926.

[Gleiter 1972] Gleiter, H. ; Chalmers, B.; Prog. Mater. Sci., **16** (1972) 1.

[Gottstein 1979] Gottstein, G.; Die Rekristallisation als Korngrenzenproblem, Habilitationsschrift, RWTH Aachen, 1979.

[Gottstein 1992 a] Gottstein, G.; Einführung in die allgemeine Metallkunde und in die Werkstoffwissenschaften, RWTH Aachen, Institut für Metallkunde und Metallphysik, Skript, 1992.

[Gottstein 1992 b] Gottstein, G.; Shvindlerman, L.S.; Scripta Met., **27** (1992) 1515.

[Herring 1961] Herring, C.; Physics of Powder Metallurgy, McGraw-Hill, New York, 1961.

[Hirth 1992] Hirth, J.P.; Lothe, J.; Theory of Dislocations, Krieger Publishing Company, Malabar-Florida, 1992.

[Humphreys 1995] Humphreys, F.J.; Hatherly, M.; *Recrystallization and Related Annealing Phenomena*, Elsevier Science Ltd., Oxford (1995)

[Hu 1972] Hu, H.; *The Nature and Behavior of Grain Boundries*, Plenum Press (1972).

[Ishida 1975] Ishida, Y.; Ozawa, T.; Scripta Met., **9** (1975) 1103.

[Johnson 1977] Johnson, W.C.; Blakely, J.M.; *Interfacial Segregation*, ASM, Metals Park Ohio, (1977)

[Krakow 1990] Krakow, W.; J. Mat. Research, **5** (1990) 2660.

[Mascanzoni 1970] Mascanzoni, A.; in *Crystal Defects and Crystalline Interfaces*; Hrsg. H. Bollmann, Springer, Berlin (1970) 125.

[Mott 1948] Mott, N.I.; Proc. Phys. Soc., **60** (1948) 391

[Pumphrey 1976] Pumphrey, P.H.; in *Grain Boundary Structure and Properties*, Hrsg. G.A. Chadwick, Academic Press, New York, (1976) 150+153.

[Read 1953] Read, W.T.; *Dislocations in Crystallines*, McGraw-Hill, New York (1953).

[Rosenbaum 1959] Rosenbaum, S.H.; Turnbull, D.; Acta Met., **7** (1959) 664.

[Sautter 1977] Sautter, H.; Gleiter, H.; Bäro, G.; Acta Met., **25** (1977) 467.

[Seeger 1959] Seeger, A.; Schottky, G.; Acta Met. **7** (1959) 495.

[Shvindlerman 1982] Shvindlerman, L.S.; Fradkov, V.Y.;Aleksandrovich, V.L.; Phys. Met. Met., **54** (1982) 138.

[Sutton 1983] Sutton, A.P.; Vitek, V.; Phil. Trans. R. Soc. London, **309 A** (1983) 1.

[Sutton 1995] Sutton, A.P.; Balluffi, R.W.; Interfaces in Crystalline Materials, Clarendon Press, Oxford, 1995.

[Wolf 1992] Wolf, D.; Yip, S.; *Materials Interfaces*, Chapman and Hall, London, 1992.

13 Phasengrenzen

Phasengrenzen sind ebenso wie Korngrenzen innere Grenzflächen eines Festkörpers. Anders als Korngrenzen, die den Festkörper in Bereiche gleicher Kristallstruktur, aber unterschiedlicher Orientierung unterteilen, trennen Phasengrenzen Bereiche unterschiedlicher Kristallstruktur und/oder chemischer Zusammensetzung. Damit besitzt die Phasengrenze eine hohe Anzahl von Beschreibungselementen, die zu ihrer Festlegung berücksichtigt werden müssen, denn neben der Angabe von Drehwinkel, Drehachse und Grenzflächennormalen müssen auch Informationen über die beiden beteiligten Kristallgitter verarbeitet werden.

Phasengrenzen stellen eine Störung des perfekten Kristalls dar. Sie wechselwirken daher mit anderen Gitterfehlern wie Korngrenzen, Versetzungen und Punktfehlern. Unter anderem hindern sie die Korngrenzen- und Versetzungsbewegung und dienen als Quelle und Senke für niedrigerdimensionale Gitterfehler, speziell für Leerstellen und auch für gelöste Atome im Festkörper. Diese Wechselwirkungen können dynamische Vorgänge stark beeinflussen und damit zu erheblich veränderten Eigenschaften im Vergleich zur einphasigen Matrix führen [Murr 1975, Wolf 1992, Sutton 1995].

Die Bildung von Phasengrenzen kann verschiedene Ursachen haben. Grundsätzlich kann man zwischen natürlich gewachsenen (z.B. durch Prozesse wie der Erstarrung oder Umwandlung im festen Zustand) und synthetisch erzeugten Phasengrenzen (Verbundwerkstoffe, Werkstoffverbunde, künstliche Schichtstrukturen) unterscheiden. Eine genaue Kenntnis über den Aufbau der Phasengrenze und seinen Einfluß auf die Eigenschaften des Festkörpers ist nicht zuletzt für die letztgenannte Art der Phasengrenzen (Verbundwerkstoffe etc.) von großer praktischer Bedeutung und daher Gegenstand zahlreicher wissenschaftlicher Untersuchungen.

1 Adhäsion (Bindungskräfte) an Phasengrenzen

Ganz allgemein unterscheidet man in Festkörpern und gleichermaßen an Phasengrenzen zwischen kovalenter Bindung, metallischer Bindung, Ionenbindung und van der Waals-Wechselwirkung (Kap. 1 in [Ibach 1995], Kap. 3 in [Kittel 1989]).

Bei der kovalenten Bindung dominiert die Wechselwirkung zwischen den nächsten Nachbarn. Es handelt sich hierbei um eine gerichtete Bindung über Molekülorbitale, bei der die Raumausfüllung im Kristall eine untergeordnete Rolle spielt. Das einfachste Modell für diese Art der Bindung ist ein zweiatomiges Molekül (Wasserstoffmolekül). Speziell die Halbleiter Germanium und Silizium wie auch der Kohlenstoff im Diamant sind ganz überwiegend kovalent gebunden.

Im Gegensatz zur kovalenten Bindung sind bei der metallischen Bindung die Elektronen nicht an ein bestimmtes Atom gebunden, sondern häufen sich zwischen den positiven Ionenrümpfen an. Die metallische Bindung ist nicht so stark gerichtet, vielmehr wird eine hohe Raumerfüllung angestrebt [Pettifor 1996], Kapitel 8-11 in [Ashcroft 1976].

Die Ionenbindung wird durch Elektronenaustausch und die dadurch verursachte elektrostatische Anziehung zwischen den entgegengesetzt geladenen Ionen verursacht. Die Elektronegativitätsdifferenz der Partner ist ein Maß für die Stärke des Ionencharakters der Bindung. Der Unterschied zwischen Ionenbindung und kovalenter Bindung wird durch die Betrachtung der

Elektronendichteverteilung deutlich. Bei der kovalenten Bindung ist die Elektronendichte zwischen den Atomen besonders hoch, wohingegen bei der ionischen Bindung die Elektronen an den einzelnen Ionen konzentriert sind.

Bei der van-der-Waals-Wechselwirkung handelt es sich um eine Dipolwechselwirkung aufgrund von Ladungsfluktuationen in den Atomen. Die Bindungsstärke ist im Vergleich zu den vorgenannten Bindungen sehr gering. Die Bindung kommt nur zum Zug, wenn andere Bindungsformen nicht auftreten (z.B. zwischen Atomen mit abgeschlossener Schale wie etwa die Edelgase, oder zwischen gesättigten Molekülen). Wichtige Beispiele stellen die sogenannten Wasserstoffbrücken zwischen Polymerketten dar.

In realen Systemen kommen zumeistens Mischformen der vorgestellten Bindungstypen vor, wenngleich eine Bindungsform häufig überwiegt und dadurch bestimmend wird. Will man die Bindungskräfte an Grenzflächen eines Festkörpers beschreiben, so muß man zudem berücksichtigen, daß nur an homogenen Grenzflächen (Phasengrenzen mit gleicher chemischer Zusammensetzung oder auch Korngrenzen) auf beiden Seiten dieser Grenzfläche die gleiche Beschreibung der interatomaren Kräfte gilt. Bei allgemeinen Phasengrenzen wird die Betrachtung sehr viel komplexer. Heterogene Phasengrenzen bilden nämlich nicht nur ein dünnes Gebiet, an dem sich die Bindung von einem Kristall zum anderen ändert, sondern es können auch zusätzliche Bindungsanteile auftreten, die nur an der Grenzfläche existieren bzw. durch diese bedingt sind.

Einen Ansatz zur Behandlung dieser Komplexität bietet die Dichte-Funktional-Theorie [Sutton 1995]. Dabei wird die elektronische Struktur eines Systems von miteinander wechselwirkenden Elektronen in einem äußeren Potential (z.B. die Atomkerne) vollständig durch eine elektronische Ladungsdichtefunktion $\rho(\vec{r})$ beschrieben. Durch dieses Vorgehen wird die praktisch undurchführbare Berechnung des Vielkörperproblems mit den entsprechenden Wellenfunktionen auf die Betrachtung nur einer Funktion mit drei Ortskomponenten $\rho(\vec{r})$ vereinfacht. An einigen heterogenen Phasengrenzen sind auf diese Weise die Bindungskräfte berechnet worden.

Betrachten wir speziell die Phasengrenze zwischen einem Metall und einem Metalloxid (ionischer Kristall) so erhebt sich die Frage, wie die interatomaren Kräfte an der Grenzfläche beschrieben werden können. Eine Berechnung über die Ladungsdichtefunktion ist möglich, erfordert allerdings sehr viel Rechenaufwand. Man sucht daher nach einfacheren Beschreibungen und Modellen, die zwar nicht die Berechnung der Bindungskräfte über die gerade genannte Methode ersetzen sollen, aber Möglichkeiten bieten, Vorhersagen über die Stärke der Bindung zu machen. Finnis hat ein Modell für die zwischenatomaren Kräfte einer Metall-Keramik-Grenzfläche vorgeschlagen [Fin 1992]. In diesem Modell wird die Bindung zwischen dem metallischen und dem keramischen Kristall durch eine anziehende Coulomb-Wechselwirkung zwischen den Ionen der Keramik und der Bildladungen im Metall dominiert (siehe Bild 1).

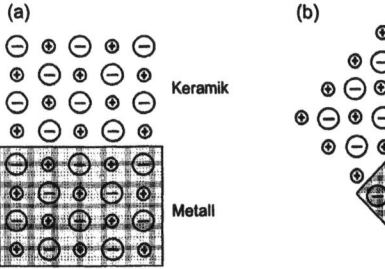

Bild 1 Modell der Bildladungen im Metall, die durch einen keramischen Kristall nahe der Grenzfläche induziert werden. Dabei zeigt (a) den einfachen Fall einer nahezu periodischen Fortsetzung an einer „nichtverkippten" Grenzfläche. (b) zeigt einen komplizierteren Fall, bei dem der keramische Kristall an der Grenzfläche „verkippt" ist und so eine Lage Sauerstoff- oder Metallionen gebildet werden.

2 Atomistische Struktur von Phasengrenzen

2.1 Typen von Phasengrenzen

Die atomare Struktur von Phasengrenzen ist aufgrund unterschiedlicher Gitter- und Elektronenstrukturen auf beiden Seiten nicht allein durch die geometrischen Überlegungen - wie bei den Korngrenzen - zu erschließen, nicht zuletzt auch wegen der Schwierigkeiten bei der Betrachtung der Bindungskräfte an solchen Phasengrenzen. Durch Computersimulation der Bindungskräfte [Finnis 1993] kann zwar prinzipiell für jede Phasengrenze die Struktur bestimmt werden, aber eine Ableitung der Grenzflächenstruktur aus der Struktur anderer bekannter Phasengrenzen ist im allgemeinen unmöglich.

Experimentell kann die atomistische Struktur der Phasengrenze durch hochauflösende Transmissionselektronenmikroskopie (HRTEM) [Spence 1981, Bethge 1982, Rühle 1996] bestimmt werden. Die Bestimmung von Struktur und Chemie einer Phasengrenze mit hochauflösenden Elektronenmikroskopen befindet sich allerdings noch in den Anfängen. In Bild 2 sind zwei eindrucksvolle HRTEM-Aufnahmen zu sehen. Sie zeigen Germanium-Ausscheidungen (Diamantstruktur) in einer flächenzentrierten Al-3at.% Ge-Matrix. Die Abbildungen erinnern an ein menschliches Herz und ein Gepäckstück. Auf die Klassifizierung der zu sehenden einzelnen Phasengrenzen bezüglich ihrer Struktur werden wir im nachfolgenden eingehen. Ganz allgemein kann man dabei die Phasengrenzen in drei verschiedene Typen einteilen, kohärente, teilkohärente und inkohärente Grenzflächen.

Kohärente Phasengrenzen

Kohärente Phasengrenzen treten auf, wenn sich die Gitterkonstanten der beiden Phasen nur wenig voneinander unterscheiden und kein Orientierungsunterschied in beiden Phasen vorliegt. Eine solche kohärente Phasengrenze ist im HRTEM fast nicht zu erkennen (Bild 3). Alle Gitterebenen der einen Phase setzen sich durch die kohärente Phasengrenze hindurch in der angrenzenden Phase stetig fort.

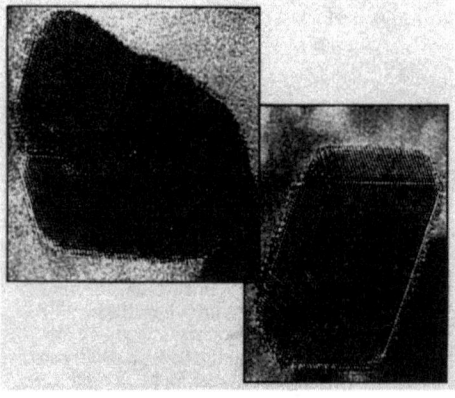

Bild 2 Hochauflösende TEM-Aufnahmen von Germanium-Ausscheidungen in einer Al-3%Ge-Matrix [Dahmen 1987].

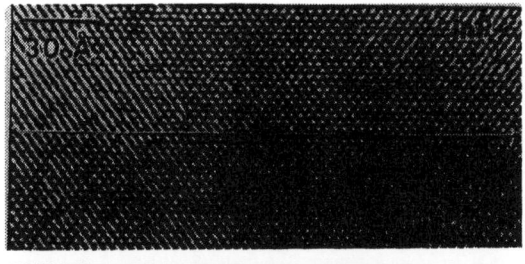

Bild 3 Atomistische Struktur einer kohärenten Phasengrenze zwischen InP und InGaAs. Die Teilbilder (a) und (b) zeigen die gleiche Aufnahme, allerdings ist in (a) zur Orientierung die Lage der Phasengrenze eingezeichnet. Ohne diese Angabe ist die Phasengrenze in (Bild (b)) nicht zu erkennen [Ourmazd 1990].

Bild 4 HRTEM-Aufnahme einer Ag-Ni-Phasengrenze [Gao 1990]. Die Phasengrenze verläuft von links nach rechts (markiert durch die beiden Marker rechts und links). Die mit dem Pfeil versehene Gitterebene läuft im Nickel-Kristallit aus. Es bildet sich aufgrund der Gitterfehlanpassung eine Versetzung.

Teilkohärente Phasengrenzen

Mit wachsendem Unterschied der Gitterkonstanten bei gleicher Orientierung in den beiden Phasen erhöht sich die elastische Energie der Phasengrenze infolge der dort herrschenden Fehlpassung. Es wird dann energetisch günstiger, diese Fehlpassung durch den Einbau von Stufenversetzungen zu kompensieren und damit die sogenannten Kohärenzspannungen herabzusetzen. Da zwar der größte Teil der Gitterebenen, aber eben nicht mehr alle, durch die Grenzfläche stetig fortgesetzt werden, bezeichnet man diese Grenze als teilkohärente Phasengrenze. Bild 4 gibt ein Beispiel anhand einer HRTEM-Aufnahme einer Grenzfläche zwischen Silber und Nickel.

Die Fehlpassung δ ist über die Gitterkonstanten a_1 und a_2 der angrenzenden Kristallite definiert

$$\delta = \frac{\Delta a}{\bar{a}} = 2\frac{|a_1 - a_2|}{a_1 + a_2} \qquad (1)$$

Im System Ag-Ni beträgt die Fehlpassung ungefähr 15%. Das bedeutet, daß etwa alle 7 Gitterabstände eine Stufenversetzung eingebaut werden muß. Die allgemeine Versetzungsstruktur einer Phasengrenze kann mit der Frank-Bilby-Formel [Sutton 1995] berechnet werden.

Inkohärente Phasengrenzen

Wenn beide Phasen an einer Phasengrenze eine unterschiedliche Gitterstruktur oder verschiedene Orientierungen haben, so geht die Kohärenz an der Grenzfläche vollständig verloren. In diesem Fall spricht man von inkohärenten Phasengrenzen (Bild 5). Aber auch in diesem Fall ist die atomistische Anordnung nicht vollständig regellos. Es werden Anordnungen bevorzugt, die energetisch günstig sind. Dominiert die elastische Energie so werden zum Beispiel Anordnungen mit guter Passung in der Grenzfläche bevorzugt. Häufig spielen aber elektronische Effekte eine dominierende Rolle, so daß die geometrisch günstigste Anordnung sich nicht unbedingt einstellen muß. Die Energie einer inkohärenten Phasengrenzfläche ist stets viel größer als die Energie einer kohärenten Phasengrenzfläche.

2.2 Metall/Keramik-Grenzflächen

Technisch besonders wichtig sind die Metall/Isolator-Grenzflächen, die in elektronischen Bauteilen und metallischen Verbundwerkstoffen vorkommen. Die Untersuchung der atomistischen Struktur dieser Phasengrenzen ist daher sowohl von wissenschaftlicher als auch technologischer Bedeutung, um die mechanischen, thermischen und elektronischen Eigenschaften zu verstehen und zu optimieren. Wir werden uns im folgenden auf nicht-reaktive Systeme beschränken, d.h. solche Systeme betrachten, bei denen keine chemische Reaktion an der Grenzfläche auftritt.

Als Untersuchungsmethode wird überwiegend die hochauflösende Transmissionselektronenmikroskopie verwendet. Durch sie erhält man Informationen über den Grad der Kohärenz, die Anordnung von Fehlstellen in Form von Fehlstellenversetzungen, die Periodizität entlang der Grenzfläche, das Auftreten von Stufen oder Facetten, die Kristallorientierung an der Grenzfläche

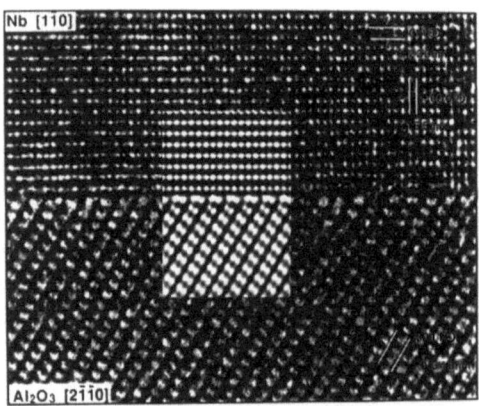

Bild 5 Struktur einer inkohärenten Phasengrenze zwischen Niob und Aluminiumoxid mit hochauflösender TEM [Evans 1990].

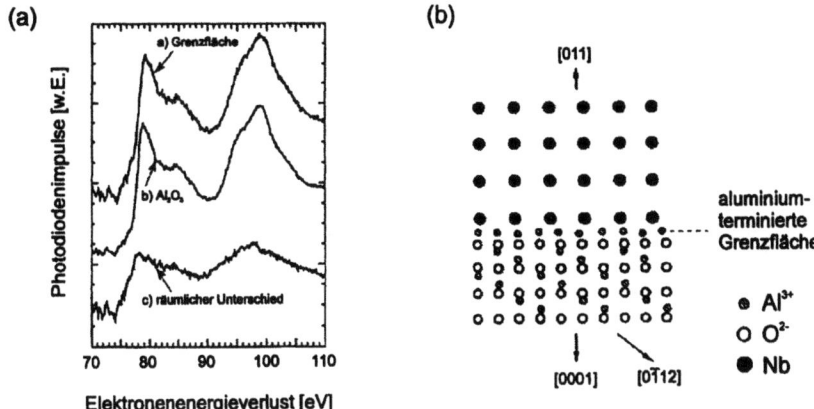

Bild 6 Eine diffusionsgeschweißte Nd/Al$_2$O$_3$- Phasengrenzfläche: in (a) die Ergebnisse der Elektronenverlustspektroskopie und in (b) die aus diesen Daten ermittelte atomistische Struktur (nach [Bruley 1994]).

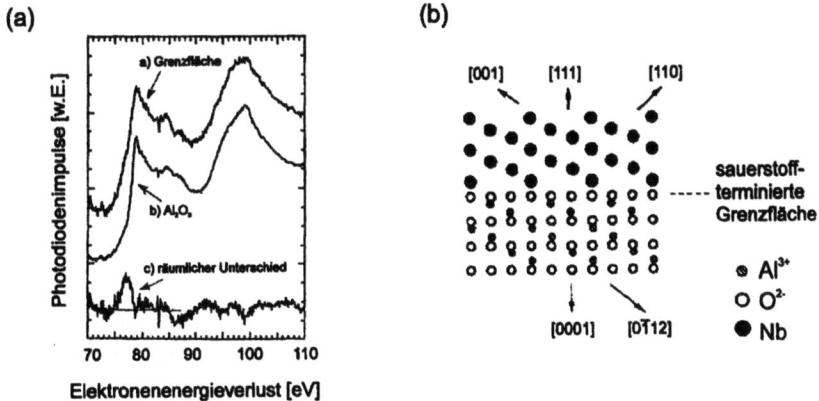

Bild 7 Eine durch Molekularstrahlepitaxie hergestellte Nb/Al$_2$O$_3$- Phasengrenzfläche: in (a) die Ergebnisse der Elektronenverlustspektroskopie und in (b) die aus diesen Daten ermittelte atomistische Struktur (nach [Bruley 1994]).

und über extrinsische Defekte bspw. durch Segregation an der Grenzfläche. In Verbindung mit der Elektronenverlustspektroskopie (EELS) [Ibach 1982] gelingt auch eine chemische Charakterisierung der Grenzfläche, die bei Phasengrenzen von entscheidender Bedeutung ist.

Ein typisches und technisch wichtiges Beispiel von Metall/Keramik-Grenzflächen sind die Metall-Al$_2$O$_3$-Grenzflächen, z.B. Niob-Saphir (α-Al$_2$O$_3$). Saphir hat eine hexagonale Kristallstruktur, wobei allerdings parallele Basalebenen eine unterschiedliche Zusammensetzung haben, um der Stöchiometrie von Al$_2$O$_3$ zu genügen. Genaue Untersuchungen zeigen, daß die Grenzfläche, je nach Herstellungsverfahren, chemisch unterschiedlich strukturiert sein kann. Nach Diffusionsschweißen von Nb auf Saphir findet man, daßeine Al-Schicht das α-Al$_2$O$_3$ in der Grenzfläche abschließt (Bild 6), während in Grenzflächen, die durch Molekularstrahlepitaxie

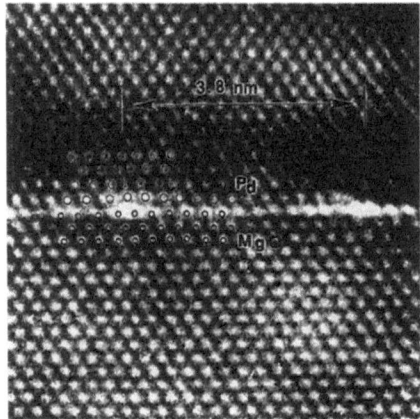

Bild 8 HRTEM-Aufnahme der atomistischen Struktur einer Pd/MgO (001)-Phasengrenze entlang der [110]- Richtung. Der Versetzungkern ist 1 Gitterabstand von der Grenzfläche im Pd-Kristall lokalisiert [Lu 1992].

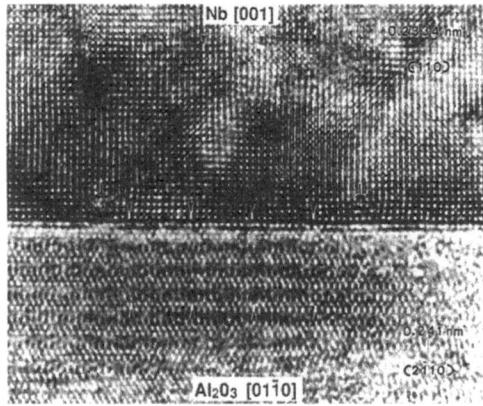

Bild 9 HRTEM-Aufnahme einer Phasengrenze zwischen Nb und Al_2O_3. Die Misfit-Versetzung (durch Versetzungszeichen angegeben) haben einen sogenannten „stand-off" zur Grenzfläche [Mader 1992].

hergestellt wurden, eine Sauerstofflage die innere Oberfläche des Isolators ausmacht Bild 7). Es wird vermutet, daß die Temperaturabhängigkeit der Sauerstoffaffinität des Aluminiums diesen Unterschied verursacht, denn Diffusionsschweißen wird bei hohen Temperaturen durchgeführt, während Beschichtung durch Molekularstrahlepitaxie bei Umgebungstemperatur vorgenommen wird.

Bei guter Passung der Atome in der Grenzfläche wird auch bei Metall/Isolator-Grenzflächen eine Tendenz zu kohärenter Grenzflächenstruktur gefunden. Bei teilkohärenten Grenzflächen befinden sich die Grenzflächenversetzungen häufig nicht in der Grenzfläche, sondern im Abstand von einigen Gitterparametern von der Grenze in der (weicheren) metallischen Phase (Bild 8, 9). Ursache dafür ist der hohe E-Modul der keramischen Phase, der der Grenzfläche eine gute Passung und damit eine hohe Kohärenzspannung aufzwingt. Tatsächlich findet man die Tendenz, daß sich der Abstand der Versetzung zur Grenzfläche mit steigendem Unterschied im elastischen Verhalten der beiden Materialien ebenso erhöht, wie mit fallendem Misfit-Wert. Der Abstand ist dabei proportional zum Kehrwert des Misfits und damit proportional zum Gleichgewichtsabstand zwischen den Versetzungen.

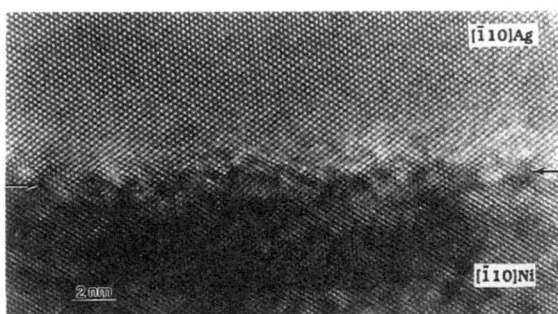

Bild 10 TEM-Aufnahme einer Ni-Ag (110)- Grenzfläche, die in (111)- Mikrofacetten zerfällt, um die Grenzflächenenergie zu minimieren [Merkle 1992].

2.3 Metall/Metall-Grenzflächen

Bei überwiegend metallischen Bindungsanteilen spielen elastische Energieterme, also die Fehlpassung, eine dominierende Rolle. Niederenergetische Grenzflächen entstehen bei geringer Fehlpassung in Form von kohärenten Grenzflächen. Zum Beispiel bilden Silber und Nickel kohärente Grenzflächen bei $(111)_{Ni} \| (111)_{Ag}$. Dadurch besteht bei anderer Kristallographie in der Grenzfläche die Tendenz zum Zerfall planarer Grenzflächen in niedrigenergetische Facetten, bspw. in (111)-Facetten bei (110)-Grenzflächen in Ag-Ni (Bild 10). Die Kristallographie der Grenzfläche spielt auch eine wesentliche Rolle bei Grenzflächen zwischen Metallen und intermetallischen Phasen. Beispielsweise bilden hexagonale Ag_2Al-Ausscheidungen in einer kubischflächenzentrierten Al-Ag-Legierung sehr lange kohärente Facetten wenn die äquivalent aufgebauten (0001)-Basisebenen des Ag_2Al parallel zu einer {111}-Ebene der Ag-Al-Legierung liegen. Beide Phasen haben praktisch den gleichen Atomabstand. Entsprechend richten sich auch die $<11\bar{2}0>$-Richtungen in Ag_2Al parallel zu den <110>-Richtungen der Al-Ag-Legierung aus, so daß eine vollständig kohärente Grenzfläche entsteht, die sehr niederenergetisch ist, wie seine langen Facetten belegen.

3 Bewegung von Phasengrenzen

Genau wie Korngrenzen müssen Phasengrenzen nicht ortsfest verbleiben, sondern können sich bewegen, bspw. bei Phasenumwandlungen oder Reifungsvorgängen. Der Grund liegt in der damit verbundenen Verringerung der freien Enthalpie G des Festkörpers, also dem Gewinn der Umwandlungswärme bei Phasenumwandlungen oder der Verringerung der Grenzflächenenergie bei Reifungsvorgängen. Wie bei der Korngrenzenbewegung ist die treibende Kraft gegeben durch $p = -\frac{dG}{dV}$, wobei V das von der Grenzfläche überstrichene Volumen ist. Im Gegensatz zur Korngrenzenbewegung ist mit der Wanderung der Phasengrenzen auch immer eine Änderung der Zusammensetzung des von der Phasengrenze überstrichenen Volumens verbunden, wenn man von der martensitischen Umwandlung einmal absieht, so daß die Diffusionsvorgänge zur Konzentrationsänderung eine wesentliche Rolle spielen. Aus diesem Grund wird die Kinetik von Phasenumwandlungen im Festkörper und von Reifungsvorgängen bei Sekundärphasen gewöhnlich nur als Diffusionskinetik behandelt und die Kinetik der Grenzflächenbewegung als schnell gegenüber den Diffusionsabläufen vorausgesetzt. Außerdem ist die Bewegung von Phasengrenzen wenig untersucht, nicht zuletzt auch wegen der damit verbundenen experimentellen Schwierigkeiten. Ergebnisse von TEM-Untersuchungen sprechen dafür, daß sich Phasengrenzen nicht

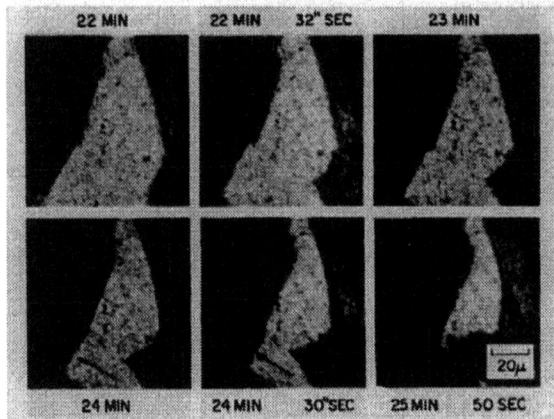

Bild 11 Der Ledge-Mechanismus am Beispiel einer AgCd50.5at%-Legierung [Kittl 1967].

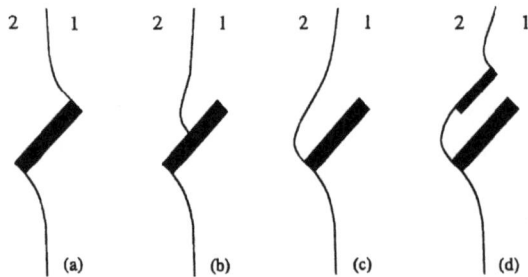

Bild 12 Schematische Darstellung des Falten-Mechanismus für ein plattenförmiges Ausscheidungsteilchen an der Korngrenze [Tu 1967].

gleichmäßig bewegen, sondern durch das Wachstum (Verschiebung) von Stufen in der Grenzfläche. Das ist sicherlich für kohärente Grenzflächen der Fall. Es gibt aber auch experimentelle Hinweise, daß inkohärente Grenzflächen durch Bewegung von Stufen auf ihrer Oberfläche wandern (s. Bild 11), so daß die Anlagerung von Legierungsatomen an diesen Stufen wichtig für die Kinetik der Bewegung von Phasengrenzen ist.

Eine spezielle Form der Bewegung von Phasengrenzen stellt die diskontinuerliche Ausscheidung dar. Sie vollzieht sich durch Umwandlung an der bewegten Korngrenze, was mit typischen lamellenförmigen Ausscheidungsstrukturen verbunden ist. Die Triebkraft der gekoppelten Bewegung von Korngrenzen und (der mitgezogenen) Phasengrenzen wird gewöhnlich der Existenz von „Kohärenzspannungen" aufgrund der unterschiedlichen Gitterparameter im entmischten Korn und dem angrenzenden (übersättigten) Mischkristall zugeschrieben. Allerdings wird diskontinuierliche Ausscheidung auch in Systemen beobachtet, in denen die Gitterparameter von Mutterphase und Ausscheidung sehr ähnlich, und daher, die Kohärenzspannungen nur sehr klein sind. In solchen Fällen wird auch die Energie der Phasengrenze für den Vorgang wichtig, denn dann entstehen die Phasen in den Korngrenzen und die Korngrenze bewegt sich, um die Größe der inkohärenten Grenzfläche zu minimieren (Bild 12).

Unter martensitischen Umwandlungen versteht man Änderungen der Kristallstruktur ohne gleichzeitige Änderung der Zusammensetzung. Sie vollzieht sich durch einen Umklappvorgang und breitet sich mit der größtmöglichen Geschwindigkeit, d.h. praktisch mit Schallgeschwindigkeit, im Festkörper aus. Man vermutet, daß derartig hohe Geschwindigkeiten durch die Bewegung von Grenzflächenversetzungen erreicht werden, deren Erzeugung auf die Kompensation der

Verzerrung in der Grenzfläche zurückzuführen ist. Eine andere Vorstellung ist die Ausbreitung einer langwelligen Gitterschwingung (Phonon), die die Atome in die neue Phase verschiebt. Technisch wichtiger Vertreter dieses Umwandlungstyps ist der Martensit in Stahl, hinsichtlich der Grenzflächenbewegung aber speziell die Formgedächtnislegierungen, bei denen sich die Grenzflächen durch Angreifen einer elastischen Kraft reversibel verschieben [Hornbogen 1995].

4 Benetzung

In Abschnitt 2 hatten wir festgestellt, daß die atomistische Struktur der Phasengrenze im allgemeinen nicht aufgrund einfacher geometrischer Überlegungen abgeleitet werden kann und somit aufwendige Rechnungen gemacht werden müssen, um Energie und Bindungskräfte zu berücksichtigen. Aufgrund dieses komplizierten Vorgehens ist es häufig nicht möglich, die Eigenschaften der Phasengrenzen aufgrund der atomistischen Anordnung zu erschließen. Die atomistischen Vorgänge äußern sich aber nur in makroskopischen Phänomenen, beispielsweise in der Grenzflächenspannung, die als Oberflächenspannung die Kugelform von Flüssigkeitstropfen verursacht oder das Überlaufen einer überrandvollen Kaffeetasse verhindert. Die Grenzflächenspannung ist eine Folge der Tendenz, die Grenzflächenenergie möglichst klein zu halten.

Beim Kontakt von mehreren Grenzflächen stellt sich ein energetisches Gleichgewicht ein, daß durch das Gleichgewicht der Grenzflächenspannungen $\gamma_{i,j}$ charakterisiert ist, wie es in Bild 13 dargestellt ist. Einen Fall dieser Art hatten wir bereits bei der heterogenen Keimbildung (Kapitel 5.1) kennengelernt, bei der sich ein Kristallkeim in Kontakt mit einem Substrat und der Schmelze befindet und sich ein bestimmter Benetzungswinkel einstellt. Bei kristallinen Phasen ist noch zu berücksichtigen, daß die Grenzflächenenergie auch von der räumlichen Lage der Grenzfläche abhängen kann. Dann gilt gemäß Bild 14:

$$\frac{\gamma_{23}}{(1+\epsilon_2\epsilon_3)\sin\alpha_1 + (\epsilon_3-\epsilon_1)\cos\alpha_1} = \frac{\gamma_{13}}{(1+\epsilon_1\epsilon_3)\sin\alpha_2 + (\epsilon_1-\epsilon_2)\cos\alpha_2} \quad (2)$$
$$= \frac{\gamma_{12}}{(1+\epsilon_1\epsilon_2)\sin\alpha_3 + (\epsilon_2-\epsilon_3)\cos\alpha_3}.$$

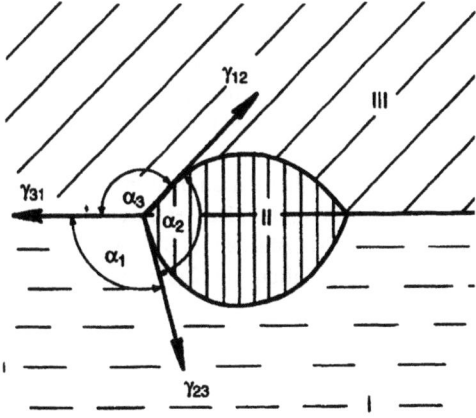

Bild 13 Gleichgewicht der Grenzflächenspannungen γ_{ij} und der entsprechenden Berührungswinkel α_k in einem Dreiphasengleichgewicht.

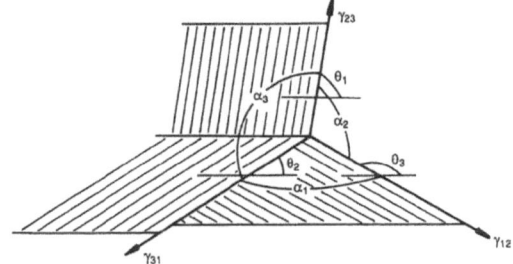

Bild 14 Kräftegleichgewicht an einer Kornkante. Die Gleichgewichtswinkel α_i hängen sowohl von der Korngrenzenenergie γ_{ij} als auch von der Korngrenzenlage θ_k ab.

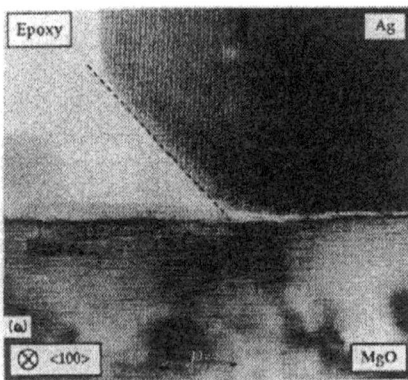 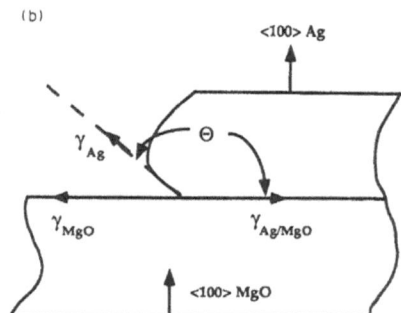

Bild 15 In (a) Beispiel der Bestimmung des Benetzungswinkels mittels HRTEM am System Silber-Magnesiumoxid aus [Trampert 1992]. In (b) die schematische Darstellung.

Der Term $\epsilon_i = \frac{\partial \ln \gamma_{hkl}}{\partial \theta_i}$ wird als „torque term" bezeichnet, weil er die Tendenz der einzelnen Korngrenzen angibt, in eine Position zu drehen, die die Energie herabsetzt. Ist die Abhängigkeit von der räumlichen Lage unwichtig (bspw. bei Gläsern), dann gilt vereinfachend:

$$\frac{\gamma_{ij}}{\sin \theta_k} = konst. \quad (i,j,k = 1,2,3; \; i \neq j \neq k). \tag{3}$$

Für unmischbare Systeme ist $\theta = 180°$. Neigen die Phasen dagegen zu chemischen Reaktionen, so ist q meist sehr klein, im Grenzfall vollständiger Benetzung wird $\theta = 0°$. Durch die Messung des Benetzungswinkels kann man auf die Größe der Grenzflächenenergie schließen. Genaue Messungen erfordern den Einsatz des TEM, wie in Bild 15 am Beispiel des Systems Silber-Magnesiumoxid dargestellt.

Die Grenzflächenspannung ist empfindlich von der chemischen Zusammensetzung abhängig. Wie Bild 16 zeigt, ändert sich der Benetzungswinkel von Wismut in Kupfer durch Bleizugabe erheblich. Reines Wismut zeigt vollständige Benetzung von Grenzflächen (z. B. Korngrenzen) in Kupfer, was gravierende Folgen für die mechanischen Eigenschaften von Kupfer hat.

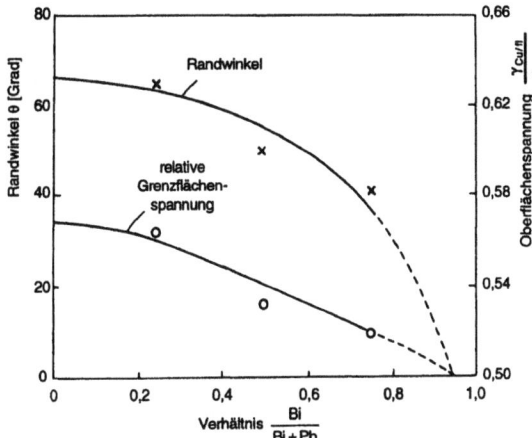

Bild 16 Abhängigkeit der Oberflächenspannung (Grenzflächenenergie von der Zusammensetzung im System Cu-Pb-Bi.

5 Eigenschaften und Anwendungen von Grenzflächen

In modernen Werkstoffen spielen Grenzflächen eine wichtige Rolle, ob in Dünnschichtverbunden für die Mikroelektronik, in partikel- und faserverstärkten Verbundwerkstoffen für mechanisch belastete Bauteile, Beschichtungen zum Schutz verletzlicher Oberflächen oder zur Bioverträglichkeit von Implantatwerkstoffen. Wir wollen nachfolgend einige ausgewählte Beispiele behandeln.

5.1 Haftung

Die Haftung von Grenzflächen, also ihr Widerstand gegen die Trennung der angrenzenden Volumina ist von dominanter Wichtigkeit für die mechanischen Eigenschaften mehrphasiger Werkstoffe. Die Haftung ist generell mit der Benetzung verknüpft. Bei vollständiger Unbenetzbarkeit besteht keine Tendenz zur Haftung zwischen den verbundenen Partnern, von schwachen influenzierten Dipolwechselwirkungen einmal abgesehen. Sehr gute Benetzbarkeit ist häufig auch mit der Tendenz zur Bildung chemischer Reaktionen verbunden, die an der Grenzfläche eine neue Phase entstehen läßt. Dadurch entsteht eine ausgesprochen starke Haftung, andererseits beeinflußt aber die entstandene Reaktionsphase erheblich die Eigenschaften der Grenzfläche.

Eine zentrale Bedeutung kommt der Haftung für die Eigenschaften von Verbundwerkstoffen und Werkstoffverbunden zu. In Verbundwerkstoffen werden die mechanischen Eigenschaften der zweiten, eingebetteten Phase, bspw. ihre Festigkeit oder Steifigkeit, zur Einstellung von Werkstoffeigenschaften benutzt, die mit einphasigen Werkstoffen nicht erreichbar sind. Zur Ausnutzung z.B. der Festigkeit der eingebetteten Phase, beispielsweise der keramischen Faser in einer metallischen Matrix, muß aber die äußerlich angebrachte Last auf die Fasern übertragen werden, was durch Scherkräfte in der Grenzfläche geschieht. Je größer die Haftung, desto größer die Scherkräfte, die übertragen werden können, desto fester der Verbundwerkstoff. Allerdings tritt bei zu guter Haftung das Problem auf, daß die Bruchspannung in der Faser überschritten wird, so daß die Faser fragmentiert und der Werkstoff plötzlich versagt. Die Haftung in der Grenzfläche ist dann optimal, wenn sie versagt, kurz bevor die Faser bricht. Das „interface engineering" ist

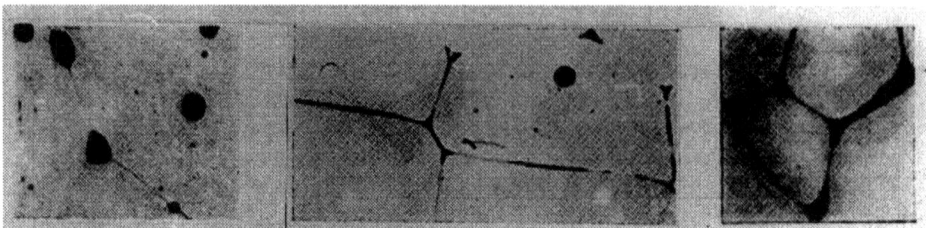

Bild 17 Korngrenzenbenetzung durch feste und flüssige Phasen: (a) Feste Bleieinschlüsse in Messing. (b) Ein flüssiger Wismutfilm benetzt vollständig die Korngrenzen in Kupfer. (c) FeS-Schmelze auf Korngrenzen in Stahl.

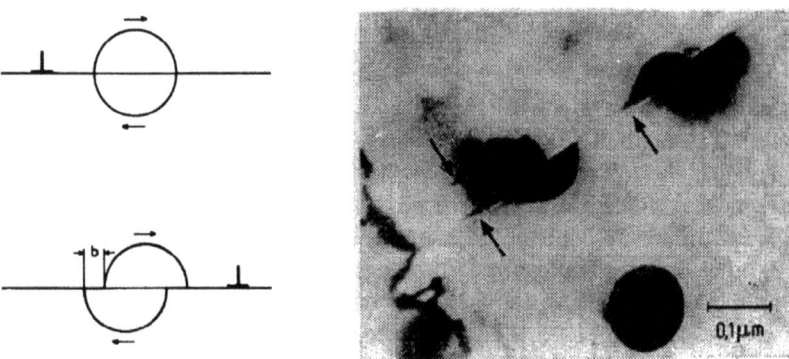

Bild 18 Darstellung der Schneidung eines Partikels durch eine Versetzung und Abscherung des Teilchens. In (a) schematisch und (b) beobachtet in Ni-19%Cr-6%Al (540 h und um 2% verformt, gealtert bei 750°C) [Haasen 1984].

daher eine zentrale Aufgabe des Werkstoffingenieurs bei der Entwicklung von Verbundwerkstoffen. Speziell in Verbundwerkstoffen mit keramischer (d.h. spröder) Matrix müssen Faserbrüche vermieden werden, um ein katastrophales Versagen des Bauteils zu verhindern, vielmehr muß ein in der keramischen Matrix entstandener Rißan der Grenzfläche umgelenkt werden und die Grenzfläche auftrennen, um optimales mechanisches Verhalten des Verbundwerkstoffs einzustellen. In solchen Verbundwerkstoffen wird daher die Haftung fast ausschließlich durch die Rauhigkeit der Faseroberfläche und die damit verbundene Haftreibung verursacht. Ganz umgekehrt liegen die Verhältnisse bei faserverstärkten Kunststoffen. Hier ist maximale Haftung erwünscht, weil die Kunststoffe so weich sind, daßsie praktisch gar nicht zur Festigkeit beitragen, sondern im wesentlichen nur den „Klebstoff" zwischen den Fasern darstellen. Allerdings bedeutet gute Benetzbarkeit nicht notwendigerweise immer gute Haftung, z. Bsp. wenn die benetzende Phase unter Betriebsbedingungen des Bauteils flüssig wird. Beispiele hierzu sind die gefürchtete Warmbrüchigkeit des wismuthaltigen Kupfers oder die drastische Verschlechterung der Hochtemperaturfestigkeit von Stählen durch Eisensulfid-Einschlüsse (Bild 17). Durch entsprechende Änderung der chemischen Zusammensetzung können diese Probleme allerdings behoben werden (vergl. Abschn. 12.5, Bild 16).

5.2 Wechselwirkung mit Gitterfehlern

Erheblichen Einfluß auf die mechanischen Eigenschaften nimmt die Wechselwirkung von Phasengrenzen mit Gitterfehlern, speziell mit Versetzungen und Korngrenzen. Den Einfluß von Punktfehlern in Form der Segregation zu Grenzflächen und der damit verbundenen Änderung der Grenzflächenspannung (d.h. Benetzung) wurde bereits erwähnt. Grenzflächen verursachen aber auch eine erhebliche Behinderung der Versetzungsbewegung und Korngrenzenwanderung. Inkohärente Phasengrenzen stellen grundsätzlich unüberwindliche Hindernisse für Versetzungen dar, da der Burgersvektor der Versetzung in aller Regel kein Translationsvektor des Gitters der zweiten Phase ist. Versetzungen müssen daher die Teilchen mit Hilfe des Orowan-Mechanismus umgehen, was bei fein verteilten Partikeln zu einer erheblichen Festigkeitszunahme führt und einen der bedeutendsten festigkeitssteigernden Mechanismus in Metallen darstellt. Selbst wenn die Phasengrenze kohärent oder teilkohärent ist, wird die Versetzungsbewegung durch die Teilchen behindert, weil abgesehen von vielen anderen Wechselwirkungen innerhalb des Teilchens immer eine zusätzliche Grenzfläche erzeugt wird, wenn die Versetzung sich durch die kohärente Grenzfläche hindurchbewegt (Bild 18). Die Energie des zusätzlichen Grenzfläche muß von der die Versetzung treibenden Kraft aufgebracht werden und führt daher zu einer Erhöhung der Festigkeit des zweiphasigen Werkstoffs.

Zwischen einer Phasengrenze und einer Korngrenze kann eine abstoßende oder anziehende Wechselwirkung bestehen. Inkohärenten Phasengrenzen, deren Grenzflächenenergie praktisch unabhängig von der Orientierung der angrenzenden kristallinen Bereiche ist, üben eine anziehende Kraft auf Korngrenzen aus, da bei Vereinigung von Phasen- und Korngrenzen längs der Kontaktfläche die Korngrenze entfällt, weil sie durch die Phasengrenze ersetzt wird. Umgekehrt wird durch diese attraktive Wechselwirkung die Korngrenze daran gehindert sich von der Phasengrenze zu lösen (Bild 19). Dadurch behindern (die Phasengrenzen von) Teilchen die Korngrenzenbewegung, was erhebliche Auswirkungen auf Entwicklung und Stabilität von Mikrostrukturen vielkörniger Werkstoffe hat. Die Rückhaltekraft p_r eines Teilchens kann man berechnen (Bild 19(b)), und für eine Dispersion von Teilchen mit Volumenbruchteil f und Radius r ergibt sich:

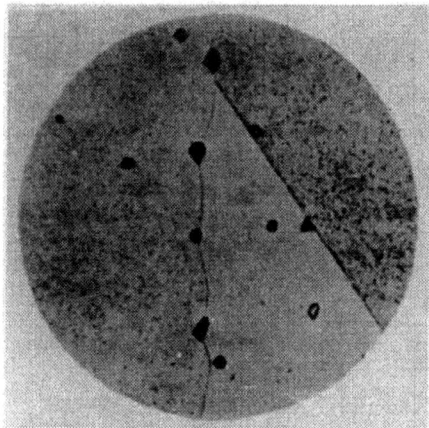
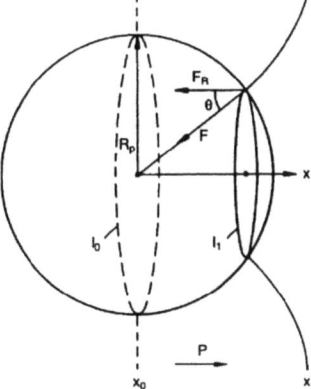

Bild 19 Behinderung der Bewegung einer Großwinkelkorngrenze durch Teilchen einer zweiten Phase: (a) Verankerung einer Korngrenze an Einschlüssen in α-Messing, (b) schematisch [Burke 1952].

$$p_r = -\frac{3}{2}\frac{f}{r}\gamma \qquad (4)$$

Die treibende Kraft p auf die Korngrenze muß p_r übersteigen, um die Korngrenze zu bewegen. Da bei der Kornvergrößerung die treibende Kraft mit zunehmender Korngröße kleiner wird, kommt das Kornwachstum bei $p = p_r$ zum Stillstand. Durch entsprechende Wahl der Dispersion $\frac{f}{r}$ kann somit die Endkorngröße gesteuert werden. Wichtig ist diese Wechselwirkung auch für Werkstoffe, die bei hohen Betriebstemperaturen eingesetzt werden. Durch entsprechende Teilchendispersion wird die Kornvergrößerung unterdrückt und damit das Gefüge des Werkstoffs stabilisiert, wodurch eine Verschlechterung der mechanischen Eigenschaften verhindert wird. Allerdings braucht man dazu auch Teilchen, die bei den Betriebstemperaturen nicht selbst einer Vergröberung unterliegen. Deshalb wählt man in diesen Fällen meist Metalloxide, deren feine Verteilung durch innere Oxidation eingestellt wird.

Natürlich werden nicht nur die mechanischen, sondern auch die elektronischen Eigenschaften vieler Funktionswerkstoffe durch Grenzflächen bestimmt. Grenzflächen tragen zum elektrischen Widerstand bei und verändern in Isolatoren die Raumladungsdichte, wodurch spezielle elektronische Eigenschaften eingestellt werden können. Die Funktion praktisch aller Bauteile der Mikroelektronik, von der Festkörperdiode über Varistoren zum Mikroprozessor wird ganz wesentlich von Grenzflächen bestimmt.

Literaturverzeichnis

[Ashcroft 1976] N.W. Ashcroft, N.D. Mermin, *Solid state physics*, Saunders Company, 1976.

[Bethge 1982] H. Bethge, J. Heidenreich, *Elektronenmikroskopie in der Festkörperphysik*, Deutscher Verlag der Wissenschaften Berlin, 1982.

[Bruley 1994] J. Bruley, R. Brydson, H. Müllejans, J. Mayer, G. Gutekunst, W. Mader, D. Knauss, M. Rühle, J. Mater. Res. **9** (1994) 2574.

[Burke 1952] G.E. Burke, D. Turnbull, Progress in metal physics **3** (1952) 274.

[Dahmen 1987] U. Dahmen, K.H. Westmacott, Proc. of the 45th annual meeting of the electron microscopy society of america, Ed. G.W. Bailey, San Francisco Press, 1987.

[Evans 1990] A.G. Evans, M. Rühle, MRS Bulletin **15** (1990) 46.

[Fin 1992] M.W. Finnis, Acta metall. Mater. **40**, Suppl. (1992) S. 25.

[Finnis 1993] M.W. Finnis, M. Rühle, *Structures of interfaces in crystalline solids* in *Materials science and technology*, edited by R.W. Cahn, P. Haasen, E.J. Kramer, Band 1, VCH Weinheim, 1993.

[Gao 1990] Y. Gao, K.L. Merkle, J. Mater. Res. **5** (1990) 1995.

[Haasen 1984] P. Haasen, *Physikalische Metallkunde* Springer-Verlag, Berlin, 1984, Seite 295.

[Hornbogen 1995] E. Hornbogen, Z. Metallkd. **86**(10), 1995, S. 656.

[Hirth 1996] St. Hirth, Dissertation, RWTH Aachen, 1996.

[Ibach 1982] H. Ibach, D.L. Mills, *Electron energy loss spectroscopy and surface vibrations*, Academic press, New York, 1982.

[Ibach 1995] H. Ibach, H. Lüth, *Festkörperphysik*, 4. Aufl., Springer-Verlag Berlin, 1995.

[Kittl 1967] J.E. Kittl, H. Serebrinsky, M.P. Gomez, Acta met. **15** (1967) 1703.

[Kittel 89] Ch. Kittel, *Einführung in die Festkörperphysik*, 8. erw. Aufl., Oldenbourg Verlag München, 1989.

[Mader 1992] W. Mader, D. Knauss, Acta metall. Mater. **40** Suppl. (1992) 207.

[Menon 1988] E.S.K. Menon, M.R. Plichta, H.I. Aaronson, Acta metall. **36**(2) (1988) 321.

[Merkle 92] K.L. Merkle, M.I. Buckett, Y. Gao, Acta metall. Mater. **40** Suppl. (1992) 249.

[Murr 1975] L.E. Murr, *Interfacial phenomena in metals and alloys*, Addison-Wesley Massachusetts, 1975.

[Lu 92] P. Lu, F. Cosandey, Acta metall. Mater. **40** Suppl. (1992) 259.

[Ourmazd 1990] A. Ourmazd, MRS Bulletin **15** (1990) 58.

[Pettifor 1996] D.G. Pettifor, *Electron theory of metals* in *Physical Metallurgy*, edited by R.W. Cahn, P. Haasen, Band 1, Elsevier Science North-Holland, 1996.

[Rühle 1996] M. Rühle, M. Wilkens, *Transmission electron microscopy* in *Physical metallurgy*, edited by W. Cahn, P. Haasen, Band 2, Elsevier North-Holland, 1996.

[Spence 1981] J.C.H. Spence, *Experimental High-Resolution electron microscopy*, Clarendon Press Oxford, 1981.

[Sutton 1995] A.P. Sutton, R.W. Balluffi, *Interfaces in crystalline materials*, Clarendon Press Oxford, 1995.

[Trampert 1992] A. Trampert, F. Ernst, C.P. Flynn, H.F. Fischmeister, M. Rühle, Acta metall. mater. **40** Suppl. (1992) 227.

[Tu 1967] K.N. Tu, D. Turnbull, Acta metall. **15** (1967) 369.

[Wolf 1992] D. Wolf, S. Yip, *Materials Interfaces*, Chapman and Hall London, 1992.

14 Behälterfreies Prozessieren von Schmelzen

1 Überblick

Berührungsfreie Schmelz- und Erstarrungsverfahren ohne jeglichen Kontakt mit Behältern werden vor allem benutzt, um Verunreinigungen der Schmelze durch Reaktionen mit Tiegelmaterialien zu vermeiden. Bei hohen Temperaturen reagieren viele flüssige Metalle (z. B. Niob, Tantal, Zirkon) und Halbleiter (Silizium) mit nahezu jeder Substanz. Daher werden die Experimente auch in hochreiner Umgebung, d. h. im Vakuum oder in Schutzgasatmosphäre, durchgeführt. Darüberhinaus wird die heterogene Keimbildung (s. Kap. 5), die sonst durch den Kontakt mit Behälterwänden, Verunreinigungen, Oxidbildung auftritt, stark reduziert, so daß die Schmelze auch bei geringen Kühlraten von wenigen K/s weit unter die Schmelztemperatur unterkühlt werden kann. Behälterfreie Verfahren gestatten somit die Untersuchung der physikalischen Eigenschaften und des Erstarrungsverhaltens hochreiner flüssiger Metalle und Halbleiter, insbesondere auch im Bereich der tief unterkühlten Schmelze. Im wesentlichen bieten die behälterfreien Verfahren die folgenden Möglichkeiten:

- Untersuchung von Keimbildungsprozessen,
- schnelle Erstarrung (in tief unterkühlten Schmelzen),
- Bildung metastabiler Phasen und Gefüge;
- Messung thermophysikalischer Eigenschaften (Dichte, Oberflächenspannung, Viskosität, spez. Wärmekapazität, elektrische Leitfähigkeit) von Schmelzen auch bei $T < T_m$,
- Herstellung von hochreinen Materialien.

Die wichtigsten Methoden zum berührungsfreien Prozessieren von Schmelzen sind:

- Fallversuche in Fallröhren und -türmen,
- Schwebeschmelzverfahren (Levitationsverfahren), bei denen die Schwerkraft z. B. durch einen Gasstrom, akustische Wellen, elektromagnetische oder elektrostatische Felder kompensiert wird,
- die Anwendung von Levitationstechniken unter den Bedingungen der Schwerelosigkeit (Weltraum, Parabelflug).

Eine detaillierte Darstellung von behälterfreien Verfahren und deren Anwendung ist in [Herlach et al. 1993] gegeben. Eine historische Übersicht findet sich in [Feuerbacher 1986].

2 Der freie Fall

2.1 Experimentierbedingungen

Falltürme und Fallrohre bieten eine recht einfache und naheliegende Möglichkeit, Schmelzen im freien Fall behälterfrei zu erstarren. Es wird berichtet, daß erste Experimente zur Fallzeit von Proben und damit zur Gravitation bereits von Galileo Galilei im siebzehnten Jahrhundert in Pisa durchgeführt wurden. Eine frühe kommerzielle Anwendung fand man in Bristol bereits um das Jahr 1785. Hier wurde ein Turm mit einer Höhe von rund 27 m gebaut, um Schrotkugeln herzustellen. Da die Tropfen im Fall bis auf die Reibung kräftefrei sind, nehmen sie die Gestalt einer Kugel an. Ein wichtiges Merkmal von Fallversuchen ist, daß die Erstarrung unter Schwerelosikeit abläuft. Allerdings betragen die Experimentierzeiten mit den zur Verfügung stehenden Fallstrecken der bestehenden Anlagen nur wenige Sekunden.

In Erdnähe gilt für die Fallstrecke s eines Körpers

$$s(t) = h - \frac{1}{2}gt^2 \tag{1}$$

wobei h die Höhe zum Zeitpunkt $t = 0$ und g die Gravitationsbeschleunigung sind. Für einen mitbewegten Beobachter, der durch

$$r'(t) = r(t) - s(t) \tag{2}$$

beschrieben wird, gilt

$$\begin{aligned} m\ddot{r}'(t) &= m\ddot{r}(t) + m\ddot{s}(t) \\ &= F_G + F_T = -mg + mg = 0, \end{aligned} \tag{3}$$

wobei F_T die Trägheitskraft ist. Dies heißt, daß keine Beschleunigung im mitbewegten System wirkt, was die Schwerelosigkeit dieses Körpers im freien Fall bedeutet.

Falltürme oder -rohre haben eine fest vorgegebene Höhe. Bei gegebener Fallhöhe h kann die Fallzeit durch

$$s(t_0) = h - \frac{1}{2}gt_0^2 = 0 \tag{4}$$

zu

$$t_0 = \sqrt{\frac{2h}{g}} \tag{5}$$

berechnet werden. Die Fallzeit wächst also nur mit der Wurzel der Höhe des Fallturms. Zum Beispiel ist bei $h = 10m$ die Fallzeit $t_0 = 1.4s$, und bei $h = 100m$ ist sie $t_0 = 4.5s$. Um die Fallzeit zu verdoppeln, muß man die Fall höhe vervierfachen. Erhöhung der Fallzeit schafft das Paternosterprinzip (senkrechter Wurf nach oben)

$$s(t_0) = \sqrt{2hg}\,t_0 - \frac{1}{2}gt_0^2. \tag{6}$$

In einem mitbewegten System gilt wieder $\ddot{r}' = 0$. Für die Experimentierzeit folgt nach $s(t_0) = 0$

$$t_0 = 2\sqrt{\frac{2h}{g}}, \tag{7}$$

also eine Verdoppelung der Experimentierzeit. Das Paternosterprinzip ist technisch schwierig zu lösen und bisher noch nicht realisiert.

Da in Falltürmen und -rohren behälterfrei experimentiert werden kann, sind hohe Unterkühlungen möglich. Um einen wirklich freien Fall zu gewährleisten, muß der Turm (oder das Rohr) evakuiert werden. Im Fall von Metallen kühlt dann der flüssige Tropfen von der Schmelztemperatur aus ab. Betrachtet man dazu die Leistungsbilanz, so trägt im Vakuum nur die Wärmestrahlung zu Verlusten bei:

$$P_{Rad} = \frac{dQ}{dt} = -A\sigma_{SB}\epsilon \left(T^4 - T_R^4\right). \tag{8}$$

Dabei ist A die Oberfläche der Probe, σ_{SB} die Stefan–Boltzmann–Konstante, ϵ die Emissivität des Materials und T_R die Raumtemperatur. Die Wärmeenergie ist durch

$$Q = mc_p T = \rho V c_p T \tag{9}$$

gegeben. Dabei ist m die Masse, V das Volumen, ρ die Dichte und c_p die spezifische Wärmekapazität. Daraus folgt

$$\frac{dT}{dt} = -\frac{A}{V}\frac{\sigma_{SB}\epsilon}{\rho c_p}\left(T^4 - T_R^4\right). \tag{10}$$

Für eine kugelförmige Probe gilt

$$\frac{A}{V} = \frac{3}{R}. \tag{11}$$

Daraus erhält man die Kühlrate

$$\frac{dT}{dt} = -\frac{3\epsilon\sigma_{SB}}{\rho c_p R}\left(T^4 - T_R^4\right). \tag{12}$$

Je höher also die Temperatur und je kleiner der Radius R, desto schneller ist die Abkühlung der Probe und eine desto kürzere Fallstrecke wird für eine hohe Unterkühlung benötigt. Für $T \gg T_R$ gilt

$$\frac{dT}{dt} = -\frac{3\epsilon\sigma_{SB}}{\rho c_p R}T^4. \tag{13}$$

Man setzt

$$T(t=0) = T_M$$

mit T_M als Schmelztemperatur. Wenn dann

$$T(t_0) = T_M - \Delta T$$

mit t_0 als Fallzeit gilt sowie $\Delta T \ll T_M$ ist, erhält man

$$\frac{\Delta T}{T_M} \approx \frac{3\epsilon\sigma_{SB}}{\rho c_p R}T_M^3 t_0 \tag{14}$$

$$= \frac{3\epsilon\sigma_{SB}}{\rho c_p R}T_M^3 \sqrt{\frac{2h}{g}}.$$

Dies bedeutet, daß sich nur kleine Proben hochschmelzender Metalle im Fallrohr weit unter die Schmelztemperatur T_M unterkühlen lassen. Für niedrigschmelzende Systeme kann die Abkühlrate durch Fluten mit Edelgas verbessert werden:

$$\frac{dQ}{dt} = P_{Rad} + P_{Kond} \tag{15}$$

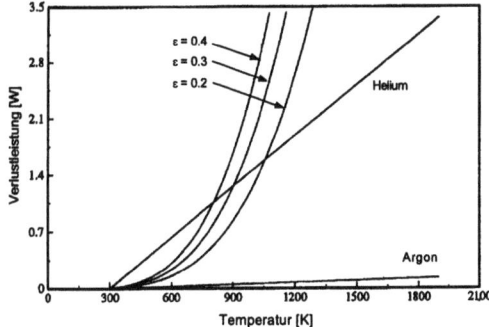

Bild 1 Leistungsverluste durch Wärmestrahlung für verschiedene Emissivitäten ϵ sowie durch Wärmeleitung in einer Ar- ($\lambda = 2.18 \cdot 10^{-3} W/mK$) und in einer He-Atmosphäre ($\lambda = 5.57 \cdot 10^{-2} W/mK$) für eine Probe mit dem Radius R = 5 mm.

mit
$$P_{Kond} = -4\pi R \lambda_{Eff}(T)(T - T_R). \tag{16}$$

Dabei ist λ_{Eff} eine effektive Wärmeleitfähigkeit, die auch die Konvektion mit berücksichtigt.

Zwar wird durch das Edelgas die Probe abgebremst und fällt nicht mehr schwerelos, aber zumindest sind Unterkühlungen auch in kürzeren Fallrohren (2m–10m) möglich. Da beide Abkühlprozesse unterschiedliche Exponenten im Temperaturverhalten besitzen, dominiert die Wärmeleitung bei niedrigen und die Strahlung bei hohen Temperaturen (Bild 1).

2.2 Fallrohre und Falltürme

Im folgenden beschreiben wir kurz einige größere und regelmäßig genutzte Anlagen. Bei den Fallrohren fällt die flüssige Probe frei in einem Rohr. Alle Meßapparaturen müssen entlang des Rohres aufgebaut werden. Bild 2 zeigt den Fallturm am NASA Marshall Space Flight Center in Huntsville, Alabama. Er hat eine Breite von 25 cm. Mit einer Länge von 105 m ermöglicht er Experimentierzeiten bis zu vier Sekunden. Durch Turbomolekularpumpen kann die Röhre bis auf 10^{-6} mbar evakuiert werden. Ein Fluten mit Edelgasen ist möglich. Detektoren aus *Si* und *InSb* ermöglichen die Temperaturmessung bei verschiedenen Wellenlängen. In einer Auffangvorrichtung am Fuße des Turms werden die Proben abgebremst. Die Temperaturmessung bei Fallrohren ist schwierig. Diese kann nur an bestimmten Stellen des Rohrs d.h. zu bestimmten Zeiten gemessen werden. Die Erstarrungstemperatur bzw. die Unterkühlung kann daher nicht direkt bestimmt werden. Weiterhin müssen die Proben genau abgeworfen werden, da sonst in der schmalen Röhre ein Kontakt mit der Wand erfolgen kann. Ein weiteres Fallrohr befindet sich im Kernforschungszentrum in Grenoble. Es hat eine Breite von 20 cm und eine Höhe von 47 m. Die Betriebsarten sind ähnlich denen von Huntsville.

Bei einem Fallturm wird die Probe in eine Experimentierkapsel eingebaut, d.h., daß Probe und Meßapparatur gemeinsam fallen. Dies ermöglicht eine bessere Pyrometrie und Videographie. Die Daten werden durch Funk oder Laser übertragen, können aber auch z.B. auf Video aufgezeichnet werden.

Probleme entstehen, da ein sehr großes Volumen evakuiert werden muß, um den Luftwiderstand zu verkleinern. Außerdem sollte das Abbremsen der schweren Kapsel zerstörungsfrei erfolgen. Dies erfordert lange Bremsstrecken. Ein weiteres Problem besteht in der Ausrichtung der Kapsel. Dies geschieht i.A. durch eine magnetische Führung.

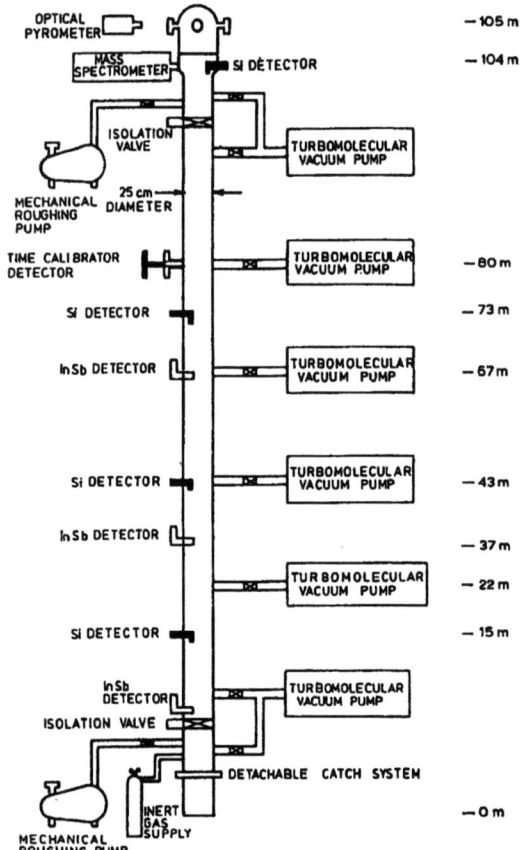

Bild 2 Das Fallrohr der NASA in Huntsville. Es hat eine Höhe von 105 m und kann bis auf 10^{-6} mbar abgepumpt werden.

Das ZARM (Zentrum für Angewandte Raumfahrttechnologie und Mikrogravitation) betreibt in Bremen einen Fallturm mit einer Höhe von 119 m. Dies ermöglicht Experimentierzeiten von 4.7 s. Es kann in der Kapsel mit einer Masse bis zu 100 kg gearbeitet werden.

Der japanische Fallturm in Sunagawa ist in einem Bergwerksschacht untergebracht. Er hat eine Länge von 490 m und einen zusätzlichen Bremsbereich von 200 m. Die Experimentierzeit unter Schwerelosigkeit beträgt etwa 10 s. Es können Kapseln bis zu 1000 kg fallen gelassen werden. Wegen seines großen Volumens kann er nicht evakuiert werden. Zum Erreichen von annähernd schwerelosen Verhältnissen muß die Kapsel durch Raketen beschleunigt werden.

3 Levitationsverfahren

Bei den Levitationsverfahren werden Proben frei schwebend prozessiert. Die Levitationskraft $\vec{F}_L$ zur Kompensation der Schwerkraft $\vec{F}_G$ kann durch verschiedene Verfahren erzeugt werden:

- aerodynamische Levitation

- Gasfilm-Levitation
- akustische Levitation
- elektrostatische Levitation
- elektromagnetische Levitation

Die ersten drei Methoden erfordern eine Gasatmosphäre, die die Kraft auf die Probe überträgt. Die elektrostatische Positionierung erfolgt durch eine statische Aufladung oder Polarisation der Probe. Bei der elektromagnetischen Levitation wird durch ein hochfrequentes Wechselfeld ein magnetisches Dipolmoment in der Probe erzeugt, mit dem durch Wechselwirkung mit dem äußeren Feld die Levitationskraft $\vec{F}_L$ verbunden ist.

Außer der Kompensation der Schwerkraft muß eine stabile Positionierung der Probe gewährleistet sein. Das Kraftfeld $\vec{F}(\vec{r})$ muß so beschaffen sein, daß es die Probe bei Auslenkung aus der Gleichgewichtslage $\vec{r}_0$ wieder in die stabile Position zurücktreibt, bzw. das Potentialfeld $\Phi(\vec{r})$, definiert durch

$$\vec{F} = -\nabla \Phi$$

muß ein Minimum aufweisen. In der Ruhelage verschwindet die auf die Probe wirkende Kraft:

$$\vec{F}(\vec{r}_0) = \vec{F}_L(\vec{r}_0) + \vec{F}_G(\vec{r}_0) = 0 \qquad (17)$$

mit der Schwerkraft $\vec{F}_G = m\vec{g}$. Eine kleine Auslenkung $\delta\vec{r} = \vec{r} - \vec{r}_0$ ergibt die resultierende Kraft:

$$\vec{F}(\vec{r}) = \underbrace{\vec{F}(\vec{r}_0)}_{=0} + ((\vec{r} - \vec{r}_0)\nabla)\,\vec{F}(\vec{r}_0). \qquad (18)$$

Da $\vec{F}_G$ nicht von z abhängt, ergibt sich für die Kraft auf die Probe am Ort $\vec{r}$ einfach:

$$\vec{F}(\vec{r}) = ((\vec{r} - \vec{r}_0)\nabla)\,\vec{F}_L(\vec{r}_0). \qquad (19)$$

Damit die Kraft $\vec{F}_L(\vec{r})$ einer Auslenkung $\delta\vec{r}$ stets entgegenwirkt, und die Probe in die Gleichgewichtsposition zurücktreibt, muß gelten:

$$\vec{F}(\vec{r}_0 + \delta\vec{r}) \cdot \delta\vec{r} < 0.$$

Wird z. B. die Probe nur in z-Richtung auslenkt, so ist die Kraftkomponente:

$$F_{z,L} = (z - z_0) \left.\frac{\partial F_{z,L}}{\partial z}(z)\right|_{z_0}, \qquad (20)$$

woraus sich als Kriterium für die Stabilität:

$$\left.\frac{\partial F_{z,L}(z)}{\partial z}\right|_{z_0} < 0 \qquad (21)$$

ergibt. Dies läßt sich z. B. durch ein Quadrupolfeld realisieren, wie es in Bild 9(a) gezeigt ist.

Bei der elektromagnetischen Levitationstechnik nimmt eine Probe durch die induzierten Wechselströme, durch die die Levitationskraft erzeugen, gleichzeitig Joulesche Wärme auf, wodurch sie aufgeheizt bzw. geschmolzen wird. Da bei den anderen Methoden mit der Positionierkraft keine Wärmeaufnahme verbunden ist, wird hier durch Anwendung von Strahlung geheizt, die z. B. von einem Laser oder einer Xenon-Bogenlampe erzeugt wird.

Im folgenden wird das elektrostatische und das elektromagnetische Levitationsverfahren näher erläutert. Anschließend werden wir auf kontaktfreie Meßmethoden an freischwebenden flüssigen Proben zur Untersuchung des Erstarrungsverhaltens unterkühlter Schmelzen sowie zur Bestimmung physikalischer Eigenschaften von Schmelzen eingehen.

3.1 Elektrostatische Levitation

Diese Methode der Positionierung basiert auf der Coulomb-Kraft auf elektrisch geladene Proben in einem elektrischen Feld. Sie kann auf eine breite Palette von Materialien angewendet werden, die Metalle, Halbleiter und Isolatoren einschließt. Die wesentliche Anforderung an die Probensubstanz ist, daß die Oberflächenladung, die sich während eines Experiments z. B. durch Abdampfen von Material ändern kann, durch geeignete Maßnahmen erhalten werden kann. Darauf werden wir aber später noch eingehen.

Das Kernstück eines elektrostatischen Levitators bildet ein Plattenkondensator, dessen elektrisches Feld $\vec{E}$ dem Erdbeschleunigungsvektor $\vec{g}$ entgegengerichtet ist, Bild 3. Seitlich können zusätzliche, paarweise gegenüberliegende Elektroden zur Stabilisierung der Probe in der horizontalen Richtung angebracht werden. Das elektrische Feld kann auch durch kompliziertere Anordnungen von Elektroden mit unterschiedlichen Geometrien (planar, konvex, konkav) erzeugt werden. Trägt die Probe die Ladung q, so hat die Levitationskraft die Stärke:

$$F_L = q \cdot \frac{U}{d}$$

wobei U die am Kondensator anliegende Spannung und d der Abstand der Kondensatorplatten bedeuten. Damit die Schwerkraft $F_G = mg$ kompensiert wird, ergibt sich aus $F_L + F_G = 0$ für die Kondensatorspannung die Bedingung:

$$U = \frac{m \cdot g \cdot d}{q} \tag{22}$$

Für ein Levitationsexperiment muß man berücksichtigen, daß die Probe nicht zu stark aufgeladen werden sollte. Da sich die Oberflächenladungen abstossen, können flüssige Proben auseinandergerissen werden, wenn die Oberflächenspannung nicht ausreicht, den Tropfen zusammenzuhalten. Typische Werte für die elektrische Ladung der Probe liegen in der Größenordnung von $q \sim 10^{-9}$C bei einer Masse von $m \sim 100$ mg, woraus sich mit $d \sim 10$ mm eine Spannung von $U \sim 10$ kV ergibt. Um elektrische Durchschläge aufgrund dieser hohen Spannungen zu vermeiden, müsen die Experimente im Ultra-Hochvakuum (UHV) durchgeführt werden, d. h. bei einem Umgebungsdruck von weniger als 10^{-5} mbar.

Das von zwei planparallelen Platten erzeugte Feld ist homogen, d. h.

$$\frac{\partial F_z}{\partial z} = 0.$$

Das bedeutet, daß das Stabilitätskriterium Gl. 21 nicht erfüllt ist. Dies ist keine Besonderheit der gewählten einfachen Geometrie, sondern ein fundamentales Problem der elektrostatischen Levitation. Es folgt aus der Ortsabhängigkeit des Coloumbpotentials

$$\Phi(\vec{r}) \sim \frac{q_1 \cdot q_2}{r}$$

und ist als das Earnshaw Theorem bekannt [Stratton 1941]. Daher muß die Lage der Probe stets durch eine Kontrolleinrichtung erfaßt werden, die mit der Positioniereinheit rückgekoppelt ist. Wie in Bild 3 anhand eines Blockdiagramms dargestellt, kann die Probenposition mittels Laser kontrolliert oder auch optisch mit einer CCD-Kamera beobachtet werden. Die Signale werden weiterverarbeitet von einem Computer, der mit der Spannungsversorgung verbunden ist und die Kondensatorspannung entsprechend der Bewegung der Probe nachregelt.

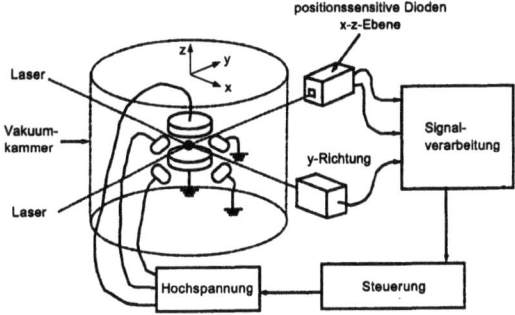

Bild 3 Schema eines elektrostatischen Levitationssystems

Neben der Stabilisierung ist das Aufladen der Probe und die zeitliche Entwicklung der Oberflächenladung während eines Experiments ein kritischer Aspekt der elektrostatischen Levitationstechnik, mit dem komplizierte Prozesse verbunden (s. hierzu [Rhim et al. 1993]). Im wesentlichen ist die Größe der Ladung bzw. deren Änderung durch vier verschiedene Prozesse bestimmt:

- kapazitives Aufladen der festen Probe vor dem Levitationsexperiment,

- Elektronenemission bei hohen Temperaturen, auch Glühemission genannt,

- Abdampfen von Material, d. h. im wesentlichen Ionen,

- photoelektrische Emission (Photoeffekt) durch den gezielten Einsatz von UV-Strahlung zur Kompensation der Ladungsänderung.

Zu Beginn eines Levitationsexperiment liegt die Probe auf der unteren Kondensatorplatte auf und wird beim Hochfahren der Kondensatorspannung solange elektrostatisch aufgeladen, bis sie abhebt und der Kontakt unterbrochen wird. Wie sich noch zeigen wird, ist es für den Experimentverlauf günstiger, die Polarität des Kondensators so zu wählen, daß die Probe eine positve Ladung erhält. Die Oberflächenladung bleibt zunächst konstant, bis durch Heizen und Aufschmelzen der Probe die Glühemission von Elektronen und im schmelzflüssigen Zustand das Abdampfen von Ionen von der Oberfläche zunehmend ins Gewicht fallen. Bei positiver Oberflächenladung sind diese Prozesse gegenläufig, wobei mit zunehmender Temperatur das Abdampfen der positiven Ionen mehr und mehr überwiegt. Um der Entladung der Probe entgegenzusteuern, wird eine zusätzliche Elektronenemission durch Bestrahlung der Probe mit UV-Licht angeregt. Um eine ausreichende Effizienz zu erzielen, sind bei Metallen zur Aufbringung der Austrittsarbeit Photonenenergien in der Größenordnung von ~ 10 eV erforderlich. Dies entspricht Wellenlängen im ultravioletten Bereich ($\lambda \sim 100$ nm).

Ein Vorteil der elektrostatischen Positionierung besteht, darin, daß nahezu alle Materialien prozessiert werden können. Weiterhin können Levitationskraft und Heizwirkung auf die Probe unabhängig voneinander variiert werden. Daher ist der zugängliche Temperaturbereich nach unten unbeschränkt, so daß auch niedrigschmelzende Metalle und Legierungen in der Nähe der Schmelztemperatur oder gar im unterkühlten Zustand untersucht werden können.

Da die Experimente im Ultra-Hochvakuum (UHV) durchgeführt werden können - oder besser müssen - hat man bezüglich der Reinheit der Umgebungsatmosphäre (z. B. O_2) optimale Bedingungen vorliegen. Auch ein Restdruck von $\sim 10^{-6}$ mbar besitzt immer noch eine höhere Reinheit als kommerziell erhältliche Reinstgase mit typischerweise 99.9999% He oder Ar.

Andererseits handelt man sich im Vergleich zu den Bedingungen einer Gasatmosphäre (~ 1 bar) je nach Material eine um Größenordnungen höhere Abdampfrate von Probenmaterial ein. In Legierungen kann dies aufgrund unterschiedlicher Dampfdrücke der Komponenten zu einer Konzentrationsverschiebung im Laufe des Experiments führen und generell natürlich zu einem erhöhten Masseverlust der Proben. Letzterer beeinträchtigt die Zuverlässigkeit der Messung bestimmter Eigenschaften der Schmelze, wie beispielsweise die Dichtemessung, auf die wir später noch zurückkommen.

3.2 Elektromagnetische Levitation

Elektromagnetisch levitiert werden können nur elektrisch leitende Materialien, also Metalle und Halbleiter. Bild 4 zeigt eine flüssige Nickelprobe von einigen Millimetern Durchmesser, die in einer Levitationsspule freischwebend prozessiert wird. Die Spule wird von einem Hochfrequenzgenerator gespeist und trägt einen Spulenstrom etwa 400 A bei einer Frequenz von ca. 350 kHz. Durch das Magnetfeld der Spule werden in der Probe Wirbelströme induziert, womit ein magnetisches Dipolmoment verbunden ist, das mit dem Spulenfeld wechselwirkt. Aufgrund der Lenzschen Regel wirkt auf die Probe stets eine Kraft in Richtung niedrigerer Magnetfeldstärken. Bei geeigneter Spulengeometrie und Dimensionierung des Spulenstroms wird die Schwerkraft kompensiert und die Probe schwebt. Die Levitationsspule in Bild 4 ist konusförmig mit einem entgegen der Schwerkraft gerichteten Öffnungswinkel. Die oberen Gegenwindungen dienen zur Stabilisierung der Position. Es können aber auch andere Spulenformen benutzt werden. Durch die Wirbelströme wird außerdem joulesche Leistung aufgenommen, die zum Aufheizen und schließlich zum Aufschmelzen der Probe führt.

Bild 5 zeigt schematisch die Verhältnisse an einer kugelförmigen Probe in einem in z-Richtung (Einheitsvektor $\vec{e}_z$) weisenden, magnetischen Wechselfeld

$$\vec{B} = B_0 \cdot e^{i\omega t} \cdot \vec{e}_z,$$

wodurch Wirbelströme $\vec{j}_{ind} = \sigma_e \vec{E}$ in der Probe induziert werden. Die Stromdichte $\vec{j}_{ind}$ ist dabei am „Äquator" der Probe am stärksten und nimmt zu den Polen hin ab, bis sie dort verschwindet, da die Querschnittsfläche der Probe in der xy-Ebene und damit der magnetische Fluß durch die Probe entsprechend kleiner wird. Die Levitationskraft wirkt daher hauptsächlich am äußeren Rand der Probe und die Oberflächenspannung verhindert, daß die Schmelze nach unten herausläuft. Levitierte, flüssige Proben haben daher keine exakte Kugelgestalt, sondern sind eher tropfenförmig.

Das elektrische Feld wird beim Eindringen in die elektrisch leitende Probe exponentiell geschwächt:

$$|\vec{E}(t,\xi)| = E_0(t) \cdot e^{-\xi/\delta}. \tag{23}$$

Dabei ist ξ der Abstand zur Oberfläche und δ die Eindringtiefe. Sie ist gegeben durch [Jackson 1975]:

$$\delta = \sqrt{\frac{2}{\omega \sigma_e \mu \mu_0}} \tag{24}$$

mit ω als Kreisfrequenz des elektromagnetischen Feldes, σ_e ist die elektrische Leitfähigkeit, $\mu_0 = 4\pi \cdot 10^{-7}$ Tm/A die magnetische Induktionskonstante und μ die Permeabilität. Sie ist mit der magnetischen Suszeptibilität χ_m durch $\mu = 1 + \chi_m$ verknüpft. Flüssige Metalle, wie z. B. Nickel-Basis-Legierungen sind paramagnetisch mit Suszeptibilitäten, die bei den üblichen Prozeßtemperaturen etwa 10^{-5} bis 10^{-4} betragen, so daß $\mu \approx 1$.

Bild 4 Freischwebende flüssige Nikkelprobe in einer Levitationsspule.

Die mittlere Leistungsabsorption der Probe kann nach [Jackson 1975]

$$\langle P \rangle = \frac{1}{\tau} \int_0^\tau dt \int_V dV\, \vec{j}_{ind} \vec{E} \tag{25}$$

mit der induzierten Stromdichte

$$\vec{j}_{ind} = \sigma_e \vec{E}$$

berechnet werden. Dabei wird über die Periodendauer $\tau = 2\pi/\omega$ gemittelt. In einer Näherung wird das Feld in einer Schale der Dicke δ als konstant angenommen, also $E = E_0 = konst.$. Daraus folgt für eine als Kugel angenomme Probe mit Radius R

$$\langle P \rangle = \frac{1}{\tau} \int_0^\tau dt\, \sigma_e 4\pi \int_{R-\delta}^R dr\, r^2 E^2 \tag{26}$$

$$= \frac{4\pi}{3}\left(R^3 - (R-\delta)^3\right) \sigma_e \underbrace{\frac{1}{\tau} \int_0^\tau dt\, E^2}_{\frac{1}{2}E_0^2}.$$

Mit Hilfe des Induktionsgesetzes

$$\nabla \times \vec{E} + \frac{\partial \vec{B}}{\partial t} = 0$$

kann man eine Beziehung zwischen dem mittleren elektrischen und dem mittleren magnetischen Feld ableiten:

$$E_0 = R\omega B_0.$$

Man erhält

$$\langle P \rangle = \frac{2\pi}{3} R^5 \left(1 - \left(1 - \frac{\delta}{R}\right)^3\right) \sigma_e \omega^2 B_0^2. \tag{27}$$

Führt man die dimensionslose Größe

$$q = \frac{R}{\delta},$$

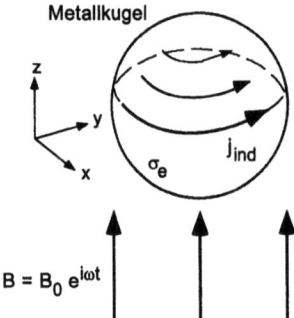

Bild 5 Metallkugel der Leitfähigkeit σ_e in einem oszillierenden Magnetfeld $\vec{B} = B_0 \cdot e^{i\omega t} \vec{e}_z$, wodurch in der Probe Wirbelströme $\vec{j}_{ind}$ induziert werden. Die Stärke der induzierten Ströme nimmt in z-Richtung ab, was durch die Pfeile andedeutet ist.

die das Verhältnis zweier charakteristischer Längen, nämlich des Probenradius und der Eindringtiefe des elektromagnetischen Feldes, beschreibt, so ergibt sich:

$$\langle P \rangle = \frac{8\pi R}{3\sigma \mu_0^2} B_0^2 q^4 \left(1 - \left(1 - \frac{1}{q}\right)^3\right). \tag{28}$$

Dies kann umgeformt werden zu:

$$\langle P \rangle = \frac{4\pi}{3} R^3 \frac{B_0^2}{2\mu\mu_0} \cdot H(q), \tag{29}$$

mit

$$H(q) = 2q^2 \left(1 - \left(1 - \frac{1}{q}\right)^3\right). \tag{30}$$

Berücksichtigt man, daß das Feld innerhalb der Probe exponentiell abfällt und integriert über das gesamte Volumen, so erhält man nach [Rony 1965] für $H(q)$ die Beziehung:

$$H(q) = \frac{9}{4q^2} \left(q \frac{sinh(2q) + sin(2q)}{cosh(2q) - cos(2q)} - 1\right). \tag{31}$$

Die mittlere Leistungsabsorption nach Gleichung 29 wird anschaulich, wenn man die folgenden vier Beiträge betrachtet:

- $B_0^2/(2\mu\mu_0)$ ist die mittlere Energiedichte des elektromagnetischen Feldes.

- Die Frequenz ω hat die Dimension einer inversen Zeit, so daß sich zusammen mit dem ersten Beitrag eine Leistungsdichte ergibt.

- Der Faktor $4\pi/3 R^3$ ist das Volumen der Probe. Die ersten drei Terme ergeben also die Leistung des Feldes im Volumenbereich der Probe, die außer vom Probenvolumen nicht von den Eigenschaften der Probe abhängt.

- Der Term $H(q)$ ist der Wirkungsgrad, in den neben der Frequenz des Feldes die Probeneigenschaften (Eindringtiefe δ bzw. Leitfähigkeit σ_e, Radius R) eingehen.

Tabelle 1 Eindringtiefen δ und q-Werte für Nickel und Silizium bei Raumtemperatur sowie am Schmelzpunkt im flüssigen und im festen Zustand. Als Frequenz wurde eine für Levitationsexperimente typische Frequenz von $\nu = \omega/2\pi$ =500kHz gewählt und ein Probenradius von $R = 3mm$.

Material	T [K]	σ_e [$10^6 \Omega$m]	δ [mm] (ν = 500 kHz)	q (R = 3mm)
Ni	300	14.28	0.18	16.6
Ni (fest)	1726	1.53	0.57	5.26
Ni (fl.)	1726	1.17	0.60	5.0
Si	300	~0.001	22.5	0.13
Si (fest)	1713	0.04	3.48	0.86
Si (fl.)	1713	1.23	0.64	4.48

In Bild 6 ist der Verlauf von $H(q)$ dargestellt. Der Fall $q \to 0$ entspricht einer verschwindenden elektrischen Leitfähigkeit des Materials. Da wegen $j = \sigma_e E$ in einem Isolator keine Ströme fließen, ist auch die Leistungsaufnahme $P = jE = 0$. Der Wirkungsgrad $H(q)$ verschwindet auch für $q \to \infty$, da dies einem idealen Leiter unendlich hoher Leitfähigkeit gleichkommt, so daß keine Ohmschen Verluste auftreten und damit keine Energie absorbiert wird.

Für das Metall Nickel und einen hoch dotierten Silizium-Halbleiter sind die Eindringtiefen und q-Werte für verschiedene Temperaturen im flüssigen und festen Zustand in Tabelle 1 aufgelistet, wobei die Materialparameter aus [Iida & Guthrie 1988] entnommen sind. Selbst hoch dotiertes Silicium hat im festen Zustand bei Raumtemperatur eine geringe Leitfähigkeit im Vergleich zu Nickel. Im flüssigen ist die Leitfähigkeit sehr viel höher, da zum einen die Anzahl der freien Ladungsträger mit steigender Temperatur erhöht wird. Zum anderen wird im flüssigen die Bandstruktur teilweise zerstört. Diese ist für das Auftreten von Bandlücken verantwortlich. Ohne diese verhält sich der Halbleiter (im Flüssigen) wie ein Metall.

Die Positionierkraft kommt durch ein magnetisches Dipolmoment $\vec{m}$ zustande, das durch das externe Feld in der Probe induziert wird. Auf dieses übt ein inhomogenes Feld eine mittlere Kraft [Jackson 1975]

$$\langle \vec{F} \rangle = \frac{1}{\tau} \int_0^\tau dt \, \nabla \left(\vec{m} \vec{B} \right) \tag{32}$$

mit dem magnetischen Moment

$$\vec{m} = \frac{1}{2} \int_V dV \left(\vec{r} \times \vec{j}_{ind} \right) \tag{33}$$

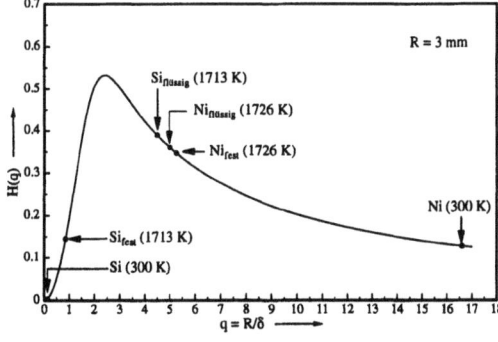

Bild 6 Der Wirkungsgrad H bei der Leistungsaufnahme als Funktion von $q = R/\delta$. Für einige Materialien (Probendurchmesser R = 3 mm) im festen und flüssigen Zustand sind die Werte gekennzeichnet.

aus. Zur Berechnung des magnetischen Moments werden die gleichen Näherungen wie bei der Berechnung der Leistungsabsorption gemacht. Für den Betrag der z-Komponente erhält man:

$$m_z = \frac{1}{2} 4\pi\sigma E_0 \int_{R-\delta}^{R} dr\, r^3 \qquad (34)$$

$$= \frac{1}{2}\pi\sigma E_0 \left(R^4 - (R-\delta)^4\right).$$

Für die mittlere Kraft ergibt sich:

$$\langle \vec{F} \rangle = -\frac{\pi\sigma\omega R}{2}\left(R^4 - (R-\delta)^4\right) \underbrace{\frac{1}{\tau}\int_0^\tau dt \nabla B^2}_{\frac{1}{2}\nabla B_0^2}. \qquad (35)$$

$$= -\frac{4\pi}{3} R^3 \frac{\nabla B_0^2}{2\mu\mu_0} \cdot Q(q)$$

mit

$$Q(q) = \frac{3}{4} q^2 \left(1 - \left(1 - \frac{1}{q}\right)^4\right). \qquad (36)$$

Eine genauere Rechnung ergibt [Rony 1965]

$$Q(q) = \frac{3}{4}\left(1 - \frac{3}{2q}\frac{sinh(2q) - sin(2q)}{cosh(2q) - cos(2q)}\right). \qquad (37)$$

Wie bei der Beziehung für die Leistungsabsorption (Gl. 29) hat man verschiedene Terme, anhand derer das Ergebnis Gl. 35 verständlich wird:

- $\nabla B_0^2/(2\mu\mu_0)$ gibt die Kraftdichte des elektromagnetischen Feldes,

- zusammen mit dem zweiten Term $4\pi/3\, R^3$ eine Kraft.

- $Q(q)$ ist der Wirkungsgrad, der von den Materialeigenschaften abhängt.

Bild 7 zeigt den Verlauf von $Q(q)$. Für $q \to 0$ geht auch $Q(q) \to 0$ (wie $H(q)$), da keine Wechselwirkung zwischen Probe und Feld besteht. Im Gegensatz zu $H(q)$ strebt $Q(q)$ für $q \to \infty$ einem endlichen, von Null verschiedenen Wert zu, nämlich $Q \to 3/4$.

Bei Experimenten auf der Erde müssen sich Gravitation und elektromagnetische Levitationskraft aufheben:

$$\vec{F}_{EM} + \vec{F}_G = 0.$$

Der Feldgradient muß demnach die Bedingung:

$$\frac{\partial B_0^2(z_0)}{\partial z} = \frac{2\mu\mu_0}{Q(q)}\rho g. \qquad (38)$$

erfüllen, wobei ρ die Dichte des Materials und g die Erdbeschleunigung ist. Die Masse der Probe geht also nicht unmittelbar ein, sondern nur über die Größe q, die von R und damit von der Masse abhängt.

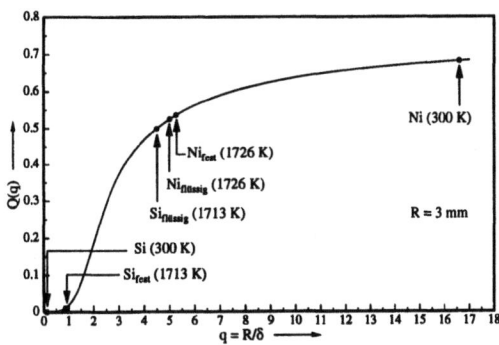

Bild 7 Der Wirkungsgrad Q bei der Levitationskraft als Funktion von $q = R/\delta$.

Mit dem Feldgradienten ist auch stets ein Feld vorhanden und damit eine einkoppelnde Leistung verbunden. Aufgrund der Kopplung von Levitationskraft und induktivem Heizen kann die Temperatur der Probe durch Regelung des elektromagnetischen Feldes nur in engen Grenzen variiert werden. Daraus ergeben sich Probleme, niedrig schmelzende Metalle ($T_m \sim 1000K$) in der Nähe der Schmelztemperatur bzw. flüssige Metalle in einem weiten Temperaturbereich, insbesondere auch in der unterkühlten Schmelze, zu untersuchen. Die Probe wird daher konvektiv mit einem Gasstrom gekühlt.

Bei der elektromagnetischen Levitation ist

$$\frac{\partial F_{z,EM}(z)}{\partial z} = -\underbrace{\frac{V Q(q)}{2\mu_0}}_{<0} \frac{\partial^2 B_0^2}{\partial z^2} \tag{39}$$

Aus dem Stabilitätskriterium Gl. 21 ergibt sich für das Magnetfeld die Bedingung:

$$\left.\frac{\partial^2 B_0^2}{\partial z^2}\right|_{z_0} > 0. \tag{40}$$

Bild 8 zeigt die Feldstärke und den Feldgradienten entlang der Symmetrieachse einer zylindrischen Levitationsspule. Die Gleichgewichtslage z_0 stellt sich je nach Dichte des Materials

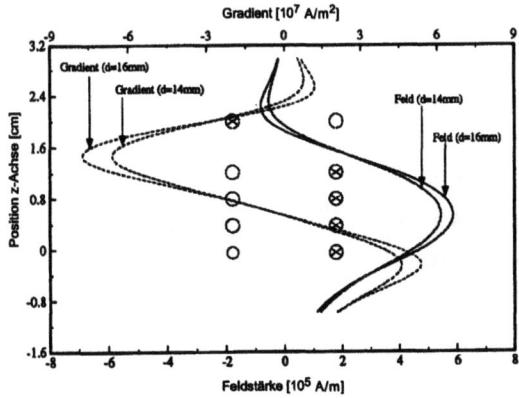

Bild 8 Feldstärke und Gradient einer Levitationsspule für verschiedene Spulendurchmesser d. Der Spulenstrom beträgt etwa 400 A bei einer Frequenz von 400 kHz.

gemäß Gl. 38 ein. Innerhalb des markierten Bereichs $(\partial^2 B^2/\partial z^2 > 0)$ sind die Proben stabil gegen kleine Störungen.

4 Positionieren unter Mikrogravitation

Das Prozessieren von Schmelzen unter Schwerelosigkeit im Weltraum bietet den Vorteil, daß die Proben nahezu kräftefrei sind. Dennoch treten z. B. bei Flügen des Space-Shuttle Restbeschleunigungen Bereich von 10^{-3}g auf, weshalb man auch statt von Schwerelosigkeit von Mikrogravitation (kurz „μg") spricht. Angesichts der Größenordnung der Störung wäre es eigentlich angemessen, von Milligravitation zu sprechen. Bislang wurde das behälterfreie Prozessieren unter Mikrogravitation realisiert in der Anlage TEMPUS (Tiegelfreies Elektromagnetisches Prozessieren unter Schwerelosigkeit), die während der amerikanischen Shuttle–Missionen IML–2 (1994) und MSL–1 (1997) im Weltraum war. Hier konnten erfolgreich Experimente unter Mikrogravitation durchgeführt werden [Team TEMPUS 1996, Egry 1998].

Für eine stabile Positionierung der Proben unter Schwerelosigkeit ist ein spezielles Spulendesign erforderlich, daß sich von dem einer Levitationsspule für die Anwendung im Erdlabor unterscheidet. Für die TEMPUS-Anlage werden dazu zwei koaxiale Spulen mit identischer Geometrie benutzt, deren HF-Ströme eine Phasenverschiebung um 180° aufweisen [Piller el al. 1987]. Die Positionierspulen erzeugen ein axialsymmetrisches Quadrupolfeld mit einem Potentialminimum im Zentrum, wie es in Bild 9(a) angedeutet ist. Das Quadrupolfeld besitzt einen sehr starken Gradienten, jedoch eine verhältnismäßig niedrige Feldstärke. Dadurch übt das Positionierfeld nur eine sehr geringe Heizwirkung auf die Probe aus. Um die Proben aufzuheizen bzw. zu schmelzen, ist zwischen den beiden Positionierspulen eine zusätzliche Spule angebracht (s. Bild 9 (b)), die unabhängig von dem äußeren Spulenpaar von einem zweiten HF-Generator gespeist wird. Die Heizspule erzeugt ein Dipolfeld mit hoher Feldstärke und einem schwachen Gradienten am Ort der stabilen Probenposition. Um die Kraftwirkung des Heizfeldes auf die Probe zu minimieren bzw. zu verhindern, daß die Probe aus dem stabilen Punkt des Quadrupolfeldes gedrängt wird, sind die Windungen der Heizspule wie die einer Helmholtz-Spule angeordnet, so daß das Dipolfeld möglichst homogen ist.

Die Bedingungen der Mikrogravitation und das voneinander unabhängige Positionieren und Heizen durch das Zweispulen-Konzept hat eine Reihe von Konsequenzen :

- Aufgrund der im Vergleich zu Erdexperimenten niedrigen Feldstärken sind die magnetischen Kräfte auf die Oberfläche einer flüssigen Probe minimal, so daß die Probe praktisch nicht deformiert wird und die Kugelgestalt erhalten bleibt.

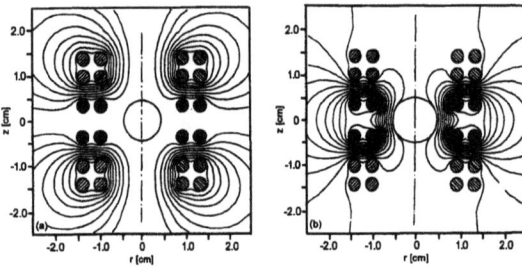

Bild 9 Spulendesign für die Anwendung unter Mikrogravitation: (a) Quadrupolfeld zur Positionierung und (b) Dipolfeld zum induktiven Heizen.

- In der Schmelze treten keine turbulenten Strömungen auf, die im Erdlabor durch magnetische Rühreffekte angetrieben werden.

- Die Heizwirkung des Positionierfeldes ist vernachlässigbar, so daß auch unter hochreinen Bedingungen im Vakuum experimentiert werden kann, da die Kühlung durch Wärmestrahlung ausreicht und keine konvektive Gaskühlung notwendig ist, um die Probe abzukühlen bzw. zu unterkühlen und zu erstarren.

- Da Positionieren und Heizen voneinander unabhängig sind, können auch niedrigschmelzende Metalle, wie Legierungen mit einem tiefliegenden Eutektikum, oder glasbildende Systeme prozessiert und unterkühlt werden.

5 Levitationsexperimente

5.1 Erstarrung von unterkühlten Schmelzen

Die Ziele von Unterkühlungsexperimenten liegen insbesondere in der Untersuchung zur Keimbildung, metastabiler Phasenbildung in unterkühlten Schmelzen und der in Kap. 8 behandelten Schnellerstarrung. Eine umfaßende Darstellung der Nicht-Gleichgewichtserstarrung in unterkühlten Schmelzen findet man bei [Herlach 1994]. In diesem Abschnitt wollen wir uns auf einige Meßmethoden beschränken und diese an Beispielen erläutern.

Bei den Levitationsverfahren kann die Probe wegen der stark reduzierten heterogenen Keimbildung beliebig langsam abgekühlt und tief unterkühlt werden. Während des gesamten Experimentverlaufs kann die freischwebende Probe mit geeigneten, berührungsfreien Meßmethoden überwacht werden. Die Temperatur der Probe wird mit einem Pyrometer gemessen, dessen Signal von einem Schreiber aufgezeichnet oder in einen Rechner eingelesen wird. Mit diesem Temperatur-Zeit-Profil (vgl. Kap. 6, Bild 9) wird die Erstarrung der unterkühlten Schmelze direkt anhand des raschen Temperaturanstiegs während der der sog. Rekaleszenz beobachtet, der seinen Ursprung in der freigesetzten Kristallisationswärme (Bild 10). Die Unterkühlung vor der Erstarrung kann somit gemessen werden, anders als z. B. bei Abschreckmethoden (Melt-Spinning, Splatcooling, s. Kap. 8), bei denen die Unterkühlung durch hohe Kühlraten in der Grössenordnung von 10^5 K/s erzielt wird und die Unterkühlung abgeschätzt werden muß. Die entstandenen Phasen und Gefügestrukturen können somit dem Grad der erreichten Unterkühlung ΔT zugeordnet werden.

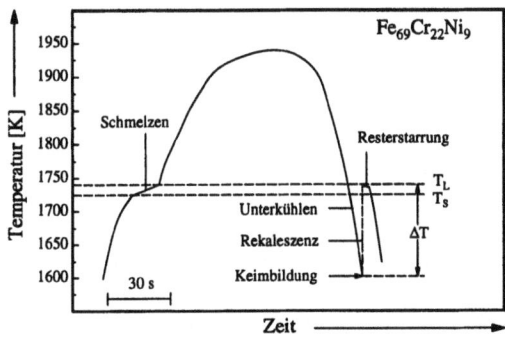

Bild 10 Temperatur-Zeit-Profil eines Levitationsexperiments einer $Fe_{69}Cr_{22}Ni_9$-Legierung beim Aufschmelzen, Abkühlen bzw. Unterkühlen sowie der Rekaleszenz (rasche dendritische Erstarrung) und Temperaturplateau (Resterstarrung), aufgenommen mit einen Pyrometer.

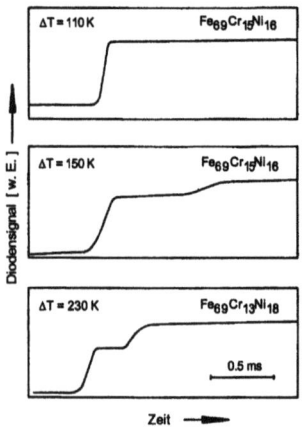

Bild 11 Mittels Fotodiode (1 MHz) zeitlich aufgelöste Rekaleszenzprofile von $Fe_{69}Cr_{15}Ni_{16}$ und $Fe_{69}Cr_{13}Ni_{18}$-Schmelzen bei verschiedenen Unterkühlungen. Mit zunehmender Unterkühlung zeigt sich ein Übergang von stabiler (fcc) zu metastabiler Erstarrung (bcc) durch das Zwischenplateau, das der Erstarrungstemperatur der metastabilen Phase entspricht.

Direkte Informationen darüber, ob die unterkühlte Schmelze in die stabile Phase oder aber in eine metastabile Phase kristallisiert, kann der Temperaturverlauf der Probe während der Erstarrung geben. Dabei wird ausgenutzt, daß die Schmelztemperatur metastabiler Phasen stets niedriger ist als diejenige der Gleichgewichtsphase (vgl. Kap. 4). Anhand der Höhe des Temperaturplateaus nach der Rekaleszenz kann zwischen stabiler und metastabiler Erstarrung unterschieden werden, da während dieses Plateaus die verbleibende Restschmelze bei der Schmelztemperatur bzw. bei Legierungen im Intervall zwischen Liquidus- und Solidustemperatur der betreffenden Phase erstarrt (Kap. 6, Abschn. 2).

Bild 11 zeigt die Rekaleszenzprofile bei verschiedenen Unterkühlungen von Fe-Cr-Ni-Schmelzen, die in einer elektromagnetischen Levitationsanlage prozessiert wurden [Volkmann 1997]. Der Temperaturanstieg wurde während der Erstarrung zeitlich aufgelöst, indem ein Ausschnitt der Probenoberfläche auf eine Fotodiode abgebildet wurde, die Temperaturänderungen mit einer Meßfrequenz von 1 MHz erfaßt. Fe-Cr-Ni-Schmelzen erstarren alternativ in zwei Mischphasen mit kubisch-raumzentrierter (bcc) bzw. kubisch-flächenzentrierter (fcc) Kristallstruktur, die je nach Zusammensetzung stabil oder metastabil sind. $Fe_{69}Cr_{15}Ni_{16}$- und $Fe_{69}Cr_{13}Ni_{18}$-Schmelzen erstarren im Gleichgewicht in die fcc-Phase. Bei kleinen Unterkühlungen ist in dem Diodensignal nur ein einzelnes Rekaleszenzereignis zu erkennen. Die Temperatur des Plateaus liegt zwischen der Liquidus- und der Solidustemperatur der fcc-Phase, was auf die Primärerstarrung der stabilen Phase hindeutet. Unterhalb einer kritischen Unterkühlung jedoch zeigt das Temperaturprofil ein Zwischenplateau, dem sich ein zweites Rekaleszenzereignis anschließt, bei dem die Erstarrungstemperatur der fcc-Phase erreicht wird. Die Interpretation ist, daß bei tiefen Unterkühlungen die Schmelze zunächst in die metastabile bcc-Phase kristallisiert und die stabile Phase erst anschließend in der verbleibenden Restschmelze nukleiert und erstarrt. In der Tat können in levitierten, unterkühlten Proben, die nach der Rekaleszenz abgeschreckt wurden, neben der fcc-Phase noch geringe Anteile der metastabilen bcc-Phase mit Röntgenbeugung nachgewiesen werden.

Die Messung der schnellen Temperaturänderungen während der Rekaleszenz kann auch benutzt werden, um die Erstarrungsgeschwindigkeit zu bestimmen. Das Prinzip [Schleip et al. 1988] ist in Bild 12 dargestellt. Die Kristallisation wird bei einer gewünschten Unterkühlung an einer bestimmten Stelle der schwebenden Probe, hier die Unterseite, durch Berühren mit z. B. einer Keramiknadel (heterogene Keimstelle) ausgelöst. Auf diese Weise ist der Weg, den die Erstar-

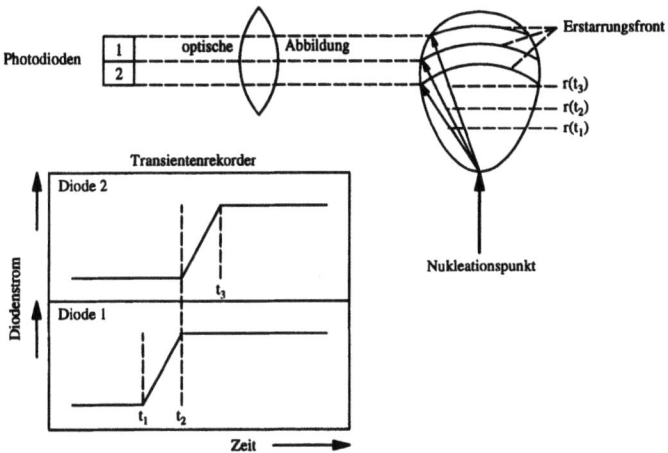

Bild 12 Prinzip der Messung dendritischer Wachstumsgeschwindigkeiten in unterkühlten, levitierten Schmelztropfen.

rungsfront durch die Probe einnimmt, vorgegeben, da sich die Dendriten radial vom Nukleationspunkt von unten nach oben ausbreiten. Als Erstarrungsfront wird dabei die Einhüllende der Dendriten angesehen. Sie wird als Kugelfläche angenommen, deren Radius mit der Erstarrungsgeschwindigkeit v anwächst. Bei Metallen liegen die Erstarrungsgeschwindigkeiten je nach Unterkühlung bei einigen m/s, so daß die freigesetzte Kristallisationswärme bis etwa 0.1 mm vor den Dendriten zu einem Temperaturanstieg führt und sich die Schmelze vor der Front bei der Nukleationstemperatur befindet.

Seitlich wird ein Ausschnitt der Probenoberfläche auf eine Fotodiode abgebildet. Sobald die Erstarrungsfront die untere Kante des Ausschnitts zum Zeitpunkt T_1 erreicht, beginnt der Diodenstrom entsprechend den Flächenanteilen von aufgeheizter, fester Phase und unterkühlter Schmelze anzusteigen, bis die Front an der Oberkante des Meßfeldes bei t_2 angekommen ist. Die Erstarrungsgeschwindigkeit ergibt sich aus der Differenz der Radien der Kugelschalen, die sich aus Probengröße und -form ergeben, zu den Zeiten t_1 und t_2:

$$v = \frac{R(t_2) - R(t_1)}{t_2 - t_1} \tag{41}$$

Die Radien können an der erstarrten Probe, deren Tropfenform bei der schnellen Erstarrung der unterkühlten Schmelze „eingefroren" wurde, mittels eines Schattenwurfs ausgemessen werden. Die Meßmethode ist nur dann anwendbar, wenn die Wachstumsgeschwindigkeit konstant ist, d. h. wenn stationäre Bedingungen herrschen (vgl. Kap. 6, Abschn. 3.1). Aus diesem Grund wird mit zwei übereinanderliegenden Dioden gearbeitet, wobei die mit beiden Dioden ermittelten Geschwindigkeiten übereinstimmen müssen. In Ni-Schmelzen, die in einer elektromagnetischen Levitationsanlage prozessiert und bis zu etwa 300 K unterkühlt wurden, hat man mit diesem Verfahren Erstarrungsgeschwindigkeiten von ca. 70 m/s gemessen [Schleip et al. 1988].

Die Methode läßt sich im Prinzip mit allen Levitationsverfahren kombinieren, außer mit der elektrostatischen Positionierung, da die Berührung der Probe mit der Nadel zur Entladung der Probe führen würde.

5.2 Messung thermophysikalischer Größen von Schmelzen

An levitierten Proben lassen mit sich mit geeigneten berührungsfreien Meßmethoden unterschiedliche Eigenschaften von Schmelzen bestimmen:

- Dichte und thermische Ausdehnung
- Oberflächenspannung
- Viskosität
- spezifische Wärme
- elektrische Leitfähigkeit

Diese Materialparameter bestimmen den Wärme-, Impuls- und Massetransport, so daß deren Kenntnis eine Voraussetzung für die Beschreibung des Strömungsverhaltens der Schmelze sowie von Erstarrungsvorgängen darstellt. Davon berührt sind auch technologische Fragestellungen in der Kristallzüchtung oder der Gießereitechnik bezüglich Fließeigenschaften und Formfüllungsverhalten der Schmelze, worauf in Kap. 15 eingegangen wird. In der Regel hängen die Materialeigenschaften von der Temperatur und von der Zusammensetzung ab. Für die Modellierung von Erstarrungsprozessen sind die Eigenschaften der Schmelze bei Temperaturen zwischen der Liquidus- und der Solidustemperatur relevant, also je nach der Breite des Erstarrungsintervalls auch im unterkühlten Zustand.

Dichte und thermische Ausdehnung

Die Dichtemessung $\rho = M/V$ an einer freischwebenden flüssigen Probe wird bei bekannter Masse M auf die Bestimmung des Volumens V zurückgeführt. Bei der elektromagnetischen Positionierung im Erdlabor wird ausgenutzt, daß die Probe eine rotationssymmetrische Gestalt um die Symmetrieachse der Levitationsspule hat, so daß es genügt, die Querschnittsfläche der Probe zu bestimmen. Dazu wird die Probe mit einer Videokamera aufgenommen, die senkrecht zur Spulenachse angebracht ist. Die Querschnittsfläche wird aus den Videoaufzeichnungen mit digitaler Bildverarbeitung ermittelt. Dazu wird zunächst der Probenrand als Funktion des Winkels θ zwischen Radius und Symmetrieachse bestimmt. An die Randkurve wird ein Polynom angepaßt, also

$$R(\cos\theta) = R(u) = \sum_{i=0}^{n} a_i u^i$$

In den meisten Fällen reicht es aus, nur Glieder bis zur 4. Ordnung zu berücksichtigen, um die Randkurve hinreichend genau wiederzugeben. Das Volumen ergibt sich durch Integration:

$$V = \frac{2\pi}{3} \int_{-1}^{1} R^3(u) du. \tag{42}$$

Unter den Bedingungen der Mikrogravitation sind flüssige Proben kugelförmig, so daß lediglich der Probenradius bestimmt werden muß.

Im Idealfall genügt zur Auswertung ein einzelnes Bild, jedoch hat man es in der Praxis mit Translationsbewegungen der Probe sowie mit Oszillationen der Oberfläche zu tun, wodurch eine Momentaufnahme der Querschnittfläche keine Rotationssymmetrie besitzt. Dieses Problem kann dadurch gelöst werden, daß eine Sequenz von Bildern aufgenommen wird, von der ein Summenbild erstellt wird [Gorges et al. 1996].

Durch die Dichte- bzw. Volumenbestimmung als Funktion der Temperatur erhält man den thermischen Ausdehnungskoeffizienten (Kap. 4, Gl. 52)

$$\alpha_T = \frac{1}{V}\frac{\partial V}{\partial T}$$

aus der Steigung der experimentellen Werte.

Oberflächenspannung und Viskosität

Zur Bestimmung der Oberflächenspannung an levitierten Schmelzen werden die Frequenzen der Oberflächenschwingungen untersucht. Die sog. „Oscillating Drop Technique" basiert auf der Tatsache, daß die Oberflächenspannung die Rückstellkraft bei der Deformation der Gleichgewichtsform eines flüssigen Tropfens darstellt [Sauerland et al. 1992]. Die Oberflächenschwingungen sind aufgrund der Viskosität η der Flüssigkeit gedämpft. Bei einem kräftefrei schwebenden Tropfen ist die Gleichgewichtsform eine Kugel. Der Radius R schwingt mit einer Kreisfrequenz ω und einer Dämpfungskonstante Γ um den Kugelradius R_0:

$$R(t) = R_0 + \epsilon \cos(\omega t) e^{-\Gamma t}. \tag{43}$$

Von levitierten, flüssigen Proben werden Videosequenzen aufgenommen, die anschließend mittels Bildverarbeitung ausgewertet werden.

Um einen Zusammenhang zwischen den Oberflächenschwingungen und der Oberflächenspannung bzw. der Viskosität herzustellen, untersucht man die Schwingungen eines Tropfens mit den hydrodynamischen Gleichungen. Wir betrachten zur Vereinfachung eine ideale, inkompressible Flüssigkeit, d. h. es ist $\eta = 0$ und $\nabla \vec{v} = 0$. Die Navier-Stokes-Gleichung (vgl. Kap. 2) hat unter diesen Voraussetzungen die Form:

$$\frac{\partial \vec{v}}{\partial t} = -\frac{1}{\rho}\nabla p(\vec{r}). \tag{44}$$

ρ bezeichnet die Dichte der Flüssigkeit. Die Oberflächenspannung σ kommt durch die Randbedingung für die Druckverteilung $p(\vec{r})$ in Gl. 44 ins Spiel. Nach Kap. 5, Gl. 3 ist an der Oberfläche die Differenz zwischen Innen- und Außendruck Δp gegeben durch:

$$\Delta p = \sigma \left(\frac{1}{R_1} + \frac{1}{R_2} \right)$$

mit zwei senkrecht aufeinander stehenden Krümmungsradien R_1 und R_2. Eine zweite Randbedingung für die Differentialgleichung 44 ergibt sich daraus, daß die zeitliche Ableitung des Probenradius R der Normalkomponente der Fließgeschwindigkeit $\vec{v}$ in der Schmelze an der Oberfläche entspricht:

$$\frac{\partial R}{\partial t} = \vec{v} \cdot \vec{n}, \tag{45}$$

wobei $\vec{n}$ der Normalenvektor der Oberfläche ist.

In einer einfachen Dimensionsbetrachtung setzen wir $\dot{R} \sim v$ und $\nabla p \sim \Delta p / R \sim \sigma / R^2$. Aus Gl. 44 erhält man als Bewegungsgleichung für den Radius:

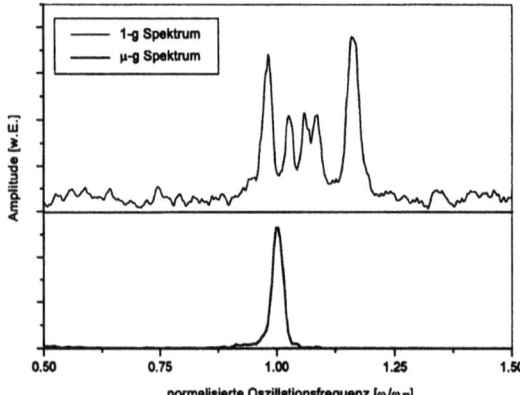

Bild 13 Schwingungsspektrum einer flüssigen Probe unter 1g (oben) und unter μg (unten).

$$\ddot{R} \sim -\frac{\sigma}{\rho R^2} \sim -\frac{\sigma}{M} R,$$

wobei $M = \frac{4\pi}{3} R^3 \rho$ die Masse des Tropfens ist. Dies ist die Bewegungsgleichung eines harmonischen Oszillators mit der Frequenz

$$\omega^2 \sim \frac{\sigma}{M}.$$

Eine genaue Rechnung führt zu der sog. Rayleigh-Frequenz [Rayleigh 1879]:

$$\omega_R^2 = \frac{32\pi}{3} \frac{\sigma}{M}. \tag{46}$$

Die Rayleigh-Formel 46 gilt nur dann, wenn die Voraussetzung eines kräftefreien Tropfens erfüllt ist, wie z. B. unter Mikrogravitation bei Weltraumexperimenten. Bei einer elektromagnetisch levitierten Probe auf der Erde führt das erforderliche starke Levitationsfeld zu einer Deformation des Tropfens und zu einer Aufspaltung und Verschiebung der Rayleigh-Frequenz, Bild 13. Durch den magnetischen Druck auf die Oberfläche ist die Oberflächenspannung scheinbar erhöht. Nach der Korrekturformel [Cummings & Blackburn 1991] berechnet sich die Rayleigh-Frequenz ω_R aus den Schwingungsfrequenzen ω_m durch:

$$\omega_R^2 = \frac{1}{5} \sum_m^5 \omega_m^2 - 1.9 \overline{\omega_t^2} - 0.3 \left(\overline{\omega_t^2}\right)^{-1} \frac{g^2}{R_0^2}. \tag{47}$$

Der erste Term ist der Mittelwert der zu erwartenden 5 Frequenzen, während die übrigen Terme den magnetischen Druck berücksichtigen. $\overline{\omega_t^2}$ ist das mittlere Quadrat der Frequenzen der Translationsschwingungen des Schwerpunktes der Probe, deren Rückstellkraft die Lorentzkraft ist.

Bild 14 zeigt die experimentellen Werte für die Oberflächenspannung einer $Au_{56}Cu_{44}$-Legierung, die unter Mikrogravitation gemessen wurden sowie die Daten, die im Erdlabor bestimmt wurden [Egry et al. 1995]. Die Ergebnisse stimmen nur dann überein, wenn die 1g-Werte gemäß Gl. 47 korrigiert werden, wodurch die Gültigkeit der Korrektur nach [Cummings & Blackburn 1991] bestätigt ist.

Berücksichtigt man die Viskosität η der Schmelze, so ergibt sich als Dämpfungskonstante Γ für die Schwingung eines kugelförmigen Tropfens nach [Chandrasekhar 1961]:

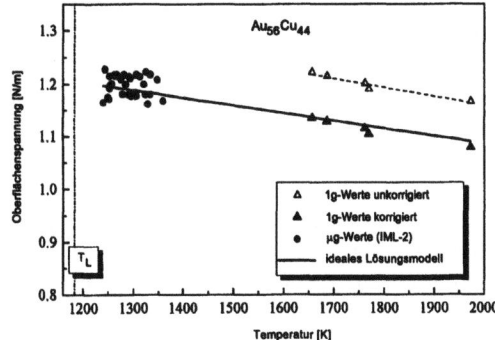

Bild 14 Gemessene Oberflächenspannungen von flüssigen $Au_{56}Cu_{44}$-Legierungen unter 1g und unter μg.

$$\Gamma = \frac{20\pi}{3}\frac{\eta R_0}{M}. \tag{48}$$

Bislang ist es nicht gelungen, an elektromagnetisch levitierten Proben im Erdlabor die Viskosität zu messen. Der Grund liegt in dem starken Levitationsfeld, das turbulente Strömungen in der Probe erzeugt, wodurch die Oberflächenschwingungen zusätzlich gedämpft sind. Hingegen kann die Viskosität nach Gl. 48 aus dem Dämpfungsverhalten bestimmt werden, wenn die Probe unter Mikrogravitaion prozessiert wird. Dies zeigen Experimente an der eutektischen Legierung $Pd_{76}Cu_6Si_{16}$, die während der Shuttle Mission MSL-1 durchgeführt wurden [Egry et al. 1998]. Die gemessenen Werte sind in Bild 15 dargestellt und stimmen mit den verfügbaren terrestrischen Daten, die von [Lee et al. 1991] mit der Kapillarrohr-Methode (Kap. 3, Abschn. 7.2) erzielt wurden, überein. Zum Vergleich ist in Bild 15 in dem Temperaturbereich, in dem die Viskosität mit der Kapillarrohr-Methode gemessen wurde, die von [Lee et al. 1991] angegebene Vogel-Fulcher-Beziehung mit eingezeichnet.

Spezifische Wärme

Eine Möglichkeit, die spezifische Wärme c_p von Metallschmelzen kontaktfrei zu messen, bietet die Modulationskalorimetrie [Fecht & Johnson 1991] an elektromagnetisch levitierten Proben. Das Prinzip besteht darin, daß die Heizleistung (s. Gl. 29) mit einer Leistung

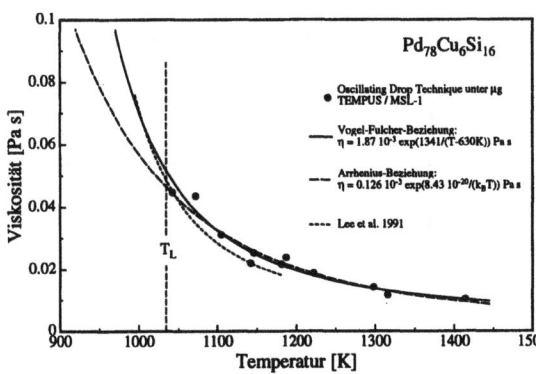

Bild 15 Viskosität von $Pd_{76}Cu_6Si_{16}$ sowie die Anpassung der gemessenen Werte an ein Vogel-Fulcher-Verhalten bzw. ein Arrhenius-Gesetz. Zum Vergleich ist die von [Lee et al. 1991] angegebene Vogel-Fulcher-Beziehung gezeigt.

$$\Delta P(t) = \Delta P_\omega \cdot \cos(\omega t)$$

moduliert wird, wodurch die Temperatur der Probe mit einer Amplitude ΔT_ω, um den Gleichgewichtswert oszilliert. Diese Amplitude hängt von c_p ab. Für die Auswertung müssen sowohl Wärmezufuhr als auch Wärmeabfuhr präzise bekannt sein. Die induktive Heizleistung kann nach Gl. 29 berechnet werden, sofern man die elektrische Leitfähigkeit der Schmelze kennt. Die Wärmeabgabe an die Umgebung ist nur dann hinreichend genau bekannt, wenn das Experiment unter Vakuum durchgeführt wird, so daß nur Strahlungsverluste auftreten.

Die Temperaturverteilung innerhalb der Probe relaxiert aufgrund der hohen thermischen Leitfähigkeit von Metallen schnell (Relaxationszeit τ_{int}) im Vergleich zum Temperaturausgleich mit der Umgebung durch Wärmestrahlung (Relaxationszeit τ_{ext}). Wenn die Modulationsfrequenz ω so gewählt wird, daß

$$\frac{1}{\tau_{ext}} \ll \omega \ll \frac{1}{\tau_{int}}$$

ergibt sich ein einfacher Zusammenhang zwischen der Modulationsamplitude der Heizleistung ΔP_Ω und der Temperaturschwankung ΔT_ω:

$$\frac{\Delta P_\omega}{\Delta T_\omega} = \omega \cdot c_p, \tag{49}$$

woraus die spezifische Wärme c_p der Probe bestimmt werden kann. Die Modulationsfrequenzen liegen in der Größenordnung von 1 Hz.

Wie bereits im Abschnitt 3.2 ausgeführt wurde, muß bei der elektromagnetischen Levitationstechnik unter terrestrischen Bedingungen die Probe in der Regel konvektiv mit Gas gekühlt werden, so daß im Erdlabor die Experimente nur schwer bzw. nur mit bestimmten Probenmaterialien unter Vakuum durchgeführt können. Das Positionieren von Schmelzen unter Mikrogravition (Abschn. 4) bietet deshalb ideale Bedingungen für die Modulationskalorimetrie, die bei Experimenten in der Anlage TEMPUS [Wunderlich et al. 1998] erfolgreich angewendet wurde. Hier wurden die spezifischen Wärmen von Schmelzen glasbildender Zr-Basislegierungen gemessen, deren Schmelztemperaturen unter 1000 °C liegen und deshalb auf der Erde nicht im Vakuum prozessiert oder gar unterkühlt werden können [Wunderlich et al. 1998]. Als Beispiel zeigt Bild

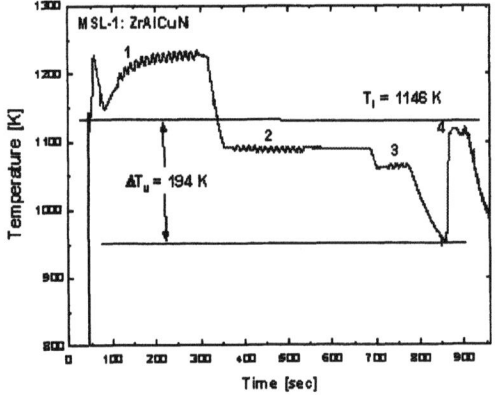

Bild 16 Temperaturverlauf einer $Zr_{65}Cu_{17.5}Al_{7.5}Ni_{10}$-Schmelze bei der Messung der spez. Wärme mit der Modulationskalorimetrie. Zu erkennen sind die Temperaturoszillationen oberhalb und unterhalb der Schmelztemperatur [Wunderlich et al. 1998].

16 den Temperaturverlauf einer $Zr_{65}Cu_{17.5}Al_{7.5}Ni_{10}$-Schmelze während eines Modulationsexperiments. Deutlich zu erkennen sind die Temperaturoszillationen, die durch die modulierte Heizleistung bei verschiedenen Temperaturen oberhalb und auch unterhalb der Schmelztemperatur angeregt wurden.

Elektrische Leitfähigkeit

Die berührungsfreie Messung der elektrischen Leitfähigkeit ist eine induktive Methode. Die Probe befindet sich in einer Meßspule, durch die ein hochfrequenter Strom geschickt wird. Die Probe ist somit Teil eines elektrischen Schwingkreises, dessen Wechselstromwiderstand $Z(\omega,\sigma_e)$ neben der Kreisfrequenz ω auch von der Leitfähigkeit σ_e der Probe abhängt. Der Widerstand Z ergibt sich aus Messung der Stromstärke $I = I_0 \cos(\omega t - \phi)$ und der Spannung $U = U_0 \cos(\omega t)$. Die Funktion $Z(\omega,\sigma_e)$ ist insbesondere abhängig von der Probengeometrie und -größe, die für die Auswertung genau bekannt sein müssen. Für eine kugelförmige Probe mit Radius R in einem homogenen Magnetfeld findet man den Zusammenhang:

$$\sqrt{\frac{2}{\omega\sigma_e\mu_0}} = \frac{R}{2}\left(1 - \sqrt{1 - A\left[\frac{I_0}{U_0}\cos\phi - B\right]}\right). \quad (50)$$

A und B sind Konstanten, die von der Geometrie der Meßspule abhängen.

Die Levitationsspule einer erdgebundenen elektromagnetischen Levitationsanlage ist nicht für die gleichzeitige Verwendung als Meßspule geeignet, da für die Levitationskraft ein Feldgradient erforderlich ist (Gl. 35). Außerdem sind flüssige Proben in der Erdlevitation nicht sphärisch. Dahingegen können die Voraussetzungen für die Anwendbarkeit von Gl. 50, nämlich ein homogenes Magnetfeld und kugelförmige Proben, recht gut unter den Bedingungen der Mikrogravitation erfüllt werden. In der Anlage TEMPUS gelang es während der Shuttle-Mission MSL-1, die elektrische Leitfähigkeit von $Co_{80}Pd_{20}$-Schmelzen induktiv zu messen, wobei es erstmals auch möglich war, die Leitfähigkeit einer unterkühlten Schmelze zu bestimmen [Lohöfer & Egry 1998]. Dabei diente die Heizspule, die ein Dipolfeld erzeugt (Abschn. 4, s. auch Bild 9), gleichzeitig als Meßspule. Bild 17 zeigt den elektrischen Widerstand für die flüssige und feste Phase, der für beide Phasen linear von der Temperatur abhängt. Mit zunehmender Unterkühlung bei Annäherung an die Curie-Temperatur weicht der elektrische Widerstand vom linearen Verhalten ab und zeigt einen steilen Anstieg, und zwar nicht nur für den Festkörper, sondern auch für die

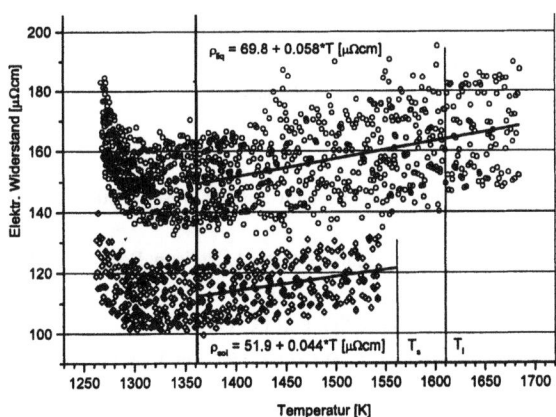

Bild 17 Elektrischer Widerstand einer $Co_{80}Pd_{20}$-Legierung im festen (Rauten) und im flüssigen Zustand (Kreise).

Schmelze. Offenbar setzt auch in der unterkühlten Schmelze eine magnetische Ordnung ein, im Einklang mit den Ergebnissen von [Platzek et al. 1994, Herlach et al. 1998]. Bei magnetischen Systemen kann allerdings Gl. 50 nicht angewendet werden, so daß die Werte in Bild 17 nur im linearen Bereich oberhalb etwa 1350 K zuverlässig sind.

Literaturverzeichnis

[Chandrasekhar 1961] S. Chandrasekhar, *Hydrodynamic and Hydromagnetic Stability*, Dover, New York (1961).

[Cummings & Blackburn 1991] D. Cummings, D. Blackburn, J. Fluid Mech. **224** (1991) 395.

[Egry et al. 1995] I. Egry, G. Lohöfer, G. Jacobs, Phys. Rev. Lett. **75** (1995) 4043.

[Egry 1998] I. Egry, Special Issue: MSL-1(1) *Properties, Nucleation and Growth of Undercooled Liquid Metals: Results of the TEMPUS MSL-1 Mission*, J. Jpn. Microgravity Appl. **15** (1998) 215-224.

[Egry et al. 1998] I. Egry, G. Lohöfer, I. Seyhan, S. Schneider, B. Feuerbacher, Appl. Phys. Lett. **73** 462.

[Fecht & Johnson 1991] H.-J. Fecht, W. L. Johnson, Rev. Sci. Instr. **62** (1991) 1299

[Feuerbacher 1986] B. Feuerbacher, *Microgravity Materials Sciences*, Introduction in: Materials in Space, Springer-Verlag Berlin (1986).

[Gorges et al. 1996] E. Gorges, L. M. Racz, A. Schillings, I. Egry, Int. J. Thermophysics **17** (1996) 1163-1172.

[Herlach et al. 1993] D. M. Herlach, R. F. Cochrane, I. Egry, H. J. Fecht und A. L. Greer, Int. Mat. Rev. **38** (1993) 273.

[Herlach 1994] D. M. Herlach, Mat. Sci. Eng. **R12** (1994) 177-272.

[Herlach et al. 1998] D. Herlach, C. Bührer, D. M. Herlach, K. Maier, D. Platzek, J. Reske, Europhys. Lett. **44** (1998) 98.

[Iida & Guthrie 1988] T. Iida, R. I. L. Guthrie, *The Physical Properties of Liquid Metals*, Clarendon Press Oxford (1988).

[Jackson 1975] J. D. Jackson, *Classical Electrodynamics*, John Wiley &Sons New York (1975).

[Lee et al. 1991] S. K. Lee, K. H. Tsang, H. W. Kui, J. Appl. Phys. **70** (1991) 4842.

[Lohöfer 1989] G. Lohöfer, SIAM J. Appl. Math. **49** 567 (1989).

[Lohöfer & Egry 1998] G. Lohöfer, I. Egry, zur Veröffentlichung eingereicht in: Solidification 99, TMS Warrendale.

[Piller el al. 1987] J. Piller, R. Knauf, G. Lohöfer, D.M Herlach, P. Preu, in *Proc. 6th European Symp. on Materials and fluid sciences under microgravity*, Bordeaux 1986, ESA SP-265 (1987) S. 437-444

[Platzek et al. 1994] D. Platzek, C. Notthoff, D. M. Herlach, G. Jacobs, D. Herlach , K. Maier, Appl. Phys. Lett. **65** (1994) 1723.

[Rayleigh 1879] Lord Rayleigh, Proc. Roy. Soc. **29** (1879) 71.

[Rony 1965] P.R. Rony, Trans. Vacuum Met. Conference, Am. Vacuum Society Boston, Editor: Cocca M.A. (1965)

[Rhim et al. 1993] W.-K. Rhim, S. K. Chung, D. Barber, K. F. Man, G. Gutt, A. Rulison, R. E. Spjut, Rev. Sci. Instrum. **64** (1993) 2961-70

[Sauerland et al. 1992] S. Sauerland, K. Eckler, I. Egry, J. Mater. Sci. Lett **11** (1992) 330.

[Schleip et al. 1988] E. Schleip, R. Willnecker, D. M. Herlach, G. P. Görler, Mat. Sci. Eng. **98** (1988) 39-42.

[Stratton 1941] S. A. Stratton, *Electromagnetic Theory*, McGraw-Hill, New York (1941) 116 .

[Team TEMPUS 1996] Team TEMPUS, Lecture Notes in Physics **464** (1996) 233.

[Volkmann et al. 1997] T. Volkmann, W. Löser, D.M. Herlach, Metall. Mat. Trans. A **28A** (1997) 461-469.

[Wunderlich et al. 1998] R. K. Wunderlich, C. Ettl, H.-J. Fecht, D. S. Lee, S. Glade, W. L. Johnson, zur Veröffentlichung eingereicht: Solidification 99, TMS Warrendale.

15 Das gegossene Bauteil: Innovative Trends

1 Innovationsschub Simulation

Der letzte große Innovationsschub in der Gießereitechnik war die Einführung und die Nutzung der numerischen Simulation der Gieß- und Erstarrungsprozesse. Das Vertrautwerden mit diesem neuen Werkzeug und dessen konsequente Nutzung ist noch nicht ganz abgeschlossen, jedoch nirgendwo mehr in Frage gestellt.

Der typische Ablauf einer Simulation zum Zwecke der Verbesserung oder Planung eines Gießereiprozesses ist in Bild 1 zusammengefaßt. Die heutzutage vom Konstrukteur der Gießerei gelieferte Information wird zunehmend inform von CAD-Datenfiles geliefert. Das bedeutet, daß mithilfe entsprechender Schnittstellen-Software sofort eine Visualisierung der gewünschten Bauteile möglich ist, die zusätzlich gestattet, gleich eine Simulation des Gieß- und Erstarrungsprozesses vorzunehmen. Neben der Strömungs- und Erstarrungssimulation können heute auch mechanische Daten, wie Restspannungen und Verformungen beim Abkühlprozeß abgefragt werden sowie, weitergehend, zu erwartende Gefügeausbildung und resultierende Eigenschaften. Auch die Verknüpfung mit anderen Simulationsschleifen wird zunehmend möglich, beispielsweise, was die Glühbehandlung angeht oder gar betriebswirtschaftliche Fragestellungen wie Vorkalkulation, Angebotsabgabe o.ä..

Die grundlegenden für die Erstarrungssimulation zu verwendenden Gleichungssysteme, Tabelle 1, sind relativ wenige, verlangen aber eine hohe Leistungsfähigkeit der Rechner, insbesondere dann, wenn Lösungen quasi in Realzeit zu erfolgen haben. Beispielsweise die Verfolgung der Luftspaltbildung zwischen dem erstarrenden und gleichzeitig kontrahierenden Gußstück einerseits und der Formwand andererseits, besonders im Falle der Dauerformgießverfahren, muß simultan mit dem Erstarrungsgeschehen gelöst werden, damit eine zutreffende Beschreibung der Realität gegeben ist.

Für den Gießerei-Ingenieur spielt das Postprocessing, vgl. Bild 1, die wesentliche Rolle, weil hier vor allem Gußfehlerbildung vorausgesagt werden kann, z.B. wo Porositäten auftreten, wo unzulässige Verformungen oder welches Gefüge zu erwarten ist und alles das als Funktion des geometrischen Ortes im Bauteil etc. Das Postprocessing verlangt die Anwendung von Kriterien, die inform von Funktionen verfügbar sein müssen, Tabelle 2. Auch die zeitnahe Verfolgung etwa der Formfüllung bringt Vorteile mit sich, wenn beispielsweise schon zu Beginn der Formfüllung Fehlerbildung erkennbar wird und dadurch Rechenzeit minimiert werden kann.

Als Beispiel sei hier die Erstarrung eines Motorblocks gezeigt, bei welchem nicht nur die Anfangstemperaturen nach der vollständigen Füllung der Form durch eine entsprechende Einfüllsimulation und parallele Temperaturberechnung angegeben, sondern der Erstarrungsfortschritt als Funktion der Zeit direkt abgegriffen wurde, Bild 2. Schließlich ist es möglich, Details zur Ausbildung von Gefügegradienten und damit auch Eigenschaftsgradienten abzuleiten.

Eine Entwicklung der allerletzten Zeit ist die sog. Mikrosimulation, die sehr detaillierte Voraussagen der Gefügebildungs- und Eigenschaftseinstellung erlaubt. Hierbei ist zwischen einer mehr phänomenologischen, jedoch, statistisch gesehen, zutreffenden, Voraussage der Eigenschaften einerseits und andererseits einer genauen Beschreibung der auskristallisierenden Morphologie

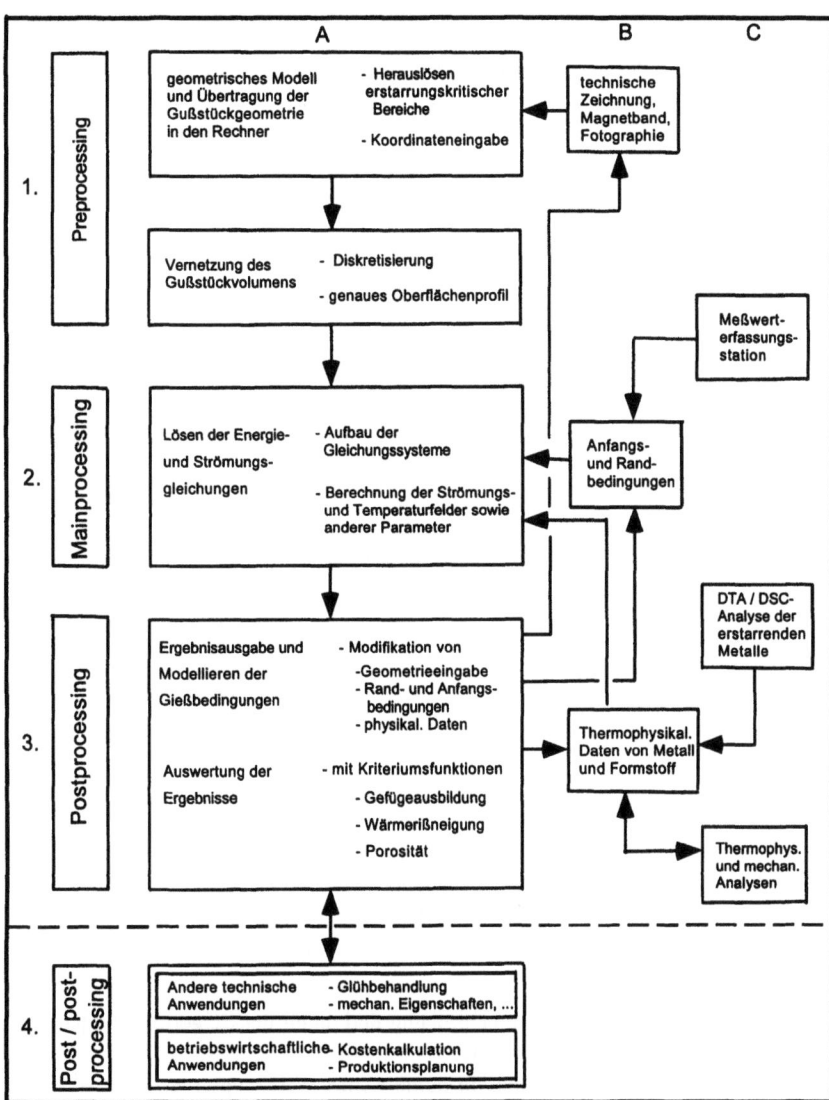

Bild 1 Das Flußschema bezeichnet im oberen Teil die verschiedenen Aktionsebenen zur Durchführung eines gesamten Simulations- und Modellierungszyklus; die Matrix läßt erahnen, daß das kritischste Feld 3/C ist, in welchem präzise Daten für die Rechnungen gefordert werden; zukünftige Arbeiten in der Erstarrungsforschung müssen deshalb, neben der Erstellung zutreffender Kriteriumsfunktionen für die Ebene 3, insbesondere auch genaue thermophysikalische Daten einschl. Wärmeübergangskoeffizienten generieren (Ebene 2/B); der untere Bereich, viertes Niveau, deutet an, daß zunehmend auch weitere Simulationsschleifen für ihren Einbezug in den gesamten gießereitechnologischen Prozeß gewünscht werden [Sahm & Hansen 1984, 1988].

Tabelle 1 Die zur numerischen Simulation abzugießender und abzukühlender Gußstücke erforderlichen Grundgleichungen sind nicht zahlreich, aber durchaus komplex. Legende: ρ = Dichte, $\vec{v}$ = Geschwindigkeit, p = Druck g = Erdbeschleunigung, μ = kin. Viskosität, c_p = spez. Wärme, κ = Wärmeleitfähigkeit, Q = Wärmequelle/-senke, c = Konzentrationsquelle/-senke, D = Diffusionskoeffizient, $\underline{\underline{D}}$ = Elastizitätsmatrix, B = Dehnungsmatrix, $\underline{\underline{\sigma}}$ = Spannungstensor, $\underline{\underline{\epsilon}}^T$ = Dehnungstensor, transponiert, $\underline{u}^T$ = inkrementelle Verschiebung, transponiert, A = Fläche, t = Flächenkräfte, b = Volumenkräfte, V = Volumen, $\underline{\underline{\sigma}}_0$ = Spannung durch plast. Verformung, $\underline{\underline{\epsilon}}_{th}$ = thermische Dehnung, $\underline{\underline{\epsilon}}_{gef}$ = Dehnung durch Gefügeänderung, $\underline{\underline{\epsilon}}$ = relat. Dehnung, u = inkrementelle Verschiebung

Gleichungen	wichtig für
• Kontinuitätsgleichung: $div(\rho \cdot \vec{v}) = 0$ • Navier-Stokes: $\rho \cdot \dot{\vec{v}} + div(\rho\vec{v}) = \rho \cdot g + grad\, p + \mu \Delta \vec{v}$	Formfüllung
• Wärmetransport: $\rho c_p \cdot (\dot{T} + \vec{v} \cdot grad\, T) = div(\kappa \cdot grad\, T) + \dot{Q}$ • Stofftransport: $\dot{c} + \vec{v} \cdot grad\, c = div(D \cdot grad\, c)$	Erstarrung und Gefügebildung
• Spannung: $d\underline{\underline{\sigma}} = \underline{\underline{D}} \cdot \left(d\underline{\underline{\epsilon}} - d\underline{\underline{\epsilon}}_{th} - d\underline{\underline{\epsilon}}_{gef}\right) + d\underline{\underline{\sigma}}_0$ • Dehnung: $d\underline{\underline{\epsilon}} = B \cdot d\vec{u}$ • Verschiebung: $\int \delta \underline{\underline{\epsilon}}^T \cdot \underline{\underline{\sigma}} \cdot dV - \int \delta \underline{u}^T \cdot \vec{b} \cdot dV - \int \delta \underline{u}^T \cdot \vec{t} \cdot dA = 0$	Formänderungs- und Restspannungsentstehung bei der Abkühlung

unter Einbeziehung der chemischen Zusammensetzung und damit der Seigerungsvorgänge zu unterscheiden. Für beides liefert Bild 3 Beispiele.

Der Gießereibetrieb sichert sich mit diesem numerischen Werkzeug eine Reihe wichtiger Vorteile:

- Erzielung besserer technischer Resultate,
- Ausschußverminderung,
- Produktivitätserhöhung,
- Energie- und Materialeinsparung,
- Verringerung der Vorlaufzeiten,
- genauere und schnellere Angebotsangabe.

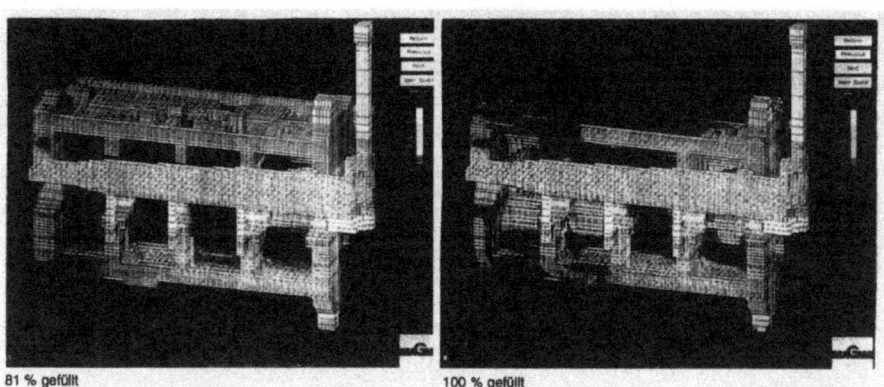

Bild 2 Gieß- und Anschnittsystem für einen Motorblock: Temperaturverteilung der einfließenden Schmelze bei 81% und 100 % Füllgrad; der Temperaturfarbskala ist zu entnehmen, daß Temperaturunterschiede bis zu 200 K auftreten, Bildmaterial MAGMA-Gießereitechnologie.

Tabelle 2 Eine Auswahl einsetzbarer Kriteriumsfunktionen für das rechnerische Modellieren von Gießerei- und Gefügebildungsprozessen zeigt, daß zahlreiche Verfahrens- oder Eigenschaftskennwerte (um nicht zu sagen -familien) vorausberechenbar bzw. modellierbar sind. Legende: $G=$ Temperaturgradient, $v=$ Erstarrungsgeschwindigkeit, $\Delta T_{S,L}=$ Solidus-Liquidus-Intervall, $m=$ Liquidussteigung, $\Delta c=$ Konz.-Bereich bei $\Delta T_{S,L}$, $k=$ Verteilungskoeffizient, $\sigma_s=$ Streckgrenze, $\sigma_0=$ Konstante, $d=$ Korngröße, $\Gamma=$ Gibbs-Thomson-Koeffizient, $G_{Solidus}=$ Temp.-Gradient bei T_S, $\dot{T}=$ Kühlrate, $D=$ Diffusionskoeffizient, $M=$ Querschnitt(Q)/ Umfang(U), $g=$ Erdbeschl., $h=$ Gießhöhe, $d_1=$ Gießkanaldurchmesser, $\alpha=$ Widerstandsfaktor, $C_i=$ Konstanten.

Beispiele für Kriteriumsfunktionen	Erklärung
$G/v \leq \Delta T_{S,L}/D = m \cdot \Delta c/D$	Stabilitätskriterium für verschiedene Fest-Flüssig Grenzflächenmorphologien
$\lambda_e^2 \cdot v = C_1$	Kriterium für eutektischen Faserabstand λ_e
$\sigma_s = \sigma_0 + C_2/d^{-1/2}$	Hall-Petsch-Beziehung zwischen Streckgrenze σ_s und Korngröße d
$\lambda_d = C_3 \left(k \, \Delta T_{S,L} \, D\Gamma\right)^{1/4} \cdot v^{-1/4} \cdot G^{-1/2}$	Verknüpfung von Dendritenachsabstand λ_d und Prozeßparametern
$t_E = C_4 M^2 = C_2 \cdot (Q/U)^2$	Beziehung Erstarrungszeit t_E zu Gußstückmodul M
$G_{Solidus}/\dot{T} = K < K_{kritisch}$	Niyama-Kriterium für Lunkerbildung
$t_F = (2g\alpha Q)^{-1} \int \frac{F(x)dx}{(h-x)^{1/2}}$ $t_A = \frac{2d_1^2 \left(h_0^{1/2} - h^{1/2}\right)}{\alpha d_2^2 (2g)^{1/2}}$	Formfüllzeit t_F und Pfannenauslaufzeit t_A als Funktion der Gießform- und Pfannenabmessungen

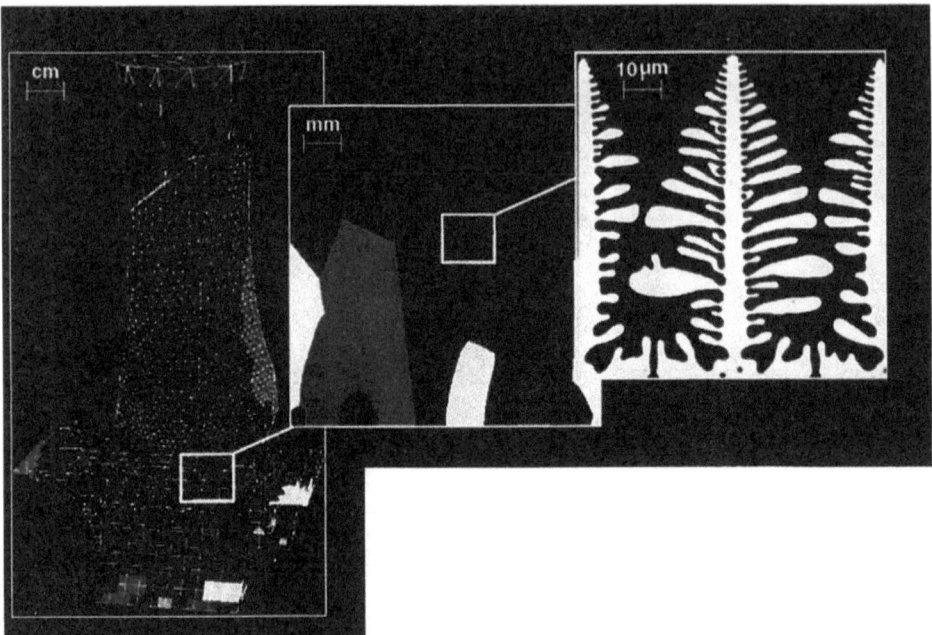

Bild 3 Der gesamte Größenbereich von der Bauteilgeometrie bis zum einzelnen Dendriten wird heutzutage bereits numerisch simuliert.

Die Verknüpfung mit anderen betrieblichen, betriebswirtschaftlichen oder auch anderen technischen Schleifen liefert weitere mögliche Vorteile.

Schließlich wird rechnerische Simulation erfolgreich zeit- und aufwandsparend in der Entwicklung, sowohl was Werkstoff- als auch Verfahrensoptimierungen angeht, eingesetzt. Zwei Beispiele sind in Bildern 4 sowie 5 zu entnehmen. Beim letzteren wird ersichtlich, daß die Möglichkeit der Nutzung allgemeiner Optimierungsverfahren eine immer größere Freiheit anzuwenden gestattet, quasi das Bad in einer Sammlung von Potentialen zuläßt, das bisher vollkommen unerreichbar schien.

2 Die Verfahren der Gießereitechnik

Bild 6 unterscheidet zwischen zwei großen Verfahrensfamilien, nämlich denen, die mit verlorenen (einmal einsetzbaren) und denen, die mit Dauerformen arbeiten. Im ersteren Falle wird noch in die Art der verwendeten Modelle unterteilt, das Dauermodell und das (wiederum einmal verwendbare) verlorene Modell.

Nahezu alle metallischen Werkstoffe und ihre Legierungen sind gießtechnisch verarbeitbar. Tabelle 3 gibt eine knappe Zusammenstellung der wichtigsten Werkstoffgruppen und weist jeweils einige Besonderheiten nach. Zwei wesentliche Parameter, die gegenwärtig besonders betont werden, sind die Dichte (also Schwer- oder Leichtmetalle), Eigenschaften, und energierelevante Fragen, z.B. latente Schmelz- bzw. Erstarrungswärme, im weiteren Sinne die Thermodynamik sowie die Erstarrungskinetik und im besonderen die Erstarrungsfrontdynamik.

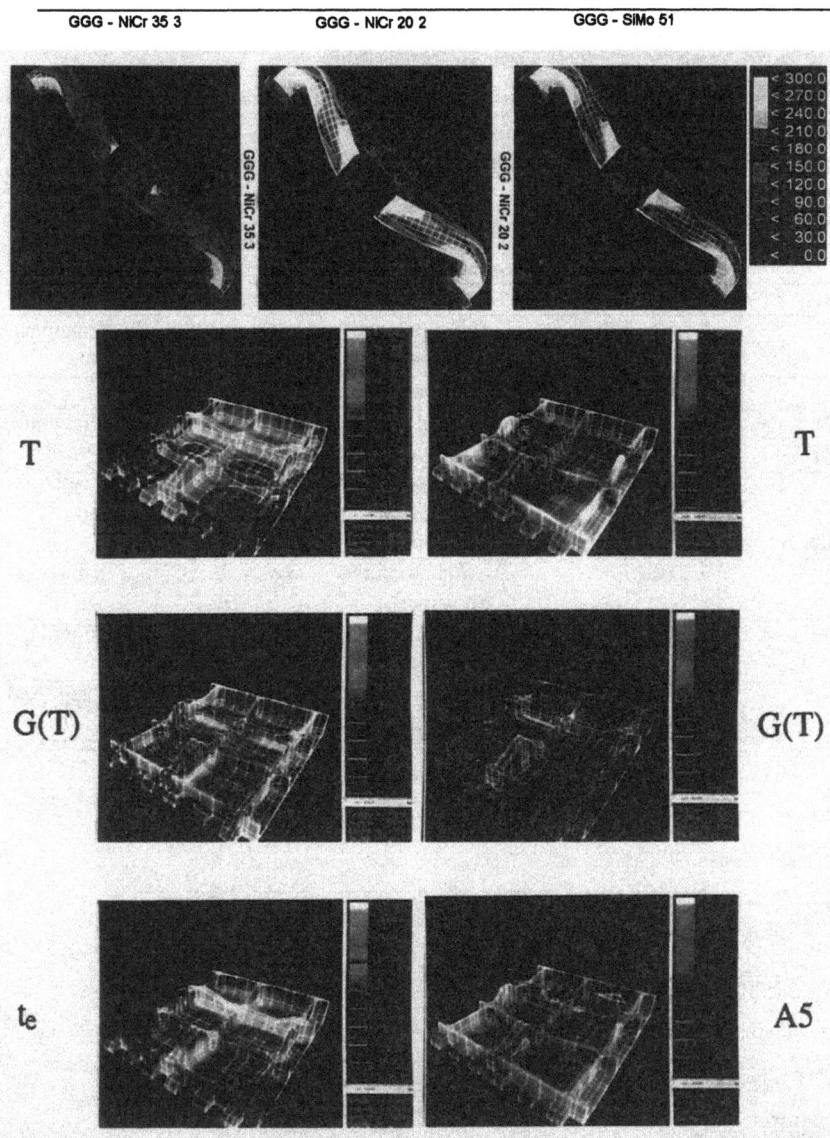

Bild 4 Oben: Verlauf von Spannung und Verformung eines an den beiden Enden fest eingespannten Prinzipkrümmers mit den Materialdatensätzen für die Werkstoffe GGG-SiMo 51, GGG-NiCr 20 2 und GGG-NiCr 35 3. Der Krümmer wurde nicht von außen belastet, sondern lediglich sich selbst und der Wechselwirkung mit seinem Einsatztemperaturprofil überlassen. Farbig dargestellt sind die v. Mieses'schen Vergleichsspannungen in MPa und die resultierenden Verformungen gegenüber dem im Hintergrund sichtbaren Grundnetz. Hieraus wird klar, daß, die thermische Auslenkung betreffend, der billigste Werkstoff GGG-SiMo 51 dem teuersten, GGG NiCr 35 3, gleichzusetzen ist. Unten: Die hier dargestellte Auswertungssequenz für Al-Basislegierungen schließ aus dem zunächst errechneten Temperaturfeld auf Temperaturgradienten, Erstarrungsgeschwindigkeiten, lokale Erstarrungszeiten, um schließlich unter Nutzung einer experimentellen Arbeit von [Jaquet & Huber 1986], das Dehnungsverhalten abzuleiten, [Sturm & Sahm 1988] sowie [Spilker & Sahm 1991]. Der errechnete Eigenschaftsgradient (A_5) kann nun durch entsprechende Verfahrensmodifikationen (z.B. Anlagen von Kühlkokillen, Anschnittversetzung o.ä.) optimiert werden.

Tabelle 3 Übersicht über die geläufigsten Gußwerkstoff-Basen, ihre Gießtemperaturbereiche (und damit Anhaltspunkte für ihre Temperaturstabilität) sowie Anwendungsfelder.

Gußwerkstoffbasis	Gießtemperatur-Bereich [°C]	Anwendungen
Sn-	200 - 300	Metallgeschirr
Pb-	300 - 450	Batterien
Zn-	400 - 600	Spielzeug (z.B. Eisenbahn), Kleinteile (z.B. Automobil)
Mg-	550 - 700	Fahrzeug- und Werkzeugbau
Al-	550 - 700	Verkehrstechnik, Werkzeug- und Maschinenbau, Behälterbau
Cu-	950 - 1100	Elektroteile aller Art
Fe-C > 3% (Gußeisen)	950 - 1200	Verkehrstechnik, Werkzeug- und Maschinenbau, Behälterbau
Ni- Co- (Superlegierungen)	1200 - 1600	Turbinenschaufeln, medizinische Prothetik, Hochtemperaturbauteile im Maschinenbau
Si-	1500	Halbleiterbauelemente (z.B. Chips, Thyristor-Substrate)
Fe-C < 1% (Stähle)	1400 - 1650	Verkehrstechnik, Werkzeug- und Maschinenbau, Behälterbau
Ti-	1550 - 1750	medizinische Prothetik, Turbinen, Flugzeug- und Raketenbau

Tabelle 4 Die wichtigsten Gießverfahrensfamilien

Dauerformguß	Gießverfahren mit verlorenen Formen

• Schwerkraftkokillenguß
  – Senkrechtguß
  – Kippguß
• Niederdruckguß
• Druckguß
  – Kaltkammerverfahren
  – Warmkammerverfahren
• Gegendruckguß
• Schleuderguß
	• Dauermodelle
	  – Sandguß mit Formkästen
	  – kastenlose Verfahren
	  – Blockformverfahren
	• verlorene Modelle
	  – Feinguß, insbes. Wachsausschmelzverfahren
	  – Vollformverfahren

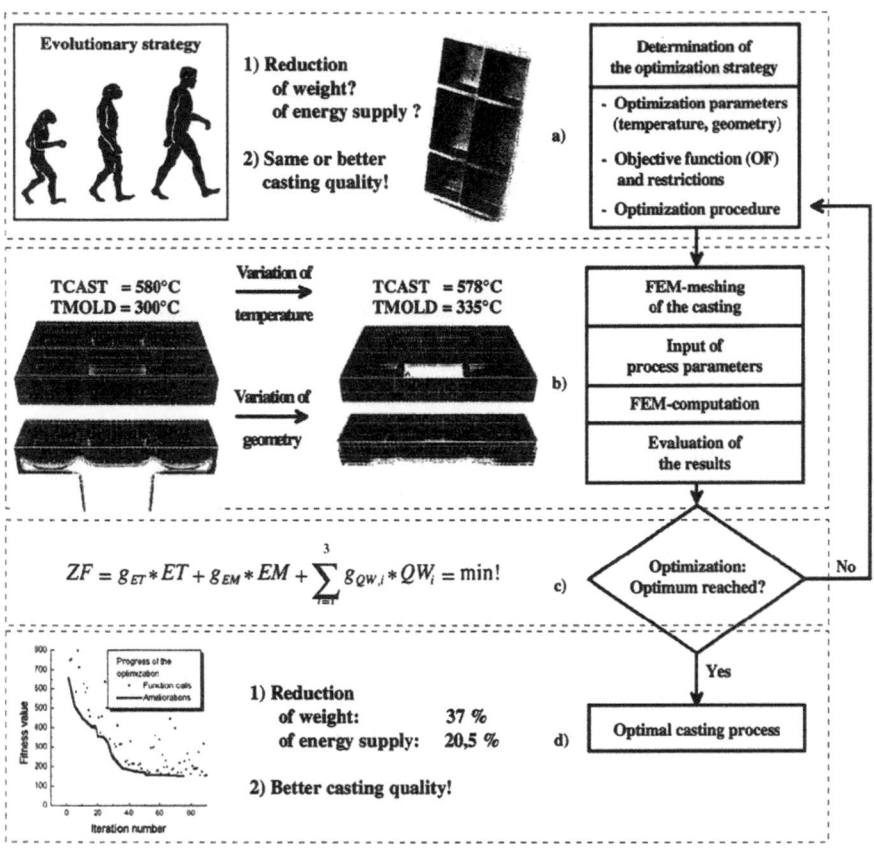

Bild 5 Ablauf der rechnerischen Simulation zur Optimierung von Gießprozessen und Beispiel für einen möglichen Optimierungsschritt. Entsprechend der Zielvorgabe für die Optimierung des Gießsystems wird zunächst (a) die Anzahl und Art der Optimierungsparameter, Zielfunktion und Restriktionen, und, unter Berücksichtigung der Eignung, das Optimierungsverfahren gewählt. Die gewählten Parameter werden dem Programm CASTS-3D (b) zur Vernetzung des Gußstückes und Eingabe der Prozeßparameter übergeben. Nach der anschließenden FEM-Rechnung (Finite-Elemente-Methode) und der Auswertung der Ergebnisse wird (c) die Optimalität der Parameter bezüglich der Zielfunktion getestet und notfalls ein neuer Optimierungsschritt gestartet. Durch die Optimierung ist in diesem Beispiel (d) eine Senkung der Energieeinheiten durch Energie- und Materialeinsparung möglich, entn. Wolf et al. 1997.

Sowohl Halbzeuge als auch Formteile werden gegossen. Tabelle 4 zählt die wichtigsten Verfahrensfamilien unter Bezug auf die w.o. eingeführte Einteilung (Bild 6) auf. Wie in den vorangegangenen Kapiteln immer wieder gezeigt worden ist, spielt die Abkühlungsgeschwindigkeit eine Schlüsselrolle bei der Einstellung der Gefüge, also einer Maßschneiderung der Gefügemerkmale bzw. der angestrebten Eigenschaften. Insofern gilt vereinfacht, daß Dauerformguß (die schnellere Erstarrungstechnik) und das Gießen in verlorene Formen (wegen der schlechteren Wärmeleitung der Formsande die langsamere Erstarrungstechnik) resp. feinere und gröbere Gefüge abgeben. Eine Zuordnung der Gieß- und Erstarrungsverfahren nach Abkühlraten ist aus Bild 7 zu ersehen.

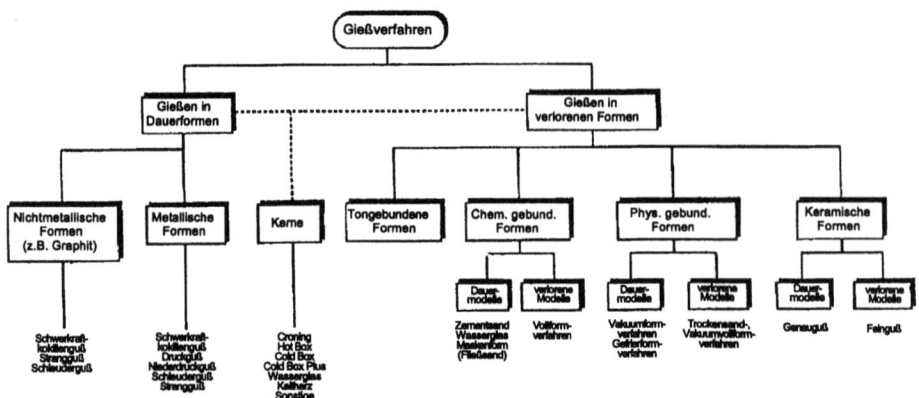

Bild 6 Einteilung der Gießverfahren nach Art der Formtechniken.

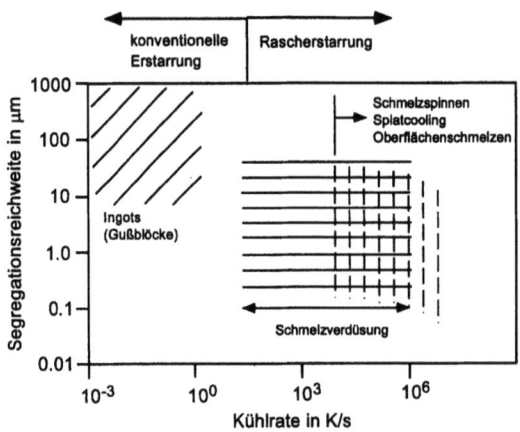

Bild 7 Typische Seigerungsreichweiten erstarrender Al-Legierungen mit üblichen Erstarrungstechnologien, deren wichtigstes Merkmal, die Abkühlungsrate, die Prozeßfenster für die verschiedenen Verfahren festlegt; nach [Cohen et al. 1980].

2.1 Halbzeuggießverfahren

Mithilfe der Stranggießverfahren werden vielerlei Profile als auch Wanddicken hergestellt. Eine wichtige Entwicklungslinie ist die des Gießens immer dünnerer Bleche. Das bedeutet, daß aufwendige Walzverfahren ausgespart werden können, wodurch nicht nur eine schnellere Realisierung endabmessungsnaher

Halbzeuge ermöglicht, sondern auch die Produktivität erhöht wird, Bild 8. Eine weitere Halbzeugfamilie sind schmelzeverdüste Pulver. Das Prinzip einer flexiblen Schmelzeverdüsungsanlage für die Herstellung gas- sowie wasserverdüster Pulver zeigt Bild 9. Die Entwicklung hier war darauf angelegt, die resultierenden Pulver nicht nur nach Größe, sondern auch nach Korngestalt, Größen- und Gestaltverteilungen sowie diverser Reinheitsgrade zu erstellen [Sahm et al. 1991]. Die sich anschließende pulvermetallurgische Fertigung, auf die im nächsten Kapitel eingegangen wird, kann auf diese Weise immer weiter differenzierbare Aufgaben und Eigenschaftswünsche erfüllen.

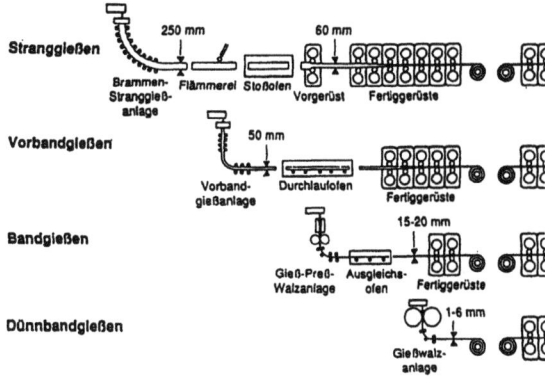

Bild 8 Nachdem die Blockgießverfahren der Stranggußtechnik gewichen sind, folgen dem kontinuierlichen Stranggießen nun die Verfahren des endabmessungsnahen Gießens, die den größten Teil der Warmbandumformungsschritte einsparen (entn. aus VDI-Nachrichten April 1992)

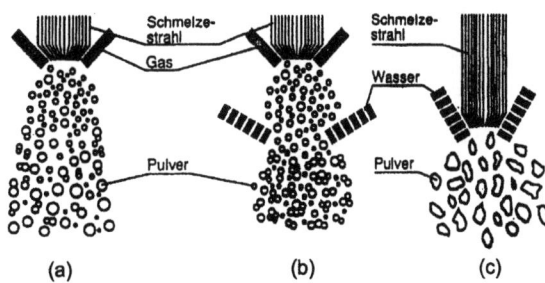

Bild 9 Die Eigenheiten einer reinen Gas- (a) oder Wasser- (c) Verdüsung werden durch eine Kombination beider Verfahren vereinigt, nämlich (b) feinere und gleichzeitig sphärische Pulverteilchen herstellbar zu machen [Sahm et al. 1991].

2.2 Formgußverfahren

Aus der Sicht der Erstarrungstechnologie ist die Frage nach der verlorenen oder Dauerform zweitrangig; an erster Stelle rangiert die Frage nach den Prozess- und Systemparametern, z.B. der Abkühlungsgeschwindigkeit, s. Bild 7. Die im folgenden zu diskutierenden Verfahren sind (mit Ausnahme der Flüssig-fest- bzw. Thixogießtechniken) prinzipiell im Sand- und Kokillengußprozess nachvollziehbar. In gewissem Sinne jedoch findet sogar ein Ausgleich der beiden großen Familien (Bild 6) statt, sofern es um Serien geringer Losgrößen (bis hinunter zur Losgröße 1, d.h. dem Unikat) geht.

Das Teure am Kokillenguß ist die Bereitstellung von Dauerformen. Eine Kokille für ein kompliziertes Gußteil, z.B. ein Kurbelgehäuse kann weit über 1 MDM kosten, was nur bei großen Serien über eine hohe Produktivität (also hohe Lebensdauer der Kokille) wieder eingefahren werden kann. Die billige Herstellung von Gießwerkzeugen für die Gießtechnik hat hier daher eine besondere Bedeutung. Die neuen stereolithographischen Techniken zur schnellen Herstellung billiger Dauerformen sind gerade dabei, die Basis für eine neue Generation von Gießwerkzeugen zu liefern. Extreme Überlegungen gehen in Richtung „Wegwerfwerkzeug". Neben der Stereolithographie zählt dazu die Verwendung von Einsätzen, die (nicht nur kleiner Serien wegen) schnell ausgewechselt werden können. Hier bahnen sich Entwicklungen in Richtung der produktiven Herstellung kleiner Losgrößen, bis hin zu Unikaten, an. Damit wäre in gewisser Weise ein Anschluß der Dauerformverfahren an die Technologien mit der verlorenen Form vollzogen, Bild 10.

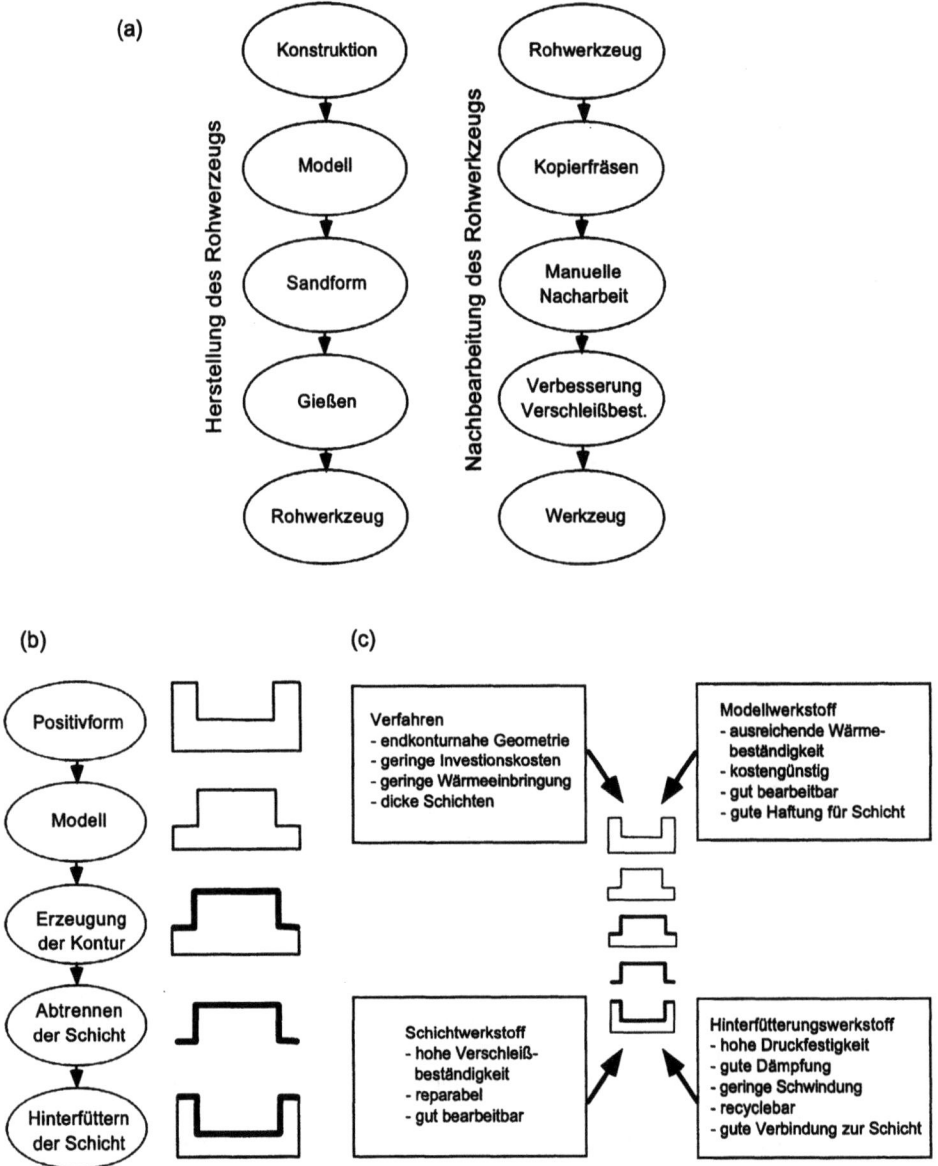

Bild 10 (a) Typische Abfolge der Prozeßschritte beim Bau von Ur- oder Umformwerkzeugen. (b) Alternatives Herstellungskonzept und (c) Anforderungen an die zu erstellenden Gußformen, Gesenke oder Oberflächenschichten [Burzer et al. 1996]

3 Innovationen im Bereich der Formgußtechnik

3.1 Innovative Verfahren

Gegenwärtig bemerkenswert innovative Entwicklungen sind:

- gerichtete bzw. einkristalline Erstarrung,
- Rheo- bzw. Thixogießverfahren (SSP = semi-solid processing),
- Umgieß- und Infiltrationsverfahren,
- Gradientengießtechniken (Schichtgießen).

Die gerichtete Erstarrung wird industriell eingesetzt zur Herstellung von z.B. Flugtriebwerksschaufeln. Die gegenwärtige Entwicklung auf diesem Gebiet hat sich in Richtung der stationären Gasturbine, also zu beträchtlich größeren Abmessungen hin (Größenordnung 0.5 bis 1 m anstelle der bisher üblichen 10 bis 20 cm) verschoben und, im Vergleich zu den Flugtriebwerksschaufeln, mit anderen Anforderungen, Bild 11. Auch auf diesem Gebiet sind mehrere Varianten vorgeschlagen worden. Eine Gegenüberstellung der „konventionellen Techniken" (die Methode mit Ankeimung die Helixselektor-Methode) mit der neuartigen AGE-bzw. ADS-Technik (autonome gerichtete Erstarrung/autonomous directional solidification) erfolgt in Bild

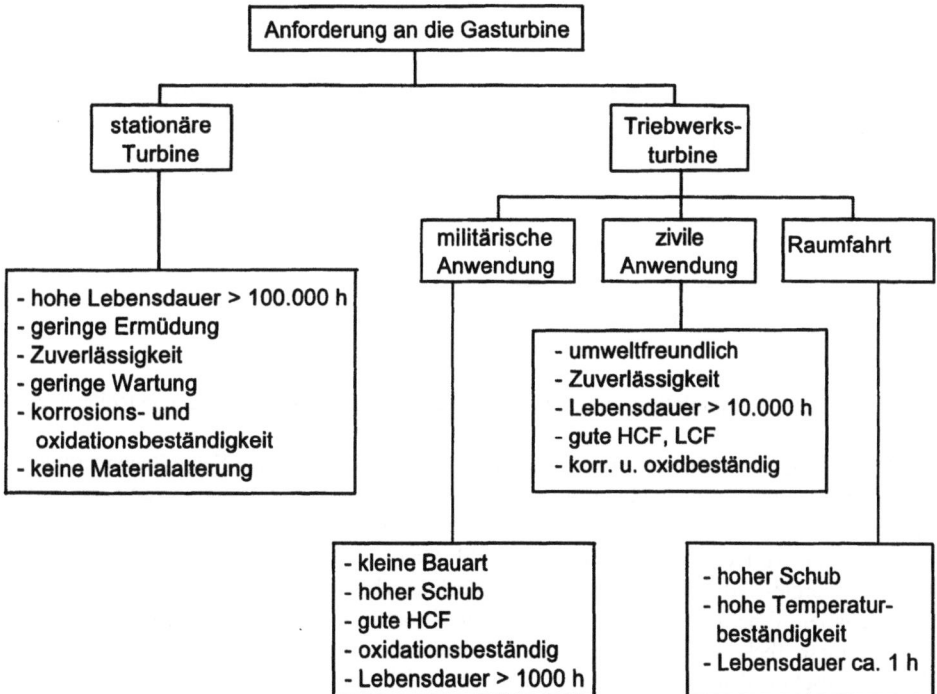

Bild 11 Stationäre und Triebwerksturbine stellen stark unterschiedliche Anforderungen an Bauteil und Werkstoff [Paul & Sahm 1995].

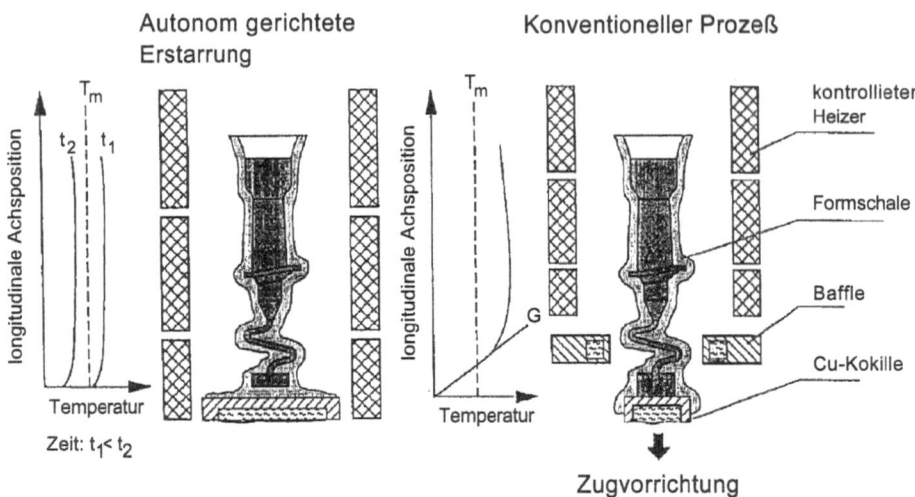

Bild 12 Die autonom gerichtete Erstarrung bedarf, gegenüber der konventionellen, keiner bewegten Komponenten (rechtes Teilbild). Die Abkühlung wird durch einen überlagerten Temperaturgradienten, insbesondere im Fußbereich, wo auch die Keimbildung bei erhöhter Unterkühlung stattfinden muß, bewirkt (linkes Teilbild).

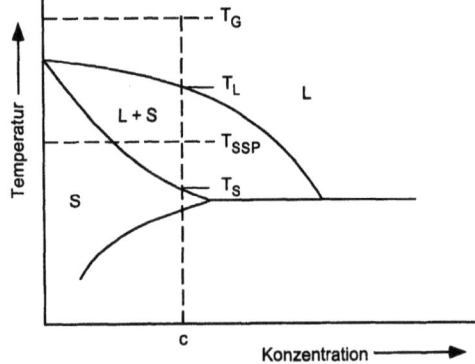

Bild 13 Gegenüber konventionellen Gießverfahren (mit Gießtemperaturen $T_G > T_L$) und Verfahren der Warmumformung (mit Umformungstemperaturen $T_U < T_S$) wird bei de Semi-Solid-Verfahren mit einer Verarbeitungstemperatur des Metalles innerhalb des Fest-Flüssig-Bereichs ($T_L > T_G > T_S$) gearbeitet [Spencer 1972].

12. Die numerische Simulation spielt bei diesen Entwicklungen eine überragende Rolle, s. z. B. [Balliel et al. 1997].

Das Thixogießverfahren ist im wesentlichen eine Druckgießtechnik. Seine Besonderheit besteht darin, daß die Formgebung im Intervall zwischen Solidus- und Liquidus-Temperatur, Bild 13 (bei einer möglichst genau einzustellenden Temperatur) also im Bereich eines Flüssig-fest-Schlickers, zu erfolgen hat [Sahm & Kopp 1985]. Man verspricht sich mehrere Vorteile, vor allem eine energie- und materialsparende Prozeßtechnik, aber auch bessere, schmiedeteilähnliche Eigenschaften. Eine ganze Reihe verschiedener Varianten der Verfahrensdurchführung haben sich um diese Technik herum eingeführt oder werden erprobt („queeze casting" (Quetschgießen), Thixoschmieden u.a.), sind aber zumeist noch nicht endgültig etabliert.

Die Umgieß- bzw. Infiltrationsverfahren arteigener oder anderer Fremdkörper wird seit jeher praktiziert, wenn auch in bisher recht beschränktem Umfang. Mit der Verfügbarkeit der rechnerischen Simulation von Erstarrungs- und Einfüllvorgängen erhält diese Technik einen neuen

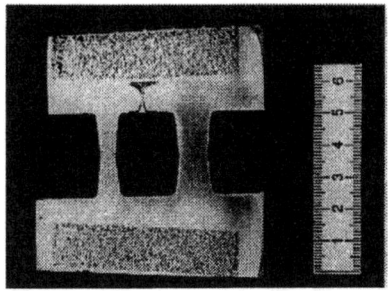
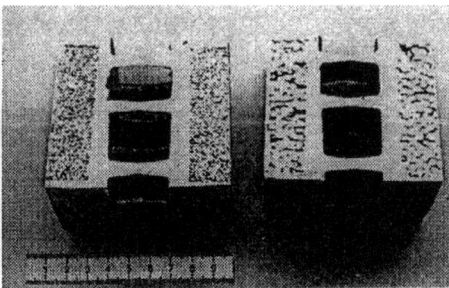

Bild 14 Vergleich umgossen-infiltrierter Prototypbremsscheiben (v. l. n. r.) mit unterschiedlich feinen Schaumkeramiken, 60 ppi, 50 ppi (pores per inch). Im Querschnitt der 60 ppi-Scheibe ist eine Kernstütze als Abstandshalter zu erkennen [Zeuner & Sahm 1998].

Schwung, da die gewünschten Effekte (lokale Verstärkungen, Dichteänderungen, global gesagt, Einstellungen lokaler Gradientengefüge bzw. -eigenschaften) sehr genau vorausgesagt werden können. Mit der Einbaubarkeit nicht nur anderer Legierungen, sondern von „preforms" aller Art (beispielsweise faserverstärkte keramikdurchsetzte, poröse Komponenten) öffnen sich neuartige Perspektiven für Konstrukteur und Anwender. Bild 14 liefert das Beispiel einer im Niederdruckgießverfahren hergestellten Bremsscheibe für den ICE, und Bild 15 zeigt den Fertigungsablauf für langfaserverstärkte Feingußteile.

Eine noch direkterer Weg zum Gradienentengefüge führt über das Schichtgießen. Es handelt sich hier um eine ganz neue Errungenschaft der Gießereitechnik. Im wahrsten Sinne des Wortes werden hier Gradientengefüge in einem Guß produziert, m.a. W. das Gußstück wird sozusagen Schicht um Schicht aufgebaut. Wie Bild 16 illustriert, werden die Gradientengefüge mit Schmelzen unterschiedlicher Zusammensetzung in-situ erzeugt.

3.2 Innovationen im Bereich der Gußwerkstoffe

Die neuen Gußwerkstoffe beinhalten

- intermetallische Legierungen (IMC = intermetallic compounds),
- Metallmatrix-Verbundwerkstoffe (MMC = metal matrix composites),
- Schäume,
- Gradientengefüge.

Auch die Renaissance der Magnesium-Legierungen ist in diesem Zusammenhang zu erwähnen, obwohl es hierbei nicht um neue Werkstoffe im oben angesprochenen Sinne geht. Allerdings, dem Kenntnisstand unserer Zeit angemessen, wird auf diesem Gebiet eine umfangreiche Legierungsentwicklung angegangen, die sich hauptsächlich auf die Festigkeits- und Korrosionsstabilitätsverbesserung ausrichtet (s. z. B. [Draugelatis et al. 1997]).

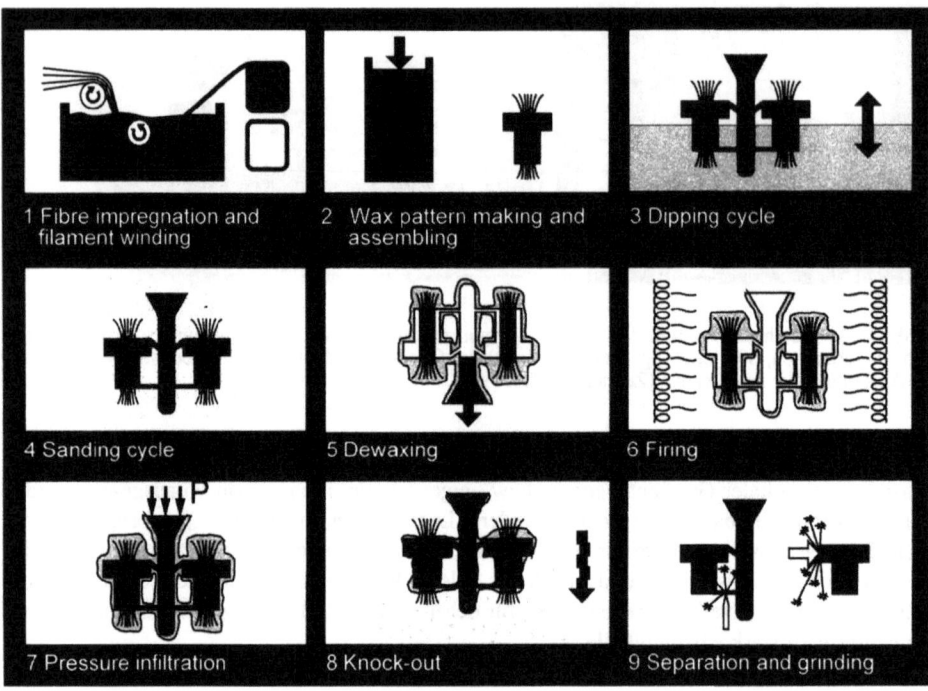

Bild 15 Die Fertigung langfaserverstärkter Feingußteile ist eine druckunterstützte Infiltrationstechnik.

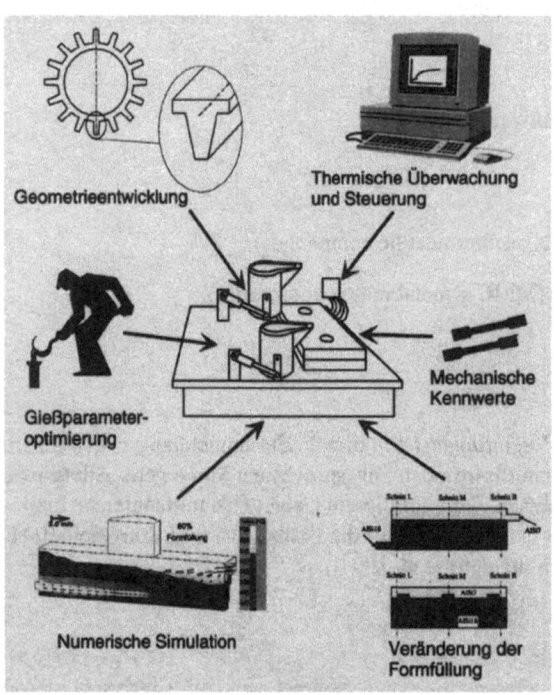

Bild 16 Darstellung der Entwicklungsschritte bei der Herstellung „intelligenter Gußteile" mit Gradientengefüge und -eigenschaften durch Schichtgießen, aus [Güntner & Sahm 1997].

Tabelle 5 Dichten und Schmelztemperaturen dreier anwendungsrelevanter intermetallischer Legierungen.

Intermetallische Legierung	Dichte $[g/cm^3]$	Schmelzpunkt $[°C]$
Mg_2Si	1.9	1085
TiAl	3.8	1480
NiAl	5.9	1640

Intermetallische Phasen spielen in Gußwerkstoffen eine seit jeher wichtige Rolle, allerdings überwiegend in der Form erfolgender Ausscheidungen, beispielsweise in eutektischen Werkstoffen, deren eine Phase eine intermetallische Legierung darstellt (z.B. Al_2Cu = Aluminium-Kupferlegierung) oder Ni_3Al (die eigenschaftsbestimmende Phase der Nickelbasissuperlegierungen). Für sich allein genommen jedoch sind intermetallische Legierungen als Gußwerkstoff und überhaupt als Werkstoffe normalerweise ungeeignet, da sie durchweg zu spröde sind. Die Vorteile, nämlich wesentlich erhöhte Schmelzpunkte, würden Anwendungsbereiche zu höheren Temperaturen hin ausweiten. Tabelle 5 enthält drei Beispiele der in den letzten Jahren sich als interessant erwiesenen Entwicklungsobjekte für die Anwendung in gießtechnischen Verfahren.

Hier sei mit dem Beispiel einer TiAl Legierung auf eine interessante Entwicklung aufmerksam gemacht, deren Anwendung als Ventilwerkstoff (leichter, hochtemperaturfester) im Bereich des umweltfreundlicheren Automobils anzusiedeln ist [Choudhury et al. 1997].

Im Bereich der gegossenen Verbundwerkstoffe ist die Verfügbarkeit des Duralcan (Al-SiC als keramische Dispersionskomponente) bekannt geworden. Die gießtechnische Verarbeitung dieses Werkstoffs verlangt spezifisches Know-how. Als Beispiel für eine Ausführung sei auf Bild 14 zurückverwiesen, in dem das Beispiel eines gegossenen „preforms" gezeigt wird sowie auf Bild 15, in welchem zu sehen ist, wie dieser Al-SiC Verbundwerkstoff direkt vergossen werden kann, hier um ein Gradientengefüge darzustellen.

Metallschäume bzw. -schwämme (= Schäume mit kontinuierlicher Porosität) sind quasi als gewollt hoch poröse Gußwerkstoffe anzusprechen und sind dementsprechend als Verbundwerk-

Bild 17 Metallschäume, hier mit durchgehender Porosität nach dem Feingießverfahren hergestellt, zeigt einige der Möglichkeiten für die Varianz der Schaumgefügefeinheit sowie die in-situ realisierbare Kombination mit anderen Formteilkomponenten, aus [Schädlich-Stubenrauch 1997].

stoff einer Mischung aus Fest und Gasförmig zu verstehen, Bild 17. Es existieren zwei prinzipiell unterschiedliche Varianten zur Herstellung von Metallschäumen, bzw. -schwämmen. Die Verarbeitung dieser Materialien im Bereich der Gießtechnik steht jedoch noch ganz am Anfang, öffnet aber viele innovative Pforten.

Gradientengefüge waren unter dem Kapitel der neuen Verfahren angesprochen worden. Die Variationsmöglichkeiten auf diesem Gebiet erscheinen schier unendlich, dem Einfallsreichtum sind keine Grenzen gesetzt, vgl. Bilder 4 sowie 16. Im unteren Teil von Bild 4 war gezeigt worden, wie mit der rechnerischen Simulation Eigenschaftsgradienten vorausgesehen werden können. Für Gradientengefüge kann aus der Not eine Tugend abgeleitet werden, indem Gefüge- bzw. Eigenschaftsgradienten bewußt eingeplant werden, um dem Bauteil ein „intelligenteres Verhalten" abzufordern.

Ausblick

Die Entwicklung in der Gießtechnik verläuft einerseits in Richtung größerer Prozess-Sicherheit, höherer Produktivität, material- und energiesparender Fertigung, andererseits in Richtung intelligentes Bauteil, also technisch besser, multifunktioneller, leichter, billiger ...! Die Voraussetzungen dazu liefern die rechnerische Simulation der Gieß- und Erstarrungsvorgänge sowie die Fortschritte im Bereich der Meß-, Steuer- und Regeltechnik.

Literaturverzeichnis

[Balliel et al. 1997] M. Balliel, P. Holmes, P. Ernst, M. Newnham, Foundry Trade J., Dez. 1997, S. 498-502.

[Burzer et al. 1996] J. Burzer, D. Binder, H.W. Bergmann, *Endkonturnahe Werkzeugherstellung aus Metall-Kunststoff-Mineral-Werkstoffverbunden*, Tagungsband DGM: „Verbundwerkstoffe und Werkstoffkunde", 1996 (Hrgbr. G. Ziegler).

[Choudhury et al. 1997] D. Choudhury, M. Blum, G. Jarczyk, P. Busse, D. Lupton, M. Garywoda, ISATA Magazin (Oct. 1997), p.14-15.

[Cohen et al. 1980] M. Cohen, B.H. Kear, R. Mehrabian, *Rapid solidification processing-an outlook*, Proceedings of 2nd Int. Conf. on Rapid Solidification Processing, Virginia, USA, Vol. 11 (1980).

[Draugelatis et al. 1997] U. Draugelatis, B. Bouaifi, J. Bartzsch, it Verarbeitung neuzeitlicher Mg-Werkstoffe, 1997, S. 203-220.

[Güntner & Sahm 1997] A. Güntner und P.R. Sahm, Interner Bericht, Gießerei-Institut/RWTH Aachen, 1997.

[Jaquet & Huber 1986] J. C. Jaquet und H.J. Huber, *Der Einfluß der Erstarrungsbedingungen auf die Zugfestigkeitseigenschaften und das Gefüge der untereutektischen Aluminium-Silizium-Gußlegierungen*, Giessereiforschung 38 (1986) S. 11-20.

[Paul & Sahm 1995] U. Paul und P.R. Sahm, Interner Bericht, Gießerei-Institut/RWTH Aachen, 1995.

[Sahm & Hansen 1984] P.R. Sahm und P.N. Hansen, *Numerical Simulation and Modelling of Casting and Solidification Processes for Foundry and Cast-House*, CIATF, Zürich, 1984.

[Sahm & Kopp 1985] P.R. Sahm und R. Kopp, *Verfahrenskombination Urformen/Umformen*, in 1. Aachener Stahlkolloquium, 1985, Umformtechnik, Berichtsband, S. 5.4-1/5.4-11.

[Sahm & Hansen 1988] P.R. Sahm und P.N. Hansen, *Erstarrung metallischer Schmelzen* (Hrg. P.R.Sahm), DGM Informationsgesellschaft Verlag, Oberursel (1988) p. 159-178.

[Sahm et al. 1991] P.R. Sahm, L. Kallien, D. Stock, *Hochunterkühlt erstarrte Pulver*, in „Tagungsbericht 2. Symposium Materialforschung", Dresden (Aug. 1991) Bd. I, S. 606-627.

[Schädlich-Stubenrauch & Sahm 1997] J. Schädlich-Stubenrauch, P.R. Sahm, Interner Bericht, Gießerei-Institut/RWTH Aachen, 1997.

[Spilker & Sahm 1991] J. Spilker und P.R. Sahm, Interner Bericht, Gießerei-Institut/RWTH Aachen, 1991.

[Sturm & Sahm 1988] J.C. Sturm und P.R. Sahm, *Solidification Simulation of an Integrated Aircraft Structure Component* in Proc. "4th Conference on Modelling of Casting and Welding Processes" (eds. A.F. Giamei, G.J. Abbaschian), Palm Coast, FL (April 17-22, 1988), p. 69-78.

[VDI 1992] VDI-Nachrichten, 24. April 1992.

[Wolf et al. 1997] J. Wolf, G. Ehlen, P.R. Sahm, *Automatic Computer Optimization of Casting Processes Using Evolutionary Strategies - Basic Approach*, in Proc. of the 5th European Conference on Advanded Materials and Processes and Applications, Vol. 4 (1997) pp 415-418.

[Zeuner & Sahm 1998] Th. Zeuner, P. R. Sahm, *Entwicklung gegossener, lokal verstärkter Leichtbaubremsscheiben für den schnellfahrenden Schienenverkehr*, Giesserei Vol. 85 (Nr. 2) S. 39-47 und Vol. 85, Nr. 3 (1998) S. 47-58.

16 Pulvertechnologische Fertigungsverfahren

1 Grundlagen

Die Herstellung von Werkstoffen und Maschinenteilen in Urformen kann nicht nur schmelzmetallurgisch durch Erschmelzen und Vergießen, sondern auch pulvertechnologisch durch das Formen körniger Massen (Pulver) mit nachfolgendem Konsolidieren (meist Sintern) oder Formen bei gleichzeitigem Konsolidieren erfolgen [Schatt & Wieters 1994, Thummler & Oberacker 1993, Klar 1984]. Die wichtigsten Arbeitsschritte der pulvertechnologischen Fertigungsverfahren sind Pulverherstellung, Pulveraufbereitung, Formen und Konsolidieren, Bild 1 [Kaysser & Weise 1993].

Zur Herstellung von pulvertechnologischen Produkten werden vorlegierte Pulver oder Mischungen aus verschiedenen Pulvern unterschiedlicher Zusammensetzung verwendet. Beim Formen der Werkstoffe oder der Maschinenteile in uniaxialen oder isostatischen Pressen (selten in Walzen oder Strangpressen) kann durch die Wahl des Preßdruckes die Porosität der Preßkörper in weiten Grenzen variiert werden. Die Preßlinge erhalten in einer anschließend durchgeführten gesteuerten Wärmebehandlung die angestrebte Dichte, Festigkeit und Verteilung der Legierungselemente. Festkörperdiffusionsvorgänge führen zu atomaren Bindungen zwischen den Pulverteilchen. Die Vorgänge können durch Zugabe von Pulvern die beim Sintern aufschmelzen, beschleunigt werden, wobei der Sinterprozeß stets unterhalb der Schmelztemperatur der volumenmäßig dominierenden Phasen durchgeführt wird. Von diesen Grundschritten gibt es zahllose Varianten, insbesondere direkte Konsolidierungsmethoden wie das heißisostatische Pressen, bei dem während des Glühens ein hoher isostatischer Druck auf die Maschinenteile bzw. Werkstoffe gebracht wird.

Die gesinterten pulvertechnologischen Produkte werden zweckmäßig in Sinterwerkstoffe, gesinterte Maschinenteile und gesinterte Teile mit Porositätsfunktion eingeteilt. Die Produktgruppen nutzen unterschiedliche Vorteile der Pulvertechnologie mit sehr unterschiedlichen Herstellungsmethoden (Bild 2).

Werkstoffe werden pulvertechnologisch fast stets als Folge eines technischen Zwangs (z.B.: hoher Schmelzpunkt, schlechte Bearbeitungseigenschaften, schmelzmetallurgisch nicht erreichbare Gefügeeinstellung (Phasenkombination und -verteilung) in Form von Halbzeug oder endkonturnahen Teilen bescheidener Maßgenauigkeit hergestellt.

An gesinterte Werkstoffe werden extreme Leistungsanforderungen gestellt, die meist Porenfreiheit und Feinkörnigkeit erfordern. Vorgänge, die zur Verdichtung der porösen Preßlinge und zur Veränderung der Korngröße während des Sinterns führen, stehen daher im Mittelpunkt des Interesses. Beispiele für Sinterwerkstoffe sind die Hartmetalle, Magnetwerkstoffe, Schwermetalle, Strukturkeramiken und Keramiken für elektronische bzw. optische Anwendungen.

Maschinenteile werden pulvermetallurgisch meist wegen der Wirtschaftlichkeit des P/M-Verfahrens hergestellt, wobei gewisse Einbußen in den mechanischen Eigenschaften gegenüber formgleichen Teilen in Kauf genommen werden, die durch Umformung (Schmieden) oder maschinelle Bearbeitung (Drehen, Fräsen) aus dem Vollen erzeugt werden. Häufig handelt es sich bei pulvertechnisch erzeugten Produkten um zumindest teilweise rotationssymmetrische Massenteile, deren Herstellung aus einem massiven Material einen hohen Aufwand an Dreh-, Fräs-

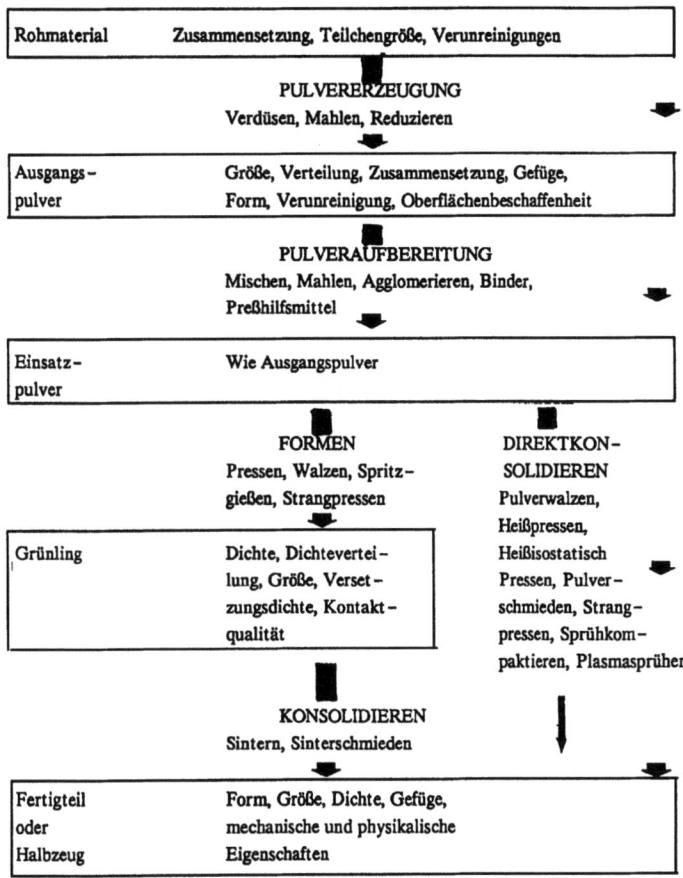

Bild 1 Grundschritte der pulvertechnologischen Fertigungsverfahren.

und Schleifoperationen erfordern würde. Gesinterte Maschinenteile sind kostengünstig durch Maßgenauigkeit, Gewichtsgenauigkeit, geringe Nachbearbeitung, hohe Materialausbeute und geringen Energieverbrauch des Verfahrens.

Um diesen Anforderungen zu erfüllen, müssen die Abmessungen der gesinterten Maschinenteile so genau mit den Vorgaben des Konstrukteurs übereinstimmen, daß die Teile nach der Sinterung und einer einfachen abschließenden Kalibrierung ohne weitere aufwendige Bearbeitung zur Anwendung eingebaut werden können. Die Abmessungen der Fertigteile sind am ehesten kontrollierbar, wenn bereits die Formen und die Abmessungen der Preßlinge mit denen der gesinterten Teile übereinstimmen. Schrumpfung oder Schwellung währen des Sinterns ist daher unerwünscht und wird durch den Einsatz grober Ausgangspulver unterdrückt. Von den gesinterten Maschinenteilen werden u.a. mechanische Eigenschaften gefordert, die nur von Teilen geringer Porosität und hoher Materialfestigkeit (Mischkristall-, Ausscheidungs- oder Martensithärtung) erhalten werden. Geringe Porosität muß aus den Maßhaltigkeitserwägungen heraus bereits durch das Kaltpressen eingestellt werden. Es werden daher als Ausgangspulver Mischungen aus verschiedenen, oft leicht verformbaren, meist unlegierten Pulvern verwendet (z. B.

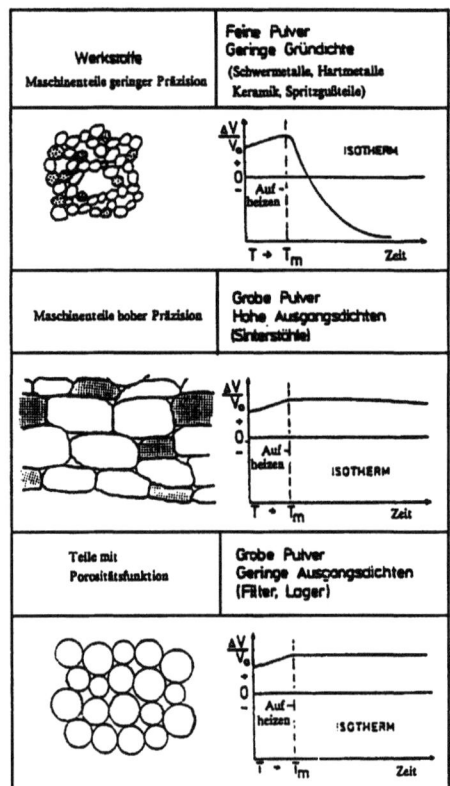

Bild 2 Ausgangsverhältnisse und Dimensionsänderungen beim Sintern verschiedener Produktgruppen.

Fe- und Cu-Pulver). Die angestrebte Mischkristall- oder Ausscheidungshärtung wird durch eine weitgehende Homogenisierung der Legierungskomponenten während des Sinterns erreicht. Das Hauptinteresse an den Sintervorgängen bei der Herstellung von Maschinenteilen liegt daher bei den Dimensionsänderungen und der Homogenisierung.

Teile mit Funktionsporosität werden mit gezielt eingestellter Porosität und Porenverteilung produziert. Klassische Beispiele sind Filter, Flammrückschlagsperren und selbstschmierede Lager. Neuere Anwendungen sind Elektroden für Herzschrittmacher oder Membranen für biotechnische Prozesse. Die Porositätsverteilung von Pulverschüttungen oder -preßlingen wird durch die geschickte Wahl der Sinterparameter die gewünschte Funktionsporosität überführt. Wird im Bereich dominierender Oberflächendiffusion gesintert, wachsen feste Sinterhälse in den Kontaktstellen der Pulverteilchen und die Poren runden sich ab oder vergröbern. Dadurch steigt die Festigkeit der porösen Teile ohne daß die Porosität merklich abnimmt. Soll die Porosität auf ein bestimmtes Maß reduziert werden, wird mit Sinterparametern (im wesentlichen die Temperatur) gearbeitet, die Korngrenzen- und/oder Volumendiffusion als wesentliche Diffusionsmechanismen im Sinterhals aufweisen. Beide führen primär zur Zentrumsannäherung benachbarter Teilchen, d.h. zum Schrumpfen des Gesamtkörpers und Verminderung der Porosität.

2 Pulverherstellung

Für gesinterte P/M-Werkstoffe werden meist feine, für gesinterte P/M-Maschinenteile meist gröbere Pulver benötigt. In Sonderverfahren wie dem Pulverspritzgießen zur Herstellung kleiner gesinterter Massenteile mit komplexer Geometrie werden allerdings auch feine Pulver eingesetzt. Für die pulvermetallurgische Werkstoffherstellung durch direkte Konsolidierung werden meist grobe Pulver verwendet. Die Pulver werden nach mechanischen, chemischen und physikalisch-chemischen Methoden hergestellt.

2.1 Die mechanischen Methoden

Das mechanische Zerkleinern grober Ausgangsteilchen kann z.B. durch Mahlkugeln (Fremdzerkleinerung) in einer Kugelmühle erfolgen. Die Kugeln fallen schauerartig auf das Mahlgut und zerkleinern es. Gleichzeitig findet bei Schlägen auf beieinanderliegende Pulverteilchen Verschweißung statt. Die mittlere Teilchengröße strebt bei der Fremdzerkleinerung einem Grenzwert zu, bei dem die Zerteilung und das mechanische Wiederverschweißen der Teilchen sich die Waage halten. Die stationäre mittlere Teilchengröße $d_m g$, die durch Mahlen erreicht wird, ist bei duktilen Metallpulvern $> 10\ \mu m$, bei spröden Keramik- oder Metallpulvern $< 1\ \mu m$. Sie nimmt mit steigender Temperatur zu. Flüssige Mahlhilfsmittel senken die stationäre mittlere Teilchengröße, wenn durch sie mittels Adsorption an den Teilchenoberflächen die spezifische Oberflächenenergie erniedrigt wird, bzw. die Neigung der Teilchen zum Wiederverschweißen sich vermindert.

Neben der Kugelmühle sind die Schwingmühlen und die Planetenmühlen gebräuchliche Mühlentypen. Eine Sonderstellung nimmt der Attritor ein (6, Benjamin). In seinem Mahlbehälter rotiert eine Rührwelle mit Rührarmen mit bis zu 200 Umdrehungen pro Minute (Bild 3). Die in einer nassen Suspension oder unter Schutzgas mitlaufenden Mahlkugeln erzeugen eine intensive Naß- oder Trockenmahlung der dazwischen liegenden Pulver durch Rollreibung. Die Höhe der Pulverteilchen nimmt bei jeder Quetschung zwischen den Mahlkugeln um einen Faktor 2 bis 4 ab. Die Teilchen bilden dadurch plättchenartige Morphologien aus, die mit fortlaufender Kaltverformung verspröden und letztlich in feine Einzelstücke zerbrechen. Die Pulverteilchen erreichen hohe Verformungsgrade und eine kleine durchschnittliche Teilchengröße. Bei Trockenmahlung von Ausgangspulvern verschiedener Zusammensetzung unter Ar-Schutzgasatmosphäre wird durch die Häufigkeit und Intensität der Zerteilung und des Wiederverschweißens der Pulverteilchen eine Feinverteilung der Komponenten erreicht, die mit dem Begriff „Mechanisches Legieren" umschrieben wird.

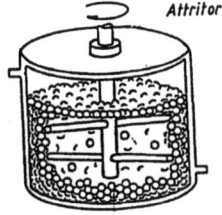
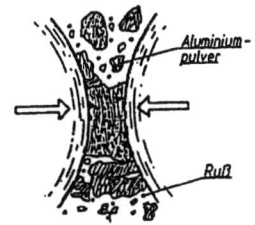

Bild 3 Schema der Attritormühle (links), Reaktionsmahlen von Al und Graphit im Attritor z.B. zur Herstellung dispersionsverfestigter Al-Werkstoffe.

Zu den mechanischen Verfahren zählt auch die in Kapitel 15 (vgl. Bild 9) beschriebene Verdüsung (amerikanisch = atomization) von Schmelzen. Hier wirkt ein heftiger Gas- oder Wasserstrahl von außen auf einen frei fallenden oder herangeführten Metallschmelzstrahl ein und zerlegt ihn in kleine Schmelzligamente [Tallmadge 1978, Kaysser & Rzesnitzek 1989]. Mit normaler Gas- (Druck < 3 MPa) oder Wasserverdüsung (Druck < 15 MPa) werden durchschnittliche Teilchengrößen von ungefähr 80 μm erreicht. Bei Hochdruckverdüsung (Drücke bis 15 bzw. 60 MPa) sind durchschnittliche Teilchengrößen zwischen 5 und 15 μm möglich. Das Zerteilungsprinzip ist für die Verdüsungsmedien Gas und Wasser ähnlich.

Die Abkühlgeschwindigkeit von 100 μm großen Schmelztröpfchen liegen bei der Wasserverdüsung bei > 10^5 K/s, bei der für Schutzgasverdüsung bei $5 \cdot 10^3$ K/s. Die Abkühlgeschwindigkeit dT/dt bei der Gasverdüsung ist durch die Teilchengröße d_d, den Wärmeübergangskoeffizienten h, die Wärmeleitfähigkeit κ_L und die Wärmekapazität c_p der Schmelze bestimmt. Hinzu kommt die Geschwindigkeits- und Temperaturdifferenz Δv und ΔT zwischen Tröpfchen und Verdüsungsmedium. Es gilt:

$$\frac{dT}{dt} = \frac{6h \cdot \Delta T \cdot \Omega}{c_p \cdot d_d} \qquad (1)$$

mit

$$h = \frac{2\kappa_L}{d_d} + 0.6 \cdot \left(\frac{\Delta v}{d_d}\right)^{1/2} \cdot (\kappa_L \cdot c_p)^{1/3} \cdot (\rho_g/\eta_g)^{1/6}, \qquad (2)$$

wobei ρ_g und η_g die Dichte und Viskosität des Verdüsungsgases sind. Die Abkühlgeschwindigkeit ist also unabhängig von der Wärmeleitfähigkeit im Innern des Schmelztröpfchens, die für einen raschen Temperaturausgleich im Tröpfchen im Verhältnis zum langsameren Wärmeübergang vom Tröpfchen zum umgebenden Gas sorgt. Für 10 μm große Teilchen liegen die Abkühlraten bei der He-Verdüsung bei knapp über 10^6 K/s.

Während der Verdüsung können Reaktionsprodukte wie Oxide oder Hydroxide an den Teilchenoberflächen entstehen, die die Einformung der unregelmäßigen Schmelzfragmente in Tröpfchen verhindern. Dies ist bei Edelgasverdüsungen weniger, bei Luft- oder Wasserverdüsungen verstärkt der Fall. Unregelmäßig geformte Pulver werden auch erhalten, wenn die Einformung der Schmelzfragmente beim Einsetzen der Erstarrung noch nicht beendet ist. Pulver, die mit Wasser verdüst werden, sind daher üblicherweise spratzig (durch raschere Abkühlgeschwindigkeiten und Reaktionsprodukte an der Schmelzoberfläche). Edelgasverdüste Pulver sind üblicherweise sphärisch (langsamerer Wärmeentzug, keine Reaktionsprodukte). Die raschen Erstarrungsgeschwindigkeiten führen zu feinen Gefügen (Bild 4).

In den kleinen, rasch abkühlenden Schmelztröpfchen tritt häufig eine erhebliche Unterkühlung unter die Schmelztemperatur ein. So tritt die β-Phase in 30 μm-Tröpfchen der Zusammensetzung Cu-20Gew.-% Sn auf, ein Hinweis, daß die Unterkühlung mindestens 150 K betrug. Die Häufigkeit der starken Unterkühlung wird um so größer, je kleiner die Tröpfchen sind. Dies ergibt sich aus der mit abnehmendem Schmelzvolumen abnehmenden Wahrscheinlichkeit, daß potente heterogene Keimbildner in einem Schmelztröpfchen vorhanden sind.

2.2 Physikalisch-chemische Verfahren

Bei den physikalisch-chemischen Verfahren werden durch eine gezielte Anwendung z.B. von Druckänderungen oder elektrischem Strom chemische Redoxvorgänge bewirkt. Die Carbonyl-Methode ist ein typisches Verfahren bei dem die Druck- und Temperaturabhängigkeit der Stabilität eines molekularen Gases technisch zur Pulverherstellung ausgenutzt wird. Mit diesem

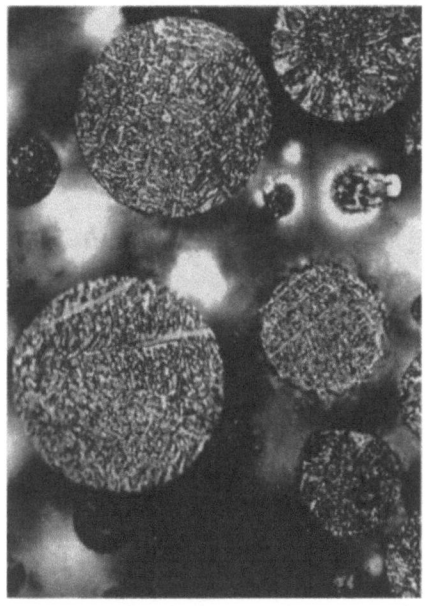

Bild 4 Gefüge Ar-verdüster Teilchen aus Cu-10Gew.-% Sn.

Verfahren werden hauptsächlich feine Fe- und Ni-Pulver z.B. für magnetische Anwendungen hergestellt. Aus CO-Gas und Fe- oder Ni-Metallschwämmen (vgl. Kap. 15) bilden sich bei 20 MPa Carbonylverbindungen, die sich bei noch höheren Drücken verflüssigen. Die verflüssigten Carbonyle werden in einem Reaktionsbehälter bei 200 bis 300°C entspannend hineingesprüht, wobei sich CO und Metallatome trennen. Die Metallatome kondensieren an bereits vorhandenen Pulverteilchen aus oder bilden neue wachstumsfähige Pulverteilchenkeime.

Die Pulvergewinnung durch Elektrolyse ist vor allem für Cu und einige Sonderpulver interessant. Eine anodisch (+) geschaltete Reinkupferelektrode löst sich in Form von Cu^{2+}-Kationen in der Schwefelsäurelösung auf. Die Kationen werden an einer Pb-Kathode (-) bei der Abscheidung wieder zu Cu reduziert. Da die Grenzflächenhaftung zwischen Cu und Pb schlecht ist, lösen sich die abgeschiedenen Cu-Pulverteilchen von der Pb-Kathode und sinken auf den Behälterboden ab. Prinzipiell ähnlich wird die Elektrolyse aus Salzschmelzen durchgeführt.

2.3 Chemische Methoden

Etwa die Hälfte des weltweit verarbeiteten Fe-Pulvers wird durch die Reaktion von Fe-Oxiden mit C oder H^2 erzeugt. U.a. werden Kalk (CaO), Koks (C) und Magnetit (Fe_3O_4) in definierter Anordnung in Reaktionsretorten gefüllt (Bild 5) und bei 1200°C reduziert. Nach mehreren Mahl- und Siebvorgängen wird das Pulver abschließend noch in H_2 oder N_2 weichgeglüht (Verfahren nach Höganeas). W- und Mo-Pulver werden durch Reduktion der Oxide in H_2 in Durchsatzöfen hergestellt.

$$Fe_3O_4 + CO \longrightarrow 3\,FeO + CO_2$$
$$FeO + CO \longrightarrow Fe + CO_2$$
$$CO_2 + C \rightleftharpoons 2\,CO$$

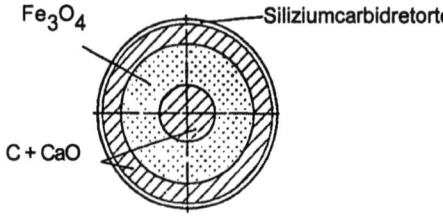

Bild 5 Reaktionsretorte mit Fe_3O_4, Kalk und Koks.

3 Pulvercharakterisierung

Wesentlich für die reproduzierbare Verwendung von Pulvern ist die quantitative Bestimmung der charakteristischen Eigenwerte: chemische Zusammensetzung, Form, Größenverteilung, spezifische Oberfläche, Oberflächenbeschaffenheit, Gefüge sowie der technischen Eigenschaften: Fließverhalten, Fülldichte, Klopfdichte, Verpreßbarkeit, Grünfestigkeit [Schatt & Wieters 1994].

Neben der mittleren Teilchengröße wird für viele Anwendungen (insbesondere für P/M-Werkstoffe) eine genaue Teilchengrößenverteilung benötigt. Praktisch alle Pulverchargen bestehen aus Teilchen unterschiedlicher Größe. Tabelle 1 zeigt die verbreiteten Methoden zur Bestimmung der Teilchengrößenverteilung und der mittleren Teilchengröße. Viele natürliche Pulververteilungen folgen einer log-normalen Verteilung, die als Modifikation der Gaußschen Wahrscheinlichkeitsfunktion aufgefaßt werden kann. Die technologischen Eigenschaften werden mit technologischen Methoden geprüft, die den Realfall simulieren. Die Aufbereitung der Pulver umfaßt: Klassieren, Binder- und Preßmittelzusatz, Mischen, Granulieren und Agglomerieren. Besonders ausführliche Beschreibungen zur Bestimmung der technischen Pulvereigenschaften und der Pulveraufbereitung finden sich in [Schatt & Wieters 1994].

4 Kaltpressen

Die Pulver werden konsolidiert, um Formgebung, Dichtesteigerung und bestimmte mechanisch-physikalische Eigenschaften zu erreichen. Bei den indirekten Konsolidierungsverfahren werden zunächst meist durch Pressen poröse Vorformen (Grünlinge) erzeugt, die durch anschließendes Sintern, Sinterschmieden oder Heißpressen zum fertigen Maschinenteil oder zum fertigen Werkstoff konsolidiert werden. Beim Pressen sind nach anfänglicher Verschiebung und Umordnung der Teilchen einer Pulverschüttung praktisch alle Teilchen in ihrer Winkellage zu ihren nächsten Nachbarn fixiert. Nicht oder nur gering plastisch verformbare Materialien zerbrechen im Kontaktbereich mit ihren Nachbarteilchen. Zu diesen Materialien zählen die oxidischen, nitridischen, boridnschen oder karbidischen Keramiken.

Tabelle 1 Meßmethoden zur Bestimmung der Teilchengrößenverteilung und der mittleren Teilchengröße.

Methode	Anwendungsbereich (μm)
Mikroskopie	
Lichtoptik	> 1
Rasterelektronenmikroskopie	> 0.05
Transmissionselektronenmikroskopie	10^{-3} - 1.0
Trennverfahren	
Siebanalyse	5 - 500
Sedimentationsanalyse	
im Schwerkraftfeld	1 - 60
im Zentrifugalfeld	0.01 - 10
Windsichten	0.01 - 50
Feldstörungsanalyse	
Einzelstörungen	
elektrische Leitfähigkeit	> 0.5
Lichtblockierung	> 2.0
Gruppenstörungen	
Lichtbeugung	0.7 - 300
Lichtstreuung	0.1 - 0.7
Elektrophorese	< 0.1
Röntgentechnik	
Linienverbreiterung	$2 \cdot 10^{-3}$ - $2 \cdot 10^{-1}$
Kleinwinkelstreuung	< 0.05
Oberflächenanalyse	
Gas-Adsorptionsanalyse	< 1.0
Gas-Permeabilitätsanalyse	< 40

Besonders ausgeprägt ist die Verdichtung nach der Fragmentation beim Pressen von Agglomeraten aus Feinpulvern (Keramik, Hartmetalle etc.). Im Idealfall werden bereits bei geringem Preßdruck alle Agglomerate und Agglomeratbereiche vollständig disintegriert und die im Kontaktbereich durch Zerfall entstandenen Kornhaufwerke bei der weiteren Verdichtung in größere benachbarte Hohlräume abgeschoben.

Beim Pressen plastisch verformbarer, sphärischer Pulver erfolgt die Verdichtung durch die Änderung der Teilchenform. In den Kontaktbereichen mit Nachbarteilchen tritt plastische Verformung ein, wenn der mittlere Druck p_m in der Kontaktfläche und die Streckgrenze σ_y der Beziehung

$$p_m \geq 3\sigma_y \qquad (3)$$

entsprechen. Für die statistische Verteilung der Abstände r zwischen dem Zentrum eines Teilchens und den Zentren seiner benachbarten Teilchen gilt eine Verteilungsfunktion $G(r)$. Wird das Pulverbett durch Pressen verdichtet, werden alle Abstände zwischen den Teilchenzentren proportional kleiner, so daß die Anzahl der nächsten kontaktierten Nachbarn zunimmt [Arzt 1982].

Die Fertigungsschritte in der Praxis der automatischen uniaxialen Pressen sind: Pulverzuführung, Füllen des Werkzeugs/Stoffumverteilung, Verdichten, Freilegen/Ausstoßen des Preßkörpers, Abtransport des Preßkörpers. Für die Pulverzuführung und das Füllen des Werkzeugs ist eine gute Fließ- und Rieselfähigkeit des Pulvers entscheidend.

Beim uniaxialen Pressen selbst hat die Reibung zwischen Pulver und Werkzeug wesentlichen Einfluß auf die Verdichtung und die Porositätsverteilung im Preßling. Einseitiges Pressen durch Bewegen nur eines Preßstempels führt zur einseitigen, stärkeren Verdichtung in der Nähe des sich bewegenden Stempels, da ein Teil der vom Stempel auf das Pulver übertragenen Kraft als Wandreibung verloren geht und nicht auf die Bereiche des Pulvers in der Nähe des festen Gegenstempels übertragen wird. Eine gleichmäßigere Verdichtung wird durch eine bessere Oberflächenbeschaffenheit der Werkzeuge, durch den Einsatz von Schmiermitteln und durch beidseitige Stempelbewegung erreicht.

Besonders wichtig für eine konstante Verdichtung in Preßlingen mit Bereichen unterschiedlicher Füllhöhe H ist ein konstantes Verhältnis von Füllhöhe H zu Preßhöhe h, d.h., $H/h = const$. Das Pressen kann mit Stempel und Matrizen uniaxial oder für größere Teile mit komplexer Geometrie in beweglichen Formen isostatisch erfolgen [Zapf 1980].

5 Sintern

5.1 Phänomenologie des Sinterns

Das Sintern ist das verbreitetste Wärmebehandlungsverfahren des indirekten Konsolidierens. Technisch erfolgt das Sintern in Öfen, die für jede Charge be- und entladen werden (z. B. Vakuumöfen für die Hartmetallherstellung) oder in Öfen mit kontinuierlichem Durchlauf (z. B. Bandöfen für Maschinenteile der Automobilindustrie).

Bild 6 zeigt die Schrumpfung von Preßlingen aus Cu-Pulver während des Sinterns bei Temperaturen zwischen 705 und 982 °C. Höhere Glühtemperaturen führen zu rascherer Anfangsschrumpfung, d.h. das Sintern ist ein thermisch aktivierter Prozeß. Während des isothermen Sinterns nimmt die Schrumpfungsrate kontinuierlich ab, was aus einer Verringerung der Triebkraft und einer Verlängerung der Transportwege für solche Materialtransportprozesse resultiert, die zur Porositätsverminderung führen. Preßlinge aus kleineren Pulverteilchen schrumpfen schneller als solche aus groben Pulvern. Auch dies ist das Ergebnis der Erhöhung der Triebkraft und der Verkürzung der Transportwege.

Das Sintergefüge einer losen Pulverschüttung aus kugeligen Ausgangspulvern durchläuft drei wesentliche Entwicklungsstadien (Bild 7). Im 1. Sinterstadium bilden sich feste Materialbrücken zwischen den Pulverteilchen. Die Porosität nimmt nur geringfügig ab. Die Kontaktdurchmesser (Halsdurchmesser) wachsen bis etwa 30% des Pulverteilchendurchmessers ohne sich gegenseitig geometrisch zu berühren. Im 2. Sinterstadium sind zusammenhängende Porenkanäle im Werkstoff vorhanden. Die Porosität nimmt in diesem Stadium stark ab, da kontinuierlich Leerstellen aus den Poren an Korngrenzen eliminiert werden. Im 3. Sinterstadium ist die Restporosität meist kleiner als 10%. Die Porenkanäle haben sich abgeschnürt, d.h. es liegen isolierte Poren vor. Dieses Stadium ist durch verstärktes Kornwachstum und geringe Schrumpfungsraten gekennzeichnet. Die Poren verlieren häufig den Kontakt mit den Korngrenzen. Der Leerstellentransport von den Poren zu den Korngrenzen und damit die Dichtezunahme sind nach der Separation von Korngrenzen und Poren extrem langsam.

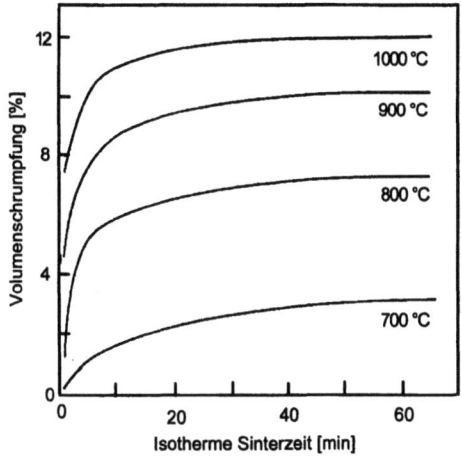

Bild 6 Schrumpfung von Preßlingen aus Cu-Pulver während des Sinterns (Preßdruck = 138 MPa; Siebfraktion 43 bis 75 μm).

5.2 Prinzipien des Sinterns

Die klassische Sintertheorie ist auf die Betrachtung der Änderungen des Porenraumes beschränkt, wobei weiter vereinfacht die Grenzflächenenergie fest/gas σ_{SG} als konstant angesehen wird und die Korngrenzen als Energieterm nicht berücksichtigt werden. Für diese vereinfachende Betrachtungsweise ist die sog. Laplace-Spannung Δp_L im Festkörper unter einer gekrümmten Grenzfläche in einem Punkt, die die Änderung des Spannungszustands gegenüber der Spannung des Festkörpers unter einer ebenen Grenzfläche angibt, durch

$$\Delta p_L = \sigma_{SG} \cdot \left(\frac{1}{r_1} + \frac{1}{r_2} \right)$$

definiert (vgl. Kap. 5.1, Gl. 3), wobei r_1 und r_2 die Hauptkrümmungsradien der Grenzfläche in diesem Punkt sind.

Konvexe Oberflächen führen zu zusätzlichen Druckspannungen, konkave Oberflächen zu zusätzlichen Zugspannungen im festen Material. Die Druck- und Zugspannungen führen zu unterschiedlichen Gleichgewichtskonzentrationen der Leerstellen im druck- bzw. zugbelasteten Festkörper. Im Druckbereich ist die Leerstellenkonzentration C_v näherungsweise um

$$\Delta C_v = C_0 \cdot \frac{\Delta p_L \Omega_v}{R_g T} \qquad (4)$$

vermindert und im Zugbereich um denselben Betrag erhöht, wobei C_0 die Leerstellenkonzentration unter einer ebenen Oberfläche eines spannungsfreien Körpers, Ω_v das Leerstellenvolumen, R_g die allgemeine Gaskonstante und T die absolute Temperatur ist. Durch die Laplace-Spannung liegt im Sinterhals ein radialer Spannungsverlauf vor, mit Zugnormalspannungen in Oberflächennähe und Drucknormalspannungen im Zentrum der Halskontaktfläche.

Die Energieverminderung durch den Oberflächenabbau der Poren kann durch Einformung, Vergröberung und Elimination der Poren erfolgen. In allen drei Fällen geht Oberfläche, d.h. potentielle Triebkraft für die Sinterung, verloren. Bei der Einformung oder Vergröberung wird das

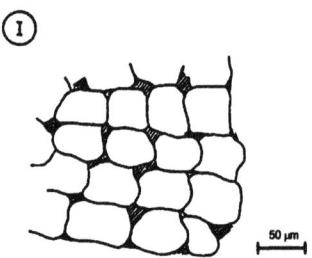

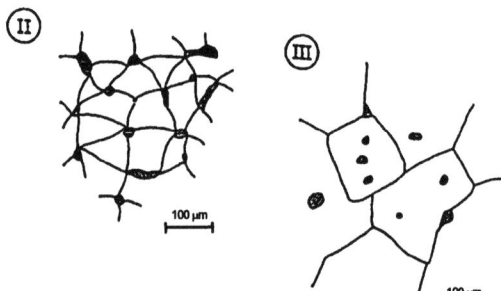

Bild 7 Schematische Darstellung der drei Sinterstadien

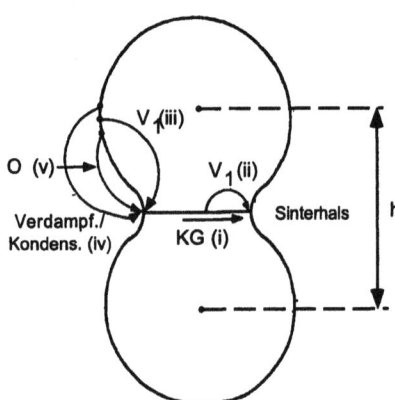

Bild 8 Transportwege beim Festphasensintern, Details s. Text.

Porenvolumen nicht abgebaut. Im Fall der Elimination erfolgt Schrumpfung. Alle drei Fälle konkurrieren während des Festphasensinterns, d.h. die Geschwindigkeit der einzelnen Prozesse entscheidet, ob der Triebkraftabbau ohne Schrumpfung erfolgt oder mit Porenelimination, d. h. Schrumpfung einhergeht. Alle drei Fälle könnten im Prinzip auch durch plastisches Fließen oder viskoses Fließen anstelle der Diffusion verwirklicht werden. Plastisches Fließen scheidet jedoch aus, da die Streckgrenze weit über den sehr kleinen Laplace-Spannungen liegt. Viskoses Fließen ist auf amorphe Festkörper beschränkt.

In der Sintertheorie werden im ersten Sinterstadium zwei Kugeln mit Flächenkontakt betrachtet. Der Aufbau des Sinterhalses (mit Korngrenze) führt zum Abbau von freien Oberflächen.

Der Oberflächenabbau im Sinterhals kann durch fünf Diffusionstransportwege erfolgen (Bild 8: (i) Korngrenzdiffusion, (ii) Volumendiffusion von Korngrenze zu Hals, (iii) Volumendiffusion von Oberfläche zu dem Halsbereich, (iv) Verdampfung von Atomen und Wiederkondensation, (v) Oberflächendiffusion. Nur die Transportwege (i) und (ii) führen zum Halswachstum mit Schrumpfung, d. h. der Abtand der Mittelpunkte h nimmt ab. Für die Berechnung des Materialtransports wird allerdings nicht der gerichtete Fluß von Atomen, sondern der entgegengesetzte Leerstellenfluß betrachtet.

Ähnliche Betrachtungen können formal auch für das zweite und dritte (letzte) Sinterstadium angestellt werden [Coble 1961, Kuczynski 1976, Brook 1969, Exner 1978]. Ashby [1974] erfand mit den Sinterdiagrammen eine graphische Methode, aus diesen Gleichungen das Halswachstum und die Sinterschrumpfung sowie den dominierenden Transportmechanismus übersichtlich graphisch darzustellen.

5.3 Sintern mit flüssiger Phase

Eine der effektivsten Methoden, die Sinter- und Homogenisierungsgeschwindigkeit zu erhöhen, ist das Sintern mit flüssigen Phasen (Flüssigphasensintern) [Kaysser 1992, Geimann 1985]. Beim Flüssigphasensintern schmilzt ein Teil der zunächst festen Bestandteile beim Aufheizen auf. Mindestens 70 Vol.% der Bestandteile bleiben jedoch fest. Die Verdichtung beim Flüssigphasensintern beruht auf der Teilchenumordnung und der Formanpassung der festen Bestandteile. Bild 9 zeigt in sehr überzeichneter Weise ein flüssigphasensinterndes System mit großen und kleinen festen Teilchen, deren Zwischenräume teilweise von Schmelzphase gefüllt sind und teilweise aus Porenraum bestehen. Als treibende (energieabbauende) Vorgänge treten sowohl die Ostwaldreifung (Teilchenvergröberung) als auch die Poreneliminiation auf.

Während des Flüssigphasensinterns von Werkstoffen gehen die festen Teilchen von unregelmäßigen Ausgangsformen in polyederartige Formen über mit parallel liegenden ebenen flüssig/fest-Grenzflächen, die für jedes Teilchen durch konvex gekrümmte Grenzflächenbereiche miteinander verbunden sind. Die Polyederformen erlauben eine dichtere Packung der festen Teilchen als unregelmäßige oder kugelige Formen. Zur Erklärung der Polyederformen und einer

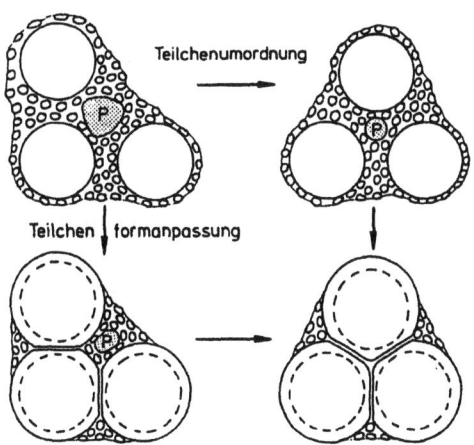

Bild 9 Schrumpfung beim Flüssigphasensintern durch Teilchenumordnung und Formanpassung.

damit verbundenen Verdichtung wurde in den späten 50er Jahren das Kontaktabflachungsmodell, Mitte der 80er Jahre das Formanpassungsmodell entwickelt.

6 Direktkonsolidieren

Die direkten Konsolidierungsverfahren werden benutzt, um porenfreie oder porenarme pulvermetallurgische Werkstoffe oder Maschinenteile bei mäßigen Temperaturen herzustellen. Als direkte Konsolidierungsverfahren gelten: Heißpressen, Heißisostatisches Pressen, Warmstrangpressen, Pulverschmieden, Explosivverdichten.

Beim Heißpressen wird, ähnlich wie beim uniaxialen Kaltpressen, das Pulver in einer Matrize zwischen zwei Stempeln zusammengepreßt. Als Matrizenmaterial wird im Regelfall Graphit benutzt, der bei Temperaturen bis 750°C ohne, bei höheren Temperaturen wegen der raschen Oxidation des Graphits mit Schutzgas oder im Vakuum gefahren werden muß. Die begrenzte Festigkeit des Graphits erlaubt nur Drücke unter 50 MPa, allerdings auch bei Temperaturen bis über 2000°C. Die Matrizen werden entweder indirekt durch Wärmestrahlung bzw. Konvektion, induktiv oder im direkten Stromdurchgang beheizt. Typische Anwendungen des Heißpressens sind Schneid- oder Reibverbundwerkstoffe aus metallgebundenen Diamanten.

Beim heißisostatischen Pressen wird auf ein erwärmtes Werkstück isostatischer Druck aufgebracht. Ähnlich wie beim kaltisostatischen Pressen lassen sich mit diesem Verfahren Teile mit komplexen Formen herstellen. Die Pulver werden in eine dünnwandige Kapsel eingehüllt, die in Form und Größe so gestaltet ist, daß nach dem Verdichten des Pulvers ein endformnahes Teil entsteht. Die gefüllte Form wird evakuiert und gasdicht verschlossen in eine Hochdruckkammer eingebracht und aufgeheizt. Dann wird die Kammer mit Ar, seltener mit N_2, unter Druck gesetzt. Der Rezipient wird auf Temperatur (bis 2000 °C) und Druck (bis 200 MPa) bis zu 2 h lang gehalten. Durch Druck und Temperatur verformen sich die Pulverteilchen bis zur vollständigen Elimination der Porosität. Hohe Enddrücke werden leichter erreicht, wenn die Druckbeaufschlagung der Kammer bereits bei Raumtemperatur erfolgt und durch die thermische Expansion des Gases beim Aufheizen ein zusätzlicher Drucksteigerungseffekt auftritt. Nach dem Abkühlen wird die Stahlkapsel meist mechanisch entfernt.

7 Beispiele pulvertechnologischer Produkte

7.1 Sinterstähle

Wie bereits beschrieben wurde, werden einige Maschinenteile aus ökonomischen Gründen pulvermetallurgisch hergestellt. Die klassischen P/M-Materialien für diese Maschinenteile sind die Sinterstähle. Trotz ihrer verfahrensbedingten Restporosität besitzen Sinterstähle die für die Anwendung notwendigen mechanischen Eigenschaften, insbesondere Härte, Festigkeit und Zähigkeit (Bild 10). Als Regel gilt, daß die Festigkeit der Sinterstähle zwar durch entsprechende Legierungszusammensetzungen und Wärmebehandlungen zu sehr hohen Werten gesteigert werden kann, jedoch gleichzeitig die Verformbarkeit stark abnimmt. In der Praxis wird daher ein Kompromiß zwischen notwendiger Mindestfestigkeit und akzeptabler Verformbarkeit vorgezogen. Die folgende Aufstellung enthält einige der zahlreichen Sinterstahllegierungen:

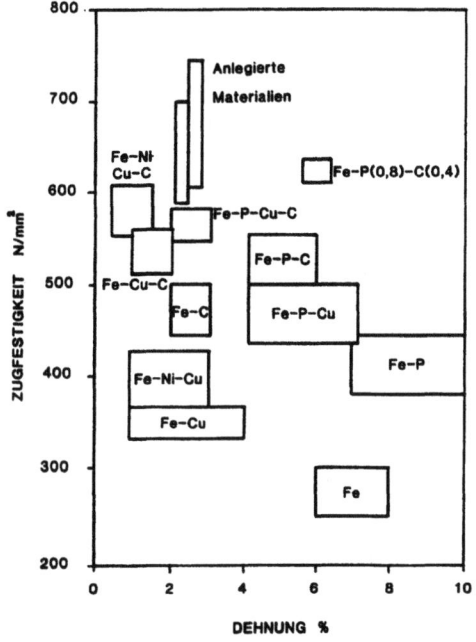

Bild 10 Dehnung und Zugfestigkeit verschiedener Sinterstähle.

Fe-C, Fe-Stahl   Fe-Cu-Sn
Fe-Cu, Fe-Ni   Fe-P—C
Fe-Cu-C, Fe-Ni-C Fe-Vorlegierungen
Fe-Cu-Ni-C   Rostfreie Stähle

In Maschinenteilen, die im Automobilbau eingesetzt werden, treten mechanische Wechselbelastungen auf. Die Ermüdungsfestigkeit ist daher eine wichtige Kenngröße gesinterter Maschinenteile. Die Ermüdungsfestigkeit von ungekerbtem Sinterstähle ist durch die Poren gegenüber der von ungekerbten, porenfreiem Stahl stark erniedrigt. Viele Maschinenteile, die aus Sinterstahl hergestellt werden, weisen jedoch konstruktionsbedingte Ecken und Einschnitte mit Kerbwirkung auf, so daß ein Vergleich der Ermüdungsfestigkeit von gekerbten Sinterstählen mit der von gekerbtem, porenfreiem Stahl realistischer ist. Dieser Vergleich ergibt ähnliche Ermüdungsfestigkeiten für porenfreie und poröse Stähle.

Durch Zuglegieren, z. B. von C, werden Produkte mit höherer Festigkeit erreicht. Zunächst werden Fe-C-Grünlinge aus Mischungen von Fe- und Graphit-Pulvern gepreßt und in einer Atmosphäre gesintert, die nicht zur Auf- oder Entkohlung führt. Häufig schließt sich an die Sinterbehandlung eine zusätzliche festigkeitssteigernde Wärmebehandlung an. Mit steigendem C-Gehalt erhöht sich die Festigkeit des Sinterstahls durch Perlitbildung. Bei übereutektoiden C-Gehalten nimmt die Festigkeit als Folge übereutektoid ausgeschiedenen Korngrenzenzementits (Fe_3C) wieder ab. Fe-C-Ni-Sinterstähle besitzen gegenüber Fe-C-Sinterstählen eine erhöhte Zugfestigkeit, Streckgrenze und Bruchdehnung. Durch die Anwesenheit des Ni werden die Umwandlungsprodukte, die beim Abkühlen entstehen, härter und fester. Ni verbessert auch die Härtbarkeit der Sinterstahlteile.

P/M-Massenteile aus Fe-Cu-C sind weit verbreitet. Die mischkristall- und ausscheidungshärtende Wirkung des Cu wird durch die Perlit- und Martensitbildung verstärkt. Durch den Kohlenstoffzusatz lassen sich die Dimensionsänderungen während des Flüssigphasensinterns (Cu schmilzt auf) steuern. Beim Aufheizen von Fe-Cu-C-Legierungen tritt oberhalb der Umwandlung von Ferrit in Austenit eine Schwellung auf, die mit steigendem Kohlenstoffgehalt zunimmt. Sie wird durch das rasche interstitielle Eindiffundieren des als Graphit zwischen den unlegierten Fe-Teilchen vorliegenden Kohlenstoffs in die Fe-Teilchen verursacht. Beim Aufschmelzen des Cu wird durch das Eindringen von Schmelze in die Teilchenkontaktbereiche der verpreßten Fe-Teilchen und in ihre Korngrenzen eine Dilatation der Kontakte und Teilchen ausgelöst, die ebenfalls zur Schwellung führt. Diese Cu-bedingte Schwellung nimmt in C-freien Fe-Cu-Legierungen mit steigendem Cu-Gehalt zu. In C-haltigen Legierungen nimmt bei konstantem Cu-Gehalt die Schwellung mit steigendem C-Gehalt nach dem Aufschmelzen des Cu ab. Durch die Anwesenheit von Kohlenstoff an den Austenitkorngrenzen wird das Eindringen der dünnen Cu-Schmelzfilme verhindert und dadurch die Dilatation verringert. Bei geschickter Wahl des Cu- und C-Gehalts in Fe-Cu-C-Legierungen kann durch die Schwellung gerade die Schrumpfung durch Sintervorgänge kompensiert werden. Damit ist es möglich, die erwünschte Nominalkonstanz der Abmessungen von Preßling und gesintertem Teil einzustellen.

7.2 Cu-Sn- und Cu-Zn-P/M-Teile

Pulvermetallurgisch hergestellte Cu-Sn- und Cu-Zn-Legierungen werden insbesondere für selbstschmierende Lager eingesetzt. Gesinterte Cu-Sn- und Cu-Zn-Gleitlagerbuchsen weisen Porositäten zwischen 20 und 10 Vol.-% auf. Sie werden mit Schmieröl getränkt, das, wenn die Welle in den Buchsen läuft, durch Kapillarwirkung und thermische Ausdehnung des Öls aus den Poren austritt und durchgehende Schmierfilme zwischen Welle und Lagerbuchsen erzeugt. Beim Stillstand der Wellen ziehen die Kapillarkräfte das Öl wieder in die Porennetzwerke der Lagerbuchsen zurück (Bild 11).

Für die Herstellung der Cu-Sn-Lagerbuchsen werden Mischungen aus Cu- und Sn-Pulver (Durchmesser meist 80 μm) gepreßt und flüssigphasengesintert. Beim Aufschmelzen der Sn-Teilchen fließt die Sn-Schmelze zunächst in die kleineren Zwischenräume zwischen die Cu-Teilchen und dringt teilweise auch in ihre Kontaktbereiche ein. Dies führt zur Schwellung des Gesamtkörpers.

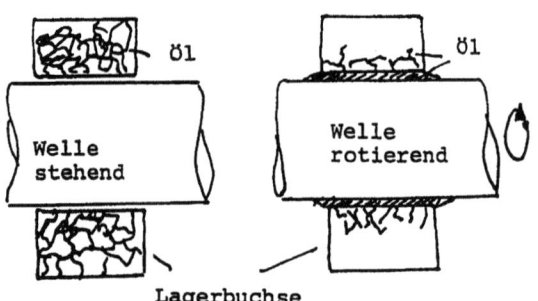

Bild 11 Selbstschmierende P/M-Lagerbuchse bei stehender und laufender Welle.

7.3 Hochschmelzende Metalle

Hochschmelzende Metalle mit Schmelztemperaturen über 1950°C sind Ta, W, Re, Os, Ir, Nb, Mo, Ru, Rh und Hf. Insbesondere W zeichnet sich durch eine hohe Warmfestigkeit und einen hohen E-Modul bei Temperaturen oberhalb 1400°C aus. Allerdings steht dem Einsatz der hochschmelzenden Metalle häufig ihre Oxidationsempfindlichkeit und teilweise ihre Sprödigkeit bei Raumtemperatur entgegen. Die pulvermetallurgische Herstellungsmethode führt zur Einteilung in zwei Gruppen hochschmelzender Metalle: W, Mo und Re werden bevorzugt unter Wasserstoff gesintert und auch aus Wasserstoffwärmöfen heraus verarbeitet. Ihr Einsatz erfolgt stets unter Wasserstoff, reduzierenden Gasen, Edelgasen und im Vakuum. Ta und Nb müssen im Hochvakuum gesintert werden. Die Zwischenglühungen erfolgen ebenfalls im Hochvakuum. Die Verarbeitung kann wegen der niedrigen duktil-spröd Übergangstemperaturen bei Raumtemperatur durchgeführt werden. Der Einsatz von Ta oder Nb bei höheren Temperaturen erfordert Hochvakuum oder Schutzgasatmosphären.

Ein klassisches P/M-Produkt sind W-Glühlampendrähte, die nach dem Coolidge-Verfahren hergestellt werden. Es besteht aus folgenden Prozeßschritten: $WO_{2.96}$ (Blauoxid) wird mit K_2O, Al_2O_3, SiO_2 (zusammen als KAS bezeichnet) und ThO dotiert und in H_2 zu W-Pulver reduziert. Das Pulver wird in Blöcke gepreßt und bei 1200°C vorgesintert. Das Hauptsintern auf 88% der theoretischen Dichte erfolgt bei direktem Stromdurchgang (Widerstandssintern) in H_2 der sehr hohe Sintertemperaturen und kurze Sinterzeiten erlaubt. Die Stababmessungen und der Materialdurchsatz sind jedoch beschränkt, so daß häufig eine andere Methode angewandt wird. Dabei werden die Blöcke in Glühöfen bei Temperaturen über 2000°C in H_2 auf etwa 90% der theoretischen Dichte gesintert. Anschließend werden bei beiden Verfahren die Blöcke bei Temperaturen, die von zunächst 800°C mit steigender Verformung auf 400°C abgesenkt werden, rundgehämmert und durch Hartmetall- bzw. Diamantziehsteine gezogen.

Bei Einsatztemperaturen über 2150°C rekristallisieren die undotierten und die KAS-dotierten Drähte. In undotierten W-Drähten bilden sich bei der Rekristallisation und beim nachfolgenden Kornwachstum äquiaxiale Körner aus. In den KAS-dotierten Drähten sind die rekristallisierten Körner in Richtung der Drahtachse stark gestreckt. Sie werden durch submikroskopische, durch die KAS-Dotierung verursachte, Bläschenreihen in ihrer Lage stabilisiert.

7.4 Hartstoffe und Hartstoffverbunde

Hartstoffe und Hartstoffverbunde werden als verschleißfeste und hochtemperaturfeste Werkstoffe genutzt. Die Grenzen ihrer Anwendbarkeit werden von der inhärenten Sprödigkeit dieser Werkstoffe bestimmt, die als Folge der gerichteten Bindungen auftritt (Bild 12).

Hartmetalle sind klassische Verbundwerkstoffe aus Hartstoffen (meist Karbide oder Nitride) und einer Bindemetallmatrix (meist Übergangsmetalle), die stets pulvermetallurgisch hergestellt werden. Sie werden als Schneidwerkstoffe, Reibwerkstoffe und als höchstfeste Bauteile (z.B. Matrizen und Stempel für uniaxiale Pressen) eingesetzt [Glätzle 1980]. Es werden vom Pulverhersteller zunächst preßfertige Pulveransätze hergestellt, die meist an einen Hartmetallteilehersteller weitergegeben werden. Das klassische Hartmetall ist WC-Co. WC hat eine Härte HV50 von etwas über ≈ 2000 und einen stöchiometrischen Kohlenstoffgehalt von 6,13 Gew.-%. Der Kohlenstoffgehalt im WC-Co-Hartmetall wird extrem genau eingehalten, da ein zu niedriger Kohlenstoffgehalt zur Bildung der sehr spröden η-Phase (Co_3W_3C) führt, ein zu geringer Kohlenstoffgehalt durch die Ausscheidung von freiem Kohlenstoff die Festigkeit und Verschleißbeständigkeit des Hartmetalls herabsetzt.

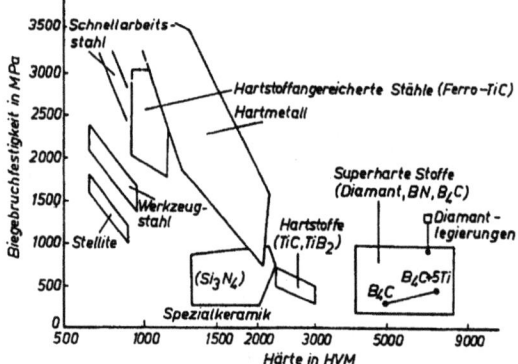

Bild 12 Biegebruchfestigkeit und Härte einiger technisch bedeutender Hartstoffe und Hartstoffverbunde [Holleck 1982].

Im Vergleich zu Schnellarbeitsstahl beitzen die Hartmetalle eine zwei- bis dreimal höhere Wärmeleitfähigkeit. Durch die verbesserte Wärmeabfuhr beim Zerspanen kann die Schneidleistung gesteigert werden. Die wichtigste Neuentwicklung der letzten Jahre auf dem Hartmetallgebiet ist die Beschichtung. Die ursprünglichen Einfach- Titankarbidbeschichtungen wurden inzwischen durch Mehrfachschichten aus Titannitrid und Titankarbid in Kombination mit Al_2O_3 erweitert. Das Gefüge einer typischen Mehrlagenschicht besteht aus einer TiC-Schicht, die zunächst auf das fertiggesinterte Hartmetallteil - z.B. durch chemische Dampfabscheidung - abgeschieden wird. Der thermische Ausdehnungskoeffizient von TiC liegt nahe dem Ausdehnungskoeffizienten des Hartmetalls, so daß auch bei thermischer Belastung nur geringe Thermospannungen im Kontaktbereich auftreten. Darauf abgeschieden werden Ti-Carbonitrid-Schichten mit steigendem Stickstoffgehalt. Das zuletzt abgeschiedene, praktisch reine TiN, wirkt als effektive Diffusionsbarriere gegenüber den sonst typischen Diffusionsvorgängen zwischen dem Schneidstoff und dem ablaufenden heißen Stahlspan.

Die hohe Härte und Verschleißfestigkeit der Hartmetalle ermöglicht neben der Anwendung in der Zerspanungstechnik den Einsatz beim Draht- und Stangenzug im Bergbau, in der Blech- und Drahtindustrie, in der Keramik (Preßmatritzen) usw.

Schnellarbeitsstähle werden ebenfalls für Schneidvorgänge, vorrangig aber als abriebfeste, zähe Materialien eingesetzt. Die Zusammensetzung (in Gew.-%) eines typischen Schnellarbeitsstahls (CPM Rex 76) ist: C = 1,5; Ti = 3,75; V = 3,0; W = 10,0; Mo = 5,25; Co = 9,0; Rest Fe. Zur pulvermetallurgischen Herstellung werden direkte und indirekte Konsolidierungstechniken angewandt. Bei der direkten Konsolidierung werden durch Schutzgasverdüsung hergestellte Pulver in große Stahlcontainer eingefüllt, kaltisostatisch und dann heißisostatisch mit 100 MPa bei 1100°C gepreßt. Die Gefüge zeigen gleichmäßig verteilte Karbide in P/M-Schnellarbeitsstählen und eher zeilig angeordnete oder sehr grobe Karbide in gegossenem oder thermomechanisch verarbeitetem Material.

Insbesondere zur Herstellung von Fertigteilen (z.B. Zahnkettenräder) eignet sich das indirekte Konsolidierungsverfahren (Powdrex-Prozeß). Es werden dabei stickstoffverdüste Pulver verpreßt und gesintert. Die Verdichtung erfolgt in Anwesenheit von Schmelzphase, deren Menge jedoch sehr genau kontrolliert werden muß. Dafür ist eine exakte Einhaltung der Sintertemperatur (± 0.5 K) und die präzise Einstellung des Kohlenstoff- und Sauerstoffgehalts im Pulver erforderlich.

7.5 Aluminium-Hochleistungswerkstoffe

Für Aluminium-P/M-Hochleistungswerkstoffe, die sich teilweise noch in der Entwicklung befinden, werden Hochtemperaturkriechfestigkeit, Korrosionsbeständigkeit und hohe spezifische Steifigkeit angestrebt. Diese Eigenschaften können durch den Einsatz schneller Erstarrung, Oxiddispersionsverfestigung und der Teilchenverstärkung realisiert werden [Singer 1986].

Die Zusammensetzung der hochfesten Al-Legierungen stimmen mit den üblichen Guß- und Knetlegierungen praktisch überein. Die Festigkeitssteigerung beruht auf den feineren Gefügen, die durch die rasche Abkühlung eingestellt werden können. Rasch erstarrte P/M-Legierungen unterscheiden sich allerdings oft nur in einzelnen mechanischen Eigenschaften von konventionellen, schmelzmetallurgisch hergestellten Legierungen. Wesentliche Verbesserungen können sich z.B. im Bereich der Ermüdungsfestigkeit und der Korrosionsbeständigkeit ergeben.

Um ausscheidungsverfestigte Al-Legierungen bei höheren Temperaturen einsetzen zu können, müssen die ausscheidungsbildenden Legierungselemente eine extrem niedrige Löslichkeit c_S und eine niedrige Diffusionskonstante D_S in der Matrix besitzen. Die Ostwaldreifung und damit die Vergröberung der Ausscheidungen wird mit

$$\bar{R} = \left(\bar{R}_0^3 + kt\right)^{1/3} \tag{5}$$

beschrieben, wobei $\bar{R}$ und $\bar{R}_0$ die mittlere Teilchengröße während und zu Beginn des Glühens ist. Die Geschwindigkeitskonstante k ist proportional zu D_S und c_S. Entsprechend liegt die Einsatztemperatur einer Al-8Fe-2Mo-PM-Legierung bei gleicher Kriechfestigkeit gegenüber konventionellen Al-Legierungen um 100 K höher.

Oxiddispersionsverfestigte Al-Legierungen werden durch Hochenergiemahlen (z. B. in einem Attritor) hergestellt (Bild 3). Ein Werkstoffbeispiel mit mehreren Dispersoidteilchen sind Al_4C_3 - und Al_2O_3 -haltige Al-Legierungen. Die Pulver zusätzlicher Legierungselemente werden zusammen mit Aluminiumpulver in einem organischen Mahlmedium gemahlen, das Graphit enthält. Während des Mahlens erfolgt eine homogene Vermischung der verschiedenen Bestandteile, wobei die Pulverteilchen kontinuierlich zerbrechen und wieder verschweißen. Die rasch sich nachbildenden Oberflächenoxide des Aluminiumpulvers reißen bei diesem Vorgang auf und werden als feine Dispersion in das Innere der Pulverteilchen eingearbeitet. Analog bildet der im Mahlmedium vorhandene Graphit nach dem Mahlen und der Reaktion während einer nachfolgenden Wärmebehandlung mit Aluminium zu Aluminiumkarbid eine extrem feine Karbiddispersion. Die feinen Dispersionen sind auch bei höheren Temperaturen recht stabil, so daß diese Aluminiumlegierungen ausgezeichnete Hochtemperatureigenschaften besitzen.

Literaturverzeichnis

[Arzt 1982] E. Arzt, *The Influence of an Increasing Particle Coordination on the Densification of Spherical Powders*, Acta Metall. **30** (1982) 1883-1890.

[Ashby 1974] M.F. Ashby, Acta Metall. **22** (1974) 275.

[Benjamin 1977] J.S. Benjamin and M.J. Bonaford, Metall. Trans. 8A (1977) 1301.

[Brook 1969] R.J. Brook, *Pore-Grain Boundary Interactions and Grain Growth*, J. Am. Ceram. Soc. **52** (1969), 56-57.

[Coble 1961] R.L. Coble, *Sintering Crystalline Solids I. Intermediate and Final State Diffusion Models*, J. Appl. Phys. **32** (1961), 787-796.

[Exner 1978] H.E. Exner, *Grundlagen von Sintervorgängen*, in: Materialkundliche Stuttgarter Technische Reihe, Hrsg. G. Petzow, Gebr. Borntraeger, Berlin (1978) 4.

[Geimann 1985] R.M. Geimann, *Liquid Phase Sintering*, Plenum Press, New York, 1985.

[German 1976] R.M. German and Z.A. Munir, *Enhanced Low-Temperature Sintering of Tungsten*, Met. Trans. **7 A**, (1976) 1873-1877.

[Glätzle 1980] R. Glätzle, *Hartmetall, seine Herstellung, Eigenschaften und Anwendungen*, in „Pulvermetallurgie und Sinterwerkstoffe", Herausgeber: F.Benesovsky, Schriftenreihe für Mitarbeiter der Metallwerk Plansee Aktiengesellschaft & Co. KG (1980).

[Holleck 1982] . Holleck, Chemiker-Zeitung **106**, (1982) 213-224.

[Kaysser 1989] W.A. Kaysser and K. Rzesmitzek, *Principles of Atomization*, in P. Uskokovic, H. Palmour III, R.M. Spriggs (eds.): Science of Sintering, Plenum Piers, New York, 1989, 157-176.

[Kaysser 1992] W.A. Kaysser, *Sintern mit Zusätzen*, Materialkundliche Technische Reihe, eds. G. Petzow und F. Jeglitsch, Bornträger, Berlin (1992).

[Kaysser 1993] W.A. Kaysser and W. Weise, *Powder Metallurgy and Sintered Materials*, Ullmann's Encyclopedia of Industrial Chemistry, Vol. A 22, VLH Verlagsgemeinschaft, Weinheim, 1993, 105-142.

[Klar 1984] E. Klar (ed.), Powder Metallurgy, Metals Handbook, 9th ed., Vol. 7, American Society for Metals, Metals Park Ohio 44073, 1984.

[Kuczynski 1976] G.C. Kuczynski, *A Statistical Theory of Intermediate and Final Stage Sintering*, Z. Metallkde. **67** (1976), 606-610.

[Schatt 1994] W. Schatt und K.-P. Wieters (eds.), Pulvermetallurgie, VDI-Verlag, Düsseldorf, 1994.

[Schintlmeister 1970] W. Schintlmeister und K. Richter, *Der Einfluß von Nickel auf das Sintern und die Selbstdiffusion von Wolfram*. Planseeberichte Pulvermet. **18** (1970), 3-6.

[Singer 1986] R.F. Singer und M.J. Couper: In: *Powder Metallurgy 1986 - State of the Art*, Power Metallurgy in Science and Practical Technology, Vol. 2, eds. W.J. Huppmann, W.A. Kaysser and G. Petzow, Verlag Schmid, Freiburg, (1986) 177-204.

[Tallmadge 1978] J.A. Tallmadge, *Powder Production by Gas and Water Atomization of Liquid Metals*, in H.A. Kuhn and A. Lawley (eds.): Powder Metallurgy Processing, Academic Press, New York, 1978, 1-32.

[Thümmler 1993] F. Thümmler und R. Oberacker (eds.), Introduction to Powder Metallurgy, The Institute of Materials Science, Series on Powder Metallurgy (eds. I. Jenkins and J.V. Wood), University Press, Cambridge, 1993.

[Timoshenko 1970] S.P. Timoshenko, J.N. Goodier, *Theory of Elasticity*, McGraw-Hill Kogakusha, Ltd., 3. Auflage (1970) 395.

[Zapf 1980] G. Zapf und G. Spier, *Handbuch der Fertigungstechnik*, Vol. 1, Hauser-Verlag, München 1980, 824.

Sachwortverzeichnis

Symbols
„SeaweedSStrukturen 246
„chaotischeSStruktur 250
α-Faktor 140
übermonotektische Legierungen 194

A
absolute Stabilität, solutale 145
AGE-Technik 371
Aktivierungsenergie 115
Aluminiumwerkstoffe 395
amorpher Festkörper 127
Arrhenius-Gesetz 38
Attritormühle 381

B
Bénard-Konvektion 29
Bénard-Rayleigh-Problem 25
Becker-Döring-Theorie 123
berührungsfreie Meßmethoden 352
Bernal-Körper 304
Bernoullische Gleichung 13
Bindungstypen 318
Binodale 88
bivariantes Gleichgewicht 84
Boltzmann-Faktor 38, 69
Boltzmann-Konstante 55
Boussinesq-Näherung 25
Bravais, Gesetz von 279
Bravais-Donnay-Harker-Theorie 279
Bridgeman-Verfahren 145
Brownsche Bewegung 36
Burgers-Vektor 293

C
Carbonyl-Methode 382
chemisches Potential 20, 57
Clausius-Clapeyron-Gleichung 98
CLS-Gitter 301
Continous Growth Model 210
Coolidge-Verfahren 393
Curie-Gesetz 106
Curie-Weiss-Gesetz 107

D
Dauerformguß 364
Debeye-Temperatur 71
Dehnratentensor 19
Dehnungstensor 18
delokalisierte Versetzung 298
Dendriten, Krümmungsradius 151
Dendriten, Primärabstand 148, 158
Dendriten, Spitzenradius 148
Dendritenarmabstand 148, 160
Dendritenspitze, Krümmungsradius 157
Dendritenspitze, Temperatur 154
Dendritenspitze, Temperaturgradient 157
dendritisches Wachstum 143, 150
dendritisches Wachstum, gerichtete Erstarrung 151
dendritisches Wachstum, unterkühlte Schmelzen 157
Dichtebestimmung von Schmelzen 352
Differentielle Thermoanalyse 196
Diffusion 20, 34
Diffusion, Critical-Volume-Modell 39
Diffusion, Harte-Teilchen-Modell 39
Diffusion, Messung 46
Diffusion, Random-Barrier-Modell 38
Diffusion, Significant-Structure-Modell 38
Diffusion, Sprung-Modell 38
Diffusionsgleichung 35
Diffusionskoeffizient 35
dimensionslose Zahlen 22
Dispersionen 257
dispersionsverstärkte Legierungen 395
Doublonen 248
Drehkorngrenze 291, 295
Drude-Theorie 45
DSC-Gitter 301
DSC-Vektor 302
Dulong-Petitsches Gesetz 71
Duralcan 375

E
Earnshaw Theorem 340
Einstein-Beziehung 37
elektrische Leitfähigkeit von Schmelzen 44
elektrische Leitfähigkeit von Schmelzen, induktive Messung 357
elektrische Leitfähigkeit, Messung 49
elektromagnetische Levitation 342
elektrostatische Levitation 340
Entropie 56, 67
Erstarrung, Monotektika 191
Erstarrungsfront, Morphologie 138
Erstarrungsmorphologie 246
Eulersche Gleichung 10, 12
Eutektika, Anwendungen 178
Eutektika, Erstarrung 244
Eutektika, irreguläre 174, 246
Eutektika, Lamellenabstand 245
eutektische Gefüge 168
eutektische Konzentration 86
eutektische Linie 87
eutektische Phasendiagramme 164

eutektische Rinne 93, 166
eutektische Temperatur 86
eutektisches Phasendiagramm 86
eutektisches Wachstum 166, 244
extensive Zustandsgröße 58
Extremalprinzip 57

F
facettiertes Wachstum 139, 174
faserverstärkte Verbundwerkstoffe 373
Festphasensintern 388
Ficksches Gesetz 35
Flüssigkristalle 224
Flüssigphasensintern 257
Formgußverfahren 369
Fouriersches Gesetz 21
Franksche Formel 298
freier Fall 335
fundamentale Zustandsgleichung 58
Funktionsporosität 380

G
Gefügeausbildung 148
Gefügegradient 360
gerichtete Erstarrung 140, 145, 182, 371
gerichtete Erstarrung, Dendritenwachstum 151
gerichtete Erstarrung, morphologische Übergänge 215
Gibbs-Curie-Kriterium 278
Gibbs-Duhem-Relation 66
Gibbs-Thomson-Beziehung 259
Gibbs-Thomson-Koeffizient 141
Gibbs'sche Phasenregel 84
Gießereitechnik 360
Gitterfehlanpassung 322
Glas 127
Glasübergang 125
Glastemperatur 128
Gleichgewichtsform eines Kristalls 277
Gleitlagerwerkstoffe 392
Grenzfläche Kristall/Schmelze 112
Grenzfläche Metall/Keramik 322
Grenzfläche Metall/Metall 325
Grenzflächenenergie 109
großkanonische Gesamtheit 69
Großwinkelkorngrenze 293

H
Habitus 277
Halbkristallage 281
Halbzeuggießverfahren 368
Hall-Pech-Beziehung 3
Hall-Petch-Beziehung 309
Hartmetalle 393
Hebelgesetz 79, 131
Hebelgesetz, ternär 90

heißisostatisches Pressen 390
Heißpressen 390
Herring-Beziehung 310
heterogene Gleichgewichte 74
heterogene Keimbildung 118, 382
heterogenes Gleichgewicht 83
hochschmelzende Metalle 393
homogenes Gleichgewicht 74, 83
Horvay-Cahn-Lösung 152
Hypercooling-Grenze 141, 234
Hyperfläche im Zustandsraum 54
hyperperitektisch 180

I
ideale Flüssigkeit 11
ideale Lösung 80
ideales Gas 54
inkohärente Phasengrenze 322
inkompressible Flüssigkeit 9
innere Energie 55, 56
instabil 83
intensive Zustandsgröße 58
Interdiffusion 47
intermetallische Phasen 375
invariantes Gleichgewicht 84, 164, 187
Ionische Bindung 318
irreguläres Monotektikum 190
Ivantsov-Lösung 151, 235

J
Jackson-Hunt-Modell 169

K
K-G-T Modell 152
Kaltpressen 384
kanonische Gesamtheit 68
Kapillar-Reservoir-Methode 47
Kapillarrohr-Methode 48
Keimbildung 109
Keimbildung in nicht-mischbaren Schmelzen 195
Keimbildung, heterogene 118, 125
Keimbildung, homogene 115
Keimbildungskinetik 119
Keimbildungsrate, stationäre 121, 123
kinetischer Wachstumskoeffizient 156, 237
Kippkorngrenze 291
Kleinwinkelkorngrenze 293
Koagulation 200
Koexistenzlinien 74
kohärente Phasengrenze 320
Koinzidenzgitter 298
Kokillenguß 369
Kompressibilität 70
kongruent 89
Konode 86, 90

Konodendrehung 92
Konodendreieck 90
Kontinuitätsgleichung 8
Konvektion 20
Konvektion, freie 25
Konzentrationsdreieck 90
Kossel–Stranski–Modell 281
kovalente Bindung 318
kritische Benetzung 192
kritischer Exponent 100
kritischer Punkt 74

L
Lamellenabstand 168
Landau-Theorie der Phasenübergänge 100
Landauenergie 100
Langevin-Gleichung 36
Laplace-Spannung 387
latente Wärme 96
laterale Diffusion 168
Legendre-Transformation 62
Lennard-Jones Potential 112
Levitationsverfahren 338
Liquiduslinie 86
LKT-Modell 157
lokalisierte Versetzung 298
LSW-Analyse 263

M
Madelung-Konstante 282
Mahlverfahren 381
Marangoni-Bewegung 197
Marangoni-Konvektion 192
marginale Stabilität 151, 237
marginale Stabilitätshypothese 215
martensitische Umwandlung 326
Maxwell-Beziehungen 64
Maxwell-Konstruktion 98
mechanisches Legieren 381
mechanisches Zerkleinern 381
Meltspinning 146
metallische Bindung 318
Metallmatrix-Verbundwerkstoffe 375
Metallpulver, Herstellung 381
Metallschäume 375, 383
metastabil 84
metastabile Phasen 94, 350
metastabiles Phasendiagramm 95
Mie-Potential 112
Mikrogravitation 183, 235, 348
mikrokanonische Gesamtheit 68
Mikroseigerungen 135
Mikrosimulation 360
Mikroskopische Solvabilität 151, 237
Mischphase 85

Mischungsenthalpie 79, 188
Mischungsentropie 79
Mischungslücke 83, 188
Modulationskalorimetrie 355
Molekularfeld 106
Molekularfeld-Theorie 105
Molenbruch 78
Monotektika 257
Monotektika, übermonotektische Zusammensetzung 194
Monotektika, Tropfenbewegung 196
Monotektika, Tropfenwachstum 198
Monotektikum, irreguläres 190
monotektische Gefüge 190, 201
monotektische Phasendiagramme 188
monotektische Systeme 88
monovariantes Gleichgewicht 84
Morphologie 277
morphologische Übergänge 215
morphologischer Aspekt 281

N
Navier-Stokes-Gleichung 20, 197
nicht-facettiertes Wachstum 139
Nicht-klassische Erstarrungsmorphologien 246
normale Eutektika 173
numerische Simulation 360

O
O-Gitter-Theorie 300
Oberflächenspannung 110, 353
Ordnungsparameter 100
Oscillating Drop Technique 353
Ostwaldreifung 258, 389

P
Péclet-Zahl 22
PBC-Vektor 284
peritektische Erstarrung, alternierendes Wachstum 184
peritektische Erstarrung, Morphologie 183
peritektische Phase 88
peritektische Reaktion 88, 179
peritektische Transformation 179
peritektisches Linie 88
Phase 55
Phasenübergänge 96
Phasenübergänge 1. und 2. Ordnung 96
Phasendiagramm 74
Phasengrenze, homogene, heterogene 319
Phasengrenze, inkohärente 322
Phasengrenze, kohärente 320
Phasengrenze, teilkohärente 321
Phasenraum 67
Plastischkristalle 224

Polyedereinheiten-Modell 303
Populationsdynamik 201
poröse Werkstoffe 380
Potentialströmung 13
Powdrex-Prozeß 394
Power-Down-Verfahren 183
Prandtl-Zahl 23
Prominenz einer Kristallfläche 279
properitektische Phase 88
Pulvertechnologie 378

Q
queeze casting 372

R
radiale Verteilungsfunktion 34
Random-Walk-Modell 34
Rayleigh-Frequenz 354
reguläre Eutektika 244
reguläre Lösung 80
Rekaleszenz 141, 349
Response-Funktionen 209
Reynoldszahl 23
Rotationsviskosimeter 48

S
Scheil-Modell 131
Scherzellenmethode 47
Schmelzenthalpie 96
Schmelzentropie 96
Schmelzeverdüsung 368, 381
Schwerelosigkeit 335
Seigerungen 129
Seigerungsmodelle 130
Selbstdiffusion 47
Sintern, Flüssigphasen- 389
Sinterstähle 390
Sintertheorie 387
Sinterverfahren 386
Soliduslinie 86
Solute Trapping 212
Space-Shuttle 348
Spannungstensor 17
spezifische Wärme 70
Spinodale 88, 99
Spinodalkonzentration 84
Stabilität der Erstarrungsfront 143, 214
Stabilitätskonstante 151, 237
stationäre Strömung 10
Stofftransport 20
Stokes-Bewegung 197
Stokes-Einstein-Beziehung 41
Stokes-Gleichung 24
Stranggießverfahren 368
Stromfunktion 29, 270

Strouhal-Zahl 22
Struktur von Flüssigkeiten 112
Struktureinheiten-Modell 304
Suszeptibilität 102
Symmetriebrechung 102

T
T_0-Linie 86, 210
Tangentenregel 83
teilkohärente Phasengrenze 321
Temperatur-Zeit-Nukleationsdiagramm 128
Temperaturgradient, effektiver 144
ternäre Phasendiagramme 90
ternäres Eutektikum 93
thermische Ausdehnung 353
Thermodynamische Hauptsätze 55
thermodynamische Potentiale 63
thermodynamischer Limes 69
Thixogießverfahren 372
Tip Splitting 249
Torque Term 328
Tracht 277
Tripelpunkt 74
Tropfenbewegung in nicht-mischbaren Schmelzen 196

U
Umwandlungswärme 96
Universalität 102
Universalität 100
unterkühlte Schmelzen 95
unterkühlte Schmelzen, Erstarrung 141, 218, 349
unterkühlte Schmelzen, Wachstum 157
Unterkühlung 109
Unterkühlung, kapillare 141
Unterkühlung, kinetische 155
Unterkühlung, konstitutionelle 142

V
van-der-Waals-Wechselwirkung 319
Van-der-Waals-Gas 98
Verbundwerkstoffe 329, 373, 375, 393
verlorene Gießformen 364
Versetzungen 293
Verteilungskoeffizient 129
Verteilungskoeffizient, geschwindigkeitsabhängiger 212
viskose Strömung 24
Viskosität 41, 353
Viskosität, dynamische, kinematische 16
Viskosität, Eyrings Theorie 42
Viskosität, Messung 48
Viskosität, Temperaturabhängigkeit 44
Viskositätstensor 19
Vollmer-Weber-Theorie 119

Vortiziätsgleichung 13
Vortizitätsgleichung 28

W
Wärmeleitfähigkeit von Schmelzen, Messung 51
Wärmeleitfähigkeit von Schmelzen 45
Wärmetransport 20
Wachstumsform eines Kristalls 277
Wiedemann-Franz-Lorenz Gesetz 46
Wulffsche Konstruktion 278
Wulffsches Theorem 278

Z
Zeldovich-Faktor 124
zelluläres Wachstum 143, 158
Zimansche Theorie 45
Zustandsfunktion 56
Zustandsgleichung 54
Zustandsintegral 68

Was jeder Metaller über die Stahlerzeugung wissen muß

Karl Taube

Stahlerzeugung kompakt

Grundlagen der Eisen- und Stahlmetallurgie

1998. X, 232 S. Br. DM 38,00
ISBN 3-528-03863-2

Inhalt: Grundlagen der Roheisenerzeugung - Vor- und Aufbereitung von Einsatzstoffen - Produktionsverfahren und -anlagen der Roheisenerzeugung - Haupt- und Nebenprodukte des Hochofens - Grundlagen der Stahlmetallurgie - Produktionsverfahren und Anlagen der Stahlerzeugung - Haupt- und Nebenprodukte - Produktionsverfahren und -anlagen zum Vergießen von Stahl - Werkstofftechnik und Qualitätssicherung

Ohne grundlegende Kenntnisse der Stahlerzeugung lassen sich Ausbildungsgänge im Bereich Metalltechnik/Maschinenbau nicht erfolgreich absolvieren. Dieses Basiswissen wird in kompakter und strukturierter Form dargestellt.

Der Autor: Karl Taube ist Betriebsleiter Technische Aus- und Weiterbildung der Thyssen Stahl AG, Duisburg

Abraham-Lincoln-Straße 46
D-65189 Wiesbaden
Fax 0611. 78 78-400
www.vieweg.de

Stand 1.7.99
Änderungen vorbehalten.
Erhältlich im Buchhandel oder beim Verlag.

Leicht verständliches und praxisnahes Lehrbuch

Wolfgang Weißbach

Werkstoffkunde und Werkstoffprüfung

12., vollst. überarb. u. erw. Aufl. 1998. XVI, 378 S. mit 290 Abb., 300 Tab. (Viewegs Fachbücher der Technik) Br. DM 48,00
ISBN 3-528-94019-0

Inhalt: Metalle und Legierungen - Legierung Eisen-Kohlenstoff - Stahlerzeugung und Stahlsorten - Stoffeigenschaften ändern - Oberflächentechnik - Eisen-Gußwerkstoffe - legierte Stähle - Nichteisenmetalle - Pulvermetallurgie - Kunststoffe - Festigkeitsbeanspruchung - Korrosionsbeanspruchung - Tribologische Beanspruchung - Verbundwerkstoffe - Werkstoffprüfung - Systematik der Wertstoffbezeichnung

Mittlerweile zum Standardwerk der Lehrbücher über Werkstoffkunde und Werkstoffprüfung geworden, ist das Buch in der zwölften Auflage noch einmal vollständig überarbeitet und den Europäischen Normen angepaßt worden. Dies betrifft insbesondere Stahlsorten, Eisen-Gußwerkstoffe und Aluminium-Legierungen sowie ihre Werkstoffbezeichnungen.

Über den Autor: Wolfgang Weißbach, Ingenieur und langjähriger Fachschul-Lehrer, ist heute auf die Weitergabe von Wissen und Erfahrung in Fachbüchern spezialisiert.

Abraham-Lincoln-Straße 46
D-65189 Wiesbaden
Fax 0611. 78 78-400
www.vieweg.de

Stand 1.7.99
Änderungen vorbehalten.
Erhältlich im Buchhandel oder beim Verlag.

Hatta-Zahl?
Tscharka nach Liter?
Kein Problem!

Peter Kurzweil

Das Vieweg Einheiten-Lexikon

Formeln und Begriffe aus Physik, Chemie und Technik

1999. X, 449 S. Geb. DM 68,00
ISBN 3-528-06987-2

Inhalt: Formeln und Definitionen aus Chemie, Physik und Ingenieurwissenschaften - Messverfahren und Tabellenwerte für wichtige SI-Größen - Internationale Einheiten, Größen, Begriffe, Symbole und Formelzeichen - Konstanten und Umrechnungsfaktoren - Angloamerikanische, nichtmetrische und historische Einheiten - Maße und Gewichte aus aller Welt - Härtegrade, Papierformate, Schriftgrößen, Währungen und Münzen - Kalenderdaten verschiedener Zeitsysteme und Epochen - Nobelpreisträger - Fachbegriffe Deutsch-Englisch.

Dieses Nachschlagewerk ist praktischer Begleiter durch den Mikrokosmos von Einheiten und Begriffen. Es beantwortet in über 5000 Stichworteinträgen praktische Fragen:
Wie sind physikalische Größen definiert? Wie misst man sie?
Wie sind englische Fachbegriffe zu übersetzen?
Wann galten historische Maße, Gewichte und Münzen?
Und vieles mehr, was in Ausbildung und Praxis nachschlagenswert erscheint. Ohne schulmeisterlich erhobenen Zeigefinger, aber doch mit beruhigender Gewissheit, lernt jeder Leser, die Qualitäten des Internationalen Einheitensystems zu schätzen und zu nützen.

Abraham-Lincoln-Straße 46
D-65189 Wiesbaden
Fax 0611. 78 78-400
www.vieweg.de

Stand 1.7.99
Änderungen vorbehalten.
Erhältlich im Buchhandel oder beim Verlag.

MIX
Papier aus verantwortungsvollen Quellen
Paper from responsible sources
FSC® C105338

If you have any concerns about our products,
you can contact us on
ProductSafety@springernature.com

In case Publisher is established outside the EU,
the EU authorized representative is:
**Springer Nature Customer Service Center GmbH
Europaplatz 3, 69115 Heidelberg, Germany**

Printed by Libri Plureos GmbH
in Hamburg, Germany